OSAKA
오사카

교토 · 고베 · 나라 · 와카야마

원경혜 · 박미희 지음

시공사

Contents

베스트 오브 간사이

간사이의 추천 일정

간사이 여행의 시작

오사카

교토

고베

스페셜 페이지

136 쿠로몬 시장 · 142 도톤보리의 재미있는 간판들 · 212 물의 도시 오사카 200% 즐기기 · 214 텐진바시스지 상점가 · 216 엑스포 시티 · 217 반파쿠 기념공원 · 218 타카라즈카 · 272 지나이마치 · 274 요시노산 · 287 유니버설 스튜디오 재팬 · 295 린쿠 프리미엄 아웃렛 · 327 치온인의 7대 불가사의 · 348 니시키 시장 · 372 키부네 · 쿠라마 · 376 오하라 · 378 아마노하시다테 · 이네 · 408 후시미 · 412 우지 · 454 구거류지 · 490 고베의 야경 명소 · 494 고베의 다양한 명소 · 498 롯코산 · 516 아리마 온천의 명물 간식 · 531 완벽한 기능성을 갖춘 히메지성 · 546 나라 공원에는 왜 사슴이 많을까? · 565 호류지 · 580 텐쿠 · 586 오쿠노인 참배길의 이모저모 · 607 키시역의 고양이 역장

나이트 라이프

156 우라난바 · 234 한큐히가시도리 상점가

저자의 말

오랜 시간 원고와 씨름하고 마감에 쫓겨가며 바쁘게 살아가는 와중에 여행은 언제나 제게 일이면서 즐거움이었습니다. 그래서 팬데믹이 끝난 후 다시 오사카를 찾았을 때의 기쁨은 이루 말로 표현할 수 없었습니다. 수없이 걸었던 도톤보리 강변, 우메다의 뒷골목은 익숙하면서도 설렘이 가득했습니다.

누군가에게는 첫 오사카 여행이, 어쩌면 첫 해외여행이 될 수도 있기에 오사카와 근교 도시들의 매력을 하나도 빠짐없이 전하고 싶었습니다. 이번 취재에서는 저 또한 처음 여행하는 초보자로 돌아가 새로운 시선으로 바라볼 수 있었습니다. 무심코 지나쳤던 것들에 하나하나 호기심을 가지고 다시 들여다보니 미처 몰랐던 오사카의 모습을 보게 돼, 다시 한번 그 매력에 푹 빠지고 말았습니다. 제가 느꼈던 설렘과 즐거움이 독자 여러분들께도 잘 전달되기를 바랍니다.

마지막으로, 물심양면 지원해 주고 외로운 취재길에 여러 차례 동행해 준 남편, 항상 옆에서 응원해 주시는 부모님과 반려견 쮸쮸, 친구들에게 사랑을 전합니다. 취재에 도움을 주신 일본정부관광국 서울사무소에도 감사드립니다. 책을 만드느라 고생하신 편집팀과 북디자이너, 제작팀에 감사드립니다.

글 · 사진 원경혜

오랜 출판편집자 생활을 마치고 여행작가의 길을 걷게 되었다. 여행지에서 가장 좋아하는 것은 음악 들으며 버스 타기와 점심에 마시는 반주 한잔이다. 《저스트고 오사카》에서는 오사카와 나라, 아리마 온천, 롯코산, 히메지, 고야산, 시라하마 등의 글과 사진을 담당했으며, 저서로는 《리얼 후쿠오카》가 있다.

20대 후반, 적지 않은 나이에 다분히 현실 도피성이었던 워킹 홀리데이를 계기로 일본에 건너와 유학 생활과 직장 생활을 하며 보낸 시간이 어느덧 15년을 훌쩍 넘겼습니다. 그리고 그 사이에 우연히 찾아온 여행서 출판의 기회는 《시크릿 교토》에 이어 《저스트고 오사카》까지 이어져 제 이름을 단 두 번째 책이 세상에 나오게 되었습니다. 단순히 책을 좋아하고 막연히 작가를 꿈꾸던 아이가 나이를 먹어 세상을 알아가며 자연스럽게 잊어버리게 된 꿈이었는데 막연히 동경하던 일들이 이렇게 실현되다니 아직도 실감이 나지 않습니다.

일본에서의 타향살이는 저에게 있어서는 긴 호흡의 장기 여행 같습니다. 조금은 일반적이지 않은 환경에서 오는 즐거움, 설렘, 두근거림, 긴장감이 늘 함께였던 것 같습니다. 느끼는 것도 많고 새로 배운 것들도 많았지요. 그러한 감정들까지 모두 한 권의 책에 담기에는 한없이 부족하나 여러분들의 즐거운 일탈, 여행에 조금이나마 도움이 됐으면 합니다.

마지막으로, 앞으로도 평생 친구가 되어 줄 남편과 가족들, 친구들, 늘 따뜻하게 응원해 주셔서 고맙습니다. 그리고 출판의 기회를 주시고 오랜 취재와 집필 기간 동안 잘 이끌어주신 편집팀에 깊은 감사의 인사를 드립니다. 그리고 여행작가로의 길을 열어준 박용준 님께도 감사의 마음을 전합니다.

글 · 사진 박미희

워킹 홀리데이를 계기로 일본에 살기 시작해 어느덧 17년차를 맞았다. 교토의 대학원에서 디자인을 공부했으며, 현재는 오사카 근처의 작은 도시에서 일본인들에게 한국어를 가르치며 우리 문화를 알리고 있다. 《저스트고 오사카》에서는 교토와 고베 등의 글과 사진을 담당했으며, 저서로는 《시크릿 교토》가 있다.

저스트고 이렇게 보세요

책에 실린 모든 정보는 2023년 12월까지 수집한 정보를 기준으로 했으며, 이후 변동될 가능성이 있습니다. 특히 교통편의 운행 일정과 요금, 관광 명소와 상업 시설의 영업 시간 및 입장료, 물가 등은 현지 사정에 따라 수시로 변동될 수 있습니다. 변경된 내용이 있다면 편집부로 연락 주시기 바랍니다.

편집부 justgo@sigongsa.com

- 일본어의 한글 표기는 국립국어원의 외래어 표기법을 최대한 따랐으나, 독자의 이해도를 높이기 위해 일부 지명, 상호, 인명 등은 관용적인 방식을 택하였습니다.
- 관광 명소, 상업 시설 등의 휴무일은 정기 휴일을 기준으로 실었으며, 연말연시나 오본(일본의 추석), 공휴일 등에는 달라질 수 있습니다. 또한 일부 시설은 정기 휴무일이 공휴일인 경우 영업을 하고, 대신 공휴일 다음 날이 휴무일이 되는 경우가 있습니다.
- 입장료, 교통 요금 등은 성인 요금을 기준으로 실었습니다.
- 모든 식당과 상점 이용 시에는 소비세 10%가 부과됩니다(테이크아웃 시 8%). 이 책에서는 소비세가 포함된 실제 지불 가격을 기준으로 표시합니다.
- 상점과 식당 등의 카드 결제 가능 여부는 현지 상황에 따라 달라질 수 있습니다.
- 숙박 시설의 요금은 일반 객실 요금을 기준으로 실었으며, 1인 요금을 기준으로 할 경우에는 별도로 표시했습니다. 아침·저녁 식사가 포함된 료칸 등의 요금은 2인 1실 기준 1인이 부담해야 할 요금입니다. 예약 시기, 숙박 상품 등에 따라 요금은 달라집니다.
- 오사카의 호텔에서는 1인당 1박 요금이 7000엔 이상일 시 별도의 숙박세가 부과됩니다(P.622 참고)
- 일본의 통화는 엔화(¥)이며, ¥100은 약 910원입니다(2023년 12월 기준). 환율은 수시로 변동되므로 여행 전 확인은 필수입니다.

스마트폰으로 아래 QR코드를 스캔하면 마이저스트고(myJustGo) 홈페이지로 연결됩니다. 원하는 지역을 클릭하면 책에서 소개한 장소들의 위치 정보가 담긴 '구글 지도 Google Maps'를 확인할 수 있습니다.

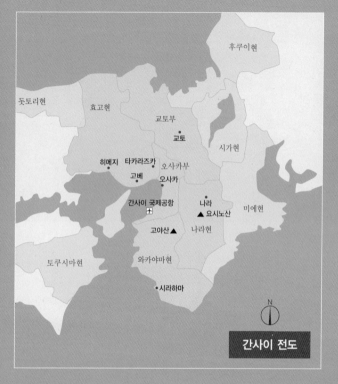

돗토리현

효고현

후쿠이현

교토부

교토

시가현

히메지 타카라즈카

고베

오사카부

오사카

간사이 국제공항 ✈

나라

미에현

▲ 요시노산

고야산 ▲

나라현

와카야마현

시라하마 •

N

간사이 전도

동 해

오키쇼도

와지마 • 스즈

이시카와현

가나자와

도야마 도0

마츠에

하마다 •

마츠다 •

시마네현

돗토리현

구라요시 • 돗토리

도요카

후쿠이 •

다카야마

츠루가

기후

쓰시마
(대마도)

이키

사가현

야마구치현

시모노세키

야마구치

오고리

기타큐슈

후쿠오카

사가

하카타

구마모토

나가사키현

나가사키

사세보

마츠시로

히토요시

가고시마현

가고시마

마쿠라자키

이부스키

기노야

다네가시마

야쿠시마

히로시마

이와쿠니

히로시마현

오카야마현

오카야마

구라시키

후쿠야마

히메지

효고현

아카시

다카마츠

마츠야마

에히메현

나카무라

고치현

고치

마츠야마

도쿠시마현

도쿠시마

와카야마

오사카부

오사카

교토부

교토

비와코

요카이치

나고야

아이치현

이세만

이세

미에현

하마마

나라

나라현

와카야마현

구시모토

기후현

기후

레분토

리시리토

소야미사키

왓카나이

테시오

하마톤베츠

엔베츠

나요로

몬베츠

샤코탄

오타루

아사히카와

시레토코미사키

이와나이

삿포로

홋카이도

아바시리

시레토코한토

기타미

사리

세타나

치토세

후라노

나카시베츠

노보리베츠

다이세

무로란

이케다

구시로

네무로한토

에사시

하코다테

우라카와

오비히로

네무로

마츠마에

에쿠시마

히로오

에리모미사키

무츠

아오모리현

아오모리

오키하위코

히로사키

하치노헤

도와다코

노시로

오다테

구지

아키타

다자와코

아키타현

요코테

이와테현

미야코

츠루오카

신요

모리오카

야마가타현

이치노세키

가마이시

사도가시마

야마가타

후루카와

마츠시마

니가타

센다이

미야기현

니가타현

센다이완

가시와자키

아이즈와카마츠

후쿠시마

이나와시로코

후쿠시마현

고리야마

군마현

도치기현

이와키

마에바시

닛코

고후

우츠노미야

미토

현

사이타마현

이바라키현

도쿄도

우라노

나리타

가나가와현

도쿄

현

하코네

요코하마

요코가와

지바

아타미

다테야마

지바현

이토

가마쿠라·에노시마

시모다

BEST

of

KANSAI

베스트
오브
간사이

간사이 대표 도시의 매력

일본 열도 중심부의 서쪽에 위치한 간사이 지방은 7개 현으로 이뤄진 광범위한 지역이다. 그중에서도 각기 다른 특색과 매력을 지닌 간사이 지방의 대표 도시들을 한눈에 알아보기 쉽게 정리했다. 각 도시를 여행하는 데 알아둬야 할 하이라이트를 체크해 보자.

오사카 大阪

도쿄에 이은 일본 제2의 도시이자 최고의 상업도시. 간사이 여행의 출발점이자 거점이 되는 도시. 먹을거리와 즐길 거리에 쇼핑까지 삼박자를 두루 갖췄다.

○ 오사카의 명물 음식으로 하루 5끼에 도전
○ 키타와 미나미를 넘나들며 쇼핑 삼매경
○ 화려한 대형 간판이 춤을 추는 도톤보리의 낮과 밤을 즐겨보기

교토 京都

천 년 동안 일본의 수도로서 찬란한 문화를 꽃피웠던 곳이다. 많은 건축물이 유네스코 세계문화유산으로 지정된 아름다운 고도古都.

○ 철학의 길을 산책하며 우수에 젖어보기
○ 하나미코지를 걸으며 진짜 마이코 찾기
○ 아라시야마의 대나무 숲 걸어보기

고베 神戶

야경이 아름다운 이국적인 항구 도시. 세련된
패션의 도시이자 미식의 도시다.
◯ 모자이크에서 일본 3대 야경 감상하기
◯ 세계적인 명성의 고베규 스테이크 맛보기

히메지 姬路

일본의 현존하는 성 중 가장 아름다운 히메지
성을 중심으로 형성된 도시.
◯ 일본 최초의 유네스코 세계문화유산으로
등재된 히메지성 둘러보기

나라 奈良

일본에서 가장 먼저 문명이 탄생한 곳 중 하나.
불교 유적이 많은 고즈넉한 역사의 도시다.
◯ 나라 공원을 산책하며 사슴과 기념 촬영
◯ 일본 불교의 대표 사찰 둘러보기

시라하마 白浜

아름다운 바다와 해변, 천 년 역사의 온천을
자랑하는 간사이 지방의 대표 휴양지.
◯ 아름다운 시라하마 해변 즐기기
◯ 바다를 바라보며 온천욕 즐기기

아리마 온천 有馬温泉

일본의 3대 전통 온천 중 하나. 황토색 온천과
무색투명한 온천을 둘 다 즐길 수 있다.
◯ 여행의 피로를 온천욕으로 날려버리기

고야산 高野山

1200년 전 홍법대사가 세운 산속의 불교 도
시. 일본의 2대 불교 성지 중 하나다.
◯ 오쿠노인의 참배길을 걸으며 힐링하기

간사이의 사계절

우리나라와 기후 차이가 크지 않은 일본은 사계절 언제 가도 여행하기 좋은 곳이다. 계절마다 뿜어내는 자연의 아름다움을 충분히 체감하며 여행한다면 그 즐거움은 배가될 것이다. 특히 여행객이 몰리는 벚꽃 철과 단풍철은 기상 상황에 따라 매년 시기가 조금씩 달라진다는 점을 감안하자.

여름

생동감 넘치는 자연 속 힐링 여행

바다로 갈까, 산으로 갈까. 선택은 당신의 취향대로! 일본의 와이키키라고 불러도 좋을 만큼 아름다운 에메랄드빛 바다와 새하얀 모래사장. 간사이 지방의 대표 휴양지 시라라하마 해변(P.603)은 여름 최고의 여행지.

이와 반대로, 해발 1000m급 고봉들에 둘러싸인 산속의 불교 도시 고야산(P.576). 평지보다 기온이 최소 5도는 낮은 데다 삼림욕도 즐길 수 있다. 오쿠노인 참배길을 걸을 때면 선선한 기운마저 느껴진다.

고야산

겨울

차가운 눈을 맞으며 즐기는 노천 온천

겨울에 떠나는 일본 여행에서 빼놓을 수 없는 것이 바로 온천이다. 차가운 공기를 마시며 즐기는 겨울의 노천 온천은 일본 여행의 백미. 일본의 3대 전통 온천 중 하나인 아리마 온천(P.504)은 황토색 온천수와 무색투명한 온천수를 동시에 즐길 수 있어 인기. 또한 하늘과 바다가 만난 수평선, 그 위로 녹아내리는 붉은 노을을 감상하며 즐기는 노천 온천이 매력적인 시라하마의 사키노유(P.602)도 좋다.

봄

봄의 하이라이트는 뭐니 뭐니 해도 벚꽃이다. 왕벚나무와 수양벚나무, 겹벚나무, 겨울벚나무 등 그 종류도 다양하다. 벚꽃보다 먼저 피는 매화도 그에 못지않게 아름답다.

벚꽃은 오사카, 교토의 경우 보통 3월 말에 피기 시작하며 4월 초·중순에 만개하여 절정을 이룬다. 매년 개화 시기가 조금씩 달라지므로 아래 사이트에서 해마다 업데이트되는 정보를 체크하자.

벚꽃 개화 시기 정보 sakura.weathermap.jp

[매화] 2월 중순~3월 중순 [벚꽃] 4월 초순~중순
오사카성 →**P.246**

[벚꽃] 4월 초순~중순
히메지성 →**P.528**

[벚꽃] 4월 중순
조폐국 →**P.249**

[벚꽃] 3월 하순~4월 하순
나라 공원 →**P.547**

[벚꽃] 4월 초순~중순
요시노산 →**P.274**

[벚꽃] 3월 하순~4월 초순
키요미즈데라 →P.320

[벚꽃] 3월 중순~4월 중순
아라시야마 →P.416

[벚꽃] 4월 초순~중순
철학의 길 →P.365

[벚꽃] 3월 하순~4월 초순
마루야마 공원 →P.325

[벚꽃] 3월 하순~4월 중순
헤이안 진구 →**P.360**

[매화] 2월 하순~3월 중순
키타노 텐만구 →**P.392**

[벚꽃] 4월 초순~중순
닌나지 →**P.391**

Tip

일본에서 많이 볼 수 있는 벚꽃의 종류를 알아보자

왕벚나무
꽃이 흰색 또는 분홍색이고,
한곳에 꽃 3~6송이가 달린다.
잎이 나오기 전에 꽃이 핀다.

수양벚나무
가지가 수양버들처럼 축 처지
며 연분홍색 꽃이 핀다. 조경
용으로 물가에 심기도 한다.

겹벚나무
연분홍색의 겹꽃이 핀다. 꽃이
늦게 피는 편이며, 점점 짙은
분홍색으로 변한다.

겨울벚나무
가장 먼저 벚꽃을 볼 수 있는
품종. 연분홍색의 작은 꽃이
11월 하순부터 2월까지 핀다.

가을

사계절 언제 방문해도 좋은 지역이지만, 단풍이 붉게 물드는 가을에는 그 풍경과 정취가 최고조에 달한다. 오사카, 교토의 경우 11월 초·중순에 단풍이 들기 시작해 11월 말~12월 초에 절정을 이룬다.
단풍 시기 정보 koyo.walkerplus.com

[단풍] 11월 초순~12월 초순
오사카성 →P.246

[단풍] 11월 중순~하순
카츠오지 →P.211

[단풍] 11월 중순~하순
토후쿠지 →P.404

[단풍] 11월 중순~12월 초순
미노오 폭포 →P.211

[단풍] 11월 중순~하순
에이칸도 →P.362

[단풍] 11월 중순~12월 초순
난젠지 →P.361

[단풍] 11월 중순~12월 초순
코다이지 →P.324

[단풍] 11월 하순~12월 초순
아라시야마 →P.416

[단풍] 11월 중순~12월 초순
철학의 길 →P.365

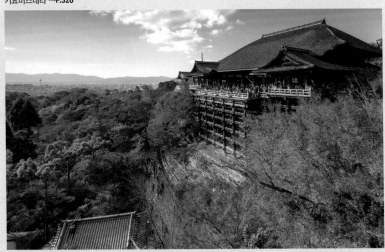

[단풍] 11월 하순~12월 초순
키요미즈데라 →P.320

와카쿠야마 산불제
시기 1월 넷째 주 토요일
장소 나라 와카쿠야마
내용 겨울밤, 산 전체를 불태우는 행사. 불꽃놀이도 열린다.

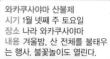

바이카사이
시기 2월 25일
장소 교토 키타노 텐만구
내용 매화꽃을 보며 게이코, 마이코가 만들어주는 차를 마실 수 있는 행사

1월   2월   3월   4월   5월   6월

히가시야마 하나토로
시기 3월 중순
장소 교토 히가시야마 일대
내용 야사카 진자와 키요미즈데라 주변 골목을 작은 등롱으로 장식하는 행사

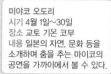

미야코 오도리
시기 4월 1일~30일
장소 교토 기온 코부
내용 일본의 자연, 문화 등을 소개하며 춤을 추는 마이코의 공연을 가까이에서 볼 수 있다.

아오이 마츠리
시기 5월 15일
장소 교토 시모가모 진자, 카미가모 진자
내용 교토에서 가장 오래된 마츠리. 옛 왕실의 신사참배 행렬을 재현한 축제

라이트업 프롬나드 나라
시기 7월 중순~9월 하순
장소 나라 공원
내용 해 진 후 나라 공원의
인기 명소에 조명을 켠다.
콘서트 등도 열린다.

지다이 마츠리
시기 10월 22일
장소 교토
내용 헤이안(교토) 천도를
기념하는 행사. 다양한 시대
의 풍속을 재현하는 행렬이
볼만하다.

고베 루미나리에
시기 12월 초~중순
장소 고베 구거류지 일대
내용 대형 구조물에 수만 개의
전구를 매달아 마치 예술 작품
을 보는 듯하다.

텐진 마츠리
시기 7월 24일~25일
장소 오사카 텐만구
내용 전통 의상을 입은 사람들이
가마를 메고 거리 행진을 한다.

7월 8월 9월 10월 11월 12월

다이몬지 오쿠리비
시기 8월 16일
장소 교토 시내 곳곳
내용 일본의 추석인 오본
때 글씨나 그림의 형태로
불을 피우는 행사

기온 마츠리
시기 7월 1일~31일
장소 교토 야사카 진자
내용 전통 의상을 입고 가마
에 탄 사람들, 거리의 마이코
와 게이코를 볼 수 있다.

아라시야마 하나토로
시기 12월 중순
장소 교토 아라시야마
내용 아라시야마의 주요 관광지를
작은 등롱으로 장식하는 행사

로소쿠 마츠리
시기 8월 13일
장소 고야산 오쿠노인 참배길
내용 죽은 이들의 영혼을 기리기 위한 촛불 축제

오사카 · 교토의 여행 시즌과 날씨

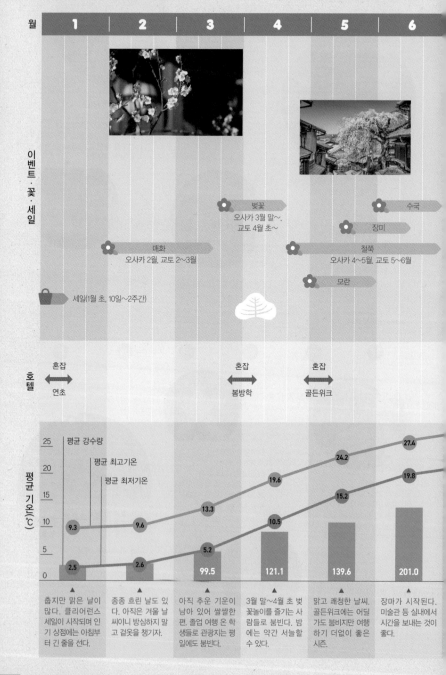

월	1	2	3	4	5	6

이벤트 · 꽃 · 세일

벚꽃
오사카 3월 말~,
교토 4월 초~

수국

장미

매화
오사카 2월, 교토 2~3월

철쭉
오사카 4~5월, 교토 5~6월

모란

세일(1월 초, 10일~2주간)

호텔

혼잡
연초

혼잡
봄방학

혼잡
골든위크

평균 기온(°C)

평균 강수량
평균 최고기온
평균 최저기온

9.3	9.6	13.3	19.6	24.2	27.4
2.5	2.6	5.2	10.5	15.2	19.8
		99.5	121.1	139.6	201.0

춥지만 맑은 날이 많다. 클리어런스 세일이 시작되며 인기 상점에는 아침부터 긴 줄을 선다.

종종 흐린 날도 있다. 아직은 겨울 날씨이니 방심하지 말고 겉옷을 챙기자.

아직 추운 기운이 남아 있어 쌀쌀한 편. 졸업 여행 온 학생들로 관광지는 평일에도 붐빈다.

3월 말~4월 초 벚꽃놀이를 즐기는 사람들로 붐빈다. 밤에는 약간 서늘할 수 있다.

맑고 쾌청한 날씨. 골든위크에는 어딜 가도 붐비지만 여행하기 더없이 좋은 시즌.

장마가 시작된다. 미술관 등 실내에서 시간을 보내는 것이 좋다.

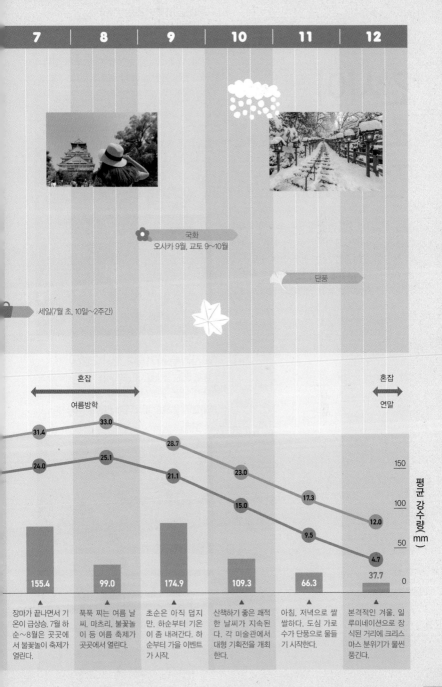

7	8	9	10	11	12

국화
오사카 9월, 교토 9~10월

단풍

세일(7월 초, 10일~2주간)

혼잡

여름방학

혼잡

연말

평균 강수량(mm)

31.4 33.0 28.7 23.0 17.3 12.0
24.0 25.1 21.1 15.0 9.5 4.7

155.4 | 99.0 | 174.9 | 109.3 | 66.3 | 37.7

150
100
50
0

장마가 끝나면서 기온이 급상승. 7월 하순~8월은 곳곳에서 불꽃놀이 축제가 열린다.

푹푹 찌는 여름 날씨. 마츠리, 불꽃놀이 등 여름 축제가 곳곳에서 열린다.

초순은 아직 덥지만, 하순부터 기온이 좀 내려간다. 하순부터 가을 이벤트가 시작.

산책하기 좋은 쾌적한 날씨가 지속된다. 각 미술관에서 대형 기획전을 개최한다.

아침, 저녁으로 쌀쌀하다. 도심 가로수가 단풍으로 물들기 시작한다.

본격적인 겨울. 일루미네이션으로 장식된 거리에 크리스마스 분위기가 물씬 풍긴다.

간사이 최고의 전망대

일본의 역사와 전통이 남아 있는 명소가 유독 많은 지역이지만, 그와 반대로 현대적인 도시의 전망이나 야경을 보는 것도 여행의 또 다른 즐거움 중 하나다. 특히 오사카에는 탁 트인 시야를 자랑하는 높은 전망대가 많다.

오사카

아베노 하루카스(300m)

간사이 지역에서 가장 높은 전망대이자, 일본에서 네 번째로 높다. 360도 파노라마로 오사카의 시내 전망을 감상할 수 있으며 실내와 야외 전망 공간을 둘 다 갖추고 있다. → P.266

오사카부 사키시마 청사(252m)

청사 55층의 전망 공간에서 오사카 시내와 오사카 항만, 롯코산, 아카시 해협 대교까지 보일 만큼 광활한 파노라마 전망을 자랑한다.
→ P.286

우메다 스카이 빌딩(173m)

독특한 게이트형 건축물 최상층에 자리한 전망대로, 우메다에서는 가장 높으며 빌딩 전망대로는 드물게 완전 개방된 옥외에서 전망을 즐길 수 있다. → P.204

츠텐카쿠(87.5m)

신세카이의 랜드마크이자 일본 최초의 타워. 전망대로서 높이는 아쉬운 편이지만 전망대 내부에 여러 볼거리를 마련해 두고 있다. → P.260

텐포잔 대관람차(112.5m)

관람차에 편하게 앉아서 오사카 항만의 바다 풍경을 감상할 수 있다. 특히 밤에 켜지는 관람차의 LED 조명이 멋지다. → P.282

오사카성 천수각(50m)

오사카 최고의 역사 명소인 오사카성의 천수각. 8층에서는 주변 공원과 고층 빌딩들이 함께 들어오는 풍경을 볼 수 있다. → P.253

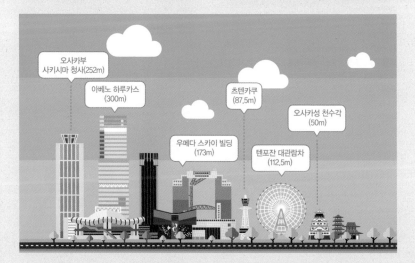

오사카부
사키시마 청사(252m)

아베노 하루카스
(300m)

츠텐카쿠
(87.5m)

오사카성 천수각
(50m)

우메다 스카이 빌딩
(173m)

텐포잔 대관람차
(112.5m)

고베

롯코 가든 테라스(해발 890m)

고베 시내의 서쪽과 북쪽에 걸쳐 위치한 롯코산. 산 정상에 자리한 롯코 가든 테라스의 전망대는 고베 시내와 멀리 바다까지 조망할 수 있는 간사이 최고의 전망 포인트로 손색이 없다. → P.501

교토

교토 타워(100m)

교토역 바로 앞에 자리 잡고 있어 접근성이 좋다. 교토 시내에서 가장 높은 전망대로, 100m 높이의 전망대에서 교토 시내 전체를 360도 조망할 수 있다. → P.399

쇼군즈카 세이류덴将軍塚青龍殿 (해발 200m)

교토 북동부 히가시야마산 정상에 위치한 세이류덴은 관광객에게 많이 알려지지 않은 전망 포인트이다. 키요미즈데라 무대의 약 4.6배 넓이의 누마루에서 교토 시내와 오사카 근교까지 파노라마 뷰를 감상할 수 있다.

주소 京都市山科区厨子奥花鳥町28
전화 075-561-2345
개관 09:00~17:00(입장 마감16:30)
휴무 무휴
요금 500엔
홈페이지 www.shogunzuka.com
교통 지하철 토자이선 케아게蹴上역(T09)에서 택시로 5분(1000엔 정도)
지도 P.19-L

나라

와카쿠사야마(해발 342m)

전통 도시의 전경을 유지하기 위해 건물 높이를 제한하는 나라에서 전망대로 가장 인기 있는 곳. 잔디가 깔린 산 정상에서 나라 시내를 조망할 수 있으며, 산 위에서 노니는 사슴도 만날 수 있다. → P.552

안도 다다오
건축물 투어

오사카 출신의 세계적인 건축가 안도 다다오
安藤忠雄. 건축 사무소를 오사카에서 처음 시
작한 만큼 간사이 지역 곳곳에서 그의 초기
설계 건물을 비롯해 최근 작품까지 다양하게
만날 수 있어 안도 다다오 팬들에게는 이보다
더 좋을 수 없다.

일본이 낳은 세계적인 건축가
안도 다다오

1941년 일본 오사카 출생. 프랑스 건축아카데
미 금상, 덴마크 칼스버그 건축상, 영국왕립건
축가협회상, 미국 건축가협회 대상 등을 수상
하며 일본을 넘어 전 세계에서 인정받은 건축
가이다. 10대에 프로 권투 선수로 잠시 활동
했지만 고등학교 졸업 후 세계 각국을 홀로
여행하며 건축을 독학한 독특한 이력을 보유
하고 있다. 1974년 일본 건축학회상을 수상한
데뷔작을 시작으로 80대인 현재까지 활발한
활동을 펼치고 있는 그는 물과 빛, 노출 콘크
리트의 대가로 불린다. 특히 자연과 기하학적
건축물을 서로 교감하는 듯 절묘하게 조화시
키고 고요하고 내적인 공간을 연출하는 것으
로 유명하다.

오사카

빛의 교회 光の教会

안도 다다오가 1972년 설계한 이 교회는 국제
교회 건축상을 수상했다. 단순한 모습의 콘크
리트 건물 안에 들어가면 한쪽 벽면 전체에
좁고 긴 창문 2개가 서로 교차해 십자가 모양
으로 나 있다. 이 좁은 창으로 들어오는 햇빛
은 의자만 있는 예배당 안에 거대한 십자가를
만들어, 보는 이로 하여금 경건한 마음을 가
지게 한다. 아쉽게도 현재 내부 견학은 중지
되었다.

주소 茨木市北春日丘4-3-50
홈페이지 ibaraki-kasugaoka-church.jp
교통 오사카 모노레일 한다이뵤인마에阪大病院前역
에서 도보 12분

사야마이케 박물관

사야마이케 박물관 狭山池博物館

안도 다다오가 설계해 2001년 개관한 토지 개발사 전문 박물관. 건물 바로 옆에 자리한 1400년 역사의, 일본에서 가장 오래된 댐식 저수지 사야마이케호수를 모티브로 설계된 공간이 독특하다.

주소 大阪狭山市池尻中2
전화 072-367-8891 **개방** 10:00~17:00
휴무 월요일(공휴일이면 다음 날)
요금 무료 **홈페이지** www.sayamaikehaku.osaka sayama.osaka.jp
교통 난카이 전철 고야선 오사카사야마시大阪狭山市역에서 도보 10분

갤러리아 아카 Galleria Akka

신사이바시 번화가 골목에 위치한 안도 다다오의 초기 설계 건물로, 1988년 완공되었다. 작고 어두운 입구로 들어가면 폭 8m, 길이 40m의 좁고 깊은 내부가 드러난다. 식당, 술집, 의류점 등이 입점해 있다.

주소 大阪市中央区東心斎橋1-16-20
교통 지하철 미도스지선(M19)·요츠바시선(Y14)·나가호리츠루미료쿠치선(N15) 신사이바시心斎橋역 4-B 출구에서 도보 4분 **지도** P.6-F

치카츠 아스카 박물관
近つ飛鳥博物館

4기의 일왕의 묘와 쇼토쿠 태자의 묘 등 2백여 개의 고분군이 존재하는 일본 역사의 중요 장소에 자리한 고고학 박물관. 안도 다다오는 건물에서 주변의 고분군을 내려다볼 수 있도록 계단식으로 설계해 건물이 하나의 언덕처럼 자연과 어우러지도록 했다.

주소 南河内郡河南町東山299
전화 0721-93-8321
개방 09:45~17:00(폐관 30분 전 입장 마감)
휴무 월요일(공휴일이면 다음 날)
요금 310엔
홈페이지 www.chikatsu-asuka.jp
교통 킨테츠 전철 나가노선 키시喜志역 또는 톤다바야시富田林역에서 택시로 18분 또는 콘고버스 한난선金剛バス 阪南線 이용 치카츠아스카와쿠부츠칸마에近つ飛鳥博物館前 정류장 하차

ⓒ치카츠 아스카 박물관

오사카 문화관 텐포잔
大阪文化館·天保山

1994년 주류·음료 회사인 산토리(Suntory)가 창업 90주년을 맞이해 개관한 근현대 미술관 (구 산토리 미술관)으로 안도 다다오가 설계했다. 바다를 감싸듯 미술관에서 바다로 내려가는 광장을 배치하고, 넓은 유리창을 전면 설치해 시간대별로 변화하는 하늘과 바다의 다양한 표정을 반영한다. → P.285

시바 료타로 기념관
司馬遼太郎記念館

《올빼미의 성》, 《료마가 간다》 등을 집필한, 일본 최고의 역사 소설가로 손꼽히는 오사카 출신의 소설가 시바 료타로의 기념관. 2001년 안도 다다오가 '책에 둘러싸이고 어둠이 감싼 아련한 빛의 공간의 이미지'를 콘셉트로 설계했다. 시바 료타로의 저서를 전시한 내부 공간이 무척 멋지다.

주소 東大阪市下小阪3-11-18
전화 06-6726-3860
개관 10:00~17:00(입장 마감 16:30)
휴관 월요일(공휴일이면 다음 날), 9/1~9/10, 12/28~1/4
요금 성인 500엔, 중고생 300엔, 초등학생 200엔
홈페이지 www.shibazaidan.or.jp
교통 킨테츠 나라선 야에노사토八戸ノ里역 1번 출구에서 도보 8분

히메지

히메지 문학관 姫路文学館

철학자이자 저술가인 와쓰지 데쓰로, 소설가 아베 도모지와 시바 료타로 등 히메지를 중심으로 하리마 출신 문인들의 작품과 유품 등을 전시하며 연구하는 곳. 소박한 주택가 골목 안에 낯선 풍경을 자아내는 독특한 건축물은 안도 다다오가 설계했다. → P.533

타임즈 TIME'S

교토카와라마치역 부근 키야마치도리에 위치
하고 있어 접근성이 좋으며, 상업 시설로 사
용되고 있어 내부를 구경하기 편하다. 건물
바로 옆을 흐르는 타카세강을 바로 볼 수 있
는 테라스석에 앉아 잠시 쉬어 가도 좋다.

주소 京都市中京区中島町92
교통 한큐 교토카와라마치京都河原町역(HK86) 3, 4번
출구에서 도보 7분 **지도** P.22-D

전화 075-724-2188
개방 09:00~17:00(입장 마감 16:30)
휴무 12/28~1/4, 부정기
요금 100엔
홈페이지 kyoto-toban-hp.or.jp
교통 지하철 카라스마선 키타야마北山역(K03) 3번
출구에서 도보 1분
지도 P.19-C

도판 명화의 정원 陶板名画の庭

야외 파인 아트 전시관으로 사용 중인 안도
다다오의 건축물. 천장 없이 벽과 통로, 물이
담긴 공간으로 이뤄진 독특한 건물이다. 도판
에 그려진 서양 명화들과 콘크리트 건축물의
조화가 이색적이다.

주소 京都市左京区下鴨半木町

오야마자키 산장 미술관
大山崎山荘美術館

안도 다다오의 작
품인 지중관地中
館은 주변 경관과
의 조화를 위해 반
지하 구조로 설계
되었다. '지중의
보석함'이라는 뜻
의 로맨틱한 이름
도 그가 직접 지었
다고 한다. 그의
또 다른 작품인 야마테관山手館은 '꿈의 상
자'라고도 불리는 건물로, 수련이 피어 있는
연못과 건물이 이루는 조화가 멋스럽다. 근처
에 있는 산토리 야마자키 증류소(P.63)와 함
께 둘러보면 좋다.

주소 京都市乙訓郡大山崎町銭原5-3
전화 075-957-3123
개방 10:00~17:00(입장 마감 16:30)
휴무 월요일(공휴일이면 다음 날), 임시 휴관일, 연말
연시(홈페이지 참조)
요금 전시에 따라 다름
홈페이지 www.asahigroup-oyamazaki.com
교통 JR 야마자키山崎역이나 한큐 오야마자키大山
崎역에서 하차 후, 무료 셔틀버스 이용(20분에 1대씩
운행, 시간표는 홈페이지 참조) 또는 도보 12분

고베

키타노 이진칸 지역

로즈 가든

이 지역에는 안도 다다오가 간사이 지역을 중심으로 활동했던 70~80년대의 건축물이 모여 있어 한 번에 둘러볼 수 있다.

〈로즈 가든 Rose Garden〉
주소 神戸市中央区山本通2-8 지도 P.38-D

〈월 스퀘어 Wall Square〉
주소 神戸市中央区山本通2-13-15 지도 P.38-E

〈픽스 213 Fix 213〉
주소 神戸市中央区山本通2-13-14 지도 P.38-E

〈린스 갤러리 RIN'S GALLERY〉
주소 神戸市中央区北野町2-7-18 지도 P.38-B

〈월 애비뉴 Wall Avenue〉
주소 神戸市中央区山本通1-7-17 지도 P.38-E

교통 한큐 전철 고베산노미야神戸三宮역(HK16) 동쪽 개찰구東改札口 쪽의 키타노자카北野坂 방면 출구에서 도보 10분, 또는 시티루프버스 키타노이진칸北野異人館 하차.

효고 현립 미술관 兵庫県立美術館

안도 다다오가 설계를 맡아 화제가 된 이 근현대 미술관은 건물 바로 뒤로 바다를 둔 지리적 이점을 살려 디자인되었다. 특히 바다가 보이는 각 층의 테라스와 미술관 입구로 향하는 나선형 계단 등이 볼만하다. → P.495

고베 고로케 모토마치점
神戸コロッケ元町店

고로케 전문점으로 사용되고 있는 건물로 고베의 차이나타운인 난킨마치에 자리 잡고 있다. 안도 다다오가 설계한 작품 중 가장 작은 규모로 알려져 있다.

주소 神戸市中央区元町通2-4-1
전화 078-321-7010
영업 11:00~18:00
휴무 부정기
교통 JR 모토마치元町역 동쪽 출구에서 도보 3분
지도 P.39-J

월 스퀘어

픽스 213

린스 갤러리

월 애비뉴

THEME
5

제대로
알고 가자!
일본의
신사와 절

일본 간사이 지역의 관광 명소 중 많은 비율을 차지하는 것이 바로 절과 신사이다. 대부분 산속에 자리 잡고 있는 우리의 절과는 달리 일본의 절이나 신사는 시내 한복판, 주택가 한가운데에 자리 잡은 경우도 많아 여행 중 생각지 못한 곳에서 자주 마주치게 된다. 일본의 절과 신사의 차이점을 알고 보면 더욱 재미있을 것이다.

숭배의 대상

절은 불교 사찰로, 승려가 살며 불교를 공부하는 곳이다. 따라서 숭배 대상은 부처이다. 한편 신사는 신이 사는 곳으로, 일본 고유의 토착 신앙인 신도神道를 따른다. 따라서 숭배의 대상은 800만의 신들과 산, 숲, 돌, 신목, 특정 인물 등 무척 다양하다.

절과 신사의 입구

절과 신사를 구분하는 가장 빠른 방법은 바로 토리이鳥居의 유무이다. 토리이는 일본 신사의 상징과도 같으며 신사 입구에서 흔히 볼 수 있다. 신의 영역과 인간 세계의 경계를 이루는 결계와 같은 역할을 한다. 교토에서 가장 큰 토리이는 헤이안 진구(P.360)에 있으며, 일본에서 가장 많은 토리이를 보유한 신사는 후시미이나리타이샤(P.405)이다.

절의 입구 역할을 하는 것은 바로 산몬山門(산문)이다. 이 문을 경계로 속세와 성역을 구분 짓는다. 산문, 인왕상이 있는 니오몬仁王門(인왕문), 초쿠시몬敕使門(칙사문) 등 종류도 여러 가지다. 사찰 건축 중에서도 최고의 기술이 집약되어 있는 건축물이다.

헤이안 진구의 거대한 토리이

치온인의 거대한 산몬

신사의 여성 성직자인 미코

성직자

절(사찰)의 성직자는 승려, 신사의 성직자는 칸누시神主와 미코巫女이다. 일본 애니메이션 〈너의 이름은〉에 바로 이 칸누시와 미코가 등장한다. 신사에서 신을 모시는 신관으로 각종 예배와 행사를 주관하는 것이 '칸누시', 칸누시를 도와 신을 모시는 미혼의 여성을 '미코'라 부른다. 애니메이션 〈너의 이름은〉의 주인공인 미츠하가 바로 '미코'이며 미츠하의 아버지는 아내의 죽음 이후 '칸누시'를 그만두고 정치를 하게 된다.

들어가기 전 손 씻기

신사나 절 입구에 있는 초즈야手水舍는 신이 있는 곳에 들어가기 전, 몸을 청결하게 한다는 의미에서 손을 씻는 의식이 이루어지는 곳이다. 이 물로 입을 씻기도 하는데, 바가지에 입을 대지 않고 손에 물을 흘려 그 물로 씻는다. 마시는 물이 아니므로 주의하자.

시줏돈

절과 신사에서 보통 참배할 때 시주함에 동전을 많이 넣는데 동전 종류에 따라 각각 의미가 있다. 1엔, 5엔, 50엔, 100엔짜리 동전은 좋은 인연을 만들어주는 효과가 있다고 믿지만, 10엔짜리는 좋은 인연과 거리가 멀어지며 500엔짜리는 시주의 효과가 전혀 없다고 하여 넣지 않는다. 가끔 지폐를 넣는 사람도 있다.

시줏돈으로 가장 인기 있는 동전은 5엔짜리인데, 5엔과 인연こ緣의 일본어 발음이 '고엔'으로 동일하기 때문이다.

에마 絵馬

신사에서 볼 수 있는 에마는 '말 그림'이라는 뜻으로, 소원을 적은 작은 나무패를 말한다.

옛날부터 말은 신이 타던 동물이라고 여겨져 신에게 말을 바치던 풍습이 있었다. 하지만 말은 너무 비쌌기 때문에 일반 서민들은 꿈도 꿀 수 없었다. 하여 헤이안 시대 때부터는 말이 그려진 나무판을 사서 자신의 소원을 적어 걸어두는 식으로 봉납奉納을 하게 되었다. 현재는 말 그림 외에도 각 신사에서 모시는 신의 그림을 그려놓은 에마도 있다. 가격은 100~1000엔 정도.

초즈야. 신이 있는 곳에 들어가기 전 손을 씻는 곳이다.

오마모리 お守り

대부분의 신사나 절에서는 부적의 의미를 지닌 오마모리를 판매한다. 마모리守り는 '수호'의 의미가 있으며 건강, 학업, 인연, 교통 안전, 안전한 출산 등 원하는 소원에 맞춰 사면된다. 신사나 절에 따라 다양한 형태의 오마모리가 있다. 가격은 300~2000엔 정도.

오미쿠지 おみくじ

자신의 운세가 적힌 종이를 오미쿠지라고 한다. 점괘 결과를 좋은 순서대로 나열하면 다음과 같다. 대길大吉, 중길中吉, 소길小吉, 길吉, 반길半吉, 말길末吉, 말소길末小吉, 흉凶, 소흉小凶, 반흉半凶, 말흉末凶, 대흉大凶. 점괘 내용은 매우 어려운 고어로 쓰여 있어 일본인들도 잘 못 읽는 경우가 많다. 나쁜 점괘가 나온 경우 신사나 절의 나무나 밧줄 등에

매달아 두면 액운을 막는다고 한다. 무료~200엔 정도.

신사 방문 시 주의할 점

일본 신사에서 모시는 신은 그 지역의 안녕과 풍요를 기원하는 것이 대부분이다. 하지만 전범을 신으로 섬기는 신사들도 몇몇 있다. 가장 유명한 곳은 도쿄의 야스쿠니 진자靖国神社. 교토에도 임진왜란을 일으킨 도요토미 히데요시를 신으로 모시는 토요쿠니 진자豊国神社이 있으며, 오사카성 안에도 같은 한자지만 발음만 다른 호코쿠 진자豊國神社이 있다. 또한 일제강점기의 역사적인 배경으로 인해 신사참배라는 단어는 한국인에게는 매우 불편하게 다가오는 단어이다. 때문에 일본 여행 중 신사를 방문하고자 한다면 그 신사에서 모시는 신이나 역사적인 배경 등을 미리 알고 가는 것이 매우 중요하다.

나쁜 점괘가 나온 오미쿠지를 매달아 두면 액운을 막을 수 있다고 한다.

인생 사진을 만드는 포토제닉 교토

천년 고도 교토에는 전통과 모던함을 넘나드는 멋과 감성이 있다. 그중에서도 나만의 인생 사진을 담을 수 있는 포토제닉한 장소들을 소개한다.

야나기코지 柳小路

번화한 시조도리에서 한 걸음만 안쪽으로 들어가면 거짓말같이 조용하고 운치 있는 길을 만날 수 있다. 좁은 오솔길 중간에 버드나무가 심어져 있어 '야나기코지(버드나무 오솔길)'이라는 이름으로 불린다. 작은 가게와 식당이 옹기종기 모여 있어 구경하는 재미도 쏠쏠하다.

교통 한큐 교토카와라마치京都河原町역(HK86) 6번 출구에서 도보 2분 **지도** P.22-D

시라카와 잇폰바시 白川一本橋

양쪽으로 버드나무가 길게 늘어선 시라카와 샛강 중간중간에 돌다리가 놓여져 있어 한 폭의 그림을 만들어내는 숨은 명소. 다른 유명한 관광지에 비해 인적이 적어 사진 찍기에 좋다.

주소 京都市東山区梅宮町478
교통 한큐 교토카와라마치京都河原町역(HK86) 1A 출구에서 도보 12분

야사카 코신도

야사카 코신도 八坂庚申堂

최근 SNS에서 포토제닉한 장소로 인기 있는
곳. 마치 롤리팝을 가득 걸어놓은 듯한 컬러
풀한 원숭이 인형을 배경으로 예쁜 사진을 찍
을 수 있다. → P.321

쇼렌인 몬제키 青蓮院門跡

천태종의 총본
산인 히에이산
엔랴쿠지의 문
적 사원 중 하
나. 이곳이 포토제
닉한 이유는 사
찰에서 보기 힘
든 모던한 분위

기의 연꽃 그림 때문이다. 촬영이 가능하지만,
사찰이므로 최대한 매너를 지키도록 하자.

주소 京都市東山区粟田口三条坊町69-1
전화 075-561-2345
개방 09:00~17:00(입장 마감 16:30)
휴무 무휴 **요금** 600엔
홈페이지 www.shorenin.com
교통 시 버스 5·46·86번 진구미치神宮道 하차 후
도보 3분
지도 P.19-H

교토 국립 근대미술관
京都国立近代美術館

교토 미술관의 메카인 오카자키 공원에 자리
한 근현대 미술관. 1층 로비에 전시된 작품을
배경으로 멋진 사진을 찍을 수 있다. 단, 셀카
봉과 삼각대 사용은 금지.

주소 京都市左京区岡崎円勝寺町26-1
전화 075-761-4111
개방 10:00~18:00, 기획 전시 중 금요일 09:30~
20:00(폐관 30분 전 입장 마감)
휴무 월요일(공휴일이면 다음 날), 연말연시
요금 컬렉션전 430엔, 기획전은 별도 요금
홈페이지 www.momak.go.jp
교통 시 버스 5·46·86번 오카자키코엔 비주츠엔
岡崎公園 美術館·헤이안진구마에平安神宮前 하차
후 바로
지도 P.24-C

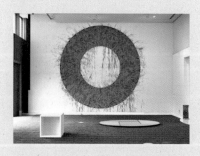

THEME
7

다양한
체험과
액티비티

관광할 것만으로 차고 넘치는 간사이 지역이지만, 보다 특별한 경험을 원한다면 일본의 문화 속으로 좀 더 깊이 들어가 볼 수 있는 체험 교실이나 액티비티를 추천한다.

오사카

고 카트 Go Cart

디즈니, 슈퍼히어로 등의 재미있는 캐릭터 코스튬을 입고 고 카트를 직접 운전하며 오사카 시내를 달리는 투어. 도로 주행용 카트로 주행하며, 가이드가 투어를 인솔한다. 시내 투어 중에는 가장 역동적인 체험이라고 할 수 있으며, 거리에서 시민들의 흥미로운 시선도 받을 수 있다. 여권과 국제 운전면허증 소지는 필수. 국내 여행사 또는 업체 홈페이지로 예약 가능하다. 단, 최근 일본 교통국에서 안전 문제를 우려하고 있어 향후에도 지속적으로 운영될 수 있을지는 미지수다. 일반 차량과 함께 도로를 달리므로 안전에 충분히 주의를 기울여야 한다.

아키바 카트 오사카 난바
Akiba Kart Osaka@Namba

주소 大阪市浪速区日本橋3-3-9
전화 080-9697-8605
영업 10:00~20:00
휴무 부정기
요금 1시간 1만 4000엔, 2시간 1만 8천엔
홈페이지 osakakart.com/en/(영어)
교통 난카이 전철 난바なんば역에서 도보 8분

쿠킹 클래스

일본의 미식 도시 오사카의 식문화를 이해하는 가장 좋은 방법은 바로 직접 요리해 보는 것이다. 일본 요리의 역사, 조리 방법 등을 배우는 것은 물론이고 요리, 플레이팅, 시식까지 함께하며 즐거운 시간을 보낼 수 있는 쿠킹 클래스가 있으며, 외국인을 대상으로 영어로 진행하는 곳들도 있다.

잇 오사카 eat osaka

오사카의 식문화를 가볍게 경험해 볼 수 있는 쿠킹 클래스(영어 진행). 오사카 길거리 음식, 가정 요리로 총 2가지 수업이 있다. 2~3시간 소요. 요금 7500엔. 홈페이지에서 예약 필수.
주소 大阪市浪速区恵美須東1-4-7
전화 080-5325-8975
영업 11:00~18:00 휴무 부정기
홈페이지 www.eatosaka.com(영어)
교통 지하철 미도스지선(M22) · 사카이스지선(K19) 도부츠엔마에動物園前역 5번 출구에서 도보 7분
지도 P.13-C

사쿠라 쿡 Sakura Cook

스시 코스, 라멘 코스, 텐푸라(튀김) 코스, 벤토(도시락) 코스 등 다양한 수업을 영어로 진행한다. 일본 전통 식기를 사용한 플레이팅을 배울 수 있는 것도 장점. 최소 2시간 소요. 요금 8000엔~. 홈페이지에서 예약 필수.
주소 大阪市西区北堀江1-17-20
전화 06-6626-9088 **영업** 11:30~19:00
휴무 부정기 **홈페이지** www.sakuracook.jp(영어)
교통 지하철 미도스지선(M18) · 추오선(C16) · 요츠바시선(Y13) 혼마치本町역 21번 출구에서 도보 1분
지도 P.9-K

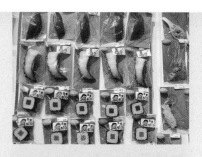

식품 모형 만들기

음식점에서 자주 볼 수 있는 식품 모형은 약 80여 년 전 일본 기후현에서 처음 시작된 것으로, 제작 기술을 배우는 데만 5년은 걸릴 만큼 장인의 기술로 인정받고 있다.
초밥이나 타코야키 같은 소형 식품 모형은 관광객을 위한 기념품으로도 인기 있어 오사카의 기념품점이나 센니치마에 도구야스지 상점가에서도 쉽게 볼 수 있으며, 자신이 직접 만들어보는 가벼운 체험도 할 수 있다.

코나몬 뮤지엄
コナモン ミュージアム

오코노미야키, 타코야키 등 오사카의 분식을 맛볼 수 있는 곳. 3층에는 나만의 타코야키 모형을 직접 만들 수 있는 공방(2000엔, 45분 소요)이 있다. 전화 또는 현장 예약 가능.
주소 大阪市中央区道頓堀1-6-12
전화 06-6214-6678
영업 11:00~21:00(토 · 일 · 공휴일 10:00~21:00)
홈페이지 www.shirohato.com/konamon-m/
교통 지하철 미도스지선(M20) · 요츠바시선(Y15) · 센니치마에선(S16) 난바なんば역 14번 출구에서 도보 3분 **지도** P.5-B

교토

화과자 교실

일본 전통 과자인 화과자和菓子는 손으로 정교하게 빚기 때문에 과거에는 왕족이나 귀족만 맛볼 수 있었다고 한다. '첫맛은 눈으로, 뒷맛은 혀로 즐긴다'는 말이 있을 만큼, 계절에 맞춰 아름답고 화려한 모양을 내는 것으로 유명하다. 보통 일본 다도에서 씁쓰름한 차를 마시기 전에 단맛이 매우 강한 화과자를 먼저 먹는데, 이는 차의 맛을 최상으로 끌어내기 위해서라고 한다.

칸슌도 히가시점 甘春堂東店
총 4가지의 화과자를 만드는데, 2개는 수업 후에 먹고(말차 또는 녹차 제공) 2개는 포장해 갈 수 있다. 1시간 15분 소요. 기본적으로 일본어로 진행하며 외국인의 경우 영어 및 한국어 안내문을 제공한다. 홈페이지 예약 필수. 아라시야마 지점에서도 체험이 가능하다.

주소 京都市東山区茶屋町511-1
전화 075-561-1318
영업 09:15, 11:00, 13:00, 15:00
요금 3300엔
홈페이지 www.kanshundo.co.jp/class/
교통 시 버스 86·88·206·208번 하쿠부츠칸 산주

산겐도마에博物館三十三間堂前 하차 후 도보 6분 (귀무덤耳塚 바로 건너편)
지도 P.25-C

다도 체험

일본의 전통문화 중 하나인 다도茶道는 단순히 차를 만들어 마시는 행위뿐만 아니라 차와 그것을 담은 다기, 차를 마시는 공간인 다실茶室, 그리고 선종의 가르침 등을 즐기는 종합 예술이다. 교토는 예로부터 다도 문화가 매우 발달한 지역으로 기온 지역을 중심으로 다도를 체험할 수 있는 곳이 많이 있다.

티 세리머니 카멜리아 플라워
Tea Ceremony Camellia FLOWER
키요미즈데라 주변에 위치한 다도원. 일본어, 영어로 대응하며 홈페이지를 통해 예약 접수할 수 있다. 다도 체험은 매시 정각에 시작되며 약 45분 소요된다.

주소 京都市東山区桝屋町349-12
전화 075-525-3238
영업 10:00~17:00 **휴무** 부정기
요금 그룹 3300엔, 프라이빗 6600엔~
홈페이지 tea-kyoto.com
교통 시 버스 58·80·86·202·206·207 키요미즈미치清水道 하차, 키요미즈데라 방향으로 도보 10분

게이코, 마이코를 만나는 체험

일본의 전통문화를 계승하고 있는 게이코芸子, 마이코舞妓에 대한 사람들의 관심도는 매우 높으나 일반 관광객들은 쉽게 다가가기 힘든 영역이었다. 하지만 최근에는 저렴한 가격에 마이코를 만날 수 있는 다양한 관광 상품들이 많이 개발되어 있다.

게이코와 마이코

영화 〈게이샤의 추억〉으로 잘 알려진 게이코와 마이코는 교토를 대표하는 존재로, 춤이나 샤미센(전통 악기) 등으로 연회 자리에서 흥을 돋우는 일을 하는 여성을 말한다. 교토의 기온, 카미시치켄 일대의 고급요정(오차야お茶屋) 또는 요릿집(료테이料亭)에서 만날 수 있다. 보통 식사를 하면서 마이코의 전통 춤을 구경하고 간단한 게임으로 흥을 돋우며 즐긴다.

기본적으로 마이코, 게이코, 샤미센 연주자가 한 팀으로 움직이며 이들의 화대와 차비, 그리고 음식값까지 모두 합하면 150~300만 원은 족히 든다. 또한 아는 사람의 소개가 없이는 예약조차 받아주지 않는 곳이 많다. 이는 가게의 입장에서 초면의 손님에게 최대한의 접객을 하는 것이 불가능하며 모든 비용을 추후에 후불로 받았기 때문에 생겨난 교토만의 독특한 문화다.

케이한 버스 정기관광버스
京阪バス 定期観光バス
마이코의 무용과 기념 촬영(GW) 코스

교토 북부의 리조트 호텔에서 마이코의 전통 춤을 구경하면서 식사를 하고, 잘 가꾸어진 일본식 정원 '타카가미네 쇼잔 정원鷹ヶ峯しょうざん庭園'을 감상할 수 있는 코스. 식사는 가이세키풍 교토 요리가 나온다. 공연이 끝나면 한 명 한 명 마이코와 기념사진을 찍을 수 있다. 이때 마이코의 이름이 적힌 스티커, 센자후다千社札를 받을 수 있다. 이는 마이코가 명함으로 사용하는 것으로, 지니고 다니면 복이 날아 들어온다고 전해진다. 연회 후에는 히가시야마 정상에서 야경을 구경할 수 있는 시간도 마련되어 있다.

요금 9950엔
운행 9~11월 금·토요일 17:30
홈페이지 willerexpress.com/en/keihanbus
승차장 JR 교토역 지상 1층 카라스마구치烏丸口 앞 정기관광버스 승차장(定期観光バス乗り場, 이세탄 백화점 앞)
지도 P.25-B

카미시치켄 비어가든
上七軒ビアガーデン

키타노 텐만구 근처. 이 지역의 마이코들이 춤을 선보이는 공연장인 '카미시치켄 가부렌조上七軒歌舞練場'에서는 여름 기간 한정으로 비어가든을 운영한다. 중간에 마이코가 자리를 돌며 인사를 하는데 이때 기념 촬영도 가능하다. 생맥주 한 잔과 기본 안주 세트가 2500엔.

주소 京都市上京区真盛町742
전화 075-461-0148
영업 17:30~22:00(주문 마감 21:30), 7월 초~9월 초만 운영
휴무 부정기(홈페이지 참조)
카드 불가
홈페이지 www.maiko3.com
교통 시 버스 50·55·101·203번 키타노텐만구北野天満宮 또는 카미시치켄上七軒 하차 후 도보 3분
지도 P.18-F

기모노 · 유카타 체험

일본의 전통 의복인 기모노着物와 유카타浴衣. 전통문화가 잘 보존된 교토는 거리 곳곳에서 기모노나 유카타를 입은 관광객을 쉽게 볼 수 있다.

유카타는 기모노의 한 종류로, 얇은 면 소재로 만들어져 주로 여름철 외출용이나 온천 등에서 잠옷 대신으로 입는, 캐주얼한 느낌의 전통 의복이다. 이에 반해 기모노는 격식을 차린 사계절 외출용 전통 의복으로, 입는 방법이 매우 어려워 대신 입혀주는 전문가에게 부탁을 하는 것이 보통이다. 교토의 대부분의 관광지 주변에는 기모노나 유카타를 대여해주는 업체가 많이 모여 있다. 대여료는 보통 3000엔대부터 시작하며, 헤어 스타일링이나 기타 서비스 등을 추가 요금으로 받을 수도 있다.

기온 니시키 ぎをん錦

기모노부터 유카타까지 종류가 매우 많아 선택의 폭이 넓으며 홈페이지에서 예약할 수 있

다(당일 예약은 전화로 문의). 1078엔에 헤어 스타일링 추가도 가능하다. 교토 시내 여기저기에 지점이 많아 편리하다.

주소 京都市東山区祇園町北側347
전화 075-708-2111 **요금** 1900엔~
영업 09:00~19:00 **휴무** 부정기 **카드** 사용가능
홈페이지 gion-nishiki.com
교통 한큐 교토카와라마치京都河原町역(HK86) 1A 출구에서 왼쪽으로 도보 10분 **지도** P.21-C

고야산

템플 스테이

사찰에서 참배객을 위해 내주는 방을 숙방宿坊, 일본어로 슈쿠보라고 한다. 해발 800m 산속에 자리한 불교 성지 고야산에는 슈쿠보, 즉 템플 스테이를 체험할 수 있는 사찰이 52 곳이나 있다. 사찰에서의 숙박과 승려들의 수행 체험, 사찰의 아름다운 일본 정원 감상과 일본의 사찰 음식인 쇼진 요리(저녁과 아침 식사)까지 다양한 체험이 1박 동안 가능하다. 가격은 1박 9000엔대부터 1만 4000엔 이상. 홈페이지나 전화를 통한 사전 예약은 필수다.

〈고야산 숙방 협회〉
주소 伊都郡高野町高野山600 **전화** 0736-56-2616
홈페이지 eng.shukubo.net(영어) **지도** P.21-C

일본 온천 제대로 즐기기

일본 여행의 백미 중 하나는 바로 온천. 뜨거운 온천물에 몸을 담그면 그간의 피로가 사르르 녹아내리는 듯하다. 시간과 비용이 들더라도 전통 료칸의 온천을 경험해 볼 것을 추천한다. 노천 온천은 물론이고, 전통 코스 요리인 가이세키 요리를 맛볼 수 있어 색다른 일본 문화를 경험할 수 있다. 일정이 여의치 않다면 당일치기로 즐기거나 시내의 온천 시설을 이용할 수도 있다.

간사이 지방의 대표 온천 지역

아리마 온천 有馬温泉

도고, 시라하마와 함께 일본의 3대 전통 온천으로 꼽히는 곳이다. 오사카와 고베에서 1시간이면 갈 수 있어 당일치기로 다녀올 수 있다. 황토색의 킨센(금탕)과 무색투명한 긴센(은탕) 두 가지 온천을 경험할 수 있는 것이 장점. 온천욕 후에는 운치 있는 골목길을 산책하며 군것질을 즐기는 것도 재미있다.

시라하마 온천 白浜温泉

와카야마현에 위치한 온천 지역으로, '난키시라하마 온천'이라고도 부른다. 과거 일왕들이 방문하기도 했던 천 년 이상의 역사를 지닌 온천으로, 일본 3대 전통 온천 중 하나로 손꼽힌다. 해변 휴양지이면서 온천 지역이어서 바다를 바라보며 온천을 즐길 수 있는 것이 최대 장점. 수질은 탄산천, 식염천이다.

1 료칸의 객실 2 여탕 입구. 대개 시간대에 따라 남탕과 여탕을 서로 바꾸므로 입구에 걸린 천을 확인한다. 3 실내 온천

일본 온천의 이용 방법

온천 료칸에 숙박하기

일본 온천 하면 보통 온천이 있는 료칸에 숙박하며 온천욕과 일본 전통 코스 요리인 가이세키 요리를 함께 즐기는 것이 많다. 대개 아침 식사와 저녁 식사가 포함되며, 전통 료칸만의 기분 좋은 서비스와 분위기를 경험할 수 있다.

숙박료는 보통 아침과 저녁 두 번의 식사를 포함하기 때문에 가격대가 높은 편이다. 1박 2식의 1인 요금이 1만 엔부터 5만 엔 이상까지 시설에 따라 천차만별이다. 또한 1인 숙박은 받지 않는 곳도 있으니 참고하자.

가이세키 요리의 예

료칸의 선택 기준

❶ 노천 온천의 유무, 온천 시설과 분위기
❷ 식사(특히 저녁 식사)의 내용
❸ 객실의 시설과 분위기
❹ 일본 정원, 기타 부대시설 등

료칸의 당일치기 상품

료칸을 경험하고 싶지만, 숙박료가 부담스러운 사람에게는 당일 온천(히가에리 프란日帰リプラン)을 추천한다. 숙박을 하지 않고 온천욕만 즐기는 것으로, 모든 료칸에서 운영하는 것은 아니므로 미리 확인해 봐야 한다.

온천욕만 하는 경우는 보통 1000엔 전후로 가능하며, 그 외에도 온천욕과 점심 또는 저녁 식사를 함께 하는 상품, 온천욕과 식사에 객실에서의 휴식 시간까지 주어지는 상품이 제공되는 곳도 있다.

식사를 포함하는 상품은 식사 메뉴에 따라서 가격이 크게 달라지며, 숙박할 때와 마찬가지로 예약을 해야 한다. 숙박 요금(2식 포함)에 비하면 꽤 저렴하게 즐길 수 있기 때문에 투자할 가치는 충분하다.

저렴한 온천 시설

온천 마을에 가면 료칸처럼 온천을 갖춘 숙박 시설 외에 온천만 할 수 있는 입욕 시설이 따로 있다. 보통 현지 주민들이 가볍게 이용하는 시설인지라 동네 목욕탕 같은 분위기가 대부분이지만 온천의 수질만은 동일하다. 요금이 대개 600엔 전후로 매우 저렴하다. 아리마 온천에는 킨노유(P.513)와 긴노유(P.515)가 있으며, 시라하마 온천에는 사키노유(P.602)가 있다. 관광객을 대상으로 노천 온천과 식당, 휴게실까지 갖춘 입욕 시설도 있는데 이 경우 1000~2000엔대로 가격이 올라가기도 한다.

온천의 입욕 방법

❶ 입욕 전 샤워를 해 몸을 깨끗하게 한다.
❷ 자신의 취향에 맞게 반신욕이나 전신욕으로 온천을 즐긴다.
❸ 온천욕을 마치고 다시 몸을 씻어낸다. 일반 온천물은 굳이 씻어내지 않아도 문제 없지만, 유황 온천이나 염분이 많이 함유된 온천은 몸을 씻어주는 게 좋다.
❹ 온천을 즐긴 후에는 수분을 충분히 보충한다. 온천에서 판매하는 병 우유를 마셔도 좋다.

공짜로 온천 즐기기

일본의 온천 지역에 가면 어디든지 족욕탕이나 음천장(온천수를 마실 수 있게 해놓은 시설)이 있다. 대개 무료이며, 유료일지라도 수건 값 정도만 받는 곳들이 많으니 가볍게 경험해 보기 딱 좋다.

Tip

문신 있는 사람은 유의할 것

노천 온천

일본의 온천과 대중 목욕탕에서는 몸에 문신이 있는 사람들의 입장을 제한하는 곳이 많다. 작은 사이즈의 문신이라도 발각 시 입장이 허용되지 않는 경우가 있으니 참고하자.

아리마 온천 킨노유 앞에 있는 족욕탕

오사카 시내의 온천 시설

일정이나 여건상 아리마 온천이나 아라시야
마 온천에 가기 어렵지만, 온천욕으로 피로를
풀고 싶은 사람은 시내 온천 시설을 이용하는
방법이 있다. 가까운 시내에서 저렴한 요금으
로 간편하게 즐길 수 있으며, 노천 온천을 갖
춘 곳도 있다. 대개 수건은 별도 사용료를 내
야 하므로, 미리 챙겨 가는 것이 좋다.

스파월드 スパワ-ルド

주소 大阪市浪速区恵美須東3-4-24
전화 06-6631-0001
영업 10:00~다음 날 08:45 **휴무** 무휴
요금 1500엔(풀장 이용 시 2000엔)
시설 노천 온천 · 풀장
홈페이지 www.spaworld.co.jp
교통 지하철 미도스지선(M22) · 사카이스지선(K19)
도부츠엔마에動物園前역 5번 출구에서 도보 1분
지도 P.13-C

천연 노천 온천 스파 스미노에
天然露天温泉 スパスミノエ

주소 大阪市住之江区泉1-1-82
전화 06-6685-1126 **영업** 10:00~다음 날 02:00(입
장 마감 01:00) **휴무** 무휴
요금 월~금 750엔, 토 · 일 · 공휴일 850엔
시설 노천 온천
홈페이지 www.spasuminoe.jp
교통 지하철 요츠바시선 스미노에코엔住之江公園역
(Y21) 2번 출구에서 도보 5분

나니와노유 なにわの湯

주소 大阪市北区長柄西1-7-31
전화 06-6882-4126 **영업** 월~금 10:00~다음 날
01:00, 토 · 일 08:00~다음 날 01:00(입장 마감
24:00) **휴무** 무휴(시설 점검일 제외)
요금 850엔(토 · 일 · 공휴일 950엔) **시설** 노천 온천
홈페이지 www.naniwanoyu.com
교통 지하철 사카이스지선(K11) · 타니마치선(T18) 텐
진바시스지로쿠초메天神橋筋六丁目역 5번 출구에
서 도보 8분

노베하노유 延羽の湯

주소 大阪市東成区玉津3-13-41
전화 06-4259-1126
영업 09:00~다음 날 02:00(접수 마감 01:00)
휴무 무휴(시설 점검일 제외)
요금 900엔(토 · 일 · 공휴일 1000엔)
시설 노천 온천, 한식 찜질방
홈페이지 www.nobuta123.co.jp/nobehatsuruhashi/
교통 지하철 센니치마에선 츠루하시鶴橋역(S19)에서
도보 5분

THEME
9

간사이의
대표 음식

오사카 사람들의 기질을 가리키는 말로 가장 유명한 것이 '쿠이다오레くいだおれ'이다. 이는 '먹다가 망한다'는 뜻으로, 오사카의 식도락 문화를 단적으로 표현하고 있다. 오사카와 교토, 고베에는 전국적으로 유명한 맛집이 다수 자리하고 있으며, 그 지역에서 탄생한 명물 음식도 다양하다.

오코노미야키 お好み焼き

일본식 부침개. 밀가루 반죽에 고기, 해산물, 양배추, 파, 달걀 등 원하는 재료를 넣고 철판에 구운 후 소스와 마요네즈를 바르고 가츠오부시를 뿌려 먹는 게 보통이다.

오사카의 오코노미야키는 밀가루 반죽과 양배추가 비슷한 비율로 들어가며 반죽에 참마 등을 넣기도 한다. 반죽에 중화면을 넣은 모단야키モダン焼き, 양배추 대신 파를 듬뿍 넣어 구운 네기야키ねぎ焼き도 있다.

● 저스트고 추천 맛집
후쿠타로(P.158), 야키젠(P.162), 미즈노(P.169), 치보(P.170)

타코야키 たこ焼き

밀가루 반죽에 문어를 넣고 전용 기기에 구워내는 문어빵. 작고 둥근 모양이어서 한입에 먹기 좋지만, 구워낸 직후에는 속이 무척 뜨겁기 때문에 입 안을 데지 않도록 주의해야 한다. 일본 전국에서 흔히 볼 수 있는 길거리 간식이지만, 오사카에서는 자체 개발한 소스와 직접 만든 마요네즈를 쓰는 가게가 많으며 문어의 신선도에 따라 맛이 크게 달라진다.

● 저스트고 추천 맛집
도톤보리 쿠쿠루(P.165), 하나다코(P.224)

쿠시카츠 串カツ

나무꼬치에 고기나 채소, 소시지, 해산물 등 다양한 재료를 꽂고 반죽을 얇게 묻혀 바삭하게 튀겨낸다. 튀김옷이 얇아서 느끼하지 않으며, 좋아하는 재료를 골라 주문할 수 있어 좋다. 쿠시카츠는 소스에 푹 잠길 정도로 적셔 먹는데, 소스는 모든 손님이 함께 이용하는 것이므로 반드시 처음 한 번만 찍는 게 철칙이다. 입 안의 기름기를 제거하도록 양배추를 함께 주는데 얼마든지 리필이 가능하며 소스가 부족할 경우 양배추로 소스를 떠서 쿠시카츠에 끼얹어 먹으면 된다.

● **저스트고 추천 맛집**
다루마(P.173), 텐구(P.270), 야에카츠(P.271)

도테야키 どて焼き

오사카의 신세카이에서 탄생한 도테야키는 소 힘줄을 일본 된장 양념에 푹 절인 후 조린 것으로, 나무꼬치에 꽂아 내거나 잘게 썰어 곤약 등과 함께 내기도 한다. 겉모습이 낯설어 꺼려질 수도 있지만 막상 먹어보면 부드럽지만 쫄깃한 식감에 달짝지근하면서 짭조름한 된장 양념 맛이 일품이다. 술안주로 사랑받는 음식이다.

● **저스트고 추천 맛집**
텐구(P.270), 야에카츠(P.271)

우동 うどん

서민 음식의 대명사인 키츠네 우동의 발상지는 바로 오사카. 유부초밥을 만들 때 쓰는 달콤한 유부를 우동에 넣은 데서 시작된 것이다. 우동 위에 큼직하게 썰은 유부 한 장이 떡하니 올라가 있는데, 오래 끓여 부드러운 유부의 단맛이 입맛을 돋운다. 맑은 우동 국물은 깊은 맛과 감칠맛이 좋다.

● **저스트고 추천 맛집**
도톤보리 이마이(P.168), 우사미테이 마츠바야(P.177), 야마모토 멘조(P.369)

양식 洋食

돈카츠, 햄버그스테이크, 오므라이스, 카레, 하이시라이스 등 서양 음식이 일본에 들어와 그들의 입맛에 맞게 변형된 양식이 많다. 그중에서 오므라이스의 발상지는 바로 오사카다. 위가 좋지 않은 손님을 위해 토마토소스로 볶은 쌀밥을 달걀로 말아낸 것이 그 시초라고 한다. 오사카와 고베에는 수십 년의 오랜 전통을 자랑하는 양식집이 여러 곳 있으며, 요리에 대한 자부심이 대단하다.

● **저스트고 추천 맛집**
지유켄(P.160), 인디언 카레(P.161), 토요테이(P.220), 카츠쿠라(P.352)

건강 정식 健康定食

영양 밸런스를 맞추고 채소를 많이 사용한 가정식 식단을 말한다. 오코노미야키, 타코야키, 우동, 라멘 등 밀가루 음식이 많은 간사이 지방에서 집밥이 생각날 때 찾으면 좋다.
최근에는 카페 분위기의 가게에서 현미밥이나 흑미밥에 제철 재료를 사용한 건강식을 선보이는 곳이 많으며, 대개 그날 들여오는 재료에 따라 메뉴 구성이 달라진다.

●저스트고 추천 맛집
상미(P.174), 겐미안(P.222), 카나카나(P.560)

고베규 神戸牛

횡성에 횡성 한우가 있다면 고베에는 고베규가 있다. 일본 3대 와규和牛 중 하나인 고베규는 화려한 마블링과 부드러운 육질을 자랑하는 고베의 대표 음식. 주로 고기와 계절 채소 등을 손님 자리 바로 앞의 철판에 구워서 내는 테판야키 가게가 많다. 보통 스테이크 가게의 메뉴는 저렴한 일반 와규에서부터 특등급 고베규까지 고기 질에 따라 가격대도 천차만별이며 코스로 주문을 받는 곳이 많다. 고베규의 등급은 알파벳과 숫자를 합해 표기하는데, A5가 가장 높고 C1이 가장 낮은 등급이다.

●저스트고 추천 맛집
스테이크 랜드(P.456), 와코쿠(P.477)

빵 パン

일본은 밀가루와 우유의 질이 좋아 일반 편의점 빵마저도 맛있기로 유명하다. 특히 고베는 일찍부터 서양 문물을 받아들여 빵의 역사가 길고 그에 걸맞게 유명한 빵집도 많다.
일반적으로 어느 빵집에서나 흔히 팔고 있는 메론빵(소보로빵), 앙팡(단팥빵), 소시지빵, 카레빵은 물론, 각 베이커리만의 오리지널 빵들을 맛보는 것은 간사이 여행에 있어서 또 하나의 큰 즐거움이다.

●저스트고 추천 맛집
이스즈 베이커리(P.458), 동크(P.458), 르팡(P.481)

유도후 湯豆腐 · 유바 ゆば(湯葉)

물이 좋기로 명성이 자자한 교토는 물을 많이 사용하여 만드는 음식들이 유명한데 두부가 그 대표적인 예이다. 다시마를 우려낸 따끈한 육수에 연한 두부를 넣어 데워 먹는 음식인 유도후는 교토의 대표적인 향토 요리. 두부 본연의 고소한 맛과 향을 즐기는 음식으로, 같이 나오는 간장이나 소스에 찍어 간을 맞춰 먹는다.
또한 콩물을 데울 때 생기는 얇은 막을 건져 건조시키거나 그대로 먹는 음식인 유바 또한 교토의 명물 요리 중 하나이다.

●저스트고 추천 맛집
오카베야(P.334), 준세이(P.370)

스위츠 スイーツ

과자나 케이크, 푸딩 등 단맛을 내는 서양식 디저트를 통틀어 일컫는 말이다. 일본에서는 여성이나 어린이뿐 아니라 전 세대에 걸쳐 폭넓게 사랑받고 있다. 오사카, 고베, 교토에서 스위츠 전문점과 스위츠를 판매하는 카페를 다양하게 찾아볼 수 있다.

살롱 드 몽셰르→P.174
도지마 롤
1롤 1260엔

델리스 뒤 팔레→P.176
후르츠 타르트
1조각 842엔

하브스→P.153
밀크레이프
1조각 830엔

키르훼봉→P.227
딸기 타르트
1조각 649엔

파블로→P.171
치즈 타르트
850엔

리쿠로 오지상 치즈
케이크→P.160
치즈 케이크 685엔

맛차칸→P.351
말차 티라미수
594엔

기온 코모리→P.337
코모리맛차 바바로아 파훼
1450엔

사료 츠지리→P.338
토쿠센 츠지리 파훼
1383엔

일본의
국민 음식
라멘

중국의 라미엔拉麵이라는 면 요리가 일본에 들어오면서 일본인들의 입맛에 맞게 변형, 발전된 것이 바로 라멘ラーメン이다. 지금은 일본의 국민 요리라 부를 만큼 큰 사랑을 받고 있다. 면과 국물 위에 차슈(오랜 시간 푹 삶아 얇게 썬 돼지고기), 파, 삶은 달걀 등 다양한 토핑이 올라간다. 각 지역을 대표하는 라멘 종류가 다양하게 있으며, 식당에 따라서 그 맛 또한 매우 다르다.

라멘의 종류

쇼유 라멘 醤油ラーメン

일본 간장으로 맛을 낸 국물의 라멘. 닭 뼈와 채소 등을 우려낸 육수에 일본 간장을 더해 담백한 맛이 난다. 여기에 돼지 뼈나 소뼈 육수를 첨가해 진한 맛의 국물을 내거나 해산물을 이용해 개운한 국물을 내기도 한다.

시오 라멘 塩ラーメン

소금으로 맛을 낸 국물의 라멘. 닭 뼈나 돼지 뼈를 우려낸 국물에 소금 간을 해 맛이 산뜻하고 깔끔하다. 돈코츠 라멘처럼 오래 우려내지 않으므로 국물이 맑다. 간장이나 된장 등 양념 맛이 강한 라멘을 선호하지 않는 사람들에게 인기 있다.

미소 라멘 味噌ラーメン

일본 된장으로 맛을 낸 국물의 라멘. 돼지 뼈와 채소 등을 고아 낸 육수에 일본 된장을 풀어 국물을 만든다. 어느 지역 된장을 사용하는지에 따라 맛이 크게 달라진다.

돈코츠 라멘 豚骨ラーメン

돼지 뼈를 오랜 시간 진하게 우려낸 우윳빛 국물의 라멘. 후쿠오카가 돈코츠 라멘으로 유명하다. 주로 간장을 사용해 맛을 내는 경우가 많으나, 가게에 따라 일본 된장이나 매운 양념 등을 넣는 곳도 있다.

탄탄멘 坦々麺

중국 사천성에서 탄생한 매콤한 국물의 면 요리인 단단미엔을 일본식 라멘으로 만든 것. 고추기름을 사용해 국물의 풍미를 내고, 토핑으로는 다진 고기나 차슈, 청경채, 시금치 등의 채소를 올린다.

츠케멘 つけ麺

면과 국물을 따로 내어, 면을 짭짤한 국물에 조금씩 찍어 먹는 라멘. 삶은 면을 찬물에 씻어내기 때문에 면발이 탱글한 것이 특징이다. 1950년대에 도쿄에서 탄생한 것으로, 간사이에서는 츠케멘을 파는 가게가 그리 많지 않은 편이다.

라멘의 가격

우리나라의 인스턴트 라면을 생각하면 안 된다. 일본에서 장인 정신으로 만든 라멘 한 그릇은 훌륭한 한 끼 식사로 대접받는다. 가격대는 저렴하게는 500엔, 비싸게는 1000엔을 넘어가는 경우도 있다. 보통 700~800엔 정도가 일반적이다. 거기에 토핑을 추가하거나 곱빼기로 시키면 가격은 더 올라간다.

주문 방법

대개의 라멘 식당은 자동판매기에서 직접 식권을 구입해 직원에게 건네는 방식으로 주문이 이뤄지는 경우가 많다. 테이블석도 있지만 카운터석이 많은 편이라 혼자 가도 부담 없이 식사할 수 있다. 번화가에는 24시간 영업하는 곳도 있어 술자리 후 해장으로 라멘을 먹는 사람들도 많다.
식당에 따라 무료로 또는 요금을 받고 면을 추가해 주는 곳도 있다. 이때는 '카에다마 오네가이시마스替え玉お願いします'라고 말하면 된다.

스시, 본토에서 즐기자

일본 요리 중 빼놓을 수 없는 것이 있다면 바로 스시다. 요즘은 한국에서도 비싸지 않은 가격으로 다양한 스시를 맛볼 수 있지만 그래도 일본의 신선한 재료로 만든 것과는 맛의 차이가 확연히 난다. 일본에서 스시를 저렴하게 먹을 수 있는 가장 대표적인 곳이 회전 초밥(카이텐스시回転すし) 가게다.

회전 초밥집, 어떻게 고를까?

회전 초밥은 여러 가지 브랜드가 있고 가격대도 다양하지만, 저렴한 곳이라고 해서 맛이 떨어지는 것은 아니다. 그러므로 적당한 가격대의 가게를 고르되, 매체에서 자주 소개되어 관광객이 너무 많은 곳은 주방에서 각 제품에 덜 신경 쓰게 될 수 있으니 피하는 것이 좋다. 현지인 손님이 많은 곳으로 선택하면 성공 확률이 높다.

회전 초밥을 최초로 고안한 겐로쿠 스시

신선한 스시를 먹으려면

손님이 너무 적은 곳보다는 조금 많은 곳이 회전이 빨라 스시가 신선한 편이다. 하지만 가장 신선한 스시를 먹는 방법은 즉석에서 주문을 하는 것이다. 오픈된 바일 경우 "스미마셍"을 외치고 점원에게 원하는 메뉴를 말하면 즉석에서 만들어 건네준다. 주방이 오픈되지 않은 곳에서는 테이블 위의 버튼을 누르고 원하는 메뉴를 주문하면 자신의 자리 번호를 표시한 스시 접시가 벨트 위로 운반된다.

전국에 지점을 내고 있는 간코 스시

스시 먹을 때 주의할 점

❶ 스시의 맛을 최대한 즐기려면 먹는 순서도 중요하다. 대개 맛이 담백한 것부터 기름진 것의 순으로 먹는 것이 정석이다. 색깔로 따지면 흰색, 붉은색, 푸른색 생선의 순이다.

❷ 간장은 밥이 아닌 생선 살 쪽에 살짝 묻혀 먹는다. 밥에 묻히면 스시에 간장이 흡수되면서 모양이 흐트러지고 맛이 짜진다.

❸ 여러 종류의 스시를 먹을 때는 한 가지를 먹은 후 가리がリ(초생강)를 한 조각 먹는다. 그러면 입 안이 개운해져 생선의 독특한 풍미를 제대로 느낄 수 있다.

❹ 녹차를 마실 때는 가루부터 넣고 물을 붓는다. 스시를 먹을 때는 따뜻한 녹차를 마셔가면서 먹어야 입 안에 남은 생선 냄새와 기름기를 제거해 스시의 새로운 맛을 느낄 수 있게 된다. 된장국은 되도록 나중에 먹는 게 좋다.

{ 스시의 종류 }

에비 えび(海老)
살짝 데친 새우. 고소한 맛을 낸다.

아마에비 あまえび(甘海老)
약간 조미를 한 생새우. 씹는 느낌이 좋다.

타마고 たまご(玉子)
달걀. 달콤하게 간을 한 달걀말이를 올린다.

이쿠라 いくら
연어 알. 일본 사람들이 가장 좋아하는 스시 중 하나.

사몬 サ-モン
연어. 입에 넣으면 사르르 녹는다.

아나고 あなご
붕장어. 살짝 구운 붕장어와 고소한 소스의 절묘한 조화.

사바 さば(鯖)
고등어. 날것과 데친 것이 있다.

코하다 こはだ
전어. '깨가 서말'이라는 표현이 잘 어울리는 고소한 맛.

엔가와 えんがわ
광어 지느러미 살. 입 안 가득 쫄깃쫄깃한 식감이 느껴진다.

즈케마구로 づけまぐろ
살짝 절인 참치. 마구로보다 신선한 맛이 떨어지는 대신 고소한 맛이 난다.

츠나사라다 つなサラダ
통조림 참치 샐러드. 스시 초보자를 위한 메뉴.

마구로 まぐろ
참치. 마구로 외에 오토로 おおとろ(참치 대뱃살)도 즐겨 먹는다.

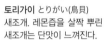

이카 いか
오징어. 고소한 뒷맛이 일품.

토리가이 とりがい(鳥貝)
새조개. 레몬즙을 살짝 뿌린 새조개는 단맛이 느껴진다.

호타테가이 ほたてがい
가리비. 특유의 풍미가 느껴진다.

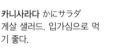

카니사라다 かにサラダ
게살 샐러드. 입가심으로 먹기 좋다.

THEME
12

저렴한 체인 음식점

일본 여행의 큰 즐거움 중 하나가 식도락이지만, 저렴하게 끼니를 해결해야 할 경우도 있을 것이다. 그럴 때에는 간편하게 식사할 수 있는 체인 음식점을 찾는 것도 좋다. 저렴하면서 맛도 무난한 일본의 체인 음식점을 소개한다.

마츠야 松屋

규동(소고기덮밥) 전문점으로 돈부리나 카레라이스, 정식 등이 있다. 매우 저렴한 가격에 한 끼 식사를 할 수 있다. 아침 메뉴 290엔~, 정식 620엔~, 규동 400엔~.

스키야 すき家

다양한 메뉴를 자랑하는 곳으로 테이블석이 있어 앉기도 편하다. 돈부리(덮밥) 350엔~, 카레 390엔~, 정식 390엔~, 모닝 세트 390엔~.

요시노야 吉野屋
저렴하고 맛있게 한 끼 식사를 할 수 있는 체인 음식점 중 가장 유명한 곳이다. 특히 돈부리 종류가 인기가 많다. 규동 435엔~, 정식 655엔~, 돈부리 402엔~, 일부 지점은 24시간 영업.

가스토 ガスト
가벼운 느낌의 패밀리 레스토랑. 이미지에 비해 매우 저렴한 가격과 다양한 메뉴가 특징이다. 식사 300엔~, 피자 380엔~, 햄버그스테이크 380엔~.

텐동 텐야 天丼 てんや
텐동(튀김덮밥) 전문점으로 바삭한 튀김과 달짝지근한 소스가 특징이다. 규동에 비해 비싸지만 비교적 저렴하게 튀김을 맛볼 수 있다. 텐동 560엔~, 세트 메뉴 760엔~.

야요이켄 やよい軒
밥과 국에 반찬 3가지 이상으로 구성된 정식 메뉴를 선보이는 곳. 메인 반찬은 고로케, 스테이크, 생선구이 등 다양하다. 정식 730엔~, 조식 370엔~, 덮밥 760엔~.

마이도 오오키니 쇼쿠도 まいどおおきに食堂
셀프서비스 백반집으로, 다양한 반찬과 국, 밥 중에 원하는 것을 골라 담고 합산하여 계산한다. 각 지점의 지역명을 붙여 '○○食堂(예를 들어, 신사이바시 쇼쿠도)'라고 이름 짓는다. 반찬 1종 100~300엔.

> #### Tip
> #### 패스트푸드점
> 글로벌 브랜드의 패스트푸드점은 한국보다 일본이 저렴한 경우가 많다. 자판기 음료 가격이 비싸다 보니 거기에 조금만 보태면 스타벅스의 저렴한 메뉴를 고를 수 있고, 맥도날드나 롯데리아의 음료라면 자판기보다 저렴하다.

일본의 술
사케

사케酒는 일본에서 술을 총칭하는 단어로, 니혼슈, 맥주, 위스키, 쇼추(소주), 와인 등이 있다. 편의점이나 슈퍼마켓에서 구입해 숙소에서 간단히 마실 수도 있고, 주류와 함께 간단한 요리를 제공하는 이자카야居酒屋에서 분위기를 즐기며 마셔도 좋다.

니혼슈 日本酒

우리가 보통 사케라 부르는 것은 바로 니혼슈다. 청주의 일종이며 재료, 제조 방법, 저장 방법에 따라 종류가 나뉜다. 쌀과 누룩, 물, 양조 알코올을 이용한 발효주로 도수는 10~20도. 니혼슈는 정미율에 따라 등급을 나누는 게 기본이다. 정미율은 쌀의 겉면을 깎은 후 남은 정백미의 비율을 말하는 것으로, 정미율이 낮을수록 고급 술로 인정받는다. 정미율에 따라 혼조조本醸造, 긴조吟醸, 다이긴조大吟醸 세 종류로 나뉘며, 다이긴조가 가장 많이 깎아 낸 쌀로 빚은 술이기 때문에 고급으로 여긴다.

다이긴조 중에서도 정미율이 40% 이하인 술은 최고급 술로, 쉽게 구하기 힘들고 가격도 비싸다. 가끔 이 명칭 앞에 준마이純米가 붙어 준마이 긴조, 준마이 다이긴조라고 불리는 술이 있는데, 준마이는 양조용 알코올이 첨가되지 않고 순쌀로만 만든 술이라는 의미다.

니혼슈는 주로 상온이나 따뜻하게 마시는 경우도 많은데 술을 데우면 맛과 향이 살아나기 때문이라고 한다. 따뜻한 니혼슈는 아츠캉熱燗, 차가운 니혼슈는 레이슈冷酒라고 하며 주문할 때 어떤 것으로 할지 물어보는 경우가 많다. 보통 니혼슈를 주문하면 돗쿠리とっくり라는 자그마한 술병에 담겨 나오는데 술병의 사이즈별로 이치고一合(180mL), 니고二合(360mL) 등으로 나뉜다.

쇼추 焼酎

쇼추는 소주의 일본어로 주로 규슈 지방에서 많이 생산되는 술이다. 소주는 희석식 소주와 증류식 소주로 나뉘는데 일본에서는 증류식 소주가 많이 생산된다. 증류식 소주이기 때문에 위스키와 같이 도수가 높은 편이며 20~45도의 소주가 많이 생산된다. 쇼추는 그대로 마시지 않고 물과 얼음을 섞어서 마시며, 종종 따뜻한 물을 섞어 마시기도 한다.

소주는 만드는 재료에 따라 종류가 나뉘는데, 고메쇼추米焼酎(쌀), 무기쇼추麦焼酎(보리), 이모쇼추芋焼酎(고구마), 아와모리泡盛(인디카 쌀) 등이 있다.

맥주 ビール

일본인들이 가장 즐겨 마시는 술은 맥주이며, 일본어로는 '비루'라 한다. 주조 회사만 20여 곳, 1000여 종이 넘는 브랜드의 맥주가 판매되고 있다. 아사히 맥주, 기린 맥주, 삿포로 맥주가 가장 유명하고, 산토리 맥주, 에비스 맥주, 오리온 맥주도 인기가 높다. 봄에는 벚꽃 패키지의 캔맥주가 출시되기도 한다.

추하이 酎ハイ

증류주에 감귤류 등의 산미가 있는 주스와 설탕 등을 넣어 달게 마시는 칵테일의 한 종류. 주로 탄산수를 첨가하여 시원하게 마신다. 원래는 사와サワー라 부르는 게 일반적이나, 간사이에서는 추하이酎ハイ라고 부르는 경우가 많다. 우롱하이ウーロンハイ(우롱차+증류주)처럼 차 종류와 혼합해 마시기도 한다. 편의점이나 슈퍼마켓에서도 많은 종류의 추하이가 판매되고 있으며, 호로요이ほろよい 시리즈가 인기 있다.

하이볼 ハイボール

하이볼은 칵테일의 한 종류로 리큐어(위스키)에 소다나 토닉워터를 섞어 마신다. 최근 일본에서 인기를 모으고 있는 술 중 하나. 일본에서 제작되는 산토리 위스키를 주로 섞어 마시며 편의점에서 캔으로도 판매된다.

논알코올 음료 ノンアルコール

알코올 성분이 들어가지 않거나 1% 미만의 알코올이 포함된, 알코올의 향과 맛을 가진 음료. 논알코올 맥주, 논알코올 칵테일을 비롯해 대부분의 주종이 논알코올 제품으로 만들어져 판매된다.

THEME
14.

일본 이자카야 200% 즐기기

저렴한 가격에 다양한 안주와 주류를 맛볼 수 있는 주점, 이자카야. 와타미和民, 와라와라 笑笑, 텐구天狗, 츠바하치つぼ八, 아마타로甘太郎 등 프랜차이즈 이자카야도 많으며, 역 주변이나 번화가에서 쉽게 찾을 수 있다. 우리와는 조금 다른 일본 이자카야의 이용 방법을 몇 가지 알아두어 현지인처럼 즐겨보자.

이자카야의 종류

이자카야는 크게 대형 체인점과 개인이 운영하는 작은 규모의 이자카야로 나눌 수 있다. 체인점의 경우, 사진이나 한글·영어 메뉴판이 비치되어 있는 곳이 많아 일본어를 잘 몰라도 쉽게 주문을 할 수 있다. 최근에는 터치패드식 메뉴판이 준비되어 있는 곳들도 있다. 개인이 운영하는 이자카야는 바 테이블을 사이에 두고 주인이 바로 바로 음식을 만들어 내주는 식의 소규모 가게가 많다. 메뉴판은 대부분 일본어로만 쓰여 있고 사진이 없는 경우가 많아 일본어를 모르면 주문하기 힘들 수도 있다. 하지만 요리의 맛과 질은 체인점에 비해 훨씬 높은 편이다.

츠리키치

특화된 체인점

대표 메뉴들을 특화시킨 이자카야 체인점들도 있다. 닭꼬치 전문 이자카야인 토리키조쿠 鳥貴族(P.234), 해산물 전문 이자카야인 이소마루 수산磯丸水産 등이다. 또한, 수조 속 살아 있는 생선을 손님이 직접 낚으면 그 자리에서 바로 회를 떠주는 독특한 콘셉트의 이자카야 츠리키치つり舌(P.269) 등도 인기 있다.

이소마루 수산

이자카야의 추천 메뉴

대부분의 이자카야는 기본 안주를 비롯하여 생선회, 꼬치구이, 튀김, 철판 요리, 면 요리, 구이, 탕 등 다양한 안주가 있다. 술도 맥주, 니혼슈, 쇼추, 추하이, 칵테일, 위스키, 와인 등 그 종류가 매우 다양하다. 보통 안주는 양이 매우 적어 조금씩 다양하게 즐기는 문화로 1인당 2~3개씩 주문하는 것이 보통이다.

달짝지근한 달걀말이
だし巻き卵
다시마키 타마고

모둠 생선회
お造り盛り合わせ
오츠쿠리 모리아와세

닭연골튀김
なんこつの唐揚げ
난코츠노 카라아게

일본식 닭튀김
唐揚げ
카라아게

문어고추냉이무침
たこわさび
타코와사비

말린임연수어구이
ホッケ
홋케

평균 예산

맥주 1~2잔에 기본 안주 정도라면 1000~2000엔대에 즐길 수 있다. 기본 2시간 정도 먹고 마실 경우 1인당 평균 3000~4000엔 정도, 저렴한 체인점의 경우 2000엔대에서 즐길 수도 있다.

무제한 메뉴

대부분의 체인점이나 규모가 큰 이자카야의 경우, 무제한 주문이나 리필이 가능한 메뉴가 있다. 타베호다이食べ放題(또는 바이킹구バイキング)는 안주, 식사류를 무제한 주문할 수 있으며, 노미호다이飲み放題는 음료와 주류를 무제한 주문할 수 있다. 가격대는 메뉴나 가게에 따라 천차만별로, 타베호다이는 3000~6000엔 정도, 노미호다이는 1000엔 정도. 보통 2시간의 이용 시간 제한이 있으며 30분 전에 주문 마감되는 것이 일반적이다. 타베호다이 대신에 정해진 메뉴가 순서대로 나오는 코스 메뉴가 있는 가게도 많으며 가격은 타베호다이와 비슷하다. 미리 예약을 해야 하는 곳도 있으니 참고할 것.

자릿세

일본의 이자카야에서는 주문을 하면 술과 함께 작은 접시에 든 간단한 안주가 나오는 곳이 많다. 이것은 일종의 자릿세와 같은 개념으로 '오토오시お通し'라고 부른다. 주문하지 않아도 무조건 나오는 것으로, 먹지 않아도 요금이 부과되며 1인당 300~500엔 정도 한다.

흡연

일본의 이자카야는 대부분의 가게에서 흡연이 가능하다. 비흡연자라면 각 테이블마다 벽 같은 칸막이가 쳐진 개인실이 있는 이자카야를 선택하는 것이 좋다.

이자카야에서 필요한 일본어

개인실이 있나요?
코시츠 아리마스카
個室ありますか。

○○ 주세요.
○○ 쿠다사이
○○ ください。

소고기	규니쿠牛肉
돼지고기	부타니쿠豚肉
닭고기	토리니쿠鶏肉
샐러드	사라다サラダ
밥류	고항모노ご飯もの
국물 요리	시루모로汁もの(汁物)
디저트	데자토デザート
와인	와인ワイン
칵테일	카쿠테루カクテル
소프트드링크	소후토도링쿠ソフトドリンク

이자카야 방문하기

입장부터 주문, 계산까지 한눈에 보는 이자카야 이용법

입장하기

가게에 들어가면 전체 인원이 몇 명인지 물어본다. 보디랭귀지로 전달해도 된다.

> 두 명입니다.
> 후타리데스
> 二人です。
>
> ---
>
> 1인 히토리一人 / 2인 후타리二人 / 3인 산닌三人 / 4인 요닌四人 / 5인 고닌五人

⋮

착석하기

점원의 안내를 받아 자리에 앉는다. 보통 따뜻하거나 차가운 물수건을 준비해 준다.

⋮

주문하기

우선 음료나 술을 먼저 주문한다. 술과 함께 기본 안주(오토오시)가 나오는 경우가 많다.
술을 마시면서 여유 있게 메뉴판을 보고 안주를 시키면 된다.

⋮

점원 부르기

직접 소리를 내어 부르는 방법과 벨을 눌러 부르는 방법, 그리고 터치패드로 부르는 방법 등이 있다.

> 저기요(사람을 부를 때).
> 스미마셍
> すみません。

⋮

계산하기

테이블에 놓인 계산서를 챙겨서 입구의 계산대로 간다.
계산서가 없는 작은 이자카야의 경우 앉은 자리에서 계산한다.

> 계산해 주세요.
> 오카이케오네가이시마스
> お会計お願いします。

THEME
15

애주가를 위한 투어

단순히 술을 즐기는 수준을 넘어 술의 제조 과정과 역사 등을 살펴보고 싶은 사람들에게는 견학 프로그램을 추천한다. 견학 외에도 시음 및 술과 기념품 쇼핑도 할 수 있다. 니혼슈(사케)를 좋아한다면 시음과 구입을 할 수 있는 교토 후시미의 겟케이칸 오쿠라 기념관과 키자쿠라 캇파 컨트리(P.409), 나라의 이마니시 세이베이쇼텐(P.564)에 방문해 보자.

아사히 맥주 스이타 공장
アサヒビール吹田工場

일본 최초의 근대식 맥주 공장

1886년부터 맥주를 생산한 공장으로 오사카 외곽에 자리하고 있다. 하루 약 360만 병의 맥주가 생산되는데, 1분 동안 350mL 캔 1500개가 만들어진다고 한다. 현재 공장 견학은 할 수 없지만, 공장에 있는 아사히 맥주 박물관 투어를 할 수 있다. 맥주 제조 과정과 아사히 맥주의 역사에 대한 영상을 본 후 공장에서 막 나온 신선한 맥주를 1인 3잔까지 시음할 수 있다. 홈페이지 예약 필수(한글 서비스 지원).

주소 吹田市西の庄町1-45
전화 06-6388-1943
견학 10:00~15:00(투어 시작 시간 기준)
휴무 부정기(월 2일 이상 휴무가 잦으니 홈페이지 확인), 연말연시 **요금** 1000엔
홈페이지 www.asahibeer.co.jp/brewery/suita/
교통 한큐 스이타吹田역(HK89) 동쪽 출구에서 도보 10분. 한큐 오사카우메다大阪梅田역(HK01)에서 키타센리北千里행 이용 14분 소요(240엔).

산토리 야마자키 증류소
Suntory Yamazaki Distillery

일본 최초의 위스키 증류소

깨끗한 자연환경과 명수名水의 고장으로 알려진 야마자키에 1923년 설립된 일본 최초의 위스키 증류소. 유료 견학 투어(홈페이지 사전 예약 필수)를 신청하면 위스키 제조 공정과 보관 방법 등을 가이드의 설명(일본어 진행, 영어 오디오가이드 있음)과 함께 둘러볼 수 있다. 견학 마지막에는 3종류의 위스키를 시음해 보고, 하이볼(위스키를 넣은 칵테일) 만드는 법도 배울 수 있다. 위스키 박물관과 기념품 숍은 무료로 입장할 수 있으나 예약 필수.

주소 三島郡島本町山崎5-2-1
전화 075-962-1423
견학 10:00~16:45(입장 마감 16:30)
휴관 연말연시, 공장 휴업일
요금 견학 투어 3000엔
홈페이지 www.suntory.co.jp/factory/yamazaki/
교통 한큐 오야마자키大山崎역(HK75)에서 도보 10분. 한큐 오사카우메다大阪梅田역(HK01) 카와라마치행(교토) 준급이나 보통 이용 37분 소요(330엔). 특급을 타면 오야마자키역에 정차하지 않으므로, 타카츠키시高槻市역에서 준급으로 환승.

산토리 교토 맥주 공장
サントリ-京都ビ-ル工場

물 좋은 교토에 자리한 맥주 공장

프리미엄 몰츠로 인기 있는 산토리 맥주의 제조 과정을 살펴보고 시음도 할 수 있는 무료 견학 프로그램(70분 소요)이 있다. 가이드의 설명은 일본어로 진행되지만 한국어 오디오 가이드가 준비되어 있다. 공장에서 갓 주조한 신선한 맥주를 맛보고 싶은 사람에게 추천한다. 홈페이지나 전화로 사전 예약 필수.

주소 長岡京市調子3-1-1
전화 075-952-2020
견학 10:00~최종 견학 15:15(45분 간격), 시기에 따라 변동
휴무 연말연시, 공장 휴업일
요금 무료
홈페이지 www.suntory.co.jp/factory/kyoto/

교통 한큐 니시야마텐노잔西山天王山역(HK76) 동쪽 출구에서 도보 10분. 또는 동쪽 출구 2번 승차장에서 무료 셔틀버스로 18분. 한큐 오사카우메다大阪梅田역(HK01)에서 33분(330엔), 교토카와라마치京都河原町역에서 19분(280엔)) 소요. 특급은 정차하지 않는 역이니 준급 이용.

THEME

16

기념품
퍼레이드

일본 여행의 기념이 되는 작은 선물로, 각 지역의 특산물이나 재미있고 실용적인 상품을 골라 보자. 특산물은 역 주변, 버스 터미널, 공항 면세점 등 주로 교통 시설 주변과 번화가의 기념품점에서 쉽게 찾을 수 있다. 그 외에도 일본에서만 또는 간사이에서만 구입할 수 있는 쇼핑 아이템도 다양하다. 가족이나 친구, 애인을 위한 선물로도 좋고, 나에게 주는 선물로도 훌륭하다.

오사카

로이스 생초콜릿
ROYCE NAMA CHOCOLATE

생크림을 혼합해 매우 부드럽고 리큐어를 0.9% 첨가해 초콜릿의 풍미를 높였다. 여러 가지 맛이 있지만 밀크 초콜릿이 가장 인기 있다. 가격 800엔. 간사이 공항 면세점에서 판매.

스타벅스 머그 · 텀블러

도시 이름과 풍경 그림이 들어가 있어 컬렉터들에게 인기 있다. 봄에 출시되는 벚꽃 디자인의 한정판도 매년 화제다. 상품 구입 시 먼저 일본 스타벅스 카드를 구입해 결제하면 카드는 기념품으로 가질 수 있어 좋다. 머그컵 1980엔 전후.

쿠이다오레 푸딩 삼각캔

커스터드 푸딩 3개와 귀여운 타로 모자가 함께 들어 있어 선물용으로 좋다. 귀여운 캐릭터가 그려진 삼각캔은 소품을 담아두기에도 딱 좋다. 가격은 1450엔. 이치비리안(P.183)에서 판매.

타코야키 동전 지갑

귀여운 캐릭터로 탄생한 타코야키. 동전 지갑 외에 핸드폰 액세서리도 있다. 가격 630엔. 이치비리안(P.183)에서 판매.

교토

요지야 기름 종이
よーじやあぶらとり紙

교토가 낳은 최고의 인기 화장품 & 코스메틱 잡화 브랜드 요지야의 기름종이는 가격은 약간 비싸지만 선물용으로 인기가 높다. 가격 390엔~. 요지야 (P.340)에서 판매.

차노카 茶の菓

우지산 찻잎으로 만든 말차 쿠키. 쿠키와 그 사이에 들어 있는 화이트 초콜릿의 조화가 일품이다. 가격 3개에 450엔~. 마루브랑슈 (P.332)에서 판매.

루피시아 카라코로 LUPICIA からころ

차 전문 브랜드 루피시아의 오리지널 티로, 교토 한정 제품이다. 마이코를 콘셉트로 한 차로, 맛과 향이 좋고 패키지도 예쁘다. 가격 1050엔. 루피시아 테라마치산조점 (P.354)에서 판매.

가마구치 · 파우치 がまぐち·パウチ

교토 분위기가 물씬 풍기는 전통 문양을 귀엽고 세련되게 해석한 가마구치(금속 소재 물림쇠가 달린 동전 지갑)나 파우치. 폿치리(P.339)에서 판매.

고베

마법의 항아리 푸딩
魔法の壺プリン

빨간색의 자그마한 항아리에 들어 있는 푸딩은 진한 캐러멜 소스와 커스터드, 부드러운 크림이 잘 어우러진다. 가격 420엔. 고베 프란츠(P.492)에서 판매.

나라

마호로바 다이부츠 푸린
まほろば大仏プリン

토다이지의 대불 캐릭터가 그려진 귀여운 유리병 안에 부드러운 수제 푸딩이 들어 있다. 커스터드 맛이 가장 인기 있다. 가격 400엔~. 마호로바 다이부츠 푸린(P.558)에서 판매.

요시다야 칡떡
吉田屋 奈良吉野のくず餅

칡으로 만든 떡, 쿠즈모치가 4개 들어 있다. 쫄깃하면서 부드러운 떡에 함께 든 콩가루와 시럽을 뿌려 먹으면 맛있다. 떡을 포장한 사슴 손수건은 귀여워서 소품으로 계속 쓸 수 있다. 가격 1350엔. 나카가와 마사시치 상점 본점(P.563)에서 판매.

하루시카 토키메키
はるしか ときめき

스파클링 사케. 과일 향이 나며 맛이 달콤하다. 샴페인과 비슷해 여성들에게 인기 있다. 귀국 시 술은 1인 2병만 반입 가능하니 주의. 가격 660엔. 이마니시 세이베이쇼텐(P.564)에서 판매.

식품·간식 쇼핑

일본의 마트나 슈퍼마켓, 편의점에서는 다양한 식품과 간식을 구입할 수 있다. 일본의 맛을 집에 돌아와 다시 한번 맛보며 여행의 추억을 떠올려보자. 일본은 가격 정찰제가 아니므로 판매처마다 가격이 조금씩 다르다. 여기에는 평균적인 가격을 기입했다.

슈퍼마켓 체인

간사이 전역에서 다양한 슈퍼마켓 체인점을 만날 수 있다. 코요KOHYO, 슈퍼 타마데スーパー玉出, 세이조 이시이成城石井, 프레스코 FRESCO, 이토 요카도Ito Yokado 같은 전문 슈퍼마켓 체인과 함께 이온 몰AEON MALL 같은 대규모 쇼핑몰의 마켓도 있다. 그 외에도 저가형 만물 잡화점인 돈키호테와 100엔 숍인 다이소에서도 손쉽게 식품과 간식 쇼핑을 즐길 수 있다.

코요

슈퍼 타마데

도시락과 타임 세일

일본의 도시락은 가격이 저렴하고 의외로 양도 푸짐하다. 대형 슈퍼마켓이나 편의점, 백화점 지하 식품매장에서 다양한 종류의 도시락과 샌드위치, 주먹밥(오니기리) 등을 살 수 있다. 특히 슈퍼마켓의 경우 조리한 후 시간이 경과된 것은 싸게 팔기 때문에 조금 늦은 시간에 가면 최대 50%까지 저렴하게 구입할 수 있다. 일본 편의점에서는 원래 가게 안에서 음식을 먹을 수 없지만, 최근에는 도시락 등을 먹을 수 있는 이트인EAT-IN 매장이 늘고 있다.

큐피 명란젓 파스타 소스 216엔
キューピーパスタソース 明太子
삶은 파스타에 얹기만 하면 끝. 짭
쪼름하면서 고소한 맛이 일품.

후리카케 ふりかけ 108엔~
밥 위에 부어 비벼 먹거나 녹차를
부어 오차즈케로 만들어 먹는다.

생고추냉이 生わさび 100엔
생고추냉이여서 맛이 좋고 튜
브형이라 간편하다.

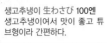

참치 마요네즈 237엔
パン工房 ツナ＆マヨ
마요네즈로 유명한 브랜드 큐피에서
만든 튜나 & 마요. 김밥이나 샌드위
치에 넣어 간단히 먹을 수 있다. 옥
수수가 들어간 콘 & 마요도 있다.

마루코메 료테이노 아지 600엔
マルコメ 料亭の味
라면 분말수프처럼 끓인 물에 타
면 일본식 된장국 완성!

일동홍차 로열 밀크티 345엔
日東紅茶 ROYAL MILK TEA
뜨겁게 데운 우유에 타기만
하면 맛있는 밀크티가 된다.

호로요이 ほろよい 130엔
알코올 도수가 낮은 칵테
일 음료. 복숭아, 청포도,
딸기 등 다양한 맛이 있다.

고형 카레 カレー 205엔
초콜릿처럼 잘라 쓸 수
있어 간편하고 맛도 좋
은 카레. 하야시라이스
소스도 맛있다.

일본 컵라면 쇼핑

라면 마니아라면 이 페이지를 주목. 인스턴트 라면과 컵라면을 최초로 만든 일본에는 셀 수 없이 많은 종류의 컵라면이 판매되고 있다. 그중에서 우리 입맛에 잘 맞는 컵라면을 추천한다. 참고로 액상수프의 경우 뜨거운 물을 부은 컵라면 뚜껑 위에 얹어 살짝 데운 후 먹기 직전에 넣는다.

닛신 돈베이 키츠네우동 200엔
日清のどん兵衛 きつねうどん
큼직한 유부가 들어 있는 키츠네
우동. 우리나라의 칼국수 라면
맛과도 비슷하다.

ACECOOK 와카메 라멘 170엔
わかめラーメン
담백한 간장 국물에 식감이 살
아 있는 미역과 고소한 참깨가
듬뿍 들어 있다.

[세븐일레븐] 스미레 321엔
すみれ
삿포로의 인기 라멘집 '스
미레'의 진한 미소 라멘을
컵라면으로 재현했다.

삿포로 이치방 시오라멘 150엔
サッポロ一番塩ラーメン
닭과 돼지고기 육수에 채소를
넣어 깔끔한 맛을 내는 시오 라
멘. 카레 향이 살짝 난다.

컵누들 시푸드 182엔
CUP NOODLE SEAFOOD
간장 국물의 오리지널도 좋지
만, 시푸드는 깔끔하고 시원한
국물 맛이 좋다.

[세븐일레븐] 모우코 탄멘 나카모토 238엔
蒙古タンメン中本
도쿄의 유명 라멘집 '나카모토'의 탄
탄멘. 진한 일본 된장 국물에 마파두
부가 듬뿍 들어 있다.

닛신 라오 세아부라코쿠 쇼유 290엔
日清ラ王 背脂コク醤油
생면의 식감을 제대로 살린 면에 깔
끔한 닭고기 육수, 차슈와 김까지 올
린 쇼유 라멘.

마루짱 세이멘 호주코쿠 쇼유 300엔
マルちゃん正麺 カップ 芳醇こく醤油
닭과 돼지고기 육수에 해산물의 풍미를
더한 간장 라멘. 면의 식감도 좋다.

슈퍼마켓과 편의점에서 파는 달콤한 간식거리와 디저트류는 일본 여행에 빼놓을 수 없는 큰 즐거움 중 하나다.

민티아 MINTIA 90엔
입이 텁텁하거나 마를 때 녹여 먹으면 좋은 민트 사탕. 칼피스, 딸기, 포도 등 다양한 맛이 있다.

퓨레구미 ピュレグミ 120엔
새콤한 파우더가 뿌려진, 다양한 과일 맛의 젤리

오토나노 키노코노야마 190엔
大人のきのこの山
진한 다크초콜릿을 넣어 단맛을 줄인, 어른 입맛에 맞춘 초코송이

코로로 コロロ 130엔
씹으면 톡 터지는 듯한 독특한 식감의 젤리

킷캣 Kitkat 250엔~
우지 말차, 호지차, 사케를 사용한 제품 등 일본 한정판을 골라보자.

카지루 버터 아이스 162엔
かじるバターアイス
홋카이도산 발효 버터로 만든 아이스크림

바닐라 요거트(3개들이) 179엔
バニラヨーグルト
달콤한 바닐라와 상큼한 요거트 맛의 조화가 절묘하다.

후지야 홈파이 不二家ホームパイ 190엔
우리나라의 '엄마손파이'와 비슷하나 버터향이 더 진하다.

부르봉 루만도 140엔
ブルボン ルマンド
여러 겹의 얇고 바삭한 과자에 초콜릿 크림이 발라져 있다.

편의점 간식 '콤비니 스위츠'

편의점마다 각자의 독자적인 브랜드로 콤비니 스위츠コンビニスイーツ를 개발해 판매하고 있으며, 매 시즌마다 계절 한정, 지역 한정으로 다양한 제품들이 쏟아져 나온다.

[로손] 프티 에클레르 300엔
なめらかカスタードの
プチエクレア
홋카이도산 생크림으로 만든 커스터드 크림 에클레르. 초콜릿과 커스터드 크림이 조화롭다.

[로손] 모치 롤케이크 343엔
もち食感ロール
홋카이도산 생크림을 듬뿍 채운, 쫀득한 식감의 롤케이크

[세븐일레븐] 밀크레이프 248엔
ミルクレープ
얇은 크레이프 사이에 신선한 생크림을 발라 겹겹이 쌓은 밀크레이프

[세븐일레븐] 망고 아이스바 138엔
まるで完熟マンゴー
겉은 애플망고 과즙, 속은 알폰소망고 과즙을 사용하여 만든 망고 아이스크림

[세븐일레븐] 레즌 샌드 419엔
濃厚クリームのレーズンサンド
쫀득한 건포도와 진한 버터 크림을 사블레 쿠키 사이에 넣은 샌드. 차갑게 해서 먹으면 더 맛있다.

[세븐일레븐] 자이언트콘 170엔
ジャイアントコーン
과자와 아이스크림 사이에 초콜릿 코팅이 되어 있어 다 먹을 때까지 과자가 바삭바삭하다.

[세븐일레븐] 달걀 샌드위치 334엔
たまごサンド
편의점 샌드위치의 대표 인기 메뉴.
보들보들한 달걀 샐러드가 가득 들어 있다.

저렴하고 맛 좋은 편의점 안주

관광을 마치고 숙소로 돌아가는 길. 맥주와 간단한 안주를 구입해 숙소에서 맛보는 것도 즐거운 일정 중 하나다. 편의점마다 각자의 브랜드를 걸고 판매하는 안주들은 가격이 저렴하면서 맛도 좋아 인기 있다.

[세븐일레븐]
구운 건오징어 192엔
さきいか
마른 오징어를 구워서 잘게 찢어놓았다.

[세븐일레븐 · 로손 · 패밀리마트]
오뎅 120엔~
おでん
가장 무난하게 고르기 좋은 것이 오뎅. 종류도 꽤 다양하다.

[로손] 카라아게쿤 238엔
からあげクン
일본식 닭튀김. 빨간색의 매운 맛을 추천한다.

[세븐일레븐] 삶은 문어 429엔
たこぶつ
삶은 문어 다리를 먹기 좋은 크기로 잘라놓아 1인 안주로 딱이다.

[세븐일레븐]
삶은 콩(에다마메) 138엔
枝豆
가벼운 안주로 인기 있는 삶은 콩. 전자레인지에 데우면 완성

[패밀리마트]
매콤한 맛의 구운 어육포 108엔
ピリ辛焼かまぼこ
살짝 매콤한 맛을 가미한 어육포를 얇게 만들어 구웠다.

[패밀리마트] 게맛살 168엔
海鮮スティック
게와 비슷한 맛이 나는 맛살 속에 살짝 매콤한 명란젓이 들어 있다.

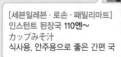

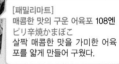

[세븐일레븐 · 로손 · 패밀리마트]
인스턴트 된장국 110엔~
カップみそ汁
식사용, 안주용으로 좋은 간편 국

[로손] 슈마이 430엔
ジューシーしゅうまい
돼지고기 소가 가득 들어 있는 슈마이는 육즙이 흘러나와 촉촉하다.

백화점 지하 매장 쇼핑

일본의 백화점에서 하루 종일 가장 붐비는 인기 층은 바로 지하 1층이다. 백화점 지하는 보통 식품 매장으로 운영되는데, 다양한 조리 식품과 도시락을 구입할 수 있으며 특히 지역에서 가장 유명한 디저트를 한자리에서 만날 수 있어 인기가 높다. 나를 위한 간식으로도 좋고, 기념품, 선물로도 훌륭한 디저트들을 소개한다.

포르마 Forma
진한 맛의 크림치즈 케이크 프로마주는 둥근 나무 상자에 들어 선물용으로 좋다. 1994엔. 킨테츠 백화점.

슈거 버터 트리 Sugar Butter Tree
바삭한 쿠키 사이에 화이트초콜릿을 일반 제품보다 1.8배 많이 넣은 요코즈나는 한큐 우메다점 한정 상품이다. 1상자 496엔~. 한큐 백화점 지하 1층.

토라야 とらや
왕실에 납품해 온 화과자점. 특히 인기 높은 것은 고급스러운 맛을 자랑하는 양갱이다. 5개 1998엔. 한큐 백화점, 한신 백화점, 타카시마야.

쿠로후네 QUOLOFUNE
폰타 라스큐는 카스텔라를 천천히 구워 바삭바삭하고 부드러운 단맛을 낸다. 864엔. 한큐 백화점, 다이마루 신사이바시, 타카시마야.

몽셰르 Mon cher
부드러운 시트 안에 신선한 우유 맛이 풍부한 크림이 가득한 도지마 롤. 1조각 378엔, 1롤 1620엔. 한큐 백화점.

그랜드 칼비 GRAND Calbee
어른들을 위한 포테이토칩. 소금 맛, 홋카이도 버터 맛, 까망베르 치즈 맛, 로스트비프 맛 등 다양하다. 685엔. 한큐 백화점.

가토 페스타 하라다 Gateau Festa Harada
고급스러운 버터 향에 단짠의 조화가 훌륭한 러스크, 구테 드 로아를 추천. 756엔~. 다이마루 교토점.

드러그
스토어 쇼핑

번화가 어디서나 쉽게 만날 수 있는 드러그 스토어. 화장품뿐 아니라 생필품과 음료, 과자 등을 저렴하게 구입할 수 있다. 간식거리는 일반 슈퍼마켓보다 싸게 판매하는 경우도 있다. 일본은 가격 정찰제가 아니기 때문에 바로 옆 드러그 스토어끼리도 가격이 다르다. 알뜰 쇼핑을 위해서는 몇 군데 들러 가격을 비교해 보는 것이 좋다. 여기에는 평균적인 가격을 기입했다.

드러그 스토어 체인

드러그 스토어 체인으로는 일본 전국에 지점을 내고 있는 마츠모토 키요시가 가장 유명하다. 그 외에도 파워 드러그 원즈, 스기 약국, 코쿠민, 드러그 세가미 등 다양한 체인이 존재한다. 일반 드러그 스토어 외에도 돈키호테, 로프트, 플라자, 이온 몰 등에서도 화장품과 의약품 등을 판매하고 있다.

쇼핑 노하우

대형 매장에서는 여권을 제시하면 대부분 면세가 가능하며, 면세를 위한 계산대가 따로 마련된 곳도 많다. 또한 가게마다 특정 제품을 세일하는 경우가 많으니 가격표를 잘 살펴보는 것이 좋다. 특히 입구에 나와 있는 제품은 거의 특가 세일 제품인 경우가 많다. 구입하고자 하는 상품이 있다면 휴대폰으로 사진을 캡처해 두었다가 직원에게 찾아달라고 하자.

원데이 타투 아이라이너 1300엔
1 DAY TATTOO
타투를 한 것처럼 24시간 지속되며
눈물이나 땀에도 번지지 않는다.

죠키데 홋토 아이마스크 1060엔
蒸気でホットアイマスク
눈에 온기를 주어 피로를 덜어
주는 아이마스크

휴족 시간 休足時間 600엔
여행으로 피곤한 다리에 밤마다 붙
이면 마사지를 받은 듯 가뿐해진다.

사카무케아 サカムケア 620엔
연고처럼 바르는 액체 반창고, 물
에 닿아도 상처가 따갑지 않다.

로이히 츠보코 ロイヒ壺膏 615엔
어르신 선물용으로 좋은 동전 크기
의 파스

아이봉 アイボン 860엔
화장품 잔여물이나 먼지 등
눈에 들어온 이물질을 세척해
주는 눈 전용 세안제

퍼펙트 휩 Perfect Whip 420엔
시세이도의 서브 브랜드인 센카
의 인기 세안제

브로네 포인트 커버 750엔
Braune Point Cover
흰머리에 마스카라처럼 살살
빗으면 감쪽같이 커버된다.

비오레 UV 아쿠아 리치 900엔
Biore UV Aqua Rich
SPF 50+의 자외선 차단제와 수
분 에센스를 하나로 합친 제품

오타이산 太田胃散 650엔
일본의 국민 소화제. 성인은 물과 함
께 한 스푼 먹으면 된다.

구내염 패치 860엔
口内炎パッチ大正A
입안이 곪았을 때 연고 대용
으로 간단히 붙이는 제품

비오레 후쿠다케 코튼 700엔
Biore ふくだけコットン
아이 메이크업 리무버에 적신 화장솜.
워터프루프 마스카라도 깔끔하게 지울
수 있다.

무히 팟치 A ムヒパッチA 410엔
벌레 물린 곳에 붙여서 가려움을
방지하는, 동전 크기의 미니 파스

사론 파스 サロンパス 800엔~
일본의 국민 파스. 크기가 작아
여기저기 붙이기 좋다.

노도메루 누레 마스크 300엔
のどめ-るぬれマスク
목이 건조해지지 않도록 가습
효과를 주는 마스크

아이스 데오도란트 보디 페이퍼 350엔
アイスデオドラントボディーペーパー
땀으로 끈적거리는 피부를 시원하게 닦을 수
있는 남성용 보디 페이퍼

캬베진 キャベジン 2080엔
양배추 성분으로 위염 등에
도움을 주는 제품

오로나인H オロナインH 320엔
스테로이드 성분이 들어 있지 않
은 만능 피부 질환 연고

네츠사마 시트 熱さまシート 320엔
이마에 붙이면 열을 내려준다. 성인
용과 어린이용이 있다.

19

책과 문화가 있는 공간, 서점 투어

출판 문화가 발달한 일본에서는 대형 서점은 물론이고 개성 있는 소형 서점도 다양하게 만날 수 있다. 일본어를 못하면 책을 정독할 수는 없지만 책이 있는 공간에 머무르는 것만으로도 마음이 풍요로워진다.

오사카

히라카타 티사이트 枚方T-SITE

일본의 대표적인 서점 체인인 츠타야가 서점을 넘어 라이프스타일 전반을 기획하여 제안하는 대형 매장. 특히 히라카타점은 건물 전체를 사용하며 책과 음반, 생활용품, 패션, 가전은 물론이고 카페와 레스토랑, 호스텔까지 갖춰 마치 거대한 문화 백화점 같다.

주소 枚方市岡東町12-2
전화 072-861-5700
영업 07:00~23:00(가게에 따라 다름)
휴무 부정기
홈페이지 real.tsite.jp/hirakata/
교통 케이한 전철 요도야바시淀屋橋역에서 데마치야나기出町柳행 특급으로 22분(330엔), 히라카타시枚方市역 하차. 남쪽 출구에서 바로 연결

우메다 츠타야 서점 梅田蔦屋書店

인기 쇼핑몰인 루쿠아 이레 안에 자리한 세련
되고 쾌적한 분위기의 츠타야 서점. 1200평
넓은 공간에 다양한 주제로 기획 전시·판매
하는 책과 생활용품을 구경하는 것만으로 라
이프스타일이 한 단계 업그레이드되는 기분
이다. 서점 중앙의 스타벅스는 책을 보며 휴
식을 취하는 젊은이들로 늘 붐빈다.

주소 大阪市北区梅田3-1-3
전화 06-4799-1800
영업 10:30~21:00 **휴무** 부정기
홈페이지 real.tsite.jp/umeda/
교통 JR 오사카大阪역에서 바로. 루쿠아 이레 9층
지도 P.11-G

마루젠 & 준쿠도
MARUZEN & JUNKUDO

7층 건물을 모두 이용할 만큼 서점의 규모가
크고 보유한 도서 수에서도 일본 최대 규모를
자랑하는 서점이다. 2층에 자리한 문구점도
충실한 상품 구성을 자랑하니 꼭 들러볼 것.

주소 大阪市北区茶屋町7-20
전화 06-6292-7383
영업 10:00~22:00 **휴무** 부정기
홈페이지 www.junkudo.co.jp
교통 지하철 미도스지선 우메다梅田역 2번(M16) 출
구에서 도보 10분
지도 P.10-C

케이분샤 恵文社

영국 〈가디언〉이 '세
계에서 가장 아름다
운 서점 TOP 10' 중
한 곳으로 꼽은 서점.
낡은 느낌의 빈티지
한 가구와 낮은 조도
의 조명, 센스 넘치는

오브제가 어우러져 아늑하면서도 감성적인
분위기를 자아낸다.

주소 京都市左京区一乗寺払殿町10
전화 075-711-5919
영업 11:00~19:00 **휴무** 1/1
홈페이지 www.keibunsha-store.com
교통 시 버스 5번 이치조지 사가리마츠초一乗寺下リ
松町 하차 후 도보 7분
지도 P.19-D

교토 오카자키 츠타야 서점
京都岡崎蔦屋書店

서점 안에 커피숍이 있는 것인지, 커피숍 안에
서점이 있는 것인지 알기 힘든 모호함이 매력
적인 곳. 3층에는 츠타야 서점이 셀렉트한 북
& 아트 갤러리 공간이 자리 잡고 있다.

주소 京都市左京区岡崎最勝寺町13 ロームシアター
京都 パークプラザ 1F **전화** 075-754-0008
영업 08:00~20:00 **휴무** 부정기
홈페이지 store.tsite.jp/kyoto-okazaki/
교통 시 버스 5·46·86번 오카자키코엔 비주츠엔
岡崎公園美術館·헤이안진구마에平安神宮前 하차
후 도보 5분
지도 P.24-C

오사카의
다양한 쇼핑

자신의 취향에 맞는 다양한 쇼핑을 원한다면
이 페이지를 참고하자. 일본 문화나 일본 제
품에 관심 있다면 품목별 전문 상점을 방문하
는 것이 좋다. 여성들이 좋아하는 인테리어와
생활 잡화 전문점, 각종 캐릭터 상점, 마니아
를 위한 만화와 애니메이션 관련 상점 등 종
류가 다양해 쇼핑이 즐겁다.

음반

J-POP에 관심 있거나 K-POP의 일본 발매
앨범을 원하면 음반점에 들러봐도 좋다. 절반
가까이 K-POP 코너일 만큼 한류를 실감할
수 있다. 전국적인 체인을 가진 음반 전문점
으로는 타워레코드와 HMV가 있다. 특히 타워
레코드 누 차야마치점은 매장도 넓은 편.
HMV는 그랜드 프론트 오사카와 신사이바시
오파에 매장이 있다. 중고 LP를 원한다면 아
메리카무라에 있는 킹콩(P.191)을 추천한다.

전자제품

요도바시 카메라(P.242), 빅 카메라(P.182), 라
비(야마다 덴키ヤマダデンキ) 등 대규모의 전
자 쇼핑몰에서 주로 판매한다. 이 외에도 돈
키호테, 이온 쇼핑몰 같은 대형 쇼핑몰에서도
일부 제품을 구입할 수 있다. 애플의 제품은
직영점인 애플 스토어(P.186)가 있으니 관심
있다면 들러보는 것도 좋다. 전자 쇼핑몰은
대부분 면세가 가능하며 카드 회사와 연계한
추가 할인(5%)를 하는 곳도 많다. 쇼핑몰별로
포인트 카드를 발행하는 곳이 많으며 제품당
5~10%의 포인트를 받을 수 있으나, 면세나
카드 할인과 중복 할인은 불가하다.

잡화 · 인테리어

잡화 쇼핑의 천국인 일본에는 프랜차이즈는 물론 일반 상점도 많이 찾아볼 수 있다. 상품 종류가 다양하며 가격도 저렴한 편. 대형 프랜차이즈 숍으로는 무인양품(P.240), 프랑프랑(P.242), 악투스, 애프터눈 티 리빙 등이 있다. 세련된 취향의 잡화를 셀렉트해 판매하는 마디와 투데이스 스페셜도 추천한다. 이 외에도 저렴한 가격대의 잡화점인 모모 내추럴, 내추럴 키친&(P.180), 스리 코인즈(P.185)도 인기가 많다.

악투스 ACTUS

주소 大阪市中央区西心斎橋1-4-5
전화 06-6241-1551
영업 11:00~19:00
휴무 부정기
홈페이지 www.actus-interior.com
교통 지하철 미도스지선(M19) · 요츠바시선(Y14) · 나가호리츠루미료쿠치선(N15) 신사이바시心斎橋역 7번 출구에서 바로
지도 P.6-C

모모 내추럴 MOMO natural

주소 大阪市北区梅田3-1-3
전화 06-6151-1428
영업 10:30~20:30 **휴무** 부정기
홈페이지 momo-natural.co.jp
교통 JR 오사카大阪역에서 바로, 루쿠아 이레 7층
지도 P.11-H

마디 Madu

주소 大阪市北区梅田2-2-22
전화 06-6452-3121
영업 11:00~20:00 **휴무** 부정기
홈페이지 www.madu.jp
교통 지하철 요츠바시선 니시우메다西梅田역(Y11) 4-A 출구에서 도보 1분, 하비스 플라자 엔트 3층
지도 P.11-K

마디

투데이스 스페셜 TODAY'S SPECIAL

주소 京都市中京区河原町通三条下ル山崎町251
전화 075-229-6861
영업 11:00~20:00
휴무 부정기
홈페이지 www.todaysspecial.jp
교통 한큐 교토카와라마치京都河原町역 3번 출구에서 도보 7분, Kyoto BAL 4층
지도 P.22-D

화장품

고급 브랜드 제품은 국내에 수입되는 제품일 경우에는 국내 면세점에서 구입하는 것이 가장 저렴하다. 고급 브랜드는 백화점과 면세점에서 판매하기 때문에, 일본 브랜드라 해도 국내 면세점과 가격이 비슷하거나 좀 더 비싸다. 다만 국내에 수입되지 않는 브랜드나 독특한 일본 한정 제품을 구할 수 있어 둘러볼 만하다. 중저가 제품이라면 드러그 스토어에서 쉽게 구입할 수 있으며, 저가형 만물 잡화 상점인 돈키호테에도 화장품 코너가 있다. 일본은 정찰제가 아니기 때문에 가게마다 가격이 다르므로 비교해 보는 것이 좋다.

중저가 화장품은 드러그 스토어에서 쉽게 찾을 수 있다.

주방용품

고급 제품은 백화점에서 구입할 수 있다. 저렴한 제품을 찾는다면 주방용품 전문상가인 센니치마에 도구야스지(P.135)를 찾는 것이 좋다. 가정용 제품부터 식당용 제품까지 다양하게 갖추고 있다. 그 외에 도큐핸즈(P.194)와 로프트(P.244) 같은 생활용품 전문점, 프랑프랑이나 애프터눈 티 리빙, 내추럴 키친, 아코메야 등의 잡화 숍에서도 주방용품을 쉽게 찾을 수 있다.

커피 · 홍차

핸즈(P.194)나 로프트(P.244) 등에 가면 커피, 티 용품 코너가 따로 마련되어 있다. 하리오 HARIO, 칼리타Kalita 등 다양한 브랜드의 원두 그라인더나 핸드 드립용 도구를 판매하고 있다. 일본 사람들은 홍차를 즐겨 마시기 때문에 홍차 전문 숍이나 티룸도 여럿 볼 수 있는데, 일본 및 해외 홍차 브랜드 제품을 국내보다 저렴하게 구입할 수 있다.

단독 매장을 가진 홍차 브랜드로는 루피시아(P.354), 믈레즈나(P.231), 마리아주 프레르(P.460), 달마이어(지도 P.9-G)가 있으며, 백화점 지하에도 홍차 매장이 있다.

육아용품

육아용품 전문 매장으로는 한국 엄마들에게 이미 유명세를 떨치고 있는 육아용품 전문 상가 아까짱 혼포アカチャンホンポ 와 일본 및 전 세계 브랜드의 인기 육아용품과 장난감이 총집합되어 있는 토이저러스(P.179)가 있다. 백화점이나 이온몰AEON MALL 같은 대형 마트에도 육아 · 아동 매장을 갖추고 있다.

아카짱 혼포 アカチャンホンポ

주소 大阪市中央区南本町3-3-21
전화 06-6258-7300
영업 10:00~20:00
휴무 부정기
홈페이지 www.akachan.jp
교통 지하철 미도스지선(M18) · 추오선(C16) · 요츠바시선(Y13) 혼마치本町역 9번 출구에서 왼쪽으로 도보 1분.
지도 P.9-K

만화 · 애니메이션 · 취미

만화와 애니메이션, 취미 등 마니아 쇼핑을 원한다면 덴덴타운(P.138)으로 가면 된다. 도쿄의 아키하바라와 양대산맥을 이루는 오타쿠의 성지라 불리는 곳이다. 애니메이션 전문 숍인 아니메이트Animate, 인형 전문점인 보스 보크스, 피규어와 프라모델 전문점인 슈퍼 키즈랜드 캐릭터관Super Kids Land キャラクタ-館, 피규어 전문점인 정글Jungle과 히로 완구 연구소ヒーロー玩具研究所 등 선택의 폭이 넓다.

그 외에도 일본 전국에 체인점을 가진 중고 만화 전문 쇼핑몰인 만다라케(P.244)는 우메다에 지점이 있는데, 만화 외에 장난감, 피규어, 프라모델, 게임, 애니메이션 DVD 등도 다양하게 취급한다.

요도바시 카메라와 빅 카메라 같은 전자제품 전문점에서도 만화 및 피규어 코너를 운영하고 있으며, 토이저러스 같은 장난감 쇼핑몰에서는 피규어와 프라모델 코너를 운영하고 있으니 편하게 둘러볼 수 있다.

영업 10:00~20:00 **휴무** 부정기
홈페이지 shop.joshin.co.jp/shopdetail.php?cd=1665
교통 난카이 전철 난바なんば역(NK01)에서 도보 6분
지도 P. 4-F

정글 Jungle
주소 大阪市浪速区日本橋3-4-16
전화 06-6636-7444
영업 평일 12:00~20:00, 토 · 일 · 공휴일 11:00~20:00 **휴무** 무휴
홈페이지 jungle-scs.co.jp
교통 난카이 전철 난바なんば역(NK01)에서 도보 6분
지도 P.4-F

히로 완구 연구소 ヒ-ロ-玩具研究所
주소 大阪市浪速区日本橋4-9-21
전화 06-6641-7776 **영업** 12:00~19:00
휴무 수요일(공휴일은 영업)
홈페이지 herogangu.com
교통 난카이 전철 난바なんば역(NK01)에서 도보 6분
지도 P.4-F

보크스 ボ-クス
주소 大阪市浪速区日本橋4-9-18
전화 06-6634-8155
영업 11:00~20:00 **휴무** 부정기
홈페이지 www.volks.co.jp
교통 난카이 전철 난바なんば역(NK01)에서 도보 7분
지도 P. 4-F

슈퍼 키즈랜드 캐릭터관
Super Kids Land キャラクタ-館
주소 大阪市浪速区日本橋4-12-4
전화 06-6648-1411

아니메이트 Animate

주소 大阪市浪速区日本橋西1-1-3
전화 06-6636-0628
영업 월~금 11:00~21:00, 토·일 10:00~21:00
휴무 부정기
홈페이지 www.animate.co.jp
교통 난카이 전철 난바 なんば 역(NK01)에서
도보 6분 **지도** P.4-F

캐릭터 쇼핑

캐릭터의 천국 일본에서는 특정 캐릭터를 다
루는 전문 상점은 물론, 여러 캐릭터를 한자리
에 모은 장난감 숍이나 피규어 전문 숍이 많으
며 여느 일반 상점에서도 캐릭터 상품을 쉽게
만날 수 있다. 오사카 키타의 한큐 삼번가
(P.242)에는 리라쿠마, 스누피, 도라에몽, 디즈
니 등 다양한 캐릭터 상품을 취급하는 키디랜
드Kiddy Land가 있으며, 같은 상가 내에 동구
리 공화국どんぐり共和国도 있어 집중 공략하
기 좋다.
그 외에도 무민 숍Moomin Shop이나 아란지
아론조Aranzi Aronzo, 원피스 무기와라 스토
어ONE PIECE 麦わらストア, 포켓몬 센터처럼

특정 캐릭터 상품만 다루는 단독 숍도 찾을 수
있다.
요도바시 카메라나 빅 카메라 같은 전자제품
상가의 장난감 코너에 가면 다양한 캐릭터 상
품과 피규어, 프라모델 등을 광범위하게 갖추
고 있으며, 핸즈나 로프트, 다이소 같은 생활잡
화 전문점에서도 일부 제품을 찾아볼 수 있다.

키디랜드 Kiddy Land

주소 大阪市中央区心斎橋筋1-8-3
전화 06-6243-0701 **영업** 10:00~20:00
휴무 부정기
홈페이지 www.kiddyland.co.jp
교통 지하철 미도스지선(M19)·요츠바시선(Y14)·나
가호리츠루미료쿠치선(N15) 신사이바시心斎橋역
4-A 출구에서 연결, 신사이바시 파르코 6층
지도 P.6-D

무민 숍 MOOMIN SHOP

주소 大阪市北区梅田3-1-3
전화 06-6151-1297
영업 10:30~20:30 **휴무** 부정기
홈페이지 www.moomin.co.jp
교통 JR 오사카大阪역에서 바로, 루쿠아 8층
지도 P.10-E

아란지 아론조

아란지 아론조
ARANZI ARONZO

주소 大阪市中央区南船場4-13-4
전화 06-6252-2983
영업 11:00~18:00
휴무 수요일
홈페이지 www.aranziaronzo.com
교통 지하철 미도스지선(M19) · 요츠바시선(Y14) · 나가호리츠루미료쿠치선(N15) 신사이바시心斎橋역 3번 출구에서 도보 5분
지도 P.6-A

원피스 무기와라 스토어
ONE PIECE 麦わらストア

주소 大阪市北区梅田3-1-1
전화 06-6147-6361
영업 10:00~20:00
휴무 부정기
홈페이지 www.mugiwara-store.com
교통 JR 오사카大阪역에서 연결, 다이마루 우메다 13층 **지도** P.11-H

Tip

면세(TAX FREE) 혜택을 놓치지 말자

백화점이나 쇼핑몰, 대형 전자제품점은 물론이고 돈키호테, 마츠모토 키요시, 로프트, 무인양품 같은 대형 상점에서는 외국인 여행자를 대상으로 면세 혜택(일본 소비세 10%, 구매 금액 5500엔 초과 시)을 주고 있다. 한큐, 다이마루 백화점 등은 면세 카운터에서 일괄 처리해 주고, 루쿠아의 경우는 구입하는 상점에서 바로 처리해 주는 등 업체마다 방식이 다르니 꼭 문의할 것.

BEST

PLAN

간사이의
추천 일정

※다음에 소개할 일정은 예시이므로,
자신이 이용하는 항공이나 선박 스케줄에 따라
조정해야 한다. 열차나 버스 시간은
현지 사정에 따라 달라질 수 있으니,
반드시 사전에 역이나 버스 터미널에서 확인하고,
장거리 교통편이나 예약 필수인 교통편은
미리 예약한다. 일부 교통편 수가 적은
지역이라면 운행 시간에 특히 주의해야 한다.

BEST **01** PLAN

초심자를 위한 간사이 완전 정복
오사카 · 교토 · 고베 · 나라 4박 5일

오사카에 숙박하며
주변 도시를 당일치기로 둘러보는 코스

○ 교통 패스
간사이스루패스 3일권을 출국 전에 미리 구입한다. 패스는 오사카에서 다른 도시로 이동하는 2 · 3 · 4일째에 사용한다.

○ 유용한 팁
3 · 4일째 일정은 취향에 따라 히메지, 롯코산, 고야산 등으로 변경해도 좋다. 쇼핑과 맛집 탐방에 집중하려면 오사카에서의 시간을 늘려 잡아야 한다.

{ 1일 ★ 오사카 }
오전 비행기로 도착했을 때의 일정

14:00 도톤보리
 ┆ 도보 이동

15:30 신사이바시
 ┆ 지하철 11분

17:00 오사카성
 ┆ 지하철 7분

18:30 우메다
 ┆ 도보 이동

20:30 우메다 스카이 빌딩

{ 2일 ★ 교토 }

09:00 한큐 오사카우메다역
 ┆ 한큐 전철 43분

10:00 한큐 교토카와라마치역
 ┆ 시 버스 30분

10:30 긴카쿠지(은각사) · 철학의 길
 ┆ 시 버스 15분

14:00 야사카 진자 · 키요미즈데라
 ┆ 도보 이동(또는 버스 5분)

17:00 기온
 ┆ 도보 이동

18:00 테라마치 상점가 · 신쿄고쿠 상점가
 ┆ 한큐 전철 43분

21:00 한큐 오사카우메다역

긴카쿠지(은각사)

{ 3일 ★ 나라 · 오사카 }

09:00 킨테츠 오사카난바역

⋮ 킨테츠 전철 40분

10:00 킨테츠 나라역

⋮ 도보 4분

10:10 산조도리

⋮ 도보 이동

10:40 사루사와노이케 · 코후쿠지

⋮ 도보 13분

11:30 토다이지

⋮ 도보 17분

13:00 나라마치

⋮ 도보 10분

15:00 킨테츠 나라역

⋮ 킨테츠 전철 40분

16:00 킨테츠 오사카난바역

⋮ 지하철 7분

16:20 아베노 하루카스

⋮ 도보 10~15분

18:00 신세카이

오사카의 신세카이

{ 4일 ★ 아리마 온천 · 고베 }

09:00 한신 오사카우메다역

⋮ 한신 전철+고베 지하철+고베 전철 1시간 3분

10:00 아리마 온천

⋮ 고베 전철+고베 지하철 30분

14:30 산노미야 · 난킨마치

⋮ 한신 전철 또는 지하철 4분

18:00 모자이크

⋮ 한신 전철 40분

21:00 한신 오사카우메다역

{ 5일 ★ 오사카 }

출국하는 마지막 날. 오후나 저녁 비행기를 탄다면, 호텔
이나 전철역 코인로커에 짐을 두고 근처에서 쇼핑을 하
거나 맛집을 방문하는 정도로 마무리한다.

아리마 온천

고베의 모자이크

직장인을 위한 짧고 굵은 금·토·일 여행

오사카 2박 3일

금요일 하루 휴가를 내고 다녀올 수 있는 오사카 집중 코스

○ 교통 패스

오사카주유패스 2일권(3600엔)을 출국 전에 미리 구입한다. 패스는 관광 일정이 있는 1·2일째에 사용한다. 관광 명소 입장료만 총 5840엔이나 하므로, 패스를 사는 것이 상당히 이득이다. 단 첫날 공항에서 시내로 이동할 때는 패스를 사용할 수 없으니 승차권을 따로 구입해야 한다.

{ 1일 ★ 오사카 }
오전 비행기로 도착했을 때의 일정

13:00 우메다

⋮ 도보 이동

15:00 공중정원 전망대

⋮ 도보 15분+지하철 8분

16:30 도톤보리

⋮ 도보 이동

17:30 돔보리 리버크루즈

⋮ 도보 이동

18:30 신사이바시

{ 2일 ★ 오사카 }

10:00 오사카성

⋮ 지하철 11분

13:00 신세카이

⋮ 지하철 6분

15:00 신사이바시, 아메리카무라

⋮ 도보 이동

17:00 호리에

⋮ 도보 10분+지하철 7분

18:00 우메다

⋮ 도보 이동

21:00 헵파이브 관람차

{ 3일 ★ 오사카 }
저녁 비행기로 출국할 때의 일정

10:00 키타하마 카페거리

⋮ 지하철 10분

13:00 나카자키초

⋮ 지하철 16분

15:00 난카이 난바역

88   간사이의 추천 일정

느긋하게 고도古都의 여유를 만끽하는 여행

교토 2박 3일

교토에서 숙박하며
교토를 중심으로 여행하는 이에게 추천하는 코스

○ **교통 패스**
공항에서 교토 시내로 바로 이동할 경우, JR
특급 열차인 하루카를 타는 것이 가장 편하고
빠르다. 이때 하루카 티켓을 한국에서 미리 사
는 것이 저렴하다. 추천 코스로 다닐 경우, 첫
째 날은 시 버스 위주로 이용하면 되고, 둘째
날과 셋째 날은 JR에 시 버스나 지하철을 적
절히 이용하면 보다 빠르게 이동할 수 있다.

○ **유용한 팁**
숙박은 교통이 편리하고 편의 시설이 많은 교
토역 주변이나 한큐 교토카와라마치역 주변
이 무난하다.

{ 1일 ★ 교토 }

11:00 JR 교토역

⋮ 시 버스 40~50분

12:00 긴카쿠지 · 철학의 길

⋮ 시 버스 15분

14:00 야사카 진자 · 키요미즈데라

⋮ 도보 이동(또는 시 버스 5분)

17:00 기온

⋮ 도보 이동

18:00 폰토초 · 키야마치도리 등

{ 2일 ★ 교토 }

10:00 JR 교토역

⋮ JR 16분

10:30 아라시야마

⋮ JR 15분

15:00 니조성

⋮ 지하철 15분

18:00 교토역

{ 3일 ★ 교토 }
저녁 비행기로 출국할 때의 일정

10:00 JR 교토역

⋮ JR 10분

10:30 후시미이나리타이샤

⋮ JR 10분

12:00 JR 교토역

⋮ 시 버스 10분

13:00 산주산겐도

⋮ 시 버스 10분

15:00 JR 교토역

쇼핑 · 관광 · 야경을 만끽하는 여행
고베 1일

오사카에 숙소를 잡고
당일치기로 고베에 다녀오는 이들에게 알맞은 코스

○ 교통 패스
도보와 한큐 · 한신 전철, 지하철, 시티루프버스 등을 적절하게 이용하는 것이 현명하다. 간사이스루패스 이용자라면 한큐 · 한신 전철과 고베 지하철을 무제한 승차할 수 있다.

○ 유용한 팁
고베 시내는 그리 크지 않고 볼거리가 오밀조밀 모여 있어 부지런히 움직이면 하루 동안 충분히 다 돌아볼 수 있다. 단, 쇼핑에 시간을 많이 할애한다면 모자이크에서 야경을 본 후 숙소로 돌아가는 시간이 늦어지므로 시간 안배를 잘 하도록 하자.
고베 날씨는 평균적으로 온화한 편이나 바다에서 가까워 늦가을부터 한겨울, 초봄까지는 바람이 꽤 매섭다. 입고 벗기 편한 옷을 준비하는 것이 좋다.

{ 1일 ★ 고베 }

10:30 산노미야역

도보 이동(또는 시티루프버스 15분)

11:00 키타노 이진칸

도보 이동

12:30 산노미야 · 모토마치

도보 이동

16:00 난킨마치

도보 이동(또는 시티루프버스 5분)

17:00 모자이크

한신 · 한큐 전철 4분

20:00 산노미야역

산노미야

고베항

구거류지의 바니스 뉴욕

키타노 이진칸

B E S T 05 P L A N

온천욕을 즐기며 휴식하는 여행

아리마 온천 1박 2일

료칸에서 1박을 하며 온천 문화를 즐기고
온천가를 둘러보는 일정

○ 교통 패스

공항에서 아리마 온천으로 직행하는 교통편
이 없으니, 오사카에서 직행 고속버스를 타고
가는 것이 가장 편하다. 성수기와 주말은 버
스를 예약하는 것이 좋다. 간사이스루패스를
이용한다면 전철과 지하철을 환승하는 방법
으로 아리마 온천에 갈 수 있지만 캐리어를
가져가야 하는 상황이면 추천하지 않는다.
고속버스 예약 japanbusonline.com/ko

※예약한 료칸에 픽업 서비스가 있다면 이용해도 좋다.

{ 1일 ★ 아리마 온천 }

09:00 한큐 오사카우메다역 앞 버스 터미널

⋮ 고속버스 1시간

10:00 아리마 온천 버스 터미널

⋮ 도보 또는 택시 이용

10:30 료칸에 짐 맡기기

⋮ 도보 또는 택시 이용

11:00 아리마강

⋮ 도보 2분

11:30 킨노유에서 무료 족욕

⋮ 도보로 바로

11:50 유모토자카

⋮ 도보 이동

12:20 점심식사

⋮ 도보 이동

13:30 탄산 센겐

⋮ 도보 3분

14:00 타이코노 유도노칸

⋮ 도보 1분

14:30 온센지

⋮ 도보 또는 택시 이용

15:00 료칸 체크인

15:30 료칸 구경

16:30 온천욕

18:00 저녁식사

{ 2일 ★ 아리마 온천 }

오사카 도착 후에는 일정에 따라 점심 식사 후 공항으로
이동하거나 오사카 호텔에 짐을 맡긴 후 식사와 쇼핑, 관
광 등을 즐긴다.

08:00 온천욕

09:00 아침식사

11:00 료칸 체크아웃

⋮ 도보 또는 택시 이동

11:30 아리마 온천 버스 터미널

⋮ 고속버스 55분

12:25 한큐 오사카우메다역 앞 버스 터미널

GOOD
START

간사이
여행의 시작

access

오사카 가는 법

한국에서 오사카로 가는 방법은 항공과 선박 두 가지가 있다. 항공은 출발하는 공항에 따라 1시간 20분~1시간 40분이 걸리며, 선박은 부산에서 19시간이 걸린다.

항공

한국과의 국제 노선을 운항 중인 공항은 간사이 국제공항(KIX) 한 곳뿐이다. 인천과 김포, 대구, 부산, 제주에서 직항편을 매일 운항하고 있다. 인천 또는 김포 공항에서 간사이 국제공항까지의 비행 시간은 약 1시간 40분이며, 부산이나 제주 공항에서 갈 때는 약 1시간 20분이 걸린다.

오사카를 오가는 항공사는 대한항공과 아시아나항공, ANA, JAL을 비롯해 제주항공, 진에어, 이스타항공, 티웨이항공, 에어서울, 에어부산, 피치항공 등의 저가 항공사도 있다.

※인천 공항의 경우, 대한항공과 진에어는 제2터미널을 이용하고, 나머지 항공사는 모두 제1터미널을 이용한다.

※간사이 국제공항에서는 모든 항공사가 제1터미널을 이용하는데, 유일하게 피치항공만 제2터미널을 이용한다.

※항공사 운항 정보는 2023년 11월 기준으로, 이후 달라질 수 있다.

공항 홈페이지
간사이 국제공항 www.kansai-airport.or.jp

선박

선박은 부산항을 출발해, 세토 내해를 거쳐 오사카항 난코 지역에 자리한 오사카 국제 페리 터미널에 도착한다. 팬스타 페리가 주 3회 운항하며 약 19시간이 소요된다. 갈 때는 오후 3시 출발, 다음 날 오전 10시 입항이며, 돌아올 때는 월·수요일 오후 3시 출발, 다음 날 오전 10시 도착, 금요일 오후 5시 출발, 다음 날 오후 12시 입항하는 스케줄이다(변동 가능). 객실 종류와 시기에 따라 가격 차이가 많이 나니 항공 요금과도 비교해 봐야 한다.

팬스타 페리

선박도 항공과 마찬가지로 입출국 수속을 거치며 절차는 크게 다르지 않다. 부산항 국제 여객터미널은 부산역에서 택시로 약 8분 거리다.

선박 회사·터미널 홈페이지
팬스타 페리 www.panstar.co.kr
부산항 국제 여객터미널 www.busanpa.com/bpt/Main.do

오사카 국제 페리터미널
大阪港国際フェリ-タ-ミナル

페리터미널에서 가장 가까운 지하철역은 코스모스퀘어コスモスクエア역으로 도보 10분 거리이다. 거기서 지하철을 타고 시내로 이동하면 된다.

지도 P.14-D

일본 입국하기

① 출국 전 비지트 재팬 웹 등록

필수는 아니지만 수속 시간을 줄일 수 있다

비지트 재팬 웹은 일본 입국 수속 온라인 서비스다. 미리 입국 심사와 세관 신고를 등록한 후 발행되는 QR코드를 이미지로 저장해 두자. 그러면 출국 시 종이 서류를 적을 필요가 없고, 입국 심사 때 이 QR코드를 제시하면 시간을 조금이라도 줄일 수 있어 편리하다. 미처 등록하지 못했다면 비행기에서 승무원에게 종이 서류를 받아 작성하면 된다.

비지트 재팬 웹 vjw-lp.digital.go.jp/ko

② 공항 도착

공항에 도착하면 입국 심사대로 이동

간사이 국제공항에 도착하면 기내에 들고 탄 짐을 빠짐없이 챙긴 후, 입국 심사대로 이동한다(트램을 타고 갈 수도 있다). 입국 심사대에서는 외국인 'Foreigner'라고 쓰인 곳에 줄을 선다. 심사대 입구에서 직원들이 한국어 또는 영어, 일본어로 안내를 해주며, 심사대 번호를 지정해 주기도 하니 따르면 된다.

③ 입국 심사

입국 심사 받기

직원의 요청에 따라 비지트 재팬 웹의 입국 심사 QR코드와 여권을 보여준다. 이후 직원의 지시에 따라 지문 입력과 사진 촬영을 한다. 그리고 입국 심사대에 여권을 제출한다. 보통은 질문 없이 여권에 입국 스탬프를 찍은 후 돌려준다. 심사관이 여행 목적, 체류 일수, 체류지 등에 대해 물어보면, 영어나 일본어로 말하면 된다. 여행 목적은 관광이라는 뜻의 '사이트싱(Sightseeing)' 또는 '캉코観光'라고 하면 된다. 체류 일수는 정직하게 대답하고, 체류 일수가 정해지지 않았다면 90일 이내로 대답하자.

④ 수하물 찾기

위탁수하물로 맡긴 짐 찾기

비행기를 탈 때 위탁수하물로 짐을 맡긴 사람은 컨베이어벨트로 맡긴 짐을 찾으러 간다. 우선 전광판에서 자신이 타고 온 비행기 편명을 찾아 수하물 수취대(Baggage Claim) 번호를 확인한다. 그리고 1층으로 내려가 확인한 번호의 수취대로 간 후 컨베이어벨트 쪽에서 짐이 나오길 기다린다.

짐을 찾으면 세관 신고대로 이동한다. 맡긴 짐이 없는 사람은 수취대에 갈 필요 없이 곧바로 세관 신고대로 가면 된다.

⑤ 세관 검사

세관 검사를 무사히 받으면 입국 과정은 끝!

세관 신고할 물건이 없는 사람은 면세대(Nothing to Declare)로 가서 검사원에게 여권과 세관 신고 QR코드를 제시한다. 비지트 재팬 웹을 등록하지 않았다면 휴대품 신고서를 작성해 제출한다.

만약 과세 대상 물건이 있거나 위험물, 반입 금지된 식물이나 식품류가 있으면 압수, 과세, 방역 검사 등을 거쳐야 하니 주의한다.

가끔 검사원이 신고할 물건이 있는지 또는 담배와 술을 얼마나 가지고 있는지 물어보기도 하는데, 당황하지 말고 침착하게 대답하면 된다.

⑥ 목적지로 이동

목적지로 이동하기

세관 검사까지 마치고 자동문을 나오면 공항 1층 로비다. 왼쪽에 있는 투어리스트 인포메이션 센터에서 미처 준비하지 못한 패스를 구입한 후 시내로 이동한다.

전철을 탈 사람은 2층에서 구름다리로 연결되는 간사이 공항역으로 가고, 리무진 버스를 타려면 1층 밖에 있는 승차장으로 간다.

일본 입국 서류 작성하는 법

미리 비지트 재팬 웹을 등록하지 않았다면 기내에서 미리 종이 서류를 작성해야 한다. 묵을 호텔 이름과 전화번호를 미리 휴대폰에 저장해 두자. 입국 신고서는 영어로 모든 칸을 빠짐없이 작성한 다. 휴대품 신고서는 세관을 통과할 때 직원에게 제출해야 한다.

〈입국 신고서〉

外国人入国記錄 DISEMBARKATION CARD FOR FOREIGNER 외국인 입국기록
英語又は日本語で記載して下さい。Enter information in either English or Japanese. 영어 또는 일본어로 기재해 주십시오.　　　　　[ARRIVA

氏 名 Name 이름 Family Name 영문 성	**Kim**	Given Names 영문 이름	**Mi Jin**	
生 年 月 日 Date of Birth 생년월일 Day 日 Month 月 Year 年 **1 2 1 2 1 9 9 8**	現 住 所 Home Address 현 주 소	国名 Country name 나라명 **Korea**	都市名 City name 도시명 **Seoul**	

渡 航 目 的　☑観光 Tourism 관광　☐商用 Business 상용　☐親族訪問 Visiting relatives 친척 방문
Purpose of visit　☐その他 Others 기타 (　　　)
도항 목적

航空機便名・船名 Last Right No./Vessel 도착 항공기 편명·선명 **KE727**
日本滯在予定期間 Intended length of stay in Japan 일본 체재예정 기간 **7 day**

日本の連絡先 Intended address in Japan 일본의 연락처
Dormy Inn Premium Namba
TEL 전화번호 **06-6214-5489**

裏面の質問事項について、該当するものに✓を記入して下さい。Check the boxes for the applicable answers to the questions on the back side.
뒷면의 질문사항 중 해당되는 것에 ✓ 표시를 기입해 주십시오.

	はい Yes 예	いいえ No 아니
1. 日本での退去強制歷・上陸拒否歷の有無 Any history of receiving a deportation order or refusal of entry into Japan 일본에서의 강제퇴거 이력·상륙거부 이력 유무	☐	☑
2. 有罪判決の有無（日本での判決に限らない） Any history of being convicted of a crime (not only in Japan) 유죄판결의 유무 (일본 내외의 모든 판결)	☐	☑
3. 規制藥物・銃砲・刀劍類・火藥類の所持 Possession of controlled substances, guns, bladed weapons, or gunpowder 규제약물·총포·도검류·화약류의 소지	☐	☑

以上の記載內容は事実と相違ありません。I hereby declare that the statement given above is true and accurate. 이상의 기재 내용은 사실과 틀림 없습니다.

署名 Signature 서명　**김미진**

〈휴대품 신고서〉

(A면) 일본세관
세관 양식 C 제5360-C호
휴대품・별송품 신고서

하기 및 뒷면의 사항을 기입하여 세관직원에게 제출하여 주시기 바랍니다.
가족이 동시에 심사를 받을 경우에는 대표자가 1 장 제출해 주시기 바랍니다.

탑승기편명 (선박명)	**KE727**	출발지	**Seoul**
입국 일자	**2 0 2 4** 년 **1** 월 **3** 일		

성 명 (영문) 성 (Surname) / 명 (Given name)
Kim Mi Jin

현 주 소 (일본국내 체류지) **Dormy Inn Premium Namba**
전화번호 **06** (**6214**) **5489**

국 적 **Korea**　직 업 **Student**
생년월일 **1 9 9 8** 년 **1 2** 월 **1 2** 일
여권번호 **M 1 2 3 4 5 6 7 8**

동반가족 20세 이상 ___명　6세~20세 미만 ___명　6세 미만 ___명

※아래 질문에 대하여 해당하는 □에 "✓"표시를 하여 주시기 바랍니다.

1. 다음 물품을 가지고 있습니까?

	있음	없음
① 일본으로 반입이 금지되어 있는 물품 또는 제한되어 있는 물품 (B면을 참조).	☐	☑
② 면세 범위 (B면을 참조)를 초과하는 물품 등.	☐	☑
③ 상업성 화물・상품 견본류.	☐	☑
④ 다른사람의 부탁으로 대리 운반하는 물품.	☐	☑

* 상기 항목에서 '있음'을 선택한 분은 B면에 입국시에
휴대반입할 물품을 기입하여 주시기 바랍니다.

2. 100만엔 상당액을 초과하는 현금 또는
유가증권 등을 가지고 있습니까?

	있음	없음
	☐	☑

* '있음'을 선택한 분은 별도로 「지불수단 등의 휴대
수출・수입신고서」를 제출하여 주시기 바랍니다.

3. 별송품 입국할 때 휴대하지 않고 택배 등의 방법을 이용하여 별도로 보
낸 짐 (이삿짐을 포함)등이 있습니까?

☐ 있음 (___ 개)	☑ 없음	

* '있음'을 선택한 분은 입국시에 휴대반입할 물품을 본란에 기입하여 입국
할 때 **신고서를 2부** 세관에 제출하여 세관의 확인을 받아 주시기 바랍니다.
(입국 후 6개월이내에 수입하는 것에 한함.)
세관에서 확인을 받은 신고서는 별송품을 통관시킬 때 필요합니다.

《주의사항》
해외에서 구입한 물품, 다른사람의 부탁으로 운반하는 물품 등 일본으로
반입하는 물품 (휴대품・별송품)에 대해서는 법령에 의거하여 세관에 신고
하고 필요한 검사를 받아야 합니다.
또한 신고를 누락, 허위 신고 등 부정행위 행위가 있으면 일본 관세법에 따라
처벌을 받을 수 있습니다.

이 신고서 기재내용은 사실과 같습니다.
서 명 **김미진**

---

❶ 숙소를 반드시 적는다

자신이 머무는 호텔명과 호텔 전화번호를 반드시 적어야 한다. 참고로, 일반 가정집의 주소를 적는 경우 심사 시간이 길어지는 경우도 있다.

실제 묵는 곳의 주소를 미처 알아 오지 못했다면 가이드북에 있는 호텔이라도 적자. 공란으로 두면 입국 심사 시 미심쩍은 눈길과 함께 질문 공세에 시달리며, 최악의 경우 입국이 거절될 수도 있다.

❷ 사인은 여권과 같은 것으로!

입국 신고서 하단에는 사인을 한다. 이때 사인은 여권에 한 것과 동일하게 하자. 입국 심사장에서 두 개의 사인을 대조해보는데, 이것이 눈에 띄게 다르다면 최악의 경우 여권 위조범으로 몰릴 수도 있다.

❸ 모든 칸을 꼼꼼히 적자!

하단에는 마약 소지, 전과, 일본 입국 거부 전력 등을 묻는 질문이 적혀 있다. 모두 'No'에 체크한다.

access
간사이 국제공항에서 각 지역으로 가는 법

공항에서 시내로 이동할 때 가장 많이 이용하는 것은 난카이 전철과 JR이다. 환승을 하면 간사이 지역 어디든 갈 수 있으며, 패스를 소지하고 있다면 교통비도 절약된다. 환승이 번거롭거나 짐이 많다면 리무진 버스를 이용하는 것도 좋다. 단, 정류장과 숙소의 위치가 가까울 경우에 편리하며, 교통 상황에 따라 소요 시간이 달라질 수 있다.

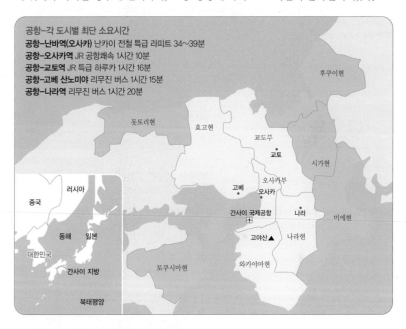

공항–각 도시별 최단 소요시간
공항–난바역(오사카) 난카이 전철 특급 라피트 34~39분
공항–오사카역 JR 공항쾌속 1시간 10분
공항–교토역 JR 특급 하루카 1시간 16분
공항–고베 산노미야 리무진 버스 1시간 15분
공항–나라역 리무진 버스 1시간 20분

(지도 레이블: 후쿠이현, 돗토리현, 효고현, 교도부, 교토, 시가현, 고베, 오사카부, 오사카, 러시아, 중국, 간사이 국제공항, 나라, 미에현, 동해, 일본, 고야산 ▲, 나라현, 대한민국, 간사이 지방, 토쿠시마현, 와카야마현, 북태평양)

간사이 공항역 関西空港駅

입국 심사를 마치고 나오면 공항 제1터미널 1층이다(피치항공은 제2터미널). 열차 표지판을 따라 에스컬레이터를 타고 2층으로 올라가면 맞은편에 구름다리로 연결된 간사이 공항역이 보인다. 공항역은 난카이 전철과 JR이 나란히 함께 자리하고 있으니, 헷갈리지 않도록 조심한다. 난카이 전철은 주황색, JR은 파란색으로 구분되어 있다.

유용한 홈페이지
난카이 전철 www.howto-osaka.com/kr/

제이알(JR) www.westjr.co.jp/global/kr
JR 특급 하루카 kanku.mi-ktt.ne.jp
한큐 전철 www.hankyu.co.jp
한신 전철 www.hanshin.co.jp/global/korea/
리무진 버스 www.okkbus.co.jp/en/

★ 공항 → 오사카 ★

간사이 공항역
関西空港
난카이 전철 특급 라피트特急ラピート
38분, 1470엔
난바역
難波

간사이 공항역
関西空港
난카이 전철 공항급행空港急行
43분, 970엔
난바역
難波

간사이 공항 제1터미널 11번 승차장
리무진 버스
50분, 1100엔(왕복표 구입 시 1900엔)
난바 OCAT

※OCAT(오사카 시티 에어 터미널)는 난바와 공항을 오가는 리무진 버스와 다른 지역을 오가는 고속버스 등이 발착한다.
지하에는 JR 난바역이 있으며, 지하철 난바역과 지하도로 연결된다(도보 7분 거리).
홈페이지 ocat.co.jp/en/

간사이 공항 제1터미널 5번 승차장
리무진 버스
1시간 7분, 1600엔(왕복표 구입 시 2900엔)
오사카역 앞 · 주변 호텔
大阪駅前

간사이 공항역
関西空港
JR 공항쾌속関空快速
1시간 10분, 1210엔
오사카역
大阪

간사이 공항역
関西空港
난카이 전철 공항급행空港急行
43분, 970엔
난바역
難波
지하철 미도스지선
9분, 240엔
우메다역
梅田
총 1시간 5분, 1210엔

※우메다(오사카역)로 갈 때는 JR 공항쾌속이나 리무진 버스가 편리하지만, 간사이스루패스를 이용하려면 난카이 전철을 타고 난바에 내려 지하철로 환승한다.

★ 공항 → 교토 ★

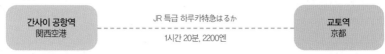

간사이 공항역
関西空港
JR 특급 하루카特急はるか
1시간 20분, 2200엔
교토역
京都

※위 요금은 하루카 할인 티켓(P.106)을 국내에서 미리 구입했을 때의 가격이다. 일본 현지에서 구입하면 3640엔으로 훨씬 비싸다.

간사이 공항 제1터미널 8번 승차장
리무진 버스
1시간 30분, 2600엔
교토역 앞
京都駅

간사이 공항역
関西空港
난카이 전철 공항급행空港急行
43분, 930엔
난바역
難波
지하철 미도스지선
9분, 240엔

교토카와라마치역
京都河原町
총 2시간 7분, 1580엔
한큐 전철 특급特急
43분, 410엔
오사카우메다역
大阪梅田

※간사이스루패스를 이용하려면 위의 방법으로 이동한다. 하지만 무거운 짐을 끌고 2번 환승하는 것은 체력 소모가 크다.

★ 공항 → 고베 ★

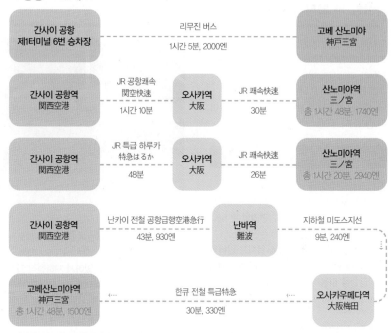

간사이 공항 제1터미널 6번 승차장	리무진 버스 1시간 5분, 2000엔			고베 산노미야 神戸三宮
간사이 공항역 関西空港	JR 공항쾌속 関空快速 1시간 10분	오사카역 大阪	JR 쾌속 快速 30분	산노미야역 三ノ宮 총 1시간 48분, 1740엔
간사이 공항역 関西空港	JR 특급 하루카 特急はるか 48분	오사카역 大阪	JR 쾌속快速 26분	산노미야역 三ノ宮 총 1시간 20분, 2940엔

간사이 공항역 関西空港 → 난카이 전철 공항급행空港急行 43분, 930엔 → 난바역 難波 → 지하철 미도스지선 9분, 240엔 → 오사카우메다역 大阪梅田 → 한큐 전철 특급特急 30분, 330엔 → 고베산노미야역 神戸三宮 총 1시간 48분, 1500엔

※간사이스루패스를 이용하려면 위의 방법으로 이동한다. 하지만 무거운 짐을 끌고 2번 환승하는 것은 체력 소모가 크다.

★ 공항 → 나라 ★

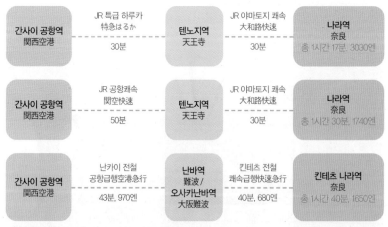

간사이 공항역 関西空港	JR 특급 하루카 特急はるか 30분	텐노지역 天王寺	JR 야마토지 쾌속 大和路快速 30분	나라역 奈良 총 1시간 17분, 3030엔
간사이 공항역 関西空港	JR 공항쾌속 関空快速 50분	텐노지역 天王寺	JR 야마토지 쾌속 大和路快速 30분	나라역 奈良 총 1시간 30분, 1740엔
간사이 공항역 関西空港	난카이 전철 공항급행空港急行 43분, 970엔	난바역 難波 / 오사카난바역 大阪難波	킨테츠 전철 쾌속급행快速急行 40분, 680엔	킨테츠 나라역 奈良 총 1시간 40분, 1650엔

※간사이스루패스를 이용하려면 위의 방법으로 이동한다.

공항 → 오사카

오사카로 가는 방법은 난카이 전철, JR, 리무진 버스가 있다. 미나미(난바)로 가려면 난카이 전철이, 키타(우메다)로 가려면 JR이 편하다. 짐이 많다면 리무진 버스도 고려해 볼 만하다. 단, 내리는 정류장과 호텔의 거리가 멀지 않아야 편리하다.

난카이 전철 南海電鉄

공항급행空港急行
공항에서 오사카 미나미의 중심부인 난바역까지 환승 없이 이동할 수 있다. 편리할 뿐 아니라 오사카로 가는 가장 저렴한 수단이다.
모든 역에 정차하는 보통普通 열차는 난바역까지 1시간 15분이나 걸리므로, 43분 소요되는 공항급행을 이용하자. 표는 난카이 전철역의 자동 발매기에서 구입하거나 IC카드를 이용한다.
※간사이스루패스 이용 가능

난카이 전철 특급 라피트

난카이 전철 공항급행 난바행. 막차는 23:50경 출발.

특급 라피트 Rapit
지정 좌석제로 운영되는 특급 열차 라피트는 난바역까지 약 38분 소요된다. KTX식 좌석 구조인 데다 짐칸도 따로 있어서 지하철식 좌석 구조인 공항급행에 비해 상당히 편안하다. 좌석은 레귤러 시트와 슈퍼 시트가 있는데, 별 차이는 없으니 저렴한 레귤러 시트를 이용한다. 열차 내에서 직원이 무작위로 표 검사를 하니 열차를 잘못 타거나 표를 잃어버리지 않도록 주의할 것. 표는 난카이 전철 창구에서 구입한다. 국내 여행사를 통해서도 구입 가능(왕복권은 국내에서만 판매).

공항-난바역
공항급행 970엔, 43분
특급 라피트 1470엔, 38분

난카이 전철 이용법

01
공항 도착층에서
철도 표지판을 따라
2층으로 올라간다.

02
구름다리로
연결된 간사이 공항
역으로 간다.

03
주황색의 난카이
전철 자동 발매기에
서 표를 구입한다.

04
난카이 전철역
개찰구를 통과한다.

05
전광판에서
플랫폼과 도착
시간을 확인한다.

06
열차의 행선지와
종류를 확인한 후
승차한다.

07
종점인 난바역에
하차한다.

난카이 전철 자동 발매기 이용법

01
노선도에서
요금을 확인한다
(난바역은 970엔).

인원수   요금 선택   한국어 전환

지폐 투입구   동전 투입구

표 나오는 곳   거스름돈 나오는 곳

02 자동 발매기의 '한국어' 메뉴를 터치해 한글
화면으로 전환한다.

03 2명 이상 구입할 경우 사람 수 버튼을 눌러
선택한다(성인 1명 구입 시는 건너뛴다).

04 기기 하단의 투입구로 지폐나 동전을 넣는다.

05
구입할 승차권의
요금을 누른다.

06
기기 하단에서
승차권과 거스름돈이
나온다.

1 JR 공항쾌속 열차 2 JR 간사이 공항역 플랫폼

제이알 JR

우메다, 텐노지로 갈 때 편리

우메다(오사카역)에 갈 때 JR 공항쾌속関空快速을 타면 1시간 10분만에 환승 없이 편하게 갈 수 있다. 텐노지지역으로 환승 없이 가려면 특급 하루카를 이용한다. 승차 요금에 특급 요금이 추가되지만, 텐노지역까지 30분이면 도착한다(텐노지 다음에 오사카역, 신오사카역, 교토역 정차). JR패스가 있으면 특급 하루카의 지정석을 이용할 수 있다(지정석은 예약 필수).

공항-오사카역
공항쾌속 1210엔, 1시간 10분

공항-텐노지역
특급 하루카(지정석) 1300엔(홈페이지 예약 또는 여행사에서 할인 편도 티켓 구입 시 가격), 30분

리무진 버스 リムジンバス

심야에도 운행

공항 도착층에서 버스 표지판을 따라 1층 밖으로 나가면 버스 타는 곳이 있다. 행선지에 따라 승차장이 다르니 주의한다. 오사카역행 버스는 5번 승차장, 난바(OCAT)행 버스는 11번 승차장, 난카이 난바역행 버스(심야버스)는 2번 승차장에서 탈 수 있다. 참고로 린쿠타운 프리

미엄 아웃렛행 버스는 12번 승차장에서 탄다. 리무진 버스는 심야에도 운행하므로, 전철이 끊겼을 때 이용하면 좋다. 왕복 승차권 구입 시는 요금이 할인된다(14일간 유효). 버스에 타기 전에 짐을 맡기고 수하물 표를 받는다. 짐을 찾을 때 필요하니 잘 간수하자.

공항-난바 OCAT
1100엔(왕복표 구입 시 1900엔), 50분

공항-오사카역(하비스 오사카)
1600엔(왕복표 구입 시 2900엔), 1시간 7분

택시 タクシ-

요금이 무척 비싸다

도착층 1층 밖으로 나가면 택시 승차장이 나온다. 택시는 3번 승차장에서 타면 되고, 예약한 택시는 1, 7번 승차장에서 탈 수 있다. 공항에서 오사카 시내로 갈 때는 구간별 정액제를 운영하고 있다. 하지만 소형차 기준으로 오사카역, 한큐·한신 오사카우메다역, 난바역까지 2만 엔 이상의 어마어마한 요금이 들며 심야에는 할증도 있다.

공항 근처 호텔에 갈 경우, 심야에 도착해 차가 끊겼거나 짐이 많거나 여러 명이 함께라면 이용할 만하다.

JR 이용법

01
공항 도착층에서
철도 표지판을 따라
2층으로 올라간다.

02
구름다리로 연결된
간사이 공항역으로
간다.

03
파란색의
JR 자동 발매기에서
표를 구입한다.

04
JR 개찰구를
통과한다.

05
전광판에서
플랫폼과 도착 시간을
확인한다.

06
열차의 행선지와
종류를 확인한 후
승차한다.

07
목적지에 하차한다.

JR 자동 발매기 이용법

01
노선도에서
요금을 확인한다.
(오사카역 1210엔)

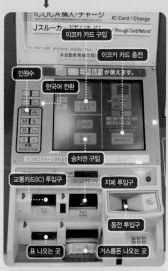

02 자동 발매기의 '한국어' 메뉴를 눌러 한글 화면으로 전환한다.
03 '승차권 구매'를 선택한다.
04 2명 이상 구입할 경우 사람 수 버튼을 눌러 선택한다(성인 1명 구입 시는 건너뛴다).
05 기기 하단의 투입구로 지폐나 동전을 넣는다.

06
구입할 승차권의
요금을 누른다.

07
기기 하단에서
승차권과 거스름돈이
나온다.

공항 → 교토

환승 없이 한 번에 가려면 JR 특급 하루카 또는 리무진 버스가 편리하다. 저렴하게 이동하려면, 난카이 전철로 난바에 가서 다시 지하철과 한큐 전철 등으로 갈아타는 방법이 있다.

JR 특급 하루카 JR 特急はるか

가장 빠르고 편하다

간사이 공항에서 교토역까지 약 1시간 16분이 걸려, 가장 빠르게 이동할 수 있는 수단이다. 다른 교통 수단들에 비해 상대적으로 요금이 비싸지만 빠르고 편해 시간적인 여유가 없는 이들이 이용하면 좋다. 하루카는 JR 간사이 공항역 4번 승강장에서 탈 수 있다. 플랫폼 바닥에는 지정석과 자유석 차량 표시가 되어 있으니 잘못 타지 않도록 한다. JR패스로 자유석을 이용할 수 있으며(지정석은 요금 추가), JR패스가 없다면 출국 전에 미리 방일 외국인 한정 할인 티켓을 구입하자. 일반 티켓보다 훨씬 저렴하다.

공항–교토역
특급 하루카(자유석) 3640엔, 1시간 16분

난카이 전철＋지하철＋한큐 전철

2번 환승하지만 요금이 저렴

교토까지 저렴한 요금에 이동할 수 있지만, 가는 방법이 조금 복잡하고 환승 거리가 멀어 짐이 많을 경우 힘들 수 있다. 공항에서 난카이 전철을 타고 난바역에 내린 후, 지하철 미도스지 선 난바역으로 이동해 지하철을 타고 우메다역에서 하차, 다시 한큐 전철로 갈아탄다. 한큐 우메다역의 1~3번 승강장을 이용한다. 보통普通이나 준급準急 열차는 역마다 정차해 시간이 오래 걸리니 특급特急이나 통근특급通勤特急을 타자.
※간사이스루패스 사용 가능

공항–교토카와라마치역, 1580엔, 2시간 7분

리무진 버스 リムジンバス

교토역이나 교토 북부로 갈 때 편리

리무진 버스가 정차하는 주요 정류장은 교토역京都駅, 니조역二条駅, 시조카라스마四条烏丸, 교토시야쿠쇼마에京都市役所前, 산조케이한三条京阪, 데마치야나기역出町柳駅前이다(니조역은 저녁 시간대에만 정차). 왕복으로 사면 좀 더 저렴해지며 승차일로부터 14일간 유효하다. 버스에 타기 전 짐을 맡기고 수화물 표(짐 찾을 때 필요)를 받는다.

공항–교토역 2600엔, 1시간 30분

공항 → 고베

공항에서 고베로 바로 갈 경우 가장 편한 것은 환승 없이 한 번에 갈 수 있는 리무진 버스다. JR은 1회 환승하며, 갈아탈 때 역 간 이동이 없어 편하다. 간사이스루패스를 사용하려면 2회 환승해야 한다.

리무진 버스 リムジンバス

환승 없이 한 번에 간다

고베 산노미야까지 직통으로 갈 수 있어 가장 편리하다.

공항 제1터미널 4번 승강장에서 탈 수 있으며, 왕복권 구입 시 할인된다(승차일로부터 14일간 유효). 버스에 타기 전에 짐을 맡기면 수하물 표를 받는다(짐 찾을 때 필요).

공항–산노미야 2000엔, 1시간 5분

제이알 JR

1회 환승하는 방법

JR 간사이 공항역에서 간쿠쾌속開空快速이나 특급 하루카를 타고 오사카역에 내린 후, 고베행 쾌속 열차로 갈아타면 된다. 갈아타는 횟수도 적고 역 간 이동이 없어 편리하다. JR패스 이용자들에게 추천한다.

공항–산노미야 1740엔, 1시간 48분

난카이 전철+지하철+한큐 전철

가장 저렴한 방법

가장 저렴하게 고베로 이동할 수 있지만, 갈아타는 횟수가 많고 역과 역 사이의 거리가 멀어 환승 시 한참 걸어야 하는 단점이 있다.

우선 난카이 전철을 타고 난바역에 내린 후, 지하철 미도스지선 난바역까지 걸어서(6~7분 소요) 이동한다. 지하철을 타고 우메다역에서 하차 후 다시 한큐(또는 한신) 전철로 갈아타자. 한큐 오사카우메다역 7~9번 승강장에서 고베선을 타면 된다. 보통普通이나 준급準急은 역마다 서기 때문에 시간이 오래 걸리니 특급特急이나 통근특급通勤特急을 탈 것.
※간사이스루패스 사용 가능

공항–고베산노미야역 1500엔, 1시간 48분

공항 → 나라

공항에서 나라로 가는 직통편은 리무진 버스뿐이지만 현재 운행이 중단되었다. 전철을 이용하면 반드시 오사카를 거쳐서 가야 한다.

난카이 전철+킨테츠 전철

가장 저렴한 방법

소요 시간은 가장 길지만 가장 저렴한 방법이다. 간사이 공항에서 난카이 전철을 타고 난바역에 내린 후 오사카난바역으로 걸어가서 킨테츠 전철로 환승한다.
※간사이스루패스 사용 가능

공항–킨테츠 나라역 1650엔, 1시간 40분

제이알 JR

호류지를 들러서 나라로 갈 때 편리

JR을 이용하려면 공항에서 오사카의 텐노지역으로 간 후, 16번 플랫폼에서 JR 나라행 열차로 환승해야 한다. JR은 호류지역을 지나 나라역으로 가기 때문에, 호류지를 방문한다면 이 방법이 편하다.

공항–나라역 1740엔, 1시간 30분

JR 나라역

JR 열차

pass

간사이 여행에 유용한 패스

도시 간 이동이 많은 간사이 여행에서 교통패스를 잘 이용하면 비싼 교통비를 상당 부분 절감할 수 있고, 때마다 요금을 확인해 표를 구입하는 과정을 건너뛸 수 있어 무척 편리하다. 하지만 최근 교통 패스의 가격이 모두 인상되며 전보다 본전 뽑기가 어려워졌다. 자신의 코스와 일정을 고려해 패스 구입 여부와 종류를 결정하자.

Tip

하루카 할인 티켓
はるか優惠車票

간사이 시내로 이동할 수 있는 저렴한 티켓
단기 체류 자격으로 입국한 외국인은 간사이 공항과 간사이 시내 주요 지역(텐노지역, 오사카역, 신오사카역, 교토역, 고베역, 나라역)을 연결하는 JR 하루카 특급열차 티켓을 저렴하게 구매할 수 있다. 국내 인터넷 사이트를 통해 간단하게 구매 가능하며 구매 후 받은 전자 바우처는 JR 역내 녹색 티켓 발권기(미도리노 켄바이키みどりの券売機) 또는 녹색 창구(미도리노 마도구치みどりの窓口)에서 출발 당일 5시 30분부터 하루카 마지막 열차가 출발하기 5분 전까지 지정석 티켓으로 교환하면 된다. 사전에 지정석 티켓으로 교환하지 않은 경우, 자유석으로도 탑승할 수 있다. 이용 시 여권 제시 필수. 간사이 공항-교토 편도 2200엔(일반 요금이 3640엔이니 상당히 절약된다).
홈페이지 www.westjr.co.jp/global/tc/ticket/#area_onewayPass

JR 티켓 오피스

간사이스루패스 Kansai Thru Pass

간사이 전 지역의 주요 교통이 무료

오사카, 교토, 고베, 나라, 히메지, 와카야마(고야산 등) 등 JR를 제외한 전철, 간사이 전 지역의 지하철과 버스를 무제한으로 이용할 수 있는 자유 이용권으로, 외국인에게만 판매한다. 2일권과 3일권이 있으며, 유효 기간 안에는 비연속으로 사용할 수 있다. 그 외에 주요 관광 시설 350곳의 할인 혜택이 있으니, 패스와 함께 주는 가이드북을 참고하자.

요금 2일권 4480엔, 3일권 5600엔(어린이는 50% 할인) **홈페이지** www.surutto.com

판매 장소
출국 전에 여행사를 통해 미리 구입하는 것이 가장 편하고 저렴하다. 미처 준비하지 못했다면, 도착 즉시 간사이 공항 1층의 투어리스트 인포메이션 센터에서 구입한다. 그 외에 난카이 전철 공항역 창구, 오사카 비지터스 인포메이션 센터(난카이 난바역, JR 오사카역 중앙개찰구) 등에서도 판매한다. 현지에서 구입할 때는 반드시 여권을 제시해야 한다.

이용 방법

지하철이나 전철역 개찰구의 승차권 투입구에 통과시키면 되고, 버스는 요금통 옆의 카드 투입구에 통과시키면 된다. 만일 카드 투입구가 없을 경우는 운전사에게 카드를 보여주면 된다. 첫 사용 시 뒷면에 사용 날짜와 시간이 찍히며, 그 시간부터 당일 막차까지 무제한 이용할 수 있다.

이용 불가 노선

간사이 공항 리무진 버스, 고속버스, 심야 급행 버스, USJ 셔틀버스 등은 이용할 수 없다. 킨테츠 전철과 난카이 전철의 좌석 지정 특급(특급 라피트 등)은 특급 요금을 추가로 내야 하니 주의하자.

오사카주유패스 大阪周遊パス

시내 교통 이용과 관광지 입장까지 무료

오사카를 집중적으로 돌아보고 싶은 사람에게 유용한 패스. 1일권과 2일권이 있으며, 성인용만 판매한다. 오사카 주요 시내 교통수단 무제한 이용(간사이 국제공항–시내 구간은 이용 불가)은 물론이고 주요 관광 명소 40곳의 무료 입장이 가능하므로 상당한 금액을 절약할 수 있다. 무료 입장 외에도 15곳에서 쓸 수 있는 할인 쿠폰까지 받을 수 있다. 오사카성(천수각, 고자부네 놀잇배, 니시노마루 정원)과 공중정원 전망대만 무료 이용해도 1·2일권 모두 본전을 뽑을 수 있다.

1일권

2일권

이용 방법

지하철이나 버스 개찰기에 카드를 처음 넣거나 관광지 무료 입장을 이용하면 날짜가 찍히며 개시를 하게 된다. 2일권은 연속 이틀 사용해야 한다는 점을 감안해 여행 계획을 짜도록 하자.
무료 입장이나 할인 혜택을 받을 때는 패스를 제시해 바코드를 스캔한다. 분실 시 재발행되지 않으니 조심하자.

요금 1일권 2800엔, 2일권 3600엔
유효 기간 이용일의 막차 시간까지
승차 범위
• 1일권 오사카 시내의 JR을 제외한 다른 전철(한큐, 한신, 난카이, 케이한, 킨테츠 전철), 오사카 전철과 뉴트램, 시내버스
※JR과 간사이 국제공항의 난카이 전철은 불가
• 2일권 오사카 지하철, 뉴트램, 오사카 지하철과 뉴트램, 시내버스
구입 방법 여행 전 국내 여행사를 통해 미리 구입하는 게 편하다. 현지에서는 간사이 국제공항 투어리스트 인포메이션 센터, 오사카 비지터스 인포메이션 센터(JR 오사카역 1층 중앙 콩코스 북쪽, 난카이 난바역 1층 종합 인포메이션 센터 내) 등에서 구입할 수 있다(여권 필요).
홈페이지 www.osp.osaka-info.jp/kr

무료 입장 시설

전체 리스트는 패스를 구입하면 받을 수 있으며, 여기서는 이용도가 높은 곳만 소개한다. 시기에 따라 내용은 변동될 수 있으며, 일부 시설은 지정 기간 또는 시간에만 무료인 경우가 있으니 안내 책자를 확인할 것.
● 우메다 스카이 빌딩 공중정원 전망대 (무료 입장은 16:00까지)
● 헵 파이브 관람차
● 돔보리 리버크루즈
● 오사카성 천수각 · 니시노마루 정원 · 고자부네 놀잇배
● 오사카 역사 박물관
● 오사카 주택 박물관
● 레고 디스커버리 센터(화~금요일만, 예약 필수)
● 츠텐카쿠
● 시텐노지(중심가람, 본방정원)
● 텐노지 동물원
● 국립 국제 미술관　　● 텐포잔 대관람차
● 산타마리아　　　　● 아쿠아라이너
● 오사카부 사키시마 청사 전망대
● 오사카 휠

오사카 1일 승차권 · 엔조이 에코 카드
大阪1日乗車券 · エンジョイエコカード

하루 동안 오사카 지하철이 무료

오사카 시영 지하철과 뉴트램, 시내버스를 하루 동안 무제한 이용할 수 있는 1일 승차권. 당일 지하철 이용 회수와 요금을 계산하여 구입 여부를 결정하자.

지하철의 기본 요금이 180엔이므로 3~4회 이상 사용한다면 이득이다. 승차 당일에 한해 카드를 제시하면 오사카 시내 28개 명소의 입장료를 할인해 준다.

오사카 1 · 2일 승차권은 외국인 여행자에게만 판매하는 패스로, 출국 전 국내에서 미리 구입해야 한다. 미리 준비하지 못했을 경우는 엔조이 에코 카드를 구입하면 된다. 내용은 동일하며 오사카 지하철역 자동 발매기에서 구입할 수 있다.

두 카드의 내용은 동일하지만 가격에 차이가 있다. 오사카 1일 승차권은 요일에 관계없이 일괄 600엔이지만, 엔조이 에코 카드는 평일 820엔, 토 · 일요일과 공휴일은 620엔이 적용된다(어린이용은 일괄 310엔).

요금 오사카 1일 승차권 600엔, 2일 승차권 1200엔
엔조이 에코 카드 평일 820엔, 토 · 일 · 공휴일 620엔
유효 기간 당일 막차 시간까지
입장료 할인 우메다 스카이 빌딩 공중정원 전망대, 오사카성 천수각 · 니시노마루 정원, 츠텐카쿠, 오사카 역사 박물관, 시텐노지, 오사카 주택 박물관, 텐노지 동물원, 텐포잔 대관람차, 오사카부 사키시마 청사 전망대 등
구입 방법 오사카 1 · 2일 승차권 여행 전 국내 여행사를 통해서만 구입 가능
엔조이 에코 카드 오사카 지하철역 자동 발매기에서 구입. 방법은 P.127 참조

자동 발매기에서 엔조이 에코 카드를 구입할 수 있다.

한큐투어리스트패스
Hankyu Tourist Pass

교토, 고베로 갈 때 유용

오사카와 교토, 고베를 연결하는 한큐 전철(고베고속선 제외)의 전 노선을 무제한 이용할 수 있는 자유 승차권으로, 외국인에게만 판매한다. 1일권과 2일권이 있으며, 2일권은 날짜를 비연속으로 사용할 수 있다. 카드와 함께 할인 쿠폰도 제공한다. 사용 방법은 간사이스루패스와 동일하다.

출국 전 미리 여행사를 통해 구입할 수 있고, 미처 준비하지 못했다면 공항 인포메이션 센터, 한큐 투어리스트 센터(오사카우메다역), 한큐 교토 관광 안내소 등에서 구입할 수 있다. 현지에서는 반드시 여권을 제시해야 한다.

요금 1일권 700엔, 2일권 1200엔(성인 티켓만 있다)
홈페이지 www.kansai360.net/ko/

간사이와이드패스
JR Kansai Wide Pass

오사카, 교토, 고베, 나라를 비롯해 오카야마, 다카마츠, 키노사키 온천, 아마노하시다테, 와카야마, 키시, 시라하마까지 JR 열차를 5일 동안 자유롭게 이용할 수 있는 패스로, 외국인에게만 판매한다. 이용 가능 노선의 산요 신칸센(신오사카~오카야마 구간)과 특급열차, 보통열차의 보통차 자유석, 와카야마 전철, 서일본 JR버스까지 무료로 탈 수 있다.

현지 JR 역에서 사는 것보다 국내 여행사를 통해 구입하거나 JR 홈페이지에서 예약하는 것이 약간 더 저렴하다. 구입 시 받은 교환증은 간사이 공항, 오사카, 신오사카, 교토역 등의 JR 창구에서 패스로 교환(여권 제시 필수)한 후에 사용할 수 있다.

요금 국내 구입 또는 홈페이지 예약 시 성인 1만 2000엔, 어린이 6000엔
홈페이지 www.westjr.co.jp/global/kr/

편리한 충전식 교통카드
IC카드

IC카드는 우리나라의 티머니와 같은 충전식 교통카드. JR 동일본에서 발행하는 스이카SUICA, 파스모PASMO, JR 서일본에서 발행하는 이코카ICOCA, JR 규슈에서 발행하는 하야카켄HAYAKAKEN 등 지역별로 발행되고 있다. 어느 지역 카드를 구입하든 일본 전역에서 사용할 수 있다.

사용 범위

일본 전국의 JR, 한큐, 한신, 킨테츠 등의 사철, 지하철, 시내버스는 물론이고, IC카드 마크가 있는 교통수단이면 어디에서든 교통카드로 사용할 수 있다. 뿐만 아니라 IC카드는 결제 수단으로도 유용하게 쓰인다. 편의점을 비롯해 돈키호테, 자판기, 드러그 스토어, 백화점 등 사용할 수 있는 곳이 생각보다 많다. 특히 편의점에서 IC카드를 사용하면 잔돈이 생기지 않아 편리하다.

이코카 카드

모바일 카드

모바일 IC카드는 현재 아이폰만 사용 가능하다. 안드로이드의 경우 일본과 우리나라 제품의 인식 방법 자체가 달라서 사용할 수가 없다. 모바일 카드를 사용하면 앱을 통해 카드 잔액은 물론이고 과거 사용 내역까지 바로 볼 수 있어서 편리하다.

카드 사용 내역 확인이 가능하다.

신규 카드 발급하기

현대카드 소지자면서 애플페이 사용자라면 신규 모바일 IC카드를 만들 수 있다. 아이폰의 '지갑' 앱을 열어 '+' 메뉴를 선택하면 스이카, 파스모, 이코카 중 원하는 카드를 신규 발급받을 수 있다(현재 비자카드는 스이카만 가능). 신규 모바일 카드는 발급 시 보증금도 필요없고, 최소 1000엔 이상 충전하면 된다.

실물 카드를 모바일로 옮기기

애플페이를 사용하든 안 하든, 아이폰 이용자라면 기존에 사둔 실물 카드를 모바일로 옮길 수 있다. 아이폰의 '지갑' 앱에서 우측 '+' 메뉴를 선택, 소지한 카드 종류를 선택한 후 '기존 카드 이체'를 선택해 진행한다. 일단 모바일로 옮기면 실물 카드는 사용할 수 없게 되니 주의하자.

충전하기

애플페이 사용자는 앱에서 간편하게 충전할 수 있다.

애플페이 사용자라면 100엔부터(스이카는 1엔부터) 원하는 금액만큼 앱에서 간편하게 충전할 수 있다(비자카드는 현재 스이카만 충전 가능). 만일 애플페이를 사용하지 않거나, 사용하더라도 비자카드라 충전이 안 되는 모바일 카드를 등록한 사람은 편의점에서 직원에게 현금을 내고 충전해 달라고 하면 된다. 직원이 기기를 설정한 후 아이폰이나 애플워치를 인식하면 충전이 되며 앱에서 바로 확인 가능하다. 참고로, 모바일 카드에 남은 금액은 환불 받을 수 없으니 모두 쓰거나 다음 여행 때 사용해야 한다.

사용하기

사용 기기를 아이폰, 애플워치 중에 지정할 수 있다. 교통수단 리더기에 가까이 대면 바로 인식되므로 카드 화면을 켤 필요도 없다. 편의점 등에서 결제할 때는 직원에게 IC카드라고 말한 후에 마찬가지로 리더기에 대면 결제된다.

실물 카드

과거 일본 여행에서 구입한 실물 카드가 있다면 충전해서 사용하면 된다. 안드로이드 이용자는 모바일 카드를 만들 수 없으니 실물 카드를 사용해야 한다. 모바일 카드와 달리, 자동 발매기에 넣어 충전하거나 지하철역 개찰기에 대보지 않는 한 잔액을 확인할 수 없다는 것이 단점이다. 분실하지 않도록 주의할 것.

구입하기

처음 구입 시 가격은 2000엔. 이 중 500엔은 보증금이며, 카드에는 1500엔이 충전되어 있다. 구입은 JR역에서 현금으로만 가능하다. JR역의 이코카 카드 그림이 있는 자동 발매기 또

개찰기의 IC카드 터치하는 곳

는 티켓 오피스에서 살 수 있다. 일부 자동 발매기에서는 더 적거나 많은 금액이 충전된 카드도 살 수 있다. 이후 카드를 충전할 때는 최소 1000엔부터 1000엔 단위로 할 수 있다.

※50% 할인이 적용되는 어린이용 카드는 자동 발매기에서는 판매하지 않는다. 외국인 대응이 편리한 간사이 공항역 티켓 오피스를 이용하자(여권 제시 필수).

이용 방법

탈 때와 내릴 때 모두, 개찰기 상단의 IC카드 그림이 그려진 곳에 카드를 터치해 문이 열리면 통과한다. 최근에는 기기 정면에 일본 신용 카드를 터치할 수 있는 기기도 나오고 있으니 다른 곳에 터치하지 않도록 조심하자. 물건을 살 때는 계산대에 있는 리더기에 카드를 터치한다.

JR역의 티켓 오피스

환불

환불은 JR역 티켓 창구에서 한다(수수료 220엔 공제, 보증금 500엔은 환불). 기념품으로 카드를 갖고 있으려면 남은 잔액은 편의점 등에서 쓰거나 다음 여행 때 사용하도록 하자.

자동 발매기 이용 방법

〈구입하기〉

❶ JR역의 자동 발매기에서 English(또는 한글)를 눌러 영어 또는 한글 화면으로 전환한다.
❷ 화면에서 카드 구입(Purchase Card) 버튼

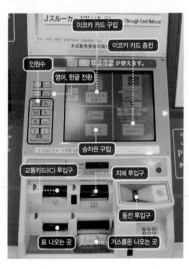

❸ 충전 금액을 선택한다.
❹ 현금을 넣는다.
❺ 구입한 카드와 거스름돈이 나온다.

〈충전하기〉

충전은 JR 역의 자동 발매기는 물론이고 지하철과 한큐, 한신, 킨테츠 등의 자동 발매기에서도 할 수 있다. 충전 가능한 기기에는 IC마크가 표시되어 있다.

❶ IC카드 마크가 있는 자동 발매기에서 English(또는 한글)를 눌러 언어를 전환한다.
❷ 화면에서 충전(Charge) 버튼을 터치한다. ※지하철역 등 일부 기기에서는 첫 화면에 Charge 버튼이 없다. IC카드를 투입하면 Charge 버튼이 보인다.
❸ IC카드를 투입구에 넣거나 카드리더기에 올려둔다.
❹ 원하는 충전 금액을 터치한다. 500엔~1만엔까지 선택 가능하다(기기마다 약간 다름).
❺ 현금을 넣는다.
❻ 영수증이 필요하면 하단의 왼쪽 버튼 '충전 영수증 있음(チャージ領収書あり)'을 터치한다. 필요 없으면 '충전 영수증 없음(チャージ領収書なし)'을 터치.
❼ 카드와 거스름돈을 챙긴다.

Tip

내릴 역에서 IC카드 잔액이 부족하다면

잔액이 부족한 카드를 개찰기에 터치하면 삑 하는 경고음이 나고, 개찰기는 열리지 않는다. 개찰구를 빠져나가기 전, 부족한 요금을 정산할 수 있는 기기(のりこし精算機 또는 入金機/Fare Adjustment)가 있으니 여기서 카드를 충전한다. 충전 방법은 자동 발매기와 동일하다. 카드를 정산기에 넣어 부족 금액만 충전할 수 있고 그 이상 금액도 충전 가능하다. 잘 모르겠으면 직원에게 도움을 청하자.

정산기

OSAKA

오사카

大阪
오사카

활기가 넘치는 일본 제2의 도시

도쿄에 이은 일본 제2의 도시이자, 서일본 최대의 도시 오사카. 간사이 지방의 경제·문화 중심지인 오사카는 서쪽으로 바다와 접해 있고, 나머지 삼면은 산으로 둘러싸인 평야 지대이다. 항구 도시로서 농업보다는 상업이 발달했으며 에도 시대에는 일본 최대의 상업 도시가 되었다.

예로부터 오사카를 가리켜 '쿠이다오레(먹다 망한다)', '천하의 부엌'이라는 말이 전해질 정도로, 오사카는 특유의 식문화로 잘 알려져 있다. 오코노미야키, 타코야키, 우동, 쿠시카츠(꼬치튀김), 도테야키(소힘줄구이) 등 오사카 시민이 사랑하는 명물 음식부터 사랑할 수밖에 없는 달콤한 스위츠, 지금 가장 뜨고 있는 화제의 식당들까지 삼시 세끼로는 부족할 만큼 먹고 싶은 것들이 넘쳐난다. 또한 백화점과 쇼핑몰의 천국인 우메다, 쇼핑몰은 물론 개성 넘치는 상점가와 로드 숍들이 사랑받는 미나미에서는 도쿄 못지않은 다양한 쇼핑을 즐길 수 있다. 다른 도시에 비해 관광 명소는 많지 않지만, 먹고 놀고 쇼핑하는 것만으로도 충분히 즐거운 도시다.

교토
아리마 온천
히메지
고베
간사이 국제공항
오사카
나라
고야산
시라하마

오사카
한눈에 보기

ZOOM IN

미나미

도톤보리, 난바, 신사이바시 등 오사카를 대표하는 번화가들이 모여 있다. 밤낮없이 일 년 내내 관광객으로 붐비는 최고의 관광 지역으로, 전통 있는 맛집과 화려한 대형 간판 등 오사카의 명물이라 할 만한 것들이 모두 모여 있다. 오사카에 도착한 여행자들이 대부분 가장 먼저 찾게 되는 지역이며, 이곳에 숙소를 정하는 사람들도 많다.

오사카항

바다와 접해 있는 오사카의 대표 관광지. 거대 수족관이 있는 카이유칸이나 대관람차, 산타마리아 등 가족 단위 여행자나 커플들의 데이트 스폿으로 인기다. 쇼핑몰인 텐포잔 마켓 플레이스 안에는 레고랜드 디스커버리 센터도 있다.

유니버설 스튜디오 재팬

해리포터와 미니언즈를 비롯해 실감 나는 영화 속 세계가 눈앞에 펼쳐지는 테마파크. 어른 아이 할 것 없이 누구나 즐겁게 하루를 보낼 수 있는 곳이다.

아마가사키역

고베 방향 ←

요도가

니시

벤

오사카항

유니버설 스튜디오 재팬

텐포잔

산타마리아

난코

이케아 츠루하마

키타

세련된 복합 빌딩과 야경 명소, JR 오사카역 등이 모여 있는 우메다가 키타의 중심이다. 고층 빌딩이 빼곡히 늘어선 비즈니스 거리이기도 하지만, 그랜드 프론트 오사카, 한큐 우메다 본점, 루쿠아 등이 자리한 서일본 최고의 인기 쇼핑 지역이기도 하다. 빌딩이나 쇼핑몰 곳곳에 식당가가 다수 자리하고 있는데, 인기 식당은 물론이고 주머니 가벼운 직장인 대상의 식당도 많다.

텐노지

오사카 시민의 휴식 장소인 텐노지 공원과 동물원이 자리한 곳. 특히 아베노 하루카스 전망대는 꼭 한번 올라가 볼 만하다.

신세카이

서민의 정서가 가장 진하게 남아 있는 동네. 오사카의 명물 음식인 쿠시카츠와 도테야키가 탄생한 곳이기도 하다.

오사카성

오사카의 상징이자 거의 유일한 역사 유적. 천수각에 오르면 아름다운 주변 경관을 조망할 수 있다.

오사카 여행의
기본 정보

여행 시기
Season

오사카의 기후는 연중 온화한 편이어서, 계절에 상관없이 언제나 여행하기 무난하다. 단 유니버설 스튜디오 재팬, 텐포잔 등 오사카항 지역은 겨울에는 바닷바람 때문에 체감 온도가 낮아지므로 옷을 따뜻하게 입어야 한다.

골든위크나 오본 같은 일본의 휴일에는 일본 여행객이 몰리므로 숙소 예약을 서둘러야 한다. 이런 휴일과 주말에는 도톤보리, 신사이바시스지 상점가 쪽은 인산인해를 이루니 참고할 것.

꽃들이 만발하는 봄은 최고 성수기

[월별 평균 기온]

월	1월	2월	3월	4월	5월	6월	7월	8월	9월	10월	11월	12월
최고 기온(℃)	9.7	10.5	14.2	19.9	24.9	28.0	31.8	33.7	29.5	23.7	17.8	12.3
최저 기온(℃)	3.0	3.2	6.0	10.9	16.0	20.3	24.6	25.8	21.9	16.0	10.2	5.3

(일본 기상청, 1991~2020년 조사 결과)

여행 기간
Period

짧게는 하루도 가능하다. 오사카의 번화가는 키타와 미나미로 크게 나뉘는데, 키타의 우메다역에서 미나미의 난바역까지는 약 4km이며 지하철 미도스지선으로 4개 역만 가면 되는 가까운 거리다. 시내의 다른 관광지도 두 지역에서 지하철로 10분 이내 거리이기 때문에 일정만 잘 짠다면 하루 동안 여러 곳을 돌아볼 수 있다.

쇼핑과 맛집 방문에 좀 더 시간을 쓴다면 2~3일 정도 잡으면 된다. 단, 유니버설 스튜디오 재팬을 방문한다면 하루를 전부 투자해야 한다.

오사카의 명물 간판

관광
Sightseeing

간사이 지방의 다른 도시에 비해, 오사카에는 이렇다 할 관광 명소가 적은 편이다. 그중 가장 추천하는 관광 명소는 도톤보리, 오사카성, 아베노 하루카스 전망대, 유니버설 스튜디오 재팬 등이다. 그 외에 우메다 스카이 빌딩, 쿠로몬 시장, 인스턴트 라멘 박물관 등도 가볼 만하다.

싱싱한 먹거리가 가득! 쿠로몬 시장

음식
Gourmet

오사카는 도쿄와 함께 일본 최고의 미식 도시라 해도 과언이 아니다. 미나미 지역의 전통 맛집은 우동, 라멘, 오코노미야키, 타코야키 등 밀가루 음식이 주를 이루는데 맛은 물론이고 가격도 착하다. 반면 키타에는 세계적 셰프의 레스토랑과 디저트 숍, 도쿄의 인기를 등에 업고 상륙한 신흥 맛집들이 넘쳐난다.

오사카 대표 음식인 오코노미야키

쇼핑
Shopping

일본 제2의 상업 도시인 만큼, 쇼핑에서도 강력한 파워를 자랑한다. 전통 있는 상점가와 백화점이 자리한 미나미의 난바와 파르코가 새롭게 문을 연 신사이바시, 백화점, 쇼핑몰이 가득한 우메다까지 다양한 가격대의 쇼핑이 가능하다.
마니아의 성지라 불리는 덴덴타운, 오사카의 부엌 쿠로몬 시장, 온갖 주방 기구들이 모인 센니치마에 도구야스지 등 색다른 취향의 쇼핑 명소도 흥미롭다.

도쿄 못지않은 쇼핑의 도시 오사카

숙박
Stay

밤까지 유흥을 즐기고 싶거나 쇼핑, 맛집 탐방에 몰두하고 싶다면 난바, 신사이바시 지역이 제격이다. 난바는 공항과 연결되는 난카이 전철역이 있어 오가는 길도 가깝다. 교토, 나라 등 다른 도시와의 이동이 잦다면 우메다가 편리하다. 우메다는 난바까지 지하철로 4개 역 거리이므로 가까운 편. 키타, 미나미와의 거리가 가까우면서 가성비 좋은 호텔을 찾는다면 요도야바시역 부근이 좋다.

다양한 가격대의 숙박 시설이 많다.

오사카에서
꼭 해야 할 7가지

1
도톤보리의 화려한 간판을 배경으로 기념 사진 촬영하기

가장 인기 있는 촬영 스폿은 에비스바시. 오사카에 왔다면 이곳에서의 기념 촬영은 필수다. 오사카의 상징인 글리코 간판을 비롯해 화려한 대형 간판들이 멋진 배경이 되어준다. 낮과 밤의 분위기가 전혀 다르니 적어도 두 번은 방문해 볼 것.

2
1일 5식은 기본! 명물 맛집 탐험하기

오사카는 먹다 망한다는 말이 있을 정도로, 맛집에 있어서는 도쿄 못지않다. 오코노미야키, 타코야키, 우동 등 오사카에서 탄생한 명물 음식은 물론이고 일식과 양식, 디저트에 이르기까지 하루 세 끼로는 부족하다.

난바, 신사이바시, 우메다에서
쇼핑 삼매경에 빠져보기

고급 백화점과 합리적인 가격대의 쇼핑몰, 개성 있는 로드숍, 저렴한 100엔 숍과 드러그 스토어까지 다양하게 만날 수 있는 쇼핑의 천국 오사카. 쇼핑이 목적이라면 나만의 숍 방문 리스트를 만들어보자.

3

4

오사카성 공원을 산책하며 소풍 기분 내기

도심 속 공원으로 조성된 오사카성 안에는 나무와 꽃이 많아 오사카 시민들의 휴식 장소가 되기도 한다. 벚꽃 철과 단풍철에 특히 인기 만점이다.

신세카이에서 쿠시카츠와 도테야키 먹기

쿠시카츠(꼬치튀김)는 도톤보리나 우메다에서도 얼마든지 먹을 수 있다. 하지만 제대로 맛을 낸 도테야키(소힘줄구이)는 오직 신세카이에서만 맛볼 수 있다는 사실!

5

6

유니버설 스튜디오 재팬에서
하루 종일 신나게 놀기

현재 가장 핫한 슈퍼 닌텐도 월드와 해리포터의 마법 세계, 귀여운 미니언 파크 등 테마파크를 좋아하는 사람이라면 절대 놓칠 수 없는 곳. 개장 시간부터 폐장 시간까지 신나게 놀자.

7

일본에서 세 번째로 높은 건물,
아베노 하루카스 전망대 올라가기

사방이 통유리 창으로 둘러싸인 300m 높이의 초고층 전망대에 서면 오금이 저리는 짜릿한 체험을 할 수 있다. 오사카 시내가 전부 발아래에 있다!

사진 제공 : 유니버설 스튜디오 재팬

다른 도시에서 오사카 가는 법

교토, 고베, 나라에서 오사카로 갈 때는 한큐 전철, 한신 전철, JR을 이용할 수 있다. 자신이 출발하는 지역과 도착할 지역을 고려해 효율적인 루트를 선택하자. 만일 교통패스를 구입했다면 이용 가능한 교통수단을 선택해 비용을 절약할 수 있다.

간사이 국제공항에서 오사카 가는 법→P.98

★ 교토 → 오사카 ★

한큐 교토카와라마치역 京都河原町	한큐 전철 오사카우메다행 특급 43분, 410엔	한큐 오사카우메다역 大阪梅田

한큐 전철 7763

환승 없이 한 번에 갈 수 있으며, 교토카와라마치역에서 열차가 출발하므로 앉아서 갈 수 있다.
열차 종류와 상관없이 요금은 모두 동일하므로 속도가 빠른 특급을 이용하자. 보통 · 준급 열차는 역마다 정차하기 때문에 1시간 넘게 걸린다.

※간사이스루패스, 한큐투어리스트패스 사용 가능

케이한 기온시조역 祇園四条	케이한 전철 요도야바시행 특급 56분, 430엔	케이한 요도야바시역 淀屋橋

케이한 전철

교토의 기온시조역 2번 플랫폼에서 요도야바시행 특급 열차를 탄다. 데마치야나기出町柳(열차가 출발하는 역)이나 산조三条, 시치조七条역 등에서 타도 된다. 보통이나 급행 열차는 특급과 요금이 동일하지만, 역마다 정차하기 때문에 1시간 20분이나 걸린다.

※간사이스루패스 사용 가능

JR 교토역 京都	JR 오사카 · 산노미야 · 히메지 방면 신쾌속 · 쾌속 28분, 580엔	JR 오사카역 大阪

JR 오사카역 大阪駅 OSAKA STATION

JR 교토역 5번 플랫폼에서 오사카 · 산노미야 · 히메지 방면 신쾌속 · 쾌속 열차를 타면 된다. 특급, 신칸센은 속도가 빠르지만 요금이 무척 비싸다. JR패스 이용자라면 특급(자유석)이나 그 이하 열차를 모두 이용할 수 있으며, 신오사카역으로 가는 신칸센(14분 소요)도 탈 수 있다.

★ 고베 → 오사카 ★

한큐 고베산노미야역 神戸三宮	한큐 전철 오사카우메다행 특급 · 통근특급 27분, 330엔	한큐 오사카우메다역 大阪梅田

한큐 전철은 열차 종류에 상관없이 요금은 모두 같으니, 속도가 빠른 특급 · 통근특급을 이용한다 (10분 간격 운행). 고베항 지역에서 출발한다면 코소쿠고베역에서 열차를 타면 된다.

※간사이스루패스, 한큐투어리스트패스 사용 가능

한신 고베산노미야역 神戸三宮	한신 전철 오사카우메다행 특급 · 직통특급 30분, 330엔	한신 오사카우메다역 大阪梅田
	한신 전철 킨테츠 나라 · 오사카난바행 쾌속급행 47분, 420엔	한신 오사카난바역 大阪難波

한신 전철은 열차 종류에 관계없이 요금은 동일한데, 직통특급이나 특급이 빠르다. 우메다역으로 가려면 고베산노미야역 1번 플랫폼에서 우메다행 특급이나 직통특급(10분 간격)을 타고, 오사카난 바역으로 가려면 2번 플랫폼에서 킨테츠 나라행이나 오사카난바행 쾌속급행(20분 간격)을 탄다.

※간사이스루패스 사용 가능

JR 산노미야역 三ノ宮	JR 오사카 방면 신쾌속 · 쾌속 20~27분, 420엔	JR 오사카역 大阪

JR 산노미야역 1~2번 플랫폼에서 신쾌속이나 쾌속 열차를 탄다. 신칸센과 특급은 좀 더 빠르지만 요금이 많이 비싸다. 보통 열차는 신쾌속 · 쾌속과 요금은 같으나 각 역에 모두 정차해 36분 정도 걸린다. 만일 모토마치나 난킨마치 차이나타운에서 출발할 때는 모토마치元町역에서, 고베항 지역에서 출발할 때는 고베神戸역에서 타면 된다.

★ 나라 → 오사카 ★

킨테츠 나라역 奈良	킨테츠 전철 오사카난바 · 고베산노미야행 쾌속급행 · 급행 36~40분, 680엔	킨테츠 오사카난바역 大阪難波

킨테츠 나라역 1~2번 또는 4번 플랫폼에서 오사카난바행이나 고베산노미야행 쾌속급행快速急行이나 급행 열차를 탄다. 준급과 보통 열차는 요금은 같으나 역마다 정차해 50~60분이나 걸린다. 특급은 특급 요금 510엔이 추가되고 쾌속급행보다 느리니 탈 필요가 없다.

※간사이스루패스 사용 가능

JR 나라역 奈良	JR 텐노지 · 오사카행 쾌속 50~58분, 820엔	JR 오사카역 大阪
	JR 텐노지 · 오사카 · 난바행 쾌속 36분, 510엔	JR 텐노지역 天王寺

JR 나라역에서 쾌속이나 보통 열차를 탄다. 쾌속 열차와 보통 열차는 소요 시간이 10분 정도 차이나지만, 요금도 같고 도착 시간에 별 차이가 없으니 빨리 오는 것을 타면 된다.

오사카의 각 지역으로 가는 법

오사카 내에서는 어느 지역으로 가든 지하철을 이용하게 된다. 노선이 여러 개라 복잡하게 느껴질 수 있지만 노선도를 잘 확인하면 어려울 것이 없다.

★ 미나미 · 키타 ★

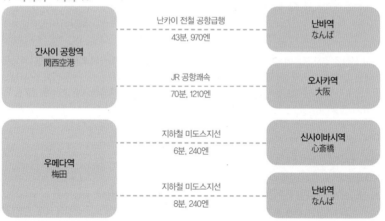

간사이 공항역
関西空港

난카이 전철 공항급행
43분, 970엔

난바역
なんば

JR 공항쾌속
70분, 1210엔

오사카역
大阪

우메다역
梅田

지하철 미도스지선
6분, 240엔

신사이바시역
心斎橋

지하철 미도스지선
8분, 240엔

난바역
なんば

★ 오사카성 ★

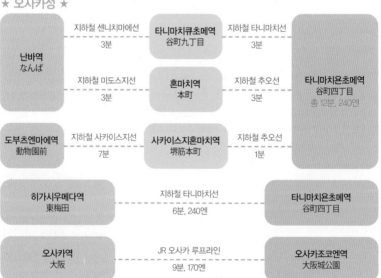

난바역
なんば

지하철 센니치마에선
3분

타니마치큐초메역
谷町九丁目

지하철 타니마치선
3분

타니마치욘초메역
谷町四丁目
총 12분, 240엔

지하철 미도스지선
3분

혼마치역
本町

지하철 추오선
3분

도부츠엔마에역
動物園前

지하철 사카이스지선
7분

사카이스지혼마치역
堺筋本町

지하철 추오선
1분

히가시우메다역
東梅田

지하철 타니마치선
6분, 240엔

타니마치욘초메역
谷町四丁目

오사카역
大阪

JR 오사카 루프라인
9분, 170엔

오사카조코엔역
大阪城公園

★ 텐노지 · 신세카이 ★

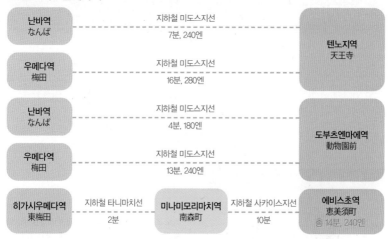

난바역 なんば	지하철 미도스지선 7분, 240엔	텐노지역 天王寺
우메다역 梅田	지하철 미도스지선 16분, 280엔	
난바역 なんば	지하철 미도스지선 4분, 180엔	도부츠엔마에역 動物園前
우메다역 梅田	지하철 미도스지선 13분, 240엔	
히가시우메다역 東梅田	지하철 타니마치선 2분 / 미나미모리마치역 南森町 / 지하철 사카이스지선 10분	에비스초역 恵美須町 총 14분, 240엔

★ 오사카항 ★

난바역 なんば	지하철 센니치마에선 5분 / 아와자역 阿波座 / 지하철 추오선 9분	오사카코역 大阪港 총 18분, 280엔
	지하철 요츠바시선 3분 / 혼마치역 本町 / 지하철 추오선 11분	
우메다역 梅田	지하철 미도스지선 4분 / 혼마치역 本町 / 지하철 추오선 11분	오사카코역 大阪港 총 22분, 280엔
오사카코역 大阪港	지하철 추오선 4분 / 코스모스퀘어역 コスモスクエア / 난코포트타운선 2분	트레이드센터마에역 トレードセンター前 총 9분, 190엔

★ 유니버설 스튜디오 재팬 ★

오사카역 大阪	JR 오사카 루프 라인 내순환内回リ 유니버설 스튜디오 재팬행 11분, 190엔	유니버설시티역 ユニバーサルシティ
니시쿠조역 西九条	JR 오사카 루프 라인 내순환内回リ 유니버설 스튜디오 재팬행 5분, 170엔	

※오사카역에서 유니버설 스튜디오 직행편이 없는 시간에는 니시쿠조역에서 환승한다. 오사카역이 아닌 다른 JR 역이나 지하철역, 한신 전철역에서 갈 경우, 우선 JR 니시쿠조역으로 간 다음에 유니버설 스튜디오 재팬행 열차로 환승한다.

오사카의 시내 교통

오사카 시내에서의 이동은 지하철이 가장 편리하다. 지하철이 오사카 시내 전역을 거미줄처럼 연결해 주기 때문. 단, 유니버설 스튜디오 재팬으로 갈 때는 JR 열차를 이용한다. 자주 이용하게 될 지하철 노선과 역 이름 정도는 외워두는 것이 편하다.

지하철 地下鉄

지하철역 입구. 노선 이름과 역 이름이 일본어와 영어로 쓰여 있다.

오사카 시내 이동에 가장 편리한 수단. 총 8개 노선은 각기 다른 컬러와 이니셜로 구분되는데, 역 이름을 읽기 어렵다면 노선의 이니셜과 번호로 알아두어도 된다(참고로, 미도스지선 난바역은 M20). 지하철 첫차는 역에 따라 다르지만 대개 새벽 5시경, 막차는 밤 12시경이다. 평일 출퇴근 시간대에는 지하철이 매우 붐비므로, 가능하면 피하는 것이 좋다. 요금은 180엔부터 시작하며, 하루 3~4회 이상 이용한다면 오사카 1일 승차권(820엔, 어린이 310엔)을 구입한다.
참고로, 추오선은 노선 서쪽(←)의 종점인 코스모스퀘어역에서 난코 방면으로 이어지는 뉴트램(난코 포트타운선)과 연결된다.
※간사이스루패스, 오사카주유패스 사용 가능

요금 180엔~, 구간에 따라 가산
홈페이지 subway.osakametro.co.jp/ko
노선도 별책 p.16

가장 많이 이용하는 노선
미도스지선 御堂筋線

오사카의 남북을 연결하는 노선. 중심 도로인 미도스지의 지하를 달리기 때문에 붙여진 이름이다. 신오사카-우메다(키타)-신사이바시(미나미)-난바(미나미)-도부츠엔마에(신세카이)-텐노지역에 이르기까지 주요 관광 명소와 번화가는 이 노선 주변에 집중되어 있다. 이용 빈도가 많은 만큼 미도스지선의 주요 특징을 미리 숙지해 두자.

● 노선 컬러는 빨간색
● 센리추오千里中央행, 신오사카新大阪행, 나카츠中津행 열차는 북쪽(↑) 방향으로 가는 열차
● 나카모즈なかもず행, 텐노지天王寺행 열차는 남쪽(↓) 방향으로 가는 열차
● 우메다-난바-텐노지역 구간을 이동할 때는 해당 플랫폼에 서는 어느 행 열차를 타도 무방하다.

도부츠엔마에역

지하철

지하철 이용법

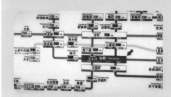

01 지하철역의 자동 발매기 부근 노선도를 보고 요금을 확인한다.

02 자동 발매기에서 표를 구입한다.

03 개찰기 투입구에 표를 넣고 들어간 후, 다시 나온 표를 챙긴다.

04 목적지 방면 플랫폼을 확인한 후 이동한다.

05 열차 목적지를 확인한 후 승차한다.

자동 발매기 이용법

01 한글 화면으로 전환한다.
02 투입구에 돈을 넣는다.

03 일반 승차권은 '승차권'을, 1일 승차권인 엔조이 에코 카드를 구입하려면 '카드'를 선택한다.
04 2명 이상 구입 시에는 인원수를 선택한다.
05 구입할 요금의 버튼을 누른다.
06 표와 거스름돈이 나온다.

※승차권만 구입 가능한 기기도 있다. 또한 기기에 따라 한국어 전환, 인원수, 요금 선택 버튼이 화면 밖에 있는 경우도 있다.

※교통카드를 구입할 수 있는 기기는 기기 상단과 화면에 IC라고 쓰여 있다.

※지폐 투입구 쪽에 사용 가능한 지폐의 종류가 표기되어 있다.

지하철 승차권

JR 오사카 루프라인

매표소인 미도리노마도구치

케이한 전철

케이한 전철 京阪電車

오사카–교토를 연결하는 케이한 전철은 오사카 키타의 나카노시마섬 내부를 연결하는 짧은 노선인 나카노시마선도 함께 운영하고 있다. 나카노시마中之島–와타나베바시渡辺橋–오에바시大江橋–나니와바시なにわ橋–텐마바시天満橋의 5개 역을 연결한다. 나카노시마는 도보로 둘러볼 수 있는 범위이긴 하지만, 섬 끝에서 끝으로 이동할 때는 한 번쯤 이용할 만하다.

※오사카주유패스 · 간사이스루패스 사용 가능. 오사카 1일 승차권(엔조이 에코 카드) 사용 불가.

요금 나카노시마선의 전 구간 230엔
홈페이지 www.keihan.co.jp

제이알 JR

유니버설 스튜디오 재팬과 공항에 갈 때 편리하다. 지하철 미도스지선이 오사카 중심부를 남북으로 관통한다면, JR 오사카 칸조선(오사카 루프라인)은 오사카 중심부를 원을 그리며 일주한다. 그 외 유니버설시티역으로 가는 유메사키선, 간사이 국제공항으로 가는 간사이 공항선도 있다. 우메다에서 간사이 공항으로 간다면 오사카역에서 환승 없이 한 번에 갈 수 있는 JR 공항쾌속関空快速을 이용하는 게 편하다.

요금 170엔~, 거리에 따라 가산
홈페이지 www.westjr.co.jp/global/kr

> *Tip*
>
> 다른 도시로 갈 때도 이용
> **케이한 전철과 JR**
>
> 케이한 전철의 케이한 본선을 타면 교토로 환승 없이 한 번에 이동할 수 있다. 또한 JR은 교토, 나라, 고베, 히메지 등을 연결하는 교통 수단으로도 편하게 이용할 수 있다.

JR 오사카역

강변에 자리한 케이한 전철 나카노시마역

시내버스 バス

지하철이 워낙 잘 되어 있기 때문에 오사카에서는 굳이 시내버스를 이용할 필요가 없다. 차내 안내 방송은 물론이고 버스 정류장 표지판 등도 거의 일본어뿐이어서 불편하기 때문이다. 만일 버스를 탈 때 하차할 정류장을 모르겠다면 운전기사에게 도움을 청하자. 버스는 뒤로 타서 앞으로 내리며, 거스름돈을 받을 수 없으니 잔돈을 넉넉히 준비해 내릴 때 정확한 요금을 낸다.

※간사이스루패스 · 오사카주유패스 · 오사카 1일 승차권 사용 가능

요금 시내 구간에서 거리에 상관없이 210엔(어린이 110엔)
홈페이지 citybus-osaka.co.jp

택시 タクシー

우리나라에 비해 택시 요금이 비싼 편이다. 요금 체계는 택시 회사마다 다른데, 보통 중형차 기준으로 기본 요금은 500~600엔 정도이며 1.3km 이후 260m마다 100엔씩 가산되고 심야

난바역이나 오사카역 주변에 택시가 많다.

(23:00~05:00)에는 2배로 할증된다. 짧은 거리인 경우 지하철 환승이 복잡한 지역이거나 여러 명이 함께 움직일 때 이용하면 편하다. 우리나라와 달리 택시 기사가 문을 자동으로 열고 닫으니, 문에 손을 대지 않도록 주의하자.

요금 기본 500~600엔, 거리에 따라 가산

오사카 모노레일 Osaka Monorail

오사카 북쪽 지역을 연결하는 전철. 지하철 미도스지선의 북쪽 종점인 센리추오千里中央역에서 환승할 수 있다. 오사카 시내 관광 시에는 이용할 일이 전혀 없고, 반파쿠 기념 공원을 방문할 때 이용한다.

※간사이스루패스 사용 가능

요금 200엔~, 구간에 따라 가산
홈페이지 www.osaka-monorail.co.jp

오사카 모노레일

반파쿠키넨코엔역

미나미 ミナミ

시끌벅적 활기가 넘친다! 오사카에서 가장 오사카다운 지역

오사카 최대의 번화가가 모여 있는 지역, 미나미. 오사카 하면 떠오르는 대표 이미지들은
대부분 미나미 지역이라고 해도 과언이 아니다. 미나미의 중심은 바로 도톤보리. 오사카
의 대표 맛집이 모여 있는 유흥의 거리 도톤보리를 시작으로, 서민적인 상점이 모여 있는
난바와 화려한 백화점과 대중적인 상점가가 늘어선 신사이바시는 오사카에서도 가장 오
사카다운 동네라 할 수 있다. 또한 주변에는 오사카의 10대들이 모이는 활기찬 동네 아
메리카무라, 세련된 20~30대가 좋아하는 트렌디한 동네 호리에와 미나미센바도 있다.
오사카에 왔으면 볼거리와 놀 거리, 먹을거리가 가장 많은 미나미 지역을 가장 먼저 공략
하자.

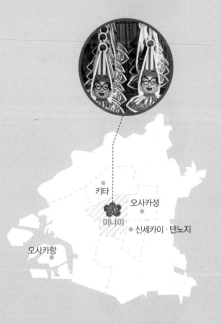

Check

지역 가이드
여행 소요 시간 8시간
관광 ★★★
맛집 ★★★
쇼핑 ★★★
유흥 ★★★

가는 방법
미나미 교통의 중심은 난바なんば역. 신사이
바시는 신사이바시心斎橋역에 내려도 되지
만, 지하철 난바역에 내려서 신사이바시스지
상점가를 따라 걸으면 12분(700m)이면 도착
한다(난바-신사이바시역은 지하철로 1개 역,
2분 소요). 아메리카무라와 미나미센바, 호
리에는 지하철 요쓰바시四ツ橋역에서도 가
깝다.

키타
오사카성
미나미
신세카이·텐노지
오사카항

미나미의 추천 코스

하루 종일 시간을 보내도 될 만큼 규모가 큰 번화가다. 오전부터 오후까지는
쇼핑을 하면서 맛집과 카페를 탐험하고, 저녁이 되면 도톤보리의 화려한 밤거리를 즐기거나
오코노미야키, 꼬치구이 등을 안주 삼아 술잔을 기울여도 좋다.
총 소요 시간 8시간

❶ 난카이 전철 난바역
공항에서 전철을 타고 도착하게 되는 역. 여기에서부터 미나미 여
행이 시작된다. 역과 바로 연결되는 쇼핑몰과 백화점, 지하상가에
서 쇼핑을 해도 좋다.

도보로 바로

❷ 난바
난바 파크스, 타카시마야 백화점을 중심으로 상점가를 이루고 있
는 활기찬 지역. 난바 워크, 난바 시티 등 지하상가도 넓게 펼쳐져
있다.

도보로 바로

❸ 호젠지요코초
도톤보리에서 골목 안쪽으로 들어오면 만나게 되는 옛 오사카의
정취. 정토종 사찰 호젠지를 중심으로 하여 좁은 골목 양쪽으로 식
당과 술집이 옹기종기 모여 있다.

도보 1분

❹ 도톤보리
화려한 네온사인의 거대 간판이 줄지어 있는 오사카 최대의 유흥
가로, 일 년 내내 관광객으로 시끌벅적한 곳이다. 오사카의 명물 맛
집이 이곳에 밀집해 있다.

{ 도보로 바로

❺ 신사이바시
남북으로 길게 뻗은 대로 미도스지와 신사이바시스지 상점가가 중심을 이루는 지역. 미도스지 도로변에는 화려한 명품 브랜드 숍이 늘어서 있다.

{ 도보 3분

❻ 아메리카무라
오사카 젊은이들이 모여드는 생기 넘치는 동네. 삼각 공원을 중심으로 펼쳐진 동네에는 중고 의류 가게, 음반점, 개성 있는 숍과 카페가 모여 있다.

{ 도보 5~10분

❼ 호리에
중심 거리인 오렌지 스트리트와 호리에 공원 주변에 세련된 인테리어와 패션, 잡화 숍이 모여 있다. 비교적 사람이 붐비지 않아 여유롭게 산책하며 구경할 수 있다.

{ 도보 5~10분

❽ 미나미센바
오피스 빌딩 사이사이에 셀렉트 숍과 잡화점, 카페 등이 곳곳에 자리한 조용한 동네로, 신사이바시역 북쪽 지역을 말한다. 세련된 오사카 젊은이들이 즐겨 찾는 지역이다.

{ 도보 10분

❾ 도톤보리
낮에 보는 도톤보리와 밤에 보는 도톤보리는 180도 다른 분위기를 풍긴다. 밤늦게까지 영업하는 곳이 많아 먹고 즐기며 하루를 마무리하기에도 좋은 곳.

난바 ★★★
難波

미나미의 중심

교통의 요지 난바역을 중심으로 도톤보리 이남 지역과 센니치마에 서쪽 지역을 가리킨다. 난바는 역사 깊은 대형 백화점 타카시마야와 에비스바시스지 상점가, 센니치마에 상점가, 난바 난카이도리 상점가 등의 재래 상점가, 쇼핑몰 및 지하상가가 곳곳에 들어서 있는 거대 쇼핑 지역이다. 주방용품 전문 상가인 센니치마에 도구야스지 상점가, 서일본 최대 규모의 전자 상가인 덴덴타운, '오사카의 부엌'이라 불리는 재래시장인 쿠로몬 시장 등 흥미로운 전문 상점가도 모두 난바에 있다.

교통 난카이 전철 난바なんば역(NK01)에서 바로. 또는 지하철 난바역 1번 출구에서 바로
지도 P.4-C

센니치마에 상점가

언제나 흥이 넘치는 오사카 사람들

에비스바시스지 상점가 ★
戎橋筋商店街

🔊 에비스바시스지 쇼-텐가이

난바를 남북으로 관통하는 상점가

남쪽의 타카시마야 백화점 · 난바 마루이에서 도톤보리강의 에비스바시까지 370m를 잇는 상점가. 과거 에도 시대에 에비스바시에서 이마미야에비스 신사로 가는 참배객을 대상으로 하는 우동집과 찻집 등이 하나둘 문을 열면서 상점가가 형성되었다고 한다.

유서 깊은 전통 상점부터 최신 트렌드의 패션 숍, 인기 맛집까지 다양한 가게들이 자리하고 있으며, 지붕이 있어 눈비에도 걱정 없다. 난카이 전철 난바역에서 도톤보리로 걸어갈 때 지름길이 되기도 한다.

교통 난카이 전철 난바なんば역(NK01) 북쪽 출구로 나와 길 건너편에서 시작. 또는 도톤보리의 에비스바시 다리에서 바로 **지도** P.4-A · C, P.5-D

서민적인 분위기의 상점가

광장은 젊은이들의 약속 장소로 인기 있다.

난바 파크스 ★★
Namba Parks

데이트 장소로 인기 높은 복합 공간
원래 야구장이었던 넓은 부지를 재개발하여
2003년에 오픈한 대형 쇼핑센터. 난카이 전철
난바역과 바로 연결되어 접근성이 좋은데다,
쇼핑몰, 레스토랑, 극장, 공원 등이 한곳에 모
여 있어 젊은이들에게 인기 있는 복합 공간이
다. 지구의 대협곡을 콘셉트로 한 건축물은 자
연과 조화를 이루는 아름다운 곡선이 특징이
다. 9층에는 넓은 옥상공원이 있어 쇼핑 중 잠
시 쉬어 가기 좋으며 종종 이벤트나 공연이 열
리기도 한다. A.P.C., 마가렛 호웰, 쿠라 치카,
꼼 데 가르송, 스투시, 히스테릭 글래머, 마리메
꼬, 래그 태그, 프랑프랑, 로프트 등 여행자들이

정원과 건물이 멋진 조화를 이루고 있다.

좋아하는 브랜드가 다양하게 입점해 있다.

주소 大阪市浪速区難波中2-10-70
전화 06-6644-7100
영업 상점 11:00~21:00, 식당 11:00~23:00
휴무 부정기 홈페이지 www.nambaparks.com
교통 난카이 전철 난바なんば역(NK01) 서쪽 출구에
서 왼쪽으로 바로 연결 지도 P.4-E

센니치마에 도구야스지 상점가 ★
千日前道具屋筋商店街
🔊 센니치마에 도구야스지 쇼―텐가이

예쁜 그릇과 주방 도구가 한곳에
각종 식기, 조리 도구, 식당용 집기 등을 파는
아케이드 상가. 요리사나 식당을 위한 전문 도
구와 장식 소품을 취급하기도 하지만, 예쁜 일
본 그릇과 수저를 비롯해 가정용 타코야키 도
구, 1인용 야키니쿠 도구 등 일반인을 위한 저
렴한 주방 기구도 많다. 마네키네코나 빌리켄
등의 기념품, 식품 샘플이나 열쇠고리 등도 찾
을 수 있다. 오후 5시 전후로 대부분의 가게들
이 문을 닫기 시작한다.

주소 大阪市中央区難波千日前
홈페이지 www.doguyasuji.or.jp

교통 지하철 미도스지선(M20)·요츠바시선(Y15)·센
니치마에선(S16) 난바なんば역 1번 출구에서 도보 5분
지도 P.4-D

오사카의 먹을거리를 책임지는 재래시장

쿠로몬 시장
黒門市場

오사카 중앙 도매시장과 함께 오사카의 먹을 거리를 책임지는 2대 시장 중 하나로, '오사카의 부엌'이라고 불린다. 약 180개의 가게가 모여 있는데, 절반이 생선과 회 전문점이고 절반은 과일 상점, 건어물 상점, 슈퍼마켓 등이다. 튀김이나 초밥집 등 식당이 여러 곳 있고 간단히 먹을 만한 길거리 간식도 많아 여행자들에게는 먹을거리의 천국이다. 테이크아웃으로 구입하는 것이 대부분인데, 일부 가게는 먹고 갈 수 있는 테이블을 갖춘 곳도 있다.

시장이라 해서 가격이 아주 저렴하지는 않지만 다양하고 싱싱한 먹을거리를 한곳에서 맛볼 수 있다는 장점이 있다. 가격은 시세에 따라 조금씩 달라지며 대개 비슷하게 형성되어 있으니 천천히 구경하면서 싱싱하고 맛있어 보이는 것을 골라보자.

🔊 쿠로몬 이치바
주소 大阪市中央区日本橋2-4-1
홈페이지 www.kuromon.com
교통 지하철 센니치마에선(S17) · 사카이스지선(K17) 닛폰바시日本橋역 10번 출구에서 도보 3분. 또는 난카이 전철 난바なんば역에서 도보 7분
지도 P.3-F, 4-D

{ 쿠로몬 시장의 다양한 먹을거리 }

가리비구이
큼직한 가리비를 구워
먹기 좋게 썰어준다.

석화
바다 향이 나는 싱싱한
석화의 풍미를 즐겨보자.

게다리구이
삶은 게 다리를 숯불에
구워준다.

성게알
홋카이도산 최고급 성게
알. 비싸지만 맛은 일품
이다.

과일
먹기 좋게 잘라서 컵이
나 접시에 넣어 판다.

오뎅
차가운 몸을 따뜻하게
데워주는 오뎅

반건조 오징어 통구이
살짝 건조시킨 오징어를
통으로 구워준다.

게내장그라탕
게 껍질에 내장과 치즈
를 넣어 만든 그라탕

생선회와 스시 도시락
당일 들여온 싱싱한 생선
으로 만들어주는 도시락

튀김
술안주로 좋은 카라아게
(일본식 프라이드 치킨),
새우튀김 등 다양하다.

생와사비
슈퍼에서 파는 와사비와
는 맛의 차원이 다르다.

장어구이
꼬치구이로 간편하게 들
고 먹는 장어 요리

덴덴타운
でんでんタウン

일본 최대 규모의 전자 타운

도쿄 아키하바라와 양대 산맥을 이루는 전자상가로, 약 200여 개의 상점들이 사카이스지堺筋 도로를 따라 모여 있다. 원래 PC와 관련 부품 등 전자제품을 주로 다뤘지만, 요도바시 카메라와 빅 카메라 같은 대형 가전 전문점이 들어서면서 전자제품 상점은 쇠퇴하고 취미 관련 상점이 주를 이루고 있다. 케이북스K-Books,

정글Jungle, 아니메이트Animate 등 게임, 애니메이션, 만화, 동인지 전문점이 다수 자리한 오타쿠의 성지다.

주소 大阪市浪速区日本橋3~5
홈페이지 www.denden-town.or.jp
교통 지하철 사카이스지선 에비스초恵比須역(K18) 1-A 또는 1-B 출구에서 바로. 또는 지하철 닛폰바시 日本橋역 5번 출구에서 도보 7분
지도 P.4-F

난바 야사카 진자
難波八阪神社

거대한 사자 머리 신사

난바 일대의 향토 수호신을 섬기는 작은 신사. 규모는 작지만 설립 당시에는 대규모의 신사였다고 한다.

매년 1월 셋째 일요일 악귀를 쫓는 줄다리기 제사로 유명하며, 이는 유형 문화재로 지정되어 있다. 이 행사의 주요 무대가 되는 시시덴 獅子殿은 높이 12m의 거대한 사자(일본어로 시시) 머리 모양을 하고 있어 여행자들의 눈길을 사로잡는다.

나쁜 점괘가 나온 오미쿠지를
밧줄에 매달아 두면 악운을 피할 수 있다고 한다.

주소 大阪市浪速区元町2-9-19
전화 06-6641-1149
개방 06:00~17:00(행사 기간은 야간에도 개방)
휴무 무휴 요금 무료
홈페이지 nambayasaka.jp
교통 난카이 전철 난바なんば역(NK01) 서쪽 출구에서 도보 6분 지도 P.3-E

난바 힙스
Namba Hips

가운데가 뻥 뚫린 독특한 건물

난바의 랜드마크

건물 한가운데가 바이올린 모양으로 파여 있고 그 중앙에 빨간 기둥이 서 있는 독특한 구조 때문에 난바에서 가장 눈에 띄는 건물이다. 일본 최초로 빌딩 벽면에 급강하 놀이 시설 '야바포'를 설치한 것으로 유명해졌으나 현재는 운영이 중지된 상태다.

주소 大阪市中央区難波1-8-16
교통 지하철 미도스지선(M20) · 요츠바시선(Y15) · 센니치마에선(S16) 난바なんば역 14번 출구에서 바로
지도 P.4-A, P.5-D

오사카 쇼치쿠자
大阪松竹座

일본 최초의 서양식 극장

테라코타를 사용한 네오르네상스 양식의 웅장한 현관 아치

난바역에서 도톤보리에 들어서면 처음 만나게 되는 유럽풍 건축물. 1923년 이탈리아 밀라노의 스칼라 극장을 모델로 하여 설계한 일본 최초의 서양식 영화관이다. 현재는 가부키, 뮤지컬, 가극 등을 상연하는 공연 전문 극장이다.

주소 大阪市中央区道頓堀1-9-19
교통 지하철 미도스지선(M20) · 요츠바시선(Y15) · 센니치마에선(S16) 난바なんば역 14번 출구에서 도보 1분
지도 P.4-A, P.5-D

도톤보리 ★★★
道頓堀

활기가 넘치는 유흥과 맛집의 거리

글리코 간판, 카니도라쿠의 게 간판 등 재미있는 대형 간판들이 인상적인, 미나미 최고의 번화가이자 맛집 거리. 도톤보리는 도톤보리강을 따라 에비스바시부터 센니치마에도리까지 약 500m 정도 이어진 거리로, 오사카에서 내로라하는 맛집들은 대부분 이곳에 몰려 있다. 그야말로 '오사카다움'이 넘치는 활기찬 거리로, 대부분의 여행자들이 많은 시간을 보내게 되는 오사카 최고의 인기 지역이다.

즐거운 시간을 보내는 관광객들

카니도라쿠와 스타벅스 앞이 도톤보리의 시작점

1600년대 도톤보리강 남쪽에 연극을 하는 공연장이 들어서면서 자연스럽게 도톤보리에 사람들이 모이기 시작했다. 이에 공연을 보러온 사람들을 상대로 하는 식당들이 생기면서, 도톤보리는 자연스럽게 맛집 거리로 번창했다. 활기가 넘치는 도톤보리는 낮에 찾아도 재미있지만, 거대한 간판에 조명이 켜지는 밤에 더욱 화려해지니 꼭 들러보자.

주소 大阪市中央区道頓堀1
교통 지하철 미도스지선(M20) · 요츠바시선(Y15) · 센니치마에선(S16) 난바なんば역 14번 출구에서 도보 2분. 대형 게 간판의 카니도라쿠に道樂를 도톤보리의 시작으로 보면 된다.
지도 P.5

에비스바시 오른쪽의 마라토너 간판이 바로 글리코 간판이다.

에비스바시 ★★★
戎橋

글리코 간판이 가장 잘 보이는 곳
미나미 번화가 한복판에 위치한 도톤보리강의
다리. 다리 북쪽으로는 신사이바시스지 상점
가, 남쪽으로는 에비스바시스지 상점가가
연결되어 있다. 이곳이 유명한 이유는 도톤보
리의 명물인 글리코 간판을 비롯한 화려한 네
온사인을 볼 수 있는 베스트 스폿이기 때문.
과거 한신 타이거즈가 우승하거나 2002년 월
드컵 축구 16강 진출 시 많은 젊은이들이 이
다리에서 강으로 뛰어드는 세리머니를 하기도
했다.

교통 지하철 미도스지선(M20) · 요쓰바시선(Y15) · 센
니치마에선(S16) 난바なんば역 14번 출구에서 도보
2분 **지도 P.5-A**

하루 종일 사람들이 붐비는 에비스바시

글리코 간판 ★★★
グリコ看板 🔊 구리코 칸반

활기찬 오사카를 대표하는 명물 간판
오사카에 본사를 두고 있는 유명 제과 회사 글
리코Glico의 홍보 간판이다. 오사카라고 하면
가장 먼저 떠오르는 이미지이기도 하다. 도톤
보리 초입의 에비스바시 주변에는 휘황찬란한
거대 네온사인이 무수히 늘어서 있는데, 그중
에서도 가장 유명하고 오랜 역사를 가진 것이
바로 글리코 간판이다.
글리코 간판이 처음 걸린 것은 1935년. 글리코
의 마라토너가 도톤보리에 골인한다는 내용을
담고 있다. 지금 걸려 있는 것은 여섯 번째 간
판으로, LED 화면에 의해 배경 이미지가 계속
변화하는 것이 특징이다.
글리코 간판은 도톤보리 초입의 에비스바시에
서 잘 보이며, 오사카에서 반드시 촬영해야 하
는 기념 촬영 장소로 인기가 높다. 낮과 밤의
분위기가 매우 다르니 가능하면 두 번 들러봐
도 좋다.

주소 大阪市中央区道頓堀1-10-2
교통 에비스바시 바로 앞
지도 P.5-A

도톤보리강
道頓堀川 ★★★
🔊 도톤보리 가와

오사카 최고의 번화가를 가로지르는 강
도톤보리를 따라 동서 방향으로 흐르는 짧은
운하로, 총 길이는 3km, 폭은 30m 정도. 오사
카 최고의 번화가인 미나미 지역을 관통하며
밤이 되면 화려한 네온사인에 강물이 물든다.
강변에는 도톤보리 리버워크라 불리는 산책로
가 조성되어 있으며, 벤치와 파라솔이 중간중
간 설치되어 있어 잠시 쉬어 가기 좋다. 도톤
보리강을 유람하는 유람선, 돔보리 리버크루
즈를 타면 강 주변의 랜드마크들을 둘러볼 수
있다. 7~8월에는 강변에 등롱을 달아 더욱 운
치가 있다.

교통 지하철 미도스지선(M20) · 요츠바시선(Y15) · 센
니치마에선(S16) 난바なんば역 14번 출구에서 도보
2분
지도 P.4-B, P.5-B

도톤보리 대관람차
道頓堀 大観覧車

돈키호테의 노란색 명물 관람차
'에비스 타워'라고도 불리는 돈키호테 도톤보
리점의 건물 전면에는 노란색의 대관람차가
설치되어 있다.
최고 높이는 77.4m, 세계 최초의 타원형 관람차
로 탑승객 전원이 정면을 볼 수 있게 되어 있다.
곤돌라가 레일의 바깥쪽을 도는 점도 특이하다.
돈키호테 3층 자동 발매기에서 표를 구입한 후
탑승한다. 한 바퀴 도는 데에 약 15분 소요.

주소 大阪市中央区宗右衛門町7-13
전화 06-4708-1411 운행 14:00~20:00(탑승 마감
19:30) 휴무 화 · 금요일 요금 600엔
홈페이지 www.donki.com/kanransha/
교통 지하철 난바なんば역 14번 출구에서 도보 5분.
돈키호테 도톤보리점 3층 지도 P.5-B

거대한 명물 간판을 배경으로 기념 촬영!

도톤보리의 재미있는 간판들

글리코 러너와 같은 포즈를 취해보자.

글리코 Glico

1935년 처음 세워졌으며, 현재의 것은 2014년 교체된 여섯 번째 간판. 14만 개가 넘는 LED칩이 장착되어 다양한 영상을 보여준다. 오사카 거리를 배경으로 트랙을 달리는 마라토너를 표현하고 있다. 기념 촬영을 할 때, 에비스바시를 내려와 강 건너편에서 찍는 것을 추천한다.

도톤보리 쿠쿠루 道頓堀くくる

타코야키 가게임을 말해주듯 간판을 휘감은 빨간색 문어. 도톤보리에서 이 정도 크기는 귀여운 수준이다.

코나몬 뮤지엄 コナモンミュージアム

건물 외벽의 1/3을 뒤덮고 있는 거대한 문어 한 마리. 한 손에는 뒤집개, 한 손에는 타코야키를 쥐고 있다.

돈키호테 ドン・キホーテ

77m 높이의 거대한 타워 상단에 장사의 신 에비스와 돈키호테의 마스코트인 돈펜이 사이좋게 함께하고 있다.

킨류 라멘 金龍ラーメン

'금룡'이라는 이름대로 하늘로 승천하는 듯한 용 간판이 인상적이다. 한쪽 발에는 라멘 그릇을 들고 있다.

게 다리와 집게발, 눈이 움직인다!

카니도라쿠 かに道楽
도톤보리에 들어서면 바로 보이는 간판. 가로 8m, 세로 4m의 거대한 게 간판은 실제 게로 치면 1만 6천 명분의 요리를 만들 수 있다고.

쿠시카츠 잇토쿠 串カツいっとく
신세카이에 본점을 둔 쿠시카츠 식당의 간판. 쿠시카츠의 대형 모형 주변에 츠텐카쿠와 빌리켄도 보인다.

오사카 오쇼 大阪王将
세상 먹음직스러운 교자 한 접시! 교자 전문 체인점의 간판임을 한눈에 알 수 있다.

메이지 제과 meiji
귀엽게 웃고 있는 아저씨가 메이지의 대표 인기 상품인 가루비Calbee 과자 봉지를 들고 있다.

겐로쿠 스시 元祿寿司
회전 초밥을 최초로 개발한 곳. 거대한 스시를 쥔 손 하나가 불쑥 튀어나와 있다.

다루마 だるま
심술궂게 얼굴을 찡그리고 있는 간판의 모델은 바로 쿠시카츠 식당인 다루마의 4대 사장! 가게 입구에는 전신상이 서 있다.

타코야키 쥬하치방 たこ焼き 十八番
빨간색 대형 간판에 타코야키 한 알이 포인트를 주고 있다. 언제나 줄을 서는 인기 타코야키집이다.

행으로 분위기를 띄운다(일본어). 도톤보리에서 출발해 같은 자리에서 내린다.

주소 大阪市中央区宗右衛門町7
운행 11:00~21:00(최종 출발편), 매시 정각과 30분에 출발, 약한 비에는 운행 휴무 7/13, 7/24~25
요금 1200엔, 중·고등·대학생 800엔, 초등학생 400엔. 오사카주유패스는 무료
홈페이지 www.ipponmatsu.co.jp
교통 지하철 미도스지선(M20)·요츠바시선(Y15)·센니치마에선(S16) 난바なんば역 14번 출구에서 도보 5분. 돈키호테 도톤보리점의 강변 쪽 입구
지도 P.5-B

돔보리 리버크루즈 ★
とんぼり リバークルーズ

도톤보리강을 왕복하는 미니 유람선
덴덴타운과 쿠로몬 시장이 있는 닛폰바시 다리부터 도톤보리의 에비스바시, 호리에의 우키니와바시 다리 사이를 20분 동안 왕복하는 소형 유람선. 뱃놀이를 즐기며 화려한 간판이 늘어선 풍경을 감상할 수 있다. 안내원이 주변 명소를 지날 때마다 설명을 해주며 능숙한 진

쿠이다오레 타로 ★
くいだおれ太郎

도톤보리의 인기 마스코트
도톤보리 한복판, 나카자 쿠이다오레 빌딩中座くいだおれビル 1층 입구에 서 있는 인형. 1950년 광고용 인형으로 처음 등장해 도톤보리를 대표하는 명물로 현재까지 인기를 누리고 있다.
동그란 안경을 쓰고 빨간색과 흰색의 줄무늬 옷을 입은 인형은 항상 웃는 얼굴로 북을 치고 고개를 흔들며 인사를 하기도 한다. 빌딩 입구는 쿠이다오레 타로와 함께 기념사진을 찍는 사람들로 언제나 붐빈다.

주소 大阪市中央区道頓堀
1-7-21
교통 지하철 미도스지선(M20)·요츠바시선(Y15)·센니치마에선(S16) 난바なんば역 14번 출구에서 도보 4분
지도 P.5-B

우키요코지
浮世小路

비좁은 골목 안에 옛 도톤보리의 모습이

폭이 1.2m, 길이는 48m로 한 사람이 간신히 지날 수 있을 만큼 좁고, 30초면 걸어 나올 수 있는 짧은 골목.
100년 전 도톤보리의 모습을 재현하는 각종 소품과 사진 자료, 일러스트, 입체 조형물 등으로 꾸며놓았다. 오사카의 명물 우동가게로 유명한 도톤보리 이마이 바로 옆에 있는데, 이 골목을 통과하면 호젠지요코초로 이어진다.

주소 大阪市中央区道頓堀1-7
교통 지하철 미도스지선(M20)·요츠바시선(Y15)·센니치마에선(S16) 난바なんば역 14번 출구에서 도보 4분 지도 P.5-E

1 호젠지 2 호젠지요코초 입구 3 온몸이 파란 이끼로 뒤덮인 미즈카케후도 4 가로등이 있는 운치 있는 골목

호젠지요코초
法善寺横丁 ★★

시끌벅적한 번화가에서 만나는 옛 오사카
호젠지요코초는 호젠지를 중심으로 한 골목 이름으로, 길이 80m, 폭 3m의 골목 2개가 동서로 뻗어 있다. 정토종 사찰인 호젠지는 전쟁으로 불타고 이후 재건된 것으로, 현재는 작은 불당과 미즈카케후도水掛不動라 불리는 부동명왕상이 있다.

미즈카케후도는 '물을 끼얹은 부동명왕'이라는 뜻으로, '물을 뿌리며 기도하면 상업 번성, 사랑의 성취 등의 소원이 이루어진다'는 이야기가 전해져 현재까지도 사람들의 발길이 끊이지 않는다. 많은 사람들이 쉴 새 없이 물을 뿌려서 미즈카케후도는 온몸이 파란 이끼로 뒤덮여 있다.

호젠지를 지나 좁은 골목으로 들어가면 바닥에 판판한 돌이 다다미처럼 깔려 있어 고즈넉한 옛 분위기가 물씬 풍긴다. 시끄럽고 붐비는 번화가 안에 이런 골목이 있다는 것이 놀라울 정도. 원래 호젠지의 참배객을 상대로 장사하던 노점상들이 가게를 내고 골목을 이룬 것이라 한다. 오다 사쿠노스케의 소설 〈메오토젠자

이)에 등장하면서 유명해진 단팥죽집 메오토젠자이夫婦善哉와 모단야키 맛집인 야키젠(P.162), 쿠시카츠 맛집인 다루마 지점(P.173)이 이곳에 있으며, 그 외 현지인 정서가 가득한 식당과 술집이 골목 안에 오밀조밀 모여 있다. 도톤보리의 맛집들과 달리 좀 더 차분한 분위기에서 식사할 수 있다. 해가 진 후에는 골목에 가로등 불이 들어와 더욱 운치 있다.

주소 大阪市中央区難波1
교통 지하철 미도스지선(M20) · 요츠바시선(Y15) · 센니치마에선(S16) 난바なんば역 14번 출구에서 도보 2분. 14번 출구에서 왼쪽 첫 번째 골목으로 들어가 160m 직진하면 호젠지요코초 입구가 나온다.
지도 P.5-E

신사이바시 ★★★
心斎橋

미나미 최고의 쇼핑 지역
남북으로 길게 뻗은 메인 스트리트 미도스지御堂筋와 그와 평행을 이루며 나란히 뻗어 있는 신사이바시스지 상점가를 중심으로 한 지역. 난바와 함께 미나미 지역에서 가장 번화한 동네다.
드러그 스토어, 의류 및 잡화점, 루이비통·샤

넬 등의 명품 브랜드 숍, 애플 스토어·도큐핸즈 등의 전문점, 다이마루 백화점과 신사이바시 OPA·파르코 같은 대형 백화점과 쇼핑몰, 크리스타 나가호리 지하상가에 이르기까지 예산에 맞춰 다양한 취향의 쇼핑을 즐길 수 있다. 맛집과 카페도 다수 자리해 쇼핑 도중 휴식하기도 좋다.

교통 지하철 미도스지선(M19)·나가호리츠루미료쿠치선(N15) 신사이바시心斎橋역 하차. 또는 지하철 난바なんば역에서 도보 3분
지도 P.6-D

신사이바시스지 상점가 ★★★
心斎橋筋商店街
🔊 신사이바시스지 쇼-텐가이

신사이바시의 중심이 되는 상점가
도톤보리에서 신사이바시, 미나미센바로 향하는 중요한 길인 신사이바시스지에 위치한 약 1km의 상점가. 지붕이 있는 아케이드 상점가로, 의류 및 생활용품을 취급하는 다양한 상점들이 들어서 있다. 도톤보리 쪽 입구에는 마츠모토 키요시와 선 드러그, 스기 약국 등 다양한 브랜드의 드러그 스토어가 많아 화장품 쇼핑에 좋으며, 다이마루 백화점과 파르코 쇼핑

몰을 비롯해 자라·유니클로·GU 등의 SPA 매장도 다수 자리하고 있다. 쿠시카츠 다루마, 치즈케이크 다루마 같은 맛집과 디저트 가게, 카페도 곳곳에서 만날 수 있다.

교통 지하철 미도스지선(M19)·나가호리츠루미료쿠치선(N15) 신사이바시心斎橋역 4-B 출구에서 도보 1분. 또는 도톤보리의 에비스바시에서 바로
지도 P.6-D

사람이 붐빌 때가 많아 이동하는 데만도 꽤 시간이 걸린다.

도톤보리강의 에비스바시를 건너면 바로 상점가 입구

미도스지
御堂筋

★

노랗게 물든 미도스지의 가로수

오사카 중심부를 남북으로 잇는 대로
난카이 전철 난바역부터 키타 지역의 우메다역까지 남북으로 이어지는 대로로, 총 길이는 4km가 넘는다. 오사카의 중심 도로인 만큼 교통량이 많으며, 도로 지하에는 지하철 미도스지선이 지나고 있다.

미도스지 도로변에는 키타 지역의 한큐 백화점, 일본은행 오사카 지점, 신사이바시의 다이마루 백화점과 신가부키자, 난바의 타카시마야 백화점까지 주요 랜드마크들이 다수 자리하고 있다.

또한 신사이바시역 부근에는 크리스찬 디올, 샤넬, 프라다, 까르띠에 등의 명품 브랜드 숍이 늘어서 있어 무척 화려하다.

도로 양쪽에는 은행나무가 심겨 있어 녹음이 우거진 봄여름과 노랗게 단풍이 드는 가을철에 멋진 풍경을 자아낸다. 또한 11월 하순~1월 중순에는 일루미네이션 이벤트가 펼쳐져 아름다운 불빛이 거리를 물들인다.

지도 P.6-B

미도스지에 자리한 다이마루 신사이바시

명품 브랜드 숍이 모여 있다.

Tip

아케이드 상점가 또는 미도스지로 이동하기

난바-신사이바시 간 이동은 에비스바시스지 상점가와 신사이바시스지 상점가로 이동하는 것이 지름길이다. 둘 다 지붕이 있는 아케이드 상점가여서 비나 눈이 와도 편하게 다닐 수 있다. 이동하면서 쇼핑도 즐길 수 있어 일석이조. 단 주말이나 연휴 때는 사람 머리만 빼곡하게 보일 정도로 붐빈다는 것을 알아둘 것. 빨리 이동하고 싶거나 산책 겸 주변 풍경을 보며 걷고 싶다면 가로수가 늘어선 미도스지를 따라 이동하자. 벚꽃 철이나 단풍철에는 산책이 더욱 즐겁다.

미도스지는 전 차선 일방통행

미도스지는 모든 차선의 차량이 북에서 남쪽으로 달리는 일방통행이다. 그래서 남쪽의 난카이 난바역에서 북쪽의 신사이바시역이나 우메다역 방면으로 차를 탄다면 일방통행인 미도스지로 갈 수 없으므로 옆 도로로 우회하게 된다. 택시를 탈 때 길을 돌아간다고 오해하지 말자.

아메리카무라의 명물인 사람 모양의 가로등

아메리카무라 ★★
アメリカ村

10대들의 활기가 넘치는 동네

오사카 10대들의 패션과 문화를 리드하는 젊
은이의 거리. 1970년대 창고를 개조한 상점에
서 미국 서해안이나 하와이 등에서 수입한 의
류나 서핑용품, 중고 음반 등을 판매하면서 젊
은이들에게 인기를 끌어 '미국 마을'이라는 뜻
의 아메리카무라라는 이름이 붙게 되었다(줄
여서 '아메무라'라고 부른다).

〈Peace on Earth〉. 1983년에 오사카 출신 아티스트 쿠오
다 세이타로가 그린 벽화로, 아메리카무라의 상징이다.

10대와 20대 초반이 좋아하는 중고 의류, 힙
합, 에스닉, 펑크 등 다양한 스타일의 패션 숍
을 만날 수 있으며, 인디 아티스트의 공연을
볼 수 있는 라이브 하우스도 많다.

교통 지하철 미도스지선(M19) · 나가호리츠루미료쿠
치선(N15) 신사이바시心斎橋역 7번 출구에서 도보
3분
지도 P.6-C, 7-D

삼각 공원
三角公園 산카쿠 코-엔

아메리카무라 젊은이들의 휴식 공간

아메리카무라의 중심에 위치한 작은 공원으
로, 원래 지명은 '미츠 공원御津公園'이지만
부지 모양이 삼각형이어서 '삼각 공원'이라고
부른다. 아메리카무라의 젊은이들이 쉬어 가
는 휴식 공간이자 약속 장소로, 주말에는 인디
밴드의 공연이나 코스프레 등의 이벤트가 벌
어진다.

주소 大阪市中央区西心斎橋2-11-34
교통 지하철 미도스지선(M19) · 나가호리츠루미료쿠
치선(N15) 신사이바시心斎橋역 7번 출구에서 도보
5분 지도 P.6-E, 7-D

오렌지 스트리트 입구

호리에 ★★
堀江

20～30대에게 인기 높은 세련된 동네
아메리카무라와 길 하나를 사이에 두고 있는
호리에는 20～30대 젊은이에게 인기 있는, 세
련되고 차분한 분위기의 동네. 오렌지 스트
리트와 호리에 공원을 중심으로 사방으로 뻗
은 골목에는 세련된 셀렉트 숍과 인테리어 잡
화점, 카페들이 곳곳에 자리해 있다.
호리에의 중심 거리인 오렌지 스트리트Orange
Street는 총 길이가 1km에 못 미치는 짧은 보
행자 도로다. 거리 양쪽으로 트렌드를 리드하
는 세련된 숍과 카페가 늘어서 있어 산책하며
둘러보기 좋다.

교통 지하철 요츠바시선 요츠바시四ツ橋역(Y14) 6번
출구에서 도보 4분. 또는 아메리카무라 삼각 공원에
서 도보 4분 지도 P.7-C

미나토마치 리버플레이스
湊町リバープレイス

호리에 남부의 문화 시설이자 휴식 장소
라이브 공연장인 난바
해치なんば hatch를
중심으로 도톤보리강
변에 우드데크의 멋진
광장이 조성되어 있다.
이곳에 삼삼오오 모여
휴식을 취하는 시민들

라이브 공연장인 난바 해치

을 볼 수 있으며, 종종 이벤트가 열리기도 한
다. 강 맞은편에는 세련된 레스토랑 몰인 캐널
테라스 호리에キャナルテラス堀江가 있다.

주소 大阪市浪速区湊町1-3-1
교통 지하철 미도스지선(M20)·요츠바시선(Y15)·센
니치마에선(S16) 난바なんば역 26-B 출구에서 바로
지도 P.7-E

교세라 돔 오사카
京セラド-ム大阪

오릭스 버팔로스의 홈구장
5만 5000명을 수용할 수 있는 일본 최대급 규
모의 돔 구장. 프로야구 경기 외에 대형 이벤
트나 인기 가수의 콘서트장으로도 이용된다.
경기 관람은 구단 홈페이지를 통해 예매하거
나(일본어) 현장 구매도 가능하다.

주소 大阪市西区千代崎3丁目中2-1
홈페이지 www.kyoceradome-osaka.jp
구단 www.buffaloes.co.jp
교통 지하철 나가호리츠루미료쿠치선 돔마에치요자
키ド-ム前千代崎역(N12) 1번 출구에서 바로(신사이
바시역에서 2개 역 거리) 지도 P.7-E

세련된 카페, 베이커리, 레스토랑이 많다.

미나미센바 ★★
南船場

예쁜 카페와 셀렉트 숍의 거리

신사이바시역 북쪽의 조용하지만 세련된 동네. 미나미센바는 1990년대 초에 오가닉 빌딩 등 독특한 건축물이 들어서며 화제를 모았고, 디자이너들이 이 지역에 모여들기 시작하면서 트렌디한 동네로 탈바꿈했다. 오피스 빌딩이 많은 평범하고 조용한 동네 같지만 골목골목에 세련된 인테리어의 카페와 레스토랑, 작지만 멋진 디스플레이를 선보이는 셀렉트 숍들이 곳곳에 자리하고 있다.

교통 지하철 미도스지선(M19)·나가호리츠루미료쿠치선(N15) 신사이바시心斎橋역 1번·3번 출구에서 바로 **지도** P.6-A·B

조용하게 쇼핑하기 좋은 동네

건물 외벽 화분에는 각기 다른 식물이 자라고 있다.

오가닉 빌딩 ★
オーガニックビル   ◀) 오-가닛쿠 비루

붉은색 건물과 녹색 식물의 조화

다시마를 가공 제조하는 150년 역사의 유서 깊은 기업 오구라야 야마모토의 본사 건물이다. '자연과의 공존'이라는 기업 이념과 '재미있는 건물을 만들자'는 건축주의 희망으로, 이탈리아의 건축가이자 디자이너로 유명한 가에타노 페세Gaetano Pesce가 설계해 1993년 완공했다.

붉은색 건물 외벽 전체에 배치된 132개의 화분에는 전 세계에서 모은 진짜 식물이 자라고 있다. 화분은 각각 모양이 모두 다르고 식물의 종류도 전부 다르다. 그 독특한 외관으로 미나미센바의 랜드마크로서 상징적인 건물이 되었다. 초반에는 워낙 개성 있는 외관 때문에 러브호텔로 오인한 커플이 들어오는 경우가 많았다는 재미있는 에피소드가 있다.

주소 大阪市中央区南船場4-7-21
교통 지하철 미도스지선(M19)·나가호리츠루미료쿠치선(N15) 신사이바시心斎橋역 3번 출구에서 도보 4분 **지도** P.6-A, 7-B

카라호리 상점가
空堀商店街 ★★
🔊 카라호리 쇼-텐가이

레트로 감성이 넘치는 거리

신사이바시에서 동쪽으로 지하철 15분이면 도착하는, 약 800m 길이의 아케이드 상점가. 주민들이 주로 이용하는 곳이어서 조용하고 서민적인 분위기이다. 상점가 주변에는 주택가가 펼쳐져 있는데, 곳곳에 개성 있는 가게와 갤러리 등이 있으며 에도 시대의 옛 연립주택들이 그대로 남아 있어 색다른 풍경을 자아낸다. 천천히 걸으며 사진을 찍고 아기자기한 가게를 방문하는 것이 이 동네를 즐기는 방법이다.

주소 大阪市中央区谷町6-14-14
교통 지하철 나가호리츠루미료쿠치선 마츠야마치松屋町역(N17) 3번 출구에서 바로. 또는 지하철 나가호리츠루미료쿠치선(N18)·타니마치선(T24) 타니마치로쿠초메谷町六丁目역 4번 출구에서 바로
지도 P.6-D

1 90년 전 고베에서 이축해 온 주택 건물 2 정겨운 안마당과 아기자기한 가게가 있다.

렌
練 –Len– ★

옛 저택을 구경하는 느낌

카라호리 상점가 근방의 옛 민가 재생 프로젝트의 일환으로 꾸며진 복합 상업 시설. 유형문화재로 등록된 전통 주택을 그대로 이용하고 있어, 건물 곳곳에서 오랜 세월의 흔적이 느껴진다. 인기 초콜릿 전문점인 에크추아(P.178)를 비롯해 타코야키 가게, 카페, 네일숍, 잡화점, 기모노 대여점, 자전거 대여점 등 개성 있는 가게 14곳이 입점해 있어 구경하는 재미가 있다. 근방에 같은 프로젝트로 꾸며진 상업 시설, 소惣가 있다.

주소 大阪市中央区谷町6-17-43
전화 06-6767-1906 영업 11:00~20:00(가게마다 다름) 휴무 수요일(공휴일은 영업)
홈페이지 len21.com 교통 지하철 나가호리츠루미료쿠치선 마츠야마치松屋町역(N17) 3번 출구에서 바로
지도 P.6-D

restaurant

미나미의 맛집

토리소바 자긴
鶏Soba座銀

강추

카푸치노처럼 뽀얀 닭 육수 라멘

테이블 2개와 카운터석만 있는 아담한 가게여서 항상 웨이팅이 있지만, 일단 라멘 맛을 보면 줄 서길 잘했다 생각이 든다. 가장 인기 있는 메뉴는 토리소바鶏soba(950엔). 규슈의 가고시마 사쿠라지마산 토종닭으로 우려내 뽀얗고 진한 닭 육수로 만든 라멘으로, 잡냄새 없이 깔끔하면서 진하고 구수한 국물에 멸치 육수를 살짝 더해 깊은 맛이 난다. 또 다른 추천 메뉴는 니보시 니고리 클리어煮干し吟醸clear(900엔). 육고기를 사용하지 않고 멸치 육수만 사용해 국물이 맑고 깔끔하며 시원하다. 돈코츠 라멘의 느끼함이 싫거나 새로운 라멘을 맛보고 싶은 사람에게 강력 추천한다. 주

문은 입구의 식권 자판기를 이용하면 되는데, 메뉴 사진이 붙어 있어서 어렵지 않다.

주소 大阪市中央区南船場3-9-6
전화 06-6244-1255 영업 10:30~21:00
휴무 부정기 카드 불가
교통 지하철 미도스지선(M19)·나가호리츠루미료쿠치선(N15) 신사이바시心斎橋역 1번 출구에서 도보 3분 지도 P.3-B

야키니쿠엔 닌구
Yakinikuen 忍鬨

우설구이로 인기 있는 야키니쿠집
소고기와 소곱창을 메인으로, 돼지, 닭까지 다양한 부위를 즐길 수 있는 야키니쿠집. 이곳의 시그니처 메뉴는 우설을 두툼하게 썰어 파를 감싼 규탄厚切リネギ包みタン(1인분 1815엔). 두툼하지만 육질이 부드러운 규탄을 숯불에 구워 한입 가득 베어 물면 육즙이 가득 흘러나온다. 달큰한 파에 훈연 향이 깃들어 더욱 입맛을 돋운다. 규탄 외에 갈비, 등심 등도 역시 인기 메뉴다. 좌석 수가 적으니 예약 필수.

주소 大阪市中央区東心斎橋1-6-32
전화 050-5456-5551
영업 17:00~24:00(주문 마감 23:00)
휴무 9/25~27, 8 · 10 · 11월의 둘째 주 화요일
카드 가능 홈페이지 ningu-shinsaibashi.jp
교통 지하철 나가호리츠루미료쿠치선(N16) · 사카이

스지선(K16) 나가호리바시長堀橋역 7번 출구에서 도보 2분
지도 P.3-C

하브스
HARBS

꾸준히 인기 있는 수제 케이크
좋은 재료와 핸드메이드 제조를 고수하여 항상 손님이 많은 케이크 전문점. 냉동 재료는 일절 사용하지 않으며 당일 판매분만 만들어 가장 신선한 상태의 제품을 판매한다.
추천 메뉴는 밀크레이프ミルクレープ(1조각 980엔). 얇게 구운 크레이프 사이에 신선한 멜론, 키위, 바나나 등 제철 과일 4가지와 카스텔라, 믹스 크림을 6겹으로 쌓아 올렸다. 신선한 과일을 아낌없이 사용한 프레시 프루츠 케이크フレッシュフルーツケーキ(1조각 1100엔)도

인기. 이 외에도 제철 재료를 사용한 시즌 메뉴를 매달 새롭게 선보인다. 1인 1음료 주문 필수(음료 680엔~).

주소 大阪市浪速区難波中2-10-70 3F
전화 06-6636-0198
영업 11:00~20:00(주문 마감 19:30)
휴무 부정기 카드 불가
홈페이지 www.harbs.co.jp
교통 난카이 전철 난바なんば역(NK01) 서쪽 출구에서 왼쪽으로 바로. 난바 파크스 3층
지도 P.4-E

햇밤을 사용한
마론 케이크(880엔)

하브스의 대표 인기 메뉴인 밀크레이프

테이크아웃도 가능하다.

입구에 런치 세트의 사진 메뉴가 있다.

텐푸라 다이키치
天ぷら 大吉

어시장에 본점을 둔 튀김 전문점

매일 아침 시장에서 갓 들여온 신선한 재료를 주문 즉시 튀겨낸다. 튀김은 채소와 해산물 등 40여 종. 튀김옷을 얇게 입혀 속 재료의 맛을 최대한 살린다. 이 집의 또 다른 명물은 바지락 된장국. 구수한 된장 국물에 싱싱한 바지락이 들어가 시원한 맛을 낸다. 점심에는 밥과 함께, 저녁에는 튀김을 안주 삼아 술 한잔 즐기기 좋은 곳이다. 튀김에 밥과 바지락 된장국, 디저트

가 함께 나오는 런치 세트(평일 11:30~15:00, 토·일 11:00~14:30)는 880~1100엔, 텐동天丼(튀김덮밥) 680엔~, 튀김 1개 165엔~, 바지락 된장국あさりの味噌汁 506엔.

주소 大阪府大阪市浪速区難波中2-10-25 なんば CITY なんばこめじるし
전화 06-6644-2958
영업 11:00~23:00(주문 마감 22:30)
휴무 월요일(공휴일이면 다음 날) 카드 불가
교통 난카이 전철 난바なんば역(NK01) 서쪽 출구에서 도보 7분. 난바파크스 카니발 몰 거리 끝 도로변에 입구가 있다. 지도 P.4-E

텐푸라 Y
天ぷら Y

고수 마니아라면 꼭 먹어봐야 할 사와

텐푸라 전문 이자카야답게 튀김을 비롯해 모든 안주가 맛있지만, 이곳이 특별한 것은 바로 여기에서만 볼 수 있는 다양한 사와 때문이다. 390엔 정도의 저렴한 가격에 생과일을 이토록 가득 채워주는 곳은 어디에도 없을 것. 레몬, 딸기, 포도, 복숭아 같은 과일 사와뿐 아니라

고수, 토마토 타바스코, 생강 초절임 사와처럼 독특한 사와도 있다. 메뉴가 독창적일 뿐만 아니라 의외로 맛이 무척 훌륭해서 자꾸만 손이 간다.

주소 大阪市中央区西心斎橋2-10-31
전화 06-6211-0066 영업 17:00~22:00
휴무 무휴 카드 불가 홈페이지 tempura-y.com
교통 지하철 미도스지선(M19)·나가호리츠루미료쿠치선(N15) 신사이바시心斎橋역 7번 출구에서 도보 4분 지도 P.3-C

마사키야
正起屋

주소 大阪市中央区難波4-4-7
전화 06-6641-6527
영업 11:00~22:00 휴무 부정기 카드 가능
홈페이지 www.masakiya-c.com
교통 지하철 미도스지선(M20)·요츠바시선(Y15)·센
니치마에선(S16) 난바なんば역 9번 출구에서 바로
지도 P.3-E

백화점에도 입점한 인기 닭꼬치구이집

지방이 적고 쫄깃쫄깃한 식감을 자랑하는 미
에현의 토종닭 이세아카도리를 고급 숯인 비
장탄으로 구워낸 꼬치구이로 유명한 식당. 이
세아카도리, 닭껍질구이, 염통, 모래집 등 인기
부위만 모은 야키토리 모둠やきとり盛り合わ
せ(5개 968엔)을 추천한다. 다양한 주종을 갖
추고 있는데 특히 오사카의 로컬 맥주와 사케
를 마실 수 있어 애주가들에게도 인기 만점이
다. 점심에는 꼬치구이에 밥, 국, 반찬이 함께
나오는 저렴한 런치 세트(770엔~)를 판매하
며, 테이블석과 카운터석이 둘 다 있어서 혼자
가도 부담스럽지 않다.

젊음의 활기가 넘치는 흥겨운 술집 골목

우라난바
裏なんば

난카이 난바역의 동쪽, 난바의 뒷골목(우라裏는 '뒤'라는 뜻)이라는 의미로 우라난바로 불리는 지역이다. 서쪽 끝은 센니치마에 도구야스지와 만나고, 동쪽 끝까지 걸으면 쿠로몬 시장과 만나는 작은 구역이다. 오사카에서 술 마시기 좋은 인기 지역 중 하나로, 골목 곳곳에 서민적인 분위기의 이자카야와 세련된 스페인 바르 스타일의 이자카야가 혼재되어 있다. '우라'라고 불리지만 저녁에는 많은 사람들로 붐비는 활기찬 동네. 여성들도 부담 없이 찾기 좋은 분위기의 술집 골목이며, 특히 가볍게 먹고 갈 수 있는 스탠딩 바가 많은 것도 이 지역의 특징 중 하나다.

교통 난카이 전철 난바난바역(NK01) 북쪽 출구에서 도보 4분

{ 추천 이자카야 }

텟판야로 鉄板野郎

맛있는 철판구이 안주와 섹시한 술 한잔
이자카야 겸 철판구이 전문점으로, 주인장이 그려진 박력 넘치는 간판에서부터 가게의 분위기가 전해지는 듯하다. 계단을 올라 2층 가게로 들어가면 열심히 요리 중인 철판과 마주한 카운터석과 테이블석이 있다.
이곳은 술 메뉴가 재미있다. 가장 인기 있는 것은 사와 종류로 포도맛 칼피스가 들어간 거뉴하이巨乳ハイ(550엔)와 막걸리가 들어간 비뉴하이美乳ハイ(660엔), 거뉴하이에 버번 위스키가 추가된 H CUP(660엔). 섹시한 이름에

당황스럽긴 하지만, 술맛은 좋다.
안주로는 이곳만의 창작 메뉴인 파이네파이네(605엔)를 추천한다. 치즈와 감자샐러드를 얇은 반죽으로 감싸 바삭하게 구워내는데, 고소

돈페이야키

하고 부드러운 맛이 일품이다. 간사이 지역의 이자카야에서 자주 볼 수 있는 돈페이야키와 んぺい焼き(704엔)는 부드럽게 삶은 돼지고기를 달걀로 감싸 구운 후 오코노미야키 소스를 뿌려준다.

주소 大阪市中央区日本橋2-5-20 2F
전화 06-6643-9755
영업 17:00~24:00(주문 마감 23:00)
휴무 화요일 **카드** 불가
교통 난카이 전철 난바なんば역(NK01) 북쪽 출구에서 도보 5분 **지도** P.4-D

사카나야 히데조 난바점
魚屋ひでぞう 難波店

정통 일식부터 창작 일식까지 맛으로 승부

우라난바에서 유명한 해산물 전문 이자카야, 사카나야 히데조의 난바점. 도쿄의 츠키지 시장과 오사카의 쿠로몬 시장에서 10년 이상 생선 다루는 일에 종사한 주인장이 맛있는 생선 요리를 좀 더 저렴하게 제공하겠다는 일념으로 문을 연 곳이다. 스탠딩 바인 다른 지점과 달리 이곳은 차분하고 아늑한 분위기의 카운터석(1층)과 테이블석(2층)을 갖추고 있다. 맛있는 해산물 요리를 비롯해 닭 요리나 샐러드 등도 갖추고 있으며, 사케, 와인, 맥주 등 다양한 주종을 즐길 수 있다. 튀김류 380엔~, 고기 요리 480엔~, 구이류 480엔~, 생선회 580엔~. 자릿세(1인 330엔)가 있다.

주소 大阪市中央区難波千日前8-4
영업 17:00~24:00 **휴무** 화요일
홈페이지 s-hidezo.jp **카드** 불가
교통 난카이 전철 난바なんば역(NK01) 북쪽 출구에서 도보 5분 **지도** P.4-D

토사로바타 하치킨 난바점
土佐炉ばた八金 難波店

뭐든지 구워드립니다!

활기찬 분위기의 숯불구이 전문점. 과거 토사라 불린 고치현의 요리 스타일을 기본으로 하는데 '와라야키'라 부르는 볏집구이가 대표적이다. 젊은 남자 셰프들이 생선과 닭고기, 채소를 쉴 새 없이 굽고 있는 오픈 치킨을 둘러싸고 카운터석과 테이블석이 자리하고 있다. 재료가 싱싱하니 뭐든지 구우면 맛이 훌륭해진다. 카츠오노와라야키カツオの藁焼(가다랑어 볏집구이)를 주문하면 구수한 불맛을 내기 위해 볏집을 태우는 화려한 불쇼를 구경할 수 있다. 구이류는 330엔부터 시작하며 1인당 330엔의 자릿세가 붙는다.

주소 大阪市中央区難波千日前9-17
영업 일~목 17:00~다음 날 01:00, 금·토 17:00~다음 날 02:00
휴무 부정기 **카드** 불가
교통 난카이 전철 난바なんば역(NK01) 북쪽 출구에서 도보 4분 **지도** P.4-D

현지인 단골이 많은 가게

후쿠타로
福太郎

강추

파를 듬뿍 넣은 네기야키가 일품

현지인들에게 인기 높은 네기야키 전문점. 네기야키ねぎ焼き란 잘게 썬 파를 반죽에 가득 넣어 굽는 부침개로, 일반 오코노미야키보다 느끼함이 덜하고 향긋한 파 향이 식욕을 돋운다. 후쿠타로는 다른 집과는 다르게 반죽에 제과용 밀가루를 사용하여 좀 더 부드러운 맛을 낸다고 한다. 반죽을 얇고 바삭하게 구워내며, 재료를 듬뿍 사용해 본연의 맛을 충분히 살리는 것이 특징이다. 고베산 소고기, 가고시마산 돼지고기, 오사카 중앙 도매시장에서 당일 들여오는 싱싱한 해산물 등 최고급 재료를 사용하는 것도 이 집의 자랑거리.

이곳 본점은 본관과 별관으로 나뉘는데, 본관은 중앙의 오픈 키친을 중심으로 카운터석이 둘러싸고 있어, 직원들이 바쁘게 요리하는 모습을 눈앞에서 볼 수 있다. 세련된 맛은 없지만, 현지인들과 뒤섞여서 로컬 식당의 시끌벅적한 분위기를 만끽할 수 있다. 별관은 좌식 테이블로 구성되어 좀 더 차분한 느낌이다.

추천 메뉴는 부타 네기야키豚ねぎ焼き(1080엔). 가고시마산 최고급 돼지고기를 넣어 바삭할 정도로 구워내 매우 고소하다. 돼지고기, 오징어, 새우를 넣은 트리플 네기야키トリプルねぎ焼き(1480엔), 돼지고기가 들어간 오코노미야키인 부타다마豚玉(980엔), 돼지고기와 새우, 오징어를 넣은 믹스 야키소바豚キムチ焼そば(980엔)도 인기 있다.

주소 大阪市中央区千日前2-3-17
전화 06-6634-2951
영업 월~금 17:00~24:30, 토·일·공휴일 12:00~24:00(폐점 1시간 전 주문 마감)
휴무 12/31~1/2 카드 가능
홈페이지 2951.jp
교통 지하철 미도스지선(M20)·요츠바시선(Y15)·센니치마에선(S16) 난바なんば역 1번 출구에서 도보 6분 지도 P.4-D

토키 스시
ときすし 本店

최고의 인기 메뉴인 스시야키

우라난바의 인기 스시집

저렴한 술집과 식당이 많아 젊은이들에게 인기 있는 거리, 우라난바. 이곳에서 가장 인기 있는 스시집 토키 스시는 한 접시 220엔부터 시작하는 품질 좋은 스시를 내는 것으로 유명하다. 특히 인기 있는 메뉴는 스시야키すし焼き(평일 런치 1760엔, 그 외 2310엔). 스시를 만들어 토치로 살짝 구워내기 때문에 날생선을 먹지 못하는 사람도 편안하게 맛볼 수 있다. 그 외 생선회와 성게알, 연어알 등을 밥 위

식사 시간에는 줄 서는 것이 기본

에 다양하게 올린 카이센동海鮮丼(2700엔), 참치회덮밥인 마구로동まぐろ丼(990엔) 등 수량 한정으로 제공하는 평일 런치 메뉴들도 인기 만점이다.

주소 大阪市中央区難波千日前4-21
전화 06-6632-0366 영업 11:00~22:00(주문 마감 21:30) 휴무 연말연시, 오본 카드 가능
홈페이지 www.tokisushi.jp 교통 지하철 미도스지선(M20) · 요츠바시선(Y15) · 센니치마에선(S16) 난바난바역 1번 출구에서 도보 6분
지도 P.4-D

참치회덮밥

에비스바시스지 상점가에 있다.

고고이치 호라이
551 蓬莱

출출할 때 먹기 좋은 돼지고기 만두

중국식 돼지고기 만두인 부타만으로 유명한 중국음식점. 1945년 창업하여 오랫동안 사랑받는 곳이다. 부타만豚まん(2개 420엔)은 잘게 썬 돼지고기와 양파에 이 집만의 비법 양념을 넣어 속을 채우는데, 맛이 담백하면서도 진하다. 지금까지도 손으로 하나하나 빚어내며,

크기가 꽤 커서 1~2개만으로도 배가 부르다. 1층은 간이음식점 및 테이크아웃 코너, 2층은 광둥요리와 딤섬을 즐길 수 있는 중식당이다. 옛날 아이스크림 스타일의 아이스캔디アイスキャンデー(140엔)도 입가심용으로 인기.

주소 大阪市中央区難波3-6-3 전화 06-6641-0551
영업 10:00~22:00(2층 식당은 11:00~22:00)
휴무 첫째 · 셋째 화요일, 부정기 카드 가능
홈페이지 www.551horai.co.jp
교통 지하철 미도스지선(M20) · 요츠바시선(Y15) · 센니치마에선(S16) 난바난바역 11번 출구에서 도보 1분 지도 P.4-C

아이스캔디

지유켄
自由軒

예상을 깨는 비주얼의 카레
1910년 창업한, 오사카 최초의 양식집으로 알려져 있는 곳이다. 이 집의 인기 메뉴인 명물 카레名物カレー(800엔)는 이틀간 우려낸 진한 육수에 양파, 소고기, 토마토 퓌레 소스와 카레가루를 넣어 밥을 비빈 후 가운데에 날달걀을 올려준다. 날달걀은 예상외로 비린내가 전혀 없고 카레의 매운맛을 부드럽게 중화시켜 준다. 음식이 나오자마자 달걀을 비벼 먹으면 된다. 취향에 따라 우스터 소스를 살짝 뿌려도 된다. 데미그라스 소스가 들어가는 하야시라이스ハヤシライス(750엔)도 있다.

교통 지하철 미도스지선(M20) · 요츠바시선(Y15) · 센니치마에선(S16) 난바なんば역 11번 출구에서 도보 2분 지도 P.4-C

최고 인기 메뉴인
명물 카레

주소 大阪市中央区難波3-1-34
전화 06-6631-5564
영업 11:30~21:00 휴무 월요일(공휴일이면 다음 날)
카드 불가 홈페이지 www.jiyuken.co.jp

리쿠로 오지상 치즈케이크
りくろーおじさんチーズケーキ

입 안에서 살살 녹는 치즈케이크
항상 줄을 서야 할 만큼 인기 높은 치즈케이크 전문점. 1956년 창업했으며 덴마크에서 직수입한 크림치즈를 비롯해 최상의 재료를 사용하여 가게에서 바로바로 구워낸다. 막 구워낸 치즈케이크는 입에 넣는 순간 바로 녹아버릴 만큼 부드럽다. 적당한 단맛이라 누구나 좋아할 만하다. 치즈보다는 달걀 맛이 강한 편이다. 구입 즉시 따뜻할 때 맛볼 것을 추천한다.

구입 즉시 바로 먹어야 가장 맛있다.

3~4명이 먹을 수 있는 지름 18cm의 케이크가 965엔. 2층에 카페도 있다.

오랫동안 사랑받는 치즈케이크 가게

주소 大阪市中央区難波3-2-28
전화 0120-57-2132
영업 09:00~20:00(2층 11:30~17:30)
휴무 부정기 카드 불가
홈페이지 www.rikuro.co.jp
교통 지하철 미도스지선(M20) · 요츠바시선(Y15) · 센니치마에선(S16) 난바なんば역 11번 출구에서 도보 2분 지도 P.4-C

이키나리 스테이크
Ikinari Steak

서서 먹는 스테이크

1g에 6~9엔이라는 저렴한 가격으로 인기몰이 중인 스테이크 전문점이다. 좌석 없이 서서 먹는 스탠딩 테이블인 것이 독특하다.

자리에서 음료 등을 주문하고, 정육 코너로 가서 고기 종류와 무게, 굽기 정도를 주문한다 (미디움 레어를 추천). 립로스 스테이크リブロースステーキ(250g, 1500엔~), 히레 스테이크 ヒレステーキ(150g, 2100엔~) 외에 다양한 한

혼자 가도 좋은 곳

립로스 스테이크

정 메뉴도 선보인다. 평일 런치 메뉴는 밥·샐러드·수프가 포함되며 가격(150g, 1240엔~)도 훨씬 저렴하다.

주소 大阪市中央区難波1-5-23
전화 06-6210-4929
영업 11:00~22:00(평일 런치 15:00까지)
휴무 무휴 카드 가능 홈페이지 ikinaristeak.com
교통 지하철 미도스지선(M20)·요츠바시선(Y15)·센니치마에선(S16) 난바なんば역 14번 출구에서 도보 2분 지도 P.5-E

인디언 카레
INDIAN CURRY

강추

1947년 창업한 전통의 카레집

느끼함에 질렸을 때, 밥 생각이 날 때 들르기 딱 좋은 곳이다. 메뉴는 인디언 카레インデアンカレー(보통 830엔) 하나뿐. 그만큼 맛으로 승부하는 곳이다. 다양한 향신료와 채소, 과일, 최상급 소고기를 푹 고아 만들기 때문에 맛이 깊고 부드럽다. 단맛이 살짝 돌면서, 일본 식당에서 맛보는 요리답지 않게 의외로 매콤해 입맛을 확 당긴다. 함께 주는 양배추 피클ピクルス은 새콤달콤해 카레와 잘 어울린다.

메뉴가 하나이므로, 주문할 때는 양만 말하면

된다. 보통은 '레규라レギュラー', 카레와 밥 모두 대(大)로 시키려면 '다이, 다이大大'라고 말하자. 큰 사이즈로 주문 시 카레는 200엔, 밥은 50엔이 추가되며, 달걀을 추가하면 50엔, 피클을 추가하면 70엔 더 내야 한다.

카운터석 12개뿐인 작은 식당이지만, 회전율이 좋아 오래 기다릴 필요는 없다.

주소 大阪市中央区難波1-5-20
전화 06-6211-7630
영업 11:00~15:30, 17:00~ 20:00
휴무 수요일, 12/31~1/2
카드 불가 홈페이지 www.indiancurry.jp
교통 지하철 미도스지선(M20)·요츠바시선(Y15)·센니치마에선(S16) 난바なんば역 14번 출구에서 도보 2분 지도 P.5-E

야키젠
やき然

강추

담백한 맛의 모단야키로 인기

호젠지요코초에 자리한 아담한 규모의 철판구이 전문점. 현지인들에게 인기 있는 숨은 맛집이다.

고소하고 담백한 반죽과 이 집만의 비법으로 만든 소스 맛이 훌륭하며, 매일 들여오는 제철 재료로 만드는 철판구이와 꼬치구이도 인기 있어 술 한잔 곁들여 식사하기 좋은 곳이다.

추천 메뉴는 명물 모단야키名物モダン燒(1480엔). 모단야키는 오코노미야키 반죽 속에 소바를 넣은 것으로, 이 외에도 돼지고기, 오징어 등이 들어 있다. 손님에게 가장 맛있는 상태로 내기 위해 반죽을 누르지 않고 두께를 살리면서 천천히 시간을 들여 굽기 때문에 주문 후 20분 정도 걸린다. 가볍고 폭신한 식감

현지인들에게 인기가 많은 호젠지요코초의 숨은 맛집

으로, 소스와 마요네즈 양이 적당해 느끼하지 않다.

반죽에 파를 듬뿍 넣고 직접 만드는 간장 소스를 사용하는 네기야키ねぎ燒(1330엔), 돼지고기와 오징어, 새우, 가리비, 튀긴 소곱창이 들어가는 호젠지야키法善寺燒(2350엔)도 인기. 비교적 빨리 나오는 꼬치구이串燒き(250엔~), 철판구이鉄板燒(620엔~)나 야키소바焼そば(900엔~) 등을 함께 주문해, 먹으면서 기다리는 게 좋다. 3~4명이면 인기 메뉴를 모은 세트를 시키는 것이 편하다.

주소 大阪市中央区難波1-1-18 전화 06-6211-7289
영업 월~금 11:30~15:00, 17:00~22:30, 토 · 일 · 공휴일 11:30~22:30
휴무 수요일(공휴일이면 다음 날) 카드 가능
홈페이지 clusterplan.jp/yakizen.htm
교통 지하철 미도스지선(M20) · 요쓰바시선(Y15) · 센니치마에선(S16) 난바なんば역 14번 출구에서 도보 3분 지도 P.5-E

꼬치구이

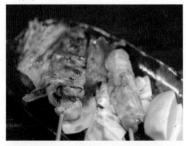

강추 메뉴인 명물 모단야키

1층은 숍, 2층은 홍차와 케이크를 먹을 수 있는 살롱

살롱 드 테 알시온
Salon de thé Alcyon

파리 분위기가 물씬 풍기는 티 살롱
차를 마시며 잠시 쉬어 가기 좋은 티 살롱. 1층
은 숍, 2층은 티 살롱으로 이뤄져 있다. 가향
홍차(780엔)는 프랑스의 인기 홍차 브랜드인
조지 캐논을 사용한다. 딸기와 라벤더 향의 알
시온 블루アルションブルー, 복숭아 향의 페슈
ペーシュ, 딸기 향의 프레이즈フレイズ 등 종류
가 다양하다. 함께 먹기 좋은 조각 케이크는
400~700엔. 점원이 조각 케이크가 담긴 트레
이를 보여주니 직접 보고 고를 수 있다. 가장

인기 있는 것은 몽블랑モンブラン과 딸기 쇼
트케이크苺のショートケーキ. 식사 메뉴로 프
랑스 요리도 선보인다.

몽블랑

주소 大阪市中央区難波1-6-20
전화 06-6212-4866
영업 월~금 11:30~20:30,
토 · 일 · 공휴일 11:00~20:30
휴무 부정기 카드 가능
홈페이지 www.anjou.co.jp
교통 지하철 미도스지선(M20) ·
요츠바시선(Y15) · 센니치마에선
(S16) 난바なんば역 14번 출구에
서 도보 2분
지도 P.5-E

차와 함께 먹기 좋은 조각 케이크

오카루
おかる

마요네즈 아트로 유명한 오코노미야키집
오사카의 상징인 츠텐카쿠나 애니메이션 캐릭
터인 도라에몽 등을 오코노미야키 위에 마요
네즈로 휙휙 그려주는 마요네즈 아트로 유명
한 곳이다. 오코노미야키는 테이블에서 직접
요리해 주기 때문에 보는 재미가 있다. 반죽을
힘껏 눌러준 후 뚜껑을 꼭 닫아 뜸을 들이기
때문에 반죽이 더욱 폭신하고 부드럽다.

추천 메뉴는 돼지고기와 달걀이 들어간 부타
다마豚玉(950엔). 5가지 토핑을 올린 스페셜
スペシャル(1500엔), 양념한 다진 소고기를 토
핑으로 올린 니쿠야키소바肉焼きそば(950엔)
도 인기 있다.

주소 大阪市中央区千日前1-9-19
전화 06-6211-0985
영업 12:00~14:30, 17:00~21:30
휴무 목요일, 셋째 수요일 카드 불가 교통 지하철 미
도스지선(M20) · 요츠바시선(Y15) · 센니치마에선
(S16) 난바なんば역 14번 출구에서 도보 5분
지도 P.4-B, 5-F

도톤보리 초입의 대형 게 간판이 눈에 띄는 카니도라쿠. 게로 만들 수 있는 거의 모든 형태의 일식 요리를 맛볼 수 있는 곳이다.

카니도라쿠
かに道楽

강추

도톤보리의 명물 게 요리 전문식당

도톤보리에 들어서자마자 마주하게 되는, 게 모양의 대형 간판으로 유명한 식당이다. 1952년 창업한 게 요리 전문점으로 오랜 세월 도톤보리의 맛집으로 꾸준한 인기를 끌고 있다.

총 7층 규모의 식당에서 숯불구이, 샤브샤브, 전골, 찜, 그라탱, 초밥 등 게로 만들 수 있는 모든 요리를 선보인다. 단품 메뉴도 있지만, 이왕이면 코스 요리를 주문하자. 요리 구성이 다양한 코스를 선택하는 게 후회가 없다.

저녁보다는 좀 더 저렴한 점심에 가는 것이 경

부모님을 모시고 가도 좋은 곳

제적이다. 런치 코스(11:00~16:00)는 삶은 게 다리, 게살 달걀찜, 게살 슈마이, 게살 고로케, 게살 스시, 맑은 국의 6가지 요리로 구성된 린린ん(3300엔)부터 9가지 요리로 구성된 스미레すみれ(5720엔)까지 4가지가 있다. 가짓수와 내용에 따라 가격이 달라지므로 예산과 취향에 맞게 선택하자. 참고로 저녁 코스 메뉴는 최소 5830엔부터 시작한다. 주말이나 연휴 등에는 만석인 경우가 있으며, 전화 또는 홈페이지(한글)에서 예약이 가능하다. 여기 소개한 도톤보리 본점 외에 도톤보리에만 지점 2곳이 더 있다.

주소 大阪市中央区道頓堀1-6-18
전화 06-6211-8975
영업 11:00~22:00(주문 마감 21:00) 휴무 무휴
카드 가능 홈페이지 www.douraku.co.jp
교통 지하철 미도스지선(M20)·요츠바시선(Y15)·센니치마에선(S16) 난바なんば역 14번 출구에서 도보 2분
지도 P.5-B

게살이 들어간
일본식 달걀찜

도톤보리 쿠쿠루
道頓堀くくる

빨간색 문어 간판이 눈에 띄는 타코야키집
쿠쿠루의 타코야키는 겉은 폭신하고 속은 부
드러운 반죽 안에 싱싱한 문어가 들어 있다.
굽기 마지막 단계에 화이트와인을 뿌린 후 알
코올을 날려 잡내를 없애고 풍미를 더해준다.
큰 문어 타코야키大だこ入りたこ焼き S사이
즈(6개) 840엔. 8cm 길이의 엄청 큰 문어가

든 명물 빅쿠리 타코야키名物びっくりたこ焼
き(8개, 1680엔)는 한정 메뉴이다.

주소 大阪市中央区道頓堀1-10-5
전화 06-6212-7381
영업 월~금 12:00~19:00, 토·일·공휴일 11:00~
20:00 휴무 무휴 카드 가능
홈페이지 www.shirohato.com/kukuru/
교통 지하철 미도스지선(M20)·요츠바시선(Y15)·센
니치마에선(S16) 난바なんば역 14번 출구에서 도보
1분 지도 **P.5-A**

스시잔마이
すしざんまい

도쿄 츠키지 시장에 본점을 둔 스시 체인점
쿠이다오레 타로 인형으로 유명한 빌딩의 1층
안쪽에 있다. 이곳은 참치가 맛있기로 유명한
데, 몇 년 전에는 츠키지 시장 경매에서 역대
최고가인 18억 원에 참치를 낙찰받아 화제가
되기도 했다. 내부가 넓고 인테리어도 깔끔하
다. 스시 단품 107~1408엔, 초밥 세트にぎりセ
ット 1408엔~, 회덮밥 세트丼セット 3190엔
정도로 메뉴판에 사진이 있어 고르기 쉽다. 종

한눈에 들어오는 대형 간판

종 참치 해체 쇼를 하기도 하니 참고할 것.

주소 大阪市中央区道頓堀1-7-21
전화 06-6484-2280
영업 11:00~23:00(주문 마감 22:00)
휴무 무휴 카드 가능
홈페이지 www.kiyomura.co.jp
교통 지하철 미도스지선
(M20)·요츠바시선
(Y15)·센니치마에
선(S16) 난바なんば
역 14번 출구에서 도
보 4분 지도 **P.5-E**

초밥 세트. 런치 메뉴는 좀 더 저렴하다.

세트를 주문하면
달걀찜과 샐러드를 함께 준다.

후타미노부타만
二見の豚まん

현지인이 좋아하는 부타만 맛집

돼지고기 찐빵 부타만은 551호라이가 가장 유명하지만, 현지인들은 이곳이 더 맛있다고 엄지손가락을 치켜든다. 달달한 양파가 기분 좋게 씹히고 육즙 가득한 돼지고기 소가 잘 어우러지는 부타만은 느끼하지 않은 맛이라 한 번에 2개는 충분히 먹을 수 있다. 매장에는 먹고 갈 수 있는 자리가 없으니 길거리 간식으로 즐겨보자. 부타만 1개 230엔.

주소 大阪市中央区難波3-1-19
전화 06-6643-4891
영업 금~수 11:00~22:00
휴무 목요일(공휴일이면 영업) 카드 불가
교통 지하철 미도스지선(M20)·요츠바시선(Y15)·센니치마에선(S16) 난바なんば역 1번 출구에서 도보 2분 지도 P.4-C

텐푸라 정식 마키노
天ぷら定食まきの

눈앞에서 바로 튀겨주는 따끈따끈한 튀김

세련된 분위기의 튀김 정식 전문점. 식당 안으로 들어가면 넓고 길다란 카운터석 뒤로 요리사들이 큰 무쇠솥에서 튀김을 튀겨내고 있다. 주문 즉시 튀김을 하나씩 튀겨주기 때문에 가장 맛있는 상태로 맛볼 수 있다.
새우, 오징어, 채소 등 튀김 6가지와 함께 밥과 된장국이 포함된 마키노 텐푸라 정식まきの天ぷら定食(점심 990엔, 저녁 1210엔)이 무난하

며 텐동(1290엔~)도 인기 있다. 그 외에도 튀김 구성이 다른 다양한 정식이 990~1540엔 정도다. 원하는 종류의 튀김만 단품(140엔~)으로 주문할 수도 있다.

주소 大阪市中央区難波3-3-4
전화 06-6630-6239
영업 11:00~21:30(주문 마감 21:00)
휴무 부정기 카드 가능
홈페이지 www.toridoll.com/shop/makino/
교통 지하철 미도스지선(M20)·요츠바시선(Y15)·센니치마에선(S16) 난바なんば역 11번 출구에서 도보 1분
지도 P.4-C

카페 안논
Café Annon

강추

**살살 녹는 팬케이크와
한밤의 파르페**
목조 인테리어와 오키
나와식 다다미석으로 일본
스러우면서도 모던한 분위기
가 나는 디저트 카페로, 우라난
바에 자리하고 있다. 이곳이 인기
있는 이유는 입에서 살살 녹는 수플
레 케이크スフレパンケーキ(1100엔~) 덕
분. 동판에 폭신폭신하게 구워낸 팬케이크는
아이스크림, 과일 등의 토핑에 따라 메뉴를
선택하면 된다. 주문 후 바로 굽기 시

작하는데 천천히 시간을 들여 굽기 때문에 20
분 정도 걸리는 것을 감안해야 한다. 또 다른
명물 메뉴는 저녁 6시 이후에만 판매하
는 요루 파르페夜パフェ(1400엔). 저녁
식사나 음주 후 마무리로 먹기 좋은 파
르페로 안에 와인이나 매실주, 브랜디 같
은 술이 들어가 있다.

주소 大阪市中央区難波千日前4-20
전화 050-5457-4381
영업 11:00~23:00(입장 마감 21:45)
휴무 부정기 카드 가능
홈페이지 cafe-annon.com
교통 난카이 전철 난바難波역 동쪽 출구에서 도보
3분 지도 P.4-D

가게 앞의 우거진 나무가 인상적

키츠네 우동

도톤보리 이마이
道頓堀 今井

오사카 우동의 대명사

1946년 창업한 이래 꾸준히 사랑받고 있는, 오사카의 전통 우동집. 홋카이도산 다시마와 규슈산 말린 고등어와 눈퉁멸 등을 우려 깔끔하고 깊은 맛의 국물을 내는 것이 인기 비결이다. 가장 인기 있는 메뉴인 키츠네 우동きつねうどん(880엔)은 우동 위에 그릇만큼 큼직한 유부 2장과 파를 듬뿍 올려준다. 유부초밥을 만들 때 쓰는 유부이기 때문에 오래 담가둘수록 국물에 단맛이 배어나므로, 단맛을 좋아하지 않는다면 앞접시에 유부를 따로 덜어내고 먹는 것도 좋다. 면발이 무척 쫄깃하여 식감이 좋다. 면은 우동 대신 소바로 바꿀 수도 있다. 우동 위에 큼직한 새우튀김 1개를 올려주는 텐푸라 우동天ぷらうどん은 1600엔.

주소 大阪市中央区道頓堀1-7-22
전화 06-6211-0319
영업 11:00~22:00(주문 마감 21:30)
휴무 수요일(공휴일이면 다음 날) 카드 가능
홈페이지 www.d-imai.com
교통 지하철 미도스지선(M20) · 요츠바시선(Y15) · 센니치마에선(S16) 난바なんば역 14번 출구에서 도보 4분
지도 P.5-B

다이키 수산 회전 스시
大起水産回転寿司

현지인들에게 인기 있는 회전 초밥집

일본 전국의 어장에서 직송해 온 자연산 재료를 사용하는 회전 초밥집. 수산회사가 직영하는 곳이어서 재료가 신선하고 다양해 초밥 종류만 80종이 넘는다. 식당 입구에는 당일 해체한 참치를 전시해 손님들의 눈길을 끈다. 초밥(110~770엔), 생맥주(385엔) 등의 메뉴가 있으며 태블릿PC 메뉴판에서 한국어로 안내

가 되어 쉽게 주문할 수 있다.

주소 大阪市中央区道頓堀1-7-24
전화 06-6214-1055 영업 11:00~23:00 휴무 무휴
카드 가능 홈페이지 www.daiki-suisan.co.jp
교통 지하철 미도스지선(M20) · 요츠바시선(Y15) · 센니치마에선(S16) 난바なんば역 14번 출구에서 도보 4분 지도 P.5-B

연어 초밥

미즈노
美津の

반죽과 재료로 승부하는 오코노미야키집

소스에 의존하지 않고 반죽과 재료로 승부하는 오코노미야키 전문점. 세련된 외관과 달리 65년 전통을 자랑한다. 인기 1위 메뉴는 100% 참마로만 반죽하는 야마이모야키山芋焼(1730엔~). 살살 녹는 부드러운 반죽에 채소의 신선한 맛이 그대로 느껴지며 무엇보다 담백하다. 돼지고기, 오징어, 새우, 문어, 조개관자, 굴(겨울 한정) 등 재료 선택에 따라 가격이 달

웨이팅은 기본

라지며, 모든 재료가 들어가는 믹스도 있다. 이외에 6가지 재료를 넣은 일반적인 오코노미야키인 미즈노야키美津の焼(1500엔~), 파를 듬뿍 넣은 네기야키ねぎ焼(1210엔~)도 인기. 생맥주 540엔~, 사와(추하이)サワー 430엔~.

오직 참마로만 반죽을 하는 야마이모야키

주소 大阪市中央区道頓堀1-4-15
전화 06-6212-6360 영업 11:00~22:00(주문 마감 21:00) 휴무 무휴 카드 가능
홈페이지 www.mizuno-osaka.com
교통 지하철 미도스지선(M20) · 요츠바시선(Y15) · 센니치마에선(S16) 난바なんば역 14번 출구에서 도보 6분 지도 P.5-F

킨류 라멘
金龍らーめん

거대한 용 간판이 유명한 라멘집

도톤보리의 인기 라멘집. 돼지 뼈와 닭 뼈 등을 고아낸 하얀 국물의 라멘은 맛에 대한 평가가 갈리는 편이지만, 구수한 국물과 부드러운 면발에 김치를 무제한 제공해 한국인은 물론 중국인에게도 인기가 많다. 24시간 영업하므로 야식이 생각날 때 가볍게 들르기 좋다. 자

판기에서 식권을 구입해 직원에게 건네주면 된다. 라멘ラーメン 800엔, 차슈(돼지고기를 얇게 썰어 간장 양념에 부드럽게 익힌 것)를 얹은 차슈멘チャーシューメン 1100엔.

주소 大阪市中央区道頓堀1-7-26
전화 06-6211-6202
영업 24시간
휴무 무휴 카드 불가
교통 지하철 미도스지선(M20) · 요츠바시선(Y15) · 센니치마에선(S16) 난바なんば역 14번 출구에서 도보 4분 지도 P.5-C

치보
千房

도톤보리의 인기 오코노미야키집
해외의 각종 요리 대회에 오사카 대표로 자주 출전하는 실력 있는 맛집이다. 1층부터 6층까지 건물 전층에서 오코노미야키를 구워낸다. 온천수를 사용한 반죽으로 겉은 바삭바삭하고 속은 부드럽다. 직접 제작하는 특제 소스와 마요네즈를 사용해 오코노미야키 위에 멋진 무늬를 만들어준다. 추천 메뉴는 다양한 재료가 모두 들어간 부드러운 반죽의 도톤보리야키道

頓堀燒(1950엔), 신선한 파가 듬뿍 들어가 여성에게 특히 인기인 네기야키 믹스ねぎ燒ミックス(1780엔), 양배추의 단맛이 입맛을 돋우는 믹스 히로시마야키ミックス広島燒(1598엔), 생맥주(650엔), 추하이(550엔)와 함께 먹으면 딱이다.

주소 大阪市中央区道頓堀1-5-5
전화 06-6212-2211 **영업** 11:00~23:00
휴무 무휴 **카드** 가능 **홈페이지** www.chibo.com
교통 지하철 미도스지선(M20) · 요츠바시선(Y15) · 센니치마에선(S16) 난바なんば역 14번 출구에서 도보 5분 **지도 P.5-C**

도톤보리야키

이치란
一蘭

독서실 스타일의 좌석이 독특한 라멘집
돼지 뼈를 푹 고아 낸 진한 국물이 특징인 돈코츠 라멘 전문점. 이치란만의 비법인 빨간 고추 양념이 들어가 느끼함을 잡아준다.
독서실처럼 칸막이가 있어 혼자 가도 편하게 식사할 수 있는 것이 특징. 자판기(한글)에서 식권을 구입한 후 자리에 앉아 주문용지(한글)에 매운 정도와 토핑 등을 표기하고 벨을 누른

독서실 스타일의 테이블

다. 종업원에게 주문용지와 식권을 건네면 끝. 천연 돈코츠 라멘天然とんこつラーメン 980엔. 면 추가(카에다마替玉)는 150엔~. 참고로 도톤보리점 별관은 24시간 영업한다.

주소 大阪市中央区宗右衛門町7-18
전화 06-6212-1805
영업 10:00~22:00 **휴무** 무휴 **카드** 불가
홈페이지 www.ichiran.co.jp
교통 지하철 미도스지선(M20) · 요츠바시선(Y15) · 센니치마에선(S16) 난바なんば역 14번 출구에서 도보 6분. 도톤보리강 쪽에 입구가 있다. **지도 P.5-C**

천연 돈코츠 라멘

파블로
PABLO

하루 1500개가 팔리는 치즈타르트

매우 크리미하고 단맛도 적당한 치즈타르트는 손으로 직접 만들어 매장에서 바로바로 구워낸다. 4~5명이 먹을 수 있는 크기(지름 15cm)의 치즈타르트チーズタルト가 1180엔으로 가격도 저렴하다. 굽기 정도에 따라 미디엄, 레어 중 선택할 수 있다. 손에 들고 먹기 좋은 작은 사이즈의 파블로 미니(260엔~)도 있다. 매장 내에 앉을 자리가 없어 테이크아웃만 가능하다.

주소 大阪市中央区心斎橋筋2-8-1
전화 06-6211-0826 영업 월~금 11:00~21:00 토·일·공휴일 10:00~21:00
휴무 부정기 홈페이지 www.pablo3.com
카드 가능
교통 지하철 미도스지선(M20)·요츠바시선(Y15)·센니치마에선(S16) 난바なんば역 14번 출구에서 도보 3분
지도 P.3-D

4~5명은 먹을 수 있는 크기

야바톤
矢場とん

된장 소스 돈카츠의 원조

색다른 돈카츠를 맛보고 싶다면 나고야의 명물 된장 소스 돈카츠인 미소카츠를 선택해 보자. 야바톤은 미소카츠를 처음 개발한 나고야의 원조 식당. 추천 메뉴는 극상 리브 철판 돈카츠 정식極上リブ鉄板とんかつ定食(2210엔). 뜨겁게 달군 철판 위에 규슈산 고급 돼지 갈빗살을 바삭하게 튀겨낸 돈카츠를 올리고 그 위에 보글보글 끓는 된장 소스를 손님 앞에서 직접 뿌려준다.

주소 大阪市中央区道頓堀1-9-19
전화 06-6214-8830 영업 11:00~21:00
휴무 부정기 카드 가능
홈페이지 www.yabaton.com
교통 지하철 미도스지선(M20)·요츠바시선(Y15)·센니치마에선(S16) 난바なんば역 14번 출구에서 도보 1분. 오사카 쇼치쿠자 빌딩 지하 1층
지도 P.4-A

홋쿄쿠세이
北極星

오므라이스를 최초로 만든 원조 식당

위가 좋지 않은 손님을 위해 토마토소스로 볶은 쌀밥을 달걀로 말아 낸 것이 오므라이스의 시초라고 한다. 인기 메뉴는 치킨 오므라이스チキンオムライス(1080엔). 그 외에도 햄, 버섯, 돼지고기, 소고기, 새우 등 모두 7종류 중에서 고를 수 있다(가격은 각기 다름). 새우튀김, 연어튀김, 카라아게(닭튀김), 햄버그스테이크 등이 함께 나오는 세트 메뉴도 있다.

주소 大阪市中央区西心斎橋2-7-27
전화 06-6211-7829
영업 11:30~21:30 휴무 12/31 ~1/1 카드 가능
홈페이지 hokkyokusei.jp
교통 지하철 미도스지선(M20)·요츠바시선(Y15)·센니치마에선(S16) 난바なんば역 25번 출구에서 도보 5분 지도 P.3-C, 6-E

메이지켄
明治軒

1925년 창업한 전통 있는 양식집

대대로 전해 내려오는 비법으로 만든 오므라이스는 하루 400인분이 팔릴 만큼 인기 있다. 오므라이스 안에는 페이스트 상태로 푹 익힌 소고기 사태가 들어 있어 부드럽고 맛있다. 명물 오므라이스名物 オムライス 800엔. 양이 많은 사람은 명물 오므라이스와 쿠시카츠 3개 세트オムライスセット一串3本セット(1130엔)를 주문해도 좋다. 시즌에 따라 메뉴가 달라지는, 오늘의 서비스 런치本日のサービスランチ(900엔)도 푸짐해서 인기. 한글 메뉴 제공.

주소 大阪市中央区心斎橋筋1-5-32
전화 06-6271-6761
영업 11:00~15:20, 17:00~20:30(토·일·공휴일 11:00~22:00)
휴무 수요일(공휴일이면 다음 날) 카드 불가
홈페이지 meijiken.com
교통 지하철 미도스지선(M19)·나가호리츠루미료쿠치선(N15) 신사이바시心斎橋역 4-B 출구에서 도보 2분 지도 P.6-D

주문하기 어렵다면, 세트 메뉴를 시키자.

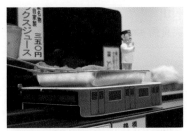
지하철을 타고 오는 쿠시카츠

다루마
だるま

강추

쿠시카츠를 처음 만든 원조식당
오사카의 명물 쿠시카츠(꼬치튀김)를 처음 만든 곳이 다루마이다. 신세카이에서 시작하여 지금은 오사카 전역에 다수의 지점을 운영하고 있다. 원조인 만큼 어느 지점을 가도 사람들로 붐빈다. 쿠시카츠는 1개 129~260엔. 일일이 주문하기 어려우면 세트 메뉴(1705엔~)가 편하다. 사이드 메뉴로 도테야키どてやき(440엔)도 있다. 생맥주는 473엔~.

이곳 신사이바시점은 다른 지점과 다르게 지하철이라는 독특한 콘셉트로 만든 레일이 설치되어 있다. 주문한 음식이 지하철 모양의 트레이를 타고 테이블 앞에 정확히 도착한다.
테이블에는 터치스크린(영어 · 한글 가능)이 있어 손님이 사진과 메뉴명을 보고 터치해 직접 주문한다(일부 테이블은 제외). 모니터 사용이 어렵다면 한글 메뉴판을 달라고 하자.
다루마는 도톤보리, 난바 등 여러 곳에 지점이 있다.

도테야키

주소 大阪市中央区心斎橋筋1-5-17
전화 06-6121-5594
영업 11:00~22:30(주문 마감 22:00)
휴무 무휴 카드 가능
홈페이지 www.kushikatu-daruma.com
교통 지하철 미도스지선(M19) · 나가호리츠루미료쿠치선(N15) 신사이바시心斎橋역 4-B 출구에서 도보 2분 **지도 P.6-F**

터치스크린으로 주문 가능

다루마 신사이바시점

상미
実身美 sangmi

강추

건강을 고려한 웰빙 식단으로 인기

오사카 여성들에게 꾸준히 사랑받고 있는 가
정식 카페. 채소 섭취가 부족한 현대인을 위해
현미와 유기농 채소를 중심으로 영양 밸런스
를 맞춘 건강 식단을 제공하고 있다.

추천 메뉴인 오늘의 건강 밥상日替り健康ご
はん(1380엔)은 현미밥에 국, 반찬 4종 구성으
로, 제철 재료를 사용하기 때문에 메뉴는 그날
그날 바뀐다. 현미 카레玄米カレー(1320엔)도
인기 있다.

오늘의 건강 밥상

현미 카레

주소 大阪市中央区心斎橋筋1-2-22
전화 06-6224-0316
영업 11:00~21:00 휴무 일요일 카드 가능
홈페이지 sangmi.jp 교통 지하철 미도스지선(M19)·
나가호리츠루미료쿠치선(N15) 신사이바시心斎橋역
4-B 출구에서 도보 3분
지도 P.6-D

살롱 드 몽셰르
Salon de Moncher

강추

인기 파티스리 몽셰르의 티 살롱

도지마 롤로 유명한 파티스리. 숍 안쪽으로 우
아하고 클래식한 분위기의 티 살롱이 있다. 가
장 인기 있는 메뉴인 도지마 롤堂島ロール은
부드러운 시트 안에 크림이 가득 든 롤케이크
이다. 홋카이도산 우유에 첨가물을 넣지 않고
매일 만드는 크림은 신선한 우유 맛이 살아 있

다. 추천 메뉴는 도지마 롤 1조각과 아이스크
림, 과자, 음료가 세트로 구성된 도지마 롤 세
트Dojima Roll Set(1210엔~).

주소 大阪市中央区西心斎橋1-13-21
전화 06-6241-4499 영업 10:00~19:00
휴무 부정기 카드 가능
홈페이지 www.mon-cher.com
교통 지하철 미도스지선(M19)·나가호리츠루미료쿠
치선(N15) 신사이바시心斎橋역 7·8번 출구에서 도
보 4분
지도 P.6-C

나미요시안
浪芳庵

따끈하게 데우면서 먹는 항아리 당고

1858년 창업해 160여 년 역사를 자랑하는 전통 과자점. 전통 가옥에 숍과 함께 자리한 카페는 벽난로와 아늑한 소파를 갖춘 세련되고 편안한 분위기다. 과일 찹쌀떡, 일본식 빙수 카키고오리, 달걀말이 샌드위치 등 인기 메뉴가 많지만 그중에서도 추천하는 것은 일본 전통 디저트인 아부리 미타라시炙リみたらし

(1815엔). 미니 화로에서 따끈하게 데운 달콤한 간장 소스에 숯불에 구운 떡꼬치를 담가준다.

주소 大阪市浪速区敷津東1-7-31
전화 06-6641-5886 영업 월~금 11:00~17:00,
토 · 일 · 공휴일 11:00~17:30
휴무 1/1, 월 2~8회 부정기(홈페이지 확인 필수)
카드 가능
홈페이지 namiyoshian.jp
교통 난카이 전철 난바 なんば역(NK01)에서 도보 15분
지도 P.4-E

아라비야 커피
アラビヤコーヒー

빈티지한 다방에서 마시는 커피 한잔

70년을 같은 자리에서 운영해 온 난바의 터줏대감 같은 존재. 가게의 역사를 보여주는 오래된 집기와 커피 용품들이 곳곳에 장식되어 있어 구경하는 재미도 있다. 매일 아침 직접 로스팅한 원두로 내려주는 커피(550엔~)는 오사카 사람들에게 추억과 휴식을 선물한다. 커피만큼 인기 좋은 것이 바로 프렌치토스트フ

レンチトースト(800엔)와 아라비야 샌드위치 アラビヤサンド(960엔). 디저트로 가게에서 직접 만드는 커피젤리自家製コーヒーゼリー(800엔)도 맛있다.

주소 大阪市中央区難波1-6-7
전화 06-6211-8048 영업 월~금 13:00~18:00,
토 · 일 · 공휴일 10:00~19:00
휴무 부정기 카드 가능
홈페이지 arabiyacoffee.com
교통 지하철 미도스지선(M20) · 요쓰바시선(Y15) · 센니치마에선(S16) 난바なんば역 14번 출구에서 도보 1분 지도 P.4-A

주소 大阪市中央区心斎橋筋1-7-1
전화 050-5485-8838
영업 11:00~22:00
휴무 부정기 카드 가능
교통 지하철 미도스지선(M19) · 나가호리츠루미로쿠
치선(N15) 신사이바시心斎橋역 4-B 출구에서 도보
1분, 다이마루 백화점 본관 7층
지도 P.6-D

델리스 뒤 팔레
Delices du Palais

강추

레몬 타르트

후르츠 타르트

신선한 과일과 크림의 조화가 완벽

인기 타르트 전문점 델리스 뒤 팔레의 가게 이름은 프랑스어로 '입 속의 대접'이라는 뜻이다. 이름처럼 진열대를 가득 채운 먹음직스런 타르트와 케이크의 모습에 기분이 절로 좋아진다. 특히 신선하고 품질 좋은 제철과일을 푸짐하게 얹은 과일 타르트가 일품. 과일을 큼직하게 썰어 올리기 때문에 깨무는 순간 신선한 과즙이 입 안에 퍼진다.

가장 인기 높은 메뉴인 후르츠 타르트フルーツタルト 850엔, 고급스러운 향의 초콜릿 타르트チョコレートタルト 880엔.

원조 아이스도그
元祖アイスドッグ

아메리카무라의 명물 간식

뜨거운 빵과 차가운 아이스크림이 절묘한 조화를 이루는 아이스도그アイスドッグ(500엔)는 아메리카무라의 길거리 간식으로 인기 있다. 버터를 살짝 발라 튀긴 따뜻한 빵을 반으로 가르고 그 사이에 차가운 아이스크림을 넣

어주는데 의외로 무척 잘 어울린다. 아이스크림은 생크림과 홋카이도산 우유로 만드는 것이라고. 아이스크림은 바닐라バニラ와 초콜릿チョコレート, 말차抹茶 중 고를 수 있다.

주소 大阪市中央区西心斎橋1-7-11
전화 06-6281-8089 영업 11:00~21:00 휴무 부정기
카드 불가 홈페이지 ice-dog.net
교통 지하철 미도스지선(M19) · 나가호리츠루미로쿠
치선(N15) 신사이바시心斎橋역 7번 출구에서 도보
5분 지도 P.6-C

코가류
甲賀流

창업 40년을 맞은 타코야키 전문점

창업한 지 40년이나 된 전통 있는 가게로, 타코야키에 마요네즈를 최초로 사용한 곳이다. 반죽에는 참마를 듬뿍 갈아 넣어 매우 부드럽고, 문어는 신선한 것만 사용한다고 한다. 직접 만든 마요네즈와 소스만을 얹은 소스마요ソースマキ는 10개들이 550엔, 그 위에 파를

얹은 네기소스ねぎソース는 10개들이 650엔. 2층에 20석이 마련되어 있으며, 테이크아웃해서 삼각 공원에 앉아 먹어도 좋다.

주소 大阪市中央区西心斎橋2-18-4
전화 06-6211-0519
영업 10:30~20:30(토 · 공휴일 전날 10:30~21:30)
휴무 무휴
카드 불가 홈페이지 www.kougaryu.jp
교통 지하철 미도스지선(M19) · 나가호리츠루미료쿠치선(N15) 신사이바시心斎橋역 7번 출구에서 도보 5분 지도 P.6-E

우사미테이 마츠바야
うさみ亭マツバヤ

오사카의 명물 키츠네 우동을 처음 만든 곳

1893년에 창업해 3대째 이어오고 있는 우동 전문점. 키츠네 우동きつねうどん(600엔)은 원래 스시집을 운영하던 1대 주인이 유부초밥을 만들 때 쓰는 달콤한 유부를 우동에 넣은 데서 시작했다고 한다. 3일간 끓여서 부드럽게 불린 유부의 달콤한 맛이 입맛을 돋운다. 또 다른 인기 메뉴는 오지야 우동おじゃうどん(820엔). 네모난 전골냄비에 반은 우동, 반은 밥을 넣고 그 위에 어묵, 닭고기, 파, 장어, 달걀 등을 푸짐하게 넣어 끓인 것으로, 양이

많아 매우 든든하다.

주소 大阪市中央区南船場3-8-1
전화 06-6251-3339
영업 11:00~18:00 휴무 부정기 카드 불가
교통 지하철 미도스지선(M19) · 나가호리츠루미료쿠치선(N15) 신사이바시心斎橋역 1번 출구에서 도보 6분 지도 P.6-B

브루클린 팔러 오사카
Brooklyn Parlor Osaka

라이브 공연이 열리는 북 카페

유명 재즈 클럽인 블루 노트 도쿄가 프로듀스한 북 카페 겸 라이브 카페. 뉴욕 브루클린 스타일의 멋진 인테리어의 카페 공간에서 책장의 책을 꺼내 보며 시간을 보낼 수 있다. 종종 라이브 공연이 열리기도 하니 홈페이지를 참조. 브루클린 라거 생맥주 770엔, 식사 1000엔〜.

주소 大阪市中央区西心斎橋2-2-3 A-PLACE心斎橋 B1F 전화 06-6212-7881
영업 11:00〜23:00 휴무 부정기 카드 가능
홈페이지 www.brooklynparlor.co.jp/osaka/
교통 지하철 미도스지선(M19)·나가호리츠루미료쿠치선(N15) 신사이바시心斎橋역 7번 출구에서 도보 3분 지도 P.6-E

에크추아 카라호리 쿠라 본점
Ek Chuah からほり 「蔵」本店

옛 저택에 자리한 초콜릿 카페

카라호리 한쪽에 자리한 가게. 원래 옛 저택의 창고였던 것을 부분 개조하여 카페로 만들었다. 일본의 기후와 풍토에 맞는 레시피로 초콜릿을 만드는 전문점으로, 국산 재료와 계절 과일 등을 넣어 독창적인 초콜릿을 만드는 것으로 인기가 높다. 추천 메뉴는 프렌치 초콜릿에 리큐어와 향신료를 첨가해 풍미를 높인, 에크추아 오리지널 초콜릿 드링크(858엔), 음료가 함께 나오는 케이크 세트(1265엔〜).

주소 大阪市中央区谷町6-17-43
전화 06-4304-8077
영업 11:00〜20:00 휴무 수요일 카드 가능
홈페이지 www.ek-chuah.co.jp
교통 지하철 나가호리츠루미료쿠치선 마츠야마치松屋町역(N17) 3번 출구에서 바로 지도 P.6-D

미나미의 쇼핑

쿠라 치카 바이 포터
KURA CHIKA by PORTER

투박하지만 멋스러운 가방을 원한다면
수많은 마니아를 거느리고 있는 가방 브랜드 포터의 직영 매장. 심플하면서 세련된 디자인에 견고한 만듦새로 남녀 모두에게 인기가 높다. 다양한 스타일의 가방부터 지갑, 액세서리까지 국내보다 다양한 제품을 만날 수 있다. 특히 일본 한정 제품과 타 브랜드 컬래버레이션 제품을 눈여겨보자.

주소 大阪市浪速区難波中2-10-70
전화 06-6636-8730 영업 11:00~21:00
휴무 부정기 교통 난카이 전철 난바なんば역(NK01) 서쪽 출구에서 왼쪽으로 바로 연결. 난바 파크스 4층
지도 P.4-E

비비안 웨스트우드 레드 레이블
Viviene Westwood Red Label

실용적인 디자인의 비비안 웨스트우드
일본에서만 만날 수 있는 비비안 웨스트우드의 세컨드 라인. 일본에서 제작하므로 가격이 좀 더 저렴하고 종류도 다양하다. 기존의 비비안 웨스트우드보다 실용적인 디자인을 선보여 일본 젊은 여성들에게 인기를 끌고 있다. 의류 외에 가방과 모자, 액세서리도 판매한다. 키타 지역의 루쿠아 이레에도 매장이 있다.

주소 大阪市浪速区難波中2-10-70
전화 06-6536-8704 영업 11:00~21:00 카드 가능
홈페이지 www.viviennewestwood-tokyo.com
교통 난카이 전철 난바なんば역(NK01) 서쪽 출구에서 왼쪽으로 바로 연결. 난바 파크스 2층
지도 P.4-E

토이저러스
Toys R us

장난감 종합 쇼핑몰
일본과 전 세계 브랜드의 인기 장난감과 육아용품, 유아 의류는 물론이고, 어른들도 좋아할 프라모델과 피규어, 게임기기까지 엄청난 품목을 갖추고 있는 종합 쇼핑몰이다. 국내보다 저렴하게 살 수 있는 일본 제품을 눈여겨볼 것.

주소 大阪市浪速区難波中2-10-70
전화 06-6633-7050 영업 11:00~21:00
카드 가능 홈페이지 www.toysrus.co.jp
교통 난카이 전철 난바なんば역(NK01) 서쪽 출구에서 왼쪽으로 바로 연결. 난바 파크스 1층. 카니발 몰에 위치 지도 P.4-E

난바 시티
なんば CITY

난카이 난바역과 함께 있는 대형 쇼핑몰
지하 2층~지상 2층에 자리하고 있으며 본관
과 남관으로 나뉜다. 세련된 디스플레이, 합리
적인 가격대로 인기가 많다. 주로 젊은 층을
타깃으로 하는 일본 패션 브랜드가 많으며, 스
리 코인즈 플러스, 애프터눈 티 리빙, 무인양
품 등 인테리어 잡화점도 다양하다.

주소 大阪市中央区難波5-1-60
전화 06-6644-2960
영업 상점 10:00~21:00, 식당 10:00~22:00
휴무 가게마다 다름 카드 가게마다 다름
홈페이지 www.nambacity.com
교통 난카이 전철 난바なんば역(NK01)에서 지하로
연결 지도 P.4-E

내추럴 키친 &
NATURAL KITCHEN &

쇼핑이 즐거운 100엔 · 300엔 숍
합리적인 가격의 생활 · 인테리어 잡화점으로,
부피가 작은 상품은 세금 포함 개당 110엔, 부
피가 큰 상품은 330엔에 일괄 판매하고 있다.
특히 주방 관련 잡화가 다양한 편이다. 저렴하
면서도 디자인이 좋은 제품이 많아 여성들에
게 인기 만점이다.

주소 大阪市中央区難波5-1-60
전화 06-6644-2763
영업 11:00~21:00 휴무 부정기 카드 불가
홈페이지 www.natural-kitchen.jp
교통 난카이 전철 난바なんば역(NK01)에서 지하로
연결. 난바 시티 본관 지하 1층 지도 P.4-E

타카시마야 오사카
Takashimaya Osaka

난바의 중요한 랜드마크
1930년 오사카 난바에 처음 문을 연, 전통 있
는 고급 백화점이다. 난카이 전철 난바역에서
바로 연결되는 난바 지역의 랜드마크로 길잡
이에도 도움이 된다. 다양한 브랜드 쇼핑은 물
론이고 지하 식품관과 7~9층의 식당가도 인
기가 많다. 여권을 지참하면 7층 택스 리펀드
카운터에서 면세를 받을 수 있다.

주소 大阪市中央区難波5-1-5
전화 06-6631-1101 영업 10:00~20:00(7~9층 식당
가 11:00~23:00) 휴무 무휴 카드 가능
홈페이지 www.takashimaya.co.jp/osaka/
교통 난카이 전철 난바なんば역(NK01)에서 지하로
연결 지도 P.4-C

난바 마루이
Namba Marui

20~30대를 타깃으로 하는 쇼핑몰
다양한 가격대의 브랜드를 갖추고 있는 젊은 감각의 쇼핑몰이다. 지하 1층~지상 7층 규모에 일본 브랜드, 특히 중저가 브랜드가 많아 부담 없이 쇼핑하기 좋은 곳이다.
눈에 띄는 매장으로는 한국 식품 전문 슈퍼마켓인 예스마트, 여성들이 선호하는 100엔 숍 세리아, 유니클로 등이 있다. 1층 택스 리펀드 카운터에서 면세 수속을 밟을 수 있다.

주소 大阪市中央区難波3-8-9
전화 06-6634-0101 영업 11:00~20:00
휴무 부정기 카드 가능
홈페이지 www.0101.co.jp/085/
교통 난카이 전철 난바なんば역(NK01)에서 지하로 연결 지도 **P.4-C**

튜튜 아나
tutu anna

저렴한 가격으로 인기 있는 양말 전문점
3켤레에 1000엔(세금 별도)이라는 합리적인 가격으로 큰 인기를 누리고 있는 양말 전문 브랜드. 무난한 스타일부터 귀엽고 여성스러운 디자인, 개성적이고 유머러스한 디자인 등 선택의 폭이 넓다. 선물용으로도 좋다.

주소 大阪市中央区難波5-1-60
전화 06-435-5411 영업 11:00~21:00
휴무 부정기 카드 가능 홈페이지 www.tutuanna.jp
교통 난카이 전철 난바なんば역(NK01)에서 지하로 연결. 난바 시티 남관 지하 1층 지도 **P.4-C**

칼디 커피 팜
KALDI COFFEE FARM

세계 식료품 셀렉트 숍
일본을 비롯해 전 세계의 식료품을 만날 수 있는 곳. 드립백과 워터 드립커피 같은 인기 커피 제품 외에도 다양한 식료품을 접할 수 있어 구경만 해도 여행을 하는 기분이 든다. 간식류나 커피용 도구, 에코백, 간편 식품, 조미료, 소스 등 칼디만의 오리지널 제품도 인기가 높다.

주소 大阪市中央区難波3-8-9
전화 06-6646-1070 영업 11:00~20:00
휴무 부정기 카드 가능
교통 난카이 전철 난바なんば역(NK01)에서 지하로 연결. 난바 마루이 지하 1층 지도 **P.3-F**

빅 카메라
ビックカメラ

미나미 최대의 전자제품 쇼핑몰
요도바시 카메라와 양대 산맥을 이루는 대형 전자제품 쇼핑몰. 일본의 최신 전자제품 트렌드를 한눈에 보고 싶다면 이곳이 적격이다. 휴대폰, 컴퓨터를 비롯하여 영상·음향기기, 생활 가전, 미용 가전은 물론이고, 게임기기와 만화, 장난감, 취미용품, 스포츠용품에 이르기까지 다양한 종류의 상품을 만날 수 있다.

주소 大阪市中央区千日前2-10-1
전화 06-6634-1111 영업 10:00~21:00
휴무 무휴 카드 가능
홈페이지 www.biccamera.co.jp
교통 지하철 미도스지선(M20)·요츠바시선(Y15)·센니치마에선(S16) 난바なんば역 18번 출구에서 도보 2분 지도 P.4-C

센니치마에 상점가 입구에 자리하고 있다.

디자인 포켓
Design Pocket

기념품으로 좋은 식품 샘플
센니치마에 도구야지 상점가에 자리한 식품 샘플 전문점. 이곳은 식품 샘플을 구입할 수도 있지만, 예약을 하면 식품 샘플 제작 체험(2980엔)도 할 수 있어 인기 있다. 스시, 타코야키, 말차 파르페 모양의 키링이나 자석을 다양하게 만들어볼 수 있다.

주소 大阪市中央区難波千日前10-11
전화 06-6586-6251 영업 10:00~18:00
휴무 부정기 카드 불가
홈페이지 www.designpocket.net
교통 지하철 미도스지선(M20)·요츠바시선(Y15)·센니치마에선(S16) 난바なんば역 1번 출구에서 도보 5분 지도 P.4-D

앳코스메 스토어
@cosme store

화장품의 품목별 인기 랭킹을 한눈에
일본 최대 화장품 평가 사이트인 '앳코스메'에서 만든 오프라인 화장품 전문점. 품목별 인기 랭킹을 기준으로 진열해 선택하기 쉽다. 일본의 화장품 트렌드를 읽을 수 있으며, 뷰티 관련 책과 잡지도 판매한다. 도톤보리 초입의 스타벅스와 같은 건물에 있다.

주소 大阪市中央区道頓堀1-8-19 전화 06-6214-6262 영업 11:00~22:00 휴무 무휴 카드 가능
홈페이지 cosmestore.net/shop/ebisubashi/
교통 지하철 미도스지선(M20)·요츠바시선(Y15)·센니치마에선(S16) 난바なんば역 14번 출구에서 도보 2분. 스타벅스 건물 3층 지도 P.5-E

돈키호테
ドン・キホーテ

없는 게 없는 만물 백화점

의류, 생활용품, 식품, 주류, 가전제품, 화장품, 코스프레 의상을 비롯해 없는 것이 없을 정도로 다양한 상품을 갖추고 있는 만물상 같은 곳이다. 각 층에 너무 많은 상품들이 채워져 있어서 마치 미로를 걷는 듯한 느낌이다. 보물찾기를 하듯이 나에게 맞는 상품을 골라보자. 새벽 4시까지 영업하므로 밤늦은 시간 쇼핑하기에 좋지만 계산대가 항상 붐비는 편이다.

주소 大阪市中央区宗右衛門町7-13
전화 06-4708-1411 영업 10:00~다음 날 04:00
휴무 무휴 카드 가능 홈페이지 www.donki.com
교통 지하철 미도스지선(M20)·요츠바시선(Y15)·센니치마에선(S16) 난바なんば역 14번 출구에서 도보 5분 지도 P.5-B

24시간 영업하는 저가형 만물 잡화점 돈키호테

이치비리안
いちびり庵

오사카스러운 기념품이 가득

쿠이다오레 타로 인형이 있는 건물 1층에 자리하고 있는 오사카 기념품 전문점. 에비스바시스지 상점가나 센니치마에에도 지점이 있지만 이곳 도톤보리점이 가장 다양한 상품을 갖추고 있다. 오사카를 상징하는 타코야키, 문어, 글리코 간판의 마라토너, 타로 인형 등을 캐릭터화한 휴대폰 액세서리, 문구, 인형, 과자, 푸딩을 비롯해 명물 음식점에서 내놓은 레토르트 제품 등에 이르기까지 기념품이나 선물로 구입할 만한 것들이 많다.

주소 大阪市中央区道頓堀店1-7-21
전화 06-6212-5104 영업 11:00~19:30
휴무 부정기 카드 가능
홈페이지 www.ichibirian.jp
교통 지하철 미도스지선(M20)·요츠바시선(Y15)·센니치마에선(S16) 난바なんば역 14번 출구에서 도보 4분 지도 P.5-E

마츠모토 키요시
マツモト キヨシ

일본에서 가장 유명한 드러그 스토어 체인
화장품부터 건강식품, 영양제, 미용제품, 식품,
생활용품 등 다양한 품목을 갖추고 있다. 여권
을 지참하면 세금 포함 5500엔 이상 구매 시
면세 혜택을 받을 수 있다. 계산대가 붐빌 경우

상점가 안쪽에 위치한 지점을 이용해도 좋다.

주소 大阪市中央区心斎橋筋2-5-5
전화 06-6211-6307
영업 10:00~22:00
휴무 무휴 카드 가능
홈페이지 www.matsukiyo.co.jp
교통 지하철 미도스지선(M20) · 요츠바시선(Y15) · 센
니치마에선(S16) 난바なんば역 14번 출구에서 도보
3분 지도 P.6-F

선 드러그
サンドラッグ

위치도 좋고 가격도 저렴
글리코 간판과 에비스바시 바로 옆에 자리해
오다가다 들르기 좋은 대형 드러그 스토어. 매
장이 총 3개 층에 자리해 품목도 다양하고 진
열도 보기 편하게 되어 있다. 도톤보리점은 가
격이 저렴한 품목들도 상당히 많아서 최근 여
행자들에게 인기가 높다. 세금 포함 5500엔
이상 구매 시 면세 혜택을 받을 수 있다.

주소 大阪市中央区宗右衛門町7-2
전화 06-6484-2151
영업 10:00~23:00
휴무 부정기 카드 가능
홈페이지 sundrug-online.com
교통 지하철 미도스지선(M20) · 요츠바시선(Y15) · 센
니치마에선(S16) 난바なんば역 14번 출구에서 도보
3분 지도 P.4-A

산리오 기프트 게이트
Sanrio Gift Gate

어른, 아이 모두 좋아하는 곳
최근 다시 인기몰이 중인 산리오의 캐릭터 숍.
1~2층 매장에 헬로키티, 마이멜로디, 시나몬
롤, 폼폼푸린, 쿠로미, 포차코, 구데타마 같은
캐릭터의 봉제인형, 피규어, 문구부터 선물용
으로 좋은 키링, 메모지, 손거울, 머리끈까지
다양한 잡화를 만날 수 있다. 한국보다 가격이
좀 더 저렴하고 무엇보다 상품이 다양하기 때
문에 산리오 팬에게는 필수 코스.

주소 大阪市中央区難波1-8-3
전화 06-6484-7133
영업 11:30~20:00 휴무 연초 카드 가능
홈페이지 www.sanrio.co.jp
교통 지하철 미도스지선(M20) · 요츠바시선(Y15) · 센
니치마에선(S16) 난바なんば역 14번 출구에서 도보
4분 지도 **P.4-A**

스리 코인즈 플러스
3 COINS +plus

모든 제품을 300엔과 1000엔에 판매
100엔 동전 3개면 뭐든지 살 수 있다는 콘셉
트의 스리 코인즈에서 운영하는 세컨드 매장
으로, 300엔 상품과 1000엔 상품을 함께 판매
하여 상품 구성이 좀 더 다양하다.

저렴한 가격도 장점이지만, 디자인 좋은 상품
들로 구성되어 있어 여성들에게 인기가 높다.
수납박스나 인테리어 장식 소품, 주방 잡화,
문구 등을 눈여겨보자. 귀엽고 실용적인 것들
이 무척 많다. 1층은 패션, 2층은 생활 · 인테리
어 잡화 매장으로 구성되어 있다. 실제 가격은
세금을 포함해 330엔, 1100엔이다.

주소 大阪市中央区難波5-1-60
전화 06-6644-2403 영업 11:00~21:00
휴무 부정기 카드 가능 홈페이지 www.3coins.jp
교통 난카이 전철 난바なんば역(NK01)에서 지하로
연결. 난바 시티 본관 지하 2층
지도 **P.4-E**

아네스 베
agnes b.

세련된 프렌치 감성의 패션 브랜드

엘르 에디터 출신의 프랑스 디자이너 아네스
베의 패션 브랜드. 우아한 파리의 감성에 예술
가적 감각을 더해 개성을 살리면서도 오래 입
을 수 있는 옷을 추구한다. 의류 외에도 시계,
액세서리, 가방, 안경 등의 소품도 다양하게
찾을 수 있다. 여성복과 남성복, 유아 · 아동복
을 취급한다.

주소 大阪市中央区心斎橋筋1-6-4
전화 06-4704-1750

영업 11:00~20:30 휴무 1/1 카드 가능
홈페이지 japan.agnesb.com
교통 지하철 미도스지선(M19) · 나가호리츠루미료쿠
치선(N15) 신사이바시心斎橋역 4-B 출구에서 도보
1분 지도 **P.6-D**

애플 스토어
Apple Store

오사카 유일의 애플 공식 매장

애플의 최신기기를 가장 먼저 만날 수 있는 공
식 매장. 신사이바시에서 아메리카무라로 넘
어가는 미도스지에 위치한 랜드마크로, 사과
모양의 로고가 한눈에 들어온다. 아이폰, 아이
패드, 맥북 등 애플의 모든 최신 제품이 전시,
판매되고 있으며, 전용 액세서리와 주변기기
도 취급한다. 상품 구입을 원할 경우 홈페이지
에서 가격을 미리 확인하는 것이 좋다.

주소 大阪市中央区西心斎橋1-5-5
전화 06-4963-4500
영업 10:00~21:00 휴무 부정기
홈페이지 www.apple.com/jp/
교통 지하철 미도스지선(M19) · 나가호리츠루미료쿠
치선(N15) 신사이바시心斎橋역 7번 출구에서 도보
2분 지도 **P.6-E**

오니츠카 타이거
Onitsuka Tiger

아식스의 프리미엄 운동화 브랜드

패션 아이템으로 손
색없는 트렌디한 디
자인이 오니츠카 타
이거의 인기 비결이
다. 시즌마다 다른
브랜드나 디자이너
와 컬래버레이션한
제품을 선보이며, 한
국에는 판매하지 않
는 일본 한정판 모델도 있으니 눈여겨볼 것.

주소 大阪市中央区心斎橋筋1-4-22
전화 06-6252-6610
영업 11:00~20:00 휴무 부정기 카드 가능
교통 지하철 미도스지선(M19) · 나가호리츠루미료쿠
치선(N15) 신사이바시心斎橋역 4-B 출구에서 도보
1분 지도 **P.6-D**

누 차아마치, 한큐 우메다에도 지점이 있다.

다이마루 신사이바시
大丸 心斎橋

일본을 대표하는 고급 백화점
다이마루 백화점의 본점. 본관과 남관은 서로
연결되어 있으며, 이 엄청난 규모의 매장에는
세계적인 명품 브랜드를 비롯하여 청년층부터
장년층까지 아우르는 다양한 브랜드 구성을
자랑한다. 본관 1층 안내소에 가서 여권을 제
시하면 외국인 대상 할인쿠폰을 받을 수 있으
니 쇼핑할 때 활용하자. 면세 카운터는 본관
9층과 남관 4층에 있다.

주소 大阪市中央区心斎橋筋1-7-1
전화 06-6271-1231

영업 10:00~20:00(식당가 11:00~22:00), 매장에 따
라 다름
휴무 1/1 카드 가능
홈페이지 www.daimaru.co.jp/shinsaibashi/
교통 지하철 미도스지선(M19) · 나가호리츠루미료쿠
치선(N15) 신사이바시心斎橋역 4-B 출구에서 바로
지도 P.6-D

신사이바시 파르코
心斎橋PARCO

오사카의 신상 쇼핑몰
메종 마르지엘라, 사카이, 포터 같은 인기 패
션 · 잡화 브랜드를 비롯해 다양한 캐릭터 전문
점, 식당가에 이르기까지 많은 매장이 모여 있
는 쇼핑몰. 젊은 감각의 매장 구성과 인테리어
로 폭넓은 사랑을 받고 있다. 7층은 전체가 무
인양품·매장이며, 9층의 프랑프랑, 9~11층 핸
즈 같은 잡화점도 볼거리가 많다. 지하 2~9층
은 다이마루 백화점과 연결되어 있어서 함께
둘러보기 좋다. 면세 수속은 매장에서 바로 진
행할 수 있으며 면세 불가인 매장도 일부 있다.

주소 大阪市中央区心斎橋筋1-8-3
전화 06-7711-7400
영업 10:00~20:00(지하 1층 식당 10:00~21:00, 13
층 식당 11:00~22:00, 지하 2층 식당 11:00~23:00)
휴무 부정기 카드 가능
홈페이지 shinsaibashi.parco.jp
교통 지하철 미도스지선(M19) · 나가호리츠루미료쿠
치선(N15) 신사이바시心斎橋역 4-A 출구에서 바로
지도 P.6-D

신사이바시 오파
心斎橋 OPA

- -

10~20대 여성을 위한 패션 쇼핑몰

오사카 젊은 여성들의 최신 유행을 한자리에서 만날 수 있는 곳이다. 11층 규모의 본관과 5층 규모의 별관인 키레이관으로 나뉜다. 마크 제이콥스 외에는 대부분 일본 패션 브랜드 매장이다. 중저가 브랜드가 많아 부담 없이 둘러보기 좋다.

주소 大阪市中央区西心斎橋1-4-3
전화 06-6244-2121
영업 11:00~21:00(식당가 23:00까지)
휴무 부정기 카드 가게에 따라 다름
홈페이지 www.opa-club.com/shinsaibashi/
교통 지하철 미도스지선(M19) · 나가호리츠루미료쿠치선(N15) 신사이바시心斎橋역 7번 출구에서 바로
지도 **P.6-C**

- -

크레용 신짱 공식 스토어
クレヨンしんちゃん オフィシャルショップ

- -

구경만으로도 재밌다

애니메이션 〈짱구는 못말려〉의 공식 캐릭터 숍. 헵 파이브에도 매장이 있지만 이곳 규모가

동구리 공화국
どんぐり共和国

- -

지브리 캐릭터가 총출동

지브리 스튜디오의 모든 캐릭터를 만날 수 있는 공식 캐릭터 숍. 토토로의 숲을 모티프로 매장을 꾸며 지브리 월드로 들어온 듯한 느낌이다. 문구, 생활 잡화, 피규어, 인형 등 상품 카테고리가 다양하고 진열도 잘 되어 있어서 보는 것만으로 행복해진다. 매장 곳곳에 포토존이 있으니 놓치지 말자.

주소 大阪市中央区心斎橋筋1-8-3
전화 06-6243-8510 영업 10:00~20:00
휴무 부정기 카드 가능 홈페이지 benelic.com/donguri 교통 지하철 미도스지선(M19) · 나가호리츠루미료쿠치선(N15) 신사이바시心斎橋역 4-A 출구에서 바로, 신사이바시 파르코 6층 지도 **P.6-D**

더 크다. 문구, 잡화, 의류, 패션 소품, 반려동물 용품, 간식까지 어른, 아이 모두 좋아할 귀여운 캐릭터 상품으로 가득하다. 에코백이나 양말, 휴대폰 케이스 등에 짱구 특유의 유머가 살아 있어 구경하는 것만으로도 재미있고 선물용으로 구매하기에도 좋다.

주소 大阪市中央区心斎橋筋1-8-3
전화 06-6241-0303 영업 10:00~20:00
휴무 부정기 카드 가능
교통 지하철 미도스지선(M19) · 나가호리츠루미료쿠치선(N15) 신사이바시心斎橋역 4-A 출구에서 바로, 신사이바시 파르코 6층 지도 **P.6-D**

레고 스토어
LEGO Store

즐거운 레고 월드
다양한 레고 제품을 구입하고 체험까지 할 수
있는 브랜드 스토어. 레고 블록으로 꾸민 듯한
귀여운 매장은 넓고 쾌적해 쇼핑이 즐겁고, 곳
곳에 오사카의 상징물을 레고로 재현해 놓아
구경하기도 재미있다. 블록 놀이를 체험할 수
있는 코너, 부품을 조합해 내 마음대로 피규어
를 만들 수 있는 코너 등 레고를 직접 만지고
조립하며 놀 수도 있다.

주소 大阪市中央区心斎橋筋1-8-3
전화 06-6243-8505 영업 10:00~20:00
휴무 부정기 카드 가능
홈페이지 benelic.com/lego_certified_store
교통 지하철 미도스지선(M19)·나가호리츠루미료쿠
치선(N15) 신사이바시心斎橋역 4-A 출구에서 바로,
신사이바시 파르코 6층 지도 P.6-D

여성들에게 인기 있는
100엔 숍

세리아
Seria

여성 취향에 맞춘 세련된 100엔 숍
100엔 숍이라고 무시하지 말 것. 의외로 실용
적이고 디자인 좋은 상품을 많이 갖추고 있는
곳이다. 특히 수납 상자나 장식 소품 등 인테
리어 잡화와 실용적인 아이디어 제품, 미용 제
품을 눈여겨보자. 매장 인테리어도 깔끔하고
디스플레이도 잘 되어 있어 젊은 여성들에게
인기가 높다.

주소 大阪市中央区難波3-8-9
전화 06-6567-8131 영업 11:00~20:00
카드 가능 홈페이지 www.seria-group.com
교통 난카이 전철 난바なんば역(NK01)에서 지하로
연결. 난바 마루이 4층
지도 P.4-C

푸마 스토어 오사카
THE PUMA STORE OSAKA

아시아 최대 규모의 푸마 콘셉트 스토어
미도스지 대로변에 자리한 빨간색 2층 건물
안에 푸마 재팬의 모든 라인업을 갖추고 있다.
1층은 라이프스타일 패션과 푸마 블랙 레이블
제품, 2층은 스포츠 아이템을 중심으로 판매
하고 있다.
푸마 블랙 레이블PUMA Black Label은 신진 디
자이너와 컬래버레이션한 제품을 선보이는 푸
마의 세컨드 브랜드로, 스포츠와 패션을 접목시
켜 럭셔리하지만 실용적이다. 오사카 한정 아이
템도 있으니 푸마 마니아라면 꼭 들러보자.

주소 大阪市中央区西心斎橋1-5-2
전화 06-6253-8903 영업 11:00~21:00
휴무 부정기 카드 가능 홈페이지 jp.puma.com
교통 지하철 미도스지선(M19)·나가호리츠루미료쿠
치선(N15) 신사이바시心斎橋역 7번 출구에서 도보
2분 지도 P.6-C

쿠츠시타야
靴下屋

디자인, 품질 모두 만족

넓고 세련된 매장 안에 양말을 보기 좋게 진열하고 있어서 쇼핑하기 편하다. 시즌별 인기 색상과 디자인을 반영한 트렌디한 제품부터 계절에 맞는 소재, 어떤 스타일에도 어울리는 무난한 제품까지 선택지가 무척 다양하다. 디자인은 물론이고 소재와 편안한 착용감을 중시하는 브랜드인 만큼 오랜 시간 꾸준히 인기를 얻고 있다.

주소 大阪市浪速区難波中2-10-70
전화 06-6636-8909 영업 11:00~21:00
휴무 부정기 카드 가능
홈페이지 www.tabio.com
교통 난카이 전철 난바なんば역(NK01) 서쪽 출구에서 바로 연결. 난바 파크스 3층 지도 P.3-F

빅 스텝
BIG STEP

아메리카무라의 유일한 대형 쇼핑몰

지하 2층~지상 7층의 빌딩 안에는 스타벅스, 패션 숍, 레스토랑, 영화관, 라이브 하우스, 갤러리 등이 들어서 있다. 여성복과 남성복을 모두 취급하지만, 특히 남성복 브랜드가 많은 편. 건물 중앙이 시원하게 뚫린 높이 40m의 아트리움이 눈에 띈다. 본관 바로 옆에 별관도 자리하고 있다.

주소 大阪市中央区西心斎橋1-6-14
전화 06-6258-5000
영업 11:00~20:00(식당가 22:00까지) 휴무 부정기
카드 가게에 따라 다름 홈페이지 big-step.co.jp
교통 지하철 미도스지선(M19)·나가호리츠루미료쿠치선(N15) 신사이바시心斎橋역 7·8번 출구에서 도보 4분 지도 P.6-C, 7-D

빌리지 뱅가드
Village Vanguard

재미있게 놀 수 있는 서점

책을 비롯해 문구, 장난감, 군것질거리, 생활 잡화, 아이디어 제품 등 오직 '재미있는' 상품들만 골라놓은 곳이다. 서점이라는 말이 무색하게 책보다는 다른 아이템들이 훨씬 많다. 마치 누군가의 취향에 맞춰 잡다하게 수집해 놓은 보물 창고 안을 구경하는 듯한 기분이 든다.

주소 大阪市浪速区難波中2-10-70 전화 06-6636-8258 영업 11:00~21:00 휴무 부정기 카드 가능
홈페이지 www.village-v.co.jp
교통 난카이 전철 난바なんば역(NK01) 서쪽 출구에서 바로 연결. 난바 파크스 5층 지도 P.3-F

킹콩
KING KONG

LP 마니아들의 필수 코스
중고 LP, CD를 취급하는 레코드 숍으로, 아메
리카무라에 1979년 문을 연 노포다. 일본과 해
외 음반을 장르 불문하고 다양하게 갖추고 있
어서 보물찾기 하는 기분으로 둘러볼 수 있다.
국내에 없는 희귀 음반도 많아서 시간 가는 줄

모른다. 음반 가격은 무려 100엔부터 시작. 단,
창고에서 직배송 받아 바로 판매하기 때문에
음반 상태는 본인이 직접 확인해야 한다.

주소 大阪市中央区西心斎橋1-6-14
전화 06-6484-5551 영업 11:00~20:00
휴무 부정기 카드 가능
홈페이지 kkrecords.buyshop.jp
교통 지하철 미도스지선(M19) · 나가호리츠루미료쿠
치선(N15) 신사이바시心斎橋역 7 · 8번 출구에서 도
보 4분. 빅 스텝 지하 1층 지도 P.6-C, 7-D

아코메야
AKOMEYA

살림에 관심 있다면 추천
일본 전국의 품질 좋은 쌀을 엄선해 판매하는
쌀 셀렉트 숍. 동시에 밥에 어울리는 육수 재
료 및 각종 식료품을 시작으로 다양한 주방용
품, 생활용품, 의류와 소품에 이르기까지 다양
하게 판매하는 라이프스타일 숍이기도 하다.
품질과 디자인 좋은 제품들을 보기 좋게 진열
하고 있어 살림에 관심 있는 사람이라면 꼭 한
번 들러볼 만하다.

주소 大阪市中央区難波5-1-5 전화 06-6632-9303
영업 10:00~20:00 휴무 부정기 카드 가능
홈페이지 www.akomeya.jp
교통 난카이 전철 난바なんば역(NK01) 지하로 연결,
타카시마야 지하 1층 지도 P.4-C

주니 문
Junie Moon

인형 마니아의 성지
도쿄와 오사카의 3곳에만 매장이 있는 블라이
스 인형 전문점. 작은 가게 안에 블라이스 인
형은 물론 빈티지, 클래식, 트렌디 패션에 이르
기까지 다양한 스타일의 인형 옷을 만나볼 수
있다. 인형 액세서리도 함께 취급하고 있고,
블라이스를 캐릭터화한 의류, 문구, 잡화도 판
매한다. 진열도 잘 해놓아 인형 마니아라면 혹
할 수밖에 없다.

주소 大阪市西区南堀江1-14-26 전화 06-6556-
9665 영업 12:00~18:00 휴무 수요일 카드 가능
홈페이지 osaka.juniemoon-shop.com
교통 지하철 요츠바시선 요츠바시四ツ橋역(Y14) 5번
출구에서 도보 3분 지도 P.7-C

빌리스
Billy's

여기야말로 스니커즈 천국
아디다스, 나이키, 컨버스, 반스, 살로몬, 수페르가 등 50여 개 신발 브랜드를 한자리에서 만날 수 있는 편집 숍으로, 주로 패션 아이템으로 좋은 스니커즈를 취급하며 그 외 샌들, 부츠, 모자, 가방 등도 갖추고 있다. 브랜드의 희소한 아이템을 빌리스에서만 한정 판매할 때도 있기 때문에 스니커즈 마니아라면 꼭 한 번 체크해 볼 만하다.

주소 大阪市西区南堀江1-9-1 전화 06-7220-3815
영업 11:00~20:00 휴무 부정기 카드 가능
홈페이지 www.billys-tokyo.net
교통 지하철 요츠바시선 요츠바시四ツ橋역(Y14) 5번
출구에서 도보 3분 지도 P.7-C

마스터피스 프로덕트 소트
MSPC Product Sort

남성 가방 전문 브랜드 MSPC
일본의 남성 가방 브랜드인 마스터피스master-piece의 플래그십 스토어. 아웃도어용이나 데일리용으로 사용 가능한, 기능성 좋고 세련된 디자인의 가방들이 가득하다. 마스터피스 외

오버라이드
Override

트렌디한 모자 전문 셀렉트 숍
캐주얼, 힙합부터 클래식, 댄디에 이르기까지 모든 스타일의 모자를 한곳에서 쇼핑할 수 있는 곳이다. 남성, 여성 제품을 모두 취급한다. 종종 다른 브랜드와 컬래버레이션한 제품을 선보이기도 한다.

주소 大阪市西区南堀江1-15-4
전화 06-6110-7350 영업 12:00~20:00
휴무 부정기 카드 가능 홈페이지 overridehat.com
교통 지하철 요츠바시선 요츠바시四ツ橋역(Y14) 6번
출구에서 도보 5분 지도 P.7-C

에 다양한 브랜드의 가방을 함께 판매한다. 백팩부터 크로스백, 출근용 가방까지 스타일이 다양하며, 의류와 소품도 취급한다.

주소 大阪市西区南堀江1-15-8
전화 06-6535-0377 영업 11:00~20:00
휴무 부정기 카드 가능
홈페이지 www.master-piece.co.jp
교통 지하철 요츠바시선 요츠바시四ツ橋역(Y14)
6번 출구에서 도보 5분 지도 P.7-C

다양한 스타일의 남성 가방을 갖추고 있다.

세컨드 스트리트
2nd Street

전국 체인의 중고 의류 전문점

의류와 가방, 신발, 액세서리를 중심으로 명품 브랜드부터 캐주얼 브랜드를 다양하게 갖추고 있는 빈티지 편집 숍으로 전국에 매장을 운영하는 체인점이다. 물량이 많고 다양한 스타일의 제품이 진열되어 있어서 구경하는 재미도 있다. 매의 눈으로 좋은 물건을 찾아볼 것.

주소 大阪市西区南堀江1-9-1
전화 06-6535-9657 영업 11:00~20:00
휴무 부정기 카드 가능
홈페이지 www.2ndstreet.jp
교통 지하철 요츠바시선 요츠바시四ツ橋역(Y14) 5번 출구에서 도보 3분
지도 P.7-C

베이프 스토어
BAPE STORE

위트가 넘치는 스트리트 패션

일본에서 시작된 하이엔드 스트리트 패션 브랜드로, 카모플라주 패턴과 샤크 패턴이 유명하다. 팝스타들이 즐겨 입는 브랜드로 인기를 끌었으며, 한국에 비해 일본 매장의 가격이 저렴한 편이라 쇼핑 메리트가 있다. 영화 〈혹성탈출〉에서 영감을 받아 탄생한 원숭이 캐릭터가 건물에 크게 걸려 있어 멀리서도 존재감을 드러낸다.

주소 大阪市西区南堀江1-19-2
전화 06-6535-2700 영업 11:00~20:00

프레드 페리
Fred Perry

프레피룩의 대명사인 영국 캐주얼 브랜드

1930년대 세계적인 테니스 스타인 프레드릭 존 페리가 만든 브랜드로, 승리를 상징하는 월계관 로고로 유명하다. 이곳은 플래그십 스토어로 1~2층 매장에 의류 외에 신발과 소품도 갖추고 있다.

일본 제품은 좀 더 슬림한 핏의 자체 디자인 제품이 많아 선택의 폭이 넓다. 캐주얼하고 댄디한 스타일의 남성 의류가 유명하지만 여성 의류도 많이 갖추고 있다. 고급 라인인 로렐리스 컬렉션도 있다.

주소 大阪市西区南堀江1-21-7
전화 06-6543-2130 영업 11:00~19:00
휴무 수요일 카드 가능 홈페이지 www.fredperry.jp
교통 지하철 요츠바시선 요츠바시四ツ橋역(Y14) 5번 출구에서 도보 4분 지도 P.7-C

휴무 부정기 카드 가능 홈페이지 int.bape.com
교통 지하철 요츠바시선 요츠바시四ツ橋역(Y14) 5번 출구에서 도보 5분 지도 P.7-C

히스테릭 글래머
HYSTERIC GLAMOUR

록 시크 스타일의 스트리트 패션 브랜드
디자이너 노부히코 키타무라가 이끄는 브랜드
로, 록 스피릿에 빈티지와 섹시함을 가미한 과
감한 스타일로 마니아들의 사랑을 받고 있다.
남성복, 여성복, 아동복을 모두 갖추고 있으며
해골 등 록 스타일의 액세서리도 인기 있다.

주소 大阪市西区南堀江1-20-10
전화 06-6538-6722 영업 월~금 11:30~20:00,
토·일·공휴일 11:00~20:00
휴무 부정기 카드 가능
홈페이지 www.hystericglamour.jp
교통 지하철 요츠바시선 요츠바시四ツ橋역(Y14) 6번
출구에서 도보 7분 지도 **P.7-C**

핸즈
HANDS

DIY용품과 생활용품 전반을 다룬다
신사이바시 파르코 3개 층에 걸쳐 자리하며,
각종 생필품은 물론 주방용품, 가구, 취미용
품, 전자제품, 문구류, 사무용품, 패션·뷰티
제품 등이 다양하게 갖추어져 있다. 핸즈의 물
건은 실용성이 뛰어나고 디자인이 무난한 편.
특히 주방용품 코너도 충실하다. 아이디어가
번뜩이는 최신 제품들이 무척 많다.

주소 大阪市中央区心斎橋筋1-8-3
전화 06-6243-3111 영업 10:00~21:00 휴무 무휴
카드 가능 홈페이지 shinsaibashi.hands.net
교통 지하철 미도스지선(M19)·나가호리츠루미료쿠
치선(N15) 신사이바시心斎橋역 4-A 출구에서 연결,
신사이바시 파르코 9~11층 지도 **P.6-D**

꼼 데 가르송
COMME des GARCONS

한국에서도 인기 높은 디자이너 브랜드
세계적인 디자이너 레이 가와쿠보의 아방가르
드 패션 브랜드. 우리나라에서 인기 있는 하트
무늬 로고의 도트 무늬 의류는 플레이 PLAY
라인으로, 꼼 데 가르송의 여러 라인 중 가장
캐주얼한 스트리트 브랜드다.

주소 大阪市中央区南船場4-4-21
전화 06-4963-6150
영업 11:00~20:00
휴무 부정기 카드 가능
홈페이지 www.comme-des-garcons.com
교통 지하철 미도스지선(M19)·나가호리츠루미료쿠
치선(N15) 신사이바시心斎橋 1번 출구에서 도보
1분 지도 **P.6-B**

다이소
Daiso

일본의 대표적인 100엔 숍 체인
핑크색 외관의 신사이바시점은 1~2층 300평
규모로 일대에서 가장 넓은 매장이다. 디스플
레이도 잘 되어 있고 보유한 품목도 방대해 현
지인과 여행객에게 모두 인기가 높다. 저렴한
선물이나 생활용품을 구입할 때 다이소만 한
곳도 없다.

주소 大阪市中央区南船場3-10-3
전화 06-6253-8540
영업 09:00~21:00 휴무 부정기 카드 가능

홈페이지 www.daiso-sangyo.co.jp
교통 지하철 미도스지선(M19)·나가호리츠루미료쿠
치선(N15) 신사이바시心斎橋역 1번 출구에서 도보
3분
지도 P.6-B

이세이 미야케
Issey Miyake

오사카 유일의 플래그십 스토어
'소재의 건축가'라 불리는 세계적인 패션 디자
이너이자 아티스트인 이세이 미야케의 플래그
십 스토어. 90년대부터 발전시켜 온 플리츠 디
자인으로 특히 유명하다. 우리나라에서 인기
높은 플리츠 플리즈, 바오 바오를 비롯하여 이
세이 미야케의 모든 라인을 한 건물 안에서 만
날 수 있다.

주소 大阪市中央区南船場4-11-28
전화 06-6251-8887
영업 11:00~20:00
휴무 부정기 카드 가능
홈페이지 www.isseymiyake.com
교통 지하철 미도스지선(M19)·
나가호리츠루미료쿠치선
(N15) 신사이바시心斎橋역
1번 출구에서 도보 5분
지도 P.6-A

키타 キタ

흥미로운 복합 빌딩이 가득한 세련된 도심 지역

키타는 일본어로 '북(北)', 즉 오사카 중심부의 북쪽 지역을 가리킨다. 미나미 지역의 북쪽에 자리하고 있다고 생각하면 쉽다. JR을 비롯해 한신 · 한큐 전철 등 각 철도의 종착지가 모여 있는 키타는 명실상부한 오사카의 관문이다. 오사카역과 우메다역 주변을 아우르는 키타의 중심 지역, 우메다는 현재까지도 재개발이 계속 진행 중이며, 그랜드 프론트 오사카, 오사카 스테이션 시티 같은 흥미로운 복합 빌딩이 다양하게 자리해 활기를 띠는 지역이다. 그 외에도 한큐, 한신 등의 대형 백화점과 루쿠아 이레, 헵 파이브 같은 젊은 감각의 쇼핑몰, 우메다 스카이 빌딩 같은 인기 랜드마크가 다수 자리하고 있다. 그야말로 세련된 분위기 속에서 쇼핑과 식사를 즐기고, 야경까지 감상하기 좋은 지역이다.

Check

지역 가이드
여행 소요 시간 8시간
관광 ★★★
맛집 ★★★
쇼핑 ★★★
유흥 ★★★

가는 방법
키타의 중심은 우메다梅田역. 미나미의 중심인 난바なんば역, 신사이바시心斎橋역과 지하철 미도스지선으로 연결되며 거리도 가깝다(6~8분, 240엔). 그 외에도 요츠바시선 히가시우메다東梅田역, 타니마치선 니시우메다西梅田역도 있는데, 우메다역과 모두 지하로 연결된다. 니시우메다역이나 히가시우메다역에 하차할 경우는 우메다 중심부까지 걸어서 10분 이상 걸린다.

키타

오사카성

미나미

신세카이 · 텐노지

오사카항

키타의 추천 코스

관광 명소가 적은 대신, 쇼핑과 맛집 등이 모인 복합 빌딩과 백화점이 많은 지역이다.
쇼핑에 집중하려면, 오하츠 텐진과 나카노시마에서의 시간을 줄이거나 아예 빼는 게 좋다.
총 소요 시간 8시간

❶ 지하철 미도스지선 우메다역
지하철에서 내리면 1~5번 출구 방향 개찰구로 나간 후 JR 오사카
역 표지판을 따라간다.

도보 3분

❷ 오사카 스테이션 시티
JR 오사카역과 연결된 백화점과 쇼핑몰, 영화관, 호텔 등 다양한
시설이 들어서 있어 하루 종일 수많은 인파가 드나드는 곳이다.

도보로 바로

❸ 그랜드 프론트 오사카
최신 인기 브랜드와 식당이 가득 들어선 2동의 대형 빌딩과 넓은
광장은 여행자는 물론이고 시민들의 휴식 장소로도 애용된다.

도보 5분

❹ 우메다 스카이 빌딩(공중정원 전망대)
마치 우주선을 연상시키는 멋진 건축미를 자랑하는 옥외 전망대는
오사카 시내의 야경을 한눈에 담기에 충분하다.

도보 10분

❺ 차야마치
최신 트렌드의 옷가게, 카페와 이자카야 등이 많으며, 다른 지역에
비해 한적한 편이라 여유롭게 거닐기 좋다.

도보 2~6분

❻ 헵 파이브(관람차)

빨간색 관람차를 타면서 우메다의 전망을 감상할 수 있다.
쇼핑과 식사를 하기에도 좋은 곳.

도보 8분

❼ 오하츠 텐진

사랑의 결실을 바라는 연인들이 많이 찾는 도심 속 신사.
신사 앞 아케이드 상가는 밤이 되면 유흥가로 변신한다.

도보 10분

❽ 나카노시마

마치 서울의 여의도처럼 도심 속에 자리한 작은 섬. 강변을 따라
공원과 박물관, 미술관 등의 문화 시설이 곳곳에 자리하고 있다.

야경을 보려면 코스를 조정하자

본 코스는 동선을 최단거리로 줄인 코스로, 낮
관광에 적합하다. 만약 우메다 스카이 빌딩의
공중정원 전망대나 헵 파이브 관람차에서 야
경을 감상하려면 코스의 맨 마지막 순서로 조
정해야 한다. 두 야경 명소의 거리는 도보 15
분 이상으로 꽤 멀기 때문에 시간이 별로 없다
면 둘 중 한 곳을 선택하는 게 낫다.

키타 지역의 맛집

직장인들이 퇴근길에 즐겨 찾는 저렴한 식당
과 술집부터 오사카 최초 또는 유일의 인기 식
당과 디저트집, 분위기 좋은 레스토랑이나 바
에 이르기까지 맛집의 스펙트럼이 넓은 지역
이다. 미나미에 전통 맛집이 많다면, 키타에는
트렌디한 최신 인기 맛집이 많다.

복잡한 미로 같은 지하상가

일본 제일의 규모를 자랑하는 우메다 주변의
지하상가는 대단히 복잡하다. 우선 지하철역
3곳의 위치를 파악하자. 만일 지하에서 방향
을 잃으면 일단 지상으로 나오자. 그나마 지상
은 지하보다 덜 복잡한 편이며, 특징적인 고층
건물이 많기 때문에 쉽게 방향 감각을 되살릴
수 있다. 아예 처음부터 지상으로만 걷는 것도
길을 헤매지 않는 좋은 방법이다.

지하상가 곳곳에 맛집이 포진해 있다.

고층 빌딩이 늘어선 우메다

우메다 ★★★
梅田

세련된 오사카를 즐기고 싶다면
JR 오사카역과 지하철 우메다역 주변 지역. 고층 빌딩이 늘어선 비즈니스가로, 오사카에서 가장 현대적인 도심 지역이다. 한큐, 한신 등의 대형 백화점을 비롯하여 오사카 스테이션 시티, 그랜드 프론트 오사카 등 다양한 즐길거리를 품은 복합 빌딩이 많아 세련된 분위기에서 쇼핑, 식사, 엔터테인먼트를 즐길 수 있다. 또한 화이티 우메다, 디아모르 등 특색 있는 지하상가들이 우메다 전역에 뻗어 있어 복잡하면서도 활기차다. JR 오사카역과 우메다역에 여러 노선이 집중되어 있으므로 고베, 나라, 교토 등으로 가는 기점이 된다.

교통 지하철 미도스지선 우메다梅田역(M16), 한큐(HK01)・한신(HS01) 오사카우메다大阪梅田역, JR 오사카大阪역 하차. 지하철 요츠바시선 니시우메다西梅田역(Y11)이나 타니마치선 히가시우메다東梅田역(T20)에서 하차할 경우는 중심부까지 도보 10분 이상 **지도 P.10~11**

Tip

맛집이 곳곳에 포진해 있다
우메다의 다양한 식당가

비즈니스가인 우메다에는 편하게 찾기 좋은 식당가가 많다. 세련된 식당과 술집이 모여 있으며 새벽 4시까지 영업하는 우메키타 플로어Ume-kita Floor(그랜드 프론트 오사카 북관 P.202), 오사카역 고가 밑의 서민적인 식당가로 역사 깊은 맛집이 모여 있는 신우메다 쇼쿠도가이新梅田食道街(지도 P.10-F), 인기 디저트집과 대중적인 맛집이 모여 있는 한큐 삼번가阪急三番街(P.242), 직장인들이 즐겨 찾는 저렴한 식당과 술집이 많은 오사카역전 빌딩大阪駅前ビル(지도 P.11-K・L) 외에도 각 지하상가와 쇼핑몰, 백화점 식당가 곳곳에 유명 맛집들이 많이 자리하고 있으니 탐험하듯 찾아가 보자.

신우메다 쇼쿠도가이

우메키타 플로어

한큐 삼번가

노스 게이트 빌딩
(루쿠아, 루쿠아 이레)

사우스 게이트 빌딩
(다이마루 백화점)

JR 오사카역

오사카 스테이션 시티 ★★★
OSAKA STATION CITY

JR 오사카역과 함께 있는 거대 상업 시설

멋진 시계탑

2011년 서일본 교통의 요지인 JR 오사카역을 현대적으로 재건하면서 쇼핑, 식사, 엔터테인먼트를 모두 즐길 수 있는 원스톱 복합 시설로 탄생했다.
오사카역을 사이에 두고 양쪽에 사우스 게이트 빌딩South Gate Building, 노스 게이트 빌딩North Gate Building이 연결되어 있는데, 다이마루 백화점과 루쿠아, 루쿠아 이레, 호텔, 영화관 등 다양한 편의 시설이 들어서 있다. 오사카역을 이용하는 사람은 물론이고, 쇼핑과 맛집을 찾아온 사람들로 연중 내내 붐빈다. 두 빌딩 사이의 플랫폼 중앙은 경사진 거대한 유리 지붕이 덮고 있는데 마치 우주선 안에 있는 듯한 기분을 느끼게 한다. 곳곳에 광장과 정원이 있어 쉼터가 되기도 한다.

주소 大阪市北区梅田3-1-1
전화 06-6458-0212
홈페이지 osakastationcity.com 교통 JR 오사카大阪역에서 바로. 지하철 미도스지선 우메다梅田역(M16) 하차 시는 1~5번 출구 방향 개찰구로 나가 'JR 오사카역' 표지판을 따라간다. 지도 P.11-H

바람의 광장

JR 오사카역

그랜드 프론트 오사카 ★★★
Grand Front Osaka

도쿄에서도 놀러오는 화제의 쇼핑몰
JR 오사카역 바로 옆에 자리한 초대형 복합
쇼핑몰. 쇼핑부터 미식, 엔터테인먼트, 호텔까
지 한곳에 모은 원스톱 복합 빌딩의 결정판이
다. 4만 4000㎡에 이르는 면적은 일본 최대급
규모. 건물은 남관과 북관 2동이며, 2층에서
구름다리로 연결된다.
규모가 방대한 데다 식당과 상점은 남관과 북
관, 광장 지하에 골고루 분포해 있으니 가고
싶은 곳의 위치를 미리 체크해 두자. 크롬하
츠 · 포터 · 세인트 제임스 · 노스페이스 · 카시
라 등 패션 브랜드는 주로 남관에 몰려 있다.
북관에는 무인양품 · 아식스 스토어 · 아비렉
스 · 샘소나이트 블랙라벨 등이 있다. 구경하
다 지치면 우메키타 광장이나 9층의 녹음이
우거진 테라스 가든에서 쉬어도 좋다. 광장에
서는 인디 뮤지션의 버스킹이 열리기도 한다.

그랜드 프론트 오사카는 맛집이 많은 것으로
도 유명하다. 식당가는 총 3곳. 남관 7~9층의
우메키타 다이닝UMEKITA DINING에는 오사
카의 명물 음식점과 오사카에 처음 입점한 음
식점이 많아 식사 시간에는 거의 모든 식당에
줄을 선다. 7층에 대부분의 식당이 모여 있으
니 집중 탐색해 볼 것.
북관 6층의 우메키타 플로어UMEKITA
FLOOR는 술과 음식을 함께 즐기기 좋은 식당
가. 우메키타 광장 지하에 있는 우메키타 셀라
UMEKITA CELLAR에는 식료품과 와인 상점,
카페와 식당, 디저트 숍이 있다.

주소 大阪市北区大深町4-1
전화 06-6372-6300
영업 상점 10:00~21:00, 식당 10:00~23:00(가게마
다 다름)
휴무 부정기
홈페이지 www.grandfront-osaka.jp
교통 JR 오사카大阪역 중앙 북쪽 게이트中央北口에
서 바로 연결
지도 P.10-E

우메키타 광장 うめきた広場

남관과 오사카역 앞에 펼쳐진 1만 ㎡의 넓은 광장. 건축가 나카야 후지코가 '물의 도시 오사카'를 이미지로 설계한 분수대와 광장은 마치 도심 속 오아시스 같은 분위기다. 가로수 그늘이나 분수대에 앉아 휴식을 취하는 사람들이 많다. 종종 공연이나 이벤트가 열리기도 한다. 지하에 식당가인 우메키타 셀라가 있다.

산토리 위스키 하우스
SUNTORY WHISKY HOUSE

창업 90년을 맞은 산토리 위스키의 쇼룸. 산토리는 1923년 야마자키 증류소를 창업하고 일본 최초로 몰트 위스키를 만든 회사다. 쇼룸에는 위스키병과 광고물을 시대순으로 전시해 산토리 위스키의 역사를 한눈에 볼 수 있다. 바로 옆에는 가구들이 전시 판매되고 있는데, 실은 50~70년 동안 위스키를 만들고 숙성하는 과정을 수없이 거쳐온 오크 술통을 재활용해 만든 것이다. 쇼룸 안쪽에는 위스키와 하이볼을 마실 수 있는 바 겸 식당이 있다.

전화 06-6359-3788
영업 쇼룸 11:00~19:00, 식당 11:30~14:30, 17:30~23:00 **휴무** 쇼룸 수요일, 식당 일·공휴일
홈페이지 www.suntory.co.jp/whisky/whiskyhouse/
위치 그랜드 프론트 오사카 북관 2층

우메다 의자
梅田イス

포토존으로 좋은 우메다의 오브제
한큐 백화점 뒷편 광장에는 우메다의 일본어와 영어 오브제를 벤치로 만든 우메다 의자가 있다. 엄청나게 독특하거나 규모가 큰 것은 아니어서 기대하면 실망할 수 있지만, 오며가며 잠시 들러서 앉아 쉴 수도 있고 오사카 여행 인증샷을 촬영하기 좋은 곳이다. 강렬한 붉은색이 오사카인들의 열정적인 분위기를 표현한 듯하다.

주소 大阪市北区角田町8-47
위치 한큐 백화점 우메다 본점 뒤편 광장
지도 P.10-F

우메다 스카이 빌딩
梅田スカイビル ★★★

🔊 우메다 스카이 비루

광장의 조형물을 통해 바라본 우메다 스카이 빌딩

우메다의 야경을 책임진다

JR 오사카역 북쪽에 위치한 우메다 스카이 빌딩은 40층의 고층 빌딩 2동이 상부 3개 층에서 연결되어 있어 그 모습이 마치 거대한 게이트 같다. 이 빌딩 일대를 '신우메다시티新梅田シティ'라 부르는데, 2100그루에 이르는 숲과 작은 인공하천, 폭포도 있어 도심 한가운데에서 녹음을 느낄 수 있다.

빌딩 2동을 연결한 39~40층은 공중정원 전망대空中庭園展望台로, 우메다에서 가장 높은 옥상 개방형 전망대로 인기가 높다. 전망대로 올라가는 엘리베이터에서 바라다보이는 우메다 스카이 빌딩은 마치 우주 정거장 같은 미래지향적인 건축미가 돋보인다. 빌딩 전망대로서는 드물게 옥외로 나와 경치를 즐길 수 있는 것이 최대 장점. 지상 173m 높이의 옥상에서 시원한 바람을 맞으며 360도 펼쳐지는 오사카 시내의 전경을 한눈에 조망할 수 있다. 낮의 전망도 좋지만 야경을 보기 위해 밤에 찾는 사람도 많다.

빌딩 지하에 있는 타키미코지滝見小路 식당가는 1920년대의 오사카 거리를 재현한 복고풍 인테리어가 눈길을 끈다. 마치 맛집을 찾아 골목골목을 탐험하는 듯한 기분이며 기념 촬영하기도 좋다.

주소 大阪市北区大淀中1-1-88
전화 06-6440-3899
영업 공중정원 전망대 09:30~22:30(입장 마감 22:00, 계절에 따라 다름), 타키미코지 11:00~22:00(가게마다 다름) 휴무 무휴
요금 공중정원 전망대 1500엔(입장권 판매는 39층). 오사카주유패스 무료(무료 입장은 16:00까지, 이후는 30% 할인)
홈페이지 www.skybldg.co.jp
교통 지하철 미도스지선 우메다梅田역(M16) 5번 출구에서 도보 11분.
지도 P.10-D

1 거대한 게이트 같은 빌딩 외관 2 야경 명소인 공중정원 전망대 3 복고풍 인테리어의 타키미코지 식당가

차야마치 ★★
茶屋町

한적하게 쇼핑하고 싶다면 여기
복잡하고 사람들로 붐비는 한큐 오사카우메다 역에서 북동쪽으로 조금만 걸어나오면 세련된 쇼핑몰과 로드 숍이 늘어선 한적한 가로수길이 나온다. 스타일리시하고 젊은 감각의 쇼핑몰이 모여 있어 세련된 오사카 젊은이들이 많이 찾는다. 랜드마크인 누 차야마치를 중심으로, 주변 거리를 산책하듯 구경하기 좋다. 패션 매장을 비롯해 카페와 식당, 이자카야 등이 곳곳에 자리하고 있다.

교통 지하철 미도스지선 우메다梅田역(M16) 2번 출구에서 도보 8분. 한큐 오사카우메다大阪梅田역(HK01) 차야마치 출구에서 길을 건너면 바로. 지도 P.10-C

헵 파이브 관람차 ★★
HEP FIVE 観覧車
🔊 헵뿌 파이브 칸란샤

빨간색 관람차에서 보는 우메다의 야경
쇼핑몰 헵 파이브의 명물이자 우메다를 대표하는 랜드마크. 지름 75m에 이르는 빨간색의 거대한 관람차가 멀리서도 시선을 끈다. 관람차 탑승 시간은 약 15분. 관람차 안에는 잔잔한 음악이 흐른다. 가장 높은, 지상 106m 지점에 오르면 맑은 날에는 멀리 아카시 해협 대교와 이코마산까지 보이는 파노라마 전망을 감상할 수 있다. 낮도 괜찮지만 화려한 조명이 켜지는 밤에 탈 것을 추천한다.

주소 大阪市北区角田町5-15
전화 06-6366-3634
영업 관람차 11:00~22:45(탑승 마감)
휴무 부정기
요금 관람차 600엔, 오사카주유패스 무료
홈페이지 www.hepfive.jp/ferriswheel/
교통 지하철 미도스지선 우메다梅田역(M16) 2번 출구에서 도보 3분. 헵 파이브 7층에 타는 곳이 있다.
지도 P.10-F

키타신치
北新地

밤이면 화려해지는 어른들의 거리
도쿄의 긴자와 비교되는, 오사카의 대표적인
고급 음식점 거리. 동서로 이어진 거리에는 고
급 식당과 클럽, 바, 요정 등이 집중되어 있다.
오사카의 유명 맛집들이 많은 곳이지만, 가격
대가 높은 데다 대개 현지인 위주의 영업이라
여행객이 많지 않은 구역이다.

교통 지하철 요츠바시선 니시우메다西梅田역(Y11)
9번 출구에서 도보 2분 지도 P.11-K

오하츠 텐진(츠유노텐 진자) ★
お初天神(露天神社)

사랑이 이뤄지길 바라는 연인들의 성지
정식 명칭은 '츠유노텐 진자'이지만, 보통은
'오하츠 텐진'이라고 부른다. 이 이름에는 오래
된 사연이 있다. 1703년 이 신사에서 실제 벌
어진 연인 동반자살 사건을 소재로 당대의 극
작가인 치카마츠 몬자에몬이 인형극 〈소네자
키 신주〉를 써서 무대에 올렸는데, 여주인공
이름이 바로 오하츠였다. 극이 인기를 끌면서
여주인공의 이름을 따서 오하츠 텐진으로 불
리게 된 것. 이 작품은 이후에도 계속 공연되
며 사랑받았고, 지금도 많은 연인들이 사랑이
이뤄지기를 바라며 이 신사를 찾는다.

1300년의 역사를 지닌 이곳은 학문의 신인 스
가와라 미치자네를 비롯해 질병 치유와 장사
의 신, 건국과 번영의 신, 왕실의 신, 농업의 신
등 여러 신을 모시기 때문에 많은 이들이 찾고
있다. 신사 앞에서 아케이드 상가가 시작되는
데, 식당과 이자카야가 죽 늘어서 있다.

주소 大阪市北区曽根崎2-5-4
전화 06-6311-0895 개방 06:00~23:00
홈페이지 www.tuyutenjin.com
교통 지하철 타니마치선 히가시우메다東梅田역
(T20) 6번 출구에서 왼쪽으로 도보 3분
지도 P.11-L

나카노시마 ★
中之島

역사와 문화가 숨쉬는 도심 속의 섬

오사카의 중심부를 흐르는 도지마강과 토사보리강 사이에 있는 섬이다. 동서 길이가 약 3.5km에 달하는 나카노시마는 역사적 가치가 있는 근대 건축물과 미술관, 도서관 등의 문화시설이 많은 곳으로 유명하다. 강가에는 가로수와 예술적인 오브제가 어우러진 산책로가 정비되어 있다. 조명을 밝힌 저녁에는 강변의 야경이 꽤 멋지다.

교통 지하철 미도스지선 요도야바시淀屋橋역(M17) 7번 출구에서 다리를 건너 바로 지도 P.9-G·H·I

일본은행 오사카 지점
日本銀行 大阪支店 ◀» 닛뽄긴코 오사카 시텐

1903년에 세워진 근대 건축물

강변에 자리한 석조 건물로 녹청색 지붕이 아름답다. 벨기에 국립은행을 모델로 설계했다고 한다. 내부 견학을 하려면 예약이 필요하지만, 산책하면서 외관을 보는 것으로도 충분하다. 조명이 밝혀지는 밤에 봐도 멋지다.

주소 大阪市北区中之島2-1-45
전화 06-6206-7742
개방 내부 견학 10:00, 13:30(예약 필수, 무료)
휴무 토~일요일, 공휴일, 연말연시
교통 지하철 미도스지선 요도야바시淀屋橋역(M17) 7번 출구에서 도보 1분 지도 P.9-H

나카노시마 장미정원
中之島ばら園 ◀» 나카노시마 바라엔

봄이면 장미 4천 그루가 만발하는 곳

나카노시마 동쪽 끝에는 면적 1300㎡의 장미정원이 있다. 5월부터 6월에 걸쳐 310개 품종 약 4천 그루에 이르는 장미가 아름답게 만발하여 일대에 장미 향이 물씬 풍긴다. 이 시기에는 꽃 구경이나 사진 촬영을 위해 많은 시민들이 찾는다.

주소 大阪市北区中之島1
교통 지하철 사카이스지선(K14)·케이한 전철(KH02) 키타하마北浜역 26번 출구에서 다리를 건너면 오른쪽에 바로
지도 P.9-I

나카노시마 도서관
中之島図書館 🔊 나카노시마 토쇼-칸

그리스 신전과 기독교 교회를 모방한 건축물
1904년 세워진 오사카 부립 도서관으로 50만
부의 장서를 보유하고 있으며, 건물은 중요문
화재로 지정되어 있다. 외부는 르네상스 양식
이나 내부는 바로크 양식인 점이 특이하다. 주
말이면 도서관 앞 계단에 앉아 담소를 나누거
나 휴식하는 시민들이 많다.

주소 大阪市北区中之島1-2-10
전화 06-6203-0474 개관 화~금 09:00~19:00,
토 · 일 · 공휴일 09:00~17:00 휴관 월요일(공휴일이
면 다음 날), 둘째 목요일(7 · 8월 제외), 12/29~1/4
홈페이지 www.library.pref.osaka.jp/site/nakato/
교통 지하철 미도스지선 요도야바시淀屋橋역(M17)
1번 출구에서 도보 5분 지도 P.9-H

오사카시 중앙공회당
大阪市中央公会堂 🔊 오사카 시 추-오 코-카이도

청동 돔 지붕이 아름답다
나카노시마의 풍경에서 빼놓을 수 없는 랜드
마크. 1918년 완공된 네오르네상스 양식 건축
물로 중요문화재로 지정되어 있다. 콘서트나
오페라, 강연회 등이 열리는 오사카 문화의 발
신지. 외관을 감상하는 것으로 충분하다. 지하
1층에는 레스토랑이 있다.

주소 大阪市北区中之島1-1-27
홈페이지 osaka-chuokokaido.jp
교통 지하철 미도스지선 요도야바시淀屋橋역(M17)
1번 출구에서 도보 5분 지도 P.9-I

오사카 문화의 전당

동양 도자기 미술관
東洋陶磁美術館 🔊 토-요 토-지 비주츠칸

동양 도자기의 아름다움을 감상하자
고려와 조선 시대의 한국 도자기와 중국 · 일
본 도자기를 중심으로 약 6천 점을 소장하고
있다. 작품 수는 물론이고 그 가치 또한 세계
적인 수준. 400점의 정기 전시 외에 전문적 테
마의 기획전과 특별전이 활발히 열린다. 한국
도자기 300점을 기증한 이병창 박사의 컬렉
션을 주목할 것.
※리뉴얼 공사로 2023년 현재 임시 휴관(2024년 봄
개관 예정)

주소 大阪市北区中之島1-1-26
전화 06-6223-0055
개방 09:30~17:00(입장 마감 16:30)

휴무 월요일(공휴일이면 다음 날), 12/28~1/4, 전시
교체 기간 요금 상설전 500엔
홈페이지 www.moco.or.jp
교통 지하철 미도스지선 요도야바시淀屋橋역(M17)
1번 출구에서 도보 7분
지도 P.9-I

국립 국제 미술관
国立国際美術館

일본 최초의 지하 미술관

지하 1~3층에 일본 및 세계 현대미술을 중심으로 테마별 전시를 선보이는 곳. 미술관의 독특한 외부 조형물은 하야카와 요시오의 작품으로, 하늘과 땅에 뻗어 나가는 미술관을 이미지화한 것이다.

※리뉴얼 공사로 2023년 현재 임시 휴관(2024년 2월 개관 예정)

주소 大阪市北区中之島4-2-55
전화 06-6447-4680 개관 화~목 · 일 10:00~17:00, 금 · 토 10:00~20:00(폐관 30분 전 입장 마감) 휴관 월요일(공휴일이면 다음 날), 12/28~1/4, 전시물 교체 기간
요금 430엔, 컬렉션전은 오사카주유패스 무료
홈페이지 www.nmao.go.jp
교통 지하철 요츠바시선 히고바시肥後橋역(Y12) 3번 출구에서 도보 8분 **지도 P.9-G**

오사카 시립 과학관
大阪市立科学館

우주와 에너지를 테마로 하는 전시관
과학 기술을 배우고 직접 체험할 수 있는 흥미로운 전시물이 200여 점이나 된다. 지하 1층에는 거대한 스크린에 아름다운 별자리가 비춰지는 플라네타리움이 있다(45분 소요, 별도 요금 600엔).

※리뉴얼 공사로 2023년 현재 임시 휴관(2024년 여름 개관 예정)

주소 大阪市北区中之島4-2-1
전화 06-6444-5656 개관 09:30~17:00(입장 마감 16:30) 휴관 월요일(공휴일이면 다음 날), 12/28~1/4, 시설 점검기간 요금 400엔, 오사카주유패스 무료
홈페이지 www.sci-museum.jp
교통 지하철 요츠바시선 히고바시肥後橋역(Y12) 3번 출구에서 도보 7분 **지도 P.9-G**

국립 국제 미술관과 마주하고 있다.

오사카 주택 박물관 ★
大阪くらしの今昔館

주거와 생활을 테마로 꾸민 박물관
일본인의 생활 역사와 문화를 테마로 하는 박물관. 8층은 근대 오사카의 생활과 주택을 모형으로 만들어 전시하고 있으며, 9층은 1830년대 오사카의 거리를 실물 크기로 복원해 놓았다.
특히 9층에서는 기모노를 빌려 입고 에도 시대를 재현한 거리를 산책할 수 있다(30분, 500엔). 임시 휴관일이 꽤 자주 있는 편이므로, 사전에 홈페이지에서 반드시 확인하자.

주소 大阪市北区天神橋6-4-20
전화 06-6242-1170 개관 10:00~17:00(입장 마감 16:30) 휴무 화요일(공휴일이면 다음 날), 12/29~1/2,

부정기 휴무 요금 600엔, 오사카주유패스 무료
홈페이지 konjyakukan.com
교통 지하철 타니마치선(T18) · 사카이스지선(K11) 텐진바시스지로쿠초메天神橋筋六丁目역 3번 출구와 연결. 엘리베이터를 타고 8층으로 올라간다.
지도 P.8-C

에 많다. 소박한 가게들이지만 감각 있는 주인들의 톡톡 튀는 개성을 엿볼 수 있다. 곳곳에 민가들이 많은 주택가이기도 하며 좁은 골목이 많아 미로를 걷는 듯한 느낌이 든다. 하지만 걷다 보면 예쁜 카페나 잡화점을 만나게 되고, 워낙 작은 동네여서 금방 빠져나오게 되니 걱정할 것은 없다.

교통 지하철 타니마치선 나카자키초中崎町역(T19) 2번이나 4번 출구로 나가면 된다. 또는 한큐 오사카 우메다大阪梅田역(HK01)에서 도보 10분
지도 P.8-C

나카자키초 ★★
中崎町

개성 있는 카페가 가득한 빈티지한 동네
우메다에서 지하철로 1개 역 거리임에도, 우메다의 번화한 분위기를 전혀 찾아볼 수 없는 지역이다. 오사카의 옛 모습이 많이 남아 있어 일본인들의 향수를 불러일으키는 이곳은 오래된 민가를 개조해 만든 카페나 숍이 골목골목

컵라면 박물관 ★★
Cupnoodles Museum

나만의 오리지널 컵라면을 만들어보자
일본의 유명 라멘 브랜드인 닛신이 운영하는 컵라면 전문 박물관. 1958년 안도 모모후쿠(1910~2007)는 오사카 자택 뒤뜰에 작은 오두막을 짓고, 밤낮으로 연구를 거듭한 끝에 세계 최초의 인스턴트 라면인 '치킨 라멘'을 발명했고, 1971년에는 세계 최초의 컵라면 '컵누들'을 발명했다. 전시관에는 인스턴트 라면과 컵라면이 발달된 변천사를 당시의 라멘 패키지와 함께 보기 쉽게 전시하고 있다.

이곳에서 가장 인기 있는 것은 나만의 컵라면 만들기 체험(500엔)이다. 직접 컵에 그림을 그려 디자인하고, 원하는 수프와 토핑을 넣을 수 있다.

※공사로 2023년 현재 임시 휴관(2024년 2월 개관 예정)

주소 池田市満寿美町8-25 전화 072-752-3484
개관 09:30~16:30(입장 마감 15:30)
휴무 화요일(공휴일이면 다음 날), 연말연시
요금 입장 무료, 컵라면 제작 체험 500엔
홈페이지 www.cupnoodles-museum.jp/ja/osaka_ikeda 교통 한큐 오사카우메다大阪梅田역(HK01) 4~6번 플랫폼에서 타카라즈카선宝塚線 급행으로 환승, 이케다池田역 하차(18분 소요, 280엔). 마스미초満寿美町 방면 출구에서 도보 5분.
지도 P.2-A

카츠오지
勝尾寺 ★

절 곳곳에 숨겨진 달마를 찾아라

727년 창건된 고야산 진언종 사찰로, 26만 ㎡의 넓은 경내는 아름다운 산으로 둘러싸여 있어 풍광이 무척 아름답다. 이곳은 '인생의 모든 것에서 이긴다'는 승운을 준다는 달마 인형을 봉납할 수 있는데, 경내 곳곳에 작고 귀여운 달마 인형이 여기저기 놓여 있어서 이를 찾아보며 경내를 산책하는 재미가 있다.

단풍 명소로도 유명한데, 이 시기에는 저녁에 라이트업 행사가 펼쳐진다. 버스 편수가 적으므로 반드시 운행 시간을 미리 확인하고 갈 것.

주소 箕面市粟生間谷2914-1
전화 072-721-7010
개방 일~금 08:00~17:00, 토 08:00~18:00
요금 500엔 홈페이지 www.katsuo-ji-temple.or.jp
교통 지하철 미도스지선(키타오사카 급행北大阪急行) 센리추오千里中央역 앞 4번 버스 정류장에서 한큐버스 29번 탑승(3분 소요). 카츠오지 도착 즉시 돌아가는 버스의 시간을 확인한다. 보통 약 1시간 30분 후 돌아가는 버스(29번)가 출발한다.

한큐버스 29번 운행 시간표(센리추오 출발 시간)

평일	09:10, 11:15, 14:15
토 · 일 · 공휴일	09:00, 09:55, 10:55, 12:10, 13:10, 14:45

※2023년 11월 기준. 현지 사정에 따라 달라질 수 있으니 정류장의 시간표를 확인할 것.

미노오 폭포
箕面大滝

단풍 명소로 유명

오사카 시내에서 전철로 30분이면 도착하는 미노오 공원. 봄과 여름에는 푸르른 녹음이, 가을에는 단풍이 아름다운 숲속 공원이다. 삼림욕을 즐기며 위쪽으로 걸어 올라가다 보면 미노오 폭포를 만나게 된다. 연간 200만 명이 방문하는 미노오 폭포는 낙차가 33m로 특히 단풍철에 주변 풍경이 절정을 이룬다.
공원 주변에서는 이 지역 명물인 단풍잎 튀김과 미노오 맥주를 맛볼 수 있다.

주소 箕面市箕面公園2-2
교통 한큐 오사카우메다大阪梅田역(HK01)에서 미노

오행 열차로 34분(270엔). 또는 타카라즈카행 급행 열차로 이시바시한다이마에石橋阪大前역에 내린 후, 미노오행 열차로 환승(총 30분, 510엔). 한큐 미노오箕面역 하차 후 도보 50분

SPECIAL
Page

요도야바시에서 오사카성까지

물의 도시 오사카 200% 즐기기

오사카 키타 지역의 남쪽을 가로지르는 도지마 강과 토사보리강. 그 중앙에 자리한 나카노시마섬과 강변은 공원으로 조성되어 있어 오사카 시민들의 휴식 장소이자 산책로의 역할을 톡톡히 하고 있다. 강 주변으로는 역사 깊은 근대 건축물이 다수 자리하여 아름다운 도시 경관의 일부가 되고 있다.

복잡한 도심을 잠시 벗어나 시원한 강바람을 맞으며 산책을 즐기는 것도 좋고 강변 카페에 앉아 풍경을 감상하며 커피를 한잔 마셔도 좋다. 주변 경관을 편안히 감상할 수 있는 크루즈도 운영되고 있으니 색다른 오사카의 풍경을 보고 싶다면 한번 시도해 보자.

교통 지하철 미도스지선(M17) · 케이한 전철(KH01) 요도야바시淀屋橋역, 지하철 사카이스지선(K14) · 케이한 전철(KH02) 키타하마北浜역, 지하철 요츠바시선 히고바시肥後橋역(Y12) 등에서 하차

{ 다양한 크루즈 즐기기 }

수상버스 아쿠아라이너
水上バスアクアライナー

강을 따라 즐기는 오사카 산책

오사카성에서 출발해 나카노시마, 텐진바시를 거쳐 다시 오사카성으로 돌아오는 관광 크루즈. 몇 개의 다리를 지나며 역사가 숨쉬는 오사카의 명소와 옛 성터 도시의 흔적을 발견할 수 있는 코스로 운행된다. 배의 천장이 유리로 되어 있어 풍경을 감상하기 좋고, 비가 와도 문제 없다. 배는 오사카성 선착장에서 탄다.

주소 大阪市中央区大阪城3
전화 0570-03-5551
홈페이지 suijo-bus.osaka/intro/aqualiner
운행 10:15, 11:00, 11:45, 12:30, 13:15, 14:00, 14:45,
15:30, 16:15
휴무 부정기
요금 1700엔
지도 오사카성 선착장 P.12-D

오사카 덕투어
大阪ダッグツアー

수륙양용버스를 타고 오사카 투어

버스에서 배로 변하는 수륙양용버스를 타고
오사카 시내 중심에서 오사카성 주변을 돌아
본다(90분 소요, 겨울철은 75분 소요). 사쿠라
노미야 공원부터는 강으로 들어가 나카노시마
공원 부근까지 배로 운행된다. 홈페이지에서
예약 필수.

주소 大阪市中央区北浜東1-2 川の駅はちけんや
전화 06-6941-0008
운행 09:10, 10:45, 13:00, 14:35, 16:20, 12/1~3/19은
10:00, 11:20, 13:20, 14:40
요금 3700엔(12/1~3/19는 3000엔)
홈페이지 www.japan-ducktour.com/osaka/
타는 곳 케이한 전철 텐마바시天満橋역(KH03) 17번
이나 18번 출구에서 바로

오후네 카모메 御船かもめ

소규모 인원으로 즐기는 뱃놀이
크루즈라기보다는 뱃놀이라는 말이 어울리는
소형 배를 타고 유유히 강을 유람하는 코스.
탑승 인원이 적기 때문에 프라이빗하게 배를
빌린 듯한 느낌이 든다.
낮 코스와 밤 코스가 있으며, 간단히 아침을
먹으며 유람하는 브렉퍼스트 크루즈도 있다.
홈페이지에서 사전 예약 필수.

주소 大阪市中央区天満橋京町1-1
운행 토·일 브렉퍼스트 코스 08:20, 10:20 낮 코스
12:20, 14:20, 16:20 밤 코스 18:20, 20:20
요금 4200엔~
홈페이지 www.ofune-camome.net
타는 곳 케이한 전철 텐마바시天満橋
역(KH03) 17번이나 18번 출구에서
바로

일본에서 가장 긴 상점가

텐진바시스지 상점가
天神橋筋商店街

먹으며 구경하며 걷기 좋은 상점가

직선 2.6km에 달하는 길고 긴 아케이드 상점가에 600여 개의 상점과 식당이 끝없이 늘어서 있는 텐진바시스지 상점가. 남쪽의 미나미모리마치南森町역 부근에서 시작하여 북쪽의 텐진바시스지로쿠초메天神橋六丁目역 부근까지 이어진다. 이 구간만 해도 1.47km로 걸어서 20분, 구경하며 걸으면 그 이상을 잡아야 한다. 상점가는 1초메~7초메로 나눠지는데, 이를 구분하기 위해 아케이드 천장에 각기 다른 색깔의 도리이를 매달아 놓은 것이 재미있다.

교통 지하철 사카이스지선(K13)·타니마치선(T21) 미나미모리마치南森町역 3번 출구에서 바로, 또는 지하철 사카이스지선(K11)·타니마치선(T18) 텐진바시로쿠초메天神橋六丁目역 8번 출구에서 바로
지도 P.8-F

상점가별로 색색의 도리이를 천장에 매달아 놓았다.

나카무라야 中村屋

하루 3천 개가 팔리는 인기 고로케 가게. 작은 가게지만, 현지인들이 많이 찾아온다(테이크아웃만 가능). 명물 고로케 名物コロッケ 90엔, 민치카츠ミンチカツ 150엔.

나카무라야의
명물 고로케

주소 大阪市北区天神橋2-3-21
전화 06-6351-2949 **영업** 09:00~18:30
휴무 일·공휴일 **카드** 불가 **교통** 지하철 타니마치선
(T21)·사카이스지선(K13) 미나미모리마치南森町역
4-B 출구에서 도보 1분

오사카 텐만구 大阪天満宮

학문의 신인
스가와라 미치
자네를 모시는
신사. 매년 수
험생의 합격을
비는 참배객들
이 많이 찾아온다. 매년 7월 24~25일에는 일
본의 3대 마츠리 중 하나인 텐진 마츠리天神
祭가 열리는 것으로도 유명하다.

주소 大阪市北区天神橋2-1-8
전화 06-6353-0025 **개방** 09:00~17:00
휴무 무휴 **요금** 무료
홈페이지 tenjinsan.com
교통 지하철 타니마치선(T21)·사카이스지선(K13) 미
나미모리마치南森町역 4-B번 출구에서 도보 4분

키즈 플라자 오사카
Kids Plaza Osaka

어린이들이 놀면서
배울 수 있도록 만
든 체험형 박물관.
1~5층의 다양한
체험관에서 놀이를
통해 창의력과 개
성을 키울 수 있다.

주소 大阪市北区扇町2-1-7
전화 06-6311-6601
개관 09:30~17:00, 입장은 폐관 45분 전까지
휴무 둘째·셋째 월요일(공휴일이면 다음 날,
8월은 넷째 월요일), 12/28~1/2, 임시 휴관 있음
요금 성인 1400엔, 초·중학생 800엔, 유아 500엔
홈페이지 www.kidsplaza.or.jp
교통 지하철 사카이스지선 오기마치扇町역(K12) 2번
출구에서 바로

하루코마 본점 春駒

오픈 직후부터 줄을 서는 인기 스시집. 저렴
한 가격 대비 훌륭한 맛이 인기 비결이다. 오
사카 중앙도매시장에서 그날 들여온 신선한
재료만을 사용한다. 접시당 150엔~.

주소 大阪市北区天神橋5-5-2
전화 06-6351-4319

영업 11:00~21:30(재료 소진 시 폐점) **휴무** 화요일
카드 가능
교통 지하철 타니마치선 텐진바시스지로쿠초메天神
橋筋六丁目역(T18) 12번 출구에서 도보 3분

아이와 함께 가기 좋은 가족 체험 공원

엑스포 시티
EXPOCITY

니프렐의 새로운 마스코트인 백호

니프렐의 Wonder Moments.
우주에서 지구를 바라보는 듯한 신기한 경험

반파쿠 기념공원 옆에 자리한 초대형 복합 상업 시설이다.

마치 살아 있는 동물의 세계 속으로 들어간 듯한 체험형 수족관인 니프렐NIFREL, 높이 123m로 일본 최고 높이의 대관람차 오사카 휠OSAKA WHEEL, 원스톱 쇼핑과 식사를 즐길 수 있는 대형 몰인 라라포트LaLaport, 엔터테인먼트형 스포츠 시설인 VS 파크, 영화관 등이 자리해 하루 종일 시간을 보낼 수 있을 만큼 즐길 거리가 다양하다. 데이트하는 연인과 아이가 있는 가족들이 즐겨 찾는다.

주소 吹田市千里万博公園2-1
전화 06-6170-5590
영업 니프렐 10:00~18:00(입장 마감 17:00), 오사카 휠 11:00~20:00, 라라포트 11:00~22:00
요금 니프렐 2200엔, 오사카 휠 1000엔 ※오사카 휠은 오사카주유패스 무료
홈페이지 www.expocity-mf.com
교통 지하철 우메다梅田역에서 미도스지선으로 19분, 센리추오千里中央역에서 오사카 모노레일로 환승해 6분, 반파쿠키넨코엔万博記念公園역 하차. 역에서 도보 2분 **지도** P.2-B

오사카 시민들의 피크닉 장소

반파쿠 기념공원
万博記念公園

생명의 나무

1970년 엑스포가 열렸던 부지를 활용해 조성한 대규모 공원. 일본 벚꽃 명소 100선에 꼽히는 곳이기도 하다. 볼거리는 크게 자연문화원, 태양의 탑, 일본정원이 있다. 당시 세워진 태양의 탑은 반파쿠 기념공원의 상징으로, '동양의 피카소'라 불리는 화가 오카모토 타로가 디자인했다. 극장판 〈짱구는 못말려〉에도 배경으로 등장해 화제가 되기도 했다. 탑 내부에서는 생명의 진화 과정을 형상화한 41m 높이의 조형물 '생명의 나무'를 비롯해 개성 있는 전시를 감상할 수 있다. 관람은 홈페이지에서 사전 예약 필수.

주소 吹田市千里万博公園
개방 09:30〜17:00(입장 마감 16:30), 태양의 탑 내부 10:00〜17:00
휴무 수요일(공휴일이면 다음 날), 4/1〜골든위크와 10〜11월은 무휴
요금 태양의 탑 내부+자연문화원+일본정원 공통권 930엔, 오사카주유패스 무료(단, 태양의 탑은 개별 요금 720엔)
홈페이지 www.expo70-park.jp
교통 오사카 모노레일 반파쿠키넨코엔万博記念公園역에서 육교를 건너면 바로 **지도** P.2-B

여성 가극단과 아톰의 고향

타카라즈카
宝塚

무코강이 가로지르는 효고현의 도시, 타카라즈카. 이 평범한 도시를 특별하게 만드는 것은 두 가지. 바로 타카라즈카 가극단과 테즈카 오사무이다.

타카라즈카는 타카라즈카 가극단의 본거지다. 간사이 지역의 전철회사 한큐의 창업자가 만든 타카라즈카 가극단은 창단 100년의 역사를 자랑하는 극단으로, 일왕 부부도 자주 공연장을 찾을 만큼 일본에서 전국적인 인기를 누리고 있다. 독특한 점은 모든 배우가 미혼 여성이라는 것. 당연히 극의 남성 역할도 모두 여성이 맡는다. 뮤지컬과 레뷰 쇼를 공연하는 배우들은 '타카라젠느' 또는 '젠느'라고 불리며 인기를 누리고 있다. 타카라즈카와 도쿄 2곳에 전용 극장을 갖고 있으며 1년에 9개 작품을 무대에 올린다.

타카라즈카의 또 하나의 자랑은 바로 일본 만화의 신이라 불리는 만화가 테즈카 오사무手塚治虫(1928~1989)이다. 그는 오사카에서 태어났지만 타카라즈카에서 어린 시절을 보냈다. 당시 빠르게 개발되어 가던 도시의 풍경이 그의 작품 세계에 영향을 끼쳤다고 알려져 있다. 〈우주 소년 아톰〉의 팬이라면 아톰의 아버지인 테즈카 오사무의 기념관에서 일본 애니메이션의 기초를 다진 그의 작품과 세계관을 살펴보며 즐거운 시간을 보낼 수 있다.

교통 한큐 오사카우메다大阪梅田역(HK01) 4~5번 플랫폼에서 타카라즈카행 급행을 타고 33분 소요(요금 280엔), 한큐 타카라즈카宝塚역(HK56)에서 하차.

하나노 미치 花の道

푸르른 녹음이 아름다운 산책로

'꽃의 길'이라는 의미를 가진 산책로. 한큐 타카라즈카역에서 타카라즈카 대극장과 테즈카 오사무 기념관으로 가는 길이 된다. 좁은 길 양쪽으로 가로수가 가득 심어져 있어 녹색의 터널을 이루며, 곳곳에 가극단과 관련된 동상이 서 있다. 길 옆에는 유럽풍의 쇼핑몰 하나노미치 세루카가 있는데, 상점과 식당 등 18개의 가게가 있다.

교통 한큐 타카라즈카宝塚역(HK56)에서 타카라즈카 대극장 가는 길

타카라즈카 대극장 宝塚大劇場

전원 여성이 연기하는 뮤지컬

타카라즈카 가극단의 공연은 완성도가 높은 것으로 유명하다. 배우들의 화려한 의상과 무대 연출도 또 하나의 볼거리다. 〈베르사이유의 장미〉, 〈엘리사벳〉, 〈닥터 지바고〉, 〈은하영웅전설〉, 〈루팡 3세〉 등 공연의 스펙트럼도 무척 넓다. 공연은 1월 1일부터 시작해 1년에 9개 작품을 무대에 올리며, 각 공연은 한 달 정도 진행된다. 예매는 홈페이지에서 할 수 있는데, 표 구하기가 쉽지 않으니 미리 준비해야 한다.

주소 宝塚市栄町1-1-57
전화 0570-00-5100
홈페이지 kageki.hankyu.co.jp/english/
교통 한큐 타카라즈카宝塚역(HK56)에서 도보 5분

테즈카 오사무 기념관
手塚治虫記念館

우주소년 아톰을 만나러 가는 여행

추억의 애니메이션 〈우주소년 아톰〉을 기억하는지. 환경 보호의 중요성과 인간의 가치를 만화 속에 투영시킨 테즈카 오사무는 〈우주소년 아톰〉 외에 〈밀림의 왕자 레오〉, 〈불새〉, 〈리본의 기사〉 등 수많은 명작을 남겨 일본 만화의 아버지라 불린다.
3개 층으로 이뤄진 그의 기념관에는 일본어·영어·한글판 만화책과 만화 창작 과정 체험 코너, 캐릭터 상품, 작품 관련 자료 등을 다양하게 전시하고 있다.

주소 宝塚市武庫川町7-65
전화 0797-81-2970
개관 09:30~17:00(입장 마감 16:30)
휴무 월요일(공휴일은 개관), 12/29~12/31, 2월 말
요금 700엔
홈페이지 www.city.takarazuka.hyogo.jp/tezuka/
교통 한큐 타카라즈카宝塚역(HK56)에서 도보 7분

restaurant

키타의 맛집

토요테이
東洋亭

1897년 창업한 100년 전통의 양식집

교토와 오사카에 8개 지점을 둔 유명 양식집
이다. 이 집의 간판 메뉴는 토요테이 햄버그스
테이크東洋亭ハンバーグステーキ(1380엔). 오
후 5시까지는 완숙토마토 샐러드가 함께 나오
는 런치 세트(1580엔~)로 판매한다.
알루미늄 포일에 싸여 뜨거운 철판 위에 올려
져 나오는 토요테이 햄버그스테이크는 부드럽
고 육즙이 풍부하며, 깊고 진한 맛의 오리지널
소스가 뿌려져 풍미를 더한다.

주소 大阪市北区角田町8-7
전화 06-6313-1470
영업 11:00~22:00(주문 마감 21:00)
휴무 부정기 카드 가능
홈페이지 www.touyoutei.co.jp

교통 지하철 미도스지선 우메다梅田역(M16) 하차.
11~18번 출구 방향 개찰구로 나와 왼쪽. 한큐 백화점
12층 **지도 P.11-I**

츠키지 식당 겐짱
築地食堂源ちゃん

가성비 갑의 해산물 전문점

매일 새벽 어시장에서 들여오는 신선한 해산
물을 맛볼 수 있는 데다 가성비까지 좋다. 대
표적인 카이센동 메뉴인 카이센 겐짱동海鮮
源ちゃん丼(1290엔)을 비롯해 19종의 생선회,
해산물 토핑의 오차즈케, 덮밥, 조림, 튀김 등

의 정식 메뉴까지 해산물을 좋아하는 사람이
라면 다양한 메뉴를 골라 먹을 수 있다. 280엔
부터 시작하는 안주 메뉴도 다양하니 술 한잔
하러 들르기에도 딱이다.

주소 大阪市北区梅田3-1-3
전화 06-6151-2691
영업 11:00~23:00 휴무 부정기
카드 가능 홈페이지 genchan.jp
교통 JR 오사카大阪역에서 바로, 루쿠아 지하 2층
지도 P.10-E

레브레소
Le Bresso

16가지 오픈토스트를 골라 먹는 재미

갓 구워낸 쫀득하면서 감칠맛
과 단맛이 있는 식빵을 두
껍게 썰어 그 위에 다
양한 토핑을 얹어주는
오픈토스트 전문점이
다. 심플한 버터토스트부
터 과일이나 채소 등을 듬뿍 얹어
주는 토스트, 달달한 디저트용 토스트까
지 취향에 따라 골라 먹을 수 있다. 아점을 먹
으러 가기에도 좋고 간식으로 즐기기에도 딱
이다. 토스트 330~650엔.

주소 大阪府大阪市北区大深町4-1
전화 06-6292-5460 영업 10:00~21:00
휴무 부정기 카드 가능
홈페이지 lebresso.com

교통 JR 오사카大阪역에서 바로, 그랜드 프론트 오
사카 우메키타 광장 지하 1층
지도 P.10-E

타코노 테츠
蛸之徹

주소 大阪市北区角田町1-10
전화 06-6314-0847
영업 11:30~23:00 휴무 부정기 카드 불가
홈페이지 takonotetsu.co.jp
교통 지하철 미도스지선 우메다梅田역(M16)
2번 출구에서 도보 3분 지도 P.10-F

직접 만들어 먹는 타코야키

오사카의 명물 음식인 타코야키를 직접 만들
어 먹으며 즐거운 경험을 할 수 있는 곳으로
인기가 높다. 창업 때부터 유지해 온 자체 기
술의 반죽과 교토의 특산물인 쿠조 파, 회로
먹어도 될 만큼 싱싱한 생물 문어를 매일 들여
와 사용한다. 만드는 방법은 영어 안내문에 나
와 있으며, 직원의 도움도 받을 수 있다. 타지
않도록 불 조절을 하고, 꼬챙이로 계속 굴려주
는 것이 포인트! 타코야키 720엔, 오코노미야
키 950엔~, 야키소바 790엔.

겐미안
玄三庵

영양사가 만든 자연식 카페

일본 전역에서 엄선된 최상급 식재료 39가지가 들어간 건강 식단을 선보이는 곳이다. 추천 메뉴는 메인 채소 요리와 반찬 3가지, 현미밥, 된장국이 나오는 39품의 건강 정식39品の健康定食(런치 1270엔, 디너 1510엔). 신선한 제철 재료를 사용하므로 매일 메뉴는 달라지며, 600kcal가 되도록 식단을 구성해 건강에도 좋

다. 밥과 된장국은 리필 가능하다. 그 외 덮밥이나 카레, 디저트, 음료도 있다.

주소 大阪市北区梅田1-3-1
전화 06-4795-2215
영업 11:30~21:00(토 · 공휴일 11:30~18:00)
휴무 일요일 카드 불가
홈페이지 www.genmian.lunch-box.jp
교통 JR 키타신치北新地역 11-4
출구에서 도보 1분
지도 P.11-K

쿠시카츠 카츠
串かつ料理 活

한 단계 업그레이드된 쿠시카츠

1960년 창업해 오사카 시내에 7개 지점을 운영하는 인기 쿠시카츠 식당. 빈티지하면서 중후한 분위기의 식당에서 식사로 안주로 쿠시카츠를 맛볼 수 있다. 해산물과 채소, 고기 등 고급 제철 재료를 꼬치에 꽂아 바삭하게 튀겨내는 쿠시카츠는 개당 154엔부터 시작한다. 점심에는 쿠시카츠 10개에 샐러드, 반찬, 국, 밥까지 나오는 세트 메뉴인 카츠고젠活御膳(2100엔)을 추천한다.

주소 大阪市北区芝田1-1-3 전화 06-6372-8714
영업 11:00~22:00 휴무 오본 카드 가능
홈페이지 kushikatsuryori-katsu-sanbangai.com

교통 한큐 오사카우메다大阪梅田역(HK01)에서 연결, 한큐 삼번가 남관 지하 2층
지도 P.10-F

토리헤이
とり平

샐러리맨들이 사랑하는 꼬치구이집

1952년 창업한 이래 3대에 걸쳐 가게를 운영하고 있는데, 현재 젊은 주인장은 강력한 숯불에 직화하여 적당한 굽기 정도를 조절하는 선대의 방식을 고수하고 있으며 재료 선택에도 매우 까다롭다고 한다. 그래서인지 이 집의 꼬치구이는 숯불 향이 은근히 나면서 육즙이 살아 있고 육질도 부드럽다.

자리에 앉으면 우선 음료부터 주문하자. 곧 오리고기 꼬치구이와 껍질 꼬치구이合鴨の身と皮가 기본 메뉴로 제공된다(자릿세 1인 500엔). 파, 양파의 상큼한 맛과 달짝지근한 양념 맛까지 어우러져 무척 맛있다. 오리고기 냄새는 전혀 없으니 걱정하지 말 것.

가장 기본 메뉴이면서 인기 있는 것은 야키토리やきとり(220엔). 닭고기에 달콤 짭조름한 양념을 발라 구운 것이다. 닭 염통을 강한 화력에 구워 육질이 부드러운 네오돈돈ネオドンドン(220엔), 반숙한 메추리알과 달

갈노른자에 양념을 발라 구운 네오고르도다이야ネオゴールドダイヤ(2개, 550엔), 닭똥집구이 스나즈리砂ズリ(220엔) 등도 맛있다.

주소 大阪市北区角田町9–26 전화 06–6312–6024
영업 월~금 16:00~22:30, 토 12:00~22:00
휴무 일요일 카드 가능 홈페이지 www.torihei.com
교통 지하철 미도스지선 우메다梅田역(M16) 6번 출구로 나와 바로 오른쪽. 신우메다 쇼쿠도가이新梅田食道街 1층. 입구의 안내도에서 12호 위치를 확인.
지도 P.10-F

코하쿠
赤白

저렴하고 맛있는 캐주얼 와인 바

부담 없는 글라스 와인 가격, 훌륭한 음식, 오픈 키친을 갖춘 세련되면서도 캐주얼한 비스트로 겸 와인 바이다. 카운터석만 있다 보니 1~2인이 방문하기 좋은 분위기로, 낮술, 혼술도 문제 없다. 프렌치 스타일을 가미한 오코노미야키, 야키소바, 오뎅, 스테이크를 비롯해

철판요리도 다양하게 즐길 수 있다. 글라스 와인 418엔~, 요리 209엔~.

주소 大阪市北区芝田1–1–3
전화 06–6376–5089 영업 11:00~23:00
휴무 부정기 카드 불가
교통 한큐 오사카우메다大阪梅田역(HK01)에서 바로. 한큐 삼번가阪急三番街 북관 1층 지도 P.10-F

하나다코
はなだこ

파를 듬뿍 얹은 타코야키가 별미

신우메다 쇼쿠도가이 입구에 위치한 가판대 형식의 타코야키 가게. 언제나 손님들로 북적거리며, 퇴근길의 직장인들도 즐겨 찾는다. 이곳은 냉동이 아닌 신선한 문어를 사용하기 때문에 문어 본연의 탱탱한 식감과 맛을 느낄 수 있다.

가장 인기 있는 메뉴는 네기마요ねぎマヨ(6개 640엔). 타코야키 위에 싱싱한 파를 듬뿍 얹고 마요네즈를 뿌려준다. 다른 소스를 뿌리지 않

기 때문에 타코야키 본연의 맛을 즐길 수 있고 파가 느끼한 맛을 잡아주어 깔끔하다. 바삭하고 고소한 센베이 과자 사이에 타코야키 2개가 들어 있는 타코센たこせん(220엔)도 있다.

주소 大阪市北区角田町9-26
전화 06-6361-7518 영업 10:00~22:00
휴무 무휴 카드 불가 교통 지하철 미도스지선 우메다梅田역(M16) 6번 출구로 나와 바로 오른쪽. 신우메다 쇼쿠도가이新梅田食道街 입구.
지도 P.10-F

타코센

잇푸도
一風堂

일본 전국에 체인을 가진 하카타 라멘집

전국적으로 유명한 하카타 라멘 전문점. 가장 인기 있는 돈코츠 라멘은 시로마루 모토아지白丸元味(820엔). 뽀얀 국물이 구수하고 쫄깃한 생면의 식감도 좋다. 테이블에 준비된 마늘을 넣으면 좀 더 깔끔한 맛을 즐길 수 있다. 여기에 매콤한 된장 소스를 더한 아카마루 신아

지赤丸新味(920엔)가 우리 입맛에는 좀 더 잘 맞는다. 면 추가를 원하면 '카에다마替玉(150엔, 소량 추가 100엔)'라고 말하자. 한글 메뉴 제공.

주소 大阪市北区角田町6-7 전화 06-6363-3777
영업 11:00~다음 날 03:00(금·토·공휴일 전날은 다음 날 04:00까지)
휴무 연말연시 카드 불가
홈페이지 www.ippudo.com
교통 지하철 미도스지선 우메다梅田역(M16) 6번 출구에서 도보 6분 지도 P.10-F

스시마루
すしまる

서서 먹는 스시 바

지하상가의 숨은 초밥 맛집. 저렴한 가격에 생 굴과 와인, 초밥을 모두 즐길 수 있는 스탠딩 스시 바이다. 가게가 무척 작지만 스탠딩이라서 회전율이 괜찮은 편이다. 굴에는 타바스코, 소금, 레몬 등 곁들일 소스를 선택할 수 있다. 신선한 생선으로 만드는 초밥은 현지인 단골들이 엄지손가락을 치켜들 만큼 맛이 좋다. 굴 220엔, 초밥 110엔~, 글라스 와인 550엔.

휴무 부정기 카드 불가
교통 한큐 오사카우메다大阪梅田역(HK01)에서 도보 3분, 한큐 그랜드 빌딩 지하 1층 **지도 P.10-F**

주소 大阪市北区角田町8-8
전화 06-6312-1139 영업 11:00~22:00

하카타 오오야마
博多 おおやま

구수한 맛의 곱창전골

후쿠오카의 대표 음식 중 하나인 모츠나베 전문점. 이미 후쿠오카에서 일본인과 한국인들에게 인기가 높은 식당이다. 모츠나베는 맵지 않은 곱창전골로, 소의 소장만 사용하며 육질이 부드럽고 부추와 양배추, 마늘을 듬뿍 넣어 구수한 맛이

일품이다. 국물은 3가지(된장みそ, 간장しょう油, 닭 육수水炊き風) 중에서 고를 수 있으며, 된장 국물이 가장 인기 있다.
양이 부족하면 요금을 추가하고 곱창이나 채소, 면 등을 추가할 수 있다. 모츠나베もつ鍋(2인부터 주문 가능) 1인분 1793엔, 짬뽕면 308엔, 죽 628엔.

주소 大阪市北区梅田3-1-3
전화 06-6151-1411
영업 11:00~23:00(런치 16:00까지)
휴무 부정기 카드 가능
홈페이지 www.motu-ooyama.com
교통 JR 오사카大阪역에서 바로, 루쿠아 이레 10층
지도 P.11-H

다이마츠
大衆 焼肉ホルモン 大松

주소 大阪市北区曾根崎2-8-15
전화 06-6131-0787
영업 일~목 12:00~22:45, 금·토 12:00~다음 날
05:00 휴무 부정기 카드 가능
교통 지하철 타니마치선 히가시우메다東梅田역
(T20) 7번 출구에서 도보 1분
지도 P.11-I

하이볼 한 잔이 190엔!

소고기, 돼지고기, 곱창까지 다양한 부위를 저
렴한 가격에 맛볼 수 있는 야키니쿠집. 특히
레몬사와와 하이볼이 190엔이라는 파격적인
가격이어서 근처 직장인들에게 인기 만점이
다. 고깃집다운 활기찬 분위기이면서 카운터
석과 테이블을 모두 갖춰 혼자서도 부담 없이
야키니쿠를 즐길 수 있다. 소갈비 680엔, 삼겹
살 380엔, 대창 380엔.

키타하마 아나고야
北浜あなごや

끝내주는 런치 메뉴

한때는 현지인들이 알음알음 찾아가는 숨은
맛집이었지만 미슐랭 가이드 빕구르망으로 선
정되며 유명해졌다. 바닷장어 요리 전문점인
이곳은 저녁에는 사케와 어울리는 안주용 바
다장어 요리를 선보이지만, 월~토요일 점심
에 제공되는 바닷장어덮밥(1430엔~), 바닷장
어와 새우 텐동(1430엔~)은 누구나 엄지손가
락을 치켜들 만한 별미 중의 별미. 좌석이 8석
뿐이라 웨이팅하지 않으려면 예약이 필수다.

주소 大阪市中央区平野町1-8-5
전화 050-5570-6343
영업 런치 월~토 12:00~14:00, 디너 월~금 18:00~
22:00, 토 18:00~21:30
휴무 일요일, 부정기 카드 불가
교통 지하철 사카이스지선(K14)·케이한 전철(KH02)
키타하마北浜역 5번 출구에서 도보 2분
지도 P.9-I

키르훼봉
Qu'il fait bon

신선한 제철 과일로 만든 타르트

줄 서는 시간이 아깝지 않은 최고의 과일 타르트. 오픈 직후부터 오사카 여성들의 강력한 지지를 얻고 있는 인기 디저트 숍이다.

바삭바삭한 타르트에 커스터드 크림, 카스텔라, 그 위에 과일을 가득히 얹어주는데, 과일은 최상품을 사용하여 방금 딴 듯 과즙이 풍부하고 신선하다. 항상 30여 가지 메뉴가 준비되어 있으며, 시즌마다 제철 과일을 사용한 한정 메뉴를 다양하게 선보인다. 딸기 타르트イチゴのタルト 1조각 1155엔, 계절 과일 타르트季節のフルーツタルト 1조각 1056엔.

교통 JR 오사카大阪역 중앙 북쪽 게이트中央北口에서 바로. 그랜드 프론트 오사카 남관 2층
지도 P.10-E

신선한 제철 과일을
사용한 타르트

주소 大阪市北区大深町4-20
전화 06-6485-7090
영업 11:00~21:00 휴무 부정기
카드 가능 홈페이지 www.quil-fait-bon.com

오 바카날
AUX BACCHANALES

노천 카페에 앉아 여유를 부리고 싶을 때

파리 본고장의 요리와 분위기를 재현한 카페 겸 레스토랑으로, BGM으로는 언제나 프랑스어가 들려온다. 간단히 커피나 디저트를 즐길 때는 여유로운 노천 테이블이 좋고, 식사를 한다면 파리 스타일 인테리어의 내부 테이블이 좋다. 맥주나 샴페인 등 주류도 갖추고 있다. 매일 달라지는 3~4종의 메뉴 중에서 고를 수 있는, 오늘의 런치Dejeuner du jour(11:30~ 14:00)는 1180엔~, 커피 330엔~, 디저트 690엔~.

주소 大阪市北区大深町4-20

전화 06-6359-2722 영업 11:00~22:30
휴무 부정기 카드 불가
홈페이지 www.auxbacchanales.com
교통 JR 오사카大阪역 중앙 북쪽 게이트中央北口에서 바로. 그랜드 프론트 오사카 남관 1층
지도 P.10-E

테이블석과 카운터석이 있다.

킨키대학 수산연구소
近畿大学水産研究所

당일 들여온 신선한 참치회가 인기

줄 서서 먹는 참치요리 전문점. 킨키대학 수산연구소에서 세계 최초로 완전 양식에 성공한 참치를 비롯해 직접 양식한 어류를 소비자에게 제공하는 전문 음식점이다.

가격대가 높은 편이지만 품질 좋고 신선한 참치 맛으로 영업 시작 30~40분 전부터 줄을 길게 서야 할 정도로 인기몰이 중이다. 당일 입수된 신선한 재료만 사용하므로 재료가 떨어지면 영업을 끝낸다.

런치 때는 품질 좋은 참치회 요리를 좀 더 저렴하게 먹을 수 있다. 반찬과 된장국, 달걀찜이 함께 나오는 킨다이 참치회 3종 덮밥近大マグロ三昧重(3200엔)이나 밥, 반찬, 된장국이 함께 나오는 킨키대학 생선회 세트近大お刺身ご膳(2700엔)를 추천한다. 저녁에는 참치와 생선회(3400엔~)를 비롯해 다양한 해산물 요리와 안주류(650엔~)를 맛볼 수 있으며, 사람이 몰릴 수 있으니 예약을 추천한다. 저녁에는 기본 안주를 제공하며, 자릿세로 1인당 550엔을 부과한다는 것을 알아둘 것.

주소 大阪市北区大深町3-1
전화 06-6485-7103
영업 11:00~15:00, 17:00~23:00(폐점 1시간 전 주문 마감) 휴무 부정기
카드 가능 홈페이지 kindaifish.com
교통 JR 오사카大阪역 중앙 북쪽 게이트中央北口에서 바로, 그랜드 프론트 오사카 북관 6층
지도 P.10-B

킨키대학 참치회와 특선 생선회 모듬

히츠마부시 나고야 빈초
ひつまぶし 名古屋 備長

강추

나고야의 명물 장어덮밥

색다른 방식으로 즐기는 장어덮밥 전문점. 나고야의 명물인 히츠마부시는 달콤짭짤한 간장 양념을 잘 바른 후 겉은 바삭하게 속은 부드럽게 구운 장어를 먹기 좋게 잘라 밥 위에 올린 음식이다. 장어덮밥 그대로 맛본 다음 파와 고추냉이를 섞어 먹어보고, 마지막으로 국물을 부어 오차즈케까지. 다채롭게 즐기는 재미가 있다.
히츠마부시ひつまぶし 3850엔, 생맥주 530엔~, 니혼슈(1병) 850엔~.

주소 大阪市北区大深町4-20
전화 06-6371-5759
영업 11:00~15:00(주문 마감 14:30), 17:00~23:00(주문 마감 20:30) 휴무 부정기
카드 가능 홈페이지 hitsumabushi.co.jp
교통 JR 오사카大阪역 중앙 북쪽 게이트中央北口에서 바로. 그랜드 프론트 오사카 남관 7층
지도 P.10-E

돈운다. 카츠샌드와 새우튀김, 고로케, 햄버그스테이크 등이 다양하게 나오는 어린이 메뉴 お子様ランチ(960엔)가 있으니 아이가 있는 가족에게도 추천한다.

주소 大阪市北区梅田3-1-3
전화 06-6151-1463 영업 11:00~23:00
휴무 부정기 카드 가능
홈페이지 mai-sen.com
교통 JR 오사카大阪역에서 바로, 루쿠아 이레 10층
지도 P.11-H

돈카츠 마이센
とんかつまい泉

겉바속촉의 정석

1965년 도쿄에서 창업해 전국에 매장을 가진 돈카츠 명가. 추천 메뉴는 찻잎을 먹여 키운 고급 돼지고기로 튀겨낸 히레카츠 세트茶美豚ヒレかつ膳(점심 1100엔, 저녁 1850엔). 한입 물면 부드러운 고기에서 육즙이 촉촉하게 배어나고 고소한 돼지고기의 풍미가 입맛을

오코노미야키 유카리
お好み焼ゆかり

비법 육수로 반죽한 오코노미야키가 별미
창업 67년 된 오코노미야키 노포로, 맛의 비결
은 바로 비법 육수. 일반 재료에 표고버섯과
닭 뼈, 향채를 더해 우린 육수를 사용해 감칠
맛을 확 끌어올린다. 추천 메뉴는 삼겹살, 오
징어, 새우가 들어간 오코노미야키, 특선 믹스
야키特選ミックス焼(1450엔), 철판 야키소바
鉄板焼そば(950엔), 일본식 삼겹살 달걀말이
인 톤페이야키とん平焼(630엔). 주종이 다양
하며 특히 와인도 골고루 갖추고 있다.

주소 大阪市北区曽根崎2-14-13
전화 06-6311-0214 영업 11:00~23:00
휴무 부정기 카드 가능
홈페이지 www.yukarichan.co.jp
교통 지하철 타니마치선 히가시우메다東梅田역
(T20) 4번 출구에서 도보 1분 **지도 P.11-I**

타마고토 와타시
卵と私

폭신폭신한 수플레 오므라이스
'달걀과 나'라는 뜻의 가게 이름처럼 오믈렛을
메인으로 하는 달걀 요리 전문점이다. 가장 인
기 있는 메뉴는 수플레처럼 폭신폭신하고 입
에서 살살 녹는 오믈렛을 큼직하게 올려주는
수플레 오므라이스スフレ卵のオムライス
(1050엔). 그 외에도 옛날식 오므라이스, 수플
레 오믈렛 도리아, 수플레 오믈렛 라자냐, 팬
케이크 등 달걀을 듬뿍 사용하는 다양한 요리
를 맛볼 수 있다.

주소 大阪市北区曾根崎2-16
전화 06-6311-4800 영업 11:00~22:00
휴무 부정기 카드 가능
교통 지하철 타니마치선 히가시우메다東梅田역
(T20) 도보 1분. 화이티 우메다 지하상가에 위치
지도 P.11-I

스모브로 키친
Smørrebrød Kitchen

멋진 건축물에서 점심을
나카노시마 도서관 안에 자리한 덴마크식 브
런치 카페. '스모브로'란 북유럽 스타일의 오픈
샌드위치를 뜻하는 것으로, 이곳은 첨가물 없
이 신선한 지역 농산물로 요리하는 것을 고집
한다. 샐러드(880엔~)나 오픈 샌드위치(660
엔~)로 아침이나 점심 식사를 해도 좋고, 디
저트나 음료도 다양하니 카페로 이용해도 좋

다. 멋진 서양식 건축물 안에 북유럽 인테리어
로 꾸며진 세련된 공간이라 기분 좋은 시간을
보낼 수 있다.

주소 大阪市北区中之島1-2-10 전화 06-6222-8719
영업 일~목 09:00~17:00, 금 · 토 09:00~20:00
휴무 부정기 카드 가능
홈페이지 smorrebrod-kitchen.com
교통 지하철 미도스지선(M17) · 케이한 전철(KH01)
요도야바시淀屋橋역 18번 출구에서 도보 3분, 나카
노시마 도서관 2층 지도 P.9-I

제철 과일을 올려주는 생과일 아이스티

더 티 바이 믈레즈나
The tee by MLESNA TEA

여유롭게 즐기는 티 타임
홍차 대국 스리랑카의 티 브랜드 믈레즈나의
티 룸 겸 매장. 가격대가 높지만 홍차 마니아
라면 방문해 볼 만하다. 믈레즈나의 인기 제품
인 향 홍차는 100% 천연 과일의 과즙을 섞어
만드는데, 보통 130종류를 갖추고 있다. 오늘
의 추천 홍차를 종류를 바꿔가며 무제한 리필
해 주는 믈레즈나 티 프리Mlesna Tea Free
(1650엔), 핫케이크&티 프리 세트(2970엔)가
인기 있다.

계산대 쪽 매장에서 믈레즈나 홍차를 판매한다.

주소 大阪市北区梅田2-5-25
전화 06-6343-0220
영업 11:00~20:00(주문 마감 18:00)
휴무 부정기 카드 가능
홈페이지 www.mlesnatea-osaka.com
교통 지하철 요츠바시선 니시우메다西梅田역(Y11)
4-A 출구에서 도보 2분. 하비스 플라자 지하 1층
지도 P.11-J

콘티넨털 로열 밀크티
1296엔

앤드 아일랜드
&island

멋진 리버 뷰 카페

오사카 여성들의 SNS에서 인기를 끌고 있는 강변 카페. 강쪽으로 난 테라스 좌석에서 보이는 오사카시 중앙공회당의 풍경이 예쁘다. 마치 서퍼의 집에 놀러온 듯한 세련된 인테리어의 카페 안에서 먹는 런치 메뉴도 인기가 높다. 오후 2시까지 주문 가능한 런치 메뉴는 로스트비프 덮밥(1180엔), 클럽 샌드위치(1180엔) 등 총 6가지.

주소 大阪市北区中之島5-3-60
전화 06-6233-2010
영업 11:00〜21:00 휴무 부정기 카드 가능
교통 지하철 미도스지선(M17) · 케이한 전철(KH01)
요도야바시淀屋橋역 1번 출구에서 도보 4분
지도 P.9-I

브루클린 로스팅 컴퍼니
Brooklyn Roasting Company

뉴욕에서 온 커피 맛집

뉴욕 브루클린의 유명 커피숍이 오사카에 문을 열었다. 환경을 생각하는 원산지와 농장만을 고집하여 엄선한 개성 강한 커피를 선보인다. 테라스에서 강변과 중앙공회당의 풍경을 감상할 수 있다. 드립 커피와 에스프레소, 프렌치 프레스 등 다양한 커피(418엔〜)를 즐길 수 있다.

주소 大阪市中央区北浜1-1-9
전화 06-6125-5740 영업 월〜금 08:00〜20:00,
토 · 일 · 공휴일 08:00〜19:00
휴무 부정기 카드 가능
홈페이지 www.brooklynroasting.jp
교통 지하철 미도스지선(M17) · 케이한 전철(KH01)
요도야바시淀屋橋역 1번 출구에서 도보 4분
지도 P.9-I

옥시모론
OXYMORON

키타하마 카페 거리의 카레 맛집

국가문화재로 지정된 고택을 리노베이션한 운치 있는 공간에서 색다른 카레를 맛볼 수 있다. 가장 인기 있는 것은 일본식 키마카레和風キーマカレー(1390엔). 키마카레 위에 푸짐한 쪽파와 온천달걀을 올려주는데, 쓱쓱 비벼 먹으면 향긋한 파 향과 달걀의 부드러운 맛이 카레의 매운맛과 잘 어우러진다. 향신료가 강하지 않아 누구나 맛있게 즐길 수 있다. 매운맛은 6단계 중에서 선택할 수 있다.

주소 大阪市中央区北浜1-1-22
전화 06-6227-8544 영업 11:30~17:30
휴무 수요일(공휴일이면 다음 날) 카드 가능
홈페이지 www.oxymoron.jp
교통 지하철 사카이스지선(K14)·케이한 전철(KH02)
키타하마北浜역 26번 출구에서 도보 2분
지도 P.9-I

키타하마 레트로
北浜レトロ

강변 풍경이 아름다운 영국식 티 살롱

중요문화재로 지정된 멋진 근대 건축물을 전부 사용하는 영국풍 티 살롱. 창밖으로 나카노시마 장미정원이 보이는, 전망 좋은 강변에 위치하고 있다. 1912년 건축된 중후한 건물 내부는 영국 스타일의 귀여운 빈티지 잡화들로 가득하다. 메이드 복장의 직원들과 샹들리에, 웨지우드 찻잔 등도 분위기를 살려준다. 음료가 포함되는 샌드위치 세트(1900엔), 케이크와 스콘, 핑거 샌드위치, 음료가 나오는 애프터눈 티(3200엔)를 추천한다.

주소 大阪市中央区北浜1-1-26
전화 06-6223-5858
영업 월~금 11:00~19:00, 토·일·공휴일 10:30~19:00 휴무 연말연시, 오본

카드 불가 교통 지하철 사카이스지선(K14)·케이한 전철(KH02) 키타하마北浜역 26번 출구에서 도보 1분 지도 P.9-I

우메다의 대표적인 술집 거리

한큐히가시도리 상점가
阪急東通り商店街

남성 패션 전문 백화점인 한큐 멘즈 앞에서부터 약 450m 동서 방향으로 이어지는 아케이드 상점가. 이자카야와 야키니쿠 식당, 스페인식 바르(Bar), 가라오케 등이 수없이 늘어서 있어 저녁부터 사람들로 북적거린다. 남쪽으로는 오하츠텐진 우라산도 상점가お初天神裏参道까지 이어지는 우메다의 대표적인 술집 거리다. 직장인들이 많은 우메다이지만, 이곳만은 젊음의 열기가 넘친다. 곳곳에 라이브하우스, 취미 관련 상점 등도 있다.

교통 지하철 미도스지선 우메다梅田역(M16) 6번 또는 2번 출구에서 도보 4분

{ 추천 이자카야 }

토리키조쿠 鳥貴族

술, 안주 등 모든 메뉴가 360엔!

오사카와 도쿄에 지점을 늘려 가고 있는 야키토리焼き鳥(닭 꼬치구이) 전문 이자카야 체인. 모든 메뉴가 360엔이라는 놀라운 가격에 맛도 좋아 꾸준히 인기를 끌고 있다. 야키토리는 30여 종에 이르며 양념たれ 구이와 소금塩 구이가 있다. 그 외에도 간단한 안주류, 밥, 샐러드, 튀김, 디저트 등 다양한 메뉴를 자랑한다. 주문은 터치패드로 하며, 사진과 영어가 나오므로 크게 어려울 것은 없다.

주소 大阪市北区小松原町1-10
전화 06-6362-0285 **영업** 16:00~다음 날 04:00
휴무 12/31~1/1 **카드** 가능
홈페이지 www.torikizoku.co.jp
교통 지하철 미도스지선 우메다梅田역(M16) 2번 출구에서 도보 5분. Umeda Pal 빌딩 4층.
지도 P.11-H

아사노 니혼슈텐 우메다
浅野日本酒店UMEDA

낮술 대환영! 스탠딩 바이자 사케 전문점
일본 전국의 니혼슈(사케) 120여 종을 갖추고
있는 전문점으로, 특히 간사이 지역의 술을
다양하게 판매한다. 가게 안쪽에 술을 마실
수 있는 스탠딩 바 공간이 마련되어 있는데,
구입과 관계없이 간편하게 사케를 마시러 오
는 이들이 많다. 가장 인기 있는 메뉴는 사케
3종을 30mL씩 맛볼 수 있는 키키자케 세트
利き酒セット 800엔(평일 11:00~18:00, 토·
일·공휴일 11:00~ 16:00). 간단한 안주류
(280~500엔)도 판매하고 있다.

주소 大阪市北区太融寺町2-17
전화 06-6585-0963
영업 11:00~23:00 **휴무** 무휴 **카드** 가능
홈페이지 asano-nihonshuten.co.jp
교통 지하철 미도스지선 우메다梅田역(M16) 6번 출
구에서 도보 10분 **지도** P.8-C

타이노타이 우메다점
tainotai(鯛之鯛) 梅田店

캐주얼 레스토랑 분위기의 해산물 전문 식당
신선한 해산물 요리와 숙성 생선 요리를 둘
다 맛볼 수 있는 해산물 요리 전문점. 아카시
와 규슈에서 들여온 제철 해산물로 생선회부
터 구이, 탕, 튀김 등 맛있는 요리를 만들어낸
다. 가게가 지하에 있긴 하지만, 세련된 레스
토랑 분위기여서 젊은 층에게 인기가 높다. 이
쿠라 카이센 타마고카케동いくらと海鮮玉子
かけ丼(연어알과 생선회, 달걀노른자를 올린
덮밥, 1649엔)을 추천한다. 그 외 튀김 110엔~,
구이류 440엔~, 생선회 1080엔~.

주소 大阪市北区堂山町1-2
전화 06-6130-8865
영업 월~금 17:00~23:30, 토·일 12:00~23:30
휴무 부정기 **카드** 가능
교통 지하철 미도스지선 우메다梅田역(M16) 6번 출
구에서 도보 10분 **지도** P.8-C

가장 인기 있는 메뉴,
이쿠라 카이센 타마고카케동

shopping

키타의 쇼핑

한큐 백화점 우메다 본점
阪急うめだ本店

키타 지역 최고의 백화점

전반적으로 고급스럽고 세련된 분위기. 꼼 데 가르송, Y3, 메종 마르지엘라, 준야 와타나베, 요지 야마모토, 아크네 스튜디오 등 세계적인 명품 및 디자이너 브랜드, 일본 브랜드가 다양하게 입점해 있다. 지하 1층 식품관은 몽셰르, GOKAN 등 오사카의 유명 디저트 가게가 모여 있어 인기가 높다. 지하 1층과 1층 인포메이션에서 여권을 제시하면 할인쿠폰을 받을 수 있다(한신 백화점에서도 사용 가능).

주소 大阪市北区角田町8-7
전화 06-6361-1381

영업 10:00~20:00, 12~13층 식당가 11:00~22:00
휴무 부정기
카드 가능 홈페이지 www.hankyu-dept.co.jp
교통 지하철 미도스지선 우메다梅田역(M16) 하차.
11~18번 출구 방향 개찰구로 나와 왼쪽 방향
지도 P.10-F

다이마루 우메다점
大丸梅田店

13층의 캐릭터 매장을 주목

JR 오사카역이 있는 오사카 스테이션 시티의 사우스 게이트 빌딩에 자리한 백화점. 명품 브랜드부터 일본 로컬 브랜드까지 다양하게 갖추고 있으며 지하 식품 매장과 10~12층의 생활 잡화점 핸즈도 인기 있다. 특히 13층에는 포켓몬 스토어, 닌텐도 숍, 원피스 무기와라 스토어, 토미카 숍이 모여 있어 캐릭터 상품과 장난감 쇼핑에 최적화되어 있다.

주소 大阪市北区梅田3-1-1
전화 06-6343-1231
영업 10:00~20:00, 14층 식당가 11:00~23:00
휴무 부정기 카드 가능
홈페이지 www.daimaru.co.jp
교통 JR 오사카大阪역에서 바로
지도 P.11-H

한신 백화점
阪神百貨店

세련되고 젊은 백화점으로 재탄생
2022년 전체 리뉴얼을 마치고 밝고 세련된 매장 분위기로 탈바꿈해 키타의 인기 백화점으로 자리매김했다. 특히 이곳은 음식에 특화된 백화점이다. 1층은 푸드 행사 매장으로 시즌별로 새롭게 꾸며지며, 9층에 새로 꾸며진 푸드홀 한신대식당, 낮부터 술 마시기 좋은 지하 2층의 한신 바루 요코초, 지하 1층의 한신식품관, 스낵파크 등이 있으니 먹는 것에 진심이라면 꼭 들러볼 만하다.

주소 大阪市北区梅田1-13-13
전화 06-6345-1201
영업 10:00~20:00(10층 식당가 11:00~22:00)
휴무 부정기 **카드** 가능
홈페이지 www.hanshin-dept.jp/hshonten/
교통 지하철 미도스지선 우메다梅田역(M16) 하차. 11~18번 출구 방향 개찰구로 나와 오른쪽
지도 P.11-H

스리피
THREEPPY

여성 타깃의 사랑스러운 잡화점
다이소가 상위 브랜드로 내놓은 러블리한 라이프 스타일 숍으로 전 품목을 세금 포함 330엔에 판매한다. 매장 인테리어나 제품 디자인은 흡사 프랑프랑을 떠올리게 한다. 핑크, 그레이, 민트 등 톤 다운된 파스텔톤 컬러의 생활 잡화, 인테리어 용품, 패션 잡화, 식기 등 오리지널 제품을 다양하게 갖추고 있다.

주소 大阪市北区角田町3-25
전화 070-8714-2959 **영업** 11:00~21:00
휴무 부정기 **카드** 가능
홈페이지 www.daiso-sangyo.co.jp
교통 한큐 오사카우메다大阪梅田역(HK01)에서 도보 2분, EST 쇼핑몰 1층 **지도** P.10-F

한큐 멘즈
阪急メンズ

일본 최대의 남성 패션 전문 백화점
해외 명품 브랜드부터 셀렉트 숍까지, 남성 패션의 최신 트렌드를 만날 수 있는 남성 패션 전문 백화점이다. 정장부터 캐주얼 의류, 액세서리, 화장품 등 다양한 품목을 갖추고 있다. Y3, 타케오 키쿠치, 꼼 데 가르송, 폴 스미스, 미하라 야스히로 등 인기 브랜드가 다수.

주소 大阪市北区角田町7-10
전화 06-6361-1381 **영업** 월~금 11:00~20:00, 토 · 일 · 공휴일 10:00~20:00
휴무 부정기 **카드** 가능
홈페이지 web.hh-online.jp/hankyu-mens
교통 지하철 미도스지선 우메다梅田역(M16) 6번 또는 2번 출구에서 도보 4분
지도 P.10-F

가격대가 높지만 패션에 관심이 많다면 둘러볼 만하다.

루쿠아
LUCUA

20~30대 젊은 층에게 인기 있는 쇼핑몰

오사카의 트렌디한 젊은 층이 쇼핑하기 좋은 최적의 쇼핑몰이다. 전반적으로 가격대가 합리적인 편이다. 컨버스 도쿄, 룰루레몬, 빔스, 카시라, 젤라토 피케, 투모로우랜드, 플라자, 쿠츠시타야 등 주로 일본 패션 브랜드와 편집숍 브랜드가 많은 편이고, 무민 숍, 스리 코인

즈 플러스, 프랑프랑, 무인양품 같은 라이프스타일 브랜드 매장도 모여 있다. 지하철 우메다역과 연결되는 지하 2층과 지상 10층의 식당가도 인기가 많다.

주소 大阪市北区梅田3-1-3 전화 06-6151-1111
영업 10:30~20:30(10층, 지하 2층 식당가 11:00~
23:00) 휴무 부정기 카드 가능
홈페이지 www.lucua.jp
교통 JR 오사카大阪역에서 바로
지도 **P.10-E**

스탠다드 프로덕츠
Standard Products

심플하면서 세련된 디자인으로 인기

저렴한 무인양품이라고도 불리는 다이소의 고급 생활 잡화 브랜드. 모든 품목이 330엔에 판매되며 그만큼 다이소보다 품질이 좋고 특히 디자인이 뛰어나다. 심플하면서 어느 인테리어에나 어울리는 디자인과 컬러의 제품들을 다양한 상품군으로 선보이기 때문에 상당한 인기를 끌고 있다. 일본의 장인, 전통 브랜드와 컬래버레이션한 제품도 선보여 구경할 거리가 많다.

주소 大阪市北区角田町3-25
전화 070-8714-2955 영업 11:00~21:00
휴무 부정기 카드 가능
홈페이지 www.daiso-sangyo.co.jp
교통 한큐 오사카우메다大阪梅田역(HK01) 도보 2분,
EST 쇼핑몰 1층 지도 **P.10-F**

루피시아
LUPICIA

인기 높은 차 전문 브랜드

전 세계의 품질 좋은 홍차와 녹차는 물론이고, 자체 오리지널 블렌드 티와 가향 차까지 150종 이상을 선보이는 차 전문 브랜드. 일본, 인도, 스리랑카, 중국, 대만 등 세계 각지의 산지에서 직송한 신선한 찻잎을 엄선해 자체 공장에서 제품화하여 판매하기 때문에 믿고 마실 수 있다. 계절별, 지점별 한정품을 판매하니 눈여겨볼 것.

주소 大阪市北区梅田3-1-3
전화 06-6151-1366
영업 10:30~20:30
카드 가능
홈페이지 www.lupicia.co.jp
교통 JR 오사카大阪역에서 바로, 루쿠아 8층
지도 **P.10-E**

루쿠아 이레
LUCUA 1100

맞은편에 자리한 루쿠아의 별관
루쿠아와 마주보고 있으며, 10층과 지하 2층 식당가가 연결되어 있고, 일반 매장도 대부분 연결 통로가 있어 편하게 두 곳을 오가며 쇼핑을 즐길 수 있다. A.P.C., 래그태그, 노스페이스 맨, 타케오 키쿠치, 스노우피크, ABC 마트 그랜드 스테이지 같은 패션 브랜드부터 애프

터눈 티 리빙, 모모 내추럴, 로프트, 니지유라, 동구리 공화국 같은 잡화 매장도 다수 입점해 있다.

주소 大阪市北区梅田3-1-3
전화 06-6151-1111 영업 10:30~20:30(10층, 지하 2층 식당가 11:00~23:00)
휴무 부정기 카드 가능
홈페이지 www.lucua.jp/lucua1100
교통 JR 오사카大阪역에서 바로. 루쿠아 맞은편
지도 P.11-H

원피스 무기와라 스토어
ONE PIECE 麦わらストア

〈원피스〉 팬들에게는 꿈의 공간
일본의 레전드 만화 〈원피스〉의 캐릭터 상품을 만날 수 있는 공식 스토어. 매장 입구에는 루피의 등신대 피규어, 쵸파 인형이 있어 기념 촬영 장소로 인기 있다. 피규어와 인형, 카드, 키링, 배지를 비롯해 문구, 잡화에 이르기까지 다양한 캐릭터 상품을 만날 수 있다.

주소 大阪市北区梅田3-1-1
전화 06-6147-6361 영업 10:00~20:00
휴무 부정기 카드 가능
홈페이지 www.mugiwara-store.com
교통 JR 오사카大阪역에서 도보 1분, 다이마루 백화점 13층 지도 P.11-H

와타시노 헤야
私の部屋

예쁜 주방 용품이 많은 곳
일본의 생활 문화에 새로운 아이디어를 접목시킨다는 콘셉트로 생활 잡화 전반을 취급하는 브랜드. 일본스러우면서도 세련된 디자인과 유럽 스타일 디자인의 제품을 두루 갖추고 있으며 그릇, 주방용품, 패브릭 제품, 인테리어 용품 등 다양한 품목을 만날 수 있다.

주소 大阪市北区梅田3-1-3
전화 06-6151-1444
영업 10:30~20:30 카드 가능
홈페이지 www.watashinoheya.co.jp
교통 JR 오사카大阪역에서 바로. 루쿠아 이레 7층
지도 P.11-H

카시라
CA4LA

유니크한 모자들이 가득

10여 명의 디자이너가 만든 카시라만의 오리지널 아이템부터 전 세계에서 셀렉트한 수입 브랜드 및 컬래버레이션 아이템까지 다양한 상품을 취급하는 모자 전문점. 일본은 물론 우리나라 연예인도 즐겨 찾는 모자 브랜드로 유명하다. 서재를 콘셉트로 디자인된 멋진 매장에서 나만의 유니크한 모자를 찾아보자.

주소 大阪市北区大深町4-1
전화 06-6359-2022

영업 10:00~21:00 카드 가능
홈페이지 www.ca4la.com
교통 그랜드 프론트 오사카 남관 2층
지도 P.10-E

카야노야
茅乃舎

후쿠오카 노포에서 시작된 조미료 전문점

일본 주부들의 전폭적인 지지를 받는 곳이다. 단 3분만에 깊은 맛이 나는 육수를 만들 수 있는 카야노야다시茅乃舎だし는 인기 1위의 베스트셀러. 그 외에도 오차즈케용 다시백, 다양한 종류의 즉석 국, 누구나 쉽게 요리할 수 있도록 해주는 양념장과 드레싱 등 상품 라인업이 풍성해서 선물용으로도 좋다.

주소 大阪市北区大深町4-1 전화 06-6485-7466
영업 10:00~20:00 휴무 부정기 카드 가능
홈페이지 www.kayanoya.com
교통 그랜드 프론트 오사카의 우메키타 광장 지하 1층 지도 P.10-E

무인양품(무지)
無印良品(MUJI)

간사이 지역 최대 규모의 매장

일본을 대표하는 라이프스타일 브랜드로 합리적인 가격과 실용적이면서 내추럴한 디자인을 지향한다. 가구에서부터 전자제품, 패브릭 제품, 인테리어 용품, 식기와 주방 용품, 의류, 식료품 등 생활 전반에 관련된 모든 상품을 만날 수 있는 곳이다. 국내 매장보다 상품이 매우 다양하니 꼭 들러볼 것.

주소 大阪市北区大深町4-1
전화 06-6359-2171
영업 11:00~21:00 카드 가능
홈페이지 www.muji.net
교통 JR 오사카大阪역 중앙 북쪽 게이트中央北口에서 바로. 그랜드 프론트 오사카 북관 4층
지도 P.10-E

스기 약국
スギ薬局

접근성 좋은 드러그 스토어

한큐 오사카우메다역 바로 옆에 있어서 오며
가며 들르기 편한 드러그 스토어. 일본 전국에
매장이 있는 대형 체인점으로, 면세도 가능해
여행자들에게도 인기가 높다. 지하 1층과 지상
1~2층의 넓은 매장에는 약과 화장품, 생활용품,
술, 식품 등 다양한 품목을 찾기 쉽게 진열해 놓
았고 전체적으로 밝은 분위기라 쾌적하다.

주소 大阪市北区芝田1-1-23
전화 06-6376-5601 영업 09:00~22:00 휴무 무휴
카드 가능 홈페이지 www.sugi-net.jp
교통 지하철 미도스지선 우메다梅田역(M16) 1번 출
구에서 도보 1분
지도 P.10-E

딘 앤 델루카
DEAN & DELUCA

뉴욕에서 온 유기농 식료품점

베이커리, 델리를 비롯해 세계의 식료품을 모
아놓은 셀렉트 숍으로, 오사카 유일의 매장.
오리지널 에코백과 식기, 각종 키친웨어, 요리
책 등도 판매한다. 매장 안쪽으로 들어가면 샌
드위치, 키슈, 와인 등을 맛볼 수 있는 레스토
랑이 있다. 통유리 창을 통해 계단식 분수가
보여 실내지만 시원한 기분이 든다.

주소 大阪市北区大深町4-1
전화 06-6359-1661
영업 10:00~22:00 카드 가능
홈페이지 www.deandeluca.co.jp
교통 그랜드 프론트 오사카의 우메키타 광장 지하
1층 지도 P.10-E

키디랜드
KIDDY LAND

없는 것 없는 캐릭터 상품 백화점

한큐 삼번가 지
하 1층과 지상
1층 넓은 매장
에 자리한 곳.
스누피 타운,
동구리 공화국,
리락쿠마, 미피, 디즈니, 산리오, 치카와, 스
파이 패밀리, 무민, 리카짱, 미니언즈 등 70여
종의 캐릭터를 한자리에서 만날 수 있는 백화
점 같은 곳이다. 그 외에도 식품 완구, 미니어
처 같은 장난감과 문구, 소품에 이르기까지 다
양한 상품을 만날 수 있다. 참고로 신사이바시

파르코 6층에도 매장이 있다.

주소 大阪市北区芝田1-1-3 阪急三番街北館
전화 06-6372-7701 영업 10:00~21:00
휴무 부정기 카드 가능
홈페이지 www.kiddyland.co.jp
교통 한큐 오사카우메다大阪梅田역(HK01)에서 바
로, 한큐 삼번가阪急三番街 북관 지하 1층, 지상 1층
지도 P.10-F

요도바시 카메라
ヨドバシカメラ

일본의 전 지점 중 최대 규모
일본의 최신 전자제품을 장르별로 진열, 판매하는 대형 쇼핑몰로, 직접 만져보고 조작해 볼 수 있다. 최근에는 전자제품 외에 문구와 아웃도어 용품, 프라모델과 피규어, 만화책, 장난감, 화장품 등 생활 전반의 다양한 상품군으로 범위를 넓혀가고 있다.

주소 大阪市北区大深町1-1
전화 06-4802-1010 영업 09:30~22:00
휴무 부정기 카드 가능
홈페이지 www.yodobashi-umeda.com
교통 지하철 미도스지선 우메다梅田역(M16) 5번 출구에서 바로 지도 P.10-E

한큐 삼번가
阪急三番街

식당과 캐릭터 숍으로 인기 있는 쇼핑몰
한큐 오사카우메다역의 1~2층과 지하로 이어지는 쇼핑몰이자 식당가로, 남관과 북관으로 나뉘어진다. 특히 캐릭터 숍과 식당가로 인기가 많은 곳. 북관 지하 2층의 식당가 우메다 푸드홀에는 카무쿠라(라멘), 야바톤(돈카츠), 프레시니스 버거 등 18개 식당이 모여 있다. 키디랜드, 스누피 타운 숍 등 캐릭터·장난감 전문 매장은 북관 1층과 지하 1층에 있다.

주소 大阪市北区芝田1-1-3 전화 06-6371-3303
영업 쇼핑 10:00~21:00, 식당 10:00~23:00
휴무 1/1, 부정기 카드 가게에 따라 다름
홈페이지 www.h-sanbangai.com
교통 한큐 오사카우메다大阪梅田역(HK01)에서 바로
지도 P.10-F

프랑프랑
Franc franc

유럽의 라이프스타일을 선보이는 잡화점
1~2층의 넓은 매장 안에 가구부터 패브릭, 주방용품을 비롯해 인테리어 잡화, 뷰티용품까지 다양한 제품을 갖추고 있는 생활 잡화 브랜

드. 파스텔톤의 사랑스러운 디자인의 제품이 많은 편이고, 테이블웨어가 인기 있다.

주소 大阪市北区芝田1-1-3
전화 06-4802-5521
영업 10:00~21:00 카드 가능
홈페이지 www.francfranc.com
교통 한큐 오사카우메다大阪梅田역(HK01)에서 바로. 한큐 삼번가 북관 1~2층 지도 P.10-F

누 차야마치
NU chayamachi

차야마치의 랜드마크

동네 분위기와 어울리는 세련된 외관이 돋보이는 쇼핑몰. 오니츠카 타이거, 무라사키 스포츠 등의 매장과 보디용품점인 사봉 등이 인기 있다. 6층 전체는 타워레코드 매장이 자리하고 있으며, 8~9층의 식당가에는 세련된 레스토랑들이 있다. 건물 바로 옆에는 별관인 누 차야마치 플러스NU Chayamachi+가 자리하고 있는데, 3층 건물 안에 패션, 잡화, 인테리어, 식품 등 일본 브랜드 위주로 구성되어 있다.

누 차야마치

누 차야마치 플러스

주소 大阪市北区茶屋町10-12
전화 06-6373-7371
영업 11:00~21:00(식당은 24:00까지)
휴무 부정기
카드 가게에 따라 다름
홈페이지 nu-chayamachi.com
교통 지하철 미도스지선 우메다梅田역(M16) 2번 출구에서 도보 8분 지도 P.10-C

유미코 이이호시
yumiko iihoshi

간사이 지방의 유일한 쇼룸

어떠한 문양도 없이 단색의 뉴트럴 컬러와 심플한 디자인이 돋보이는 테이블웨어 전문점. 무광 처리하여 더욱 은은해진 컬러가 예쁘고 어디에나 잘 어울린다. 테이블웨어와 커트러리, 유리 제품 등 다양하다.

주소 大阪市中央区伏見町3-3-3
전화 06-6232-3326 영업 금~일 11:00~18:00
휴무 월~목 카드 가능
홈페이지 www.y-iihoshi-p.com
교통 지하철 미도스지선 요도야바시淀屋橋역(M17) 13번 출구에서 도보 1분. 시바카와 빌딩芝川ビル 3층 301호 지도 P.9-H

닌텐도 오사카
Nintendo OSAKA

어른, 아이 모두 좋아하는 곳

게임업체 닌텐도의 공식 캐릭터 상품 매장으로, 일본에 딱 3곳뿐이다. 넓은 매장은 슈퍼마리오, 동물의 숲 등 닌텐도 게임의 대표 캐릭터들로 귀엽게 꾸며져 있어서, 마치 게임 속에 들어온 듯한 기분이다. 각종 피규어와 봉제인형, 패션 소품, 생활 소품, 의류, 문구 등에 이르기까지 다양한 캐릭터 상품을 판매한다.

주소 大阪市北区梅田3-1-1 전화 06-6147-2500
영업 10:00~20:00 휴무 부정기 카드 가능
홈페이지 www.nintendo.co.jp/officialstore
교통 JR 오사카大阪역에서 바로. 다이마루 우메다 13층 지도 P.11-H

유니클로 오사카
UNIQLO OSAKA

유니클로의 글로벌 플래그십 스토어

1~4층 총 면적 9700㎡로 오사카 최대 규모의 매장이다. 간사이 최초의 UT 매장(티셔츠 전문 매장)과 세계 최대의 캐시미어 컬렉션, 세계 최대급 규모의 키즈 매장을 갖추고 있다. 특히 오사카점에서는 다른 매장에 판매하지 않는 오사카 기념 티셔츠를 구입할 수 있는 것이 특징. 지하 1~2층에는 GU 매장이 들어서 있다.

주소 大阪市北区茶屋町1-32
전화 06-6292-8280 영업 11:00~21:00

카드 가능 홈페이지 www.uniqlo.com/osaka
교통 한큐 오사카우메다大阪梅田역(HK01) 차야마치 출구에서 도보 2분 지도 P.10-F

만다라케
まんだらけ

중고품을 취급하는 만화 전문 쇼핑몰

일본 전국에 대형 체인을 가지고 있는 중고 만화, 취미 제품 전문점이다. 2~3층 매장 안에 만화책, 동인지, 장난감, 피규어, 프라모델, 애니메이션 DVD · CD, 게임, 코스튬 등 다양한 품목이 가득하다. 소장 가치 높은 원화나 희귀본도 구할 수 있으며, 최신작도 갖추고 있다.

주소 大阪市北区堂山町9-28
전화 06-6363-7777 영업 12:00~20:00
휴무 무휴 카드 가능
홈페이지 www.mandarake.co.jp
교통 지하철 타니마치선 나카자키초中崎町역(T19) 3번 출구에서 도보 5분 지도 P.8-C

로프트
Loft

일본의 대표적인 생활 잡화 전문 쇼핑몰

인테리어, 패션, 가정용품, 문구, 장난감, 여행용품, 화장품에 이르기까지 생활 전반에 걸친 제품을 취급하는 쇼핑몰이다. 상품 디자인이 뛰어나고 실용적이며 아이디어 제품도 많다. 우메다 로프트는 차야마치의 랜드마크로, 오사카를 포함한 간사이 지방에서 가장 큰 지점이다.

주소 大阪市北区茶屋町16-7 전화 06-6359-0111
영업 11:00~21:00 휴무 부정기 카드 가능
홈페이지 www.loft.co.jp
교통 지하철 미도스지선 우메다梅田역(M16) 2번 출구에서 도보 10분 지도 P.10-C

빨간색 관람차가 멀리서도 눈에 띈다.

헵 파이브
HEP FIVE

빨간색 관람차가 눈에 띄는 쇼핑몰
천장에 매달려 있는 거대한 고래 조형물이 인
상적이다. 세실 맥비, 하레 등 중저가의 일본
패션 브랜드가 많아 10대~20대 초반 젊은이
들에게 인기 있는 곳이다. 짱구 스토어, 점프
숍, 마블 스토어, 산리오 숍, 디즈니 스토어 등
취미 관련 숍이 다수 입점해 있다.

주소 大阪市北区角田町5-15
전화 06-6366-3634

젊은이들의 약속 장소로 인기 있는 곳

영업 11:00~21:00
휴무 부정기 카드 가게에 따라 다름
홈페이지 www.hepfive.jp
교통 지하철 미도스지선 우메다梅田역(M16) 2번 출
구에서 도보 3분 지도 P.10-F

디즈니 스토어
Disney Store

디즈니 공식 캐릭터 숍
어른과 아이를 모두 만족시키는 꿈의 쇼핑 공
간. 미키마우스, 토이스토리, 신데렐라, 백설공
주 등 디즈니 애니메이션의 다양한 캐릭터 제
품들을 한자리에서 만날 수 있다. 내부 인테리
어도 동화 속 세상처럼 꾸며놓아 구경만으로
도 신나는 곳이다.
캐릭터 피규어와 인형, 장난감, 의상, 문구, 식
기, 액세서리, 인테리어 잡화에 이르기까지 다
양한 상품군을 자랑한다. 크리스마스, 신년,
발렌타인 데이 등에는 시즌 한정 상품을 발매
하기도 한다.

주소 大阪市北区角田町5-15 전화 06-6366-3932
영업 11:00~21:00 휴무 부정기
카드 가능 홈페이지 www.disneystore.co.jp
교통 지하철 미도스지선 우메다梅田역(M16) 2번 출
구에서 도보 3분. 헵 파이브 4층 지도 P.10-F

오사카성 大阪城

도심 속에 자리한 오사카 최고의 역사 유적

키타의 남동쪽, 미나미의 북동쪽에 위치한 오사카성 공원은 오사카에서 거의 유일한 유적 공원이면서, 일본 전국에서도 손꼽히는 곳이다. 오사카성 천수각은 8층 높이의 웅장한 건축물로, 일본 3대 성 중 하나로 일컬어진다. 공원 안에는 각종 수목이 가득해 봄에는 벚꽃 명소로, 가을에는 단풍 명소로도 인기가 높다. 성의 북동쪽으로 다리 하나만 건너면 고층 빌딩이 늘어선 오사카 비즈니스 파크(OBP) 구역이다. 오사카성과는 대조적인 현대적인 도심 풍경을 자아내는데, 천수각 전망대에 오르면 그 모습을 감상할 수 있다. 오사카성 주변은 3개의 강줄기가 만나는 지역이라, 느티나무와 벚나무 등이 늘어선 강변 풍경이 운치 있다. '물의 도시'라는 오사카의 별칭에 가장 걸맞은 지역이라 할 만하다.

Check

지역 가이드
여행 소요 시간 3시간
관광 ★★★
맛집 ★☆☆
쇼핑 ★☆☆

가는 방법
공원이 워낙 광대해 입구에 따라 4개의 역
(타니마치욘초메谷町四丁目역, 오사카비즈
니스파크大阪ビジネスパーク역, 오사카조코
엔大阪城公園역, 모리노미야森ノ宮역)에서
하차해 입장할 수 있다.
주로 이용되는 것은 타니마치욘초메역으로,
난바역과 신세카이의 도부츠엔마에역에서
1회 환승으로 12분(240엔)이면 도착, 히가시
우메다역에서는 환승 없이 6분(240엔)이면
도착한다.

오사카성의 추천 코스

주요 번화가의 상점이나 식당이 대부분 11시부터 문을 여는 것을 감안하면,
중심가에서 약간 떨어져 있는 오사카성 공원을 오전에 먼저 관광하는 것이 시간 활용에 유리하다.
특히 벚꽃 철과 단풍철에는 무척 붐비므로 오전 일찍 가는 것이 좋다.
총 소요 시간 2~3시간

① 지하철 타니마치욘초메역 9번 출구

만일 봄철 매화나 벚꽃, 복숭아꽃 만개 시기라면 오사카비즈니스
파크역에 하차해 오사카성 공원에서 꽃구경부터 시작해도 좋다.

{ 도보 1분

② 오사카 역사 박물관

각종 미니어처와 애니메이션 등으로 오사카의 역사를 재미있게 살
펴볼 수 있다. 10층 전망창에서 내려다보는 오사카성 공원의 전경
도 멋지다.

{ 도보 2분

③ 오사카성 공원

꼭 가봐야 할 곳은 천수각. 공원 전체를 산책하며 둘러보려면
2시간은 잡아야 한다. 시간이 없다면 천수각까지 본 후 공원 밖으
로 나간다.

오사카성 공원을 돌아보는 방법

타니마치욘초메역 방면으로 입장해 공원을 산
책한 후 모리노미야역이나 오사카비즈니스파
크역으로 나가는 코스가 효율적이다.
오전에 오사카성을 둘러본 후, 오후에는 텐진
바시스지 상점가와 오사카 주택 박물관을 함
께 보거나 나카자키초를 산책하는 일정도 좋
다. 시텐노지, 아베노 하루카스와도 지하철
3~4개 역 거리로 가깝다.

커피, 식사나 쇼핑은 여기에서

공원 내 아쿠아라이너 타는 곳 앞에 조 테라스
오사카JO-TERRACE OSAKA라는 복합 상업
시설이 자리하고 있다. 기념품 숍과 함께 식
당, 카페가 입점해 여행자들이 많이 찾는다.
그 외에도 스타벅스와 로손 편의점이 있다.

오사카 역사 박물관 ★★
大阪歴史博物館

🔊 오사카 레키시 하쿠부츠칸

오사카의 역사를 시대별로 체험

10층 전망 장소에서 바라본 오사카성 공원

고대부터 근대까지 오사카의 역사를 전시하는 박물관. 과거 오사카의 모습을 그대로 재현한 대형 모형부터 작지만 상세하게 표현한 미니어처까지 흥미로운 전시가 많다.

각 층마다 시대별로 구분되어 있는데, 10층 고대부터 한 층씩 내려오며 7층의 근현대까지 감상하면 된다. 10층 계단에는 오사카성 공원 전체가 한눈에 들어오는 전망 장소가 있으니 놓치지 말자.

주소 大阪市中央区大手前4-1-32
전화 06-6946-5728
개방 09:30~17:00(폐관 30분 전 입장 마감)
휴무 화요일(공휴일이면 다음 날), 12/28~1/4
요금 600엔, 오사카주유패스 소지 시 무료(특별전 제외) 홈페이지 www.mus-his.city.osaka.jp
교통 지하철 타니마치선(T23)·추오선(C18) 타니마치욘초메谷町四丁目역 9번 출구에서 도보 1분
지도 P.12-E

조폐국 벚꽃 길 [기간 한정] ★★
造幣局

봄의 시작을 알리는 벚꽃 축제

일본의 동전 제조를 위해 1871년 세워진 조폐국은 일본 전국에서 찾아오는 벚꽃 길로 유명하다. 평소에는 출입이 통제되지만, 벚꽃이 만발하는 4월 중순에는 5~7일 동안 특별 개방하여 누구나 벚꽃을 감상할 수 있다.

조폐국 일대 560m에 이르는 거리 양쪽으로 350그루의 벚나무가 심어져 있으며, 다양한 종류의 벚꽃을 만날 수 있다. 특히 겹벚꽃은 꽃잎이 크고 탐스러워 가장 인기 있는 품종. 해가 지면 조명이 켜져 더욱 로맨틱하다.

주소 大阪市北区天満1-1-79
전화 06-6351-8509 개방 매년 달라지므로 홈페이지 참조 홈페이지 www.mint.go.jp
교통 지하철 타니마치선(T22)·케이한 전철(KH03) 텐마바시天満橋역 케이한 동쪽 출구京阪東口·2번 출구에서 도보 15분 지도 P.12-A

오사카 최고의 사적 공원이자 시민들의 휴식처로 사랑받는 오사카성 공원

오사카성 공원
大阪城公園
★★★
🔊 오사카죠 코-엔

일본의 3대 성 중 하나

히메지성, 구마모토성과 함께 일본의 3대 성으로 꼽히는 오사카성 천수각을 중심으로 다수의 중요문화재가 있는 최고의 사적 공원. 오사카 중앙에 위치하며 107만 ㎡의 광대한 면적을 자랑한다. 벚꽃으로 유명한 니시노마루 정원과 1270그루의 매화나무 숲, 200그루의 복숭아나무 숲 등 사계절 내내 자연을 즐길 수 있는 시민들의 쉼터로 유명하다.

관람할 때는 소토보리-센간야구라-오테몬-타몬야구라-타코이시-니시노마루 정원-사쿠라몬-타코이시-호코쿠 신사-천수각-고쿠라쿠바시-우치보리 순서가 효율적이다.

주소 大阪市中央区大阪城1
요금 공원 무료
홈페이지 osakacastlepark.jp
교통 지하철 타니마치선(T23) · 추오선(C18) 타니마치욘초메谷町四丁目역 9번 출구에서 도보 3분. 또는 지하철 나가호리츠루미료쿠치선(N21) 오사카비즈니스파크大阪ビジネスパーク역 2번 출구에서 도보 3분 지도 P.12-D

봄의 시작을 알리는 매화

소토보리

소토보리 外堀

적의 침입을 막기 위해 성곽을 감싸도록 굴을 파 만든 외부 해자. 평지 성곽이 많은 일본은 대부분의 성에 해자가 있다. 성곽의 북쪽 요도강의 물을 끌어와 채운 것이다.

센간야구라 千貫櫓

'천관의 금을 들여서라도 가지고 싶은 망루'라는 뜻이다. 성의 정문인 오테몬을 지키기 위해 망을 보거나 침입하는 적을 공격하고 무기 등을 저장하던 곳으로 성벽 모서리에 만들었다. 현재 오사카성에서 가장 오래된 건축물이다.

오테몬 大手門

성의 정문. 소토보리(외부 해자)를 건너는 다리를 지나면 두꺼운 철판으로 만들어진 중후한 오테몬이 나온다. 1628년 도쿠가와 막부가 오사카성을 재건할 때 만들어졌는데, 현재까지 잘 보존되어 있다.

기와 끝에 도쿠가와 가문의 문장이 그려져 있다.

타몬야구라 多聞櫓

오테몬 안쪽 네모진 빈터의 돌담 위에 주택 형태로 지은 망루. 성 안으로 들어가는 대문 형태를 하고 있는데, 적의 머리 위로 창을 떨어뜨리는 장치가 설치되어 있다. 일본에 현존하는 타몬야구라 중 최대 규모다.

니시노마루 정원 西の丸庭園

🔊 니시노마루 테이엔

300그루의 벚나무가 우거진 오사카성 공원 최고의 벚꽃 명소. 벚꽃 철에는 주변 직장인과 시민들이 벚나무 아래에 모여 앉아 도시락과 음료를 마시며 꽃놀이를 즐긴다. 이 시기에는 야간에도 개장하며 벚꽃에 조명을 비추는 라이트업을 하기 때문에 낮과는 색다른 분위기를 즐길 수 있어 인기 있다. 단, 벚꽃 철을 제외한 보통 때에는 별다른 볼거리가 없는 편이다. 정원 안쪽에는 휴게실 건물이 있어 의자에 앉아 쉬어 갈 수 있다. 정원에서 천수각이 보이지만, 그쪽으로 이어지는 길은 없고 입장한 정문으로 다시 나가야 하니 주의하자.

개방 3~10월 09:00~17:00, 11~2월 09:00~16:30 (폐원 30분 전 입장 마감)
휴무 월요일(공휴일이면 다음 날), 12/28~1/4, 이벤트 등으로 휴무 가능
요금 200엔, 중학생 이하 무료. 벚꽃 철 야간 개장 시 350엔. 오사카주유패스 무료

1 벚꽃 철의 야간 라이트업도 인기
2 오사카성 공원 최고의 벚꽃 명소

2

호코쿠 진자 豊國神社

오사카성을 최초로 축성한 도요토미 히데요시와 아들인 히데요리, 동생인 히데나가를 기리는 신사. 신사 입구에는 5.2m의 도요토미 히데요시 동상이 세워져 있다. 출세에 효험이 있다 하여 일본인 참배객이 많이 찾는 곳이지만, 임진왜란의 원흉을 기리는 곳이므로 우리에게는 달갑지 않은 장소다.

사쿠라몬 桜門

천수각으로 들어가는 현관. 이 문 주위에 멋진 벚나무(일본어로 사쿠라)가 있었던 데서 '사쿠라몬'이라는 이름이 붙었다고 한다.

오사카성 로드 트레인 Road Train

오사카성 공원을 일주하는 미니 열차로, 장난감 기차 같은 빈티지한 디자인이 귀엽다. 오래 걸어 다리가 아프거나 어린아이가 있을 때 이용하면 편하다. 코스는 두 가지. 모리노미야역–조 테라스 오사카–고쿠라쿠바시–호코쿠 진자 코스와, 모리노미야역–고쿠라쿠바시–호코쿠 진자 코스가 있다.

호코쿠 진자 앞 정류장은 사쿠라몬, 천수각과 가깝다. 천수각을 본 후 미니 열차를 타고 이동하든가, 반대로 모리노미야역에서 타고 편하게 천수각으로 이동해도 좋다.

타코이시 蛸石

오사카성에 쓰인 돌 중에 가장 거대한 것으로, 표면적은 60㎡, 평균 두께 90cm, 추정 무게가 130t이나 된다고 한다. 돌 왼쪽에 산화철에 의한 문어(타코蛸) 모양의 얼룩이 있어 '문어바위'라는 이름이 붙었다고 한다. 사쿠라몬을 들어가면 바로 나온다.

운행 09:30~17:23(20분 간격)
휴무 첫째 목요일(공휴일이면 다음 날)
요금 편도 400엔(어린이 편도 200엔)

오사카성 천수각
大阪城 天守閣

천수각(텐슈가쿠)은 성주가 기거하는 곳으로, 성의 최후의 방어선이 되는 가장 중요한 건물이다. 오사카성 천수각은 총 3번 지어졌다. 처음 성을 지은 것은 임진왜란을 일으켜 우리에게는 역사의 전범인 도요토미 히데요시다. 그는 일본 전국 쟁탈의 거점으로서 1585년 오사카성을 축성하는데, 검은색 판자를 붙인 벽을 금으로 장식한 매우 화려한 건물이었다. 그러나 1615년에도 막부와의 전쟁에서 성이 불타버리고 만다.

두 번째 오사카성은 새롭게 정권을 잡은 도쿠가와 이에야스의 아들 히데타다가 1620년부터 10년 동안 짓게 된다. 초기의 모습보다 더욱 거대하고 화려하게 지었으나, 1665년에 벼락을 맞아 상당 부분이 소실된다.

1931년 세 번째로 지어진 현재의 천수각은 철근 콘크리트로 축성한 것이다. 이때 재건 방식을 놓고 여러 논의가 많았는데, 결국 1~4층은 도쿠가와풍인 백색 회벽으로 만들고 5층은 도요토미풍으로 흑색 벽에 금박을 입히고 호랑이와 두루미 그림을 그려 넣어, 이도저도 아닌 새로운 형태가 되었다.

천수각 내부는 오사카성의 역사를 소개하는 각종 자료들이 전시된 박물관으로 꾸며졌다. 최상층인 8층에 있는 전망대는 지상 50m 높이로 오사카성 공원은 물론 주변 도심이 한눈에 들어온다.

주소 大阪市中央区大阪城1-1
전화 06-6941-3044
개관 09:00~17:00(입장 마감 16:30. 단, 벚꽃 철, 골든위크, 여름 연장 기간, 오본에는 18:00까지)
휴무 12/28~1/1
홈페이지 www.osakacastle.net
요금 600엔, 중학생 이하 무료, 오사카주유패스 무료

8층 전망대에서 본 전경

고쿠라쿠바시 極楽橋

천수각 쪽에서 내부 해자를 건너는 다리. 도쿠가와 시대인 1626년 지어진 목조 다리였지만, 화재로 소실되고 1965년 철근 콘크리트로 재건되었다. 다리에서 바라보는 천수각의 모습도 멋지다. 다리 옆에는 고자부네 놀잇배 선착장이 있다.

우치보리 内堀

내부 해자. 현재의 우치보리는 도쿠가와 시대에 새로 만들어진 것이다. 우치보리의 남쪽은 물이 없는 빈 웅덩이로 되어 있는데, 이곳에는 도주로로 쓰이던 샛길과 방공호가 숨겨져 있다.

해자 주변 산책로를 걸어보자.

오사카성 주변을 유람하는 황금색 보트.

고자부네 놀잇배 大阪城御座船

오사카성을 둘러싼 내부 해자(호수)인 우치보리를 20분 동안 유람하는 놀잇배. 색다른 각도에서 감상하는 천수각의 모습이 웅장하며, 특히 벚꽃 철에는 흩날리는 꽃잎으로 뱃놀이의 낭만이 더해진다. 매표소는 고쿠라쿠바시 서쪽의 매점.

운행 10:00~16:30 휴무 12/28~1/3
요금 1500엔(어린이 750엔), 오사카주유패스 무료(패스 제시 후 승선권 수령)

조 테라스 오사카
Jo-Terrace Osaka

2층 구조의 스트리트형 레스토랑 몰로, 총 7개의 건물로 이루어져 있다. JR 오사카조코엔역에서부터 오사카성 방향으로 걸어가면서 자연스럽게 구경할 수 있는 형태. 이곳에는 그램gram(팬케이크), 사치후쿠야さち福や(정식),

치보千房(오코노미야키), 히라쿠HIRAKU(한식), 스타벅스 등 데이트하는 연인이나 가족들이 선호하는 대중적인 식당들이 다수 입점해 있다.

영업 가게마다 다름 홈페이지 www.jo-terrace.jp
교통 JR 오사카조코엔大阪城公園역에서 바로

매화나무 숲 梅林

고쿠라쿠바시와 오사카성 홀 중간, 내부 해자와 외부 해자를 양옆으로 끼고 있는 삼각형의 부지에 1270그루의 매화나무 숲이 조성되어 있다. 이곳은 오사카의 봄을 알리는 매화 정원으로 유명하다. 벚꽃보다 먼저, 2월 말부터 피기 시작하는 매화를 품종별로 100종이나 감상할 수 있다. 도보 7분 거리의 복숭아나무 숲에서도 3월 말쯤 아름다운 꽃을 볼 수 있다.

텐노지·신세카이 天王寺·新世界

옛 오사카의 추억이 남아 있는 정감 가는 동네

텐노지는 과거와 현재의 두 가지 얼굴을 가진 지역이다. 오사카 남부 교통의 요지인 텐노지 지역을 중심으로 북쪽에는 시민들의 휴식 장소인 잔디광장과 동물원, 미술관 등이 자리하여 조용하면서도 변두리의 분위기를 내는 반면, 남쪽에는 최근 가장 주목받는 명소인 아베노 하루카스를 중심으로 세련된 쇼핑몰들이 다수 모여 있어 신흥 쇼핑의 메카로 떠오르고 있다. 텐노지 바로 옆에 위치한 신세카이는 한때 아시아 최대 높이의 탑이었던 츠텐카쿠를 중심으로 저렴한 술집과 식당이 늘어선 매우 서민적인 유흥가다. 정신없이 복잡하게 늘어선 간판과 촌스럽게 화려한 장식물로 가득한 동네지만 왠지 모를 정감(?)과 흥이 느껴지기도 한다.

Check

지역 가이드
여행 소요 시간 3시간
관광 ★★★
맛집 ★★☆
쇼핑 ★★☆
유흥 ★★★

가는 방법
텐노지는 JR · 지하철 미도스지선 · 타니마치선 텐노지天王寺역에 하차해 바로. 환승 없이 난바역에서 7분(240엔), 우메다역에서 16분(280엔) 소요.
신세카이는 지하철 미도스지선 · 사카이스지선 도부츠엔마에動物園前역이나 사카이스지선 에비스초恵美須町역에 하차해 바로. 환승 없이 난바역에서 4분(180엔), 우메다역에서 13분(240엔) 소요. 두 지역은 붙어 있기 때문에 어느 역에 내려도 도보 10분 이내.

키타

오사카성

미나미

신세카이 · 텐노지

오사카항

텐노지·신세카이의 추천 코스

텐노지와 신세카이는 좁은 길 하나를 사이에 두고 붙어 있으므로,
이왕 방문한다면 두 지역을 연결해 돌아보는 것이 좋다. 자신이 이용하기 편한 지하철 노선에 따라
코스의 출발점이 되는 역은 달라질 수 있다는 것을 고려하자.
총 소요 시간 3시간 이상

❶ 지하철 에비스초역 또는 도부츠엔마에역
어느 역에 내리든 금방 츠텐카쿠가 보일 것이다. 상점가를 구경하
며 걷다 보면 어느새 신세카이 중앙에 자리한 츠텐카쿠에 도착하
게 된다.

도보 3~7분

❷ 츠텐카쿠
신세카이 거리 중앙에 있는 전망대. 과거 아시아 최고 높이를 자랑
하던 시절도 있었다. 지금은 옛 향수를 불러일으키는 빈티지한 느
낌이 오히려 오사카 사람들을 끌어당긴다.

도보 3분

❸ 잔잔요코초
신세카이 남쪽에 위치한 짧은 길의 골목. 저렴한 식당과 술집이
옹기종기 모여 있다. 쿠시카츠·도테야키 맛집인 텐구와 야에카츠
가 이곳에 있으니 꼭 들러볼 것.

도보 13분

❹ 아베노 하루카스
빌딩 꼭대기에 위치한 하루카스 300은 도쿄 스카이트리와 함께 현
재 일본에서 가장 인기 높은 전망대다. 입장료는 비싼 편이지만 후
회하지 않을 것이다.

{ 도보 3분

❺ 텐시바 · 텐노지 동물원
오사카 시민들의 휴식 장소가 되는 넓은 잔디 광장인 텐시바 입구 쪽에는 레스토랑과 카페가 서 있다. 텐시바 끝에 텐노지 동물원 입구가 있다.

{ 도보 5분

❻ 잇신지
고인의 유골을 모아 만든 불상으로 유명한 사찰. 사찰의 분위기와 상반되는 현대적이면서도 기괴한 입구가 특이하다.

{ 도보 7분

❼ 시텐노지
'텐노지'라는 지역 이름의 유래가 된 곳으로, 일본에 현존하는 가장 오래된 사찰이다. 백제 건축 양식의 영향을 받은 시텐노지 가람 배치를 볼 수 있다.

텐노지역 남쪽은 쇼핑 지역

텐노지역 남쪽의 아베노 지역에는 아베노 하루카스를 시작으로 대형 쇼핑몰이 밀집해 있다. 가장 규모가 큰 큐즈몰Q's Mall을 비롯해 대로 주변으로 후프Hoop와 앤드&and 등이 자리해 있다.
인기 브랜드와 식당가가 입점해 있어 다른 지역 쇼핑몰에 견주어도 뒤지지 않는다. 일부러 찾아갈 것은 없지만, 주변에 숙소를 잡았다면 충분히 들러볼 만하다.

아베노 큐즈몰

SIGHTSEEING

츠텐카쿠 ★★
通天閣

신세카이 중심에 서 있는 전망대

'츠텐카쿠'란 하늘에 닿는 높은 건물이라는 뜻이다. 1912년 박람회가 열렸던 자리에 에펠탑을 본떠 만들었는데, 일본 최초의 타워였다. 전면 황금색의 화려한 인테리어를 자랑하는 5층 전

신세카이 거리 중앙에 자리한 랜드마크

망대(높이 87.5m)에서는 오사카성, 아베노 하루카스, 우메다의 고층 빌딩 등 시내 전망이 한눈에 들어온다. 또, 츠텐카쿠의 마스코트인 빌리켄상과 복을 가져다준다는 칠복신七福神상 등도 있다. 300엔 추가한 세트 입장권을 소지하고 있으면 지상 94.5m 높이에 위치한 특별 야외 전망대 천망 파라다이스天望パラダイス에서 야외에서 스릴 넘치게 경치를 감상할 수 있고, 3층 전망대에서는 슬라이드를 타고 1층까지 내려가는 60m 길이의 미끄럼틀(1000엔)이 있다.

주소 大阪市浪速区恵美須東1-18-6
전화 06-6641-9555

츠텐카쿠에서 본 아베노 하루카스

개방 10:00~20:00(입장 마감 19:30) 휴무 무휴
입장료 900엔, 오사카주유패스 소지 시 무료(천망 파라다이스 제외) 홈페이지 www.tsutenkaku.co.jp
교통 지하철 사카이스지선 에비스초恵美須町역 (K18) 3번 출구에서 도보 3분. 또는 지하철 미도스지선(M22)·사카이스지선(K19) 도부츠엔마에動物園前역 5번 출구에서 도보 7분
지도 P.13-C

에비스초역 3번 출구 앞에서 상점가가 시작된다.

신세카이 ★★
新世界

향수를 불러일으키는 서민적인 유흥가

츠텐카쿠를 중심으로 방사형으로 거리가 뻗어 있는 서민적인 유흥가로, 값싸고 맛있는 식당과 술집이 많다. 70년대 이후 신세카이는 다른 지역에 밀려 개발이 더뎌지고 옛 번화가의 모습 그대로 유지되고 있는데, 오히려 그런 모습이 오사카인들에게는 향수를 느끼게 한다. 신세카이는 오사카의 명물 음식인 쿠시카츠와 도테야키가 탄생한 곳이기도 하니 원조 동네에서 꼭 맛보도록 하자.

교통 지하철 미도스지선(M22)·사카이스지선(K19) 도부츠엔마에動物園前역 5번 출구에서 바로. 또는 지하철 사카이스지선 에비스초恵美須町역(K18) 3번 출구에서 바로
지도 P.13-C

잔잔요코초
ジャンジャン横丁　★★

서민적인 정서가 넘치는 상점가
남북으로 150m 정도 이어지는 소박한 아케이드 상점가. 옛 모습이 그대로 남아 있는 상점가에는 오코노미야키, 타코야키, 우동 등을 파는 식당과 술집 등 매우 서민적이고 저렴한 가게들이 늘어서 있다.
그중에서도 꼭 가볼 만한 식당은 텐구(P.270)와 야에카츠(P.271). 신세카이의 전통 있는 쿠시카츠·도테야키 맛집으로 유명한 곳으로, 가게 앞에는 항상 손님들이 줄을 선다. 그 외에 노인들이 모이는 바둑 클럽이 군데군데 남아 있어, 오랜 상점가의 역사를 보는 듯하다.

교통 지하철 미도스지선(M22)·사카이스지선(K19) 도부츠엔마에動物園前역 5번 출구에서 도보 2분.
지도 P.13-C

스파월드
スパワールド

세계 각국을 콘셉트로 한 온천 테마파크
11개국 14가지 스타일의 다양한 온천탕을 즐길 수 있다. 온천은 로마, 스페인, 그리스 등을 재현한 유럽 구역과 노송나무와 수석으로 동양적인 분위기를 살린 아시아 구역이 있으며 한 달 간격으로 남녀 구역이 교대로 바뀐다. 건물 안에는 워터파크를 비롯해 식당과 마사지 숍, 기념품 가게, 숙박 시설 등도 있다.

주소 大阪市浪速区恵美須東3-4-24
전화 06-6631-0001
영업 10:00~다음 날 08:45 휴무 무휴
요금 1500엔(풀장 이용 시 2000엔)
홈페이지 www.spaworld.co.jp
교통 지하철 미도스지선(M22)·사카이스지선(K19) 도부츠엔마에動物園前역 5번 출구에서 도보 1분
지도 P.13-C

Tip

신세카이 곳곳에서 만나는
빌리켄 Billiken

빌리켄은 1908년 미국의 여류 미술가 플로렌스 프리츠가 꿈에서 본 독특한 신의 모습을 모델로 제작한 것이라고 한다. 빌리켄상의 발바닥을 만지면 소원이 이뤄진다는 이야기가 있어 당시 오사카에서 큰 인기를 누렸다. 지금도 신세카이의 마스코트로, 츠텐카쿠를 비롯해 신세카이 곳곳에 동상이 자리하고 있다. 눈을 치켜뜬 채 웃는 표정이 익살스럽다.

빌리켄상

텐시바
てんしば

시민들의 피크닉 장소로 인기
텐노지 공원의 입구가 잔디 광장으로 변신했다. 아베노 하루카스의 모습이 웅장하게 보이는 잔디밭에서 신나게 뛰어노는 아이들, 누워서 휴식을 취하는 시민들의 모습을 볼 수 있다. 텐시바 입구 쪽에는 레스토랑과 카페, 게스트 하우스 등이 들어서 있다.

주소 大阪市天王寺区茶臼山町
교통 지하철 미도스지선(M23) · 타니마치선(T27) 텐노지天王寺역 하차 후 15번 출구 방향으로 올라가 (아베치카 방향) 21번 출구로 나가면 바로.
지도 P.13-F

텐노지 동물원
天王寺動物園   🔊 텐노지 도-부츠엔

오사카 남부의 도심 속 오아시스

텐시바 바로 옆에 자리한 텐노지 동물원은 일본에서 세 번째로 오래된 동물원이다.
오사카 시내의 유일한 동물원으로 규모가 크지 않지만 200여 종의 다양한 동물을 만날 수 있어 오사카 시민들의 가족 나들이나 연인들의 데이트 장소로 사랑받는다.

주소 大阪市天王寺区茶臼山町1-108
전화 06-6771-8401
개방 09:30~17:00, 5 · 9월 토 · 일 · 공휴일 09:30~18:00(폐장 1시간 전 입장 마감)
휴무 월요일(공휴일이면 다음 날), 12/29~1/1
홈페이지 www.tennojizoo.jp
요금 500엔, 초 · 중학생 200엔, 오사카주유패스 무료
교통 텐시바 바로 옆 지도 P.13-C

오사카 시립 미술관
大阪市立美術館   🔊 오사카 시리츠 비주츠칸

아시아 미술의 보고
일본의 대표적인 미술관 중 하나로, 일본과 중국의 회화와 조각, 공예품 등 8천 점 이상을 소장하고 있다. 미술관 뒤에 자리한 케이타쿠엔 慶沢園(150엔)은 근대식 일본 정원으로, 3개의 작은 섬이 떠 있는 연못을 중심으로 오솔길과 다리, 정자, 다실 등이 있어 산책하기 좋다.
※리뉴얼 공사로 휴관 중(2025년 봄 개관 예정)

주소 大阪市天王寺区茶臼山町1-82
전화 06-6771-4874
개방 09:30~17:00(입장 마감 16:30)
휴무 월요일(공휴일이면 다음 날), 12/28~1/4, 전시교체 기간 요금 300엔
홈페이지 www.osaka-art-museum.jp
교통 지하철 미도스지선(M23) · 타니마치선(T27) 텐노지天王寺역 5번 출구에서 도보 10분
지도 P.13-D

오사카 시립 미술관

케이타쿠엔

잇신지
一心寺

유골을 모아 만든 불상으로 유명

많은 시민들이 즐겨 찾는 사찰

120년 전부터 납골된 유골을 가장 정중히 모시기 위한 방법으로 고인들의 유골을 모아 불상을 만들어온 사찰. 현재까지 200만 명의 유골이 불상으로 만들어져 납골당에 안치되어 있다. 전쟁으로 소실된 사찰을 재건하면서 철근과 콘크리트를 사용해 만든 입구, 산몬山門은 사찰과 어울리지 않는 기괴하면서 현대적인 모습이 인상적이다.

주소 大阪市天王寺区逢阪2-8-69
전화 06-6771-0444 개방 05:00~18:00
휴무 무휴 홈페이지 www.isshinji.or.jp
교통 지하철 사카이스지선 에비스초恵美須町역
(K18) 3번 출구에서 도보 10분 지도 P.13-D

한카이 전차
阪堺電車

100년 동안 오사카를 달린 노면전차

주택가 옆을 스치듯 달리는 1량짜리 노면전차. 오사카에 유일하게 남아 있는 이 전차는 과거 차장과 운전사가 서로 신호를 보내던 종소리를 따서 '친친 전차'라는 애칭으로 불리기도 한다. 한카이선阪堺線과 우에마치선上町線 2개 노선이 있다.

요금 구간에 관계없이 230엔(어린이 120엔)
홈페이지 www.hankai.co.jp
지도 에비스초역 P.13-C
텐노지에키마에역 P.13-F

호수의 반영이 아름다운 소리하시

스미요시타이샤
住吉大社

일본의 3대 스미요시타이샤 중 하나

바다의 신 스미요시住吉를 모시는 스미요시타이샤는 일본 곳곳에 자리하고 있는데, 그중에서도 이곳은 3대 스미요시타이샤 중 하나로 손꼽히고 있다. 새해 첫날 많은 참배객이 방문하는 곳이며, 7월 31일 열리는 마츠리로도 유명하다. 간사이 지방의 풍경 100선에 꼽히기도 하는 석조 교각인 소리하시反橋는 잔잔한 호수에 아치형의 붉은색 다리가 비춰져 무척 아름답다. 신사로 오가는 길의 한카이 전차 여행도 즐겁다.

주소 大阪市住吉区住吉2-9-89
전화 06-6672-0753
개방 06:00~17:00(10~3월은 06:30부터)
요금 무료 휴무 무휴
홈페이지 www.sumiyoshitaisha.net
교통 한카이 전차 에비스초역에서 한카이선을 타면 스미요시토리이마에住吉鳥居前역에 하차해 바로. 또는 텐노지에키마에天王寺駅前역에서 우에마치선을 타고 스미요시코엔住吉公園역에 하차해 도보 2분(총 17~20분 소요)

일본에서 가장 오래된 사찰

시텐노지 ★★
四天王寺

백제의 영향을 받은, 일본 최초의 사찰

쇼토쿠 태자에 의해 593년에 지어진 절로, 현존하는 일본의 불교 사찰로는 가장 오래된 곳이다. 주변 지역명이나 역명에 사용되는 '텐노지'는 바로 시텐노지의 약칭이다.

시텐노지는 1만 ㎡에 이르는 광대한 경내를 자랑한다. 중심가람은 1963년 복원하면서 철근 콘크리트로 지었기 때문에 세월이 녹아 있는 고찰을 기대할 순 없다. 그러나 그 외에 본방정원이나 이시부타이, 로쿠지도 등 주로 에도 시대에 지어진 오래된 건축물이 많이 남아 있다. 일본 초기의 불교 미술과 건축 양식 등을 볼 수 있는 중요한 사찰이다.

로쿠지도 옆에 있는 둥근 연못. 주위에 벚나무가 많다.

주소 大阪市天王寺区四天王寺1-11-18
개방 경내 24시간, 중심가람 · 본방정원 4~9월 08:30~16:30, 10~3월 08:30~16:00(단 매월 21일은 30분 연장, 10/21은 08:00~17:00) 휴무 무휴
요금 경내 무료
홈페이지 www.shitennoji.or.jp
교통 지하철 타니마치선 시텐노지마에유히가오카四天王寺前夕陽ヶ丘역(T26) 4번 출구에서 도보 5분. 4번 출구로 나와 왼쪽 정면으로 조금 걸은 후 플로레스타Floresta 도너츠 왼쪽 골목으로 직진한다. 상점가를 걷다 보면 왼쪽 골목 안에 입구가 있다.
지도 P.13-D

> **Tip**
>
> **백제 건축의 영향을 받은**
> **시텐노지 건축**
>
> 쇼토쿠 태자聖德太子는 고구려 승려 혜자惠慈와 백제 승려 혜총惠聰으로부터 불교를 배운, 일본 불교의 창시자로 일컬어지는 인물이다. 그는 당시 불교 반대파와의 전쟁에서 이기면 절을 지어 부처님께 바치기로 맹세했고, 전쟁에서 이기자 불법과 가람의 수호신인 사천왕을 기리는 시텐노지(사천왕사)를 지었다. 당시 일본의 사찰 건축 기술이 부족해 586년 백제인 유중광이 건설 회사를 세워 시텐노지를 완공했으며, 보수와 관리를 영원히 맡게 되어 현재까지도 회사가 유지되고 있다.

로쿠지도 六時堂

경내 중앙 연못 앞에 자리한 로쿠지도는 죽은 이를 기리기 위한 공양과 납골 등을 행하던 당시의 중심도량이다. 연못을 가르는 다리 위에는 돌로 만든 무대 이시부타이石舞台가 있는데, 매년 4월 22일 쇼토쿠 태자를 기리며 열리는 법요 행사 때 이 무대에서 일본의 궁중예능인 부가쿠舞楽를 공연한다. 백제의 무용가인 미마지未麻之가 이곳에서 일본인들에게 탈춤과 사자춤을 전수했다고 전해진다.

개방 내부 08:30~18:00(매월 21일은 08:00부터)

시텐노지의 본당인 로쿠지도

중심가람 中心伽藍

수차례 소실과 재건, 보수를 반복했기 때문에 창건 당시의 모습과는 달라진 부분도 많지만, 중문中門, 오층탑五重塔, 금당金堂, 강당講堂을 일직선으로 배치하고 회랑이 주변을 둘러싸는 '시텐노지식 가람 배치'는 당시 그대로이다. 이는 백제 건축 양식의 영향을 받은 것으로 추정된다.

39.2m 높이의 오층탑은 내부에 석가삼존의 벽화와 사천왕의 목상을 모시고 있으며, 금당과 강당에는 관세음보살이 모셔져 있다.

요금 300엔. 오사카주유패스는 무료

카메이도 亀井堂

로쿠지도 앞 연못을 지나 왼쪽으로 가면 사람들이 모여 있는 것을 볼 수 있다. 이것은 카메이도亀井堂라 불리는 우물로, 그 안의 물은 금당의 지하에서 흘러나온 것인데 극락으로 이어진다고 믿는다. 죽은 이의 극락왕생을 기원하며 공양을 마친 명패를 이곳에 띄운다.

연못 위에 띄운 수많은 명패들

본방정원 本坊庭園

극락정토의 정원極楽浄土の庭과 보타락의 정원補陀落の庭으로 이루어져 있다. 서양식과 일본식의 서로 다른 정원을 비교 감상해 볼 것.

휴무 부정기, 4/22, 1·4·8·12월을 제외한 매월 1~10일
요금 300엔. 오사카주유패스는 무료

르네상스 양식의 팔각정이 인상적인 극락정토의 정원

1 일본에서 세 번째로 높은 건축물 2 전망을 감상하며 휴식하는 사람들 3 오사카 최고의 전망대

아베노 하루카스 ★★★
ABENO HARUKAS

서일본 최고의 전망대가 이곳에!
2014년 탄생한 화제의 초고층 복합 빌딩. 지상 60층 높이 300m로, 도쿄 스카이트리(634m), 도쿄 타워(332,6m), 아자부다이 힐스(325m)에 이어 일본에서 네 번째로 높은 건물이다.

빌딩은 크게 타워관과 윙관으로 구분된다. 지하 2층, 지상 60층의 거대 빌딩 안에는 최고 인기 스폿인 하루카스 300 전망대를 비롯해, 일본 최대의 규모를 자랑하는 백화점 아베노 하루카스 킨테츠 본점, 44개 식당이 모여 있는 레스토랑가 아베노 하루카스 다이닝, 예술을 가깝게 느낄 수 있는 도심형 미술관인 아베노 하루카스 미술관, 확 트인 전망과 최고의 시설을 갖춘 오사카 메리어트 미야코 호텔 등이 모여 있다.

주소 大阪市阿倍野区阿倍野筋1-1-43
홈페이지 www.abenoharukas-300.jp
교통 지하철 · JR 텐노지天王寺역, 킨테츠 오사카아베노바시大阪阿部野橋역에서 바로
지도 P.13-F

아베노 하루카스 미술관
あべのハルカス美術館

'예술을 가벼운 마음으로 즐긴다'는 콘셉트로 운영하는 미술관. 다양한 라이프 스타일과 감성을 지닌 현대인을 타깃으로 시대와 장르를 초월한 폭넓은 전시를 열고 있다.
일본 및 동양미술과 서양미술, 현대미술은 물론 일본의 국보와 중요문화재 전시에 이르기까지 다양하게 기획하고 있다.

전화 06-4399-9050
개관 화~금 10:00~20:00, 토~월 · 공휴일 10:00~18:00(폐관 30분 전 입장 마감)
휴관 연말연시, 전시 교체 기간(전시에 따라 휴관일이 변동 가능)
요금 전시에 따라 다름 위치 타워관 16층

기념품도 다양하다.

일부는 유리 바닥으로 되어 있어 스릴이 넘친다.

하늘을 걸어 다니는 기분

하루카스 300
ハルカス300

오사카는 물론이고 서일본에서 가장 높으며, 일본에서 세 번째로 높은 전망대. 일본 전국과 해외에서 많은 관광객들이 찾아오는 화제의 명소로 자리 잡았다. 2층 티켓 카운터에서 당일권을 구입한 후 엘리베이터를 타고 16층으로 이동, 티켓 확인 후 다시 초고속 엘리베이터를 타고 60층까지 단숨에 올라간다.

60층 천상회랑天上回廊은 최상층으로, 바닥부터 천장까지 사방이 전면 유리창으로 둘러싸인 회랑 스타일의 실내 전망대다. 유리창을 따라 한 바퀴 죽 돌면 오사카 시내는 물론이고 맑은 날에는 아카시 해협 대교와 간사이 국제공항까지 360도 파노라마로 감상할 수 있다. 낮, 해 질 녘, 밤에 보는 풍경이 각기 다르고 아름답다. 화장실 역시 전면 유리창으로 멋진 전망을 즐길 수 있으니 꼭 한번 들러볼 것.

58층 천공정원天空庭園은 천장이 오픈된 전망 정원으로 꾸며져 있다. 우드데크의 테라스에 앉아 전망을 감상하며 쉴 수 있는 공간이다. 낮에는 푸른 하늘을, 밤에는 별을 볼 수 있어 더욱 분위기 있다. 여름에는 이곳에서 비어가든이 열리기도 한다. 300m 높이의 건물 옥상에 있는 헬기장(별도 요금 1500엔)을 투어할 수도 있는데, 바람을 느끼며 360도 탁 트인 전경을 즐길 수 있다.

전화 06-6621-0300
영업 09:00~22:00(2층 티켓 카운터 08:50~21:30)
휴무 무휴 요금 1800엔, 중고생 1200엔, 초등학생 700엔, 4세 이상 500엔 위치 타워관 58~60층

60층 천상회랑에서 본 오사카 시내 야경

아베노 하루카스 킨테츠 백화점
あべのハルカス近鉄本店

총 면적이 10만 ㎡나 되는 일본 최대 규모의 백화점이다. 세계적 명품 브랜드를 비롯하여 해외 및 일본 패션 브랜드, 화장품, 가정용품, 식품 등 다양한 매장을 갖추고 있다.
윙관에는 10대 후반~20대 후반 타깃의 의류 매장인 소라하solaha도 운영하고 있다.

영업 지하 2층~지상 3층 · 소라하 10:00~20:30, 4~11층 10:00~20:00, 지하 2층 식당가 10:00~22:00
휴무 부정기
위치 타워관 · 윙관 지하 2층~지상 14층

아베노 하루카스 다이닝
あべのハルカスダイニング

아베노 하루카스 킨테츠 본점의 식당가로, 3개 층에 37개 식당이 모여 있다. 우동스키로 유명한 미미우, 도쿄의 명물 튀김집인 신주쿠 츠나하치, 햄버그스테이크로 인기 있는 토요테이(P.220), 라멘집 코탄, 회전 초밥집 진 등 인기

식당의 지점이 다수 자리하고 있다.

영업 11:00~23:00(가게마다 다름)
휴무 부정기 위치 타워관 12~14층

츠루하시
鶴橋

마치 한국에 온 듯 활기찬 분위기
츠루하시역을 중심으로 형성된 코리아타운. 역 고가 밑에 있는 츠루하시 시장鶴橋市場은 전쟁 후 암시장으로 시작하여 오사카 제1의 코리아타운으로 발전했다. 츠루하시 고려 시장, 츠루하시 상점가(통칭 츠루신), 오사카 츠루하시 도매시장, 마루쇼 츠루하시 상점가가 미로처럼 얽혀 있다. 재일교포가 운영하는 가게들이 대부분인데, 김치, 부침개, 떡볶이, 김밥 등 다양한 한국의 먹을거리와 한복집, 한류 숍이 늘어선 활기찬 분위기다. 저녁 8시가 되면 대부분 문을 닫기 시작한다.

홈페이지 www.turuhasi-ichiba.com
교통 지하철 센니치마에선 츠루하시鶴橋역(S19) 5 · 6 · 7번 출구에서 바로
지도 P.13-B

텐노지·신세카이의 맛집

츠리키치
つり吉

낚시도 하고 음식도 먹고

가게 안에 거대한 낚싯배 3척이 통째로 들어가 있는 해산물 전문 이자카야. 가게 중앙에 있는 배에는 대형 활어 수조가 있어 직접 낚시를 할 수 있을 뿐 아니라 잡은 생선을 맛볼 수도 있다. 수조에는 도미, 광어, 전갱이, 새우, 전복, 소라 등이 살고 있다. 메뉴는 직접 잡은 생선으로 요리하는 메뉴와 일반 메뉴로 나뉘어 있다. 친구끼리 가도 좋고 아이와 함께 가도 좋은 곳이다.

주소 大阪市浪速区恵美須東2-3-14
전화 06-6630-9026 영업 11:00~23:00
휴무 부정기 카드 가능
홈페이지 tsuri-kichi.com
교통 지하철 사카이스지선 에비스초恵美須町역 3번 출구에서 도보 4분 지도 P.13-C

야드 커피 & 크래프트 초콜릿
YARD Coffee & Craft Chocolate

스페셜티 커피와 초콜릿의 맛있는 조합

'정원'을 뜻하는 카페 이름처럼 차분하면서 세련된 분위기의 공간이다. 커피는 원두 본연의 맛을 살리기 위해 싱글 오리진을 고집하고, 초콜릿 역시 산지별 카카오의 특징을 살리기 위해 노력하고 있다. 향긋한 드립 커피(690엔~)에 초콜릿(220엔~)이나 디저트(560엔~)를 함께 곁들이면 어울림이 무척 좋다.

주소 大阪市天王寺区茶臼山町1-3
전화 06-6776-8166 영업 10:00~18:00
휴무 화요일 카드 가능
홈페이지 yardosaka.com
교통 지하철·JR 텐노지天王寺역 북쪽 출구에서 도보 7분 지도 P.13-D

카운터석만 있다. 만드는 모습을 바로 앞에서 볼 수 있다.

강추 메뉴인 도테야키. 일단 한번 맛보면 중독된다.

쿠시카츠. 소스는 처음 한 번만 찍는다.

양배추는 리필 가능
소스통

텐구
てんぐ

강추

도테야키가 맛있는 집

1928년 창업한 이래 꾸준한 인기를 누리는 신세카이의 명물 맛집. 현지 오사카인들에게 인기 있는 곳이다. 산마를 으깨 넣은 바삭한 튀김옷과 소고기 힘줄을 끓여 만든 기름을 사용해 구수한 맛의 쿠시카츠를 선보인다. 쿠시카츠도 맛있지만, 텐구에 가면 반드시 도테야키 どて焼(100엔)를 주문하자. 피부 미용과 보양식으로 좋은 소힘줄의 기름을 뺀 다음 달콤한 시로미소(염분이 적고 달짝지근한 맛의 일본 된장)로 2시간 이상 뭉근하게 삶아서 맛을 낸다. 부담스러운 비주얼이지만 막상 먹어보면 약간 달콤하면서 고소한 맛에 부드러운 육질이 술안주로 그만이다. 기호에 따라 시치미를 뿌려 먹어도 좋다. 쿠시카츠는 1개에 130~490엔.

주소 大阪市浪速区恵美須東3-4-12
전화 06-6641-3577
영업 10:30~21:00(주문 마감)
휴무 월요일(공휴일이면 다음 날)
카드 불가 교통 지하철 미도스지선(M22) · 사카이스지선(K19) 도부츠엔마에動物園前역 5번 출구에서 도보 2분 지도 P.13-C

MENU

130엔 도테야키どて焼, 쿠시카츠串かつ

150엔 타마고玉子(달걀), 아오토青と(풋고추), 타마네기玉ネギ(양파)

250엔 돈카츠トンカツ, 이카イカ(오징어), 타코たこ(문어), 렌콘レンコン(연근), 시이타케シイタケ(표고버섯), 아스파라アスパラ(아스파라거스), 윈나ウインナー(소시지)

290엔 카이바시라貝柱(관자)

490엔 에비エビ(새우)

달걀

문어

연근

아스파라거스

타이코 스시 본점
大興寿司 本店

50엔 스시의 놀라운 가성비

잔잔요코초에 위치한 좌석 24개의 작은 스시집이지만 가게 안은 항상 손님으로 가득하다. 이곳은 대부분의 메뉴가 한 접시에 스시 3개씩 나오는 데다, 가격은 접시당 150엔부터 시작하는 놀라운 가성비를 자랑한다. 회전 초밥집도 아닌데 이런 가격은 놀라울 정도. 게다가 스시 재료의 신선함과 맛 또한 훌륭하다.

주소 大阪市浪速区恵美須東3-2-18
전화 06-6641-4278
영업 11:00～21:00 휴무 목요일 카드 불가
교통 지하철 미도스지선(M22) · 사카이스지선(K19) 도부츠엔마에動物園前역 5번 출구에서 도보 2분. 텐구 맞은편 지도 P.13-C

야에카츠
八重勝

가족 단위의 손님에게 특히 인기

오사카 시민들에게 인기 높은 신세카이의 명물 쿠시카츠 전문점. 총 28종의 다양한 메뉴를 선보이는데, 창업 이래 50년 간 전해오는 비법의 소스와 산마를 섞은 튀김옷이 인기 비결이다. 쿠시카츠串かつ는 3개에 390엔. 이곳의 쿠시카츠는 소고기를 사용해 차별화했다. 그 외는 1개 130~500엔. 도테야키どて焼(3개 390엔)도 강추 메뉴다.

주소 大阪市浪速区恵美須東3-4-13
전화 06-6643-6332
영업 10:30～21:00(주문 마감 20:30)
휴무 목요일 카드 불가
교통 지하철 미도스지선(M22) · 사카이스지선(K19) 도부츠엔마에動物園前역 5번 출구에서 도보 2분
지도 P.13-C

도테야키

일본의 아름다운 거리 100선에 뽑힌 동네

지나이마치
寺内町

오사카에서 옛 민가가 많이 남아 있는 빈티지한 동네를 떠올리면 나카자키초가 가장 유명하지만, 그에 못지않은 곳이 바로 지나이마치다. 텐노지에서 전철로 30분이면 갈 수 있어 부담 없이 찾을 수 있다.

지나이마치의 역사
지나이마치는 오사카에서 유일하게 전통 건축물 보존 지구로 지정된 곳이다. 1560년 교토에 자리한 사찰 코쇼지의 별원이 이곳에 건립되면서 사찰 경내에 형성된 마을로(지나이마치는 '경내 마을'이라는 뜻), 가로 400m, 세로 350m의 평지에 남북으로 6개, 동서로 7개의 도로를 만들어 체계적인 구획을 갖추었고, 당시 교통과 상업의 중심지로서 번영했다고 한다.

발길 닿는 대로 거닐어보기
지금도 옛 모습이 그대로 보존되어 웅장한 지붕을 얹은 저택과 당시의 상가 건물이 줄지어 늘어선 아름다운 풍경을 자랑한다. 마치 500년 전의 일본으로 타임 슬립한 기분이 들 정

도다. 복잡한 도심에서 벗어나 차분하게 산책을 즐기기에 이보다 좋을 수 없다. 일부 저택은 내부를 무료 개방하기도 하지만 특별히 관광 명소라고 할 만한 곳이 없으니, 동네의 분위기를 즐기며 산책을 하면 된다. 곳곳에 사진을 찍거나 스케치하는 사람들도 보인다. 옛 전통 가옥의 내부를 개조한 카페나 식당, 빵집, 잡화점들이 골목골목에 자리 잡고 있으니 발길 닿는 대로 걷다가 잠시 들러 휴식을 취해도 좋다. 2시간이면 충분히 둘러볼 수 있다. 역 앞 관광 안내소와 마을 중심에 자리한 지나이마치 교류관じないまち交流館에서 영문 지도를 받을 수 있다.

주소 富田林市富田林寺内町
홈페이지 tondabayashi-navi.com
교통 텐노지역과 지하로 연결되는 오사카아베노바시大阪阿部野橋역에서 킨테츠 전철 미나미오사카선 준급 이용 톤다바야시富田林역 하차(30분, 530엔), 1번 출구로 나와 도보 7분. 급행을 탈 경우 톤다바야시역에 정차하지 않으므로, 도중에 후루이치古市역에서 준급으로 환승해야 한다.
※역에서 나와 길 건너편 보이는 흰색 건물이 관광 안내소다. 한글 안내서와 지도를 받을 수 있다.

헤이조 카페의
지나이마치 블렌드 커피

헤이조 平蔵

코쇼지 별원 興正寺 別院

민가를 개조한 잡화점

다나카 주택 旧田中家住宅

농가형 주택으로, 내부 견학이 무료. 다양한 디자인의 격자 창문과 지붕 위의 굴뚝, 가문의 문장을 새긴 둥근 기와 등 전통 가옥의 특징을 살펴보자.

스기야마 주택 旧杉山家住宅

술도가로 번창했던 스기야마 가문의 옛 저택. 지나이마치 최고의 전통 가옥으로 꼽힌다. 입장료 400엔.

특급열차 블루 심포니를 타고 떠나는 여행

요시노산
吉野山

간사이 지역에서 가장 가보고 싶은 벚꽃 명소 1위로 꼽히는 요시노산吉野山은 약 8km의 길이의 산등성이에 200종 3만 그루의 벚나무가 빼곡히 뒤덮고 있어 벚꽃 철이면 절경을 이루며, 가을의 단풍 또한 무척 아름답다. 또한 일본 고대 신앙에 불교와 도교가 결합한 일본의 독특한 불교 종파 슈겐도修験道의 성지이자 근거지이며, 산 곳곳에 신사와 사찰이 자리하고 있다. 킨푸센지를 포함한 4개의 신사를 연

결하는 길은 신도를 위한 수행의 길이었고 이 순례길은 2004년 유네스코 세계유산으로 지정되었다.

요시노산은 나라현의 중앙에 위치하고 있는데, 오사카에서 요시노산으로 가는 여정이 여행을 더욱 특별하게 해준다. 해마다 조금씩 차이가 있으나 벚꽃 철은 보통 4월 초순~중순, 단풍철은 10월 하순~11월 하순 정도다.

홈페이지 www.yoshinoyama-sakura.jp

특급열차 블루 심포니
Blue Symphony

**클래식한 열차에
몸을 싣고 떠나는 품격 있는 여행**

킨테츠 전철에서 운행하는 블루 심포니. 텐노지에 위치한 오사카아베노바시역에서 요시노역까지 연결하는 관광 특급열차로, 마치 오리엔탈 특급열차를 떠올리는 클래식하고 고급스러운 외관과 내부 인테리어로 짧은 여행길을 더욱 특별하게 만들어준다.

열차는 총 3량으로, 2개 차량은 객실로, 가운데의 1개 차량은 커피나 술(맥주, 사케, 와인 등), 간단한 디저트, 안주 등을 맛볼 수 있는 라운지로 운영된다. 좌석은 2열과 1열로 구성된 디럭스 시트여서 공간이 널찍하고 편안하며 의자와 테이블, 커튼, 조명까지 클래식함을 더해준다.

티켓 예약이나 구입은 한글 홈페이지에서 티켓리스 특급권 발매 서비스(영어)를 이용하거나, 킨테츠 전철역 창구에서 할 수 있다.

오사카아베노바시역~요시노역
大阪阿部野橋~吉野
운행 매일 1일 2회 왕복
소요 시간 약 1시간 16분
출발 시간 오사카아베노바시역 10:10, 14:10 / 요시노역 12:34, 16:04
요금 특급 요금 및 특별열차 요금 730엔+기본 운임 1170엔=1900엔
*블루 심포니는 특별열차 요금과 기본 운임을 둘 다 내야 하며, 간사이스루패스는 사용 불가
*일정과 기차 시간이 맞지 않으면 동일 노선의 킨테츠 특급열차(1690엔)를 이용하면 된다. 간사이스루패스 사용 불가.
홈페이지 www.kintetsu.co.jp/foreign/korean/blue_symphony/

블루 심포니의 열차 도시락

요시노 로프웨이 吉野ロプウェイ

일본에서 가장 역사가 오래된 로프웨이
킨테츠 요시노역에서 산 위의 참배길 입구까지 연결해 주는 로프웨이. 센본구치千本口(킨테츠 요시노역 앞)-요시노야마吉野山 구간의 349m를 3분만에 이동한다.

운행 금~월 09:20~17:20(15분 간격). 관광철에는 연장하기도 하며, 부정기적인 휴무일이 있다. 로프웨이 휴무 시 셔틀버스를 운행(요금은 동일).
요금 편도 450엔, 왕복 800엔

참배길 参道

산책이 즐거운 상점가
킨푸센지로 이어지는 참배길에는 전통 숙소인 료칸과 식당, 기념품점이 늘어서 정겨운 풍경을 자아낸다.
킨푸센지로 갈 때 길 왼쪽의 가게들은 창가 자리에서 멋진 풍경을 감상하며 식사할 수 있어 특히 인기가 좋다. 일부 료칸은 산 풍경을 바라보며 온천욕을 즐길 수 있는 곳도 있다. 벚꽃과 단풍철에는 길거리 음식을 파는 가판대도 다양하게 만날 수 있다.

교통 요시노 로프웨이 요시노야마吉野山역에서 바로 시작된다.

참배길

킨푸센지 金峯山寺

요시노산의 상징

8세기에 창건된 슈겐도의 총본산. 높이 34m, 사방 36m의 본당은 수차례 소실과 재건을 반복했으며 현재의 건축물은 1592년경에 완성된 것이다. 고대 목조건축물로는 그 규모가 나라의 도다이지 대불전 다음갈 만큼 웅장한 건축물이며, 거대한 삼나무 기둥과 중층 팔작지붕 등이 무척 아름답다.

개방 08:30~16:00 **휴무** 무휴
요금 800엔 **홈페이지** www.kinpusen.or.jp
교통 요시노 로프웨이 요시노야마吉野山역에서 도보 9분

하나야구라 전망대 花矢倉展望台

요시노산 최고의 전망대

표고 600m 높이에서 요시노산의 전경을 파노라마로 감상할 수 있는 최고의 전망대. 요시노산의 벚꽃과 단풍 사진은 모두 이곳에서 촬영했다 해도 과언이 아니다. 등산한다는 마음으로 올라가야 하며, 시간이 꽤 걸리므로 돌아가는 시간을 감안하여 움직이도록 하자.

교통 킨푸센지에서 도보 50분

{ 요시노산의 명물 음식 }

쿠즈 우동 葛うどん

요시노산에서 생산되는 칡(쿠즈)을 넣어 만드는 우동. 매끈한 면은 식감이 부드러워 먹기 편하다.

카키노하 스시 柿の葉すし

나라현의 대표적인 향토요리로, 고등어초밥을 감잎으로 감싼 것이다. 감잎은 은은한 향을 더하고 초밥이 상하지 않게 하는 역할을 한다. 비리지 않고 고소하다.

벚꽃 아이스크림 桜アイス

요시노산의 상징인 벚꽃을 모티프로 만든 아이스크림.

길거리 음식

관광 시즌에는 참배길 입구에서부터 가판대가 늘어서며, 생선구이, 떡과 양갱, 곤약꼬치, 센베이 등 갖가지 길거리 음식들을 맛볼 수 있어 즐겁다.

오사카항 大阪港

오사카항만의 도회적인 인공 도시

오사카는 예로부터 바다의 영향을 많이 받으면서 발전해 왔다. 항만 지역의 대부분은 바다를 매립하여 만든 인공 도시인데, 도회적인 분위기의 빌딩과 관광 시설이 있는가 하면 오래된 항구 도시의 분위기가 감도는 곳도 있다. 항만 지역은 크게 3개 구역으로 나뉜다. 오사카 제일의 관광지인 유니버설 스튜디오 재팬, 항만 지역에서 가장 먼저 관광·레저 지역으로 개발된 텐포잔, 무역의 중심이자 부산, 규슈 등을 오가는 페리터미널이 자리한 난코 구역이다. 바다 옆에 있는 데다 테마파크와 수족관, 레고랜드 디스커버리 센터, 대관람차 등이 들어서 있어 아이와 함께하는 가족이나 커플들의 데이트 장소로 인기 있는 지역이다.

Check

지역 가이드
여행 소요 시간 6시간
관광 ★★★
맛집 ★☆☆
쇼핑 ★☆☆

가는 방법
텐포잔은 지하철 오사카코大阪港역, 난코는 뉴트램 트레이드센터마에トレードセンター前역, 유니버설 스튜디오 재팬은 JR 유니버설시티ユニバーサルシティ역에서 하차한다. 난바 또는 우메다에서 오사카코역에 갈 때는 혼마치역에서 1회 환승해야 한다(18~22분, 290엔). 텐포잔-난코는 지하철 추오선, 뉴트램 난코포트타운선으로 연결되어 있고, 텐포잔-유니버설 스튜디오 재팬은 배를 타고 갈 수도 있다.

키타

오사카성

미나미

신세카이·텐노지

오사카항

오사카항의 추천 코스

아이와 함께하는 여행이라면 유니버설 스튜디오 재팬이나 레고랜드 디스커버리 센터에 꼭 들러보자.
유니버설 스튜디오 재팬에 갈 예정이라면 하루 종일 시간을 보낼 수 있게 일정을 세워야 한다.
오사카부 사키시마 청사 전망대는 해 질 녘에 들러 야경을 볼 것을 추천한다.
총 소요 시간 6~7시간

❶ 지하철 오사카코역 1번 출구
난바 또는 우메다에서 오사카항까지는 지하철로 약 20분 정도의
가까운 거리다.

도보 8분

❷ 카이유칸
14개의 수족관에서 만나는 다양한 해양생물. 특히 몸 길이 4.96m
의 대형 상어가 헤엄치는 초대형 수족관이 인기 높다.

도보 1분

❸ 텐포잔 마켓 플레이스(레고랜드 디스커버리 센터)
카이유칸 앞에 자리한 복합 쇼핑몰. 100년 전 오사카의 거리를 재
현한 나니와 쿠이신보요코초에서 식사를 해도 좋다. 아이와 함께라
면 레고랜드 디스커버리 센터에 가보자.

도보로 바로

❹ 텐포잔 대관람차
시원한 바다 전망을 감상할 수 있어 인기 있는 대관람차. 밤에는
화려한 LED 조명으로 귀여운 그림이나 글씨를 만드는 일루미네이
션이 유명하다.

도보 12분

❺ 지라이온 뮤지엄

전 세계에서 모은 희귀한 클래식카를 한자리에서 만날 수 있는 박물관. 전시장 외에 멋진 분위기의 스테이크 하우스나 카페도 가볼 만하다.

도보 5분+지하철 9분

❻ 아시아 태평양 트레이드 센터

바다를 마주한 대형 쇼핑센터. 야자수가 서 있는 광장에서는 바다를 바라보며 휴식을 취할 수 있다. 내부에 식당도 다수 자리하고 있다.

도보로 바로

❼ 오사카부 사키시마 청사 전망대

일본에서 여섯 번째로 높은 초고층 빌딩의 55층 전망대에서 오사카 시내와 오사카만의 파노라마 전망을 감상할 수 있다.

항만 지역 내에서 이동할 때

오사카항 지역은 오사카 시내와 견줄 만큼 범위가 크다. 크게 텐포잔, 유니버설 스튜디오 재팬, 난코의 3개 지역으로 나눌 수 있는데, 세 지역 사이를 이동하려면 시간 여유를 두어야 한다. 텐포잔과 난코는 한 번 환승해야 하지만 지하철역 1~2개 거리여서 함께 묶어 둘러보기 편하다. 한편 유니버설 스튜디오 재팬은 하루를 온전히 투자해야 하는 곳이므로, 항만 지역에 숙소를 잡지 않는 한 항만 지역 내에서 오가는 일은 거의 없다고 봐도 무방하다.

난코의 해변 공원

SIGHTSEEING

바다에서 본 텐포잔의 전경

텐포잔 ★★
天保山

바닷바람을 느끼며 나들이하기 좋다

바다와 마주하고 있는 텐포잔은 1831년에 시작된 아지강 공사에서 나온 흙을 쌓아 만든 해발 4.53m의 낮은 지대이다. 그래서 '일본에서 제일 낮은 산'이란 뜻으로 텐포잔이라는 지명이 만들어졌다.

이 지역은 가족과 연인들이 찾는 인기 명소가 많은데, 수족관인 카이유칸을 비롯해 쇼핑과 식사를 한곳에서 해결할 수 있는 텐포잔 마켓 플레이스와 바로 뒤에 위치한 대관람차가 유명하다. 휴일에는 건물 앞 광장에서 각종 공연과 이벤트가 열리기도 한다.

교통 지하철 추오선 오사카코大阪港역(C11) 1번 출구에서 정면으로 직진하여 도보 5분. 우메다역과 난바역에서는 지하철 미도스지선을 탄 후 혼마치本町역에서 추오선으로 환승(19~22분 소요, 290엔)
지도 P.14-D

텐포잔 대관람차 ★★
天保山大観覧車

일루미네이션이 멋진 대관람차

지름 100m, 최고 높이 112.5m에 달하는 세계 최대급의 관람차다. 맑은 날에는 간사이 국제공항이나 아카시 해협 대교, 롯코산까지도 볼 수 있다. 특히 밤이 되면 화려한 LED 조명이 밝혀지는데, 귀여운 그림이나 글씨를

시원스런 바다 풍경을 볼 수 있는 대관람차

만들어내는 일루미네이션이 일품이다. 관람차의 곤돌라는 일반과 시스루 두 가지로, 벽과 바닥 전면이 유리로 된 시스루 곤돌라는 60대 중 8대뿐이라 대기 시간이 긴 편이다. 총 15분 동안 운행된다.

주소 大阪市港区海岸通1-1-10
전화 06-6576-6222 **운행** 10:00~21:00
휴무 1/10, 1/11
요금 900엔, 오사카주유패스 무료
홈페이지 www.senyo.co.jp/tempozan/
교통 지하철 추오선 오사카코大阪港역(C11) 1번 출구에서 정면으로 직진하여 도보 5분 **지도 P.14-B**

텐포잔 마켓 플레이스
天保山マーケットプレース ★★

카이유칸 옆에 있는 쇼핑몰

광장을 사이에 두고 카이유칸과 마주보고 있는 텐포잔 마켓 플레이스는 쇼핑과 식사를 해결할 수 있는 곳이다. 바다를 향하고 있으며 쇼핑몰 내부까지 햇살이 가득 들어와 마치 휴양지 같은 분위기. 의류에서 액세서리, 잡화 등 개성 강한 소품들이 많은 편이나, 크게 기대할 정도는 아니다.

주소 大阪市港区海岸通1
전화 06-6576-5501 영업 11:00~20:00
휴무 1/10, 1/11
홈페이지 www.kaiyukan.com/thv/marketplace
교통 지하철 추오선 오사카코大阪港역(C11) 1번 출구에서 정면으로 직진하여 도보 5분
지도 P.14-B

텐포잔 마켓 플레이스

나니와 쿠이신보요코초
なにわ食いしんぼ横丁

100년 전 오사카의 서민적인 거리를 재현한 푸드 테마파크. 타코야키, 쿠시카츠, 카레, 오므라이스 등 오사카의 명물 음식을 맛볼 수 있

는 전통 맛집과 최근 인기를 끄는 식당의 분점 19곳이 모여 있다. 구경하면서 기념 사진을 찍고 식사도 하며 잠시 쉬어 가기에 좋다.

영업 11:00~20:00
위치 텐포잔 마켓 플레이스 2층

레고랜드 디스커버리 센터
Legoland Discovery Center

레고에서 운영하는 실내 테마파크. 수백만 개의 레고 블록을 직접 만지고 놀 수 있으며, 레고 어트랙션과 4D 시네마, 레고로 만든 미니어처 오사카 등이 있어 레고를 좋아하는 아이, 어른 모두 즐거운 시간을 보낼 수 있다. 성인은 아이와 동반 시에만 입장 가능하다. 사전 예약 필수.

영업 10:00~18:00(입장 마감 16:30)
요금 2200~3000엔(날짜별로 다름),
화~금 오사카주유패스 무료(일부 기간 제외)
홈페이지 www.legoland
discoverycenter.jp/osaka/
위치 텐포잔 마켓 플레이스 3층

텐포잔의 대표 명소, 카이유칸

카이유칸 ★★
海遊館

어른도 아이도 좋아하는 해양 동물이 가득
환태평양 지역에 서식하는 580여 종, 3만 여
마리의 해양 동물을 14개의 수족관에서 만날
수 있다. 가장 인기 있는 동물은 바로 상어. 몸
길이 4.96m의 대형 상어가 유유히 돌아다니
는 수족관은 폭 34m, 깊이 9m인 4층 건물 정
도의 크기로, 규모면에서 세계 최대급이다. 약
600마리의 해파리가 살고 있는 해파리관, 북
극 동물이 살고 있는 북극관도 멋진 볼거리를
제공한다.
매년 11월 중순~3월 초까지 건물 주변에 장식
되는 겨울 일루미네이션이 무척 아름답다. 홈
페이지에서 사전 예약 필수.

주소 大阪市港区海岸通1-1-10 **전화** 06-6576-5501
영업 09:00~20:00(폐관 1시간 전 입장 마감, 계절에
따라 변동) **휴무** 1/10, 1/11
입장료 2700엔, 초·중학생 1400엔, 3세 이상 700엔
홈페이지 www.kaiyukan.com
교통 지하철 추오선 오사카코大阪港역(C11) 1번 출구
에서 도보 8분 **지도** P.14-D

대형 상어가 헤엄치는 수족관

산타마리아 ★
サンタマリア

낭만적인 오사카항 크루즈
카이유칸 바로 옆 선착장에서 탈 수 있는 범선
형 관광선으로, 오사카항 주변 바다를 유람한
다. 배는 콜럼버스가 신대륙을 발견할 때 타고
갔던 산타마리아호를 실제 크기의 2배로 재현
했다. 배 안에 좌석과 휴식 공간, 매점 등이 마
련되어 있으며, 갑판 위의 벤치에서 바깥 풍경
을 구경할 수 있다. 낮에 운행하는 데이 크루
즈(45분 소요), 7~10월의 주말과 공휴일 저녁
7시에 운행하는 트와일라이트 크루즈(60분 소
요, 예약 필수)가 있다. 홈페이지 예약 시 할인.

주소 大阪市港区海岸通1-1
전화 06-6942-5511
요금 데이 크루즈 1600엔, 트와일라이트 크루즈
2100엔, 오사카주유패스 무료
휴무 1/9~2/2, 2/7~8, 12/31, 악천후, 부정기
홈페이지 suijo-bus.osaka/guide/santamaria/
교통 카이유칸 바로 옆 선착장
지도 P.14-B

카이유칸 바로 왼쪽에 자리하고 있다.

오사카 문화관
大阪文化館

화제성 높은 기획 전시로 주목
주류 음료 회사인 산토리Suntory가 운영하며
근현대 미술과 디자인 작품을 전시하는 미술
관이었으나, 2013년 오사카 시티 돔에서 인수
하여 명칭을 바꾸고 재개관했다. 상설 전시는
없으나, 화제성과 대중성 높은 기획전 위주로
열고 있다. 미술관 건물은 일본의 대표적인 건
축가 안도 다다오가 설계했다.
미술관 앞에는 작은 광장이 있는데, 바닷바람
을 맞으며 잠시 쉬어 가기 좋다. 개관 시간과
요금 등은 전시에 따라 다르니 홈페이지 참조.

주소 大阪市港区海岸通1-5-10
전화 06-6586-3911
교통 카이유칸 바로 옆
지도 P.14-D

> *Tip*
>
> **2곳 입장 시 유용한
> 세트권**
>
> 카이유칸(2700엔)과 산타마리아 데이 크루즈
> (1600엔)를 함께 이용할 경우 홈페이지에서
> 세트권(3700엔)을 구입할 수 있다.

지라이온 뮤지엄
Glion Museum

전 세계 클래식 자동차가 한자리에
텐포잔 남쪽 항구에 있는 100년 넘은 붉은 벽
돌 창고를 개조한 클래식 카 박물관. 전 세계
에서 수집한 명차 250대를 보유하고 있으며,
약 1만 ㎡의 넓은 창고 안에 교체 전시하고 있
다. 800종의 미니카 컬렉션도 재미있으며 구
입도 가능하다. 멋진 클래식 카와 창고를 배경
으로 사진 찍기 좋은 곳이어서 결혼식이나 웨
딩 촬영으로도 인기 있다. 전시실 외에 멋진
스테이크 하우스와 카페도 있다.

주소 大阪市港区海岸通2-6-39
전화 06-6573-3006
영업 11:00~17:00
휴무 월(공휴일이면 다음 날), 대관 시
요금 1200엔, 초등학생 무료, 오사카주유패스 무료
홈페이지 www.glion-museum.jp
교통 지하철 추오선 오사카코大阪港역(C11) 6번 출
구에서 도보 5분
지도 P.14-D

런던과 뉴욕의 옛 도로 풍경을 재현한 공간

마이시마 시사이드 파크
大阪まいしまシーサイドパーク

100만 그루의 파란 꽃 물결

평소에는 버기카, 헬리콥터, 패러글라이딩 등의 아웃도어 체험과 바베큐장 등으로 유명한 곳이지만, 가장 인기 있는 기간은 매년 4~5월 한 달간 열리는 네모필라 축제다. 바다를 마주한 낮은 언덕에 100만 그루의 파란색 네모필라가 가득 피어 온통 푸른색 물결이 치듯 아름다운 풍경을 만든다. 눈 호강도 하고 인생 사진도 찍을 수 있으니 일석이조.

주소 大阪市此花区北港緑地2 전화 06-4804-5828
홈페이지 seasidepark.maishima.com
교통 JR 사쿠라지마桜島역에서 홋코관광버스北港観光 탑승(15분 소요), 호텔 롯지 마이시마 앞ホテル·ロッジ舞洲前 하차.
지도 P.14-A

아시아 태평양 트레이드 센터
アジア太平洋トレードセンター

난코 최대 규모의 쇼핑 센터

바다를 마주하고 있는 대형 쇼핑센터로, O's 남·북동과 ITM동의 3개 건물이 하나로 연결

되어 있다. O's 남·북동은 식당과 상점 70곳이 자리해 식사를 해결하기 좋다. O's 밖으로 나가면 야자수가 있는 광장이 있어 바다를 바라보며 잠시 쉬어 갈 수 있다.

주소 大阪市住之江区南港北2-1-10
전화 06-6615-5230
영업 11:00~20:00(식당 22:00까지)
휴무 부정기
홈페이지 www.atc-co.com
교통 뉴트램 난코포트타운선 트레이드센터마에トレードセンター前역(P10) 2번 출구에서 바로 연결
지도 P.14-E

오사카부 사키시마 청사 전망대
大阪府咲洲庁舎展望台　　★★

항만 지역 최고의 야경 명소

청사의 최고층인 55층에 자리한 전망대는 지상 252m 높이로 일본에서 여섯 번째로 높은 전망대다. 오사카 시내와 오사카만의 전경은 물론, 멀리 고베와 교토, 롯코산, 간사이 국제공항, 아카시 해협 대교까지 보일 만큼 광활한 360도의 파노라마 전망을 자랑한다.

주소 大阪市住之江区南港北1-14-16
전화 06-6615-6055
영업 11:00~22:00(입장 마감 21:30)
휴무 월요일(공휴일이면 다음 날), 1/1
요금 전망대 700엔, 오사카주유패스 무료
홈페이지 sakishima-observatory.com
교통 아시아 태평양 트레이드 센터의 O's 북동 1층에서 바로 연결 지도 P.14-C

할리우드의 스릴과 감동이 넘치는 테마파크

유니버설 스튜디오 재팬
UNIVERSAL STUDIOS JAPAN

미국 할리우드와 플로리다에 이어 세계에서 세 번째로 규모가 큰 유니버설 스튜디오를 오사카에서 만날 수 있다. 세계적으로 인기를 모은 할리우드 영화들을 테마로 한 각종 놀이기구와 오락 시설, 쇼 등 최고의 엔터테인먼트를 즐기면서 현장감 넘치는 할리우드 영화의 세계에 빠져들게 된다. 아이와 함께하는 가족은 물론이고 친구 또는 연인과 함께 즐거운 하루를 보내기에 안성맞춤이다. 특히 밸런타인데이, 핼러윈, 크리스마스 등에는 각종 이벤트가 열리므로 홈페이지에서 미리 체크하고 가는 것도 좋다.

주소 大阪市此花区桜島2-1-33
전화 0570-20-0606 **휴무** 무휴
홈페이지 www.usj.co.jp/web/ko/kr **지도** P.14-B

{가는 방법}

JR 유메사키ゆめ咲선 유니버설시티ユニバーサルシティ역에서 도보 3분. JR을 이용하는 것이 가장 편하다. 오사카역이나 니시쿠조역에서 갈아타면 각지에서 이동 가능하다. 오사카항 지역의 텐포잔에서는 배를 타고 가는 방법도 있다.

JR

JR 오사카 루프 라인

JR 오사카大阪역 1번 플랫폼에서 오사카칸조大阪環状선(오사카 루프 라인) 내순환内回リ 열차 유니버설 스튜디오 재팬행 이용, 유니버설시티역 하차(190엔, 11분 소요). 직행 열차가 없는 시간대에는 니시쿠조역에서 환승해야 한다.

또는 오사카 어느 JR 역에서나 JR 오사카칸조선을 타고 니시쿠조西九条역에 가서 유니버설 스튜디오 재팬행으로 환승해 유니버설시티역 하차. 니시쿠조역에서 유니버설시티역까지는 5분 소요.

지하철+JR

지하철 추오선 벤텐초弁天역에서 JR 오사카칸조선(오사카 루프 라인)을 갈아타고 바로 다음 역인 니시쿠조西九条역에 내려 유니버설 스튜디오 재팬행으로 환승, 유니버설시티역 하차(170엔, 8~11분 소요).

한신 전철+JR

한신 전철 오사카난바大阪難波역 3번 플랫폼에서 고베 산노미야神戸三宮행이나 아마가사키尼崎행 열차를 타고 4개 역을 가서 니시쿠조西九条역 하차(200엔, 8~9분 소요). 연결된 JR 니시쿠조역으로 이동해 유니버설 스튜디오 재팬행을 타고 유니버설시티역 하차(160엔, 5분 소요).

캡틴 라인

텐포잔에서 갈 때는 배를 타는 게 가장 빠르다. 카이유칸 뒷편에 있는 승선장에서 캡틴 라인Capt. Line을 타고 유니버설 시티 포트에 내린다(700엔, 10분 소요). 1시간에 2편 운행. 오사카주유패스로 왕복 이용 무료.

{이용 시간}

영업일에 따라 영업 시간이 달라질 수 있으니 미리 홈페이지에서 확인할 것. 보통 개장은 오전 9시 또는 10시인 경우가 많다.

{요금}

스튜디오 패스

입장권과 모든 어트랙션의 이용료가 포함된 자유 이용권으로, 유니버설 스튜디오 재팬을 이용하려면 반드시 구입해야 한다. 단, 별도의 티켓이 필요한 특별 유료 이벤트(유니버설 카운트다운 파티나 프리미어 쇼 등) 및 특별 영업 시간에는 사용할 수 없다.

유니버설 익스프레스 패스

스튜디오 패스 구입 후 추가로 구입하는 패스

[스튜디오 패스]

종류	성인(12세 이상)	어린이(4~11세)	경로자(65세 이상)
스튜디오 패스 1일권	8600엔~	5600엔~	7700엔~
스튜디오 패스 1.5일권	1만 3100엔~	8600엔~	–
스튜디오 패스 2일권	1만 6300엔~	1만 600엔~	–

※3세 이하의 유아는 무료.
※가격은 입장일에 따라 달라진다.
※모든 정보는 2024년 1월 기준으로, 예고 없이 변경되는 경우도 있다.

로(수량 한정), 이용 가능한 어트랙션 수와 종류에 따라 다양한 익스프레스 패스가 있다. 이 패스 이용자는 해당 어트랙션의 전용 입구로 입장해 대기 시간을 줄일 수 있다. 슈퍼 닌텐도 월드, 위저딩 월드 오브 해리포터 입장 확약권이 포함되는 것도 장점이다. 해당 어트랙션 정보는 여행사에서 구입 시 확인할 수 있다. 유니버설 익스프레스 패스는 이용일의 혼잡 예상 정도와 재고 수량 등 여러 조건에 따라 가격이 변동되므로, 이용일의 가격을 인터넷으로 확인해야 한다.

{패스 구입}
한국에서 미리 여행사를 통해 예매권을 구입하자. 예매권은 매표소에서 교환할 필요 없이 그대로 사용하면 된다.

{입장}
유니버설 스튜디오 재팬에 갈 생각이라면 아침부터 저녁까지 하루 종일 보낼 생각을 해야 한다. 넓은 파크를 다 돌아보려면 상당한 시간이 걸리고, 어트랙션을 타는 데 걸리는 시간도 감안해야 하기 때문이다. 그리고 되도록이면 인파가 몰리는 주말이나 공휴일은 피하고 평일에 가기를 권한다. 개장 시간 전에 미리

도착해 개장하자마자 입장하자.

에어리어 입장 확약권
슈퍼 닌텐도 월드, 위저딩 월드 오브 해리포터는 많은 인파가 몰릴 경우 입장을 제한하기도 한다. 확실하게 입장하고 싶다면 에어리어 입장 확약권이 포함된 유니버설 익스프레스 패스 또는 스튜디오 패스와 패키지로 된 상품을 구입하는 게 좋다. 만일 스튜디오 패스만 구입했다면 유니버설 스튜디오 앱을 다운받아 입장권을 등록하고 e정리권(혼잡 시 조기 소진)을 발급받자.

> **Tip**
>
> 나도 모르게 지갑을 열게 된다
> ### 개성 넘치는 캐릭터 상품
>
> 어트랙션을 타거나 쇼를 관람하거나 파크를 구경하는 것도 즐겁지만, 귀여운 캐릭터 상품을 쇼핑하는 즐거움 또한 빼놓을 수 없다. 각 구역마다 영화와 관련된 다양한 숍을 갖추고 있는데, 상품의 종류가 어마어마하다. 가격대가 다양하니 친구나 가족, 연인에게 줄 선물을 사기에도 좋다.

슈퍼 닌텐도 월드
SUPER NINTENDO WORLD

전 세계에서 사랑받은 게임의 세계로 들어가 마리오처럼 온몸으로 즐기며 마음껏 놀 수 있는 곳. 아이, 어른 할 것 없이 누구나 놀이 본능을 마음껏 발산할 수 있다. 실제 크기로 리얼하게 등장하는 마리오의 세계에서 직접 블록과 음표 블록 등을 두드리며 놀 수 있다. 마리오 카트를 타고 레이스를 하거나 요시의 등에 타고 3개의 달걀을 찾아내는 라이드 어트랙션, 파워 업 밴드를 차고 플레이하면서 코인과 디지털 스탬프를 모으는 체험 등 추억의 게임 속 세계로 흠뻑 빠져들어 즐길 수 있다.

© Nintendo

1 해리포터의 마법 세계 2 마법 지팡이를 살 수 있는 올리밴더스의 가게 3 우편물을 배달해 주는 부엉이

위저딩 월드 오브 해리포터
The Wizarding World of Harry Potter

전 세계적으로 폭발적인 인기를 얻고 있는 해리포터 테마파크. 미국 플로리다에 이어 세계에서 두 번째, 아시아 최초로 오사카에 오픈했다. 에어리어 전체의 건설은 영화 〈해리포터〉 시리즈의 프로덕션 디자이너가 직접 지휘해, 해리포터 이야기 속의 세상을 놀라울 만큼 리얼하고 디테일하게 재현해 냈다.

깊은 숲속 울창한 나무가 가득 우거진 오솔길을 빠져나가면 마법사들이 사는 호그스미드 마을이 나온다. 아치형 입구로 걸어 들어가면 드디어 머글 세계에서 마법 세계로 입장! 장대한 스케일의 마법사 마을 호그스미드에서는 영화에 등장했던 다양한 상점과 우뚝 솟아있는 호그와트성, 자타공인 세계 최고의 어트랙션을 만날 수 있다. 호그와트 마법 학교의 학생이 된 듯한 기분을 만끽해 보자.

베르티 보츠의 온갖 맛이 나는 강낭콩 젤리. 허니듀크에서 살 수 있다.

미니언 파크
Minions Park

세계 최대 규모를 자랑하는 미니언 파크. 아침부터 밤까지 미니언들이 파크 곳곳에 등장해 좌충우돌 소동을 일으키는데, 그 모습이 이상하면서도 귀여워 웃음이 끊이지 않는다. 거대한 돔 스크린의 현장감 넘치는 영상을 즐기는 미니언 메이헴, 아이스링크 위에서 레이스를 펼치는 프리즈 레이 슬라이더 같은 라이드 어트랙션과 미니언즈가 귀엽게 마중 나와 인사를 하고 함께 기념 촬영도 할 수 있는 미니언 그리팅 등 귀엽고 깜찍한 엔터테인먼트가 가득하다.

뉴욕
New York

1930년대 뉴욕의 거리를 재현한 에어리어. 화려한 5번가에서 서민적인 델란시 스트리트까지 수많은 명작 영화의 무대가 된 장소를 구석구석 산책하며 멋진 사진도 남길 수 있다. '42nd 스트리트 스튜디오'에서는 미니언과 스누피가 아트 갤러리를 열어 작품을 공개하고 함께 작품을 완성하는 등 즐거운 경험을 할 수 있다.

할리우드
Hollywood

파크 입구로 들어가면 바로 만나게 되는 구역으로, 어트랙션과 숍이 가장 많이 모여 있다. 1930~1940년대 스타들이 다니던 화려한 할리우드 거리의 모습을 그대로 재현했다.

스페이스 판타지 더 라이드
Space Fantasy The Ride

끝없는 우주 공간 여기저기 흩어져 있는 아름다운 별들 사이를 우주선을 타고 종횡무진 질주하는 라이드 어트랙션. 앞을 가로막는 소행성군을 요리조리 피하면서 우주 공간을 질주하는 신나는 여정이다.

할리우드 드림-더 라이드 백드롭
Hollywood Dream-The Ride Backdrop

할리우드의 상공을 나는 듯한 꿈 같은 세계를 주제로 디자인된 신감각의 제트코스터. 말도 안 되는 각도로 뒤로 곤두박질치는 역주행 버전은 스릴 만점이다.

유니버설 원더랜드
Universal Wonderland

날아라 스누피 The Flying Snoopy

귀여운 스누피 등에 타고 높이 올라 하늘을
나는 듯한 기분을 만끽할 수 있다. 위아래로
자유롭게 컨트롤하여 직접 운전하는 듯한 경
험을 할 수 있다.

© 2023 Peanuts Worldwide LLC

헬로 키티 컵케이크 드림
Hello Kitty's Cupcake Dream

알록달록 예쁜 컵케이
크 중에서 마음에 드는
곳에 앉으면 음악에 맞
춰 빙글빙글 돌아간다.
중앙의 핸들을 돌리면
회전 속도를 조절할 수
있어 한층 더 신나게 즐
길 수 있다.

© '76, '23 SANRIO

쥬라기 공원
Jurassic Park

더 플라잉 다이너소어
The Flying Dinosaur

상상을 초월하는 높이와 길이를 자랑하는 최
신 플라잉 코스터. 폭주하는 공룡 프테라노돈
에게 등을 붙잡힌 채로 눈 밑에 펼쳐지는 쥐
라기 공원의 세계를 360도로 이리저리 맹렬
한 속도로 날아다닌다. 압도적인 스릴감을 느
낄 수 있다.

샌프란시스코
San Francisco

미국의 항구 마을. 피셔맨스 워프와 차이나타
운을 재현한 구역. 어트랙션은 없지만, 더 드
래곤스 펄(중국요리), 롬버스 랜딩(양식), 워프
카페(스낵), 해피니스 카페(양식, 미니언 푸드)
총 4곳의 레스토랑이 있어 식사하며 휴식하기
좋은 구역이다.

워터 월드 Water World

영화 〈워터월드〉의 미래 도시를 재현했다. 수상 오토바이의 스피드 넘치는 추격, 폭음과 더불어 불꽃을 날리며 수면으로 곤두박질하는 수상 비행기, 물속으로 떨어져 내리는 화염 등 특수 효과와 스턴트맨들의 박진감 넘치는 연기가 볼만하다.

애머티 빌리지
Amity Village

죠스 Jaws

거대한 상어가 선장과 관광객이 탄 보트를 좌우에서 덮친다. 격렬한 싸움에 석유 탱크가 폭발하고 귀에 익은 영화 음악이 현장감을 더해 준다. 물에 젖을 수도 있으므로 우비를 준비하는 게 좋다.

사진 제공 : 유니버셜 스튜디오 재팬
TM & © Universal Studios & Amblin Entertainment
TM & © Universal Studios.

> ### Tip
>
> ### 스페셜 이벤트를 즐기자
>
> 일 년 내내 다양한 이벤트가 진행되니 미리 홈페이지에서 체크해 보자. 매년 내용이 달라지지만, 보통 9~10월에는 유니버셜 원더 할러윈, 11~12월에는 유니버셜 원더 크리스마스, 12월 31일에는 유니버셜 카운트다운 파티 등이 있다.

SPECIAL

Page

공항과 가까운 아웃렛 쇼핑몰

린쿠 프리미엄 아웃렛
Rinku Premium Outlets

구역이 넓으니 안내도를 지참하자.

아웃렛 뒤편의 흰색 자갈이 깔린 해변, 마블 비치

여행을 마치고 출국하는 날, 최소 3시간 이상 여유가 있다면 마지막 쇼핑은 린쿠타운 아웃렛에서 즐겨도 좋다. 오사카 시내에서 간사이 공항으로 향할 때, 간사이 공항 바로 전 역이 린쿠타운역이기 때문에 자투리 시간을 보내기에 안성맞춤이다.

미국 항구 도시 찰스턴을 모방해 만들어진 린쿠 프리미엄 아웃렛은 우리나라의 첼시 아웃렛과 분위기가 꽤 비슷하다. 버버리, 발리, 코치, 아르마니, 츠모리 치사토 등 일본 및 해외 명품과 디자이너 브랜드를 비롯해 아디다스, 나이키, 갭, 오니츠카 타이거 등의 스포츠 브랜드, 레고와 로열 코펜하겐, 프랑프랑, 고디바 등에 이르기까지 인기 있는 브랜드를 다양

명품 브랜드 매장이 다양하다.

하게 갖추고 있다. 구역이 상당히 넓어 자칫하면 시간 낭비를 하기 쉽다. 안내도를 보고 가고 싶은 브랜드의 숍 위치를 체크하여 움직이는 게 효율적이다. 아웃렛에 도착하면 먼저 인포메이션 센터에 방문하자. 여권을 제시하면 25~65% 할인되는 쿠폰을 받을 수 있다. 비행기를 놓치지 않으려면 아웃렛-공항 간 이동 시간은 최소 30분 정도 여유를 두는 게 좋다.

주소 泉佐野市りんくう往来南3-28
전화 072-458-4600
영업 10:00~20:00
휴무 2월 셋째 목요일
홈페이지 www.premiumoutlets.co.jp/rinku/
교통 간사이 공항関西空港역에서 난카이 전철이나 JR로 6분(370엔), 린쿠타운りんくうタウン역 하차. 역에서 아웃렛까지 도보 6분. 공항 제1터미널 1층 12번 정류장에서 공항-아웃렛 간을 운행하는 셔틀 버스 이용 가능(300엔, 20분 소요, 1시간 1대 정도).
　　난카이 난바なんば역에서 갈 경우 간사이 공항행 공항급행空港急行으로 37분 소요(820엔)

KYOTO

京都

교토

京都
교토

전통적인 분위기가 물씬 풍기는 천년 고도

도쿄로 천도하기 전까지 천 년이라는 긴 세월 동안 일본의 수도였던 교토. 다양한 문화 유적과 전통을 소중히 지켜가고 있어 지금도 여전히 일본인들의 정신적인 수도이자 문화의 도시로 자리매김하고 있는 곳이다. 겉으로 보기에는 고즈넉하고 조용한 도시이지만 마을 곳곳에서 열리는 크고 작은 마츠리(축제)와 연중 행사들로 흥이 넘친다. 신사와 절을 비롯한 다양한 관광 명소와 화려한 기모노의 마이코, 게이코를 볼 수 있는 기온의 거리, 일본의 3대 마츠리 중 하나인 기온 마츠리 등 교토를 찾는 이들을 매료시키는 요소는 셀 수 없을 정도로 많다. 봄이 되면 벚꽃이 만발하고 가을이 되면 붉은색으로 곱게 물드는 단풍을 즐길 수 있는 명소들도 많다. 정갈하고도 담백한 맛의 교토 전통 요리를 비롯하여 쌉싸름한 말차 스위츠, 아기자기한 화과자 등 다양한 먹을거리도 교토 여행의 빼놓을 수 없는 매력 중 하나이다. 그 밖에도 기모노 체험, 다도, 좌선 등 다양한 일본 전통문화 체험도 가능하니 가히 문화의 도시라 불리기에 부족함이 없는 곳이다.

교토
한눈에 보기

ZOOM IN

교토 중심부

한큐 교토카와라마치역 주변 지역인 시조카와라마치는 활기가 넘치는 교토 최대의 번화가이자 교통의 요지다. 대부분의 여행자들은 이곳에서 교토 여행을 시작한다.

대형 쇼핑몰과 상점가들. 교토의 식탁을 책임지는 니시키 시장을 비롯해 산조도리 일대에 로드 숍과 카페, 식당이 많아 쇼핑과 식사를 동시에 해결할 수 있다.

교토 서부

키타야마, 니시진오리, 왕실 등 교토의 다양한 문화를 느낄 수 있는 지역. 북쪽에는 킨카쿠지(금각사)와 료안지, 닌나지 등 사찰과 신사가 모여 있으며, 남쪽으로는 옛 왕궁이었던 교토 고쇼와 니조성이 있다.

아라시야마

하늘로 곧게 뻗은 대나무 숲 치쿠린과 세계유산으로 지정된 텐류지 등으로 유명한 지역. 벚꽃과 단풍 명소로도 유명하다. 귀여운 관광 열차인 사가노 토롯코 열차를 타고 아름다운 자연 경관을 감상할 수 있다.

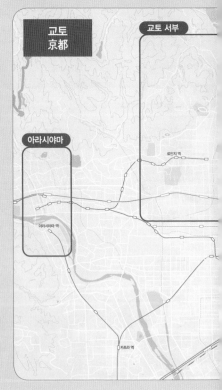

교토
京都

교토 서부

아라시야마

료안지 역

아라시야마 역

카츠라 역

교토 북동부

벚꽃과 단풍이 아름답기로 유명한 인기 관광 지역이다. 좁은 물길을 따라 이어진 철학의 길을 걷다 보면 긴카쿠지(은각사), 에이칸도, 난젠지 등 히가시야마 일대의 유명 사찰들을 만날 수 있다.

북쪽 산중에 위치한 사찰들과 남쪽의 헤이안 진구와 미술관, 동물원, 공원 등 관광 명소와 문화 공간이 많은 지역이다.

교토 동부

전통이 살아 숨쉬는 교토 최고의 관광 지역이다. 교토의 대표 명소인 키요미즈데라를 비롯해 산네이자카, 니넨자카, 이시베코지 같은 주변 오솔길과 기온의 시라카와미나미도리와 하나미코지, 카모강 변 산책이 즐거운 지역이다. 계절의 변화에 따라 매번 다른 정취를 느낄 수 있다. 기온 거리를 걷다 보면 진짜 마이코를 만나게 될 지도 모른다.

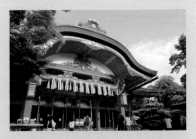

교토 남부

JR 교토역을 시작으로, 교토 타워와 백화점 등이 모여 있는 현대적인 지역. 그러나 조금만 발길을 옮기면 산주산겐도, 후시미이나리타이샤 등 유서 깊은 사찰과 신사를 만나게 된다.

교토 여행의
기본 정보

여행 시기
Season

교토의 기후는 연중 온화한 편이다. 하지만 산으로 둘러싸인 분지 지형이라 여름에는 무덥고 비가 자주 오며 겨울에는 바람이 매서운 편이다. 특히, 북부 지역은 겨울에 눈이 많이 오고 바람이 차기 때문에 12~2월에 방문할 경우에는 따뜻하게 입고 가는 것이 좋다. 늘 관광객이 넘쳐나는 곳이지만 특히 벚꽃 시즌인 3월 말과 단풍 시즌인 11월에는 인산인해를 이룬다. 이 시기에는 숙소도 몇 달 전부터 예약이 차버리기 때문에 준비를 서둘러야 한다.

가을의 아라시야마

[월별 평균 기온]

월	1월	2월	3월	4월	5월	6월	7월	8월	9월	10월	11월	12월
최고 기온(℃)	9.1	10.0	14.1	20.1	25.1	28.1	32.0	33.7	29.2	23.4	17.3	11.6
최저 기온(℃)	1.5	1.6	4.3	9.2	14.5	19.2	23.6	24.7	20.7	14.4	8.4	3.5

(일본 기상청, 1991~2020년 조사 결과)

여행 기간
Period

짧게는 하루, 보통 2~3일 정도면 주요 관광지를 도는 것이 가능하다. 교토는 여기저기 관광지가 매우 많은 편이라 시간을 많이 투자할수록 제대로 즐길 수 있다. 여유가 없다면 꼭 가고 싶은 곳을 골라 버스와 지하철을 적절히 이용하도록 하자. 보통 동북부 및 중심가 관광에 하루, 남부 및 서부에 하루를 투자하는 것이 일반적이다. 아라시야마는 아침 일찍 움직이면 반나절 정도면 둘러볼 수 있다.

녹음이 우거진 헤이안 진구 신엔

관광
Sightseeing

관광 명소가 매우 많기 때문에 꼭 가고 싶은 곳을 체크해서 주요 동선을 결정하도록 한다. 관광지가 모여 있는 북동부(키요미즈데라, 긴카쿠지 주변)와 중심부(기온, 카와라마치 주변)는 교토 여행의 필수 코스이며 시간적 여유가 있다면 하루를 더 써서 아라시야마나 후시미이나리타이샤 쪽을 돌아보는 것도 좋다.

운치 있는 신바시도리

음식
Gourmet

싸고 대중적인 음식이 많은 오사카에 비해 교토는 음식 가격이 다소 비싼 편이다. 교료리(교토 전통 요리)나 유도후(맑은 두부전골), 교야사이(교토산 채소)를 사용한 정식 등 정갈하고 담백한 요리가 많다. 고급 요리집에서 소박한 정식, 라멘을 파는 가게까지 선택의 폭이 넓다. 달콤 쌉싸름한 말차 디저트를 파는 카페도 많으니 꼭 들러보자.

말차로 만든 디저트를 꼭 맛보자.

쇼핑
Shopping

교토는 오사카나 고베에 비해 쇼핑 쪽으로는 다소 부족한 면이 있다. 주로 중심가인 한큐 교토카와라치역 주변이나 JR 교토역 주변에 다양한 상점가와 쇼핑센터, 백화점이 집중적으로 모여 있다.
카와라마치에서 야사카 진자로 향하는 길 중간 지점에 있는 기온 거리에는 일본 느낌이 물씬 풍기는 기념품을 파는 가게들이 많이 모여 있어 쇼핑을 즐기기에 좋다.

한큐 교토카와라치역 주변은 교토 최대의 중심가이다.

숙박
Stay

특급 호텔이나 비즈니스 호텔 외에도 일본의 전통 가옥을 개조해 만든 마치야町家나 전통 료칸旅館, 게스트 하우스 등 다양한 숙박 시설이 있다. 교토역 주변은 공항까지 한 번에 갈 수 있는 전철(하루카)과 리무진 버스가 있어 관광객에게 인기 있다. 주요 관광지까지 이동이 편한 카와라마치나 기온 쪽에도 숙박 시설이 모여 있다. 고조역 주변에는 저렴하면서도 편리한 레지던스가 몇 군데 있다.

전통 가옥을 이용한 숙소

교토에서
꼭 해야 할 7가지

1 운치 있는
철학의 길 산책하기

북동부의 주요 관광지를 따라 나 있는 산책길을 걸으며 잠시 우수에
젖어보자. 계절에 따라 벚꽃과 녹음, 단풍이 그대를 반길 것이니.

하나미코지에서 **진짜 마이코 찾기**
마이코 분장을 한 관광객이 아닌, 진짜 마이코를 만나보자. 마이
코는 주로 하나미코지 일대에 자주 출몰(?)하니 사람들이 많이
모여 웅성거리는 곳을 주목하자.

니넨자카, 산네이자카, 이시베코지 산책하기

교토 최고의 인기를 자랑하는 키요미즈데라의 참
배길에는 포석이 깔린 좁은 골목을 사이에 두고
기념품과 간식을 파는 가게들이 늘어서 있다. 전통
의 멋이 물씬 풍기는 이곳은 절대 놓쳐서는 안되
는 명소 중의 명소다.

3

아라시야마의 대나무 숲 걷기

길이 길게 이어져 있지는 않지만 분위기만큼은 더
할 나위 없는 아라시야마의 치쿠린(대나무 숲)을
배경으로 사진을 찍어보자. 단, 늘 관광객으로 붐
비기 때문에 촬영에 방해받고 싶지 않다면 이른
아침에 찾는 것이 좋다.

4

5

난젠지 비와코소스이 수로각에서 사진 찍기

교토를 배경으로 한 일본 드라마에 자주 등장하는 비와코
소스이 수로각은 교토의 여느 관광지와는 달리 이국적인
분위기를 자아낸다.

6

후시미이나리타이샤의 붉은 도리이 지나가기

산 정상까지 늘어서 있는 수천 개의 붉은 도리
이가 인상적인 후시미이나리타이샤는 교토의
인기 관광지 중 하나. 도리이의 붉은색은 맑게
갠 겨울 날씨에 가장 아름다워 보인다고 한다.

7

전통 찻집에서 말차 스위츠 즐기기

차 산지로 유명한 우지宇治의 말차로 만든 다
양한 스위츠는 교토를 대표하는 명물 중 하나.
분위기 좋은 전통 찻집에서 달콤한 스위츠를
맛보며 여유로운 한때를 보내는 것 또한 교토
여행의 백미 중 하나다.

다른 도시에서 교토 가는 법

각 지역에서 교토로 갈 때 이용할 수 있는 수단으로는 한큐 전철과 JR, 케이한 전철 등이 있다. 각각의 교통수단은 이용하는 역이 다르고 역이 서로 많이 떨어져 있기 때문에 어느 지역을 기점으로 여행할지에 따라 선택하는 것이 좋다. 간사이스루패스나 한큐투어리스트 패스, JR패스 등 소지하고 있는 교통 패스를 적절하게 이용하면 교통비를 절약할 수 있다.

★ 오사카 → 교토 중심부 ★

한큐 오사카우메다역 大阪梅田	한큐 전철 카와라마치행 특급·통근특급 · · · · · · · · · · · · · · 43분, 410엔	한큐 교토카와라마치역 京都河原町

한큐 전철 특급 열차

전철 마니아들에게 특히 인기 있는 진한 초콜릿색의 한큐 전철은 창밖으로 보이는 풍경도 아기자기하고 예쁘다. 우메다역에서 열차가 출발하므로 편안하게 앉아 갈 수 있다. 각 역을 모두 정차하는 보통 열차는 시간이 오래 걸리므로, 속도가 빠른 준특급이나 특급·통근특급을 타도록 한다.

※간사이스루패스 사용 가능

Tip

Hankyu Tourist Pass
한큐투어리스트패스

오사카, 교토, 고베를 연결하는 한큐 전철 전 노선(고베고속선 제외)을 무제한 이용할 수 있는 패스. 국내 여행사를 통해 미리 구입하거나 오사카우메다, 교토카와라마치 등 한큐 전철 주요 역 인포메이션 센터에서 구입할 수 있다. 2일권의 경우 연속으로 사용하지 않아도 되기 때문에 일정 짜기에 편하다. 구입 시 여권을 제시해야 한다.

요금 1일권 700엔, 2일권 1200엔
유효 기간 이용 개시일의 막차 시간까지
홈페이지 www.hankyu.co.jp/kr/

교토 여행의 출발점
한큐 교토카와라마치역

한큐 교토카와라마치역은 지하에 위치하고 있으며 출구가 많기 때문에 나가기 전에 미리 출구 번호를 꼼꼼히 체크해 두자. 행선지별로 버스 정류장 위치도 다르므로 별책 지도 P.23을 확인하거나 개찰구 근처에 있는 여행자 인포메이션 센터에서 문의한 후 이동하면 불필요한 발품을 줄일 수 있다.

한큐 교토카와라마치역

요도야바시역 淀屋橋	케이한 전철 데마치야나기행 특급 50분, 430엔	기온시조역 祇園四条

오사카의 쿄바시역이나 요도야바시역, 키타하마역 부근에 숙소를 잡았다면 케이한 전철이 편리하다. 기온시조역은 교토의 중심부인 시조카와라마치(한큐 교토카와라마치역)와도 매우 가깝다. 열차 종류와 관계 없이 요금은 모두 동일하므로, 속도가 빠른 특급이나 쾌속급행을 타자. 보통 열차는 모든 역에 정차하므로 시간이 매우 오래 걸린다.

※간사이스루패스 사용 가능

JR 오사카역 大阪	JR 신쾌속 30분, 580엔	JR 교토역 京都

JR 오사카역 7~11번 플랫폼에서 교토선을 타면 된다. 각 역을 모두 정차하는 보통 열차는 시간이 오래 걸리므로, 신쾌속·쾌속을 타는 것이 좋다. 교토역에 도착하면 먼저 중앙 출구로 나간 후 시 버스나 지하철 등을 이용하자.

★ 오사카 → 교토 아라시야마 ★

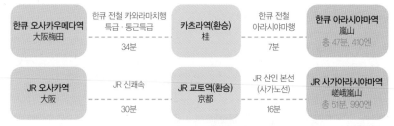

한큐 오사카우메다역 大阪梅田	한큐 전철 카와라마치행 특급·통근특급 34분	카츠라역(환승) 桂	한큐 전철 아라시야마행 7분	한큐 아라시야마역 嵐山 총 47분, 410엔
JR 오사카역 大阪	JR 신쾌속 30분	JR 교토역(환승) 京都	JR 산인 본선 (사가노선) 16분	JR 사가아라시야마역 嵯峨嵐山 총 51분, 990엔

교토역에서 환승할 때는 32~33번 플랫폼에서 JR 산인본선을 탄다. 도착역인 사가아라시야마역은 토롯코 열차 타는 곳과 매우 가깝다. 참고로, 오사카에서 사가아라시야마역까지 가는 표를 한 번에 끊으면 요금이 990엔인데, 일단 교토로 가는 표(580엔)를 끊고 교토역에서 사가아라시야마역까지 가는 표(240엔)을 따로 끊으면 총 820엔으로 좀 더 저렴하다.

Tip

교토 남부 여행에 편리한
케이한 전철

후시미이나리타이샤(후시미이나리伏見稲荷역)를 비롯하여 토후쿠지, 기온(기온시조祇園四条역), 기요미즈데라(기요미즈고조清水五条역) 등 유명 관광지 근처까지 환승 없이 한 번에 갈 수 있다. 또한 종점인 데마치야나기出町柳역은 교토 북부의 쿠라마鞍馬나 키부네貴船까지 갈 수 있는 에

케이한 전철

이잔 전철叡山電車이 연결되어 있다. 교토 남부의 우지 쪽으로 가기에도 매우 편리하다.

★ 고베 → 교토 ★

한큐 고베산노미야역 神戸三宮	한큐 전철 고베선 특급 · 통근특급 27분	한큐 오사카우메다역 (환승) 大阪梅田	한큐 전철 교토선 특급 · 통근특급 47분	한큐 교토카와라마치역 京都河原町 총 1시간 22분, 640엔

한큐 전철은 요금이 가장 저렴하다. 각 역을 모두 정차하는 보통 열차는 시간이 오래 걸리므로 빨리 가는 특급 · 통근특급을 타는 것이 좋다(요금은 모두 동일). 고베산노미야역에서 우메다梅田행 열차를 타고 종점인 우메다역에서 하차, 개찰구를 나가지 말고 1~3번 플랫폼에서 교토선을 타고 종점인 카와라마치역까지 가면 된다.

※간사이스루패스 사용 가능
※우메다역 바로 전 정류장인 주소十三역에서 환승할 수도 있지만 사람이 많고 앉아서 가기 힘들다. 때문에 카와라마치행 열차 출발지인 우메다역에서 갈아타는 것이 편하다.
※다시 오사카 등으로 돌아가는 사람은 간사이스루패스가 없을 경우 한큐투어리스트패스를 구입해 왕복하는 것이 훨씬 저렴하다.

JR 산노미야역 三ノ宮	JR 신쾌속 · 쾌속 51분, 1110엔	JR 교토역 京都

JR은 한큐 전철에 비해 가격이 조금 비싼 편이나, 빠르고 편리해 인기 있다. 각 역을 모두 정차하는 보통 열차는 시간이 매우 오래 걸리므로 신쾌속 또는 쾌속을 탈 것.

★ 나라 → 교토 ★

킨테츠 나라역 近鉄奈良	킨테츠 전철 교토행 쾌속급행 · 급행 48분, 760엔	교토역 京都

킨테츠 전철

특급 열차는 지정석 요금 520엔을 추가로 내야 하며 도착 시간은 별 차이가 없으므로 쾌속급행이나 급행을 타는 것이 좋다. 만일 오사카난바행이나 고베산노미야神戸三宮행 전철을 타게 될 경우는 도중에 야마토사이다이지大和西大寺역에서 교토행 열차로 갈아타야 한다.

※간사이스루패스 사용 가능

JR 나라역 奈良	JR 쾌속 44분, 720엔	JR 교토역 京都

JR은 환승 없이 한 번에 갈 수 있다. 킨테츠 전철과 소요 시간은 비슷하지만 요금은 좀 더 비싸다. 각 역을 모두 정차하는 보통 열차는 시간이 매우 오래 걸리므로 쾌속을 탄다.

교토의 각 지역으로 가는 법

지역 범위가 넓은 교토의 경우, 각 지역 사이를 이동하려면 주로 시 버스를 이용하게 된다. 단, 관광 시즌에는 도로가 막히므로, 목적지에 따라 지하철이나 전철을 적절히 이용하는 것도 좋다.

★ 교토 동부 ★

교토의 중심역인 한큐 교토카와라마치京都河原町역부터 기온, 키요미즈데라 순으로 이동 시 도보로 이동이 가능하다. 단 키요미즈데라를 먼저 볼 경우에는 시 버스로 이동하는 것이 빠르다. 관광 시즌에는 도로가 막히기 때문에 동부 지역 내에서는 버스보다는 도보 이동을 추천한다. 다른 지역으로 이동할 때도 시간을 넉넉히 두고 움직이는 것이 좋다.

JR 교토역
(♀ 교토에키마에京都駅前)
→ 시 버스 206번
10분, 230엔

한큐 교토카와라마치역
(♀ 시조카와라마치四条河原町)
→ 시 버스 80 · 207번
10분, 230엔

키요미즈데라
(♀ 키요미즈미치淸水道 · 고조자카五条坂)

★ 교토 중심부 ★

한큐 전철 교토선의 종점역인 교토카와라마치역에서 하차해 지상으로 올라가면 바로 시조도리四条通와 만난다. JR 교토역 등 다른 구역에서 갈 때는 시 버스를 이용하여 시조카와라마치로 이동하자. 시조카와라마치 사거리 주변에 '시조카와라마치'라는 이름의 정류장이 여러 곳 있다. 버스에 따라 정차하는 정류장이 다르다. 별책 지도 P.23 참조.

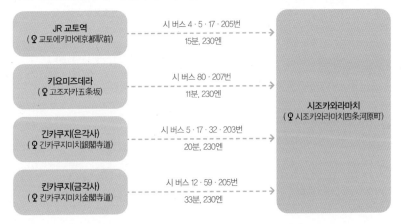

JR 교토역
(♀ 교토에키마에京都駅前)
→ 시 버스 4 · 5 · 17 · 205번
15분, 230엔

키요미즈데라
(♀ 고조자카五条坂)
→ 시 버스 80 · 207번
11분, 230엔

긴카쿠지(은각사)
(♀ 긴카쿠지미치銀閣寺道)
→ 시 버스 5 · 17 · 32 · 203번
20분, 230엔

킨카쿠지(금각사)
(♀ 킨카쿠지미치金閣寺道)
→ 시 버스 12 · 59 · 205번
33분, 230엔

시조카와라마치
(♀ 시조카와라마치四条河原町)

309

★ 교토 북동부 ★

한큐 교토카와라마치역이나 JR 교토역에서 가는 5번 버스는 북동부의 주요 관광지를 모두 지나는 노선으로 관광객에게 인기 있다. 하지만 관광 시즌에는 가장 많이 막히는 곳을 지나기 때문에 시간이 없다면 근처까지 지하철(게아게역)이나 케이한 전철(데마치야나기역, 이치조지역 등)을 이용하는 것도 좋다. 긴카쿠지(은각사)에서 난젠지까지는 철학의 길을 따라 천천히 걸으며 근처 관광지를 둘러보는 것을 추천한다.

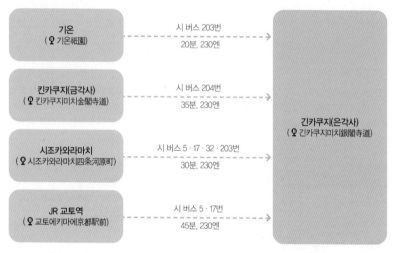

★ 교토 서부 ★

교토 서부는 매우 넓으며 명소들이 거리상 꽤 떨어져 있어 도보로는 이동이 힘들다. 단, 킨카쿠지–료안지–닌나지 구간은 도보 이동이 가능하다. 지하철이나 전철만으로는 갈 수 없는 관광지가 많기 때문에 버스 이용이 필수다. 배차 간격이 매우 긴 버스들도 있기 때문에 돌아갈 때의 버스 시간을 미리 확인해 두도록 하자. 니조성으로 갈 때는 시 버스 외에 지하철(니조조마에역)을 이용해도 좋다.

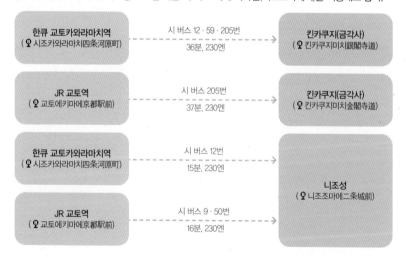

★ 교토 남부 ★

교토역에 도착하면 카라스마 출구烏丸口 바로 앞에 있는 시 버스 정류장에서 각 명소로 가는 버스를 갈아타면 된다.

| 한큐 교토카와라마치역 (♀ 시조카와라마치四条河原町) | 시 버스 4 · 5 · 17 · 205번 15분, 230엔 → | JR 교토역 (♀ 교토에키마에京都駅前) |
| 카라스마역 烏丸 | 지하철 카라스마선 6분, 220엔 → | 교토역 京都 |

★ 아라시야마 ★

아라시야마는 JR과 한큐 전철, 케이후쿠 전철(란덴), 시 버스 등을 이용하여 갈 수 있다. 교토역 (32~33번 플랫폼)에서는 JR로, 카와라마치 쪽에서는 한큐 전철로 이동하는 것이 빠르다. 관광 시즌에는 도로 정체가 심하므로 시 버스보다는 전철 등을 이용하는 것이 좋다.

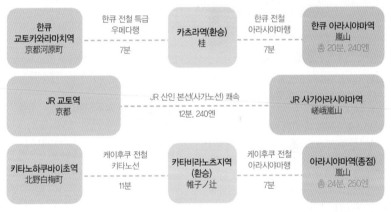

한큐 교토카와라마치역 京都河原町	한큐 전철 특급 우메다행 7분	카츠라역(환승) 桂	한큐 전철 아라시야마행 7분	한큐 아라시야마역 嵐山 총 20분, 240엔
JR 교토역 京都	JR 산인 본선(사가노선) 쾌속 12분, 240엔			JR 사가아라시야마역 嵯峨嵐山
키타노하쿠바이초역 北野白梅町	케이후쿠 전철 키타노선 11분	카타비라노츠지역 (환승) 帷子ノ辻	케이후쿠 전철 아라시야마행 7분	아라시야마역(종점) 嵐山 총 24분, 250엔

교토 서부의 킨카쿠지, 료안지, 닌나지 쪽에서 아라시야마로 바로 갈 때는 케이후쿠 전철을 이용하는 게 편하다. 케이후쿠 전철은 키타노하쿠바이초역에서 출발해 료안지龍安寺역, 오무로닌나지御室仁和寺역 등을 지나므로, 가까운 역에서 타면 된다.

※간사이스루패스 사용 가능

케이후쿠 전철 아라시야마역　　케이후쿠 전철　　한큐 아라시야마역

교토의 시내 교통

지하철이나 케이한 전철 등도 있으나 일부 지역만 연결하고 있어, 교토 시내에서의 이동은 버스가 메인이라고 볼 수 있다. 시 버스와 교토 버스 두 종류가 있으며 대부분의 주요 관광지는 시 버스가 연결하고 있다. 가장 많은 버스 노선이 지나가는 곳은 교통의 요지인 시조카와라마치(한큐 교토카와라마치역)와 JR 교토역 앞. 버스에 따라 배차 간격이 다르므로 외곽 지역으로 갈 때에는 돌아가는 시간대의 배차 간격을 미리 체크해 두는 것이 좋다.

시 버스 市バス

교토 시내를 촘촘히 연결해 가장 편리한 교통 수단. 하지만 시간이 오래 걸리고 노선도가 복잡한 편이다.

시 버스를 이용할 때 가장 먼저 해야 할 일은 버스 지도를 보고 자신이 가고자 하는 목적지와 현재 위치를 파악하는 것이다. 그 다음에는 두 곳을 연결하는 버스 노선을 찾으면 된다. 격자 형태로 짜여 있어 도중에 다른 노선의 버스로 갈아타는 것이 더 빠를 때도 있다.

버스를 탈 때에는 버스 번호 옆에 붙은 행선지도 꼭 확인해야 한다. 같은 번호라도 행선지에 따라 전혀 다른 방향으로 운행하는 경우가 비일비재하다. 타기 전에 주변 사람들이나 운전기사에게 확인하는 것이 안심할 수 있다. 별책 p.34~35의 시 버스 이용 가이드 참조.
※간사이스루패스 사용 가능

홈페이지 www.city.kyoto.lg.jp/kotsu/

요금
대부분의 구간은 거리에 상관없이 230엔의 균일 요금이 적용된다(6세 이상~12세 미만 어린

이는 120엔). 단, 교토 북부의 오하라 등 시내 외곽으로 나가면 거리에 따라 추가 요금이 부과되기도 한다.

버스 번호가 주황색 번호판이나 파란색 번호판인 경우 어느 구간이나 균일 요금이 적용된다. 한편, 버스 번호가 흰색 번호판인 경우는 구간에 따라 요금이 책정되니, 버스를 탈 때 정리권을 꼭 뽑아두었다가 요금을 확인해야 한다. 인포메이션 센터에서 받을 수 있는 시 버스 노선도에 균일 요금 범위가 표시되어 있다.

교토 지하철 · 버스 1일권
地下鉄 · バス1日券
교토 시영 지하철과 시 버스, 교토 버스를 하루 동안 무제한으로 이용할 수 있는 승차권으로 지하철과 버스를 잘 조합하여 이용하면 효율적으로 이동할 수 있다. 시 버스 · 지하철 안내소나 지하철역 창구, 버스 차내에서 구매 가능하다. 요금은 성인 1100엔, 어린이 550엔으로 버스 기준 하루에 5회 이상 이용할 경우 추천한다. 승차권을 제시하면 가맹 관광지 및 음식점, 기념품 숍 등에서 입장료나 구매 금액을 할인해 주는 혜택이 있으므로 꼭 이용하자. 버스에서 처음 1일 승차권을 이용할 때는 요금함의 카드 투입기에 카드를 넣으면 뒷면에 해당 날짜가 인쇄되어 나온다. 두 번째부터는 내릴 때 카드 뒷면의 날짜를 운전기사에게 보여주면 된다.

요금 성인 1100엔, 어린이 550엔

01 버스 번호와 행선지를 우선 확인한다.

문에 입구,
출구라고 쓰여 있다.

02 버스 뒷문으로 승차한다.

오른쪽은 IC카드 기계

왼쪽은 정리권 기계

03 버스를 탈 때 뒷문 왼쪽에 있는 기기에서 정리권을 뽑아둔다(균일 요금 구간 내만 운행하는 버스는 정리권이 없는 경우도 있다). IC카드 이용자는 오른쪽 기기에 카드를 댄다.

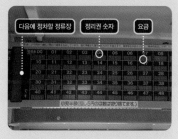

다음에 정차할 정류장 · 정리권 숫자 · 요금

04 다음에 정차할 버스 정류장 이름과 요금은 수시로 차내 전광판에 표시된다. 다음 정류장에서 하차할 경우, 정리권의 숫자를 전광판에서 찾은 후 해당 요금을 확인한다(균일 요금 구간인 경우는 불필요).

05 전광판에 내릴 정류장이 표시되고, 차내 방송으로 안내가 나오면 하차 버튼을 누른다. 거스름돈이 나오지 않으므로 미리 잔돈을 준비하는 것이 편하다.

06 현금을 준비해 요금통에 넣는다. 지폐나 큰 액수의 동전은 기기에 넣어 잔돈으로 바꾼 후에 정확한 요금을 넣는다.
IC카드 이용자는 IC카드 기계에 카드를 접촉한다. 패스 이용자는 운전사에게 패스를 보여주면 된다.

교토 버스

교토 버스 京都バス

교토 북부의 오하라大原 등으로 갈 때 이용한다. 시 버스·교토 버스 1일 승차권을 사용할 수 있다. 타는 방법, 요금 계산 방법은 시 버스와 동일하다. 대부분의 관광객은 시 버스로 시내 유명 관광지를 중심으로 이동하는 경우가 많기 때문에 교토 버스를 탈 일은 거의 없다고 볼 수 있다.

※간사이스루패스 사용 가능

홈페이지 www.kyotobus.jp

제이알 JR

교토 시내에서 아라시야마나 후시미이나리타이샤 쪽으로 갈 때 이용하면 빠르고 편하다. 그 외에는 대부분 시 버스를 이용해 관광을 하

JR 교토역 중앙 줄구

는 경우가 많으므로, 위의 경우를 제외하면 교토 시내를 이동할 때 JR을 탈 일은 거의 없다고 볼 수 있다.

지하철 地下鉄

카라스마선烏丸線과 토자이선東西線 2개의 노선이 있다. 카라스마선은 남북으로 길게 나 있고 토자이선은 동서로 길게 나 있다. 두 개의 노선은 카라스마오이케烏丸御池역에서 만난다. 일부 역을 제외하면 유명 관광지와는 많이 떨어져 있기는 하나 교통 정체 구간 등에서 시 버스와 적절히 섞어 이용하면 보다 빠른 이동이 가능하다.

※간사이스루패스 사용 가능

요금 220~360엔, 1일 승차권 800엔

케이한 전철 京阪電鉄

교토 동부 지역을 남북으로 잇고 있다. 데마치야나기(종점)·기온시조·키요미즈고조·토후쿠지-후시미이나리역까지 동부 지역의 일부 유명 관광지를 연결하고 있다. 특히 길이 심하게 막히는 관광 시즌에 적절히 이용하면 이동 시간을 꽤 절약할 수 있다.
※간사이스루패스 사용 가능

요금 170엔~, 구간에 따라 가산
홈페이지 www.keihan.co.jp/travel/kr/

케이한 전철 기온시조역

케이후쿠 전철 京福電車

교토 서부의 키타노하쿠바이초北野白梅町와 아라시야마, 사가노 지역을 잇는 노면전차로 아라시야마행 전철이라는 뜻에서 '란덴嵐電'이라는 정감 넘치는 이름으로도 불린다. 노선이 2개밖에 없어 복잡하지 않다.
서부 지역의 주요 관광지 중 하나인 료안지나 닌나지 주변에서 아라시야마로 바로 갈 때 이용하면 편하다.
※간사이스루패스 사용 가능

요금 구간에 관계 없이 250엔
홈페이지 randen.keifuku.co.jp/en/

에이잔 전철 叡山電車

케이한 전철의 종점인 데마치야나기出町柳와 교토 북부의 쿠라마鞍馬, 히에이잔比叡山을 잇는 전철로, 북부의 산을 천천히 올라가 주변 경치를 즐기기에 좋다. 특히 매년 단풍 시즌에는 선로 양쪽에 늘어선 단풍나무에 라이트업을 하여 단풍 터널의 낭만을 만끽할 수 있도록 하고 있다.

창밖의 풍경을 보다 편하게 즐기기 위해 창문을 크게 내 넓은 시야를 확보하고 의자도 창가를 향해 배치한 '전망열차 키라라展望列車 きらら'도 운행하고 있다.

노선은 쿠라마선鞍馬線과 에이잔 본선叡山本線 2개로 나뉘며 목적지에 맞춰 타야 한다. 승차할 때 꼭 정리권整理券을 뽑아두었다가 승차역에서부터의 요금을 준비한 후 내릴 때 운전사에게 직접 내면 된다. 문 근처에 설치되어 있는 전자식 안내판에 매 역마다 바뀌는 요금이 안내되므로 참고하자.

데마치야나기역 등 에이잔 전철 주요 역 창구에서는 에이잔 전철 원데이 패스 '에에킷푸えぇきっぷ(1200엔)'를 판매한다. 그 밖에도 쿠라마나 키부네, 오하라, 이치조지 등 교토 북부 지역을 편리하게 다닐 수 있는 버스&에이잔 전철 당일치기 티켓バス&えいでん 鞍馬・貴船日帰りきっぷ도 판매한다. 데마치야나기역에서 성인 1매 2000엔에 구매할 수 있다. 에이잔 전철, 케이한 전철(토후쿠지역과 데마치야나기역 사이에서만 이용 가능), 시 버스, 교토 버스를 무제한으로 이용할 수 있다.
※간사이스루패스 사용 가능

요금 210~430엔
홈페이지 eizandensha.co.jp

택시 タックシー

택시는 회사, 차량 크기에 따라 기본 요금, 주행 금액이 조금씩 달라진다. 뒷문 바로 옆에 기본 요금 등이 써 있다. 기본 요금이 500~570엔 정도이며 소형 택시의 경우 1km 이후부터는 279m당 100엔씩 가산된다.
택시를 탈 때는 손을 들어 택시를 세우고 뒷문으로 타면 된다. 이때 택시 문이 자동으로 열리고 닫히므로 여유 있게 기다리도록 하자. 참고로 JR 교토역에서 한큐 교토카와라마치역까지 1100엔 정도 나오며, 요금은 도로 상황에 따라 달라진다.

교토 동부 京都東部

전통이 살아 숨쉬는 교토 최고의 관광지

천년 고도 교토를 만끽할 수 있는 최적의 장소. 교토를 대표하는 명소 키요미즈데라와 야사카 진자, 그 두 곳을 잇는 네네노미치, 니넨자카, 산네이자카 등의 오솔길 산책은 동부 지역 관광의 백미라 할 수 있다. 계절은 물론 날씨에 따라서도 매번 다른 정취를 느낄 수 있어 몇 번을 찾아도 새롭게 느껴질 것이다. 하나미코지를 비롯한 기온 일대는 오랜 전통의 고급 요정과 찻집들이 옹기종기 모여 있으며 진짜 마이코를 만날 확률이 가장 높은 곳 중 하나다. 밤에는 이자카야 골목인 폰토초와 카모강 변 산책도 빼놓을 수 없다. 교토 최고의 인기 지역인 만큼 관광 시즌에는 도로가 막힌다. 따라서 동부 지역 내에서는 버스보다는 도보 이동을 추천한다. 다른 지역으로 이동할 때에도 시간을 넉넉히 두고 움직이는 것이 좋다.

Check

지역 가이드
여행 소요 시간 5~6시간
관광 ★★★
맛집 ★★☆
쇼핑 ★★☆

가는 방법
오사카에서 한큐 전철로 교토에 가는 경우, 동부의 중심역인 한큐 교토카와라마치京都河原町역에 내린다. 한큐 교토카와라마치역에서부터는 도보로 이동 가능하다. 키요미즈데라에 바로 가려면 시조카와라마치四条河原町에서 시 버스 207번(10분, 230엔) 이용, 키요미즈미치清水道 또는 고조자카五条坂 하차. 교토역에서 키요미즈데라로 가려면 시 버스 86·206번 이용(10분, 230엔).

교토 북동부

교토 서부

교토 중심부

아라시야마

교토 남부

교토 동부

교토 동부의 추천 코스

긴카쿠지 쪽으로 이동할 때는 일단 버스나 도보로 기온으로 이동 후 긴카쿠지마행 버스로 갈아타자.

총 소요 시간 약 5~6시간

❶ 한큐 교토카와라마치역 1A 출구

한큐 전철 대신 케이한 전철을 이용할 경우, 기온시조역에서 하차하여 7번 출구로 나오면 바로 기온 거리다.

도보 3분

❷ 기온

카모강과 야사카 진자 사이에 위치한 교토의 대표적인 관광 지구. 특히 하나미코지는 교토 특유의 전통적인 분위기가 물씬 풍기는 거리여서 관광객들에게 인기 있다.

도보 3분

❸ 야사카 진자

일본의 3대 마츠리 중 하나인 기온 마츠리를 주관하는 신사. 새해 첫 참배를 뜻하는 '하츠모우데'의 명소로도 유명하다.

도보 7분

❹ 네네노미치

키요미즈데라로 이어지는 좁은 골목길 중 하나. 돌바닥 위를 달리는 인력거의 모습이 어우러져 운치가 있다.

도보 1분

❺ 니넨자카 · 산네이자카(산넨자카)

네네노미치에서 키요미즈데라로 이어지는 좁은 돌계단 길로, 교토 특유의 분위기가 넘쳐흐른다. 길 양옆으로 찻집, 기념품점 등이 늘어서 있다.

도보 7분

❻ 키요미즈데라

유네스코 세계문화유산 중 하나로 교토를 대표하는 인기 사찰이다. 사찰 주변으로 맛집과 기념품 가게들이 늘어서 있으며 관광객들로 사계절 늘 북적인다.

골목길 산책이 기본

교토 동부 지역의 관광은 기본적으로 골목길 산책이 중심이다. 먼저 대표적인 관광 명소를 골라 도보로 이동하면서 각 명소들을 연결하는 좁은 골목길까지 구석구석 구경하며 즐기는 것이 가장 이상적이다.

신사나 절 주변의 가게들은 참배 시간에 맞춰 일찍 문을 닫는 경우가 많으므로 시간을 잘 맞춰 가야 한다. 또한 벚꽃 철, 단풍철에는 교토역까지 이동하는 버스 구간이 많이 막히므로 지하철 등으로 이동하는 것이 편하다.

유명 맛집은 예약 필수

대표적인 관광지인 만큼 맛집도 많지만, 유명하고 인기 있는 곳은 점심시간에 매우 붐비기 때문에 심하면 1시간 이상을 대기 시간으로 허비할 확률이 높다. 가능하면 예약을 해두는 것이 좋고 예약을 받지 않는 곳이라면 점심시간을 살짝 피해서 찾는 것이 좋다.

마지막 코스인
키요미즈데라에서 돌아갈 때

추천 코스대로 관광을 마치고 돌아갈 때는 키요미즈데라 부근에서 버스를 타고 이동하는게 편하다. 시조카와라마치四条河原町(한큐교토카와라마치역)로 돌아가려면 키요미즈미치清水道 정류장에서 80 · 207번 버스를 타면 된다. 긴카쿠지(은각사) 쪽으로 이동할 때는 일단 버스나 도보로 기온祇園으로 이동한 후 긴카쿠지마에銀閣寺前행 버스로 갈아타자.

키요미즈데라 ★★★
清水寺 UNESCO 유네스코 세계문화유산

교토를 대표하는 최고의 인기 사찰

778년에 창건된 사찰로 교토를 대표하는 관광 명소라는 평가를 받을 정도로 인기 있으며 영향력 있는 사찰이다. 사계절 내내 일본 각지는 물론 해외에서 온 관광객들로 인산인해를 이룬다. 특히 벚꽃이 흐드러진 봄과 단풍으로 곱게 물드는 가을, 라이트업 시즌에는 상상을 초월할 정도의 인파가 몰리곤 한다. 해발 242m

의 산. 오토와야마音羽山 중턱에 지어져 전망이 좋으며 경내에 볼거리도 많다.

매표소를 지나 조금만 걷다 보면 본당이 있고 바로 앞에는 바깥쪽으로 튀어나온 마루 같은 느낌의 본당 무대 혼도부타이本堂舞台가 있다. '키요미즈데라의 무대에서 뛰어내릴 각오로 굳은 결심을 한다'라는 말이 있을 정도로, 절벽 위에 아슬아슬하게 지어져 있다. 본당을 지나 산을 돌아 내려오면 세 줄기로 떨어지는 물을 마시며 소원을 빌기 위해 긴 행렬을 이루어 기다리는 사람들을 볼 수 있다. 이 물은 '오토와노 타키音羽の滝'라고 하는데, 각각 학업, 연애, 건강을 의미하며 욕심을 부려 세 줄기 물을 모두 마시면 오히려 효력이 없어진다고 한다.

주소 京都市東山区清水1-294 전화 075-551-1234
개방 06:00~18:00(폐관 시간은 계절에 따라 조금씩 다름) 휴무 무휴 요금 400엔
홈페이지 www.kiyomizudera.or.jp
교통 시 버스 58·80·86·202·206·207번 키요미즈미치清水道 또는 고조자카五条坂에서 하차 후 도보 10분 지도 P.21-H

녹음이 우거진 키요미즈데라

지슈 진자 ★
地主神社

사랑을 점치는 작은 신사

키요미즈데라 경내에 위치한 작은 신사. 이곳에서 소원을 빌면 좋은 인연을 맺게 해준다고 하여 특히 젊은 여성과 학생들에게 인기가 있다.
본당 앞에는 '코이우라나이노 이시恋占いの石'라는 이름의 작은 두 개의 돌이 있는데 한쪽 돌 앞에서 눈을 감고 10m 정도 떨어진 반대쪽 돌까지 걸어 무사히 도착하면 사랑이 이루어진다는 전설이 있다.

※2023년 현재 공사로 임시 휴관 중

주소 京都市東山区清水1-317
전화 075-541-2097
개방 09:00~17:00 휴무 무휴 요금 무료
홈페이지 www.jishujinja.or.jp
교통 키요미즈데라 경내에 위치
지도 P.21-H

야사카노토(호칸지) ★
八坂の塔(法観寺)

교토의 랜드마크인 오층탑

호칸지는 임제종 켄닌지파의 사찰로, 야사카노토라는 이름의 오층탑 외에는 눈에 띄는 건물이 없어서 오층탑 자체를 호칸지라 부르기도 한다. 592년에 쇼토쿠 태자가 꿈을 꾼 후 이 탑에 사리를 봉납하고 호칸지라 이름 지었다고 전해진다. 내부 관람도 가능하며 46m 높이의 탑 위로 올라가면 히가시야마 일대를 조망할 수 있다.

주소 京都市東山区清水八坂上町388
전화 075-551-2417
개방 10:00~16:00 휴무 부정기
요금 400엔
교통 시 버스 58 · 80 · 86 · 202 · 206 · 207번 키요미즈미치清水道 하차 후 도보 5분
지도 P.21-H

야사카 코신도
八坂庚申堂

알록달록한 원숭이 인형의 불당

중국의 도교, 불교, 신도, 일본의 민간신앙이 혼재된 복합 신앙을 통해 만들어진 작은 불당이다. 불당 중앙의 보살상 주위에는 다양한 색의 원숭이 인형이 빼곡하게 걸려 있는데, 방문객들이 자신의 소원이나 참회의 글을 써서 걸

어놓은 것이다. 화려한 색의 원숭이 인형들이 독특한 분위기를 자아낸다.

주소 京都市東山区金園町390
전화 075-541-2565
개방 09:00~17:00 휴무 무휴 요금 경내 무료
홈페이지 yasakakousinndou.sakura.ne.jp
교통 야사카노토(호칸지)에서 도보 1분 이내
지도 P.21-G

니넨자카. 마이코 분장을 한 관광객도 종종 볼 수 있다.

니넨자카 · 산네이자카(산넨자카)
二年坂 · 産寧坂(三年坂) ★★★

교토 무드가 가득한 대표 오솔길

네네노미치와 키요미즈데라 사이에 있는 좁은 오솔길로, 교토 특유의 정서가 물씬 풍기는 곳이다. 포석이 깔린 좁은 길을 사이에 두고 기념품 가게와 찻집, 음식점 등이 늘어서 있다.

산네이자카

산네이자카産寧坂라는 이름의 유래에 대해서 여러 가지 설이 있다. 근처 키요미즈데라에는 순산에 효험이 있다는 관음상이 있는데 이곳에 참배를 하러 가기 위해 오르는 언덕으로 '순산을 비는 언덕'이라는 뜻에서 산네이자카라 불리게 됐다고 한다. 산네이자카는 산넨자카三年坂, 즉 '3년 언덕'이라고도 불리는데 여기에서 발을 헛디뎌 넘어지면 3년 안에 죽는다는 무시무시한 전설도 전해진다.

주소 京都市東山区清水2
교통 시 버스 58 · 80 · 86 · 202 · 206 · 207번 키요미즈미치清水道 하차, 키요미즈데라 방향으로 도보 10분 지도 P.21-H

키요미즈자카 ★
清水坂

차량 통행이 많은 언덕길

시 버스 정류장 키요미즈자카清水坂와 키요미즈데라를 잇는 언덕길. 길 양쪽으로 기념품 가게나 야츠하시(교토의 명물 떡), 츠케모노(채소절임) 등을 파는 가게들이 늘어서 있다. 관광 시즌에는 어마어마한 인파가 몰리며, 골목 안쪽으로 기모노 · 유카타 대여점도 있다.

주소 京都市東山区清水4
교통 시 버스 58 · 80 · 86 · 202 · 206 · 207번 키요미즈미치清水道 하차, 키요미즈데라 방향으로 도보 1분
지도 P.21-H

기념품 가게가 늘어선 번화한 거리

차완자카
茶碗坂

교토 도자기, 키요미즈야키의 거리
키요미즈데라가 위치한 히가시야마 일대는 교
토를 대표하는 도자기, 키요미즈야키淸水燒
가 태어난 곳이다. 고조자카의 언덕길을 오르
다 보면 두 갈래의 길이 나오는데 이 중 오른
쪽 길이 바로 차완자카이다. 이 길을 따라서
키요미즈야키를 파는 가게들이 옹기종기 모여
있다. 도예가의 예술 작품은 물론, 일상생활에
서 사용하는 식기도 판매하고 있다.

주소 京都市東山区茶碗坂
교통 시 버스 58 · 80 · 86 · 202 · 206 · 207번 고조
자카五条坂 하차, 키요미즈데라 방향으로 도보 3분
지도 P.21-H

고조자카
五条坂

기념품 가게들이 모여 있는 언덕길
케이한 전철 키요미즈고조淸水五条역에서부
터 키요미즈데라를 잇는 언덕길로, 도중 두
갈래 길로 나뉘는데 오른쪽 길은 차완자카,
왼쪽 길은 키요미즈자카로 이어진다. 도자기
나 기념품을 파는 가게와 찻집이 늘어서 있다.
매년 8월 7~10일에는 약 400개의 노점들이
모이는 도자기 축제 토키마츠리陶器まつり가
열린다.

주소 京都市東山区五条坂
교통 시 버스 58 · 80 · 86 · 202 · 206 · 207번 고조
자카五条坂 하차, 키요미즈데라 방향으로 도보 1분
지도 P.21-H

네네노미치　　★★
ねねの道

포석이 깔린 운치 있는 골목길
골목길에 운치 있게 깔린 포석과 그 위를 지나
는 마이코의 또각또각 발소리, 구슬땀을 흘리
며 신나게 인력거를 끄는 인력거꾼의 모습 등
이 한 폭의 그림 같은 곳.
네네노미치는 야사카 진자와 니넨자카를 잇는
긴 골목길을 일컫는 이름으로, 기념품 가게와
전통 찻집, 전통 과자 가게, 잡화점 등이 길을
따라 늘어서 있다.

주소 京都市東山区ねねの道
교통 시 버스 58 · 80 · 86 · 202 · 206 · 207번 히가
시야마야스이東山安井 하차, 코다이지 방향으로 도
보 4분 지도 P.21-D

이시베코지 ★★
石塀小路

히가시야마의 숨은 보석 같은 오솔길
야사카 진자와 키요미즈데라를 잇는 수많은
길들 중 가장 매력적인 길. 늘 관광객들로 북
적거리는 다른 오솔길들과는 달리 이곳은 지
나는 발길도, 가게도 적어 고즈넉한 분위기가
물씬 풍긴다. 길 양쪽으로 늘어선 오래된 가옥
마치야町家의 변색된 나무 벽에서 세월의 흔
적을 느낄 수 있다.

주소 京都市東山区下河原町石塀小路
교통 시 버스 58 · 80 · 86 · 202 · 206 · 207번 히가
시야마야스이東山安井 하차, 코다이지高台寺 방향
으로 도보 4분
지도 P.21-D

코다이지
高台寺

죽은 남편을 위해 건립한 사찰
도요토미 히데요시의 아내 네네가 병사한 남
편의 명복을 빌기 위해 건립한 선종 사찰. 아
기자기하게 꾸며진 정원을 감상할 수 있는 회
랑 건물 칸게츠다이観月台와 중요문화재로
지정된 차실, 대나무 숲 등이 운치를 더한다.

주소 京都市東山区高台寺下河原町526
전화 075-561-9966
개방 09:00~17:30(입장 마감 17:00)
휴무 무휴 요금 600엔 홈페이지 www.kodaiji.com
교통 시 버스 58 · 80 · 86 · 202 · 206 · 207번 히가
시야마야스이東山安井 하차 후 도보 5분
지도 P.21-D

마치 과거로 타임 슬립한 듯한 분위기의 이시베코지

기온에서 바라본 야사카 진자의 입구

야사카 진자 ★★★
八坂神社

기온 마츠리가 시작되는 신사

기온 끝자락에 위치한 작은 신사. 일본의 신화에 등장하는 폭풍의 신을 위해 지었다. 이 신사는 일본의 3대 마츠리 중 하나인 기온 마츠리祇園祭가 시작되는 곳으로도 유명하다. 과거 역병이 사라지기를 빌며 행한 의식이 지금의 기온 마츠리가 되었다고 한다. 이 외에도 새해 첫 참배를 드리는 장소로도 인기 있는데 12월 31일 밤부터 몰려드는 인파로 인해 차량이 통제되고 기온 거리가 사람들로 가득 차는 모습이 장관을 이루기도 한다. 12월 31일 저녁부터 새해 첫날 아침까지 이어지는 오케라사이をけら祭도 볼만한데, 사람들의 소원을 적은 나무패인 오케라키をけら木를 불에 태우고 그 불을 노끈에 붙여 꺼뜨리지 않고 집까지 잘 들고 가면 그 해는 무병장수한다고 전해진다.

주소 京都市東山区祇園町北側625
전화 075-561-6155
개방 24시간 휴무 무휴 요금 무료
홈페이지 www.yasaka-jinja.or.jp
교통 한큐 교토카와라마치京都河原町역(HK86) 1A 출구에서 왼쪽으로 도보 13분. 또는 시 버스 12·31·46·58·80·86·201·203·206·207번 기온祇園 하차 후 도보 1분 지도 P.21-C

마루야마 공원 ★
円山公園
🔊 마루야마 코―엔

수양벚나무가 멋들어진 도심 속 공원

야사카 진자 북쪽에 위치한 총면적 약 3만 ㎡의 공원으로 사시사철 다채롭게 변하는 교토의 사계절을 느낄 수 있는 곳이다.
특히 약 680그루의 벚나무가 일제히 꽃을 피우는 3월 말~4월 중순에는 돗자리를 펴고 맥주를 마시며 벚꽃을 즐기는 시민들의 모습이 진풍경을 이룬다. 공원 중앙에 있는 가지가 늘어진 수양벚나무(시다레자쿠라枝垂桜)는 이곳의 명물이자 상징이다.

주소 京都市東山区円山町 요금 무료
교통 시 버스 12·31·46·58·80·86·201·203·206·207번 기온祇園 하차 후 도보 3분
지도 P.21-D

마루야마 공원의 명물인 수양벚나무

치온인
知恩院

★★

7대 불가사의가 있는 사찰

정토종의 시조인 호넨法然 대사가 포교 활동
의 거점으로 삼았던 사찰이다. 경내에는 중요
문화재로 지정된 106개의 가람이 늘어서 있으
며, 꼼꼼히 다 돌아보려면 한두 시간은 족히
걸릴 정도로 매우 넓다. 체력적인 소모도 많지
만 그만큼 볼거리도 많다.

먼저 절의 정문인 산몬三門과 본당本堂은 국
보로 지정되어 있는데, 산몬은 높이 약 24m,
폭 27m의 엄청난 규모를 자랑한다. 산몬을 지
나 가파른 돌계단을 오르면 본당이 있다. 이것
은 도쿠가와 이에미츠가 지은 것으로 이곳에
시조인 호넨의 초상화御影를 모시고 있다고
하여 미에이도御影堂라고도 불린다.

각 건물에는 7대 불가사의로 통하는 볼거리가
숨어 있어 하나하나 찾는 재미 또한 쏠쏠하다.
일본에서 가장 크다는 범종이 있어 새해 타종
행사를 하는 장소이기도 하다.

주소 京都市東山区林下町400
전화 075-531-2140
개방 09:00~16:30(입장 마감 16:00)
휴무 부정기
요금 경내 무료, 정원 공통권 500엔
홈페이지 www.chion-in.or.jp/e/
교통 한큐 교토카와라마치京都河原町역(HK86) 1A
출구에서 왼쪽으로 도보 15분. 또는 시 버스 12 · 31 ·
46 · 86 · 201 · 202 · 203 · 206번 치온인마에知恩院
前 하차 후 도보 5분
지도 P.21-D

1 4월 중순경에는 아름다운 벚꽃을 감상할 수 있다.
2 높이 24m의 산몬 3 우구이스바리노 로카. 이 복도를
걸으면 휘파람새의 울음소리가 난다.

찾아보는 재미가 쏠쏠하다

치온인의 7대 불가사의

우구이스바리노 로카 鶯張りの廊下

본당에서 소방장에 이르는 약 550m 길이의 복도. 밟으면 휘파람새의 울음소리와 닮은 삐걱거리는 소리가 나며 조용히 걸으려고 할수록 더 큰 소리가 나도록 만들어져 적의 침입을 쉽게 알 수 있도록 했다.

시라키노 히츠기 白木の棺

삼문 위에 안치된 흰 나무로 만든 2개의 관. 이는 쇼군으로부터의 명을 받아 전력을 다해 산몬을 만들었으나 공사 비용이 예산을 초과했다는 이유로 할복을 할 수 밖에 없었던 한 부부의 명복을 빌기 위한 것이라고 한다.

누케스즈메 抜け雀

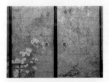

대방장의 장지 그림. 당시 국화 주위에 참새를 몇 마리 그려 넣었는데 그 완성도가 매우 높은 나머지 참새가 생명을 얻어 날아가 버렸다고 한다. 지금은 그 흔적만 남아 있다.

삼포쇼멘마무키노네코 三方正面真向の猫

대방장 복도에 있는 문에 그려진 고양이 그림. 새끼를 돌보는 어미 고양이의 모습을 그렸는데, 자식에 대한 부모의 사랑, 중생을 향한 부처의 자비를 표현하고 있다. 어느 방향에서 바라봐도 고양이가 관람객을 정면으로 응시하는 것처럼 보인다.

우류세키 瓜生石

쿠로몬으로 올라가는 초입의 큰 돌들. 어느 날 이 돌 위로 오이 덩굴이 자라 열매를 맺었다고 한다.

와스레가사 忘れ傘

본당의 복도 천장을 바라보면 뼈대만 남은 우산이 살짝 보이는데 이는 당시의 명공 히다리진고로左甚五郎가 액을 막기 위해 놓아둔 것이다. 우산은 비(물)와 관련된 물건으로 치온인을 화재로부터 지켜주는 역할을 한다.

다이샤쿠지 大杓子

대방장 입구 복도의 양쪽에 놓여 있는 길이 2.5m, 무게 약 30kg의 큰 주걱. '밥을 뜨다(스쿠우)'라는 말은 '구원하다(스쿠우)'라는 말과 발음이 같아 중생을 보살피고 구원하는 아미타불의 자비를 뜻한다고 전해진다.

낮과 밤이 전혀 다른 분위기를 내는 곳

교토의 옛 풍경을 간직한 거리 하나미코지

기온
祇園
★★★

다양한 거리들이 연결된 관광 지구

카모강과 야사카 진자를 잇는 긴 도로를 중심으로 발달한 교토의 대표적인 관광 지구. 하나미코지花見小路, 키야마치도리木屋町通リ 등 개성 넘치는 골목들을 거니는 재미가 쏠쏠하다. 기념품 가게들이 많은 시조도리는 저녁 7~8시가 되면 문을 닫기 시작하지만, 술집이 많이 모여 있는 키야마치도리는 저녁 시간부터 사람들이 모여 활기를 띤다.

또한, 가부키 극장 미나미자와 전통적인 요리집이 밀집해 있는 하나미코지는 교토의 마이코를 볼 수 있어 관광객에게 인기 있다. 전통 가옥 마치야를 개조해 만든 찻집이나 디저트 가게, 술집 등이 많아 분위기 있는 저녁 시간을 즐길 수 있다.

주소 京都市東山区祇園
교통 한큐 교토카와라마치京都河原町역(HK86) 1A 출구에서 왼쪽으로 도보 3분. 또는 케이한 전철 기온시조祇園四条역(KH39) 7번 출구 앞. 또는 시 버스 12 · 31 · 46 · 58 · 80 · 86 · 201 · 203 · 206 · 207번 기온祇園 하차 지도 P.21-C

하나미코지
花見小路
★

마이코, 게이코가 모이는 전통 지구

시조도리四条通를 기준으로 남북으로 뻗어 있는 약 1km의 골목으로, 교토의 옛 풍경을 고스란히 간직한 보석 같은 곳이다. 시조도리 남쪽 지역 일대에 볼거리가 많다. 바닥에 넓게 깔린 포석들과 오래된 전통 목조 가옥인 마치야가 멋스러운 분위기를 연출하고 있다.

다소 높은 가격대의 식당과 찻집들은 관광객이 찾기에는 부담스러운 것이 사실. 게다가 단골 손님의 소개 없이는 입장조차 거절하는 독특한 상법을 고집하는 가게들도 아직 존재하는 곳이다. 관광객을 대상으로 전통차와 디저트를 파는 찻집 등도 있으나 비교적 일찍 문을 닫으므로 영업 시간을 체크하고 찾아가자.

주소 京都市東山区祇園町南側
교통 한큐 교토카와라마치京都河原町역(HK86) 1A 출구에서 왼쪽으로 도보 7분. 또는 시 버스 12 · 31 · 46 · 58 · 80 · 86 · 201 · 203 · 206 · 207번 기온祇園 하차 지도 P.21-C

저녁에는 게이코, 마이코의 모습도 볼 수 있다.

밤 거리가 운치 있어 낮보다 사람이 더 많아진다.

신바시도리
新橋通

포석이 깔린 한적한 골목

마이코, 게이코를 불러 연회를 즐기는 가게인 오차야お茶屋가 늘어서 있는 골목. 전통 목조 가옥의 격자창 밖으로 새어 나오는 은은한 불빛이 포석이 깔린 바닥에 반사되어 색다른 분위기를 자아낸다. 전통 건물 보존 지구로, 옛 기온 거리의 분위기를 그대로 간직하고 있다. 가게들이 문을 닫는 낮 시간대보다는 해 진 후가 더욱 운치 있다.

주소 京都市東山区新橋通
교통 한큐 교토카와라마치京都河原町역(HK86) 1A 출구에서 도보 10분. 또는 시 버스 12 · 31 · 46 · 58 · 80 · 86 · 201 · 203 · 206 · 207번 기온祇園 하차 후 도보 4분 지도 P.21-C

벚꽃 명소로도 유명하다.

시라카와미나미도리   ★
白川南通

벚꽃 명소로 알려진 전통 건물 보존 지구

신바시新橋와 타츠미바시巽橋라는 작은 돌다리를 중심으로 전통 목조 가옥 마치야가 늘어서 있는 이곳은 신바시도리와 함께 전통 건물 보존 지구로 지정된 지역이다. 일반 가정집도 있지만 마치야의 대부분은 고급 레스토랑이나 찻집 등으로 이용되고 있다.

평소에는 한적하지만 실개천을 따라 벚꽃이 흐드러지게 피는 봄철에는 벚꽃 놀이를 즐기기 위해 많은 사람이 몰린다.

주소 京都市東山区元吉町
교통 한큐 교토카와라마치京都河原町역(HK86) 1A 출구에서 도보 7분. 또는 시 버스 12 · 31 · 46 · 58 · 80 · 86 · 201 · 203 · 206 · 207번 기온祇園 하차 후 도보 4분 지도 P.21-C

실개천을 따라 자리한 식당

기온 코너
祇園コーナー

다양한 교토 문화를 볼 수 있는 극장
교토 전통 춤인 쿄마이京舞를 비롯하여 카도
華道(꽃꽂이), 가가쿠雅(아악), 사도茶道(다
도), 쿄겐狂言(희극), 코토琴(거문고), 분라쿠文
楽(인형극) 등 7가지의 전통 공연을 한 무대에
서 볼 수 있다. 특히 쿄마이를 소개할 때에는
화려한 의상의 마이코가 출연하여 우아한 춤
사위를 선보인다. 티켓 가격은 3300~6600엔
정도이며 홈페이지를 통해 구매 가능하다.

주소 京都市東山区祇園町南側570-2

전화 075-561-1119 공연 18:00~, 19:00~
휴무 7/16, 8/16, 12/29~1/3 요금 3150엔
홈페이지 www.ookinizaidan.com/gion_coner
교통 시 버스 12·31·46·58·80·86·201·203·
206·207번 기온祇園 하차 후 도보 7분.
지도 P.21-C

켄닌지 ★
建仁寺

볼거리 넘치는 교토 최고最古의 사원
1202년에 창건된 임제종 켄닌지파의 총본산으
로, 교토에서 가장 오래된 선종 사원이다. 다
수의 문화재와 미술품들을 소장하고 있다. 벼
락신과 바람신을 묘사한 풍신뇌신도風神雷神
図와 법당 천장에 그려진 쌍룡도双龍図, 메이
지 시대의 가레산스이 정원 다이오엔大雄苑
과 비교적 현대에 지어진 ○△□의 정원, 초온
테이潮音庭 등 볼거리가 매우 많다. 경내가 꽤
넓어 시간을 들여 여유 있게 돌아보는 것을 추
천한다.

주소 京都市東山区大和大路通四条下る小松町584
전화 075-561-0190
개방 10:00~17:00(입장 마감 16:30)
요금 경내 무료, 본당 600엔
홈페이지 www.kenninji.jp
교통 시 버스 58·80·86·202·206·207번 히가
시야마야스이東山安井 하차 후 도보 5분.
지도 P.21-C

야스이콘피라구
安井金比羅宮 ★

나쁜 인연을 끊을 수 있다는 신사
악연을 끊고 좋은 인연을 만들어준다는 신사
로 인간관계 외에도 병, 악운, 재난 등을 끊어
내는 데에 효험이 있다고 전해진다.
경내에는 가운데 구멍이 뚫린, 높이 약 1.5m,
폭 3m 크기의 바위가 있다. 부적에 끊고 싶은
인연에 대해 적고, 앞에서 뒤로 한 번, 뒤에서
앞으로 한 번씩 바위의 구멍을 통과하고 난 후
바위에 부적을 붙여두면 된다고 한다.

주소 京都市東山区下弁天町70
전화 075-561-5127
개방 24시간 휴무 무휴
요금 경내 무료
홈페이지 www.yasui-konpiragu.or.jp
교통 시 버스 58 · 80 · 86 · 202 · 206 · 207번 히가
시야마야스이東山安井 하차 후 도보 1분
지도 P.21-G

미나미자
南座

일본에서 가장 오래된 가부키 극장
에도 시대에 만들어진, 일본에서 가장 오래된
가부키 극장. 에도 시대 초기 이 일대에는 막
부가 공인한 7개의 극장이 있었는데 화재 등으
로 소실되고 흥행의 중심이 오사카 쪽으로
옮겨 가면서 점점 쇠락의 길을 걷게 되었다.
지금은 미나미자만이 유일하게 남아 있다.

주소 京都府東山区中之町198 四条大橋東詰
전화 075-561-1155

카모강 ★
鴨川   🔊 카모 가와

교토 시내를 관통하는 강
교토 시민들에게 있어 최고의 힐링 장소 중 하
나인 카모강은 교토 북부에서부터 흘러 내려
와 교토 시내를 Y자 형으로 관통한다.
카와라마치에서 기온 쪽으로 걷다 보면 강을
따라 일정한 간격을 유지하고 앉은 커플들이
한가롭게 데이트를 즐기는 모습도 종종 볼 수
있다. 여름에는 카모강 바로 옆에 나란히 위치
한 폰토초의 가게들이 강가 쪽으로 들마루를
내놓고 영업한다.

주소 京都府京都市四条大橋
교통 한큐 교토카와라마치京都河原町역(HK86) 1A
출구에서 왼쪽으로 도보 7분. 또는 케이한 전철 기온
시조四条역(KH39) 3, 4번 출구에서 바로
지도 P.20-B · F

교토 시민들의 휴식 장소인 카모강 변

요금 보통 3500~1만 4000엔
홈페이지 www.shochiku.co.jp/global
교통 케이한 전철 기온시조祇園四条역(KH39) 6번
출구 바로 앞 지도 P.21-C

restaurant

교토 동부의 맛집

마루브랑슈
Malebranche

강추

말차 쿠키 차노카로 유명한 디저트 전문점

마루브랑슈 키요미즈자카점

마루브랑슈의 대표 메뉴는 프랑스 과자인 랑그드 샤를 전통 기법으로 재해석하여 만들어낸 차노카茶の菓(5개들이 751엔). 차 제조 명인과 차 감정사, 파티시에의 합작으로 만들어진 명과이다. 교토의 우지에서 재배된 찻잎으로 만든 부드러운 쿠키와 그 사이에 얇게 발린 달콤한 화이트초콜릿의 조화가 일품이다. 특히 키요미즈자카점에서는 이곳만의

개수에 따라 다양한 패키지에 담겨 있어 선물용으로 좋다.

한정 상품도 준비되어 있다.

주소 京都市東山区清水2-256
전화 075-551-5885
영업 09:00~17:00
휴무 부정기 카드 가능
홈페이지 www.malebranche.co.jp
교통 시 버스 58·80·86·202·206·207번 키요미즈미치清水道 하차, 키요미즈데라 방향으로 도보 10분 지도 P.21-H

카사기야
かさぎ屋

100년 역사를 자랑하는 디저트 가게

1914년 창업 당시의 맛과 가게 분위기가 지금까지 변하지 않고 그대로 전해져 오고 있다. 이곳의 대표 메뉴는 세 가지 색, 세 가지 맛의 떡, 산쇼쿠 오하기三色おはぎ(650엔)이다. 교토의 유명한 요리장이 이곳의 떡에 사용하는

산쇼쿠 오하기

니넨자카의 계단 중간쯤에 자리한 가게

팥을 '교토 제일'이라 평가하기도 했다. 말차와 오하기(떡) 2개가 함께 나오는 우스차うす茶(750엔)도 있으며, 여름에는 계절 한정 메뉴인 말차빙수抹茶かき氷(700엔)도 맛볼 수 있다.

주소 京都市東山区桝屋町349
전화 075-561-9562 영업 10:00~17:30
휴무 화요일 카드 불가
교통 시 버스 58·80·86·202·206·207번 키요미즈미치清水道 하차 후 도보 10분. 니넨자카 중간에 위치
지도 P.21-H

스타벅스 니넨자카 야사카차야점
STARBUCKS
二寧坂ヤサカ茶屋店

전통 가옥의 다다미방 스타벅스

간판을 대신하는 쪽빛 포렴이 걸린 매장 입구를 지나 잘 꾸며진 정원이 보이는 카운터에서 주문을 하고, 다다미가 깔린 좌식 공간에 앉아 커피 한잔의 여유를 만끽할 수 있는 곳. 지어진 지 100년이 넘은 전통 가옥을 개조하여 교토의 지역성을 최대한 살린 매장으로, 단순히 외관뿐만 아니라 실내 공간까지 그 나라의 전통 방식을 본떠 만든 것은 이례적이라 큰 주목을 받고 있다.

주소 京都市東山区桝屋町349
전화 075-532-0601
영업 08:00~20:00
휴무 부정기 카드 가능
홈페이지 www.starbucks.co.jp
교통 시 버스 58·80·86·202·206·207번 키요미즈미치清水道 하차, 키요미즈데라 방향으로 도보 10분
지도 P.21-H

교토 커피
KYOTO COFFEE

소품 숍 안 교토 감성 카페

일상생활에서 자주 사용하는 물건을 독특한 교토 감성으로 디자인하여 판매하는 소품 숍인 닛토도日東堂 안에 위치한 카페로 5종류의 엄선된 원두를 블렌딩하여 내린 커피를 판매한다. 특별 관리하에 생산되는 교토산 우유로 만든 밀크 커피ミルクコーヒー(650엔)는 교토 커피만의 오리지널 제품으로 귀여운 유리병에 담겨 있어 인기 있다. 매장 안에 있는 다양한 소품도 구경하며 잠시 쉬어 가기 좋다.

주소 京都市東山区八坂上町385-4
전화 075-525-8115 영업 10:00~18:00
휴무 부정기 카드 가능
홈페이지 nittodo.jp
교통 시 버스58·80·86·202·206·207 키요미즈미치清水道 하차, 야사카노토 방향으로 도보 6분
지도 P.21-H

킷쇼카료
吉祥菓寮

콩가루를 사용한 디저트 전문점

에도 시대 중기 교토의 작은 찻집으로 시작. 1934년 콩떡 가게를 거쳐 현재의 모습에 이르기까지, 16대째 긴 역사와 전통을 이어오고 있는 디저트 전문점이다. 직접 볶은 콩가루를 이용한 다양한 디저트를 판매하고 있다. 카페의 시그니처 메뉴는 콩가루(키나코きな粉)가 올라간 파르페 '코가시 키나코 파훼焦がしきな粉パフェ(1390엔)'이다. 제철 과일을 올려 만든 다양한 맛의 기간 한정 파르페도 추천 메뉴. 특히 딸기 철에만 나오는 '하루츠미 이치고 파훼春摘み苺パフェ'는 강력 추천한다. 취향에 따라 곁들여 나오는 시럽과 콩가루를 뿌려 먹는다. 1층은 판매 공간으로, 2층은 카페로 운영하고 있다.

주소 京都市東山区石橋町306
전화 075-708-5608
영업 11:00～18:00(카페는 11:00～17:30)
휴무 부정기 카드 가능 홈페이지 kisshokaryo.jp
교통 한큐 교토 카와라마치京都河原町역(HK86) 1A 출구에서 왼쪽으로 도보 15분. 또는 시 버스 12·31·46·86·201·202·203·206번 치온인마에知恩院前 하차 후 도보 1분 지도 P.21-C

오카베야
おかべ家

부드러운 두부의 유혹

두부를 따뜻한 물에 넣어 본연의 단맛을 최대한 끌어내는 두부 요리인 유도후는 물 맑고 공기 좋은 교토의 대표적인 향토 음식 중 하나다.
이곳은 교토의 유명 유도후 전문점인 준세이의 지점으로, 유도후를 비롯하여 두부, 콩을 이용한 다양한 요리를 맛볼 수 있다. 유도후후지ゆどうふ藤(1인분 2200엔)가 무난하며, 콩물을 따뜻하게 데울 때 생기는 얇은 막인 유바ゆば를 직접 만들어 먹을 수 있는 유바후지ゆば藤 코스(1인분 2500엔)도 인기 있다.

주소 京都市東山区清水2-239

전화 075-541-7111 영업 10:30~17:00
휴무 부정기 카드 가능
홈페이지 www.okabeya.com
교통 시 버스 58·80·86·202·206·207번 고조자카五条坂 하차 후 도보 10분 지도 P.21-H

%아라비카
%ARABICA

세계적인 바리스타의 라테아트 커피
세계적으로 권위 있는 바리스타 대회에서의
수상 경력을 가진 교토 출신의 바리스타가 경
영하는 커피 전문점. 이곳의 심볼 마크인 %가

그려진 잔을 들고 찍은
사진을 SNS에 올리는
것이 한때 크게 유행했
을 만큼 꾸준히 인기몰이를
하고 있다. 모던한 분위기의
매장 안에는 잠시 쉬어 갈 수
있는 테이블도 마련되어 있다.
가장 인기 있는 메뉴는 카페라테(450엔~)로,
우유 거품으로 다양한 무늬를 그려준다.

주소 京都市東山区星野町87-5
전화 075-746-3669 영업 09:00~18:00
휴무 부정기 카드 불가
홈페이지 arabica.coffee
교통 시 버스 58 · 80 · 86 · 202 · 206 · 207번 키요
미즈미치清水道 하차, 야사카노토 방향으로 도보
2분 지도 P.21-G

창 너머로 야사카 진자가 내려다보이는 2층 테이블

오야코동

하치다이메 기헤에
八代目儀兵衛

밥맛으로 승부하는 식당
정성 들여 지은 맛있는 쌀밥을 제공하겠다는
일념 하나로 8대째 영업을 해오고 있는 작은
식당. 쌀의 단맛을 최대한 끌어내기 위해 특별
고안된 도기 직화 냄비를 사용하고 있다.
런치 메뉴로는 부드러운 닭고기와 달걀이 조
화를 이룬 오야코동京のあんかけ親子丼の銀
シャリ御膳(1520엔)과 한정 수량의 기헤에노
긴샤리 산쇼쿠고젠儀兵衛の銀シャリ三色御
膳(2590엔)이 인기. 밥은 무료로 리필(오카와
리おかわり)이 가능하다. 참고로 저녁에는 코
스 요리만 가능하며 가격은 7260~9260엔(서
비스 요금 별도). 관광 시즌에는 대기 시간이

매우 길기 때문에 예약하는 것이 좋다.

주소 京都市東山区祇園町北側296
전화 075-708-8173
영업 11:00~14:30, 18:30~21:30(주문 마감 19:30)
휴무 부정기 카드 가능
홈페이지 www.okomeya-ryotei.net
교통 한큐 교토카와라마치京都河原町역(HK86) 1A
출구에서 왼쪽으로 도보 12분. 야사카 진자 건너편
지도 P.21-C

2층에는 좌식 테이블도 마련되어 있다.

식사 시간에는 줄 설 각오를 해야 한다.

히사고
ひさご

줄 서서 먹는 오야코동

부드러운 닭고기에 달걀을 풀어 따끈한 밥 위에 올린 오야코동親子丼(1060엔)으로 유명한 곳이다. 오야코동 외에도 다양한 재료로 맛을 낸 덮밥과 우동, 소바 등을 팔고 있어 메뉴 선택의 폭이 넓다.
점심, 저녁 시간대에는 늘 만석에, 웨이팅 행렬도 끊이지 않는다. 오야코동을 주문하면 산초(산쇼)가 들어가는데 괜찮느냐고 물어본다. 향신료에 민감하거나 산초가 입에 맞지 않는 이들은 주문 시 "산쇼 누끼데山椒抜きで"라고 이야기하면 된다.

주소 京都市東山区下河原町484
전화 075-561-2109
영업 11:30~19:00(주문 마감 18:30)
휴무 월(공휴일이면 다음 날)·금요일(공휴일이면 전날) 카드 가능 홈페이지 kyotohisago.gorp.jp
교통 시 버스 58·80·86·202·206·207번 히가시야마야스이東山安井 하차, 코다이지 방향으로 도보 4분 지도 P.21-C

대표 메뉴인 오야코동

마츠바
松葉本店

160년 전통의 교토 대표 니신소바 가게

1861년에 오픈한 소바 가게로 니신소바를 고안하여 일본 전국에 유행시킨 주역이다. 먹을 것이 부족한 시절 바다와 먼 교토에서 청어는 중요한 단백질 보충원이었는데, 더운 여름철에도 먹을 수 있도록 뼈를 발라내 말린 뒤 간장에 조린 청어를 따뜻한 소바와 함께 먹은 것이 그 유래. 현재는 4대 사장이 가업을 이어받아 가게를 운영하고 있다. 비리지 않고 감칠맛이 도는 청어와 짭짤한 간장 국물의 조화가 일품이다. 니신소바(1650엔) 외에도 다양한 소바와 덮밥, 튀김 등 다양한 메뉴가 있다.

주소 京都市東山区四条大橋東入ル川端町192
전화 075-561-1451
영업 10:30~21:00(주문마감 20:40)
휴무 수요일, 부정기 카드 가능
교통 케이한 전철 기온시조祇園四条역(KH39) 6번 출구 바로 앞 지도 P.20-B

기온 코모리
ぎをん小森

말차 파르페로 인기 있는 마치야 카페
전통 가옥의 다다미방의 좌식 테이블에 앉으면 가게 옆을 흐르는 맑은 실개천이 눈에 들어온다. 이곳의 대표 메뉴는 마치 젤리 같이 말캉한 식감의 떡 와라비모찌와 진한 말차 아이스크림으로 만든 파르페, 와라비모

코모리맛차
바바로아 파훼

다다미방의 좌식 테이블

찌 파훼わらびもちパフェ(1700엔). 말차 아이스크림과 카스텔라, 밤, 젤리, 라즈베리 등을 넣은 맛차 바바로아 파훼抹茶ババロアパフェ(1600엔)도 인기 있다.

주소 京都市東山区元吉町61
전화 075-561-0504
영업 11:00~20:00(폐점 30분 전 주문 마감)
휴무 수요일(공휴일은 영업)
카드 불가
홈페이지 www.giwon-komori.com
교통 한큐 교토카와라마치京都河原町역(HK86) 1A 출구에서 왼쪽으로 도보 10분
지도 P.21-C

부드러운 콩고물을 뿌린 와라비모찌

캔디 쇼타임
CANDY SHOW TIME

귀여운 캔디가 가득
유형문화재로 등록된 옛 건물을 새롭게 리모델링하여 오픈한 캔디 전문점. 롤리팝을 비롯하여 록캔디, 필로캔디 등의 다양한 사탕과 액세서리 등을 판매하고 있다.
특히 작은 캔디 안에 아기자기한 그림이나 캐릭터, 시즌·테마별 메시지를 넣은 록캔디ロッ

クキャンディーが 가장 인기 있다. 가게 한편에서는 직접 캔디를 만드는 모습도 볼 수 있다. 매장 2층에 있는 카페에서는 간단한 식사와 티타임을 즐길 수 있으며 솜사탕을 이용한 음료 등이 인기 있다.

주소 京都市東山区祇園町南側573-5
전화 075-532-2055
영업 10:00~19:00 휴무 무휴 카드 가능
홈페이지 candy-showtime.com/kyoto/
교통 한큐 교토카와라마치京都河原町역(HK86) 1B 출구에서 도보 5분
지도 P.21-C

기온 중심가에 위치한 기온 본점

사료 츠지리 기온 본점
茶寮都路里

교토를 대표하는 말차 디저트 전문점
사시사철 가게 앞에 줄이 길게 늘어설 정도로 인기 있는 말차 디저트 전문점이다. 개점 시간 직후가 가장 한가한 편. 시그니처 메뉴는 토쿠센 츠지리 파훼特選都路里パフェ(1595엔)로, 말차로 맛을 낸 카스텔라와 아이스크림, 젤리,

떡 등 다양한 재료를 넣어 만든 고급스러운 말차 파르페다. 말차 아이스크림과 셔벗, 젤리, 떡, 팥 등의 토핑을 추가하여 주문하는 말차 빙수, 츠지리 코오리都路里氷(1375엔)도 인기 있다.

주소 京都市東山区祇園町南側573-3
전화 075-551-1122
영업 10:30~19:00(주문 마감 18:00, 토·일·공휴일 주문 마감 19:00)
휴무 부정기 카드 불가
홈페이지 www.giontsujiri.co.jp
교통 한큐 교토카와라마치京都河原町역(HK86) 1B 출구에서 오른쪽으로 도보 6분
지도 P.21-C

말차 빙수와 파르페

오카루
おかる

마이코, 게이코를 단골로 둔 수타면 우동 가게
1925년에 창업하여 약 100년 동안 기온 거리를 지키고 있는 터줏대감이다. 오카루의 우동은 기본적으로 네 가지 생선과 다시마를 우려낸 육수를 사용하고 있어 국물에서 깊은 맛이 느껴진다. 진한 카레 국물에 담긴 쫄깃한 면과 고기가 맛의 조화를 이룬 니쿠카레 우동肉カレーうどん(960엔)과 치즈 니쿠카레 우동チーズ肉カレーうどん(1140엔)이 인기 메뉴. 유부

가 올려진 키츠네 우동きつねうどん(800엔)은 무난하면서 담백한 국물을 맛볼 수 있다.

주소 京都市東山区八坂新地富永町132
전화 075-541-1001
영업 일~목 11:00~15:00, 17:00~다음 날 02:30, 금·토 11:00~15:00, 17:00~다음 날 03:00
휴무 부정기 카드 불가
교통 한큐 교토카와라마치京都河原町역(HK86) 1A 출구에서 왼쪽으로 도보 6분
지도 P.21-C

치즈 니쿠카레 우동

벽 한쪽에는 마이코의 이름이 적힌 부채가 걸려 있다.

전통 가옥을 이용한 오카루

교토 동부의 쇼핑

폿치리
ぽっちり

세련된 디자인의 동전 지갑

금속 소재의 물림쇠가 달린 동전 지갑을 일본 말로 '가마구치'라고 한다. 이곳은 조금은 올드하다고 느낄 수 있는 가마구치를 귀여운 물림쇠 디자인과 독특한 패턴의 원단을 통해 세련된 감성으로 재해석하여 선보이고 있다. 동전 지갑 외에도 카드 지갑, 명함 지갑, 도장 지갑, 핸드백 등 다양한 제품을 갖추고 있다.
교토다우면서도 귀여운 디자인은 기념품이나 선물로도 그만이다.

주소 京都市東山区祇園町北側254-1
전화 075-531-7778 영업 12:00~20:00 휴무 부정기
카드 가능 홈페이지 kyoto-souvenir.co.jp/brand/pocchiri/po.php
교통 한큐 교토카와라마치京都河原町역(HK86) 1A
출구에서 왼쪽으로 도보 5분 지도 P.21-C

동구리 공화국
どんぐり共和国 🔊 동구리 쿄와코쿠

지브리 캐릭터와 함께 즐기는 동심의 세계

지브리 애니메이션의 캐릭터 제품 전문점. 팬시 제품을 비롯하여 OST CD, 액세서리 등 다양한 제품들로 작은 가게 안이 가득하다. 가게 안에는 오르골 버전의 지브리 애니메이션 OST가 흐른다.

주소 京都市東山区桝屋町363-22
전화 075-541-1116 영업 10:30~18:30 휴무 부정기
카드 가능 홈페이지 benelic.com/donguri/
교통 시 버스 58 · 80 · 86 · 202 · 206 · 207번 키요미즈미치清水道 하차 후 도보 6분 지도 P.21-H

미피 오야츠도
みっふぃーおやつ堂

미피 팬들을 위한 콘셉트 숍

미피의 간식 시간을 테마로 한 콘셉트 숍. 1층은 베이커리 코너로 미피 모양의 빵이나 과자 등을 판매하고, 2층은 아기자기하고 귀여운 미피 굿즈를 판매한다. 미피를 좋아한다면 꼭 들러볼 것을 추천한다.

주소 京都市東山区祇園町南側572-2
전화 075-746-6230 영업 11:00~19:00 휴무 무휴
카드 가능 홈페이지 miffykitchenbakery.jp/shop/gion
교통 한큐 교토카와라마치京都河原町역(HK86) 1B
출구에서 도보 6분 지도 P.21-C

요지야
よーじや

교토가 낳은 최고 인기의 화장품 & 잡화점
교토를 여행하는 여성이라면 누구나 한 번쯤
들르게 되는 쇼핑 명소. 요지야 기온점은 흰색
건물에 요지야의 트레이드마크인 새침한 표정
의 여인의 얼굴이 새겨져 있어 금방 찾을 수
있다. 요지야의 대표 상품은 바로 기름종이.

가격은 다소 비싸지만 선물용으로 인기 만점
이다. 이 외에도 유자 립밤, 핸드크림, 손거울
등 다양한 종류의 화장품과 관련 잡화를 취급
하고 있다.

주소 京都市東山区祇園町北側270-11
전화 075-541-0177 영업 11:00~19:00 휴무 부정기
카드 가능 홈페이지 www.yojiya.co.jp
교통 한큐 교토카와라마치京都河原町역(HK86) 1A
출구에서 왼쪽으로 도보 6분
지도 P.21-C

향수　파우더　유자 립밤　기름종이

스누피 쇼콜라
スヌーピーショコラ

스누피를 테마로 한 초콜릿 매장
스누피 캐릭터를 이용하여 만든 초콜릿 전문
매장으로 초콜릿 외에도 식기류, 소품 등 다양
한 스누피 굿즈도 판매하고 있다. 매장 입구에
서는 스누피 모양 초콜릿이 올라간 기요미즈
자카 지점 한정판 젤라토나 초콜릿 음료 등도
판매하고 있다.

주소 京都市東山区清水2-252
전화 075-708-3728 영업 09:30~17:30
휴무 부정기 카드 가능

홈페이지 snoopy-chocolat.jp
교통 시 버스 58·80·86·202·206·207번 기요
미즈미치清水道 하차 후 도보 8분 지도 P.21-H

라이카 스토어 교토점
Leica Store 京都店

고급 카메라 브랜드 라이카의
유니크한 교토 매장

독일의 고급 카메라 브랜드 라이카의 매장으로 약 100년의 긴 역사를 가진 전통 가옥의 멋스러움을 최대한 살린 유니크한 공간으로 주목받고 있다. 1층 매장에서는 카메라뿐만 아니라 교토의 전통 공예와 컬래버레이션한 교토

한정판 오리지널 카메라 액세서리 등도 판매하고 있다. 2층 갤러리에서는 다양한 이벤트나 세미나가 열린다. 사진 애호가라면 꼭 한번 들러볼 만한 곳.

주소 京都市東山区祇園町南側570-120
전화 075 532 0320
영업 11:00~19:00 휴무 월요일 카드 가능
홈페이지 jp.leica-camera.com
교통 한큐 교토카와라마치京都河原町역(HK86) 1B
출구에서 오른쪽으로 도보 8분. 하나미코지에 위치
지도 P.21-C

니시리
西利

교토 특산물 츠케모노 전문점

1940년에 창업한 츠케모노漬物(채소절임) 전문점. 업계 최초로 작게 썬 츠케모노를 소포장하여 판매하기 시작하면서 교토 특산물인 츠케모노가 선물용으로 큰 인기를 모으게 되었다. 매장 안에는 맛을 보고 고를 수 있도록 시식 코너가 마련되어 있다. 교토의 3대 츠케모노인 스구키すぐき, 센마이즈케千枚漬, 시바즈케しば漬는 꼭 한번 먹어보자. 추천 메뉴는 유즈다이콘ゆず大根(유자를 넣어 절인 무)으로 상큼한 맛이 일품이다. 매장 안쪽으로는 츠

케모노를 재료로 쓴 가이세키 식당도 있어 식사도 가능하다.

주소 京都市東山区祇園町南側578
전화 075-541-8181 영업 11:00~18:00
휴무 부정기 카드 가능 홈페이지 www.nishiri.co.jp
교통 한큐 교토카와라마치京都河原町역(HK86) 1B
출구에서 도보 6분 지도 P.21-C

교토 중심부 京都中心部

활기가 넘치는 교토 최대의 번화가

한큐 교토카와라마치역 주변 지역인 시조카와라마치는 교토의 중심부에 위치한 교토 최대의 번화가이자 교통의 요충지이다. 대부분의 시 버스 노선이 지나가기 때문에 이곳에서 교토 여행을 시작하는 것이 편하다. 두 개의 긴 상점가와 니시키 시장 등이 자리 잡고 있어 쇼핑과 식도락을 동시에 해결할 수 있다. 또한 산조도리 쪽에는 아기자기한 잡화점과 작은 갤러리, 카페들이 모여 있어 교토의 젊은이들이 많이 찾는다. 클럽과 이자카야가 들어서 있는 키야마치도리는 밤에 특히 활기가 넘친다.

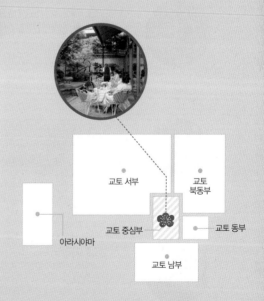

Check

지역 가이드
여행 소요 시간 3~4시간
관광 ★☆☆
맛집 ★★★
쇼핑 ★★★
유흥 ★★★

가는 방법
한큐 전철 교토선의 종점역인 교토카와라마치京都河原町역에서 하차해 지상으로 올라가면 된다. 키요미즈데라(고조자카)에서 갈 때는 시 버스 80·207번(11분, 230엔), 교토역에서는 4·5·17·205번(15분, 230엔), 긴카쿠지(긴카쿠지미치)에서는 5·17·32·203번(20분, 230엔), 킨카쿠지(킨카쿠지미치)에서는 12·59·205번(33분, 230엔)을 타고 시조카와라마치四条河原町 하차.

교토 서부

교토 북동부

교토 중심부

교토 동부

아라시야마

교토 남부

※시조카와라마치라는 이름의 정류장이 사거리 주변에 여러 곳 있으며, 버스에 따라 정차하는 곳이 다르다(별책 p.23 참조).

교토 중심부의 추천 코스

니시키 시장은 되도록 이른 시간에, 반대로 키야마치도리는 저녁 시간 이후에 가는 것이
제대로 즐길 수 있는 방법이다. 테라마치도리와 신쿄고쿠도리 두 상점가를 모두 보기에는 시간이
오래 걸리므로 여유가 별로 없다면 하나는 생략하고 산조도리 등 다른 곳으로 이동하자.
총 소요 시간 3~4시간

❶ 한큐 교토카와라마치역 9번 출구
역의 9번 출구로 나오면 테라마치도리 상점가가 나온다. 상점가 입
구에서 조금 안쪽으로 들어가 걷다 보면 왼쪽으로 니시키 시장 입
구가 보인다.

도보 2분

❷ 니시키 시장
교토의 부엌이라 불리는 시장. 주로 츠케모노(채소절임)과 교토산
채소, 건어물, 다양한 종류의 간식거리를 파는 가게들이 130여 개
나 모여 있다.

도보로 바로

❸ 테라마치도리 상점가
(또는 신쿄고쿠도리 상점가)
산조도리와 시조도리 사이로 길게 뻗은 두 개의 상점가. 기념품과
의류, 액세서리 등을 판매하는 작은 가게들이 밀집해 있다.

도보로 바로

❹ 산조도리
교토 젊은이들이 사랑하는 세련되고 아기자기한 거리. 개성 있는
가게와 카페, 식당이 늘어서 있으며 옛 서양 건축물도 곳곳에서 찾
을 수 있다.

도보 5분

❺ 키야마치도리
선술집, 유흥주점, 레스토랑, 클럽 등이 모여 있는 젊음의 거리. 특
히 봄에는 타카세강 양쪽에 심은 벚나무가 터널을 이루는 벚꽃 명
소로도 유명하다.

SIGHTSEEING

카와라마치도리
河原町通

캐주얼 브랜드와 쇼핑몰이 밀집
유니클로가 입점해 있는 잡화점 로프트Loft를
비롯하여 10~20대 여성들에게 인기 있는 쇼
핑 센터 OPA, 갭Gap 등의 캐주얼 브랜드 매
장들, 기념품이나 액세서리 등을 파는 가게들
이 줄지어 있다. 또한, 저렴한 가격대의 규동
전문점과 패스트푸드점, 우동집, 이자카야 체
인점 등이 모여 있어 식사를 하거나 가볍게 맥
주 한잔하기 좋다.

교통 한큐 교토카와라마치京都河原町역(HK86) 3, 4
번 출구로 나오면 바로 앞
지도 P.22-D

시조도리
四条通

교토 최고의 번화가
대부분의 버스 노선과 한큐 전철이 만나는 교
통의 요지이면서 교토 제일의 번화가이다.
20~30대 여성들에게 인기 있는 쇼핑몰인 교
토 마루이京都マルイ와 후지이 다이마루藤井
大丸, 다이마루大丸, 중장년층을 타깃으로 하
는 타카시마야高島屋 등의 백화점과 대형 쇼
핑센터가 시조도리를 따라 이어져 있다.

교통 한큐 교토카와라마치京都河原町역(HK86)
6, 7번 출구로 나와서 바로
지도 P.22-C

테라마치도리 상점가 ★
寺町通商店街　　🔊 테라마치 도-리 쇼텐가이

교토 최고의 번화가에 위치한 상점가
남북으로 길게 난 길을 사이로 발달한 상점가.
북쪽으로는 산조도리三条通, 남쪽으로는 시
조도리四条通와 만난다. 과거 도요토미 히데
요시가 효율적인 세금 징수를 위해 교토의 약
80개의 절들을 이 지역 일대에 모아 놓았는데
그 때문에 '사찰 마을(테라마치寺町)'이라 불
리기 시작했다. 교토풍의 기념품, 의류, 액세서
리를 판매하는 가게들과 식당들이 모여 있다.
대개 저녁 8시면 문을 닫는 곳이 많다.

교통 한큐 교토카와라마치京都河原町역(HK86) 9번
출구로 나와서 바로
지도 P.22-D

신쿄고쿠도리 상점가 ★
新京極通商店街
🔊 신쿄고쿠 도-리 쇼텐가이

일본에서 두 번째로 오래된 상점가
테라마치도리 상점가 옆에 나란히 나 있는 약
500m 길이의 상점가. 지붕이 있는 아케이드
상가다. 1872년에 조성되었는데 도쿄의 아사
쿠사 나카미세에 이어 일본에서 두 번째로 오
래된 상점가라고 한다. 의류, 액세서리, 기념품
등을 판매하는 가게들과 카페, 식당 등이 모여
있다.

교통 한큐 교토카와라마치京都河原町역(HK86) 9번
출구로 나와서 바로
지도 P.22-D

니시키 텐만구
錦天満宮

학문과 상업 번성의 신을 모시는
도심 속의 작은 신사
늘 사람들로 북적북적한 신쿄고쿠도리 상점가
한복판에 위치한 작은 신사로 지혜와 학문, 상
업 번창에 효과가 있다고 알려져 있다.
경내에는 손을 씻을 수 있는 곳이 있는데 니시
키노미즈錦の水라는 이름의 물이 솟아나고 있
다. 이 물은 일 년 내내 17~18도로 일정한 온
도가 유지되며 무향, 무미, 무균의 명수名水로
좋은 기운을 부르고 나쁜 기운을 쫓는 효험이
있다고 전해진다.

주소 京都市中京区中之町537
전화 075-231-5732

개방 08:00~20:00 **휴무** 무휴
요금 무료 **홈페이지** nishikitenmangu.or.jp
교통 한큐 교토카와라마치京都河原町역(HK86) 9번
출구 앞 신쿄고쿠도리新京極通 상점가로 들어가 도
보 2분 **지도** P.22-D

산조도리 ★
三条通

교토 젊은이들이 모이는 문화의 거리
깨끗하게 정비된 길을 따라 세련되고 아기자
기하며 개성 넘치는 가게들이 줄지어 늘어서
있는 거리로 교토의 젊은이들이 많이 찾는다.
작은 카페나 아틀리에, 미술관 등이 구석구석
에 숨어 있다. 교토 문화 박물관과 교토 나카
교 우체국, 구 일본생명 빌딩 등 거리 곳곳에
위치한 레트로한 분위기의 옛 서양 건축물을
찾는 재미도 쏠쏠하다.

홈페이지 www.kyoto-sanjo.or.jp
교통 한큐 교토카와라마치京都河原町역(HK86) 3, 4
번 출구에서 도보 6분
지도 P.22–A · B

키야마치도리
木屋町通

선술집과 맛집이 모여 있는 거리
카와라마치도리와 카모강을 사이에 두고 나란
히 난 실개천 타카세강高瀬川을 따라 형성된
젊음의 거리. 선술집, 유흥주점, 레스토랑, 클
럽 등이 모여 있다. 특히 봄에는 타카세강 양
쪽에 심은 벚나무가 터널을 이루는 벚꽃 명소
로도 유명하다. 야간에는 벚꽃을 향해 조명을
환하게 밝혀 환상적이고 몽환적인 분위기가
연출된다.

교통 한큐 교토카와라마치京都河原町역(HK86) 1A
출구로 나와서 바로 **지도 P.22–D**

폰토초 ★
先斗町

맛집들이 모여 있는 좁은 골목길
카모강을 따라 나 있는, 약 500m 길이의 좁고
긴 골목길. 길 양쪽으로 다양한 종류의 음식
점, 바, 이자카야, 요정이 늘어서 있는 유흥가
다. 이곳에 처음 요정이 들어선 것은 1712년 경
으로, 약 300년이라는 긴 세월 동안 교토 시민
들과 희로애락을 함께 나누었던 곳이다.
점심부터 영업하는 가게도 있지만 폰토초의
매력을 느낄 수 있는 것은 해가 질 무렵부터
늦은 저녁 시간까지. 강 쪽으로 난 가게들은
전망이 좋으며, 특히 여름에는 강 쪽으로 들마
루를 내어 영업을 하는, 카와유카川床 풍류도

해 진 후 활기가 넘치는 폰토초 골목

즐길 수 있다. 카와유카는 자릿세를 받는 곳이
많으니 미리 확인하자.

교통 한큐 교토카와라마치京都河原町역(HK86) 1A
출구에서 왼쪽으로 도보 2분
지도 P.22–D

오랜 역사를 자랑하는 교토의 부엌

니시키 시장
錦市場

과거 궁궐에 물건을 대는 가게들이 모여 이루
어진 시장으로, 400년 전통을 자랑하는 '교토
의 부엌'이다. 약 390m의 길을 사이에 두고 약
130개의 가게가 모여 영업을 하고 있다.

주로 해산물, 교토산 채소, 건어물, 츠케모노
(채소절임) 등의 식재료를 파는 가게들이 많
다. 또한 어묵, 달걀말이, 타코야키, 고로케, 두
부도넛 등의 간식거리를 파는 가게들도 있어
출출한 배를 간단히 채우기에 충분하다.

식당을 제외한 대부분의 가게들이 오후 5~6
시에 문을 닫으니 하루 일정 중 초반에 넣어
계획을 세우는 것이 좋다.

🔊 니시키 이치바
주소 京都市中京区錦市場
홈페이지 www.kyoto-nishiki.or.jp
교통 한큐 교토카와라마치京都河原町역(HK86) 9번

니시키 시장의 테라마치도리 쪽 입구

간식거리가 다양하다.

출구에서 테라마치도리寺町通 상점가로 들어가 처
음으로 만나는 왼쪽 골목이 니시키 시장 입구.
지도 P.22-C

{ 니시키 시장의 인기 먹을거리 }

❶ 타코 타마고 たこたまご
달달한 간장 소스에 절인 삶은
문어로, 머리 안에 메추리알이
들어 있다. 1개 150엔~.

❷ 다시마키 出し巻き
달달하고 부드러운 일본식 달
걀말이. 한입 크기로 잘라 팔
기도 한다. 1개 480엔~.

❸ 어묵꼬치 棒天
큰 나무 찜통 안에 가득
들어 있는 어묵 꼬치들.
문어, 감자, 치즈 등 다양
한 맛 중에 골라 먹는 재
미가 있다. 1개 450엔~.

4 와라비모찌 わらび餅
고사리 녹말로 만든 차가운 식감의 투명한 떡으로 콩가루를 뿌려 먹는 일본의 전통 화과자이다. 1컵 200엔.

5 후 만주 麩まんじゅう
나뭇잎으로 감싼 생 밀기울 안에 달달한 팥소가 들어가 있다. 식감이 독특해 인기 있다. 1개 226엔.

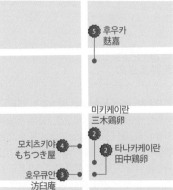

S 다이마루 백화점
大丸

5 후우카
麩嘉

미키케이란
三木鶏卵

모치츠키야 4
もちつき屋

2
타나카케이란 2
田中鶏卵

호우큐안 3
汾臼庵

니시키 시장
錦市場

곤타로
権太呂 本店 R

R omo café

타케초
竹長

쿄탄바 京丹波 7

카이 櫂 1

마루키 R
まるき

테라마치도리 상점가

신쿄고쿠도리 상점가

z

6 키나코 쿠로마메 きなこ黒豆
유명한 콩 산지인 탄바의 검은콩에 달달한 콩고물을 묻힌 것으로 당 충전하기에 좋다. 100g 680엔.

7 야키폰 군밤 焼き栗
첨가제, 보존제를 일체 사용하지 않은 군밤으로 매우 달고 맛있다. 350g 1000엔.

restaurant

교토 중심부의 맛집

텐동마키노
天丼まきの

주문하면 바로 눈앞에서 튀겨주는 텐동

ㄱ자형 바 테이블석 너머 오픈 키친에서 요리사들이 튀김을 만들어내는 모습을 볼 수 있는 텐동 전문점. 고슬고슬한 밥 위에 갓 튀겨낸 튀김을 넘칠 듯 한가득 올려 달콤 짭조름한 간장 소스를 부어 낸다. 어느 정도 먹고 나면 오차즈케(밥에 차를 부어 고명을 올려 먹는 음식)를 만들어 먹을 수 있는 도미육수가 나온다. 튀김 구성에 따라 텐동A(텐동이天丼, 1290엔), 텐동B(텐동로天丼口, 1590엔), 텐동C(텐동

하天丼ハ, 1890엔), 새우튀김 텐동(에비즈쿠시 텐동エビ尽くし天丼, 1890엔) 등이 있다.

주소 京都市中京区寺町通下る中筋町481-3
전화 075-222-5560
영업 평일 11:00~15:30, 17:00~21:00, 주말 11:00~21:00(주문 마감 20:30)
휴무 부정기 카드 가능
홈페이지 stores.toridoll.com/110977
교통 한큐 교토카와라마치京都河原町역(HK86) 9번 출구에서 도보 5분 지도 P.22-D

카네요
かねよ

100년 전통의 장어요리 전문점

부드러운 식감을 최대한 살려 구운 장어를 따뜻한 밥 위에 올리고 그 위에 얇게 부친 달걀을 얹은 킨시동きんし丼(2800엔)이 대표 메뉴. 창업할 때부터 만들어온 카네요 오리지널 소스는 매일 사용한 만큼 재료를 더해 채운 것

장어는 한 번 찐 후 구워내는 방식을 쓴다.

으로 오랜 역사만큼 깊은 맛을 낸다. 오래 전 카네요의 3층이 화재로 불탔을 때, 주인이 소스 단지만 들고 탈출했다는 일화가 유명하다. 입구 바로 옆에서는 뜨거운 숯불에 능숙한 솜씨로 장어를 굽는 모습을 볼 수 있다.

주소 京都市中京区松ヶ枝町456
전화 075-221-0669 영업 11:30~16:00(주문 마감 15:30), 17:00~20:30(주문 마감 20:00) 휴무 수요일 카드 가능 홈페이지 www.kyogokukaneyo.co.jp
교통 한큐 교토카와라마치京都河原町역(HK86) 9번 출구에서 도보 6분 지도 P.22-D

출출해진 배를 채우기 좋은 식사 메뉴도 있다.

이노다 코히 본점
イノダコーヒ 本店

강추

70년 역사의 교토 오리지널 커피 전문점

일본 전국 각지에서 끊임없이 찾아오는 든든한 단골 손님을 보유하고 있는 곳이다. 대표 커피 메뉴는 아라비아의 진주アラビアの真珠(690엔). 아메리카노를 좋아한다면 콜롬비아의 에메랄드コロンビアのエメラルド(690엔)를 주문하자.

이곳의 커피는 크림과 설탕을 넣었을 때 가장 맛이 좋도록 로스팅하고 있는데, 최근에는 손님의 취향을 고려하여 주문받을 때 미리 설탕, 크림을 넣을지 물어본다.

조식 메뉴京の朝食(1680엔)도 유명하며, 다양한 맛의 토스트トースト(480엔~)나 샌드위치サンドイッチ(780엔~)도 있어 가벼운 요기도 가능하다.

주소 京都市中京区道祐町140
전화 075-221-0507 영업 07:00~18:00(주문 마감 17:30), 조식 메뉴 07:00~11:00 휴무 무휴 카드 가능
홈페이지 www.inoda-coffee.co.jp
교통 한큐 교토카와라마치京都河原町역(HK86) 9번 출구에서 도보 9분 지도 P.22-C

맛차칸
抹茶館

우지 말차로 만든 티라미수가 인기

최근 미디어와 SNS에서 선풍적인 인기를 끌고 있는 신흥 디저트 주자. 히노키 나무 되에 담긴 우지 말차 티라미수宇治抹茶のティラミス(700엔)가 이곳의 시그니처 메뉴이다. 180년 전통의 우지 말차 전문 노포인 모리한森半의 말차를 아낌없이 넣어 만든다.

주소 京都市中京区 四条上ル米屋町382-2
전화 075-253-1540

영업 11:00~20:00
휴무 무휴 카드 가능
교통 한큐 교토카와라마치京都河原町역(HK86) 3번 출구에서 도보 1분
지도 P.22-D

전통 가옥 분위기의 실내

돈카츠 정식은 고기 양을 선택할 수 있다.

카츠쿠라
かつくら

강추

현지인 단골이 많은 돈카츠 전문점

육즙을 그대로 머금은 부드러운 육질과 바삭바삭한 튀김옷, 소스가 절묘한 조화를 이루는 돈카츠는 교토 토박이들에게도 매우 인기가 높다. 유자 드레싱과 2가지 맛의 특제 돈카츠 소스가 특히 일품. 고기 종류 및 구성, 무게에 따라 가격대는 1300~4000엔으로 천차만별이다.

주소 京都市中京区三条通寺町東入ル石橋町16
전화 075-212-3581
영업 11:00~21:00(주문 마감 20:30)
휴무 연말연시 카드 가능
홈페이지 www.katsukura.jp
교통 시 버스 3·4·5·10·11·15·17·32·37·51·59·205번 카와라마치산조河原町三条 하차 후 도보 3분 지도 P.22-B

스타벅스 산조오하시점
Starbucks 三条橋店

교토의 풍류를 즐길 수 있는 콘셉트 스토어

매년 5~9월 매장 바로 옆의 카모강 쪽으로 들마루를 내어 교토 특유의 풍류를 즐길 수 있는 특별한 스타벅스. 강 쪽 테라스석은 자리 경쟁이 치열하다.

주소 京都市中京区三条通河原町東入ル中島町113
전화 075-213-2326
영업 08:00~23:00 휴무 부정기 카드 가능
홈페이지 www.starbucks.co.jp
교통 시 버스 3·4·5·10·11·15·17·32·37·51·59·205번 카와라마치산조河原町三条 하차 후 도보 5분 지도 P.22-B

스타벅스 카라스마 롯카쿠점
Starbucks 烏丸六角店

사찰 뷰가 독특한 컨셉트 스토어

절, 신사가 많은 교토에서 만나는 특별한 스타벅스. 가게 바로 뒤쪽에 위치한 사찰 롯카쿠도 六角堂를 실내에서 볼 수 있도록 벽 한쪽 전체를 통유리 창으로 마감한 것이 인상적이다.

주소 京都市中京区堂之前町254
전화 075-257-7325 영업 평일 07:00~22:00, 토·일·공휴일 08:00~22:00 휴무 부정기 카드 가능
교통 한큐 카라스마烏丸역(HK85) 21번 출구에서 도보 5분 지도 P.22-C

마리벨
Marie Belle

뉴욕발 고급 초콜릿을 맛볼 수 있는 티 룸
좁다란 골목길을 걸어 들어가면 비밀스러운 공간이 펼쳐진다. 뉴욕에서 건너온 고급 수제 초콜릿 전문 브랜드 마리벨의 첫 해외 지점이 바로 이곳. 밝고 화려한 분위기의 매장과는 달리 차분한 분위기의 카페 공간은 어두운 조명에 고풍스러운 가구로 채워져 품격이 느껴진다. 핫 초콜릿, 아이스 초콜릿, 홍차, 커피 등의

드링크 메뉴(1210엔~)에 660엔을 추가하면 다양한 그림이 그려진 사각형 초콜릿을 음료와 함께 제공하는 가나슈 세트로 주문할 수 있다. 그 외에도 치즈케이크, 가토쇼콜라, 젤라토 등의 디저트 메뉴(1430엔~)도 다양하다.

주소 京都市中京区槌屋町83 **전화** 075-221-2202
영업 11:00~19:00(카페 11:00~18:00, 주문 마감 17:30) **휴무** 화요일 **카드** 가능
홈페이지 www.mariebelle.jp/cacao_bar
교통 한큐 교토카와라마치京都河原町역(HK86), 카라스마역烏丸역(HK85) 13번 출구에서 도보 7분
지도 P.22-C

카페 마블
café marble

일본 전통 가옥을 개조한 마치야 카페

오래된 전통 가옥을 개조하여 아기자기한 카페로 꾸몄다. 짙은 색의 오래된 나무 마룻바닥 위에 배치한 폭신한 소파, 재봉틀을 리폼하여 만든 테이블, 낡은 책장에 꽂힌 책, 빈티지한 느낌의 소품들까지 따뜻하고 정갈한 느낌이 가득하다.
바삭한 파이 위에 신선한 채소와 달걀 등을 넣

인기 메뉴인 키슈

어 구운 프랑스 음식 키슈가 이곳의 대표 메뉴. 샐러드와 같이 나오는 키슈 플레이트キッシュプレート(1000엔)는 간이 세지 않아 아이들이 먹기에도 좋다. 음료 500엔~.

주소 京都府京都市下京区仏光寺通高倉東入ル西前町378 **전화** 075-634-6033
영업 월~토 11:30~22:00, 일 11:30~20:00
휴무 마지막 주 수요일
카드 가능 **홈페이지** www.cafe-marble.com
교통 한큐 카라스마烏丸역(HK85) 15번 출구에서 도보 3분 **지도 P.22-E**

교토 중심부의 쇼핑

루피시아 테라마치산조점
Lupicia 寺町三条支店

일본의 차 전문 브랜드

홍차를 비롯하여 녹차, 우롱차, 오리지널 블렌드 티, 가향 차 등 350여 종의 다양한 차를 취급하는 차 전문 브랜드. 테라마치산조점은 넓은 매장의 한쪽 벽면을 꽉 채운 시향 코너가 있어 원하는 차를 고르기에 편하다.
이 지점에서만 구입할 수 있는 오리지널 티 중

이곳만의 한정 상품을 노려보자.

에 카라코로からころ(50g 한정 라벨 캔, 1050엔)가 인기. 교토의 마이코를 콘셉트로 만든 차로 맛과 향은 물론, 패키지도 예뻐서 선물용으로도 그만이다.

주소 京都市中京区 三条上ル天性寺前町530
전화 075-257-7318
영업 10:00~19:00 휴무 부정기 카드 가능
홈페이지 www.lupicia.co.jp 교통 한큐 교토카와라마치京都河原町역(HK86) 9번 출구에서 도보 10분
지도 P.22-B

교토 벤리도
京都便利堂

교토의 분위기가 물씬 풍기는 엽서

1000여 종의 감각적인 엽서를 한곳에 모아놓은 곳으로, 미술 관련 인쇄물 회사 벤리도의 안테나숍이다. 메이지 시대부터 쭉 써왔던 인쇄기를 사용하여 찍어낸 벤리도 오리지널 판

화 엽서가 특히 인기 있다. 세련된 기법으로 교토를 이미지화한 엽서는 기념품으로도 손색이 없을 정도.

주소 京都市中京区新町通竹屋町下ル弁財天町302
전화 075-253-0625 영업 10:00~19:00
휴무 일 · 공휴일 카드 가능
홈페이지 www.benrido.co.jp 교통 한큐 교토카와라마치京都河原町역(HK86) 9번 출구에서 도보 8분
지도 P.22-A

신푸칸
新風館

**레트로 건물과 예술,
자연이 아름다운 상업 시설**

고풍스러운 건물과 초록빛 나무가 조화를 이룬 복합 상업 시설로 현재 교토에서 가장 핫한 장소 중 하나다. 붉은 벽돌로 지어진 건물 외관의 레트로 감성을 그대로 살리면서도 세련되게 꾸몄다. 카페나 식당, 소품 숍, 소규모 영화관, 에이스 호텔 등이 입점해 있어 식사와 쇼핑, 숙박, 문화생활을 두루 즐기기에 좋다.

주소 京都市中京区烏丸通姉小路下ル場之町586-2
전화 075-585-6611 영업 11:00~20:00(식당 08:00~24:00) 휴무 부정기 카드 매장에 따라 다름
홈페이지 shinpuhkan.jp
교통 지하철 카라스마선(K08)·토자이선(T13) 카라스마오이케烏丸御池역 남쪽 개찰구에서 연결
지도 P.22-A

무모쿠테키
mumokuteki

자연주의 잡화점

내추럴한 분위기의 옷, 가방, 액세서리는 물론 인테리어 소품, 앤틱한 분위기의 가구들까지 그야말로 없는 것이 없다. 2층에는 몸에 좋은 채소 중심의 식사를 즐길 수 있는 무모쿠테키 카페도 있다.

주소 京都市中京区寺町通蛸薬師上ル式部町261
전화 075-229-6996
영업 11:00~19:00 휴무 부정기 카드 가능
홈페이지 www.mumokuteki.com
교통 한큐 교토카와라마치京都河原町역(HK86) 9번 출구에서 도보 5분 지도 P.22-D

70b 앤티크
70b ANTIQUES

소품, 가구들로 가득한 앤티크 전문점

서일본 최대 규모의 앤티크 제품 취급 업체인 70b INC.의 교토 매장. 유럽과 미국 등에서 직수입한 앤티크 가구와 식기, 조명 등 다양한 인테리어 제품을 취급하고 있다. 주로 1800년대 후반부터 1900년대 중반까지의 클래식 앤티크 제품을 중심으로 모던 빈티지, 인더스트리얼 등 다양한 분위기의 제품을 보유하고 있다.

주소 京都市中京区 三条通高倉東入桝屋町53-1
전화 075-254-8466
영업 11:00~20:00 휴무 부정기 카드 가능
홈페이지 seventy-b-antiques.com/shop
교통 지하철 카라스마선(K08)·토자이선(T13) 카라스마오이케烏丸御池역 5번 출구에서 도보 4분
지도 P.22-A

교토 북동부 京都北東部

벚꽃과 단풍으로 유명한 인기 절정의 관광지

좁은 물길을 따라 이어진 철학의 길을 걷다 보면 소박한 멋이 살아 있는 긴카쿠지(은각사)와 단풍 명소인 에이칸도, 난젠지 등 히가시야마 일대의 유명 사찰들을 대부분 만나볼 수 있다. 북쪽으로는 시센도와 만슈인, 슈가쿠인리큐 등 산중에 위치한 사찰이 많아 잠시 도심을 떠나 자연 속에서 고즈넉한 시간을 보낼 수도 있다. 남쪽으로는 헤이안 진구를 중심으로 미술관, 동물원, 공원 등이 모여 있어 교토 시민의 문화 공간이자 휴식처가 되고 있다.

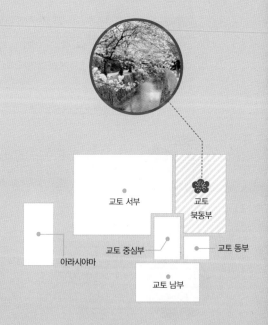

Check

지역 가이드
여행 소요 시간 5시간
관광 ★ ★ ★
맛집 ★ ★ ☆
쇼핑 ★ ☆ ☆

가는 방법
긴카쿠지(은각사), 철학의 길 등으로 갈 때는 시조카와라마치(한큐 교토카와라마치역)에서 시 버스 5 · 17 · 32 · 203번(30분, 230엔), JR 교토역에서는 시 버스 5 · 17 · 100번(45분, 230엔)을 타고 긴카쿠지미치 銀閣寺道 하차. 긴카쿠지에서 난젠지까지는 철학의 길을 따라 천천히 걸으며 둘러보는 것을 추천한다.

※시 버스 5번은 북동부의 주요 관광지를 모두 지나는 노선으로 인기 있다. 하지만 관광 시즌에는 가장 많이 막히는 곳을 지나기 때문에 시간이 없다면 근처까지 지하철이나 케이한 전철 등을 이용하는 것도 좋다.

교토 서부

교토 북동부

교토 중심부

교토 동부

아라시야마

교토 남부

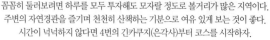

교토 북동부의 추천 코스

꼼꼼히 둘러보려면 하루를 모두 투자해도 모자랄 정도로 볼거리가 많은 지역이다.
주변의 자연경관을 즐기며 천천히 산책하는 기분으로 여유 있게 보는 것이 좋다.
시간이 넉넉하지 않다면 4번의 긴카쿠지(은각사)부터 코스를 시작하자.
총 소요 시간 5~6시간

❶ 카모가와 델타
교토 북부에서부터 흐르는 두 줄기의 카모강이 하나로 만나면서
생겨난 삼각주. 인근 주민들과 학생들의 피크닉 장소로 인기 있다.

도보 6분

❷ 타다스노 모리
시모가모 진자를 둘러싼 약 12만 5000㎡ 크기의 울창한 원시림. 인
근 주민들의 산책 코스로도 유명하다.

도보 5분

❸ 시모가모 진자
카미가모 진자와 함께 왕실 수호 신사로 지정된 곳이다. 좋은 인연
을 맺게 해준다 하여 젊은 여성들에게 인기 있다.

버스 16분+도보 5분

❹ 긴카쿠지(은각사)
히가시야마 문화를 대표하는 유명 사찰. 정갈하면서도 소박한 멋
이 살아 있는 경내 분위기를 즐겨보자.

도보 3분

❺ 철학의 길
긴카쿠지 초입에서부터 난젠지를 지나 비와코소스이 수로를 향해
나 있는 약 2km 길이의 산책로. 벚꽃 명소로 유명하다.

도보 10분

❻ 호넨인
푸른 이끼로 뒤덮인 정문이 유명하다. 숲으로 둘러싸인 경내는 큰 볼거리는 없지만 가을에는 단풍이 무척 아름답다.

도보 20분

❼ 에이칸도
교토를 대표하는 최고의 단풍 명소. 얼굴을 옆으로 돌린 특이한 자세를 취하고 있는 본존 아미타여래입상으로도 유명하다.

도보 5분

❽ 난젠지
임제종 남선사파 대본산의 사찰. 붉은 벽돌이 이국적인 분위기를 자아내는 비와코소스이 수로각이 사진 촬영 장소로 인기 있다.

버스 15분

❾ 헤이안 진구
헤이안 천도 1100주년을 기념하고자 건립된 신궁. 입구에 세워진 거대한 붉은 기둥 도리이가 인상적이다.

렌털 자전거로 둘러보기

교토 사람들에게 자전거는 시 버스 다음으로 중요한 교통 수단 중 하나다. 자전거로 교토 북동부를 여행하면 버스가 다니지 않는 좁은 골목길 구석구석까지 갈 수 있다. 발 닿는 곳, 마음 닿는 곳에서 잠깐 내려 자유롭게 구경할 수 있다.

렌털 자전거 에무지카 えむじか
주소 京都市左京区田中上柳町24 リヴィエール鴨東1F
전화 075-200-8219
영업 09:00~21:30
요금 1일 800엔(보증금 2000엔 별도, 자전거 반납 시 보증금 환불)
홈페이지 emusica-dmcy.com/en/
교통 케이한 전철 데마치야나기出町柳역(KH42) 7번 출구, 롯데리아 바로 옆

헤이안 진구 ★★
平安神宮

헤이안 천도를 기념하는 신궁
입구에 설치된 24.4m 높이의 거대한 붉은색 기둥인 도리이가 인상적인 헤이안 진구는 1895년 헤이안 천도 1100주년을 기념하고자 건립한 것이다. 헤이안 천도를 단행한 간무 일왕을 신으로 모시고 있다. 794년 교토 천도 당시의 헤이안쿄를 3분의 2 사이즈로 축소하여 만들었다.

신사의 정문에 해당하는 오우텐몬応天門과 신전 다이고쿠덴大極殿이 특히 볼만하다. 또한 9만 9000㎡ 정도의 넓은 부지에 연못을 중심으로 꾸민 지천회유식 정원인 헤이안 진구 신엔平安神宮神苑은 벚꽃이 만개하는 봄과 단풍이 곱게 물드는 가을 시즌에 특히 아름다워 인기가 많다. 헤이안 진구는 교토의 3대 마츠리 중 하나인 지다이 마츠리時代祭를 주관하고 있는 것으로도 유명하다.

주소 京都市左京区岡崎西天王町97
전화 075-761-0221
개방 경내 06:00~18:00(2/15~3/14와 10월은 17:30까지, 11/1~2/14는 17:00까지, 10/22는 12:00까지)
신엔 08:30~17:30(3/1~3/14와 10월은 17:00까지, 11~2월은 16:30까지, 10/22는 11:30까지)
※연말연시 개방 시간은 홈페이지 참조
휴무 부정기
요금 경내 무료, 신엔 600엔
홈페이지 www.heianjingu.or.jp
교통 시 버스 5·46·86번 오카자키코엔 비주츠엔岡崎公園美術館·헤이안진구마에平安神宮前 하차 후 도보 1분
지도 P.24-C

1 오우텐몬 2 신전 다이고쿠덴 3 신궁 입구에 서 있는 도리이 4 신엔

난젠지
南禅寺 ★★

붉은 벽돌의 수로각이 인상적인 사찰
임제종 남선사파 대본산의 사찰. 이곳에 있는 대부분의 건물들은 일본 국보, 중요문화재로 지정되어 있다. 정문인 산몬三門은 2층으로 이루어져 있으며 위로 올라가면 교토 시가지를 조망할 수 있다.

법당 뒤쪽에 위치한 호조方丈(방장, 선종 사찰에서 주지의 거처 및 객실을 이르는 공간)도 볼만하다. 호조는 오호조大方丈와 코호조小方丈로 이루어져 있으며, 둘은 건물 안쪽으로 연결되어 있다. 특히 흰 모래를 넓게 깔고 그 위에 6개의 바위와 나무들로 꾸민 가레산스이 정원인 호조테이엔方丈庭園이 인기가 있다. 천황의 거처였던 난젠인南禅院은 가마쿠라 시대의 지천회유식 정원이 유명하며, 이는 교토의 3대 명승사적 정원 중 한 곳으로 지정되어 있다.

이 외에도 메이지 시대에 비와코 호수에서 생활용수를 끌어오기 위해 만든 비와코소스이琵琶湖疏水 수로각은 세월의 흐름을 고스란히 간직한 붉은 벽돌이 이국적인 분위기를 자아내고 있다.

주소 京都市左京区南禅寺福地町86
전화 075-771-0365
개방 3~11월 08:40~17:00, 12~2월 08:40~16:30 (폐문 20분 전 입장 마감) **휴무** 12/28~31
요금 경내 무료, 호조테이엔 600엔, 산몬 600엔, 난젠인 400엔
홈페이지 www.nanzen.net
교통 시 버스 5번 난젠지南禅寺 · 에이칸도미치永観堂道 하차 후 도보 10분. 또는 시 버스 5 · 32 · 93 · 203 · 204번 히가시텐노초東天王町 하차 후 도보 10분
지도 P.24-D

1 고즈넉한 경내 2 카노파의 그림으로 둘러싸인 방 3 아름다운 정원 로쿠도테이 4 이국적인 분위기의 비와코소스이 수로각

단풍에 둘러싸인 관음석상

에이칸도 ★★★
永観堂

단풍 시즌 인기 최고의 사찰

가을 단풍이 가장 아름다운 관광 명소로 유명한 에이칸도. 정식 명칭은 젠린지禅林寺이며 7대 법사인 에이칸 율사의 이름을 따 에이칸도라는 이름으로 불리고 있다. 가장 유명한 볼거리는 얼굴을 왼쪽으로 돌린 특이한 자세를 하고 있는 본존 아미타여래입상인데, 그 이유에 대한 재미있는 이야기가 전해 내려오고 있다.

1082년 에이칸 율사가 아미타여래상의 주위를 돌며 염불을 하고 있을 때 갑자기 아미타여래상이 단에서 내려와 그와 함께 걸었고 이에 놀란 에이칸이 걸음을 멈추고 멍하니 서 있자 아미타여래상이 왼쪽 어깨 너머로 돌아보며 "에이칸, 느리군!"이라고 말을 걸었다고 한다. 그 자비로운 모습을 후세에 전하고자 아미타여래상에게 청하여 지금의 모습 그대로 굳어졌다고 한다.

타의 추종을 불허할 정도의 인파가 몰리는 단풍 시즌에는 이른 아침에 찾는 것이 좋다. 단풍철에는 교토 최고의 인기 명소이지만, 그 외의 시기에는 평범한 편이다.

주소 京都市左京区永観堂町48
전화 075-761-0007 개방 09:00~17:00(입장 마감 16:00) 휴무 무휴(가을 보물전 시기는 제외)
요금 600엔(단풍철 1000엔)
홈페이지 www.eikando.or.jp
교통 시 버스 5번 난젠지南禅寺 · 에이칸도미치永観堂道 하차 후 도보 3분. 또는 시 버스 5 · 32 · 93 · 203 · 204번 히가시텐노초東天王町 하차 후 도보 8분 지도 P.24-D

단풍이 들면 더욱 아름답다.

연못 주변 풍경이 아름답기로 유명하다.

신뇨도
真如堂

한적하게 단풍을 즐길 수 있는 사찰
984년에 만들어진 천태종 사찰로, 정식 명칭
은 신쇼고쿠라쿠지真正極楽寺. 인근 주민들
이 산책 겸 참배를 하러 오는 조용하고 한적한
절이다. 특히 여성 신도가 많기로 유명하다.
가을에는 단풍으로 붉게 물든 나무들과 떨어
진 낙엽으로 덮인 붉은 바닥, 웅장한 본당의
조화가 마치 한 폭의 그림처럼 아름답다. 다른
단풍 명소들보다는 사람이 적은 편이라 느긋
하게 단풍놀이를 즐기기에 좋다.

주소 京都市左京区浄土寺真如町82
전화 075-771-0915
개방 09:00~16:00 휴무 부정기
요금 경내 무료, 본당+정원 500엔
홈페이지 shin-nyo-do.jp
교통 시 버스 5·17·32·93·100·203·204번 킨
린샤코마에錦林車庫前 하차. 또는 신뇨도마에真如
堂前 하차 후 도보 6분 지도 P.24-B

단풍으로 유명한 참배길

호넨인
法然院

단풍이 아름다운 작은 사찰
철학의 길 중간에 위치한 작은 정토종 사찰.
푸른 이끼로 덮인 정문 산몬山門을 지나 계단
을 내려가면 양쪽에 흰 모래를 사각형으로 쌓
아 놓은 뱌쿠사단白砂壇이 보인다. 이는 물을
형상화한 것으로, 두 개의 모래 단 사이를 지
나는 것은 경내에 들어가기 전 심신을 깨끗이
한다는 의미를 지닌다. 숲으로 둘러싸인 경내
는 특별한 볼거리는 없지만 단풍이 들면 특히
아름다워 관광객이 많이 찾는다.

주소 京都市左京区鹿ケ谷御所ノ段町30
전화 075-771-2420
개방 06:00~16:00 휴무 무휴
요금 경내 무료 홈페이지 www.honen-in.jp
교통 시 버스 5·17·32·203·204번 조도지浄土寺
하차, 산 방향으로 도보 5분 지도 P.24-B

경내는 둘러볼 수 있지만, 건물 내부는 비공개

말차와 화과자를
맛볼 수 있다.

신뇨도 삼층탑

모래로 만든 정원 긴사단과 고게츠다이

나무 울타리 사이로 난 참배길을 걸어 안으로 들어간다.

긴카쿠지(은각사) ★★★
銀閣寺

히가시야마 문화의 정수

무로마치 시대의 히가시야마 문화를 대표하는 건축과 정원으로 유명한 사찰로, 정식 명칭은 지쇼지慈照寺다. 1482년, 무로마치 막부의 8대 쇼군 아시카가 요시마사가 킨카쿠지(금각사)의 사리전을 모방하여 히가시야마에 자신의 별장 히가시야마전을 만들기 시작했는데 결국 완성을 보지 못하고 죽고 말았다. 이에 요시마사의 명복을 빌기 위해 히가시야마전을 사찰로 고친 것이 지금의 은각사이다.

늘 비교되는 금각사와 같은 화려함은 없지만 히가시야마 문화의 정수라 일컬어질 만큼 정갈하면서도 소박한 멋이 살아 있다. 입구 바로 안쪽에는 새하얀 모래로 바다를 표현한 가레산스이 정원 긴샤단銀沙灘과 후지산을 표현한 커다란 모래 더미 고게츠다이向月台가 있다. 그 너머에 있는 2층 누각 긴카쿠銀閣는 원래 은박을 붙일 예정이었으나 재정상의 이유로 실행에 옮기지 못했다는 설이 있다.

주소 京都市左京区銀閣寺町 2
전화 075-771-5725
개방 3~11월 08:30~17:00, 12~2월 09:00~16:30
휴무 무휴
요금 500엔
홈페이지 www.shokoku-ji.jp
교통 시 버스 5·17·32·203·204번 긴카쿠지미치銀閣寺道 하차 후 도보 5분. 또는 시 버스 32번 긴카쿠지마에銀閣寺前 하차 후 도보 3분
지도 P.24-B

국보로 지정되어 있는 긴카쿠

철학의 길. 물길을 따라 흐드러지게 핀 벚꽃이 장관이다.

철학의 길
哲学の道
★★★
🔊 테츠가쿠노 미치

물길을 따라 난 아름다운 산책길

긴카쿠지 초입에서부터 난젠지를 지나 비와코 수로를 향해 나 있는 약 2km 길이의 한적한 산책로로, 좁은 물길을 따라 이어져 있다.

이 길은 교토 대학의 교수이자 철학자였던 니시다 키타로가 산책을 즐기던 길이라 하여 철학의 길이라는 이름으로 불리게 됐다고 한다. 아기자기한 풍경이 운치 있을 뿐만 아니라 이 길을 따라 긴카쿠지를 비롯하여 난젠지, 호넨인 등의 유명 관광지들도 차례로 둘러볼 수 있어서 매우 인기가 있다.

봄에는 흐드러진 벚꽃이, 여름에는 녹음과 반딧불이가, 가을에는 불타듯 붉은 단풍이 아름다워 1년 내내 관광객들의 발길이 끊이지 않는 곳이다. 산책로 중간에는 작은 카페와 화과자 가게, 잡화점이 드문드문 있어 잠시 쉬어 가기 좋다.

주소 京都市左京区浄土寺石橋町58 **교통** 시 버스 5 · 17 · 32 · 203 · 204번 긴카쿠지미치銀閣寺道 하차 후 도보 1분. 또는 시 버스 32번 긴카쿠지마에銀閣寺前 하차해 바로 앞 **지도 P.24-B**

치온지 테즈쿠리이치
知恩寺 手づくり市

사찰에서 열리는 고퀄리티 프리마켓

30여 년간 쉬지 않고 쭉 이어져 온 프리마켓으로 매월 15일에 치온지知恩寺 사찰 경내에서 열린다. 공예품, 액세서리, 소품 등 손으로 직접 만든 것을 내놓는다면 누구든 참가 가능하다. 그러나 참가 신청 경쟁이 매우 치열하여 일반 프리마켓보다 더 완성도 높은 핸드메이드 제품들을 만날 수 있다.

주소 京都市左京区田中門前町103
전화 075-771-1631 **개방** 매월 15일 08:00~16:00
홈페이지 www.tedukuri-ichi.com
교통 시 버스 31 · 65 · 201 · 206번 쿄다이세이몬마에京大正門前 하차 후 도보 5분 **지도 P.24-A**

카모가와 델타 ★
鴨川デルタ

교토 시민들의 힐링 장소
교토 북부에서부터 흐르는 두 줄기의 카모강
이 하나로 만나면서 생겨난 삼각주. 인근 대학
교의 학생들과 주민들이 삼삼오오 피크닉을
즐기는 장소로 인기 있다. 삼각주 끝에는 징검
다리가 있는데, 거북이와 새 모양의 돌이 놓여
있는 것이 재미있다.

주소 京都市左京区下鴨宮河町
교통 케이한 전철 데마치야나기出町柳역(KH42) 3번
출구에서 도보 1분. 또는 시 버스 1 · 3 · 4 · 17 · 37 ·
59 · 201 · 203 · 205번 카와라마치이마데가와河原
町今出川 하차 후 도보 1분
지도 P.29-D

흔히 줄여서 '쿄다이京大'라고 부른다.

교토 대학
京都大学　🔊 쿄-토 다이가쿠

역사 깊은 일본의 명문대 캠퍼스
1871년 일본에서 두 번째로 설립된 대학으로,
도쿄 대학과 더불어 일본 최고의 명문 대학교
로 인정받고 있다. 학부, 연구학과 이외에 약
30개의 연구소를 설립하였으며 지금까지 5명
의 노벨상 수상자를 배출했다.
교내에는 1925년 만들어진 시계탑이있는데,
교토 대학의 상징으로 여겨진다. 설립 당시의
옛 건물과 최근 세워진 현대적인 건물이 조화
를 이룬 넓은 캠퍼스를 누비며 일본 대학생들
의 캠퍼스 낭만을 잠시나마 느껴보면 어떨까.
저렴한 가격의 학생식당에서 한 끼 식사를 해
결하는 것도 좋다.

주소 京都市左京区吉田本町 京都大学
홈페이지 www.kyoto-u.ac.jp
교통 시 버스 3 · 17 · 31 · 65 · 201 · 206번 쿄다이세
이몬마에京大正門前 하차 후 도보 1분. 또는 시 버스
3 · 17 · 102 · 203번 하쿠만벤百万遍 하차 후 도보
1분
지도 P.24-A

𝒯ip

카모가와 델타 근처의 유명 떡집
데마치 후타바 出町ふたば

콩 찹쌀떡인 마메모치豆餅(1개 175엔)가 유명하
다. 가게 앞에 늘 기다리는 사람들의 행렬이 있어
쉽게 찾을 수 있다. 금방 동나기 때문에 되도록
이른 시간에 가는 것이 좋다. JR 교토역의 이세
탄 백화점 지하 1층에도 매장이 있다.

주소 京都市上京区出町 今出川上ル青龍町236
영업 08:30~17:30
휴무 매주 화요일, 넷째 주 수요일
위치 카모가와 델타에서 데마
치야나기역 반대쪽 시장 입
구에 위치
지도 P.29-D

미타라시 당고(달콤한 소스를 바른 떡꼬치)라는 떡 이름의 유래가 된 미타라시노이케 연못

시모가모 진자 ★
下鴨神社
UNESCO 유네스코 세계문화유산

좋은 인연을 맺어주는 왕실 수호 신사
정식 명칭은 카미미오야 진자賀茂御祖神社. 카미가모 진자와 함께 왕실 수호 신사로 지정되어 국사를 기원하며 국민의 평안을 비는 신사로, 교토는 물론 일본 국내에서 영향력 있는 신사이다. 경내의 미타라시노이케みたらしの池라는 이름의 연못 주변이 아기자기하게 꾸며져 있다. 좋은 인연을 맺어준다고 하여 젊은 여성들에게 인기 있다.

주소 京都市左京区下鴨泉川町59
전화 075-781-0010
개방 06:00~17:00 휴무 무휴 요금 경내 무료
홈페이지 www.shimogamo-jinja.or.jp
교통 시 버스 1·4·205번 타다스노모리紅の森 하차. 또는 케이한 전철 데마치야나기出町柳역(KH42) 5번 출구에서 도보 10분 지도 **P.19-D**

시모가모 진자는 타다스노 모리 숲 안에 있다.

시기를 잘 맞추면 실개천에서 반딧불이를 볼 수 있다.

타다스노 모리 ★
糺の森

천년 역사의 울창한 원시림
시모가모 진자 주변을 둘러싼 약 12만 5000㎡ 크기의 울창한 원시림. 천년 세월을 견디며 오래된 도시를 지켜온 나무들이 큰 그늘을 만들어주어, 뜨거운 여름에는 불볕더위를 피해 한가로이 산책을 즐기는 동네 주민의 모습도 많이 볼 수 있다. 매년 8월에는 그늘 아래에서 집안의 헌책을 들고 나와 서로 사고파는 후루혼 마츠리古本まつり가 열린다.

주소 京都市左京区下鴨泉川町59-2-15
교통 시 버스 1·4·205번 타다스노모리紅の森 하차. 또는 케이한 전철 데마치야나기出町柳역(KH42) 5번 출구에서 도보 10분 지도 **P.19-H**

교토 시민들의 산책길로 인기 있는 타다스노 모리

시센도
詩仙堂 ★

고즈넉한 단풍 명소
에도 시대 초기의 문인 이시카와 조잔石川丈
山이 말년을 지낸 산장을 개조한 사찰. 철쭉이
피는 늦봄과 단풍이 물드는 늦가을에 가장 아
름다운 시센도의 정원을 만날 수 있다. 소즈添
水(물이 차면 아래로 떨어져 돌에 부딪히며 소
리를 내는 대나무 물받이) 소리가 고요한 정원
에 울려 운치를 더한다.

주소 京都市左京区一乗寺門口町27
전화 075-781-2954 개방 09:00~17:00(입장 마감
16:45) 휴무 5/23 요금 500엔
홈페이지 kyoto-shisendo.net
교통 시 버스 5·北8번 이치조지사가리마츠초一乗
寺下リ松町 하차 후 도보 10분. 또는 에이잔 전철 이
치조지一乗寺역(E04)에서 도보 20분
지도 P.19-D

엔코지
圓光寺 ★

정원이 아름다운, 숨은 단풍 명소
1601년 도쿠가와 이에야스에 의해 교육 기관
으로 지어진 사찰. 일본의 초기 활자본의 인쇄
사업 등이 이루어지기도 했다. 가을이 되면 단
풍으로 붉게 물드는 정원이 한껏 아름다움을
뽐낸다. 깊게 땅을 파 그 위로 떨어뜨린 물방
울이 내는 소리를 들으며 운치를 즐기는 스이
킨쿠츠水琴窟가 유명하다.

주소 京都市左京区一乗寺小谷町13
전화 075-781-8025
개방 09:00~17:00
휴무 무휴 요금 600엔
홈페이지 www.enkouji.jp
교통 시 버스 5·北8번 이치조지사가리마츠초一乗
寺下リ松町 하차 후 도보 11분
지도 P.19-D

슈가쿠인리큐
修学院離宮 ★

풍경이 아름다운 왕실 별궁
교토 북동쪽 야트막한 산중에 위치한 별궁으
로 17세기 중반에 고미즈노오 일왕의 명으로
만들어져 일본 왕실이 관리하고 있다. 모두 3개
의 정원으로 이루어져 있으며 소박하면서 정
갈한 느낌의 정원과 호수, 산의 조화가 무척
아름답다. 관람을 위해서는 궁내청 교토 사무
소 홈페이지나 교토고쇼(P.386)에서 예약해야
한다.

주소 京都市左京区修学院藪添 전화 075-211-1215
관람 13:30, 15:00(약 1시간 20분 소요, 예약 필수)

휴무 월요일(공휴일이면 다음 날), 12/28~1/4, 기타
행사일 요금 무료
홈페이지 sankan.kunaicho.go.jp/guide/shugakuin.
html ※홈페이지 신청 방법은 P.386 참조
교통 에이잔 전철 슈가쿠인修学院역(E05)에서 도보
20분
지도 P.19-D

restaurant

교토 북동부의 맛집

야마모토 멘조
山元麺蔵

교토 랭킹 1위의 우동 전문점

가게 앞에 늘 긴 행렬이 끊이지 않을 만큼 인기 높은 곳이다. 이곳의 오너는 사누키 우동으로 유명한 카가와현의 타카마츠에서 수타 우동 만드는 법을 배웠다고 한다. 막 삶아낸 면과 진하게 우려낸 육수, 신선한 식재료로 만든 음식을 고집하는 것이 이곳의 인기 비결.

면 요리 중에는 진한 소고기 국물의 규토츠치고보노 츠케멘牛と土ゴボウのつけめん(1050엔)과 우엉튀김이 같이 나오는 매콤한 국물의 아카이 멘조 스페셜赤い麺蔵スペシャル(1200엔)이 인기 메뉴다. 신선한 우엉을 바삭하게 튀겨낸 우엉튀김, 츠치고보 텐푸라土ゴボウ天ぷら(400엔)는 이곳의 인기 메뉴 중 하나로 사이드 메뉴로도 판매하고 있다. 이 외에도 미니 사이

테이블과 바, 두 가지 타입의 자리가 있다.

즈의 튀김덮밥, 텐동天丼(350~500엔대) 등 다양한 메뉴가 있다.

주소 京都市左京区岡崎南御所町34
전화 075-751-0677 영업 11:00~18:00(수요일은 14:30까지, 상시 변동, 홈페이지 참조)
휴무 매주 목요일, 넷째 주 수요일 카드 불가
홈페이지 yamamotomenzou.com
교통 시 버스 5·32·86번 오카자키코엔岡崎公園·도부츠엔마에動物園前 하차 후 도보 3분
지도 P.24-C

1 가게 입구 2 츠케멘. 면은 따뜻한 것과 차가운 것 중 선택 가능 3 아카이 멘조 스페셜 4 인기 메뉴인 우엉튀김

준세이
順正

교토의 명물 요리 유도후

단풍 명소 난젠지 근처에 위치한 유도후湯豆腐 전문점. 교토는 예로부터 물맛이 좋기로 유명해, 물맛의 영향을 많이 받는 두부 또한 명물 중 하나다. 유도후는 두부로 만든 교토의 대표적인 고급 요리로 원래 난젠지 일대에서 탄생한 사찰 음식이었다고 한다.

먼저 다시마를 우려낸 담백한 육수에 큼직하게 자른 두부와 양파, 생강, 고추 등의 채소를

유도후 코스 하나

넣고 끓이다가 두부가 적당하게 익었을 때 건져 먹으면 된다.

가장 저렴하면서 인기 있는 메뉴는 유도후 코스 하나湯豆腐コース花(3630엔)로 유도후와 제철 채소튀김, 참깨 두부, 밥과 채소절임 등이 세트로 나온다.

식사 후 일본 정원도 감상할 수 있다.

주소 京都市左京区南禅寺草川町60
전화 075-761-2311
영업 11:00~21:30(주문 마감 20:00)
휴무 부정기 카드 가능
홈페이지 www.to-fu.co.jp/kr/
교통 지하철 토자이선 케아게蹴上역(T09) 2번 출구에서 도보 5분 지도 P.24-D

오멘
おめん

쫄깃한 수타 우동이 인기

1967년에 오픈한 우동(오멘) 전문점. 옛 민가를 개조한 가게는 교토 특유의 분위기를 한껏 느낄 수 있도록 꾸며져 있다.

간판 메뉴는 오멘おめん(1280엔)으로, 일본산 밀가루를 사용하여 가게에서 직접 만드는 우동 면은 탄력이 있고 쫄깃쫄깃한 것이 특징. 생강, 무, 우엉, 파 등 향긋한 제철 채소와 함

간판 메뉴인 오멘

께 면을 쯔유에 찍어 먹는 방식이다. 면은 차가운 것과 따뜻한 것 중에서 고를 수 있으며, 면이 부족할 것 같으면 면 곱빼기인 오멘오오모리おめん大盛(1390엔)로 주문할 것을 추천한다. 튀김이 같이 나오는 세트 메뉴인 오멘 텐푸라 셋토天麩羅セット(2050엔)도 있다.

교토의 분위기를 느낄 수 있는 다다미방

주소 京都市左京区浄土寺石橋町74-3
전화 075-771-8994 영업 11:00~21:00(주문 마감 20:30) 휴무 부정기 카드 가능
홈페이지 www.omen.co.jp 교통 시 버스 5·17·32·203·204번 긴카쿠지미치銀閣寺道 하차 후 도보 4분 지도 P.24-B

우사기노잇포
卯sagiの一歩

오래된 전통 가옥에서 즐기는
교토식 백반

지은 지 약 100년 된 오래된 민가를 개조해 만든 교오반자이京おばんざい(교토식 백반) 가게로 수제 곤약으로 만든 정식 메뉴를 비롯하여 닭고기, 소고기, 두부 등으로 만든 5가지 메인 메뉴를 선보이고 있다. 메인 요리 중 하나를 고르면 고슬고슬한 밥과 미소시루, 채소 절임 등이 같이 나온다(1430~1650엔). 220엔을 더 내면 음료나 두부, 푸딩 등을 추가 주문할

수도 있다. 정갈하게 정리된 오래된 민가에서 잘 가꿔진 정원을 바라보며 교토의 소박한 밥상을 즐기고 싶은 이들에게 추천한다.

주소 京都市左京区岡崎円勝寺町91-23
전화 075-201-6497
영업 11:00~15:00(주문 마감 14:30) 휴무 수요일
카드 불가 홈페이지 usaginoippo.kyoto
교통 시 버스 5·46·86번 진구미치神宮道 하차 후 도보 1분
지도 P.24-C

카시 · 사보 체카
菓子·茶房チェカ

도넛 모양 티라미수와
푸딩 빙수로 유명한 카페

직접 만든 구움과자, 케이크를 음료와 함께 즐길 수 있는 카페이다. 2층은 차를 마실 수 있는 작은 카페 공간으로, 한편에 다다미를 깐 좌식 공간과 차가마茶釜(차를 우리는 물을 끓이는 솥)를 얹은 아궁이를 두어 전통적인 차방茶房을 현대적으로 재해석한 공간으로 꾸몄다. 이곳의 시그니처 메뉴는 도넛 모양을 한 티라미수 케이크チェカティラミス(체카티라미수, 482엔). 여름철 기간 한정으로 판매하는 푸린카키고오리プリンかき氷(푸딩 빙수, 1150

엔)도 아주 유명하다.

주소 京都市左京区岡崎法勝寺町25
전화 075-771-6776 영업 10:00~18:00
휴무 월요일, 화요일 카드 불가
홈페이지 www.facebook.com/kashicheka
교통 시 버스 5·46·86번 진구미치神宮道 하차 후 도보 1분 지도 P.24-C

좋은 기를 받을 수 있는 명당으로 유명

키부네 · 쿠라마
貴船·鞍馬

교토 북부의 작은 산골 마을인 키부네와 쿠라마. 두 지역 사이에는 좋은 기를 받을 수 있다는, 일명 '파워 스폿'으로 유명한 쿠라마산鞍馬山이 자리 잡고 있어 약 1시간 반 정도 소요되는 하이킹 코스로 연결되어 있다. 쿠라마에서 출발해 키부네로 가는 하이킹 코스는 오르는 길 중간중간에 위치한 작은 절들을 구경하며 걸을 수 있어 인기 있다. 산세가 험한 편이나 등산에 단련된 사람, 체력에 자신 있는 이라면 도전해 보길. 등산을 싫어한다면, 에이잔 전철을 이용해 두 지역의 대표적인 관광지인 키부네 진자와 쿠라마 데라, 쿠라마 온천 등을 편하게 돌아볼 수 있다.

교통 ●쿠라마 케이한 전철의 종착역인 데마치야나기出町柳역(KH42)에서 에이잔 전철 에이잔 본선 쿠라마행 열차 승차. 종점인 쿠라마鞍馬역까지 30분 소요. 요금 470엔.
●키부네 위의 방법과 동일하게 열차를 이용하되, 종점인 쿠라마의 바로 전 역인 키부네구치貴船口역(E16)에서 하차(28분 소요. 요금 470엔). 역 앞에서 교토 버스 33번으로 환승(4분 소요. 요금 170엔) 키부네貴船에서 하차.

{ 가볼 만한 관광 명소 }

에이잔 전철 叡山電鉄

교토 시내와 쿠라마산을 연결하는 낭만 노면전차
케이한 전철의 종점인 데마치야나기出町柳역에서 키부네, 쿠라마를 잇는 두 칸짜리 노면

에이잔 전철의 전망열차 키라라

전차. 특히 키라라호きらら号는 널찍한 창문을 바라보고 앉아 경치를 즐길 수 있는 관광 열차로, 특히 단풍이 지는 가을철에는 자리 경쟁이 치열할 정도로 인기가 있다. 도중 타카라가이케宝ヶ池역에서 쿠라마선鞍馬線과 에이잔 본선叡山本線으로 나뉘므로 최종 행선지를 잘 보고 타도록 하자. 하루 종일 무제한으로 에이잔 전철을 탈 수 있는 일일 승차권인 에에킷푸ええきっぷ(1200엔)는 데마치야나기역의 역무원실에서 살 수 있다.

전화 075-781-3305
요금 데마치야나기역~쿠라마역(또는 키부네구치역) 편도 470엔 **홈페이지** eizandensha.co.jp

쿠라마 데라 鞍馬寺

교토 최고의 파워 스폿

쿠라마산 속에 위치한 사찰로 자연을 느끼면서 관광도 같이 즐길 수 있다. 사찰 입구인 인왕문에서부터 금당까지는 꽤 높은 계단과 오르막길을 올라야 겨우 도착할 수 있다. 체력에 자신이 없는 이들은 중간에 케이블카를 타면 일부 코스를 빨리 올라갈 수 있으니 이용하도록 하자. 절에서 약 1시간 반 정도의 하이킹 코스를 걸어 키부네에 갈 수도 있다.

주소 京都市左京区鞍馬本町1074
전화 075-741-2003
개방 09:00~16:15 **휴무** 무휴
요금 입산료 500엔
홈페이지 www.kuramadera.or.jp
교통 에이잔 전철 쿠라마鞍馬역(E17)에서 절 입구까지 도보 3분 **지도** p.32-A

단풍이 붉게 물드는 계절에는 더욱 인기가 높은 쿠라마 데라. 금당으로 오르는 길의 경치도 훌륭하다.

쿠라마 온천 くらま温泉

하이킹 후 즐기는 천연 유황 온천

쿠라마산이 내려다보이는 곳에 위치한 천연 유황 온천. 당일 코스는 대욕장과 노천 온천을 모두 이용할 수 있는 코스이고, 노천탕 코스는 노천 온천만 이용할 수 있다. 온천 후 본관의 식당에서 쿠라마 향토 요리로 식사를 해도 좋다. 당일 코스 입욕권과 토종닭 산채 솥밥 정식이 세트로 구성된 토쿠토쿠 세트得々セット (타월+유카타 대여 포함, 4800엔)도 인기.

※2023년 현재 임시 휴업 중

주소 京都市左京区鞍馬本町520
전화 075-741-2131
개방 10:30~21:00(입장 마감 20:20, 단, 동절기는 노천 온천 20:00까지, 입장 마감 19:20)
휴무 무휴 **요금** 당일 코스 2500엔, 노천 온천 1000엔(수건 별도 300엔)
홈페이지 www.kurama-onsen.co.jp
교통 에이잔 전철 쿠라마鞍馬역(E17)에서 도보 10분(무료 셔틀버스로 3분) **지도** p.32-A

키노네미치 木の根道

강인한 생명력의 상징, 나무 뿌리 길

쿠라마산 정상 즈음에 자리한 나무 뿌리 길. 이곳에 심어진 삼나무는 암반 때문에 땅속 깊이 뿌리내리지 못 한 것이 특징이다. 구불구불한 나무 뿌리의 일부가 땅 위에 얽혀 기이한

분위기를 자아내며 자연의 강한 생명력을 뿜낸다.

개방 09:00~16:30 **휴무** 무휴
요금 쿠라마 데라 입산료(300엔)에 포함
홈페이지 www.kuramadera.or.jp
교통 에이잔 전철 쿠라마鞍馬역(E17)에서 하차, 쿠라마데라~키부네 하이킹 코스 중간에 위치
지도 p.32-A

키부네 진자 貴船神社

물의 신을 모시는 키부네 대표 신사

신사 입구의 긴 계단 양옆으로 죽 늘어선 붉은 등이 인상적인 키부네 진자. 물의 신을 모시며 좋은 인연을 맺게 해주는 신사로도 알려져 있다. 이 신사에서 가장 유명한 것은 바로 오미쿠지(점괘). 점괘가 적힌 종이를 물에 띄우면 숨어 있던 점괘의 내용이 나타난다. QR코드를 스마트폰으로 찍으면 점괘의 내용이 한글로 번역되어 나온다.

키부네 진자 입구

주소 京都市左京区鞍馬貴船町180
전화 075-741-2016
개방 5/1~11/30 06:00~20:00, 12/1~4/30
06:00~18:00
휴무 무휴 요금 무료
홈페이지 kifunejinja.jp
교통 에이잔 전철 키부네구치貴船口역(E16)에서 교
토 버스 33번를 타고 키부네貴船에서 하차, 정류장
에서 도보 7분 지도 P.32-A

{ 추천 쇼핑 · 맛집 }

키부네 갤러리 貴船ギャラリー

**키부네표 코스메틱을 판매하는 잡화점 겸
카페**

작은 산장 같은 분위기가 인상적인 잡화점 겸
카페. 키부네의 맑은 물로 만든 화장품을 비롯
하여 다양한 아티스트들의 도자기 작품, 파워
스톤, 액세서리 등을 판매하고 있다.
통유리로 되어 있는 창을 통해 키부네 산골
동네의 신록을 만끽하는 운치를 즐길 수 있
다. 실내 한쪽에는 다다미가 깔린 작은 차실이
있어 따뜻한 차를 한잔하며 지친 다리를 쉬어
갈 수 있다.

주소 京都市左京区鞍馬貴船町27
전화 075-741-1117 영업 11:00~17:00
휴무 부정기 카드 가능
홈페이지 www.ugenta.co.jp/kifunegallery.php
교통 키부네貴船 버스 정류장에서 도보 2분
지도 P.32-A

깨끗한 자연으로 둘러싸인 시골 마을 산책

오하라
大原

교토 북부에 위치한 오하라는 물 맑고 공기 좋은 작은 시골 마을이다. 교토 시내 중심부에서 버스로 약 1시간을 달려야 만날 수 있는 이곳은 깨끗한 자연과 신선한 먹을거리로 가득하다. 유명한 사찰과 그 주변의 기념품 가게들 이외의 특별한 볼거리는 많이 없는 편이지만 일본 시골 마을의 정겨운 풍경을 보고 느끼기에는 부족함이 없다.

오하라는 크게 산젠인과 호센인이 있는 산젠인 구역과 잣코인 구역으로 나뉘며 이 두 지역은 도보로 약 20분 정도 떨어져 있다.

교통 시조카와라마치四条河原町에서 교토 버스 17번 승차, 오하라大原 하차(50분 소요, 요금 520엔)

{ 가볼 만한 관광 명소 }

산젠인 三千院

이끼 정원이 아름다운 오하라의 대표 사찰

유세이엔과 조우헤키엔, 이 두 개의 정원은 '동양의 보석 상자'라는 찬사를 받고 있다. 정원을 뒤덮은 이끼 사이에 숨어 있는 작은 지장보살 석상들은 살짝 미소를 짓는 표정이 귀여워 특히 관광객들의 시선을 끈다.

단풍 시즌은 11월 중순부터 11월 말까지이며 이때는 단체 관광객들이 많으므로 이른 시간에 찾는 것이 좋다.

주소 京都市左京区大原来迎院町540
전화 075-744-2531 **개방** 3~10월 09:00~17:00, 11월 08:30~17:00, 12~2월 09:00~16:30(폐관 30분 전 입장 마감) **휴무** 무휴 **요금** 700엔
홈페이지 sanzenin.or.jp/en/
교통 오하라大原 버스 정류장에서 도보 10분
지도 P.32-D

잣코인 寂光院

슬픈 사연이 깃든, 고즈넉한 분위기의 사원
안토쿠 일왕이 어린 나이에 재위에 오른 지 얼마 지나지 않아 가문끼리 큰 전쟁이 일어나게 되고, 이때 안토쿠 일왕의 가문이 크게 패하게 된다. 홀로 살아남은 겐레이몬은 이곳 잣코인으로 숨어들어 홀로 외로이 여생을 보냈다고 한다. 사찰 입구의 긴 돌계단과 그 옆으로 줄지어 서 있는 이끼로 뒤덮인 나무들이 인상적이다.

주소 京都市左京区大原草生町676
전화 075-744-3341
개방 09:00~17:00(12월과 1/4~2/28은 09:00~16:30, 1/1~1/3은 10:00~16:00)
휴무 무휴
요금 600엔
홈페이지 www.jakkoin.jp
교통 오하라大原 버스 정류장에서 도보 15분
지도 P.32-B

{ 추천 맛집 }

시노쇼몬 志野松門

신선한 오하라식 요리
오하라에서 자란 신선한 채소로 만든 건강한 오하라식 요리를 맛볼 수 있는 가게.
제철 채소로 만든 교토 가정식 반찬으로 구성된 런치 정식八菜ランチ(2310엔)이 시그니처 메뉴이다. 그 밖에도 교토식 반찬과 함께 나오는 돈카츠 정식 오반자이토 돈카츠おばんざいととんかつ(3080엔), 장어덮밥うなぎ丼(5060엔~) 등의 메뉴도 있다. 큰 창 너머로 잘 가꿔진 일본식 정원을 감상하며 점심 식사를 즐길 수 있어 꾸준히 인기가 있다.

주소 京都市左京区大原勝林院町109
전화 075-744-3304 **영업** 10:30~17:00(주문 마감 16:30) **휴무** 부정기 **카드** 가능
홈페이지 sino-shoumon.com
교통 오하라大原 버스 정류장에서 도보 5분
지도 P.32-C

SPECIAL
Page

교토의 바다와 만나는 감성 여행

아마노하시다테 · 이네
天橋立 & 伊根

하늘과 이어지는 다리, 아마노하시다테

수상가옥 마을, 이네

일본 3대 절경 중 하나로 알려진 아마노하시다테와 일본의 할슈타트라 불리는 수상가옥 어촌 이네는 교토 중심부에서 3~4시간 정도 떨어진 교토 북부의 한적한 시골 마을이다. 오사카나 교토 시내에 비해 볼거리가 많지는 않지만 작은 시골 특유의 느긋한 정서가 느껴지는 곳에서 하루 조용히 쉬다 오고 싶은 이들, 특별한 간사이 여행을 꿈꾸는 이들에게 추천할 만한 곳이다. 기본적으로 이동 시간이 매우 길기 때문에 당일치기로 다녀오려면 아침 일찍부터 서두르는 것이 좋다.

교통
교토역─아마노하시다테역
아마노하시다테天橋立역으로 가는 가장 빠르고 편한 방법은 교토역에서 직통 열차를 타는 것이다. 하루에 5편밖에 없어 시간을 잘 체크해야 한다(교토 출발 08:38, 10:25, 12:25, 14:25, 20:37). 직통 열차 시간이 안 맞을 경우, JR로 후쿠치야마역까지 가서 교토 탄고철도京都丹後鉄道로 갈아타는 방법 등이 있다.

[직통] JR 특급 하시다테선 2시간 소요, 4800엔

오사카─아마노하시다테역
우메다역 한큐 삼번가나 신오사카역에서 출발하는 고속버스가 환승 없이 한 번에 갈 수 있어 편리하다. 약 2시간 반 소요. 요금은 3000엔(성수기에는 3200엔). 오사카역에서 후쿠치야마나 교토까지 JR를 타고 가서 환승하는 방법도 있으나 요금이 각각 6120엔, 5790엔으로 버스에 비해 비싼 편이다.

홈페이지 www.tankai.jp/en/bus/express-bus/

아마노하시다테─이네
아마노하시다테역에서 이네로 갈 때는 탄고버스丹海バス를 탄다(1시간 소요, 400엔).

{ 추천 관광 명소 }

아마노하시다테 天橋立

하늘과 땅을 잇는 다리
일본의 3대 절경 중 하나로 평가받고 있는, 길이 3.6km, 폭 20~170m의 사주로 약 8천 그루의 소나무가 심어져 있다. 아마노하시다테라는 지명은 '천상과 지상을 잇는 사다리'라는 뜻이다.

아마노하시다테 뷰랜드의 전망대 위에 올라 다리를 벌리고 허리를 깊숙이 숙여 다리 사이를 통해 거꾸로 보면 용이 하늘로 승천하는 듯한 형상의 아마노하시다테를 볼 수 있다. 뷰랜드 전망대까지는 케이블카나 리프트를 타고 올라가면 편하다.

아마노하시다테 뷰랜드(전망대)
天橋立ビューランド
주소 宮津市文珠丹後天橋立大江山国定公園
개방 09:00~17:30(7/21~8/20은 08:30~18:00, 8/21~10/20은 09:00~17:00, 10/21~2/20은 09:00~16:30) **요금** 왕복 리프트권 포함 850엔
홈페이지 www.viewland.jp
교통 아마노하시다테天橋立역에서 리프트 승강장까지 도보 5분, 리프트 또는 모노레일로 전망대 정상까지 6~7분 소요 ※입장권으로 리프트, 모노레일 둘 다 이용 가능하며 내려올 때는 아마노하시다테의 뷰를 오롯이 즐길 수 있는 리프트를 추천한다.

이네 伊根

감성적인 풍경을 자아내는 수상가옥 마을
동양의 할슈타트로 불리는 작은 어촌 마을. 오랜 전통의 수상가옥(후나야舟屋)이 모여 있는 이네는 일본 정부가 지정한 보존 지역으로 편의점 하나 찾아보기 힘든 한적한 시골 마을이다. 구경거리는 물 위에 떠 있는 듯 지어진 수상 가옥이 유일하지만 그 특별한 풍경을 보기 위해 힘든 여정을 마다하고 찾는 관광객이 매년 20만 명에 달한다고. 관광객들을 위해 무료 렌털 자전거, 유람선, 바다 낚시 어선, 해상 택시 등을 운영하고 있다.

{ 추천 맛집 }

이네 카페 INE CAFÉ

바다를 바라보며 커피 한잔
이네의 바닷가에 위치한 작은 상업 시설인 후나야 히요리舟屋日和에 있는 카페로 따뜻하고 안락한 분위기의 공간에서 큰 창 너머로 펼쳐진 바다 풍경을 느긋하게 즐길 수 있다. 이네의 풍경을 그린 엽서나 작은 소품도 판매한다.

주소 与謝郡伊根町平田593-1
전화 0772-32-1720 **영업** 11:00~17:00
휴무 수요일, 부정기 **카드** 가능
홈페이지 funayabiyori.com

세인트 존스 베어 St.John's Bear

약 100년 역사를 자랑하는 양식당
1922년에 처음으로 영업을 시작한 식당으로 다양한 식사와 카페 메뉴가 준비되어 있다. 이 식당의 가장 큰 매력은 바다가 보이는 테라스석에서 탁 트인 바다 풍경을 즐기면서 식사를 할 수 있다는 점이다. 아마노하시다테 뷰랜드 전망대 케이블카 승강장 아래쪽에 위치.

주소 宮津市江尻22-2 **전화** 0772-27-1317
영업 09:00~19:00
휴무 첫째 주 · 둘째 주 수요일, 부정기
카드 불가 **홈페이지** www8.plala.or.jp/bear/

교토 서부 京都西部

교토의 다양한 문화를 느낄 수 있는 지역

서부를 크게 나누어 북쪽으로는 키타야마 문화의 대표라 평가받는 킨카쿠지(금각사)와 가레산스이 정원으로 유명한 료안지, 벚꽃 명소 닌나지 이외에도 크고 작은 사찰과 신사들이 모여 있다. 키타노 텐만구를 중심으로 한 니시진은 교토의 전통 산업인 니시진오리(전통 직물)를 제작하는 공장, 공방들이 모여 있던 지역으로 니시진오리 회관 등에서 기모노 체험도 할 수 있다. 그리고 남쪽으로는 시민들을 위해 조성된 광대한 넓이의 공원 교토교엔과 옛 왕궁이었던 교토고소, 그리고 유네스코 세계문화유산인 니조성 등이 있다.

명소가 한적한 주택가에 위치한 경우가 많아 교토 동부나 북동부에 비해 명소 주변의 볼거리는 거의 없는 편이다.

Check

지역 가이드
여행 소요 시간 5시간
관광 ★★★
맛집 ★☆☆
쇼핑 ★☆☆

가는 방법
한큐 교토카와라마치京都河原町역(시조카와라마치)에서 킨카쿠지(금각사)로 가려면 시 버스 12·59번(36분, 230엔) 이용, 킨카쿠지마에金閣寺前 하차. 교토京都역에서는 시 버스 101·205번(37분, 230엔) 이용, 킨카쿠지미치金閣寺道 하차. 킨카쿠지-료안지-닌나지 구간은 도보 이동이 가능하다. 니조성으로 갈 때는 시 버스 외에 지하철(니조조마에二条城前역)로 가도 좋다.

※배차 간격이 매우 긴 버스도 있기 때문에 돌아갈 때의 버스 시간을 미리 확인할 것.

교토 서부

교토 북동부

교토 중심부

교토 동부

아라시야마

교토 남부

교토 서부의 추천 코스

워낙 지역 자체가 넓고 버스를 이용하는 구간이 대부분이기 때문에
이동 시간을 여유 있게 잡고 움직이는 것이 좋다. 미리 가고 싶은 곳을 정하고
최단 버스 노선 등을 확인해 둘 것.
총 소요 시간 5~6시간

❶ 니조성
유네스코 세계문화유산으로 지정된 성으로 도쿠가와 이에야스의 임시 숙소로 사용되었다. 볼거리가 많은 편이며 벚꽃 명소로도 유명하다.

버스 20분

❷ 킨카쿠지(금각사)
교토 서부의 가장 인기 있는 명소. 사찰 자체는 아담한 편이며 금박 20만 장으로 장식된 화려한 금각이 볼거리다.

도보 10분(또는 버스 3분)

❸ 료안지
돌과 모래만을 사용하여 자연을 형상화한 가레산스이 정원으로 유명한 사찰. 선종의 가르침을 은유적으로 표현하고 있다.

도보 10분(또는 버스 3분)

❹ 닌나지
유명한 벚꽃 명소로 키가 작은 벚꽃을 가까이에서 볼 수 있다. 개화 시기가 늦은 편이라 '닌나지의 벚꽃이 져야 교토의 벚꽃이 진다'는 말이 있다.

식사는 어떻게 할까

교토 동부나 중심부 등의 다른 관광지에 비해 식당이 많지 않은 편이다. 킨카쿠지, 료안지 주변이나 키타노 텐만구 근처에는 식당이나 카페, 전통 찻집들이 몇 곳 있기 때문에 식사를 해결할 수 있다. 간식을 조금 챙겨 가도 좋다.

SIGHTSEEING

교토 국제 만화 뮤지엄
京都国際マンガミュージアム
🔊 쿄-토 코쿠사이 망가 뮤-지아무

일본 최초의 망가 미술관

일본을 대표하는 대중문화의 하나로 완전히 자리 잡은 일본의 망가 (만화)를 테마로 한 최초의 뮤지엄으로, 폐교가 된 초등학교 건물을 개조하여 만들었다. 일본 만화책을 비롯하여, 해외에서 발간된 만화책, 메이지 시대의 잡지와 전쟁 후 당시 대중에게 인기 최고였던 대여용 만화 등 약 30만 점의 방대한 자료를 보유하고 있다. 책장에 빽빽이 꽂힌 만화책은 자유롭게 읽을 수 있으며 날씨가 좋은 날에는 잔디가 깔린 건물 앞 운동장으로 가지고 나갈 수도 있다. 지금은 사라지고 없지만, 1900년대에 크게 유행했던 길거리 그림 연극인 〈카미시바이紙芝居〉도 상영하고 있다.

주소 京都市中京区金吹町452
전화 075-254-7414 **개방** 10:30~17:30(입장 마감 17:00)
휴무 수요일(공휴일이면 다음 날), 연말연시, 보수 기간
요금 성인 900엔, 중고생 400엔, 어린이 200엔
홈페이지 www.kyotomm.jp
교통 지하철 카라스마오이케烏丸御池역(K08) 2번 출구에서 도보 2분. 또는 시 버스 15·51·65번 카라스마오이케烏丸御池 하차 후 도보 2분
지도 P.29-K

신센엔
神泉苑

지금은 초라해진 왕실 정원
지금으로부터 약 1200년 전, 헤이안 천도와 함께 조성된 왕실 정원. 일본의 첫 공식 행사로서의 벚꽃놀이가 열린 곳으로도 알려져 있다. 당시에는 귀족들을 초대해 연못에 배를 띄우고 꽃놀이와 연회를 즐기던 화려한 정원이었으나 지금은 작은 연못만이 초라하게 남아 있다.

주소 京都市中京区門前町166
전화 075-821-1466 **개방** 07:00~20:00 **휴무** 무휴

요금 무료 **홈페이지** www.shinsenen.org
교통 시 버스 9·12·15·50·67번 호리카와오이케堀川御池 하차 후 도보 7분. 또는 지하철 니조조마에 二条城前역(T14) 3번 출구에서 도보 5분.
지도 P.28-I

성의 해자

니조성 ★★★
二条城 🔊 니조-조　UNESCO 유네스코 세계문화유산

막부 권력의 상징,
도쿠가와 이에야스의 임시 숙소
약 400년 전, 도쿠가와 이에야스德川家康의
임시 숙소로 지어진 성으로 이에야스의 손자
이에미츠가 교토 후시미에 위치한 후시미성의
건물 일부를 이곳으로 옮겨 오는 등, 확장을
거듭하여 지금의 모습을 갖추게 되었다.
동서로 약 500m, 남북으로 약 400m의 넓은
부지에는 크게 니노마루고텐二の丸御殿과 혼
마루고텐本丸御殿이 자리 잡고 있다. 외부로
부터의 침입을 막기 위해 세운 높은 성벽과 거
대한 문을 지나 안으로 들어가서 니노마루고
텐-니노마루정원-혼마루고텐-세이류엔의 순
서로 둘러보면 좋다.

니조성은 벚꽃 명소로도 유명한데 특히 라이
트업 기간(매년 3월 중순~4월 초 · 중순)에는
조명으로 환하게 밝혀지는 벚꽃이 환상적인
분위기를 자아내 관광객의 발길이 끊이지 않
는다.

주소 京都市中京区二条城町541
전화 075-841-0096
개방 성 입장료 800엔, 성 입장료+니노나루고텐 관
람료 1300엔
휴무 12/29~31(니노마루고텐은 1 · 7 · 8 · 12월 매주
수요일, 12/26~28, 1/1~3)
요금 성 입장료 800엔, 성 입장료+니노마루고텐 관
람료 1300엔
홈페이지 www.city.kyoto.jp/bunshi/nijojo
교통 시 버스 9 · 12 · 50 · 67번 니조조마에二条城前
하차, 정류장 바로 앞. 또는 지하철 니조조마에二条
城前역(T14) 1번 출구에서 도보 1분
지도 P.28-F

벚꽃 명소로 유명하다.

니노마루고텐. 정문을 지나 제일 처음 만나게 되는 주요 건물이다.

니노마루고텐 二の丸御殿

모모야마 시대의 서원 양식을 대표하는 건물로 약 6개의 건물이 복도로 이어져 있다. 건물 면적은 약 3300m²에 33개의 방으로 이루어져 있다. 이곳은 특히 우구이스바리鶯張り(휘파람새 마루) 복도로 유명한데, 발을 디딜 때마다 새가 우는 소리가 나도록 만들어져 적의 침입을 바로 알 수 있도록 했다.

천수각터에서 내려다본 니노마루고텐

니노마루 정원 二の丸庭園

역사적인 기록이나 작풍으로 보았을 때 1603년에 만들어진 것으로 추정된다. 건축물과 조화를 이룬 서원식 정원으로 주변의 수목들과 어우러져 정갈하고도 아름답다. 연못 중앙에는 3개의 섬과 4개의 다리가 놓여 있으며, 니노마루고텐 내부의 쇼군과 일왕이 앉는 자리 세 군데에서 가장 아름다운 경치를 즐길 수 있도록 설계되었다.

연못 주위에 수목이 어우러져 정갈하고 아름답다.

혼마루고텐 本丸御殿

창건 당시, 이곳은 니노마루에 필적하는 큰 규모에 5층짜리 천수각까지 세워졌으나 낙뢰와 큰 화재로 인해 모두 소실되었다. 현재 이곳에 있는 건물은 교토교엔에 있던 카츠라큐고텐桂宮御殿을 메이지 시대에 이축한 것이다.

혼마루고텐의 내부는 공개하지 않는다.

세이류엔 清流園

모모야마 시대의 토목사업가 쓰미오쿠라 료이角倉了以에게서 기증받은 집터의 일부분과 정원수, 정원석으로 만들어진 정원으로 1965년에 완성되었다. 서쪽으로는 지센카이유식 정원이 있으며 연못과 그 주변의 잘 정돈된 수목의 조화가 정갈하면서 운치 있다.

서양식과 일본식 정원 양식이 조화를 이룬 정원

교토교엔
京都御苑 ★

옛 궁전을 둘러싸고 있는 도심 속 정원

교토교엔이 있던 자리는 옛 궁전을 중심으로 약 200개에 달하는 귀족, 관료들의 집이 늘어서 있었던 곳. 메이지 시대에 도쿄로 천도를 한 이후 이 저택들을 철거하고 공원으로 재정비하여 지금은 교토 시민들의 도심 속 휴식처로 사랑받고 있다. 동서로 700m, 남북으로 약 1300m이며 약 92만 ㎡에 이르는 광활한 면적을 자랑한다.

백 년을 훌쩍 뛰어넘는 나무들과 꽃들이 잘 가꾸어져 있으며 봄에는 벚꽃 명소로도 유명하다. 공원 안에는 옛 왕궁인 교토고쇼와 퇴위한 왕이 머물던 센토고쇼가 자리하고 있다.

주소 京都市上京区京都御苑
전화 075-211-6348 **요금** 무료
홈페이지 kyotogyoen.go.jp **지도** P.29-G

단풍철에는 공원 전체가 아름답게 물든다.

교토고쇼 京都御所

14세기 말부터 도쿄 천도가 이뤄진 1869년까지 약 500년 동안 역대 일왕들이 거주하며 공무를 집행하던 왕궁. 고쇼 안에는 역대 왕들의 즉위식이 열렸던 정전正殿인 시신덴紫宸殿을 비롯하여 여러 건물들이 있다.

주소 京都市上京区京都御苑3 京都御所
관람 09:00~16:00(시기별로 변동 있음), 폐문 40분 전 입장 마감 **휴무** 월요일(공휴일이면 다음 날), 12/28~1/4, 기타 행사일 **요금** 무료
교통 지하철 이마데가와今出川역(K06) 6번 출구로

나와서 왼쪽 신호등을 건너 도보 5분. 또는 시 버스 51·59·201·203번 카라스마이마데가와烏丸今出川 하차 후 도보 5분
지도 P.29-C

교토고쇼의 주요 건물 중 하나인 시신덴

센토고쇼 仙洞御所

퇴위한 선왕의 별궁으로 1627년에 고미즈노오 일왕을 위해 지어졌다. 별궁 동쪽의 넓은 연못을 중심으로 아름답게 가꾸어진 정원이 눈길을 끈다. 평소에는 일반 관람은 불가능하며 가이드 투어(일본어, 1시간 소요) 예약을 통해 관람이 가능하다.

주소 京都市上京区京都御苑2 京都仙洞
관람 가이드 투어 09:30, 11:00, 13:30, 14:30, 15:30
휴무 월요일(공휴일이면 다음 날), 12/28~1/4
요금 무료 **교통** 지하철 카라스마선 마루타마치丸太町역(K07) 1번 출구에서 도보 15분. 또는 시 버스 3·4·17·37·59·205번 후리츠이다이뵤인마에府立医大病院前 하차 후 도보 10분 **지도** P.29-G

𝒯ip

센토고쇼 · 슈가쿠인리큐(P.368) 관람을 신청하려면

●**사전 인터넷 신청** 궁내청의 예약 사이트에서 날짜, 시간, 간단한 인적 사항을 입력하여 신청. 추첨 결과를 이메일로 통보해 준다.
예약 사이트(영어) sankan.kunaicho.go.jp/english/

●**사전 방문 신청** 교토 사무소 참관 창구 (08:45~17:00)에서 참관 희망일 3개월 전부터 하루 전까지 신청(신분증 지참).

●**당일 신청** 참관 희망일 당일, 현장에서 신청. 오전 11시경부터 선착순으로 신청을 받는다 (신분증 지참).

윤동주 시비. 한국 관광객들이 두고 간 꽃이 놓여 있다.

도시샤 대학·윤동주 시비
同志社大学·尹東柱詩碑
🔊 도-시샤 다이가쿠·윤동주 시히

윤동주 시인의 시비가 있는 대학교

윤동주 시인이 일본 유학 시절 재학했던 도시샤 대학의 교정에는 재학 중 독립 운동에 가담했다는 이유로 형무소에 갇혀 안타까운 죽음을 맞이한 그의 넋을 기리기 위해 동문과 시인들이 세운 시비가 세워져 있다.

시비에는 그의 유작 〈하늘과 바람과 별과 시〉가 한글과 일본어로 새겨져 있으며 주변에는 무궁화와 진달래꽃이 피어 있어 애잔한 마음을 더하고 있다. 윤동주 시비 바로 옆에는 정지용 시인의 시비도 같이 있다.

> **Tip**
>
> 도시샤 대학의 고급스러운 학생 식당
> **아마크 드 파라디 칸바이칸**
> **Hamac de Paradis 寒梅館**
>
> 도시샤 대학 학생 식당 중 하나로, 카라스마
> 도리烏丸通 건너편에 위치하고 있다. 고급 레
> 스토랑 같은 분위기인데다 저렴한 가격과 깔
> 끔한 맛으로 인기 있다. 일반인들도 식사할
> 수 있다.
>
> **영업** 일~금요일 11:00~21:00(주문 마감 20:00),
> 토요일 11:00~15:00 **휴무** 부정기

주소 京都市上京区玄武町598-1
전화 075-251-3120
교통 지하철 카라스마선 이마데가와今出川역(K06)
3번 출구에서 도보 3분. 또는 시 버스 51·59·
201·203번 카라스마 이마데가와烏丸今出川 하차
후 도보 1분
지도 P.29-C

고풍스러운 건물들로 꾸며진 캠퍼스도 볼만하다.

쇼코쿠지
相国寺

임제종 쇼코쿠지파의 대본산

1382년 무로마치 막부의 3대 쇼군이었던 아시카가 요시미츠에 의해 지어졌으며, 당시에는 교토 최대의 선종 사찰 중 하나로 명성이 자자했다. 하지만 몇 차례의 전란과 화재로 건물이 소실되어 지금의 규모로 축소되었다. 법당 천장에는 용이 그려져 있으며 아래에서 손뼉을 치면 그 소리가 마치 용의 울음소리처럼 울린다고 한다.

주소 京都市上京区今出川通烏丸東入相国寺門前町
701 전화 075-231-0301
개방 10:00~16:30(입장 마감 16:00)
요금 경내 무료, 법당 800엔
홈페이지 www.shokoku-ji.jp 교통 지하철 카라스마
선 이마데가와今出川역(K06) 3번 출구에서 도보
3분. 또는 시 버스 59·201·203번 도시샤마에同志
社前 하차 후 도보 5분 지도 P.19-G, 29-C

니시진오리 회관
西陣織会館　　🔊 니시진오리 카이칸

교토 전통 직물 니시진오리 홍보관

'오사카는 먹다가 망하고, 교토는 입다가 망한
다'는 말이 있을 정도로 교토는 명실상부한 기
모노 역사의 중심 도시다.

니시진오리 회관은 교토의 전통 직물인 니시
진오리西陣織를 홍보하기 위해 만든 시설이
다. 1층에서는 1시간에 한 번씩 기모노 패션쇼
를 진행하며, 2층에서는 니시진오리로 만든 다
양한 상품들을 판매하고 있다. 기모노·유카
타를 대여해 시내 산책을 할 수도 있다(4000
엔~, 예약제).

주소 京都市上京区竪門前町414
전화 075-451-9231 개관 10:00~16:00
휴무 월요일(공휴일이면 다음 날), 12/29~1/3
요금 무료 홈페이지 www.nishijin.or.jp
교통 시 버스 9·12·51·59·67·201·203번 호리
카와이마데가와堀川今出川 하차 후 도보 2분
지도 P.28-B

한적한 주택가 골목에 위치한 오리나스칸

오리나스칸
織成館

니시진오리의 역사를 소개

니시진오리의 500년 역사와 전통을 소개하는
자료와 컬렉션을 볼 수 있는 작은 박물관. 니
시진오리 직물을 만드는 장인들이 모여 작업
을 하던 지역인 니시진에 위치하고 있다. 건물
2층에서는 장인들이 오비帯(기모노의 허리 부
분에 두르는 띠)를 만드는 작업 광경을 볼 수
있으며 미니 사이즈의 베틀에 앉아 니시진오
리 짜기 체험도 할 수 있다.

주소 京都市上京区大黒町693
전화 075-431-0020 개관 10:00~16:00
휴무 매주 월요일(공휴일이면 개관), 연말연시
요금 500엔 홈페이지 orinasukan.com
교통 시 버스 51·59·201·203번 이마데가와조후
쿠지今出川浄福寺 하차 후 도보 3분
지도 P.19-G, 28-A

니시진오리 장인이 작업하는 모습을 볼 수 있다.

화려한 색과 무늬의 기모노를 감상할 수 있다.

전통 가옥을 이용한 전시장

푸른 녹음에 둘러싸인 금각(킨카쿠). 바람이 잔잔할 때 금각이 연못에 그대로 비쳐 더욱 아름답다.

킨카쿠지(금각사) ★★★
金閣寺

UNESCO 유네스코 세계문화유산

키타야마 문화의 정수, 화려한 금각의 사찰
1397년 당시 쇼군이었던 아시카가 요시미츠가 은퇴 후 별장으로 건립한 것이 킨카쿠지의 시작이라 알려져 있다.

요시미츠가 죽은 후, 그의 유언에 따라 로쿠온지鹿苑寺로 개칭하여 지금의 선종 사찰의 모습을 갖추게 되었다. 정식 명칭은 로쿠온지로, 금박으로 치장한 사리전(금각金閣)이 특히 유명하여 '킨카쿠지金閣寺(금각사)'라고도 불리고 있다.

금각은 가로, 세로 약 10cm 크기의 금박 20만 장으로 바닥을 제외한 사방을 장식하여 화려한 사무라이 문화를 여과 없이 보여주고 있다. 금각을 둘러싼 정원과 건축물들은 극락정토를 표현하고 있으며 당시 이 일대의 키타야마 문화를 이끌어갔다. 교토의 유명한 관광 명소 중 하나이긴 하나, 유명세에 비해 금각 이외에는 특별히 볼거리가 없다는 평도 있다.

주소 京都市北区金閣寺町1

전화 075-461-0013 개방 09:00～17:00
휴무 무휴 요금 500엔
홈페이지 www.shokoku-ji.jp
교통 시 버스 M1·12·59·204·205 킨카쿠지미치金閣寺道 하차 후 도보 6분
지도 P.27-C

15개의 돌과 모래로 만든 가레산스이 정원. 선종의 가르침을 상징적으로 표현한 걸작이라는 평을 받고 있다.

료안지
龍安寺

★★★

UNESCO 유네스코 세계문화유산

주소 京都市右京区龍安寺御陵ノ下町13
전화 075-463-2216
개방 3~11월 08:00~17:00, 12~2월 08:30~16:30
휴무 무휴 요금 600엔
홈페이지 www.ryoanji.jp
교통 시 버스 59번 료안지마에龍安寺前 하차, 정류장 바로 앞
지도 P.26-E

가레산스이 정원의 대표 주자
1450년 창건된 임제종 묘신지파의 선종 사찰. 오직 돌과 모래만을 사용하여 거대한 자연을 일본인 특유의 감성으로 풀어낸 가레산스이枯山水 정원의 정수라 평가받고 있는 석정石庭이 특히 유명하다.

폭 22m, 깊이 10m의 정원에 흰 모래를 깔고 그 위에 각각 다른 크기의 돌 15개를 배치했다. 흰 모래는 바다를, 돌은 섬 또는 산을 의미하는데 특히 이 돌은 어느 방향에서 세어도 반드시 한 개는 다른 돌에 숨어 보이지 않도록 설계되었다. 유일하게 방장 안의 어느 한 장소에서만 15개의 돌이 다 보인다는 설도 있다.

또한 방장 뒤쪽 정원에 있는 엽전 모양의 돌도 유명한데, 여기에는 '오유지족吾唯知足(만족할 줄 알라)'이라는 글귀가 쓰여 있다. 이를 통해, 석정의 돌 중 한 개가 보이지 않도록 설계한 이유는 '불완전함을 만족할 줄 알고 욕심을 버려야 한다'는 선종의 가르침을 은유적으로 표현한 것이 아닐까 짐작해 볼 수 있다.

오층탑과 벚꽃이 어우러진 아름다운 풍경

닌나지
仁和寺 ★

UNESCO 유네스코 세계문화유산

계절의 마지막을 장식하는 벚꽃 명소
888년 우타 일왕이 창립한 진언종 오무로파 총본산의 사찰로, 유네스코 세계문화유산에 등록되어 있다. 국보로 지정된 금당金堂을 비롯한 수많은 문화재들을 소장하고 있으며 천천히 둘러보면 족히 1~2시간은 걸릴 정도로 경내도 매우 넓은 편이다.
닌나지는 '오무로자쿠라御室桜'라고 불리는 벚꽃으로도 아주 유명하다. '닌나지의 벚꽃이 져야 교토의 벚꽃이 진다'는 말이 있을 정도로 늦게까지 피어 계절의 마지막을 화려하게 장식한다. 만개 시기는 4월 중순 이후.

주소 京都市右京区御室大内33
전화 075-461-1155
개방 3~11월 09:00~17:00, 12~2월 09:00~16:30 (폐관 30분 전 입장 마감) **휴무** 무휴
요금 경내 무료, 고쇼정원 800엔, 벚꽃 개화 시기 중 특별 요금 500엔 **홈페이지** ninnaji.jp
교통 시 버스 10 · 26 · 59번 오무로닌나지御室仁和寺 하차. 정류장 바로 앞 **지도 P.26-E**

묘신지 ★
妙心寺

임제종 묘신지파의 총본산
하나조노花園 일왕의 별궁을 선종 사찰로 개조한 임제종 묘신지파 총본산으로 1337년 건립되었다. 약 40만 ㎡의 넓은 경내에는 독특하게도 산몬三門, 불전, 법당, 중요문화재로 지정된 가람이 일직선으로 배치되어 있고 그 주변으로 46개의 개별 사찰(대부분 비공개)이 늘어서 있다.
그중 볼만한 곳은 타이조인退蔵院으로, 정갈한 가레산스이 정원과 국보로 지정된 수묵화 〈효넨즈瓢鮎図〉가 유명하다. 참고로 비공개 사찰인 슌코인春光院에서는 좌선 체험(영어 진행, 홈페이지 예약 필수)과 템플스테이가 가능하다.

주소 京都市右京区花園妙心寺町1
전화 075-463-3121 **개방** 법당 09:00~16:00, 타이조인 09:00~17:00 **휴무** 무휴 **요금** 경내 무료, 법당 700엔, 타이조인 600엔. 그 외 상시 공개하는 개별 사원은 입장료 있음 **홈페이지** www.myoshinji.or.jp 슌코인 www.shunkoin.com, 타이조인 taizoin.com
교통 시 버스 91 · 93번 묘신지마에妙心寺前 하차 후 도보 3분. 또는 시 버스 10 · 26번 묘신지키타몬마에妙心寺北門前 하차, 정류장 바로 옆 **지도 P.26-J**

타이조인에서 말차과 화과자를 맛볼 수 있다.

타이조인의 정원은 벚꽃 명소로도 알려져 있다.

1 합격 기원 등의 소원을 나무패에 적어 걸어둔다. 2 건물에 매달려 있는 흰색 등롱이 아름답다. 3 신사 입구에 세워져 있는 석재 도리이 4 초봄에는 매화가 만발해 경내가 무척 아름답다.

키타노 텐만구 ★
北野天満宮

매화꽃이 아름다운 학문의 신사
대학 입시나 중요한 시험을 앞둔 이들의 참배 행렬이 끊이지 않는 학문의 신사로 헤이안 시대의 학자이자 정치가였던 스가와라 미치자네를 신으로 모시고 있다.

경내에는 앉은 자세의 소 동상이 곳곳에 있는데 이 소의 머리를 만지면 머리가 좋아진다는 설이 있다. 또, 몸이 안 좋은 이들은 자신의 아

많은 사람이 쓰다듬어 소의 등 부분이 닳았을 정도.

픈 부위와 동일한 소의 부위를 동시에 만지면 낫는다고 한다. 초봄에는 2천 그루의 매화나무에서 피어난 꽃이 만개하여 장관을 이룬다.

주소 京都市上京区馬喰町北野天満宮
전화 075-461-0005
개방 07:00~17:00
요금 경내 무료. 보물전 1000엔
홈페이지 kitanotenmangu.or.jp
교통 시 버스 10 · 50 · 51 · 52 · 55 · 203번 키타노텐만구마에北野天満宮前 하차, 정류장 바로 앞
지도 P.27-H

Tip

교토의 명물 음식
두부 요리

키타노 텐만구 주변에는 교토의 명물 음식 중 하나인 두부 요리를 파는 가게들이 몇 군데 모여 있다. 식사 시간대에 이 근처를 방문한다면 다른 메뉴보다는 두부를 먹어보길 권한다. 토요우케차야とようけ茶屋(예산 1000엔~, 지도 P.27-L)라는 가게가 가장 유명하다.

다이토쿠지
大徳寺

20여 개의 부속 사찰이 있는 선종 사찰
1315년에 개창한 선종 사찰로 수많은 문화재를 소장하고 있다. 법당과 불전, 칙사문, 삼문 등이 일직선으로 놓인 중심가람으로, 주변으로 20여 개의 부속 사찰이 모여 있다.
일본의 차 문화 '차노유茶の湯'와도 인연이 깊어 일본의 문화에 큰 영향을 미친 사찰이라는 평을 받고 있다. 방장 앞의 가레산스이식 정원이 특히 볼만하다.

주소 京都市北区紫野大徳寺町53
전화 075-491-0019
개방 경내 24시간, 부속 사찰 09:00~16:30
휴무 무휴 요금 경내 무료, 부속 사찰 300~800엔
홈페이지 www.rinnou.net/cont_03/07daitoku/
교통 시 버스 1·12·204·205·206·北8·M1번 다이토쿠지마에大徳寺前 하차 후 도보 5분
지도 P.19-C

이마미야 진자
今宮神社

역병을 쫓는 신사
교토 천도 이후, 지역 전체에 돌던 역병을 쫓기 위한 행사를 진행하던 신사 중 하나. 이 행사는 야스라이 마츠리やすらい祭라는 이름으로 지금도 매년 4월 둘째 주 일요일에 열린다. 신사 앞에 있는, 창업 1000년의 역사를 자랑하는 구운 떡꼬치(아부리모치, 500엔) 가게인 이치몬지야 와스케一文字屋和助에도 들러보자.

주소 京都市北区紫野今宮町21
전화 075-491-0082
개방 09:00~17:00
휴무 무휴 요금 무료
홈페이지 www.kyoto-jinjacho.or.jp/shrine/03/019/
교통 시 버스 46번 이마미야진자마에今宮神社前 하차, 정류장 바로 앞
지도 P.19-C

고려 미술관
高麗美術館   ◀)) 코-라이 비쥬츠칸

우리의 문화유산을 전시하는 작은 미술관
재일교포 사업가 정조문이 만든 작은 사립 미술관으로 우리의 문화유산만을 전시하는 유일한 해외 미술관이다.
일본 각지를 돌며 강탈당한 한국의 문화재를 수집한 그는 '고려 미술관'이라는 이름을 붙이고 소장품 약 1700점 중 일부를 전시하기 시작했는데 이것이 미술관의 시작이다. 해마다 2회에 걸친 기획 전시가 열리고 있다.

주소 京都市北区紫竹上ノ岸町15

전화 075-491-1192
개관 10:00~17:00(입장 마감 16:30)
휴무 매주 수요일(공휴일이면 다음 날), 연말연시, 전시 준비 기간
요금 500엔 홈페이지 www.koryomuseum.or.jp
교통 시 버스 4·9·37·46·67 카모가와추가쿠마에加茂川中学前 하차 후 도보 1분 지도 P.19-C

선명한 주홍색이 인상적인 신사

카미가모 진자 ★
上賀茂神社
UNESCO 유네스코 세계문화유산

아오이 마츠리를 주관하는 왕실 수호 신사
678년에 창건한 신사로 헤이안(교토) 천도 직후 왕실 수호 신사로 지정되어 왕실과도 인연이 깊다. 경내에는 원뿔 형태의 모래 더미인 타테즈나立砂가 2개 있다. 이는 신이 강림했다고 전해지는 인근의 산을 형상화해서 만들었는데, 악귀를 쫓는 역할을 하기도 한다. 안전한 출산을 돕는 신력을 가지고 있다고 알려져 있으며 좋은 인연을 만들어준다고 하여 많은 이들이 찾고 있다.
매년 5월에는 시모가모 진자(P.367)와 함께 아오이 마츠리葵祭를 주관하고 있다. 교토 북부의 외진 곳에 있어 이동 시간이 꽤 걸리므로 시간적인 여유가 있는 여행자들에게 추천한다.

주소 京都市北区上賀茂本山339
전화 075-781-0011
개방 05:30〜17:00
휴무 무휴 **요금** 무료
홈페이지 www.kamigamojinja.jp
교통 시 버스 4 · 46 · 67번 또는 교토 버스 32 · 34 · 35 · 36번 카미가모진자마에上賀茂神社前 하차
지도 P.19-C

Tip
카미가모 진자 입구의 명물
야키모치(구운 찹쌀떡)
신사 입구에는 지역 명물 먹을거리를 파는 가게들이 모여 있는데, 이 중 진바도神馬堂라는 가게의 야키모치やきもち(120엔)가 특히 유명하다. 영업 시간은 오전 7시부터 오후 4시라써 있으나 그날 준비한 양이 다 팔리면 바로 문을 닫는다(매주 화요일 오전과 수요일 휴무).

샤케노마치나미
社家の町並み

신사 신관들의 사택 지구
카미가모 진자 남쪽을 흐르는 작은 실개천을 따라 걷다 보면 흰 돌담으로 둘러싸인 집 30여 채가 일렬로 늘어서 있는 것을 볼 수 있다. 이곳은 카미가모 진자의 신관神官들이 살던 사택으로 중요건축물 보존 지구로 지정되어 있다. 이 중 유일하게 나카무라가 별저西村家別邸(500엔)가 내부 공개를 하고 있다.

주소 京都市北区上賀茂山本町39
교통 시 버스 4 · 46 · 67번 또는 교토 버스 32 · 34 · 35 · 36번 카미가모진자마에上賀茂神社前 하차 후 도보 3분
지도 P.19-C

도로와 주택 사이에 놓은
돌다리와 실개천이 정겨운 풍경을 만들어낸다.

중심가에 자리한 스위츠 가게, 마루브랑슈 본점

키타야마 ★
北山

맛집들이 숨어 있는 교토의 신흥 부촌
교토 북부에 위치한 부촌으로, 말차맛 과자로
유명한 마루브랑슈의 본점을 비롯해 예쁘고
아기자기한 빵집과 카페들이 구석구석 숨어
있다.

또한 교토 최대의 생활 잡화점 이노분Inobun,
잡화점 알파벳Alphabet 등 세련된 감각을 자
랑하는 가게들을 구경하는 재미도 쏠쏠하다.
세계적인 건축가 안도 다다오의 건축물도 여러
곳 있으니 건축학도라면 한번 들러봐도 좋다.

교통 지하철 키타야마北山역(K03) 3 · 4번 출구 바로
앞. 또는 시 버스 4 · 北8번 키타야마에키마에北山駅
前 하차, 정류장 바로 앞
지도 P.19-C

잡화점 이노분

교토 부립 식물원
京都府立植物園
◀) 쿄-토 후리츠 쇼쿠부츠엔

일본 최초의 식물원
1924년에 문을 연 일본 최초의 식물원. 약 80
만 ㎡의 넓은 부지에 1만 2천여 종의 식물이
자라고 있다. 온실과 연못, 분수, 화원 등 다양
한 시설을 갖추어 인근 주민들의 산책 코스로
사랑받고 있다. 봄에는 벚꽃에 조명을 화려하
게 비추는 라이트업 행사를 한다.

주소 京都市左京区下鴨半木町京都府立植物園
전화 075-701-0141 **영업** 09:00~17:00(입장 마감
16:00), 온실 10:00~16:00(입장 마감 15:30)
휴무 12/28~1/4 **요금** 200엔, 온실(별도) 200엔
홈페이지 www.pref.kyoto.jp/plant
교통 지하철 카라스마선 키타야마北山역(K03) 3번
출구 바로 앞. 또는 시 버스 北8번 쇼쿠부츠엔키타몬
마에植物園北門前 하차.
지도 P.19-C

4500종의 열대 식물이 자라고 있는 온실

교토 남부 京都南部

교토 남부 여행의 시작점인 교토역과 그 주변의 역사적인 유산들

거대한 규모를 자랑하는 JR 교토역은 교토 남부 여행의 시작점이다. 주변으로는 교토 타워와 백화점, 호텔 등이 늘어선 현대적인 분위기로 교토의 이미지와는 사뭇 다른 대도시의 풍경에 당황스러울 수 있다. 하지만 조금만 발길을 옮기면 유서 깊고 운치 있는 절과 신사들, 에도 시대의 흔적이 남아 있는 거리 등을 마주하게 되므로 조금씩 교토에 와 있다는 것을 실감하게 될 것이다. 특히 수천 개의 주홍색 도리이가 산 위까지 늘어선 후시미이나리타이샤, 교토의 상징 중 하나로 꼽히는 토지의 오층탑, 1001개의 불상을 한 공간에서 볼 수 있는 산주산겐도 등이 볼만하다.

Check

지역 가이드
여행 소요 시간 4시간
관광 ★★★
맛집 ★★☆
쇼핑 ★☆☆

가는 방법
한큐 교토카와라마치京都河原町역 주변 시조카와라마치四条河原町 정류장에서 각 명소로 이동하는 시 버스를 타면 된다.
JR 교토京都역에서는 카라스마 출구烏丸口 바로 앞 정류장에서 각 명소로 가는 시 버스를 탄다. 가장 남부에 위치한 후시미이나리타이샤의 경우는 운행 편수가 적은 시 버스보다는 케이한 전철이나 JR을 이용하는 게 편하다. 역에서 내려 5~10분만 걸으면 도착한다.

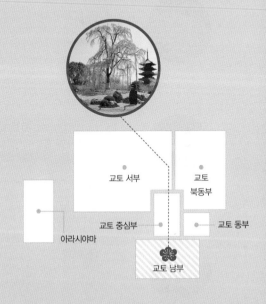

교토 서부

교토 북동부

교토 중심부

교토 동부

아라시야마

교토 남부

교토 남부의 추천 코스

후시미이나리타이샤는 교토역에서 조금 떨어져 있고 산중에 위치해 생각보다 가는 데 오래 걸릴 수 있다.
늦은 시간에 가면 후시미이나리타이샤 특유의 붉은색 도리이를 제대로 즐기기 어려울 뿐만 아니라
으스스한 분위기마저 느껴지기 때문에 되도록이면 남부 여행의 초반에 가는 것이 좋다.
총 소요 시간 4~5시간

❶ 교토역
1층에서부터 16층까지 오픈 천장의 개방적인 느낌을 살린 현대적인 건물로 역사 내에는 쇼핑 시설이 모여 있다. 고층으로 올라가면 전망대도 있다.

JR 5분

❷ 후시미이나리타이샤
1만여 개의 붉은 도리이가 구불구불한 산길을 따라 늘어서 있는 모습이 무척 독특하면서 비현실적인 분위기를 낸다. 사업 번창을 기원하는 신사로 유명하다.

JR 2분

❸ 토후쿠지
교토 남부의 단풍 명소로 유명한 사찰. 특히 츠텐바시에서 바라보는 단풍이 매우 아름답다. 이끼 정원과 모래 정원도 유명하다.

JR 2분

❹ JR 교토역(식사 및 주변 관광)
남부의 관광 명소 주변에는 식사할 곳이 별로 없으므로, 저렴한 정식집, 라멘집, 규동집이 모여 있는 교토역 주변에서 식사를 하면 좋다.

버스 7분 (또는 도보 15분)

❺ 토지
웅장한 오층탑이 멋스러운 불교 사찰로 매달 21일에는 경내에서 벼룩시장이 열린다. 벚꽃 명소로도 유명하다.

교토역
京都駅

🔊 쿄-토 에키 ★

전통 도시 교토에서 가장 현대적인 건축물
교토 남부 여행이 시작되는 JR 교토역은 헤이
안 천도 1200년 기념 사업의 일환으로 건설되
었다. '교토 역사로 통하는 문'이라는 콘셉트로
일본의 유명 건축가 하라 히로시가 디자인했
다.

1층에서부터 16층까지 오픈 천장의 개방적인
느낌을 살린 거대한 공간이 경이로움까지 느
끼게 한다. 꼭대기 층까지 연결된 에스컬레이
터는 교토 시내의 전경을 내려다볼 수 있는 전
망대로 이어진다. 역사 내에는 호텔 그랑비아,
이세탄 백화점, 상가 등이 한자리에 모여 있으
며 교토에서의 마지막 쇼핑을 즐기는 관광객
들로 늘 북적거린다.

주소 京都市下京区東塩小路釜殿町京都駅
전화 0570-00-2486
홈페이지 www.kyoto-station-building.co.jp
교통 JR · 지하철 카라스마선(K11) 교토京都역. 또는
시 버스 4 · 5 · 6 · 9 · 16 · 17 · 19 · 28 · 33 · 42 · 50 ·
73 · 75 · 78 · 81 · 86 · 88 · 205 · 206 · 208번 교토에
키마에京都駅前 하차 지도 P.25-E

기둥이 없는 철골 구조의 교토역

교토 타워
京都タワー

교토 시내를 조망할 수 있는 타워

세계에서 가장 높은 무철골 건축물로 교토를
대표하는 랜드마크. 1964년에 교토의 거리를
밝히는 등대를 콘셉트로 디자인되었다. 하지
만 사각형의 건물 위에 흰 기둥을 얹은 듯한
다소 엉뚱한 모습에 '교토의 굴욕'이라 혹평을
받고 있는 것도 현실. 타워 아래의 건물에는
호텔과 대욕장, 기념품 가게, 식당가 등이 들
어서 있다. 100m 높이의 전망대에서는 교토
시내 전체를 조망할 수 있다.

주소 京都市下京区東塩小路町721-1
전화 075-361-3215
개방 10:00~21:00(입장 마감 20:30)
휴무 무휴 요금 900엔
홈페이지 kyoto-tower.jp
교통 JR · 지하철 카라스마선(K11) 교토京都역 중앙
출구 바로 앞 지도 P.25-B

토지의 상징인 오층탑과 축 늘어진 가지가 멋진 벚나무. 벚꽃 철에는 더욱 아름답다.

토지
東寺

★★

UNESCO 유네스코 세계문화유산

웅장한 오층탑이 인상적인 불교 사찰

따뜻한 봄날, 흩날리는 벚꽃을 배경으로 웅장한 자태를 뽐내는 오층탑이 무척이나 멋스러운 불교 사찰. 탑을 비롯해 금당, 강당 등 상당수의 건물이 1486년에 있었던 민중 봉기로 인한 화재에 소실되어 새로 재건된 것이다.

도요토미 히데요리의 지원으로 재건된 금당은 국보로 지정되어 있으며, 현교계顯教系(밀교에서 다른 종파를 가리키는 말)의 약사여래를 본존으로 모시고 있다.

금당 뒤에 위치한 강당에는 이와는 달리 대일여래大日如來를 중심으로 한 밀교존密教尊을 안치하고 있다는 점이 재미있다. 강당 또한 초기 건물은 화재로 소실되어 무로마치 시대에 재건되었다. 매달 21일에는 경내에서 벼룩시장이 열린다.

주소 京都府京都市南区九条町 1
전화 075-691-3325
개방 05:00~17:00(금당·강당 08:00~17:00)
휴무 무휴
요금 경내 무료, 금당·강당 500엔(참관 장소, 시기에 따라 달라짐)
홈페이지 www.toji.or.jp
교통 JR 교토京都역 하치조 출구八条口에서 오른쪽으로 도보 15분. 또는 시 버스 16·18·19·42·78·202·208번 토지미나미몬마에東寺南門前 하차. 또는 시 버스 18·42·71·207번 토지히가시몬마에東寺東門前 하차
지도 P.25-D

담 주위로 흐르는 물에 오층탑이 반사되어 아름답다.

니시 혼간지 ★
西本願寺

정토진종 본원지파의 본산 사찰
국보로 지정된 건물 미에이도御影堂와 아미
다도阿弥陀堂를 비롯한 모모야마 시대의 사
찰과 정원 등이 잘 보존되어 있으며 다양한 문
화재들을 소장하고 있다.
미에이도 문을 들어서면 바로 만나게 되는 약
400년 된 은행나무가 볼만하다. 예전에 큰 화
재가 있었는데 이 은행나무에서 물이 뿜어져
나와 불이 꺼졌다는 전설이 전해진다.

주소 京都市下京区堀川通花屋町下る本願寺門前町
西本願寺 전화 075-371-5181
개방 05:30~17:00(3·4·9·10월은 17:30까지,
5~8월은 18:00까지) 휴무 무휴 요금 무료
홈페이지 www.hongwanji.or.jp
교통 시 버스 9·28·75번 니시혼간지마에西本願寺
前 하차. 또는 시 버스 6·18·58·71·206·207번
시마바라구치島原口 하차 지도 P.25-A

교토 철도 박물관 ★
京都鉄道博物館
🔊 쿄-토 테츠도- 하쿠부츠칸

어린이들과 철도 마니아들의 천국
보고 만지고 체험하며 일본 철도의 역사, 기술
력, 문화를 즐길 수 있는 곳으로 특히 가족 단
위의 관람객이 많이 찾는다.
높은 천장을 가득 채우는 실물 기차들과 체험
형 전시관으로 꾸며져 있으며, 3층에는 교토
시내를 조망할 수 있는 스카이 테라스가 있다.
1층 인포메이션 센터에서 한국어 오디오가이
드(500엔)를 빌릴 수 있다.

주소 京都市下京区観喜寺町京都鉄道博物館
전화 0570-080-462 개방 10:00~17:00(입장 마감
16:30) 휴무 수요일(공휴일은 개관), 연말연시
요금 1500엔(만 3세 이상 200엔, 초·중학생 500엔)
홈페이지 www.kyotorailwaymuseum.jp/kr/
교통 시 버스 58·86·88번 우메코지코엔梅小路公
園·교토테츠도 하쿠부츠칸마에京都鉄道博物館前
하차
지도 P.25-A

미에이도

히가시 혼간지 ★
東本願寺

**여신도들의 머리카락으로 엮은
밧줄로 재건된 사찰**

'오히가시상ぉ東さん'이라는 애칭으로 통하는
정토진종 오타니파의 본산. 원래 니시 혼간지
와 함께 하나의 절이었으나 도쿠가와 이에야
스의 종교 정책에 의해 당시 혼간지 내부에 분
열이 일어나 지금의 히가시 혼간지와 니시 혼
간지로 분리되었다.

절을 재건할 당시, 돌을 운반할 때 사용하는
밧줄이 끊어지는 사고가 이어졌는데 밧줄의
강도를 높이기 위해 여신도들의 머리카락과
마를 엮어 만들게 되었다. 이렇게 만들어진 케
즈나毛綱라는 이름의 밧줄은 전국 각지에서

53줄이 모였다. 이 중 가장 긴 것은 110m 길이
에 그 무게는 1t에 달했다고 한다. 현재 사찰
내에는 6m 길이의 케즈나가 전시되어 있다.

주소 京都市下京区烏丸通七条上る東本願寺
전화 075-371-9181
개방 3~10월 05:50~17:30, 11~2월 06:20~16:30
휴무 무휴 요금 무료
홈페이지 www.higashihonganji.or.jp
교통 JR 교토京都역 중앙 출구에서 도보 7분
지도 P.25-B

미에이도의 회랑. 회랑의 폭이 매우 넓다.

요금 1인당 500엔 이상의 기부금
홈페이지 www.higashihonganji.or.jp/about/guide/
shoseien
교통 JR 교토京都역 중앙 출구에서 도보 10분
지도 P.25-B

쇼세이엔
涉成園

히가시 혼간지 별저의 작은 정원

히가시 혼간지에서 동쪽으로 조금 걷다 보면
주택가들 사이에 숨겨진 작은 정원을 발견할
수 있다. 히가시 혼간지의 별저別邸에 만들어
진 지천회유식 정원인 쇼세이엔은 화려하지는
않지만 계절마다 피어나는 꽃들이 다양한 표
정을 만들고 있어 연못 주위의 잔디에 앉아 쉬
거나 산책을 즐기기에 좋다.

주소 京都市下京区下珠数屋町通間之町東入東玉水
町涉成園
개방 3~10월 09:00~17:00, 11~2월 09:00~16:00
(폐관 30분 전 입장 마감) 휴무 부정기

정갈하게 가꾸어진 정원은 숨은 벚꽃 명소다.

귀무덤
耳塚 　　　　　　　　　　　★

🔊 미미즈카

임진왜란 때 희생당한
조선인들의 한이 묻힌 곳
도요토미 히데요시의 대륙 진출의 야망으로
인해 일어난 전쟁이 임진왜란. 당시의 왜군들
은 남녀노소 가리지 않고 양민을 학살, 공을
세운 증거로 자신들이 죽인 이들의 귀와 코를
베어 일본으로 보냈다. 미미즈카에는 그 때 죽
은 약 2만 명의 조선인들의 귀와 코가 묻혀 있
다고 한다. 히데요시를 기리는 신사, 토요쿠니
진자가 보이는 곳에 위치하고 있어 씁쓸한 마
음이 가시지 않는다.

주소 京都市東山区茶屋町533-1
교통 시 버스 100 · 206 · 208번 하쿠부츠칸 산주산
겐도마에博物館三十三間堂前 하차 후 도보 5분
지도 P.25-C

교토 수족관
京都水族館

작지만 알찬, 공원 속 수족관
일본 최대 규모의 내륙형 수족관으로 교토역
근처 우메코지 공원 내에 위치해 있다. 실질적
인 규모는 그렇게 크지 않으나 아기자기하게

교토 국립 박물관
京都国立博物館

🔊 쿄-토 코쿠리츠 하쿠부츠칸

교토 최대의 박물관
1897년에 개관한 일본의 3대 박물관 중 하나
로, 바로크 양식의 본관과 정문 등 다수의 건
물 자체가 중요문화재로 지정되어 있다. 주로
헤이안 시대부터 에도 시대까지 교토의 문화
를 중심으로 한 문화재를 수집, 보관, 전시하
고 있다.

주소 京都市東山区茶屋町527
전화 075-525-2473
개방 전람회 기간 09:30~17:00(개방 시간은 시기에
따라 변동, 폐관 30분 전 입장 마감)
휴무 매주 월요일, 전시 준비 기간, 연말연시
요금 상설전 700엔, 특별전은 별도 요금
홈페이지 www.kyohaku.go.jp
교통 시 버스 86 · 88 · 206 · 208번 하쿠부츠칸 산주
산겐도마에博物館三十三間堂前 하차, 정류장 바로
앞 지도 P.25-C

꾸며져 있어 아이들과 같이 방문하기 좋다. 교
토의 가모강 상류를 재현한 교노카와京の川
코너에서는 일본 특별 천연기념물인 장수도롱
뇽을 볼 수 있어 큰 인기를 모으고 있다.

주소 京都市下京区観喜寺町35-1内 梅小路公園京
都水族館 전화 075-354-3130
영업 평일 10:00~18:00, 주말 10:00~20:00 휴무 무휴
요금 2400엔(유아 800엔, 학생1200~1800엔)
카드 가능 홈페이지 www.kyoto-aquarium.com
교통 JR 교토京都역 중앙 출구에서 오른쪽으로
도보 15분, 시 버스 33 · 86 · 88 · 205 · 208번 나
나조오미야七条大宮 · 교토스이조쿠칸마에京都水
族館前 하차 도보 6분 지도 P.25-A

기둥으로 나뉜 칸이 모두 33개

교토 남부 최고의 단풍 명소 중 하나인 토후쿠지

산주산겐도 ★★
三十三間堂

1000개의 관음입상이 있는 국보 사찰

천수관음좌상

1164년에 창건된 사찰. 남북으로 길게 자리 잡은 본당을 옆에서 봤을 때 기둥으로 나뉜 칸이 33개 있다고 하여 '산주산겐도'라 불린다.

본당에는 국보로 지정된 천수관음 좌상을 중심으로 좌우에 각각 500개, 총 1000개의 관음입상이 10단의 단상에 세워져 있다. 그야말로 '불상의 숲'이라 부를 만하다.

각 관음상은 머리 위에 각기 다른 11개의 얼굴을 가지고 있으며 양 어깨에는 40개의 팔이 달려 있다. 관음상에는 반드시 만나고 싶은 사람과 닮은 얼굴이 하나 숨어 있다고 전해지고 있으니 천천히 찾아보길.

주소 京都市東山区三十三間堂廻リ657
전화 075-561-0467
개방 08:30~17:00(입장 마감 16:30), 11월 16일~3월 09:00~16:00(입장 마감 15:30)
휴무 무휴 요금 600엔
홈페이지 www.sanjusangendo.jp
교통 시 버스 86·88·206·208번 하쿠부츠칸 산주산겐도마에博物館三十三間堂前 하차 후 도보 1분
지도 P.25-C

토후쿠지 ★★
東福寺

교토 남부의 단풍 명소 사찰

나라의 토다이지東大寺와 코후쿠지興福寺에 지지 않을 만한, 당대 교토 최대의 절을 만들고자 각각의 이름에서 한 글자씩 따 '토후쿠지'라는 이름을 붙였다고 한다.

단풍철에는 츠텐바시通天橋에서 바라보는 새빨간 단풍이 특히 아름다워 이를 보려는 관광객이 인산인해를 이룬다. 정갈한 바둑판 모양의 이끼 정원과 모래 정원의 호조 테이엔方丈庭園도 놓치지 말자.

주소 京都市東山区本町15-778
전화 075-561-0087
개방 4~10월 09:00~16:00, 11월~12월 초 08:30~16:00, 12월 초~3월 09:00~15:30 휴무 무휴
요금 경내 무료, 츠텐바시 & 카이산도 600엔, 호조 테이엔 500엔 홈페이지 www.tofukuji.jp
교통 JR·케이한 전철(KH36) 토후쿠지東福寺역 동쪽 출구에서 도보 13분. 또는 시 버스 58·88·202·207·208번 토후쿠지東福寺 하차 후 도보 13분
지도 P.25-F

이끼 정원

후시미이나리타이샤 ★★★
伏見稲荷大社

1만여 개의 붉은 도리이가
산길을 따라 늘어서 있는 신사

구불구불한 산길을 따라 끝없이 이어지는 1만여 개의 붉은 도리이鳥居가 신비로운 분위기를 자아내는 이 신사는 일본 전국에 있는 3만여 개의 이나리 신사의 총본궁으로 711년에 창건되어 약 1300년 동안 일본인들의 사랑을 받아왔다.

상업 번창을 기원하는 신사로도 유명하며 새해 첫 참배인 하츠모우데初詣를 위해 엄청난 인파가 몰리는 명소이기도 하다. 이곳에는 곳곳에서 여우상을 볼 수 있는데, 여우는 후시미이나리타이샤에서 신으로 모시는 후시미이나리 대신의 사자家臣로 알려져 있다. 또는 곡식을 먹어 치우는 들쥐의 천적이 여우이기 때문에 여우를 곡식을 지키는 신으로 여겨 받들게 됐다는 해석도 있다.

사시사철 어느 계절에 찾아도 그때마다 다른 후시미이나리타이샤의 환상적인 분위기를 체험할 수 있다. 다만 신사가 산중에 있어 다소 시간과 체력을 들여야 한다. 버스보다는 전철로 움직여야 시간이 절약된다.

끝없이 늘어선 주홍색 도리이

주소 京都市伏見区深草藪之内町68
전화 075-641-7331
개방 24시간 휴무 무휴
요금 무료
홈페이지 inari.jp/ko/
교통 JR 나라선 이나리稲荷역 또는 케이한 전철 후시미이나리伏見稲荷역(KH34)에서 도보 5분. 또는 시 버스 南5번 이나리타이샤마에稲荷大社前 하차 후 도보 10분(버스는 1시간에 1~2대 운행)
지도 P.19-L

restaurant

교토 남부의 맛집

교토 라멘코지
京都拉麺小路

교토역 중앙 출구 옆 에스컬레이터로 올라간다.

교토역에 있는 라멘 테마파크

북쪽의 삿포로에서 남쪽의 후쿠오카까지, 일본 각 지역의 대표 라멘 가게 아홉 곳을 한자리에 모아놓은 곳이다. 손님이 길게 줄을 늘어선 가게가 맛도 좋다는 것은 이곳에서도 진리다. 대부분의 가게는 메뉴 사진이 붙은 자판기에서 식권을 구입하는 시스템을 갖추고 있기

때문에 일본어를 몰라도 특별히 큰 어려움은 없을 것이다.

주소 京都市下京区東塩小路町901 京都駅ビル 10階
전화 075-361-4401
영업 11:00~22:00(주문 마감 21:30)
카드 가게에 따라 다름
홈페이지 www.kyoto-ramen-koji.com/korean/
교통 JR · 지하철 교토京都역 하차, 교토역 건물 10층
지도 P.25-E

다이이치 아사히 본점
第一旭

늘 긴 줄이 서는 유명 라멘집

가게는 다소 좁고 허름하지만 서민적인 분위기가 물씬 풍긴다. 돼지고기 육수에 간장으로 간을 한 국물 맛이 일품인 쇼유 라멘이 메인 메뉴이다. 수북이 쌓아 올린 교토산 파와 오랜 시간 푹 삶아낸 차슈(얇게 썬 고기), 그리고 밀가루와 소금, 물 이외 어떤 첨가물도 넣지 않은 숙성 면이 담백한 국물과 조화를 이룬다. 가격은 라멘ラーメン 850엔, 차슈와 면 양이 2배인 토쿠세이 라멘特製ラーメン 1050엔. 손님이 많아 합석하는 경우가 있다.

주소 京都市下京区東塩小路向畑町845
전화 075-351-6321

영업 06:00~다음 날 01:00
휴무 목요일 카드 불가
홈페이지 www.honke-daiichiasahi.com
교통 JR 교토京都역 중앙
출구에서 도보 5분
지도 P.25-E

서민적인 분위기의 외관

신푸쿠사이칸 본점
新福菜館本店

노점으로 시작한 중화요리 라멘 전문점

1938년에 창업한, 교토에서 가장 오래된 라멘 가게라 전해진다. 면에 간장을 부은 듯 육수 색이 진해 일명 '검은 라멘'으로 불리는 추카 소바中華そば가 가장 인기 있다. 보통 사이즈 (나미並)는 850엔, 작은 사이즈(쇼小)는 700엔. 보기보다 그리 짜지 않으며 오히려 맛이 깔끔한 편이다. 밥에 파와 달걀을 넣어 간장으로 간을 한 볶음밥, 야키메시ヤキメシ(600엔)

도 인기 메뉴. 라멘과 같이 주문하면 양이 많으니 일행과 나눠 먹는 것이 좋다. 전체적으로 간이 센 편이다. 손님이 많아 합석은 기본이다.

주소 京都市下京区東塩小路向畑町569
전화 075-371-7648
영업 09:00~20:00
휴무 부정기 수요일 카드 불가
교통 JR · 지하철 카라스마선(K11) 교토京都역 중앙 출구에서 도보 5분
지도 P.25-B

일명 '검은 라멘'으로 불리는 추카소바

야키메시. 라멘과 함께 먹기 좋은 볶음밥이다.

매장 외관

칸슌도 히가시텐
甘春堂 東店

역사 깊은 전통 화과자 전문점

1층의 가게 안쪽은 장인들이 손을 바삐 움직이며 화과자를 만드는 모습을 볼 수 있도록 꾸며 놓았다. 인기 과자는 다이부츠 모치大仏餅(1개 130엔), 채소 센베이野菜せんべい(648엔~), 하나고로모 센베이花ごろも煎餅(1개 119엔) 등. 특히 이곳은 화과자를 직접 만들어볼 수

있는 체험 레슨(3300엔)을 운영하고 있어 흥미롭다. 화과자 4가지를 만들 수 있으며, 자신이 만든 것은 레슨 후 차와 함께 먹을 수 있다 (인터넷 예약 가능. 당일 예약은 직접 방문).

주소 京都市東山区茶屋町511-1
전화 075-561-1318 영업 09:00~18:00
휴무 부정기 카드 불가
홈페이지 www.kanshundo.co.jp
교통 시 버스 86 · 88 · 206 · 208번 하쿠부츠칸 산주산겐도마에博物館三十三間堂前 하차 후 도보 6분 (귀무덤耳塚 바로 건너편) 지도 P.25-C

6대째 영업을 하고 있는 역사와 전통의 화과자 전문점

좋은 재료만을 사용하여 만드는 화과자

SPECIAL
Page

술 익어가는 마을
후시미
伏見

물 맑은 교토에서도 특히 물맛이 좋기로 알려진 후시미는 니혼슈를 만드는 술 도가들이 많이 모여 있는, 일본의 대표적인 술 빚는 마을로 유명하다. 오래된 마치야(전통 건물)가 아직 많이 남아 있어 교토스러운 분위기를 물씬 풍기며 교토 시내의 유명 관광지에 비해 관광객이 적어 한적한 시골 마을의 정취를 즐기기에 부족함이 없다. 마치야를 개조하여 만든 사케 전문점 등도 많아 사케 애주가의 사랑을 받는 곳이다.

교통
● 시조카와라마치-후시미
기온시조역에서 케이한 전철 본선 요도야바시淀屋橋행 특급을 타고 탄바바시丹波橋역(KH30)에서 준급으로 환승한 후 후시미모모야마伏見桃山(KH29)역에서 하차, 총 13분 소요, 요금 270엔
● 교토역-후시미
교토역에서 킨테츠 전철 교토선을 타고 모모야마고료마에桃山御陵前역(B08)에서 하차, 13분 소요, 요금 260엔

{ 가볼 만한 관광 명소 }

고코노미야 진자 御香宮神社

향기로운 물이 솟아나는 신사
'향기로운 물이 솟아 올라오는 신사'라는 의미

로 이름 지어지게 된 신사. 이 물을 마시면 병에 특효가 있다고 하여 예로부터 신성하게 여겼다 전해진다.
예로부터 후시미는 자연 용출수가 많이 솟았는데 이곳의 물은 후시미의 7대 명수名水 중 하나로 일본을 대표하는 명수 100선에 선정되기도 했다.
본전은 순산과 육아를 돕는 신을 모시고 있어 순산을 기원하기 위해 찾는 사람들이 많다.

주소 京都市伏見区御香宮門前町174
전화 075-611-0559
개방 24시간(정원 09:00~16:00)
휴무 부정기
요금 경내 무료, 정원 200엔
홈페이지 www.gokounomiya.kyoto.jp
교통 케이한 전철 후시미모모야마伏見桃山역에서 도보 4분. 또는 킨테츠 전철 모모야마 고료마에桃山御陵前역에서 도보 3분
지도 P.33-A

겟케이칸 오쿠라 기념관
月桂冠大倉記念館

업계 최고를 꿈꾸는 술도가, 겟케이칸

한국에서도 유명한 니혼슈 제조사인 겟케이칸의 기념관. 사케 주조 과정을 보여주는 전시품, 기업의 오랜 역사를 보여주는 다양한 병과 포스터가 전시되어 있다.

입장료를 내면 기념품 숍에서 300엔에 판매하고 있는 니혼슈를 받을 수 있다. 여러 가지 사케를 시음할 수 있는 코너도 마련되어 있어 애주가들을 기쁘게 한다.

전시장 한편에 있는 기념품 숍은 무료로 입장 가능하며 다양한 종류의 니혼슈와 술잔, 안주 등을 판매하고 있다. 이곳에서만 파는 기념관 한정판 사케가 특히 인기가 있다.

주소 京都市伏見区南浜町247
전화 075-623-2056 **개방** 09:30~16:30(입장 마감 16:15) **휴무** 8/13~8/16, 연말연시
요금 600엔 **홈페이지** www.gekkeikan.co.jp/enjoy/museum/
교통 케이한 전철 후시미모모야마伏見桃山역(KH29)에서 도보 8분. 또는 킨테츠 전철 모모야마 고료마에桃山御陵前역에서 도보 10분
지도 P.33-A

키자쿠라 캇파 컨트리
キザクラカッパカントリ-

노란 사쿠라의 후시미 대표 사케 브랜드

노란 벚꽃이라는 뜻의 이 회사명은 창업주가 연하게 노란 빛이 도는 벚꽃(키자쿠라黄桜)을 좋아하여 지어진 이름이라 알려져 있다. 실제 시설 중앙 광장에는 키자쿠라가 심어져 있다. 캇파는 일본의 상상의 동물, 요괴로 캇파 갤러리에서는 이를 테마로 한 전시를 하고 있다. 바로 옆 건물에서는 다양한 종류의 니혼슈를 비롯하여 교토의 지역 맥주와 니혼슈를 사용한 코스메틱 제품도 판매한다.

또한 건너편에 위치한 키자쿠라 기념관에서는 다양한 전시품들을 통해 일반인에게 키자쿠라를 알리는 전시회가 열린다.

주소 京都市伏見区塩屋町228
전화 075-611-9919
개방 기념관 10:00~16:00, 숍 10:00~20:00
휴무 화요일, 12/31~1/1 **요금** 무료
홈페이지 www.kizakura.co.jp
교통 케이한 전철 후시미모모야마伏見桃山역에서 도보 10분. 또는 킨테츠 전철 모모야마 고료마에桃山御陵前역에서 도보 13분
지도 P.33-A

짓코쿠부네

테라다야 寺田屋

사카모토 료마 습격 사건의 배경이 된 료칸

에도 막부 말기의 무사 사카모토 료마가 자주 묵었던 료칸으로 지금도 숙박시설로 운영을 하고 있다. 1866년 료마가 이곳에 묵었을 때 자객의 습격을 알린 오료라는 여인 덕분에 목숨을 구할 수 있었고, 이를 인연으로 결혼을 하게 된다. 현재 건물 내부는 관광객들을 위해 개방을 하고 있다.

주소 京都市伏見区南浜町263
전화 075-622-0243
개방 10:00~16:00(입장 마감 15:40)
휴무 1/1~1/3, 월요일 부정기 휴무 **요금** 600엔
교통 케이한 전철 후시미모모야마伏見桃山역에서 도보 10분 **지도** P.33-A

짓코쿠부네 · 산짓코쿠부네
十石舟·三十石船

나룻배 유람으로 즐기는 후시미 풍류
후시미를 둘러싼 강을 따라 40~50분 동안 유람하는 뱃놀이. 특히 강 양옆의 벚꽃이 만개하는 3월 말~4월 초는 무척 낭만적이다. 짓코쿠부네는 겟케이칸 기념관 뒤쪽 승선장에서, 산짓코쿠부네는 테라다야 쪽 승선장에서 출발한다. 상세한 운행 정보는 홈페이지를 참고.

주소 짓코쿠부네 승선장 京都市伏見区南兵町247
전화 075-623-1030
운행 짓코쿠부네 3월 말~12월 초 10:00~16:20(20분 간격, 8월은 8/1~13만 운행)
산짓코쿠부네 홈페이지 기재일만 1일 6편 운행
휴무 짓코쿠부네 월요일(공휴일, 4·5·10·11월 무휴) **요금** 1500엔
홈페이지 kyoto-fushimi.or.jp/ship/
교통 짓코쿠부네 선착장 케이한 전철 후시미모모야마伏見桃山역에서 도보 8분
지도 P.33-A

{ 추천 맛집 }

토리세이 본점 鳥せい本店

닭요리와 사케의 절묘한 조화
유명한 사케 브랜드인 신세이神聖의 술 창고를 개조하여 만든 야키토리 전문점. 막 구워낸 다양한 종류의 닭꼬치를 안주 삼아 신세이의 생원주(나마겐슈生原酒, 460엔)를 맛볼 수 있다.
원주는 일반 사케보다 도수가 높고 깊은 맛이 있어 애주가들에게 인기 있다. 오후 4시까지는 런치 메뉴(680엔~)를 판매한다.

주소 京都市伏見区上油掛町186
전화 075-622-5533
영업 11:00~23:00(폐점 30분 전 주문 마감)
휴무 월요일(공휴일, 12월 셋째 · 넷째 주는 무휴),
연말연시
카드 가능
홈페이지 www.torisei.com/shop/fushimi/
교통 케이한 전철 후시미모모야마伏見桃山역에서
도보 6분 **지도** P.33-A

후시미 사카구라 코지
伏水酒蔵小路

**17가지 후시미 사케를 맛볼 수 있는
테마 이자카야**
후시미에서 최근 가장 핫한 가게로 손꼽히는
곳. 각각 다른 안주 메뉴를 파는 이자카야 7곳
과 바가 한데 모여 있다. 그중 사카구酒蔵에
서는 17가지의 각각 다른 브랜드의 후시미 사
케를 비교하며 마실 수 있는 키키자케利き酒

사카구라의 바 카운터

키키자케

(2430엔)가 있어 인기다. 안주는 라멘, 꼬치,
철판구이 등을 파는 가게 안의 다른 이자카야
들로부터 음식들을 배달시킬 수 있다.

주소 京都市伏見区平野町82-2
전화 075-748-8831
영업 11:00~22:00
휴무 매주 화요일(사카구라는 무휴) **카드** 가능
홈페이지 fushimi-sakagura-kouji.com
교통 케이한 전철 후시미모모야마伏見桃山역에서
도보 6분 **지도** P.33-A

오구라산소 小倉山荘

교토의 유명한 쌀과자 전문점
아기자기하면서도 일본스러운 포장의 과자
세트는 선물용으로 제격이다. 쌀과자 이외에
도 화과자와 초콜릿 등 다양한 제품들을 판매
한다. 특히 달콤한 팥앙금을 넣은 도라야키
(175엔~), 부드러운 빵 사이에 다양한 맛의
생크림이 들어 있는 붓세 츠키마도카月まどか
(170엔~)가 인기 있다.

주소 京都市伏見区南浜町271
전화 075-621-7852
영업 10:00~18:00
휴무 부정기 **카드** 가능
홈페이지 www.ogurasansou.co.jp
교통 케이한 전철 후시미모모야마伏見桃山역에서
도보 10분 **지도** P.33-A

일본의 3대 녹차 생산지

우지
宇治

우지바시

교토시 남부에 위치한 우지는 세계문화유산으로 지정된 뵤도인으로 유명한 작은 도시. 헤이안 시대 귀족의 별장지로 알려져 있는 이곳은 자연에 둘러싸인 한적한 분위기가 일품이다.

일본의 3대 차 생산지라는 명성에 걸맞게 말차, 녹차로 만든 다양한 먹을거리를 맛볼 수 있어 관광객들에게 인기가 있다.

교통
● JR 이용
교토京都역에서 JR 나라선 쾌속으로 17분 소요(요금 240엔), 우지宇治역(D09) 하차
● 케이한 전철 이용
기온시조祇園四条역에서 케이한 본선 요도야바시행 특급을 타고 추쇼지마中書島역(KH28)에서 우지선으로 환승, 우지宇治역(KH77) 하차(총 33분 소요, 요금 320엔)

{가볼 만한 관광 명소}

우지바시 宇治橋

일본에서 가장 오래된 목조 다리
잔잔히 흐르는 우지강에 놓인 길이 약 155m의 목조 다리. 서기 646년에 만들어져 일본에서 제일 오래된 다리로 알려져 있다. 현재의 다리는 1996년에 다시 만들어진 것이다.

다리 끝에는 무라사키 시키부紫式部의 석상이 있다. 무라사키 시키부는 일본 문학 사상 최고의 찬사를 받고 있는 고전 소설 《겐지 이야기》의 작가. 우지는 《겐지 이야기》 마지막 장의 배경이 된 곳이기도 하다.

주소 宇治市宇治宇治橋
교통 JR 우지宇治역에서 도보 10분. 또는 케이한 전철 우지역에서 도보 1분 지도 P.33-B

보도인 平等院

10엔짜리 동전에 새겨진 우지의 대표 명소
우지 제일의 문화재이자 유네스코 세계 문화유산으로 지정된 사찰로 약 1000년의 역사를 자랑한다. 10엔짜리 동전에 새겨진 사찰로도 알려져 있다. 연못 한가운데에 솟아난 듯이 지어진 봉황당이 연못의 수면에 반사되어 만들어낸 풍경은 멀리서 바라만 보아도 감탄이 절로 나오게 한다.
그 외에 뮤지엄 호쇼칸鳳翔館도 건축학, 디자인적으로 매우 볼만하다.

주소 宇治市宇治蓮華116
전화 077-421-2861
개방 08:30~17:30(입장 마감 17:15) **휴무** 무휴
요금 600엔 **홈페이지** www.byodoin.or.jp/kr/
교통 JR 우지宇治역에서 도보 10분. 또는 케이한 전철 우지역에서 도보 10분 **지도** P.33-B

우지가미 진자 宇治上神社

일본에서 가장 오래된 신사
역사적인 자료가 거의 남아 있지 않아 창건 시기 등이 알려지지 않다가 연대측정법에 의해 본당이 근처 보도인과 거의 동시대(1060년대)

에 지어진 사실이 알려지게 되면서 일본에서 가장 오래된 신사 건물로 세계문화유산에 등재되었다. 화려한 타이틀과는 어울리지 않게, 신사 자체는 매우 작고 수수한 편이다.
귀여운 토끼 모양의 오미쿠지(점괘)도 이곳을 찾는 또 다른 재미 중 하나다.

주소 宇治市宇治山田59
전화 077-421-4634 **개방** 09:00~16:30
휴무 무휴 **요금** 무료
홈페이지 ujikamijinja.amebaownd.com
교통 JR 우지宇治역에서 도보 15분. 또는 케이한 전철 우지역에서 도보 10분 **지도** P.33-B

겐지모노가타리 뮤지엄
源氏物語ミュージアム

《겐지 이야기》를 테마로 한 뮤지엄
일본 문학 사상 최고의 찬사를 받고 있는 고전 소설 《겐지 이야기》를 테마로 한 뮤지엄.
다양한 전시 방법으로 소설과 헤이안 시대의 왕조 문화를 알차게 표현하고 있다. 한국어 음성 가이드가 준비되어 있다.

주소 宇治市宇治東内45-26
전화 077-439-9300
개방 09:00~17:00(입장 마감 16:30)
휴무 매주 월요일, 연말연시 **요금** 600엔
홈페이지 www.city.uji.kyoto.jp/site/genji
교통 JR 우지宇治역에서 도보 15분. 또는 케이한 전철 우지역에서 도보 10분 **지도** P.33-B

{ 추천 맛집 }

나카무라토키치 보도인점
中村藤吉 平等院店

우지를 대표하는 말차 스위츠 전문점

1854년에 창업해 약 160년의 긴 역사를 자랑하는 우지차 전문점. 말차는 물론, 말차를 이용한 다양한 디저트와 소바 등을 맛볼 수 있

다. 우지에는 본점과 뵤도인점 두 곳이 영업 중이다. 특히 뵤도인점은 탁 트인 우지강이 보이는 실내 인테리어로 인기 있다.

대표 메뉴는 나마차 젤리生茶ゼリィ(740엔)로 말차와 호지차, 두 가지 맛 중에서 고를 수 있다. 단지에 아이스크림과 떡, 젤리가 함께 들어 있는 우지킨 히야시 젠자이宇治きん冷やしぜんざい(800엔)도 인기. 가게 앞에는 늘 길게 줄을 서므로 시간 여유를 가지고 찾도록 하고, 1인 1메뉴 주문은 필수이니 알아두자.

주소 宇治市宇治蓮華5-1
전화 0774-22-9500
영업 10:00~17:00(주문 마감 16:30)
휴무 부정기 **카드** 가능
홈페이지 www.tokichi.jp
교통 JR · 케이한 전철 우지宇治역에서 도보 8분
지도 P.33-B

하나레 나카무라세이멘
はなれ中村製麺

탄력 있는 면발의 우동 전문점

꼬들꼬들하고 탄력 있는 면발의 우동과 달걀말이가 유명한 우동집. 면은 일반 밀가루로 만든 하얀 면과 짙은 녹색을 띠는 우지 말차 우동면 중에서 고를 수 있다. 니쿠네기타마 맛차붓카케우동肉葱玉抹茶ぶっかけうどん(달걀말이를 얹은 말차 붓카케 우동, 1620엔)은 여기에서만 맛볼 수 있는 독특한 메뉴이니 한번 도전해 보자.

주소 宇治市宇治妙楽155
전화 077-420-1011
영업 11:00~15:00(주문 마감 14:30)
휴무 매주 월요일 **카드** 가능
홈페이지 www.nakamuraudon.com
교통 JR 우지宇治역에서 도보 3분. 또는 케이한 전철 우지역에서 도보 10분 **지도** P.33-B

이토큐에몬 보도인점
伊藤久右衛門 平等院店

우지 말차를 사용한 다양한 디저트

우지 대표 차 농가에서 손으로 직접 딴 잎만을 사용하여 제품을 만드는 우지차 전문점. 우지 말차 생초콜릿, 떡, 롤케이크, 쿠키, 모나카 등 그 종류는 셀 수 없이 많다. 이 외에도 말차 카레와 말차 소바, 말차로 만든 술 등 다른 가게에서는 보기 드문 상품도 있다.

주소 宇治市宇治蓮華31-1
전화 0774-23-2321
영업 09:30~17:30 **휴무** 부정기
카드 가능 **홈페이지** www.itohkyuemon.co.jp
교통 JR · 케이한 전철 우지宇治역에서 도보 8분
지도 P.33-B

아라시야마 嵐山

벚꽃과 단풍의 명소로 이름 높은 관광지

아라시야마를 뒤덮고 있는 벚꽃이 화려하게 꽃망울을 터트리는 봄철, 그리고 단풍으로 물드는 가을철에는 발디딜 틈 없을 만큼 관광객으로 가득 차는 명소이다. 옛날에는 귀족이 별장을 짓거나 문인이 은둔 생활을 했던 곳이라서 일본 문학 작품이나 역사에 종종 등장하는 지역이기도 하다. 하늘로 곧게 뻗은 대나무들이 숲을 이루고 있는 치쿠린과 세계문화유산으로 지정된 텐류지 외에도 크고 작은 사찰과 작은 암자가 산골마을에 흩어져 있어 깊은 정취를 느낄 수 있다. 또, 알록달록 귀여운 관광열차 토롯코 열차나 호즈강 협곡의 급류를 타고 내려오는 배에서도 아라시야마의 아름다운 자연을 만끽할 수 있다.

Check

지역 가이드
여행 소요 시간 5시간
관광 ★★★
맛집 ★★☆
쇼핑 ★☆☆

가는 방법
오사카에서 출발하는 경우는 JR(51분, 970엔)이나 한큐 전철(47분, 400엔)을 이용한다. JR은 교토역에서, 한큐 전철은 카츠라역에서 환승한다. →p.307 참조
교토역(32~33번 플랫폼)에서는 JR 산인 본선(사가노선) 이용, 아라시야마嵐山역 하차(16분, 240엔). 카와라마치역에서는 한큐 전철 특급 우메다행 이용, 카츠라桂역에서 아라시야마행으로 환승한다(17분, 220엔). →p.311 참조

※ 관광 시즌에는 도로 정체가 심하므로 시 버스보다는 전철 등을 이용하자.

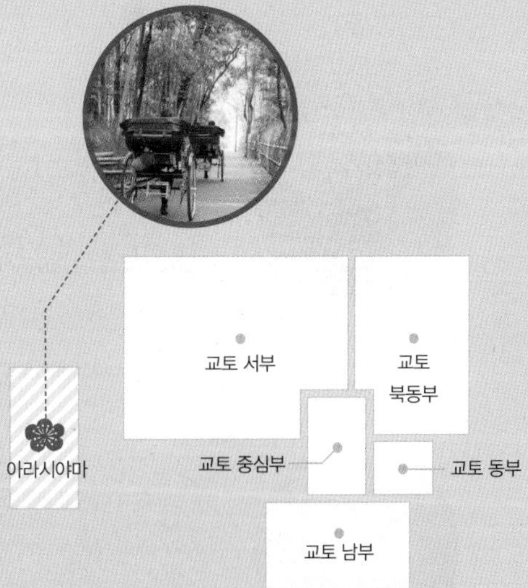

교토 서부

교토 북동부

아라시야마

교토 중심부

교토 동부

교토 남부

아라시야마의 추천 코스

제대로 보려면 꼬박 하루를 모두 써도 부족할 정도로
볼거리가 매우 많은 곳이다. 토게츠쿄 다리를 건너 북쪽으로 올라가면서
명소를 찾는 것이 일반적인 코스다.
총 소요 시간 5시간 이상

❶ 한큐 아라시야마역

한큐 전철 외에도 JR이나 케이후쿠 전철을 타고 올 수도 있다. 케이후쿠 전철역은 아라시야마 중심 거리 안에, JR역은 토롯코 열차 타는 곳 옆에 있다.

도보 8분

❷ 토게츠쿄

한큐 아라시야마역과 아라시야마의 주요 관광지를 잇는 길이 155m의 목조 다리. 다리 주변 풍경이 멋지다.

도보 7분

❸ 텐류지

지센카이유식 정원이 아름다운 사찰로 일본 임제종 텐류지파의 총본산이기도 하다. 유네스코 세계문화유산으로 지정되어 있다. 북쪽으로 난 문은 대나무 숲 치쿠린과 연결되어 있다.

북쪽 문에서 바로 연결

❹ 치쿠린(대나무 숲)

약 200m 길이의 대나무 숲 산책로. 고즈넉한 분위기와는 어울리지 않게 늘 관광객으로 북적이기 때문에 이른 아침에 찾는 것이 좋다.

{ 도보 3분

❺ 노노미야 진자
대나무 숲 치쿠린 근처에 위치한 작은 신사로 좋은 인연을 맺어 주고 안전한 출산을 돕는 신력이 있다고 전해진다.

{ 도보 8분

❻ 오코우치 산소
일본 영화배우 오코우치 덴지로가 30년에 걸쳐 만든 개인 정원. 이곳에서 바로 보이는 주변 경치가 매우 아름답기로 유명하다.

{ 도보 6분

❼ 조잣코지
단풍 명소로 알려진 불교 사찰로 야트막한 산중에 위치해 있다. 계단 사이의 단풍 터널과 이끼, 다보탑 등이 아기자기하게 조화를 이루고 있다.

대부분 걸어서 이동 가능

한큐 렌털 사이클

거리상으로 꽤 멀리 떨어진 아다시노 넨부츠지와 다이카쿠지를 제외하면, 대부분 도보로 이동할 수 있다(아다시노넨 부츠지에서 아라시야마역까지 도보 약 40분~1시간 소요). 하지만 야트막한 산중에 위치한 명소가 다소 있기 때문에 다른 지역보다는 체력 소모가 큰 편이다.

한정된 시간에 돌아봐야 한다면 역 주변에서 자전거를 대여해 이용하는 방법도 있다. 단, 체력적으로 자신있는 이들에게만 추천한다.

한큐 렌털 사이클阪急レンタサイクル
주소 京都市西京区嵐山西一川町5-4
전화 075-882-1112
영업 5~10월 09:00~18:00, 11~4월 09:00~17:00(폐점 2시간 전 접수 마감)
요금 토~일·공휴일·11월 1일 900엔, 11월 제외 평일 1일 800엔, 2시간 500엔, 4시간 700엔
위치 한큐 아라시야마역 앞

란부라 렌털 사이클らんぶらレンタサイクル
주소 京都市右京区嵯峨天龍寺造路町20-2
전화 075-873-2121
영업 09:00~17:00(접수 15:00까지)
요금 2시간 600엔, 1일 1100엔, 전동식 1일 1600엔(역 안에 있는 족욕탕 이용권 포함)
위치 케이후쿠 아라시야마嵐山역 앞

SIGHTSEEING

호린지
法輪寺

아이들의 액막이를 위한 불교 사찰

어린이들이 13세가 되면 이곳에 참배를 하러 온다.

13살이 된 아이의 다복과 행운을 기원하는 참배를 하는 전통 의식 '주산마이리十三詣リ'를 위해 찾는 불교 사찰. 특별히 볼거리는 많지 않은 편이나 본당 오른쪽으로 아라시야마 시가지 일대의 전경이 내려다보이는 전망대가 있다. 특히 벚꽃 시즌이나 단풍 시즌에 잠시 들러 아름다운 아라시야마의 풍경을 감상하기에 좋다.

주소 京都市西京区嵐山虚空蔵山町法輪寺
전화 075-862-0013
개방 일출~일몰 휴무 무휴 요금 무료
교통 한큐 전철 아라시야마嵐山역(HK98)에서 도보 5분 지도 P.31-K

토게츠쿄 ★★
渡月橋

가장 낭만적인 이름을 가진 목조 다리

한큐 아라시야마역과 주요 관광지를 잇는 길이 155m의 목조 다리. 카메야마 일왕이 밤에 이곳을 지나다 "달月이 다리橋를 건너渡는 듯하다"고 표현해 지금의 낭만적인 이름이 지어졌다고 전해진다. 이 다리를 지날 때는 절대 뒤를 돌아보면 안 된다는 전설이 있다. 그 이유인즉슨, 일본에서는 아이들이 13살이 되는 해에 복을 기원하는 전통 의식 '주산리마이'를 하는데, 호린지에서 이 의식을 치루고 난 후 돌아갈 때 다리 위에서 도중에 뒤를 돌아보게 되면 참배의 효험이 사라지기 때문이라고. 매년 12월의 아라시야마 하나토로花灯路 행사 때는 화려한 조명으로 물든 토게츠쿄를 볼 수 있다.

주소 京都市右京区嵯峨天龍寺芒ノ馬場町渡月橋
교통 한큐 전철 아라시야마嵐山역(HK98)에서 도보 8분 지도 P.31-L

토게츠쿄

플랫폼에 아담한 족욕탕이 있다.

란덴 아라시야마역
嵐電嵐山駅
🔊 란덴 아라시야마 에키

**다양한 먹을거리, 볼거리가 모여 있는
노면전차 역사**

아라시야마와 교토 시내를 잇는 낭만적인 노
면 전차인 케이후쿠 전철은 현지인들에게 '란
덴嵐電'이라는 귀여운 이름으로 더 익숙하다.
그 종착역인 아라시야마 역사 안에는 다양한

볼거리와 먹을거리가 있어 관광객의 발길이
이어지는데 특히 다양한 기모노 문양의 아크
릴 기둥이 죽 늘어서 있는 '기모노 포레스트'
는 최근 사진 찍기 좋은 관광 명소로 급부상하
였다. 그 외에도 아라시야마의 온천물을 끌어
와 만든 작은 족욕탕(250엔)도 있어 잠시 지친
다리를 쉬어 가기에 좋다.

주소 京都市右京区嵯峨天龍寺芒ノ馬場町63-1
전화 075-873-2121(아라시야마역 인포메이션)
홈페이지 www.keifuku.co.jp 교통 한큐 전철 아라시
야마嵐山역(HK98)에서 도보 11분 지도 P.31-I

텐류지
天龍寺
★★★

지천회유식 정원이 아름다운 사찰

텐류지의 작은 석정

일본 임제종 텐류
지파의 총본산으
로 가마쿠라 시대
의 사찰을 중심으
로 하여 선정한 다
섯 개의 선종 사찰
(텐류지, 쇼코쿠지,
켄닌지, 토후쿠지,
만주지) 가운데 으
뜸으로 꼽히는 사
찰이다.

아라시야마에서 가장 유명한 관광지 중 하나
로 연못을 중심으로 주변 경관을 아름답게 꾸
민 지천회유식 정원이 가장 볼만하다. 본당에
올라가 편안하게 누워서 정원을 감상하는 이
들도 종종 눈에 띈다.
연못 뒤로 야트막한 산기슭으로 올라가는 길
이 나 있어 자연을 벗삼아 산책을 즐길 수도
있다. 북쪽으로 난 문으로 나가면 대숲 치쿠린

과 바로 연결되어 있다.

주소 京都市右京区嵯峨天龍寺芒ノ馬場町68
天龍寺 전화 075-881-1235
개방 08:30~17:30(10/21~3/20 08:30~17:00)
휴무 부정기 요금 정원 500엔, 법당 500엔
홈페이지 www.tenryuji.com
교통 한큐 전철 아라시야마嵐山역(HK98)에서 도보
15분. 또는 시 버스 11·28·93번 아라시야마텐류지
마에嵐山天龍寺前 하차, 정류장 앞 바로
지도 P.31-H

텐류지의 방장과 지천회유식 정원

노노미야 진자 ★
野宮神社

좋은 인연, 안전한 출산을 기원하는 신사
치쿠린으로 가는 길에 위치한 작고 오래된 신
사로, 예로부터 사가노에서도 가장 성스러운
터로 알려져 있다. 신사 입구에는 나무 껍질을
벗기지 않은 검은색의 도리이가 세워져 있는
데, 이는 일본에서 가장 오래된 형식의 도리이
라 전해진다. 경내에는 손으로 문지르면 소원
이 이루어진다는 거북 바위 오카메이시お亀石
가 있어 많은 사람들이 찾아온다.

주소 京都市右京区嵯峨野々宮町1野宮神社
전화 075-871-1972
개방 24시간 휴무 무휴 요금 무료
홈페이지 www.nonomiya.com
교통 한큐 전철 아라시야마嵐山역(HK98)에서 도보
20분 지도 P.31-H

치쿠린 ★★★
竹林

늘씬하게 뻗은 대나무가 자라고 있는 숲
텐류지 북문에서부터 오코우치 산소 입구까지
이어진, 약 200m 길이의 산책로. 늘씬하게 뻗
은 대나무 숲이 하늘을 덮어 한여름에도 시원
한 그늘을 만들어낸다. 바람에 흔들리는 대나
무 잎의 사르륵거리는 소리와 풀벌레 소리가
마치 노랫소리 같이 들리는 듯하다. 사람이 많
기 때문에 이른 아침에 찾는 것이 좋다.

주소 京都市右京区嵯峨小倉山田淵山町竹林の小径
교통 케이후쿠 전철 아라시야마嵐山역(A14), JR 사가
아라시야마嵯峨嵐山역에서 도보 10분. 또는 한큐 아
라시야마嵐山역(HK98)에서 도보 15분
지도 P.31-H

걷고 싶어지는 대나무 숲, 치쿠린

오코우치 산소 ★★
大河内山荘

교토 시내와 산의 풍경이 한눈에 들어오는 차경 정원

영화배우가 평생에 걸쳐 만든 개인 정원
일본의 유명한 시대극 배우였던 오코우치 덴지로가 34세부터 64세까지 30년 세월에 걸쳐 만든 개인 정원으로 벚나무와 단풍나무 등을 심어 놓아 봄, 가을로 매우 아름다운 풍경을 만들어내고 있다. 산장 뒤쪽의 아라시야마를 비롯하여 저 멀리 히에이잔, 다이몬지, 히가시야마의 풍경을 정원 안으로 끌어들인 차경借景 정원이 매우 아름답고 분위기 있다. 정원을 둘러본 후에는 기본 제공되는 말차와 화과자를 맛보며 잠시 휴식을 취하자.

주소 京都市右京区嵯峨小倉山田淵山町8
전화 075-872-2233 영업 09:00~17:00
휴무 부정기 요금 1000엔
교통 한큐 전철 아라시야마嵐山역(HK98)에서 도보 25분. 또는 토롯코 아라시야마トロッコ嵐山역에서 도보 1분 지도 P.31-H

아라시야마 공원 카메야마 지구
嵐山公園 亀山地区
🔊 아라시야마 코엔 카메야마 치쿠

카츠라강 경치를 조망할 수 있는 산속 공원
야트막한 산 전체에 조성된 공원으로 카메야마 일왕을 비롯한 일왕 3명의 묘가 있어 지금의 이름이 지어지게 되었다. 동쪽으로는 텐류지, 북쪽으로는 오코우치 산소와 인접해 있다. 공원 전망대에서는 깎아지른 듯한 협곡을 사이에 두고 흐르는 카츠라강의 경치를 조망할 수 있지만 그 외의 볼거리는 없다.

주소 京都市右京区嵯峨亀ノ尾町6頂上展望台
요금 무료 교통 한큐 전철 아라시야마嵐山역(HK98)에서 도보 20분 지도 P.31-H

공원 전망대에서 바라본 카츠라강

조잣코지 ★
常寂光寺

단풍 명소로 인기 있는 사찰
울창한 숲에 둘러싸인 사찰로 1595년에 창건되었다. 단풍 명소로 특히 유명한데, 본당까지 이어지는 계단 사이로 만들어진 단풍 터널과 푸른 이끼가 만들어낸 멋스러운 정취가 매우 인상적이다. 경내의 다보탑에서는 사가노 시가지가 한눈에 내려다보이며 멀리 히에이잔의 경치까지도 조망할 수 있다.

주소 京都市右京区嵯峨小倉山小倉町3
전화 075-861-0435
개방 09:00~17:00(입장 마감 16:30) 휴무 무휴
요금 500엔 홈페이지 www.jojakko-ji.or.jp
교통 시 버스 11·28·93번 사가쇼각코마에嵯峨小学校前 하차 후 도보 15분. 또는 한큐 전철 아라시야마嵐山역(HK98)에서 도보 35분
지도 P.30-D

니손인
二尊院

사찰의 정문인 소우몬

석가와 아미타여래, 두 본존불을 모신 사찰
834년 사가 일왕의 뜻을 따라 지카쿠 대사가
창건한 천태종 사찰. 석가와 아미타여래, 두
본존불本尊을 모신다 하여 '니손인二尊院'이라
는 이름으로 불리고 있다. 사찰의 정문인 소우
몬総門을 지나 바로 만나게 되는 긴 참배길은
인기 높은 단풍 명소다.

주소 京都市右京区嵯峨二尊院門前長神町27 二尊
院内 전화 075-861-0687

개방 09:00~16:30 휴무 무휴 요금 500엔
교통 JR 사가아라시야마嵯峨嵐山역에서 도보 26분.
또는 시 버스 28·91번 사가샤카도마에嵯峨釈迦堂
前 하차 후 도보 13분 지도 P.30-D

기오지
祇王寺

온통 푸른 이끼로 뒤덮인 정원이 유명

비구니가 거주하는
절로, 진언종 다이카
쿠지의 말사. 헤이안
시대의 무장인 다이
라 기요모리의 총애
를 잃게 된 교토의
기녀 기오가 출가하
여 만년을 보낸 곳으
로 《겐지 이야기》에
묘사되어 있다.
경내의 작은 초암草
庵 내부에는 격자가
만들어내는 그림자
가 무지갯빛으로 보
인다 하여 '무지개
창'으로 불리는 둥근 창이 있다.

주소 京都市右京区嵯峨鳥居本小坂町32
전화 075-861-3574
개방 09:00~17:00(입장 마감 16:30) 휴무 1/1
요금 300엔, 기오지·다이카쿠지 공통권 600엔
홈페이지 www.giouji.or.jp
교통 시 버스 11·28·93번 사가쇼각코마에嵯峨小
学校前 하차 후 도보 17분. 또는 JR 사가아라시야마
嵯峨嵐山역에서 도보 20분
지도 P.30-D

아다시노 넨부츠지
あだし野 念仏寺(化野念仏寺)

석불과 석탑들이 기묘한 분위기를 낸다

헤이안 시대부터 풍장風葬을 하던 터에 만들
어진 정토종 사찰. 경내에는 세상에 태어나기
전에 죽은 태아의 지장地蔵을 비롯해 주변에
산재해 있던 연고 없는 약 8000개의 석불, 석
탑들을 출토, 배치해 두어 어딘지 모르게 기묘
한 분위기를 자아낸다.

주소 京都市右京区嵯峨鳥居本化野町17
전화 075-861-2221
개방 3~11월 09:00~17:00(입장 마감 16:30), 12~
2월 09:00~16:00(입장 마감 15:30) 휴무 부정기
요금 500엔 홈페이지 www.nenbutsuji.jp
교통 교토 버스 62·72·92·94번 토리이모토鳥居
本 하차 후 도보 5분. 또는 케이후쿠 전철 아라시야
마嵐山역(A14)에서 도보 45분 지도 P.30-A

다이카쿠지 ★
大覚寺

연못을 중심으로 꾸며진 정원이 아름답다
헤이안 시대 사가 일왕의 별궁을 개축한 사찰.
역대 일왕, 왕족이 주지로 있던 문적門跡 사원
이다.
넓은 경내 곳곳에 볼거리가 많은데, 동쪽에 위
치한 넓은 연못 오사와노이케大沢池를 중심으
로 꾸며진 정원의 경치가 특히 아름답다.

주소 京都市右京区嵯峨大沢町4 전화 075-871-0071
개방 09:00~17:00(입장 마감 16:30) 휴무 무휴

다이카쿠지의 아름다운 정원 풍경

요금 500엔. 기오지 · 다이카쿠지 공통권 600엔
홈페이지 www.daikakuji.or.jp
교통 시 버스 28 · 91번 다이카쿠지大覚寺 하차 후
도보 1분 지도 P.30-C

토롯코 열차(토롯코 사가역) ★★
トロッコ列車(トロッコ嵯峨駅)
🔊 토롯코 렛샤(토롯코 사가에키)

열차 출발시간은 역에서 다시 한번 확인하자.

아라시야마의 풍경을
만끽할 수 있는 관광 열차

사가嵯峨에서 카메오카亀岡까지 약 7km의
구간을 왕복 운행하는 열차로, 옛 광산 열차를
개조하여 이용하고 있다. 시속 25km의 속도
로 천천히 달리는 열차에 앉아 사시사철 다른
느낌의 아라시야마 절경을 편히 즐길 수 있다.
전 좌석이 지정석으로, 1개월 전부터 'e5489'
사이트에서 예약이 가능하며 승차 전 JR 서일
본 미도리노마도구치 창구나 발권기에서 티켓
을 발권해야 한다. 성수기에는 좌석 확보를 위
해 예약을 권장한다. 카메오카에서 아라시야
마로 돌아올 때 중간에 토롯코 아라시야마ト
ロッコ嵐山역에서 내려 주변 관광을 즐기는
것도 좋다.

시착역인 토롯코 사가역에는 실제로 운행하던
증기기관차를 볼 수 있는 전시실과 카페 등이
있어 잠시 쉬어 가기 좋다.

주소 京都市右京区嵯峨天龍寺車道町トロッコ嵯峨
駅 전화 0088-24-5489(08:00~22:00, 일본 전화만
가능)
운행 토롯코 사가역 기준 10:02~16:02(1시간 간격
운행, 시기별 운행일 · 운행 시각은 홈페이지 참조)
휴무 수요일(공휴일 · 방학 · 골든위크 · 단풍 시즌에
는 운행), 12/30~2월 요금 편도 880엔
홈페이지 www.sagano-kanko.co.jp, 예약 e5489
교통 토롯코 사가トロッコ嵯峨역에서 출발. JR 사가
아라시야마嵯峨嵐山역 바로 옆. 또는 한큐 아라시야
마역(HK98)에서 도보 25분
지도 토롯코 아라시야마역 P.31-H

호즈 협곡을 지나 강을 따라 내려오며 풍경을 즐긴다.

호즈강 유람선
保津川下り(遊覧船) 🔊 호즈가와 쿠다리

호즈 협곡을 타고 내려오는 유람선
호즈강은 예로부터 교토, 오사카까지 물류를 운송하는 수로로 이용되었다. 지금은 철도, 도로의 발달로 운송수단으로서의 기능은 잃었지만, 대신 아라시야마를 찾는 관광객들에게 인기 있는 관광 아이템이 되었다.
토롯코 열차로 카메오카역까지 간 다음, 아라시야마로 돌아오는 길은 배를 이용하는 방법

을 추천한다. 탄바카메오카丹波亀岡에서 교토의 아라시야마까지 약 16km의 물길을 배를 타고 약 2시간에 걸쳐 내려오면서 호즈강 주변의 대자연과 사시사철 변화무쌍한 풍경 등을 즐길 수 있다. 중간에 한 번 배를 멈추는데 이때 다른 배가 다가와 먹을거리를 팔기도 한다. 미리 먹을 것을 준비해 배 안에서 먹는 것도 가능하다. 10명 미만이 이용할 경우 홈페이지에서 예약이 가능하니 알아둘 것.

주소 亀岡市保津町下中島2保津川下り乗船場
전화 0771-22-5846(예약)
운행 09:00, 10:00, 11:00, 12:00, 13:00, 14:00, 15:00
휴무 부정기(홈페이지 확인)
요금 4500엔, 어린이 3000엔
홈페이지 www.hozugawakudari.jp
교통 선착장까지 가려면, 사가아라시야마嵯峨嵐山역에서 JR을 타고 JR 카메오카亀岡역 하차 후 도보 8분. 또는 토롯코 열차를 타고 토롯코 카메오카トロッコ亀岡역 하차 후 버스로 15분

호즈강 주변 풍경을 감상할 수 있다.

Tip

교토의 추석 행사
고잔오쿠리비五山送り火와
토로나가시灯籠流し

오본은 우리나라의 추석과 비슷한 일본의 명절로, 양력 8월 15일을 전후로 쉰다.
오본의 하이라이트는 교토 시내 곳곳에서 열리는 고잔오쿠리비五山送り火다. 교토 시내를 중심으로 북쪽, 동쪽, 서쪽, 그리고 아라시야마까지 다섯 군데의 산 정상에 글자, 그림의 형태로 차례차례 불을 지피는 행사로, 저승으로 돌아가는 조상을 배웅한다는 의미가 있다.
특히 아라시야마에서는 강에 작은 등롱을 흘려보내는 토로나가시灯籠流し라는 로맨틱한 행사

토로나가시

를 동시에 열어 관광객에게 큰 인기를 모으고 있다. 매년 8월 16일, 해가 지는 시간에 시작하며 토게츠쿄 주변에서 관람할 수 있다.

restaurant

아라시야마의 맛집

요시무라
よしむら

강추

아라시야마의 인기 소바 요리집

토게츠쿄 바로 앞에 위치한 요리
집으로, 메이지 시대의 유명 화가
의 집을 개조하여 만들었다. 아기
자기하게 꾸며놓은 작은 정원 안
쪽으로 3개의 다른 가게들이 모여
있다. 요시무라는 맛도 맛이지만
2층 창가의 통유리 너머로 보이는 아라시야마
와 토게츠쿄의 풍경을 즐기며 식사를 할 수 있
다는 점에서 큰 인기를 모으고 있다.
인기 메뉴는 향이 강하고 씹을수록 단맛이 느
껴지는 소바와 튀김, 교토의 츠케모노(채소절
임), 밥이 함께 나오는 세트 메뉴 텐자루젠天
ざる膳(2300엔). 소바는 따뜻한 면과 차가운

소바와 텐푸라동이 함께 나오는 토게츠젠渡月膳(2100엔)

면 중에서 선택할 수 있다. 세트 메뉴 이외에
소바(1030엔~), 튀김덮밥인 텐푸라동天ぷら
丼(1580엔) 등의 단품 메뉴도 있다.

주소 京都市右京区嵯峨天龍寺芒ノ馬場町3
전화 075-863-5700 영업 평일 11:00~16:30, 주말
11:00~17:00(시기에 따라 변동) 휴무 무휴 카드 가능
홈페이지 www.yoshimura-gr.com/arashiyama
교통 한큐 아라시야마嵐山역(HK98)에서 도보 8분
지도 P.31-K

토게츠쿄 바로 옆에 위치하고 있어 찾기 쉽다.

코토키키차야
琴きき茶屋

사쿠라모찌로 유명한 떡집

토게츠쿄를 건너 바로 앞에 위치한 떡집으로,
아라시야마의 명물인 사쿠라모찌桜もち를 맛
볼 수 있다. 사쿠라모찌는 좁쌀만한 크기로 빻
은 찹쌀가루로 만든 떡을 말하는데, 아주 된
죽과 같은 식감을 가지고 있으며 보통 시럽을

4종류의 화과자가 세트로 구성된 메뉴도 있다.

넣어 연한 분홍빛이 감돈다. 이곳의 사쿠라모
찌는 단팥소로 감싼 앙아리餡あり와 단팥소를
넣지 않은 앙나시餡なし 두 종류가 있다(730
엔, 말차 포함).

주소 京都市右京区嵐山渡月橋北詰西角琴きき茶屋
전화 075-861-0184 영업 11:00~17:00
휴무 목요일, 부정기 수요일, 12/31
카드 불가 홈페이지 www.kotokikichaya.co.jp
교통 한큐 아라시야마嵐山역(HK98)에서 도보 8분
지도 P.31-L

구입 즉시 먹을 수 있는 롤케이크로 인기

아린코
Arinco

인기 있는 롤케이크 전문점
촉촉한 시트에 부드러운 크림이 듬뿍 들어간 롤케이크로 유명한 디저트 전문점. 아라시야마 본점에서만 판매하는 아린코 샌드アリンコサンド(320엔~)가 특히 인기 있다. 구입해서 바로 먹을 수 있도록 작게 만든 아린코 샌드는

손바닥만 한 사이즈의 롤케이크 시트 위에 크림과 토핑을 얹은 색다른 롤케이크다. 캐러멜, 우지 말차, 커스터드 쇼콜라 등 약 13가지의 다양한 맛이 있다.

주소 京都市右京区嵯峨天龍寺造路町20-1 京福嵐山駅はんなりほっこりスクエア 1F
전화 075-881-9520 영업 10:00~18:00
휴무 연말연시, 부정기 카드 불가
홈페이지 www.arincoroll.jp
교통 한큐 아라시야마嵐山역(HK98)에서 도보 11분
지도 P.31-I

우나기 히로카와
うなぎ廣川

미슐랭 원스타의 장어덮밥 전문점

1967년에 창업하여 3대째 그 전통을 이어오고 있는 장어 요리 전문점. '미슐랭 원스타'라는 타이틀 외에도 군더더기 없는 서비스, 그리고 일본식 정원이 창 너머로 내다 보이는 정갈한 인테리어 등이 만족도를 높인다. 기본 메뉴인 장어덮밥(3410엔~)은 장어의 사이즈에 따라 가

격이 달라진다. 추천 메뉴는 A코스인 우나주정식うな重定食(5830엔)으로, 장어덮밥 중간 사이즈에 붉은 미소장국, 생선회, 오이와 장어 초절임, 채소절임 등이 함께 나온다. 100% 예약제로 운영되며 공식 홈페이지를 통해 한 달 전부터 예약 가능하다.

주소 京都市右京区嵯峨天龍寺北造路町44-1
전화 075-871-5226
영업 11:00~15:00(주문 마감 14:30), 17:00~21:00(주문 마감 20:00)
휴무 월요일, 연말연시, 부정기 카드 가능
홈페이지 www.unagi-hirokawa.jp
교통 한큐 아라시야마嵐山역(HK98)에서 도보 15분
지도 P.31-H

사가노유
嵯峨野湯

대중 목욕탕을 세련되게 개조한 카페
1900년대 초에 지어진 오래된 대중 목욕탕을 리모델링하여 만든 카페. 새하얀 벽과 내추럴한 느낌의 가구로 채워진 세련된 공간에는 귀여운 모자이크 타일과 샤워기, 높은 천장 등

테이블 뒤쪽 벽에는 아직도 옛 목욕탕 흔적이 남아 있다.

소고기 카레라이스. 푹 끓여 육질이 매우 부드럽다.

예전 목욕탕의 흔적들이 곳곳에 남아 있다. 달콤한 크림과 제철 과일이 올라간 팬케이크가 시그니처 메뉴이다. 또 계절마다 달라지는 과일라테도 인기 있다. 카레나 파스타 등의 식사 메뉴도 있다.

주소 京都市右京区嵯峨天龍寺今堀町4-3
전화 075-882-8985
영업 11:00~18:00(주문 마감 17:30) 휴무 부정기
카드 가능 홈페이지 www.sagano-yu.com
교통 JR 사가아라시야마嵯峨嵐山역에서 도보 3분. 또는 한큐 전철 아라시야마嵐山역(HK98)에서 도보 17분
지도 P.31-I

뮤지엄 리초 카페 & 갤러리
Museum 李朝 café & gallery

조선의 문화를 일본에 알리는 작은 갤러리 카페
아라시야마의 관광지와는 조금 떨어진 곳에 위치한, 녹음이 우거진 시골 풍경이 보이는 작은 갤러리 카페. 조선시대의 도자기나 민예품을 전시해 일본 문화에 영향을 끼친 조선시대 문화를 알리고 한국과 일본의 문화 교류를 도

모하고자 만들어졌다. 봄, 가을철에만 기간 한정으로 개방하니 방문을 원한다면 홈페이지를 참조할 것. 입구 쪽 야외 카페 공간에서는 간단한 음료와 주류 등을 판매하고 있으니 잠시 쉬어 가도 좋겠다.

주소 京都市右京区嵯峨小倉山堂ノ前町20-4
전화 075-882-2525 영업 11:30~16:30
휴무 월요일(공휴일이면 다음 날) 카드 불가
홈페이지 www.museumricho.jp
교통 시 버스 11·28·93번 사가쇼각코마에嵯峨小学校前 하차 후 도보 7분. 또는 한큐 아라시야마嵐山역(HK98)에서 도보 20분 지도 P.30-E

KOBE

神戸

고베

神戸
고베

야경이 아름다운 이국적인 항구 도시

19세기 말 서구 열강에 의한 강제 개항 이후 고베항을 통해 서구 문물이 쏟아져 들어왔다. 그 때 들어온 서양의 다양한 문화가 일본의 문화와 어우러지면서 고베는 동서양의 문화가 공존하는 이국적인 도시의 모습을 띠게 되었다. 간사이 지방에서 가장 세련된 도시로 알려진 고베는 백화점을 비롯하여 크고 작은 편집 숍과 잡화점이 거리 곳곳에 숨어 있는 패션의 도시이며, 부드러운 육질의 고베규 스테이크와 여성들이 사랑해 마지않는 케이크와 빵으로 유명한 구루메グルメ(미식)의 도시이기도 하다. 고베 여행의 하이라이트는 뭐니뭐니해도 아름다운 야경일 것이다. 특히 고베항 구역은 고베를 대표하는 야경 명소로 매우 인기 있는데, 붉은색의 고베 포트 타워와 유람선, 복합 쇼핑몰 모자이크, 그리고 대관람차가 어우러져 만들어내는 풍경이 예술이라고 할 만하다.

히메지
교토
고베
오사카
간사이 국제공항
나라
고야산
시라하마

고베
한눈에 보기

ZOOM IN

산노미야

고베 여행의 출발점이자 고베 최고의 번화가로, 산노미야역의 주변 지역을 가리킨다. JR, 한큐 전철, 한신 전철, 고베 지하철, 포트라이너까지 이용할 수 있는 교통의 요지이기도 하다. 고베 최대 규모의 상점가가 늘어서 있으며 백화점과 쇼핑몰도 이 지역에 밀집해 있다.

쇼핑 외에 식당과 베이커리, 술집 등도 곳곳에 자리하고 있으므로 이곳에서 식사를 해결할 수 있다.

난킨마치

일본의 3대 차이나타운 중 하나. 약 200m 거리에 중국 음식, 식재료 등을 파는 가게가 100곳 정도 모여 있다. 만두, 베이징덕, 고베규 버거, 라멘 등 갖가지 길거리 음식들이 많으므로, 이곳에서 간단히 허기를 채워도 좋다.

키타노

개항 당시 외국인들의 주택단지로 조성된 곳. 언덕의 좁은 골목길 사이로 늘어선 이국적인 주택들이 예전 모습 그대로 보존되어 있다.

고베
神戸

모토마치·난킨마
고베항
하버랜드역

고베항

아름다운 야경을 감상할 수 있는 고베 최고의 관광 지역. 고베 포트 타워, 모자이크 가든의 대관람차, 유람선이 만들어내는 환상적인 야경을 감상할 수 있다. 고베항의 야경의 일본 3대 야경으로 꼽힐 만큼 아름다우니 놓치지 말고 감상하도록 하자. 야경을 보기 위해 방문할 경우 식사는 모자이크 내부 식당에서 하는 것이 편하다. 바다 옆에 있어 바람이 꽤 차니 봄, 가을에도 걸칠 옷을 준비하는 게 좋다.

구거류지

1860년대 고베항 개항 당시 쏟아져 들어온 외국인들의 거주와 경제 활동을 위해 조성된 지역이다. 당시 지어진 옛 고전주의 양식의 석조 건물이 지금까지 남아 있는데, 이를 리모델링한 세련된 편집 숍과 브랜드 숍이 모여 있어 패션 피플의 주목을 받고 있다.

롯코산

풍부한 자연환경 속에 자리한 관광 지역. 고베 시내를 내려다보는 최고의 야경 명소로 인기가 높다. 평지보다 기온이 낮아 여름에도 여행하기 좋다.

키타노

산노미야역

큐쿄류치 · 다이마루마에역

산노미야

거류지

고베 여행의
기본 정보

여행 시기
Season

연중 온화한 편으로 사계절이 뚜렷하다. 겨울에
도 비교적 따뜻한 편이며 기온이 영하로 떨어지
는 경우가 드물다. 하지만 바닷가에 위치한 만큼
바람이 많이 불어 체감온도가 실제 기온보다 낮
을 때가 많다. 여름에는 햇빛이 강하고 습도가
높으므로 대비를 하는 것이 좋다. 겨울에는 일루
미네이션을 보기 위해 전국에서 모인 사람들이
인산인해를 이루니 참고하자.

연중 온화한 기후의 고베

[월별 평균 기온]

월	1월	2월	3월	4월	5월	6월	7월	8월	9월	10월	11월	12월
최고 기온(℃)	9.4	10.1	13.5	18.9	23.6	26.7	30.4	32.2	28.8	23.2	17.5	12.0
최저 기온(℃)	3.1	3.4	6.3	11.4	16.5	20.6	24.7	26.1	22.6	16.7	10.9	5.7

(일본 기상청, 1991~2020년 조사 결과)

여행 기간
Period

도시 규모가 그리 크지 않아 짧게는 하루만으로
도 가능하다. 크게 키타노와 산노미야·모토마
치 지역 주변, 고베항 지역으로 나뉜다.
주요 관광지는 걸어서 돌아볼 수 있으며 시티루
프버스나 지하철, JR 등을 적절히 이용하면 시
간과 체력을 많이 들이지 않고 이동할 수 있다.

고베의 주요 명소를 도는 시티루프버스

관광
Sightseeing

개항기에 외국인 거주 지역에 생긴 수많은 이진칸(외국인 주택)이 당시의 모습 그대로 보존되어 이색적인 풍경을 그려내고 있는 키타노 이진칸 마을을 돌아본 후, 산노미야역으로 돌아와 쇼핑을 즐기다가 해가 저물 무렵에 항구 쪽으로 이동하여 야경을 즐기는 코스가 가장 무난하면서도 이상적이다. 시간적 여유가 없다면 고베항을 우선적으로 둘러보자.

이국적인 풍경의 키타노 이진칸

음식
Gourmet

부드러운 육질의 고베규는 고베를 대표하는 음식으로 일본의 3대 소고기 중 하나로 뽑힐 정도로 맛이 좋다. 또한, 고베는 먹기 아까울 정도로 예쁘면서도 맛있는 스위츠와 빵을 파는 가게들이 서로 치열하게 경쟁을 벌이는 격전지이기도 하다. 최고의 로스팅 기술로 만들어낸 커피와 세계 각국의 다양한 요리를 파는 가게들이 많아 선택의 폭이 넓다.

가격은 비싸지만 맛이 무척 좋은 고베규 스테이크

쇼핑
Shopping

패션의 도시답게 거리 곳곳에 자리 잡은 아기자기한 잡화점과 편집 숍으로 볼거리가 가득하다. 산노미야, 모토마치역 주변의 상점가와 백화점, 그리고 고베항의 모자이크, 우미에 등도 쇼핑하기에 좋다. 특히 구거류지 쪽에는 옛 개항 시절의 오피스 건물을 리모델링하여 세련된 편집 숍으로 꾸민 가게들이 모여 있어 패션 피플의 주목을 끌고 있다.

패션의 도시 고베

숙박
Stay

오사카나 교토에 비해 숙박 시설 수가 적기 때문에 금세 예약이 차버리는 경우가 많다. 특히 크리스마스 시즌은 관광객이 몰리므로 미리 예약을 해두는 것이 좋다.
항만 지역은 멋진 야경을 즐길 수 있다는 점에서 인기 있으나 가격대는 조금 높은 편이다. 산노미야, 모토마치역 주변은 교통이 편리하고 가격이 저렴한 편이다.

고베 메리켄 파크 오리엔탈 호텔

고베에서
꼭 해야 할 6가지

1
일본 3대 와규 중 하나인
고베규 스테이크 맛보기

고베에서 꼭 먹어봐야 할 첫 번째 음식은 바로 고베규神戸牛 스테이크. 산노미야역 주변과 키타노에 유명한 스테이크 전문점이 많다. 런치 시간에는 비교적 저렴한 가격에 고베규를 먹을 수 있지만 너무 저렴한 메뉴는 고베규가 아닌 일반 소고기일 경우가 많다. 조금 가격대가 높더라도 꼭 진짜 고베규를 선택하자.

2

일본 3대 야경 중 하나
고베항의 야경 감상하기

고베의 랜드마크인 붉은색 고베 포트 타워와 모자이크, 대관람차가 만들어 낸 아름다운 풍경은 고베를 대표하는 볼거리 중 하나다. 특히 해 질 무렵 고베항을 오가는 유람선에 조명이 켜지기 시작할 때가 가장 아름답다. 모자이크의 2층 테라스가 야경을 즐기기에 가장 좋은 위치다.

달콤한 디저트와
향긋한 커피 한잔 즐기기

고베를 검색하면 스위츠가 연관 검색어로 뜰 정도로 디저트류
는 고베를 대표하는 명물이다. 케이크를 비롯하여 푸딩, 타르트,
파이, 밀푀유, 쿠키 등 달콤한 것을 사랑하는 이들이라면 하나만 고
르기 어려울 정도로 종류도 다양하다. 한편, 고베에는 최고의 로스팅 기
술을 자랑하는 카페도 많다. 달달한 스위츠와 향긋한 커피 한잔에 잠시 쉬
어 가는 여유를 즐겨보자.

일본 속의 유럽
키타노 이진칸 마을 구경하기

야경과 함께 고베를 대표하는 풍경을 자랑하는 키타
노 이진칸 지역에서 옛 외국인 마을 특유의 아기자기
한 분위기와 이국적인 정취를 느껴보자.

고베의 핫 플레이스 구거류지에서
윈도 쇼핑하기

쇼퍼홀릭을 자처하는 사람이라면 구거류지에 가보자. 고
베의 패션 피플 사이에서 핫플레이스로 통하는 구거류지
에서는 아이쇼핑만으로도 충분히 좋을 것이다.

롯코산에서 고베 야경 감상하기

가는 방법이 조금 복잡하지만 탁 트인 산 위에서 바라보는 고베의 야경은 최고라 부를 만하다. 다른
유명 관광지에 비해 관광객들도 적은 편이라 고즈넉하게 야경을 즐길 수 있다. 단, 여름에는 모기에
뜯길 각오를 해두도록!

다른 도시에서 고베 가는 법

각 지역에서 고베로 이동할 때 이용할 수 있는 수단으로는 한큐 전철과 한신 전철, JR, 킨테츠 전철 등이 있다. 간사이스루패스나 JR패스 등 소지하고 있는 교통 패스 등을 적절하게 이용하면 교통 요금을 절약할 수 있다.

★ 오사카 → 고베 ★

한큐 오사카 우메다역 大阪梅田	한큐 전철 고베 방면 특급 · 통근특급 34분, 330엔	한큐 고베산노미야역 神戸三宮

한큐 오사카우메다역 8~9번 플랫폼에서 신카이치新開地행이나 고베산노미야神戸三宮 · 코소쿠고베高速神戸행 특급 · 통근특급을 타면 된다. 열차 종류에 상관없이 요금은 모두 같으며, 보통 열차는 특급 · 통근특급에 비해 10~17분이 더 걸린다. 만일 고베항으로 가려면 코소쿠고베高速神戸역에서 내리면 된다.

한큐 전철 신카이치행 특급 열차

※간사이스루패스 사용 가능

한신 오사카우메다역 大阪梅田	한신 전철 고베 방면 특급 · 직통특급 33분, 330엔	한신 고베산노미야역 神戸三宮

열차 종류에 관계 없이 요금은 모두 동일하지만, 속도가 빠른 직통특급이나 특급을 탄다. 모토마치나 난킨마치 쪽으로 갈 때는 모토마치元町역에서, 그리고 고베항으로 갈 때에는 코소쿠고베高速神戸역에서 내리면 된다.

한신 전철

※간사이스루패스 사용 가능

JR 오사카역 大阪	JR 신쾌속 · 쾌속 20~27분, 420엔	JR 산노미야역 三ノ宮

JR 오사카역 3~6번 플랫폼에서 산노미야三ノ宮 · 히메지姫路행 · 반슈아코播州赤穂행 신쾌속이나 쾌속 열차를 탄다. 신칸센과 특급은 좀 더 빠르지만 요금이 많이 비싸다. 보통 열차는 신쾌속 · 쾌속과 요금은 같으나 각 역에 모두 정차해 9~16분 더 걸린다. 만일 모토마치나 난킨마치 쪽으로 갈 때는 모토마치元町역에서, 그리고 고베항으로 갈 때는 고베神戸역에서 내리면 된다.

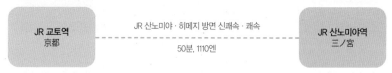

JR은 한큐 전철에 비해 가격이 조금 비싼 편이나 갈아타지 않아도 되기 때문에 편리하다. 교토역 4~6번 플랫폼에서 산노미야三ノ宮 또는 히메지 방면으로 가는 신쾌속이나 쾌속 열차를 타면 된다. 특급은 소요 시간이 같으나 요금이 비싸고, 보통은 요금은 같으나 시간이 오래 걸린다.

각 역을 모두 정차하는 보통 열차는 시간이 오래 걸리므로 빨리 가는 특급·통근특급을 타는 것이 좋다(요금은 모두 동일). 한큐 전철의 종점이자 기점인 교토카와라마치역에서 오사카우메다大阪梅田행 열차를 타고 종점에서 하차, 개찰구를 나가지 말고 8~9번 플랫폼에서 고베산노미야神戸三宮행이나 신카이치新開地행으로 갈아탄다. 주소十三역에서 환승할 수도 있지만 사람이 많고 앉아서 가기 힘들기 때문에 추천하지 않는다.

※간사이스루패스 사용 가능

킨테츠 나라역 1~3번 플랫폼에서 고베산노미야행 쾌속급행을 타고 가다가 종점인 고베산노미야역에서 내리면 된다. 특급은 쾌속급행보다 느리고 요금도 비싸니 이용할 필요가 없다. 킨테츠 전철을 이용할 때 가장 주의할 점은 도중에 아마가사키尼崎역에서 열차가 두 개로 분리되어 각각 다른 곳으로 간다는 점이다. 반드시 고베산노미야역까지 가는 앞쪽 6개의 차량을 타야 한다.

※간사이스루패스 사용 가능

JR 나라역 2~3번 플랫폼에서 텐노지天王寺행이나 오사카大阪행 신쾌속이나 쾌속 열차를 타면 된다. 오사카역에서 갈아탈 때에는 개찰구를 나가지 말고 그대로 플랫폼을 찾아서 산노미야 또는 히메지행 열차로 갈아타자.

고베의 각 지역으로 가는 법

산노미야역에서 항만 지역까지는 걸어서 약 30분 정도 걸리는 꽤 먼 거리다. 보통 시티루프버스를 이용하거나 난킨마치, 모토마치를 천천히 구경하면서 도보로 항만 지역까지 이동하는 경우가 많다. 하지만 야경을 보고 숙소로 돌아갈 때는 상황이 조금 달라진다. 꽤이른 시티루프버스 막차 시간과 이미 바닥난 체력 등을 고려했을 때, JR이나 한큐 전철, 지하철을 이용하여 빠르고 편하게 이동하는 것이 좋다. 숙소에서 가까운 역이나 소지하고 있는 교통 패스의 종류 등을 따져 가장 좋은 방법을 선택하자.

★ 산노미야 · 모토마치 ★

| JR 산노미야역
三ノ宮 | JR
1분, 140엔 | JR 모토마치역
元町 |

★ 키타노 ★

| 지하철 산노미야역 앞
(♀ 산노미야에키마에 三宮駅前) | 시티루프버스
15분, 260엔 | 키타노 이진칸
(♀ 키타노이진칸 北の異人館) |

※키타노 이진칸으로 갈 때는 지하철 산노미야역 앞의 산노미야에키마에(북행) 정류장에서 탄다.

★ 고베항 ★

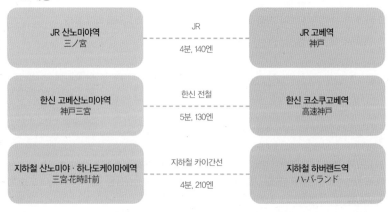

JR 산노미야역 三ノ宮	JR 4분, 140엔	JR 고베역 神戸
한신 고베산노미야역 神戸三宮	한신 전철 5분, 130엔	한신 코소쿠고베역 高速神戸
지하철 산노미야 · 하나도케이마에역 三宮·花時計前	지하철 카이간선 4분, 210엔	지하철 하버랜드역 ハ-バ-ランド

고베의 시내 교통

고베의 지형은 단순하여 어느 쪽이 산이고 어느 쪽이 바다인지만 알면 쉽게 방향을 알 수 있다. 북쪽은 산, 남쪽은 바다이며, 주요 철도가 밀집한 산노미야가 교통의 요지다. 산노미야역을 기준으로 북쪽에 자리한 키타노 이진칸을 제외하면, 주요 관광지는 시가지 중심부에 모두 모여 있다. 철도, 지하철이 시내를 가로지르기 때문에 관광 명소와 가까운 역이 여럿 있다.

시티루프버스 City Loop Bus

시티루프버스 정류장 표지판

고베 포트 타워 앞에서 출발해 모자이크, 모토마치, 구거류지, 산노미야역, 키타노 이진칸 일대까지 고베의 주요 관광지를 구석구석 잇는 순환버스. 디자인이 귀엽고 이국적이며 버스 안내원이 거리 곳곳을 안내해 주어 관광객에게 인기 있지만 정체가 심한 구간이 많아 일주하는데 시간이 꽤 오래 걸린다.

버스 정류장은 총 19개 있으며 그중 쿄마치京町筋, 고베 공항神戸空港, 포트피아 호텔ポートピアホテル 정류장은 일부 시간대에만 정차한다. 산노미야역 앞에서 탈 경우에는 키타노 이진칸 쪽으로 가는 북행北行 정류장인지 하버랜드 쪽으로 가는 남행南行 정류장인지 잘 체크하고 타도록 하자. 버스는 뒷문으로 타며 요금은 내릴 때 낸다.

시티루프버스는 한 방향으로만 운행되며, 운행 간격이 길고 정체가 심한 구간을 지난다는 점에서 도보나 지하철과 같은 기타 교통수단을 이용하는 것이 더 빠를 때도 있으니 참고하자. 막차 시간은 오후 6시 전후로 꽤 이르다.

시티루프버스를 3번 이상 타게 될 경우는 1일 승차권을 사는 게 좋다. 1일 승차권을 제시하면 키타노 이진칸이나 고베 포트 타워 등 지정된 곳에 한해 요금 할인을 받을 수도 있다. 1일 승차권은 JR 산노미야역에 있는 고베시 종합 인포메이션 센터나 버스 안의 가이드에게서 구입할 수 있다.

※간사이스루패스 사용 가능

요금 구간 관계 없이 260엔. 1일 승차권 700엔
홈페이지 kobecityloop.jp/kr/

시티루프버스 주요 노선도

⑦ 지하철 산노미야역 앞
地下鉄三宮駅前

⑧ 키타노 코보노 마치
北野工房のまち

⑨ 키타노자카
、北野坂

⑥ 산노미야 센타가이
동쪽 출구
三宮センタ-街東口

★'지하철 산노미야역 앞' 정류장은 두 곳(7번
과 13번)이 있다. 7번 정류장은 키타노이진칸
방면이고, 길 건너편에 위치한 13번 정류장은
난킨마치, 고베항 방면이니 행선지를 잘 보고
타도록 하자.

⑩ 키타노이진칸
北野異人館

⑤ 구거류지 · 시립박물관
旧居留地·市立博物館

⑪ 고베 누노비키
허브엔 로프웨이
神戸布引ハーブ園ロープウェイ

④ 난킨마치
南京町

⑫ 신고베역 앞
新神戸駅前

③ 미나토모토마치역 앞
みなと元町駅前

⑬ 지하철 산노미야역 앞
地下鉄三宮駅前

② 하버랜드 모자이크 앞
ハ-バ-ランド·モザイク前

고베 포트 타워 앞에 시티루프버스 정류장이
있다. 버스는 휴식차 이곳에서 잠시 정차했
다가 다시 출발한다.

⑭ 시청 앞(고베시)
市役所前(神戸市)

① 카모메리아
かもめりあ

⑯ 메리켄 파크
メリケンパーク

⑮ 모토마치 상점가
元町商店街

지하철 산노미야역 입구

요금 160엔~(구간에 따라 가산)
홈페이지 www.hanshin.co.jp/global/korea/

지하철 地下鉄

산노미야三宮·하나도케이마에花時計前역에서 출발하는 카이간선海岸線과 신고베新神戸역에서 출발하는 세이신西神·야마테선山手線 두 개의 노선이 있다. 이 두 개의 노선은 철인 28호가 있는 신나가타新長田역에서 만난다.

산노미야에서 구거류지, 하버랜드 쪽으로 갈 때 카이간선을 이용하면 보다 빠르게 이동할 수 있다. 카이간선은 고베의 해안 지역을 연결하는 중요 이동수단인데, 산노미야·하나도케이마에역은 다른 노선의 산노미야역과 200~300m 떨어져 있어서 환승하는 데 약간 불편하다. 승차권은 자동 발매기에서 구입할 수 있다.

※간사이스루패스 사용 가능

요금 210엔~(구간에 따라 가산)
홈페이지 www.city.kobe.lg.jp/life/access/transport/subway/

지하철

한신 전철 阪神電鉄

고베산노미야역에서 모토마치元町역, 코시엔甲子園역이나 고베 현립 미술관이 위치한 이와야岩屋역 등으로 이동할 때 편리하다.

※간사이스루패스 사용 가능

포트라이너 Port Liner

UCC 박물관이나 이케아에 갈 때 이용하면 좋은 포트라이너는 고베 산노미야역과 포트랜드를 연결하는 모노레일. 산노미야를 출발하여 나카코엔中公園역–시민히로바市民広場역–미나미코엔南公園역(이케아 앞)–키타후토北埠頭역 순으로 지나 다시 산노미야로 돌아오는 노선과, 시민히로바역에서 바로 고베 공항神戸空港으로 가는 노선이 있다.

타기 전에 행선지를 잘 보고 타도록 하자. 승차권은 개찰구 근처 자동 발매기에서 구입하면 된다.

※간사이스루패스 사용 가능

요금 1구간 210엔, 2구간 250엔
홈페이지 www.knt-liner.co.jp/ko/

택시 タクシー

택시 요금이 비싼 편이고, 버스나 지하철 등이 잘 발달되어 있어 특별히 택시를 탈 일은 없는 편이다. 다만, 심야 시간대나 버스나 지하철 등의 노선이 연결이 되어 있지 않은 곳으로 갈 때는 어쩔 수 없이 택시를 이용해야 하는 경우가 있다. 기본 요금이 700엔 정도이며 1.4km 이후부터는 230m당 80엔씩 가산된다. 심야(23:00~05:00)에는 20% 할증된다.

참고로 도로 상황에 따라 산노미야역에서 하버랜드 또는 비너스 브리지까지 1600~2000엔 정도 나온다. 택시를 탈 때와 내릴 때는 운전기사가 자동으로 문을 열고 닫기 때문에 문에는 손을 대지 않도록 한다.

산노미야 · 모토마치 三宮·元町

다양한 상점가들이 모여 있는 고베 최고의 번화가

고베 여행의 출발점이 되는 산노미야역에서부터 모토마치역 사이에 위치한 고베의 중심부이다. 고베에서 가장 큰 규모의 상점가인 산노미야 센타가이와 모토마치 상점가가 역 주변에 있어 쇼핑하기에 편하다. 고전주의 양식의 옛 석조 건물을 리모델링하여 쇼핑 공간으로 쓰고 있는 세련된 편집 숍과 브랜드 숍이 모여 있는 구거류지는 패션 피플이라면 특히 주목할 만하다. 독특하고 개성 넘치는 가게들이 모여 있는 토어로드와 토어웨스트 그리고 최근에 주목을 끌고 있는 신흥 쇼핑 · 문화 스트리트 오츠카도리까지 어느 곳 하나 빼놓을 수 없는 매력 넘치는 곳들이다.

Check

지역 가이드
여행 소요 시간 4시간
관광 ★☆☆
맛집 ★★★
쇼핑 ★★★
유흥 ★★☆

가는 방법
산노미야 주변은 한큐 · 한신 · JR · 지하철 산노미야三宮역에서 하차한다. 모토마치 및 난킨마치 · 구거류지는 산노미야역에서 10분이면 걸어갈 수 있다. 북쪽의 키타노 이진칸에서 모토마치나 난킨마치 등으로 바로 이동하려면 시티루프버스를 타고 모토마치쇼텐가이元町商店街나 난킨마치南京町 정류장에서 하차한다.

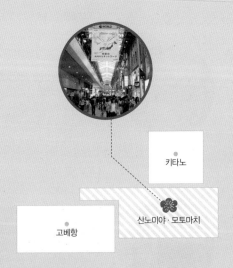

키타노

고베항

산노미야 · 모토마치

※ 참고로 모든 철도 노선의 산노미야역은 三宮로 표기하는데, 유독 JR 산노미야역만 三ノ宮로 표기한다.

산노미야·모토마치의 추천 코스

길게 이어진 상점가가 많아 가게들을 구경하다 보면 어느새 시간이 훌쩍 흐른다.
고베항까지 하루에 다 둘러볼 생각이라면 시간 안배를 잘 해서 움직이도록 하자.

총 소요 시간 4~5시간

❶ 한큐 고베산노미야역 서쪽 개찰구 서쪽 출구
한큐역 외에 한신 전철이나 JR을 이용할 경우에도 역들이 모두 가까이 모여 있기 때문에 이동 루트는 동일하게 움직이면 된다.

{ 도보 3분

❷ 이쿠타 진자
건강과 무병장수를 기원하기 위해 찾는 사람들이 많다. 신사 경내는 작은 편이나 작은 숲과 연못 등이 아기자기하게 가꿔져 있다.

{ 도보 6분

❸ 산노미야 센타가이
고베에서 가장 큰 규모의 상점가. 두 곳의 대형 쇼핑몰을 비롯하여 다양한 아이템을 취급하는 가게들로 이루어져 있다.

{ 도보 1분

❹ 토어로드
고베항 개항 당시에 발전한 유명한 번화가로, 세련된 잡화점과 카페, 인테리어 소품 숍, 수입품 가게 등이 모여 있다.

{ 도보 5분

❺ 난킨마치
일본의 3대 차이나타운 중 하나. 약 200m 이어진 길을 사이에 두고 중국의 음식, 식재료 등을 파는 가게가 모여 있다.

{ 도보 1분

❻ 모토마치 상점가
길이 1.2km의 아케이드식 대형 상점가. 생활 잡화, 인테리어 소품, 의류, 액세서리 등 다양한 아이템을 취급하고 있다.

쇼핑과 맛집 탐방이 중심

산노미야역을 중심으로 한 산노미야 지역과 모토마치역을 중심으로 한 모토마치 지역으로 나눌 수 있다. 쇼핑과 먹을거리가 대표적인 키워드로, 관광지 위주의 키타노 지역이나 고베 항 지역과는 달리 레스토랑과 길거리 음식을 파는 노점이 많아 한 끼 식사를 해결하기에 부족함이 없다. 긴 상점가들이 많아 가게들을 구경하면서 다른 지역으로 이동하기에도 좋다. 산노미야 센타가이는 산노미야에서 모토마치, 난킨마치로 가는 지름길이기도 하다. 천장이 있는 아케이드 상점가라 눈이나 비가 오는 날에는 이 길을 통해 걷는 게 편하다.

난킨마치는 너무 늦지 않게 도착할 것

난킨마치는 일찍 문을 닫는 가게가 많아 너무 늦은 저녁 시간에 가면 차이나타운 특유의 활기 넘치는 분위기를 놓칠 수 있다. 참고로 2월 중순에 춘절제, 9월 말에 중추절, 12월에 랜턴 축제가 열려 난킨마치 일대가 축제 분위기에 휩싸인다.

모토마치 상점가

난킨마치의 랜턴 축제

산노미야 센타가이
三宮センター街 ★★

고베 최대 규모의 상점가
모토마치 상점가와 더불어 고베 시내에서 가장 큰 규모의 상점가로 고베 시민은 물론 관광객들에게도 인기 있는 쇼핑 명소이다. 산노미야에서 모토마치, 난킨마치로 가는 지름길이기도 하다. 선플라자와 센터플라자 두 곳의 대형 쇼핑몰을 비롯해 의류, 잡화, 전자제품, 음반 등 다양한 가게가 늘어서 있다. 천장이 덮인 아케이드 상점가로 비 오는 날에도 안심하고 쇼핑을 즐길 수 있다.

주소 神戸市中央区三宮町1-7-1
교통 한큐 고베산노미야神戸三宮역(HK16) 동쪽 개찰구東改札口의 JR 방면 출구로 나가서 오른쪽으로 도보 5분. 또는 한신 고베산노미야역(HS32) 서쪽 개찰구 서쪽 출구 건너편
지도 P.39-H

피아자 고베
Piazza Kobe ピアザ神戸 ★

보세 아이템으로 가득한 고가 밑 상점가

JR 산노미야역과 JR 모토마치역 사이의 고가 밑에 조성된 상가. 폭 2m의 좁은 통로를 두고 160개의 작은 가게들이 다닥다닥 붙어 있다. 저렴한 유행 아이템이 많아 10~20대 초반의 여성들에게 인기 있는 곳이다. 뒷골목에는 서민적인 선술집들과 작은 바들이 모여 있다.

주소 神戸市中央区北長狭通 2-30-52
교통 한큐 고베산노미야神戸三宮역(HK16) 서쪽 개찰구西改札口로 나와 서쪽 출구에서 고가를 왼쪽에 두고 걷다 보면 입구가 보인다.
지도 P.39-H

이쿠타 로드
生田ロード

세계 각국의 음식이 총망라된 맛집 거리

산노미야역에서 이쿠타 진자로 이어지는 400m 길이의 맛집 거리. 세계 각국의 음식을 파는 가게들과 술집들이 즐비하게 늘어서 있어 식사

이쿠타 로드 입구에 있는 동상

때가 되면 사람들이 많이 몰린다.

주소 神戸市中央区北長狭通12
교통 한큐 고베산노미야神戸三宮역(HK16) 서쪽 개찰구西改札口로 나와 서쪽 출구에서 도보 3분
지도 P.39-H

이쿠타 진자 ★
生田神社

자연을 느낄 수 있는 도심 속의 신사
이쿠타 신을 모시는 가문의 이름인 칸베神戸
에서 고베神戸라는 지명이 생겨났다는 설이
있는 만큼 고베 사람들에게 중요한 의미를 가
지는 신사. '이쿠타生田'라는 단어는 '넘치는
생명력'을 의미하기도 하여 건강과 무병장수
를 기원하기 위해 찾는 사람들의 발걸음이 끊
이지 않는다. 총 14채의 부속 신사가 있으며,
크지 않지만 신록이 우거진 숲과 연못 등이 가
꾸어져 있어 봄, 가을에 특히 아름답다.

주소 神戸市中央区下山手通1-2-1
전화 078-321-3851
개방 07:00~일몰
휴무 무휴 요금 경내 무료
홈페이지 www.ikutajinja.or.jp
교통 한큐 고베산노미야神戸三宮역(HK16) 서쪽 개
찰구西改札口로 나와 서쪽 출구에서 도보 3분
지도 P.39-H

토어로드 ★
トアロード

세련된 가게들이 모여 있는 이국적인 거리
북쪽의 키타노 코보노 마치에서 남쪽의 다이마
루 백화점을 잇는 긴 도로. 고베항 개항 당시부
터 유명한 번화가였다. 길 양쪽으로는 오래된
잡화점과 카페, 옷 가게, 수입품 가게 등 세련되
고 이국적인 분위기의 가게들이 늘어서 있다.
한적한 동네의 예쁜 스위츠 전문점에서 달콤한
케이크와 함께 차 한잔의 여유를 즐기거나 셀
렉트 숍을 구경하고 싶은 이들에게 추천한다.

주소 神戸市中央区下山手通2
홈페이지 www.torroad.com
교통 한큐 고베산노미야神戸三宮역(HK16) 서쪽 개
찰구西改札口로 나와 서쪽 출구에서 도보 5분
지도 P.38-D, 39-G

토어웨스트
トアウエスト

개성 넘치는 가게들이 숨어 있는 곳

토어로드의 서쪽
지역 일부분을
일컫는 지명. 좁
은 골목 양쪽으
로 작은 카페, 셀
렉트 숍, 중고 옷 가게, 미용실 등 개성 넘치고
독특한 가게들이 늘어서 있어 고베 젊은이들
이 많이 찾는 곳이다.

주소 神戸市中央区下山手通4
교통 한큐 고베산노미야神戸三宮역(HK16) 서쪽 개
찰구西改札口로 나와 서쪽 출구에서 도보 5분
지도 P.39-G

모토마치 ★★
元町

세련된 고베 멋쟁이들의 집결지

모토마치역 주변 지역. 더불어 고베 최대의 생활·관광 중심지로, 다양한 국적의 요리를 맛볼 수 있는 맛집과 디저트가게가 모여 있다. 아케이드 상점가인 모토마치 상점가와 차이나타운인 난킨마치가 주요 볼거리.

교통 JR 모토마치元町역(지하는 한신 모토마치역)
주변 지역 지도 P.39-J

모토마치 상점가 ★★
元町商店街 🔊 모토마치 쇼텐가이

고베 최대의 쇼핑 천국

길이 1.2km에 달하는 아케이드 상점가로, 300여 개의 가게가 모여 있다. 최신 유행을 선도하는 일본의 3대 쇼핑가 중 하나로 손꼽혔으나, 최근 구거류지에 새로운 고급 패션 상권이 조성되면서 이곳은 평범한 상점가가 되었다.

다이마루 백화점 건너편에 있는 모토마치 상점가 입구

하지만 아직도 고베 시민들의 생활의 중심지임에는 틀림없다.

주소 神戸市元町通 1~6丁目
교통 JR 모토마치元町역(지하는 한신 모토마치역)
동쪽 출구에서 도보 2분 지도 P.39-J

난킨마치(차이나타운) ★★
南京町

일본의 3대 차이나타운 중 하나

요코하마 차이나타운, 나가사키 차이나타운과 함께 일본의 3대 차이나타운 중 하나. 모토마치 상점가의 남쪽에 접해 있으며 약 200m의 길을 사이로 중국의 음식, 식재료, 잡화 등을 파는 100여 개의 가게들이 늘어서 있다. 마치 중국의 작은 시장 하나를 그대로 옮겨놓은 듯한 분위기다.

특히 중국 음식점 앞의 가판에서는 만두, 튀김 등 바로 먹을 수 있는 군것질거리를 팔고 있어 출출해진 배를 간단히 채울 수 있다.

해 질 무렵에는 난킨마치 중앙에 위치한 작은 광장 아즈마야あずまや와 동쪽에 위치한 장안문長安門에 조명을 밝혀 중국 특유의 시끌벅적하고 활기찬 분위기가 더욱 고조된다. 저녁 8시 정도면 문을 닫는 가게가 많다.

주소 神戸市中央区元町通1-1-1
홈페이지 www.nankinmachi.or.jp
교통 JR 모토마치元町역(지하는 한신 모토마치역)
동쪽 출구에서 도보 3분
지도 P.39-J

1 고베 속의 작은 중국 2 아즈마야 광장

고베 시립 박물관
神戸市立博物館 🔊 코베 시리츠 하쿠부츠칸

국제 문화 교류를 테마로 한 박물관
1982년에 개관한 박물관으로 도리스식의 원주가 늘어선 신고전주의 양식의 석조 건물이 인상적이다. 입구에 세워진 로댕의 〈칼레의 시민〉 중 일부인 장 드 피엥느의 동상이 볼만하다. '국제 문화 교류'를 기본 테마로 약 5만 점의 작품을 소장하고 있으며 이를 중심으로 한 상설전 및 기획전을 열고 있다.

주소 神戸市中央区京町24
전화 078-391-0035 영업 09:30~17:30(입장 마감 17:00 / 전시에 따라 다름)
휴관 매주 월요일, 연말연시, 부정기 휴일
요금 컬렉션전 300엔, 특별전은 전시마다 다름
홈페이지 www.kobecitymuseum.jp
교통 한신 고베산노미야神戸三宮역(HS32)에서 도보 10분
지도 P.39-K

1층 외벽에 전시 홍보물이 붙어 있다.

시청 전망대에서 본 고베 시내

고베 시청 전망 로비
神戸市役所一号館展望ロビー
🔊 코베 시야쿠쇼 이치고칸 텐보 로비

공짜로 즐기는 고베 야경
높이 132m의 고층 건물인 고베 시청 1호관(본청)의 24층에 위치한 무료 전망 로비. 남쪽의 포트 아일랜드와 메리켄 파크, 그리고 북쪽의 키타노, 롯코산의 경치를 즐길 수 있다. 로비 한편에는 고베의 관광, 국제 교류와 관련된 작은 전시 공간과 휴게 코너도 마련되어 있다. 단, 시야가 좁고 유리창에 내부 조명이 비치는 등 전망대로서 조금 아쉬운 부분도 없지 않다.

주소 神戸市中央区加納町6-5-1
전화 078-331-8181 영업 09:00~22:00(토 · 일 · 공휴일 10:00~22:00) 휴관 연말연시 요금 무료
홈페이지 www.city.kobe.lg.jp/a28956/shise/about/building/24kai_lobby.html 교통 한신 고베산노미야 神戸三宮역(HS32)에서 도보 5분
지도 P.39-L

오츠나카도리 ★
乙仲通り

최근 주목받는 쇼핑 · 문화의 거리
약 800m 길이의 신흥 쇼핑가로 세련되고 아기자기하며 개성 넘치는 아이템을 취급하는 잡화점과 부티크, 아틀리에, 카페, 베이커리 등 약 270개의 가게들이 모여 있다.
역 주변에 비해 한적하고 관광객이 적어 느긋하게 둘러보기 좋으며 오래된 건물의 2층, 3층에 자리 잡은 아틀리에나 빈티지 숍 등 재미있는 곳이 숨어 있다.

유럽풍 가게들이 많다.

교통 JR 모토마치元町역(지하는 한신 모토마치역) 동쪽 출구에서 도보 8분
지도 P.39-J

SPECIAL

Page

개항 당시 외국인들의 거주지이자 경제의 중심지

구거류지
旧居留地

구거류지(◀큐쿄류치)는 1863년 고베항을 개항했을 당시 쏟아져 들어온 외국인들의 거주와 경제 활동을 위한 지역으로 조성된 외국인 거류지였다. 당시 지어진 건물들은 대부분 고전주의 양식을 따른 육중한 석조 건물이다.

다이쇼 시대부터 쇼와 시대 초기에 걸쳐 일본의 상사나 은행 등이 이곳에 진출해 대형 오피스 타운을 형성했는데 시대의 흐름에 따라 점점 쇠락해 건물들은 비어가고 사람들의 발길도 줄어들게 되었다.

그러다 1988년에 진행된 도시 재생 프로젝트를 계기로 현재는 옛 건물에 백화점의 고급 매장과 명품 브랜드 숍, 편집 숍, 해외 브랜드 매장 등이 입점해 새로운 고급 패션 상권으로 주목받고 있다.

홈페이지 www.kobe-kyoryuchi.com
교통 한신 고베산노미야神戸三宮역(HS32)에서 도보 10~15분. 또는 시티루프버스 큐쿄류치旧居留地·시리츠하쿠부츠칸市立博物館 정류장 주변
지도 P.39-K

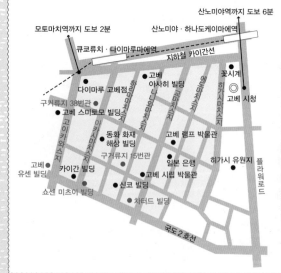

모토마치역까지 도보 2분
산노미야역까지 도보 6분
산노미야·하나도케마에역
큐쿄류치·다이마루마에역
지하철 카이간선
꽃시계
고베 시청
고베 아사히 빌딩
다이마루 고베점
구거류지 38번관
고베 스미토모 빌딩
고이카와스지
동화 화재 해상 빌딩
고베 램프 박물관
구거류지 15번관
일본 은행
카이간 빌딩
고베 유센 빌딩
고베 시립 박물관
히가시 유원지
신코 빌딩
플라워로드
쇼센 미츠이 빌딩
차터드 빌딩
국도 2 호선

구거류지 38번관의 내부 모습

{ 구거류지의 주요 건축물 }

고베 유센 빌딩 神戸郵船ビル

1918년에 구 일본 유센 고베 지점으로 세워진 건물이다. 현재는 고베 메리켄 빌딩으로 불리고 있다.

주소 神戸市中央区海岸通1-1-1 神戸メリケンビル

구거류지 38번관 旧居留地38番館

1929년에 세워진 내셔널 시티 뱅크 오브 뉴욕의 건물. 지금은 다이마루 백화점의 별관으로 사용되고 있다.

주소 神戸市中央区明石町40

구거류지 15번관 旧居留地15番館

옛 미국 영사관 건물. 구거류지 건물 중 유일하게 거류지 시대 (1868~1899년)에 지어진 건물로, 중요문화재로 지정되어 있다. 현재 레스토랑 투스투스 메종 피프틴스TOOTHTOOTH Maison 15th가 입점해 영업하고 있다.

주소 神戸市中央区浪花町15

차터드 빌딩 チャータードビル

1938년 구 차터드 은행 고베 지점으로 지어진 건물. 남쪽으로 난 레트로한 느낌의 회전문이 당시 그대로 남아 있어 눈길을 끈다. 현재는 1층에 아웃도어 브랜드 아크테릭스Arc'teryx의 매장이 운영되고 있다.

주소 神戸市中央区海岸通9-2

쇼센 미츠이 빌딩 商船三井ビル

구 오사카 상선 고베 지점이 있던 건물로 미국 르네상스 양식의 외관이 돋보인다. 고베 레트로 건물의 대표적인 존재로 평가받고 있다.

주소 神戸市中央区海岸通5

restaurant

산노미야·모토마치의 맛집

스테이크 랜드
ステーキランド

강추

고베규 스테이크를 저렴하게 즐긴다
저렴한 가격에 고베규를 먹을 수 있어 인기가
높은 곳이다. 특히 런치 시간대에 가면 더욱
저렴하다. 점심 메뉴 중 특히 저렴한 S런치와
L런치는 고베규가 아닌 일반 소고기를 사용하
므로 고베규를 맛보고자 한다면 고베규 스테
이크 런치神戸牛ステーキランチ(3500엔)를
주문하자. 세트 메뉴는 기본적으로 맑은 국과
샐러드, 구운 채소와 빵(또는 밥), 그리고 음료
로 구성된다.
런치 시간 이외에는 기본 세트 메뉴인 만조쿠
세트まんぞくセット의 고베규 스테이크 세트
神戸牛ステーキセット(180g, 5300엔)나 기본
세트에 전채 요리와 회, 디저트가 추가된 디너
세트의 고베규 스테이크 디너神戸牛ステーキ
ディナー(180g, 7000엔)가 무난하다.
주문할 때 팡パン(빵)과 고항ご飯(밥) 중 어떤

것으로 할지 물어보니 취향에 맞게 고를 것.
참고로 빵은 크기가 조금 작은 편이다. 주문을
마치면 손님 앞에 있는 철판에서 직원들이 고
기와 마늘, 채소 등을 구워준다.

주소 神戸市中央区北長狭通1-8-2
전화 078-332-1653
영업 11:00〜22:00(주문 마감 21:00) 휴무 부정기
카드 가능 홈페이지 steakland-kobe.jp
교통 한큐 고베산노미야神戸三宮역(HK16) 서쪽 개
찰구西改札口로 나와 서쪽 출구 바로 앞.
지도 P.39-H

미소노
みその

철판구이의 원조
1945년에 처음 문을 연 미소노는 손님이 보는 앞에서 철판에서 고기를 구워내는 일본식 철판구이 스테이크의 원조로 잘 알려져 있다. 고베규의 최고급 랭크인 A4, A5급의 흑우를 사용하고 있으며 2주 이상 숙성시킨 소고기를 제철 채소와 해산물과 함께 능숙한 솜씨로 구워내어 손님들의 접시에 바로 담아준다.
저렴하게 즐기고 싶으면 런치 메뉴가 좋다. 런치 메뉴 중에서는 안심스테이크(120g)에 샐러드, 구운 채소, 밥, 미소시루, 장아찌, 차나 커피가 세트로 나오는 C런치(3850엔)가 인기 메뉴. 디너 메뉴 중에서는 스테이크 150g에 전채요리, 5가지의 구운 채소, 샐러드, 디저트로 구성된 A코스(1만 1000엔~)가 무난하다. 디너 메뉴는 서비스료 10%가 별도로 부과되므로 참고할 것.

주소 神戸市中央区下山手通1-1-2 みそのビル7-8F
전화 078-331-2890
영업 11:30~14:30(주문 마감 13:30), 17:00~22:00(주문 마감 21:00) 휴무 연말연시 카드 가능
홈페이지 www.misono.org
교통 한큐 고베산노미야神戸三宮역(HK16) 서쪽 개찰구西改札口로 나와 서쪽 출구에서 도보 2분, 미소노 빌딩 7~8층
지도 P.39-H

레드락 본점
Red Rock 【강추】

고기가 푸짐하게 올라간 로스트비프 덮밥
식사 시간이면 늘 긴 행렬이 늘어서는 유명한 로스트비프 덮밥 전문점. 한큐 전철역 1층, 전철 노선을 따라 길게 나 있는 먹자골목 안에 자리하고 있다. 특제 소스, 달걀노른자와 함께 로스트비프가 밥 위에 푸짐하게 올려져 있는 로스트비프동ロストビーフ丼(950엔~) 가격도 저렴한 편이다.
또, 미국 명품 소고기를 맛깔나게 구워 달달하

스테키동

고 짭조름한 특제 소스와 함께 밥 위에 얹어 내는 스테이크동(850엔~)도 인기 메뉴. 키오스크에서 한국어 서비스를 제공해 쉽게 주문할 수 있다.

주소 神戸市中央区北長狭通1-31-33 JR高架下1F
전화 078-334-1030 영업 11:30~21:00 휴무 무휴
카드 불가 홈페이지 redrock-kobebeef.com
교통 한큐 고베산노미야神戸三宮역(HK16) 서쪽 개찰구西改札口로 나와 바깥쪽 에스컬레이터를 내려오면 왼쪽 출구로 이어진 먹자골목에 위치
지도 P.39-H

곳이라고 한다. 빵 종류가 무척 다양한데, 그 중에서 저울에 달아 판매하는 미니 크루아상 (4~5개, 160엔~)이 인기 있다.

주소 神戸市中央区三宮町2-10-19
전화 078-391-5481
영업 08:00~20:00(카페 09:00~18:00)
휴무 부정기 카드 불가
홈페이지 www.donq.co.jp
교통 한큐 고베산노미야神戸三宮역(HK16) 서쪽 개찰구西改札口로 나와 서쪽 출구에서 도보 4분
지도 P.39-H

동크
Donq

현지 프랑스인도 감탄한 빵
1954년 동크만의 오리지널 밀가루를 개발하여 프랑스 빵을 만들기 시작해, 판매 개시 당시 고베 시민들은 물론 고베에 거주하는 프랑스인들의 입맛까지 만족시키며 큰 화제를 낳았다. '짜고 딱딱하기만 한 빵'이라는 프랑스 빵에 대한 일본인들의 인식을 180도 바꾸어준

이스즈 베이커리
イスズベーカリー

동네 빵집에서 맛보는 장인의 빵
고베시에서 처음으로 빵 부문 고베 마이스터 인증을 받은 장인의 빵을 맛볼 수 있는 베이커리. 어릴 적 자주 먹었던 동네 빵집의 그리운 맛이 느껴지는 소박한 느낌의 제품을 주로 취급하고 있다. 버터를 듬뿍 적신 프랑스 빵으로 만든 코가시버터러스크焦しバターのラスク와 겹겹의 파이에 커스터드크림을 채운 팡드크림

파ンドゥクリーム은 꼭 먹어보자. 다양한 맛의 크루아상과 비프카레빵도 추천 메뉴.

주소 兵庫県神戸市中央区北長狭通2-1-14
전화 078-333-4180
영업 09:00~22:00
휴무 부정기 카드 불가
홈페이지 isuzu-bakery.jp
교통 JR 산노미야三ノ宮역 서쪽 출구 또는 한큐 고베산노미야神戸三宮역(HK16) 동쪽 개찰구東改札口로 나와 키타노자카北野坂 출구에서 도보 1분
지도 P.39-H

키타노자카 입구에 위치해 찾기 쉽다.

뉴 뮌헨 고베대사관
ニューミュンヘン神戸大使館

산지 직송 생맥주를 맛볼 수 있는 비어홀

시즈오카 맥주 공장에서 직송된 삿포로 맥주를 맛볼 수 있는 비어홀. 1L짜리 대형 맥주잔에 담겨 나오는 삿포로 생맥주(1350엔)나 여기에서만 맛볼 수 있는 오리지널 맥주 고베 타이시칸 비루神戸大使館ビール(750엔)도 추천 메뉴. 맥주 맛에 대한 고집이 상당하여 1958년 창업 이래 철저한 맥주 품질 관리를 자랑하는 곳이다. 안주도 아주 다양한데 그중에서도 교토 탄바 지역의 토종닭으로 만든 닭튀김 탄바치도리노 카라아게丹波の唐揚(800엔~)가 이

가게의 대표 메뉴이다.

주소 神戸市中央区三宮町2-5-18
전화 078-391-3656
영업 주중 14:00~22:00, 주말 12:00~22:00(폐점 30분 전 주문 마감) 휴무 부정기 카드 가능
교통 한큐 고베산노미야神戸三宮역(HK16) 서쪽 개찰구西改札口로 나와 서쪽 출구에서 도보 4분
지도 P.39-H

아 라 캄파뉴
À La Champagne

제철 과일 타르트로 유명

고베에서 시작한 스위츠 전문점으로, 안심하고 먹을 수 있는 고품질 재료로 만든 100종 이상의 케이크를 개발했으며 시기에 따라 약 20종의 케이크를 판매하고 있다.
이곳의 제품들은 대부분의 제조 과정이 전문 파티시에의 수작업을 통해 이루어진다. 알록

달록한 제철 과일들이 듬뿍 올라간 과일 타르트부터 견과류, 초콜릿, 치즈 등 다양한 재료들로 만들어진 각종 타르트, 과자 등을 맛볼 수 있다. 모든 메뉴는 조각으로도 판매하며 가격대는 500~1000엔 정도로 부담 없이 먹을 수 있다.

주소 神戸市中央区下山手通2-5-5
전화 078-331-7110
영업 12:00~21:00(주문 마감 20:00)
휴무 부정기 카드 가능
홈페이지 www.alacampagne.jp
교통 한큐 고베산노미야神戸三宮역(HK16) 서쪽 개찰구西改札口로 나와 서쪽 출구에서 도보 6분
지도 P.39-H

귀여운 머그컵도 판매

타르트 메리메로
タルトメリメロ

마리아주 프레르
Mariage Frères

프랑스 홍차 브랜드의 매장 겸 티 살롱

17세기부터 시작된 홍차 문화를 계승하고 있는 프랑스의 유명한 홍차 전문점 마리아주 프레르의 고베 지점. 맛과 향이 뛰어난 최고급 품질의 홍차를 비롯하여 세계 각국의 다양한 종류의 차와 자체 개발한 가향 차까지 다양한 제품을 취급하고 있다. 직원에게 부탁하면 원하는 찻잎의 시향도 가능하다. 세련된 패키지 디자인으로 선물용으로도 인기 있다.

특히 중국 실크로드와 티벳에서 공수한 꽃과 과일의 달콤한 향을 간직한 마르코폴로マルコポーロ는 홍차 마니아들에게 꾸준히 호평을 받는 메뉴 중 하나. 매장 한쪽에는 티 살롱이 있어 홍차와 디저트를 맛볼 수 있다.

주소 神戸市中央区三宮町3-6-1 神戸BAL 2F
전화 078-391-6969
영업 11:00~20:00(카페 주문 마감 19:20)
휴무 부정기 카드 가능
홈페이지 www.mariagefreres.co.jp
교통 JR 모토마치元町역 동쪽 출구에서 도보 6분. 고베 BAL 건물 2층
지도 P.39-H

모리야 쇼텐
森谷商店

금방 튀겨낸 고로케가 인기

1873년에 창업하여 지금까지 쭉 영업을 이어오고 있는 모토마치의 터줏대감으로 고베규를 주로 취급하고 있는 정육점이다. 가게 한편에서 바로 튀겨주는 바삭한 고로케가 주민과 관광객들에게 매우 인기 있는데 매일 평균 2000개, 많을 때에는 3000개가 팔린다고 한다. 대

표 메뉴는 모리야노 고로케森谷のコロッケ (100엔). 간 고기에 튀김옷을 입혀 튀겨낸 민치카츠ミンチカツ(150엔)와 고기 사이에 햄을 넣어 튀긴 하무카츠ハムカツ(150엔)도 인기 있다.

주소 神戸市中央区元町通1-7-2
전화 078-391-4129
영업 10:00~20:00(고로케 판매 10:30~19:30)
휴무 부정기 카드 불가
홈페이지 moriya-kobe.co.jp
교통 JR 모토마치元町역(지하는 한신 모토마치역) 동쪽 출구에서 도보 6분 지도 P.39-K

파티스리 몽프류
Patisserie Mont Plus

가장 주목받는 스위츠 전문점 중 하나

세련된 외관과 널찍한 나무 테이블, 아기자기
하고 예쁜 조각 케이크와 과자들까지, 티 타임
을 즐기기에 어느 것 하나 부족함이 없다. 가
게 안쪽에 위치한 주방은 유리벽 하나를 사이
에 두고 카페와 연결되어 있어 과자 만드는 모
습을 볼 수 있다.
상큼한 과일을 사용하여 만든 일부 제품을 제
외하면 전반적으로 조금 단 편이라 음료는 달
지 않은 것으로 주문하는 것이 좋다. 케이크와
과자, 음료수 각각 400~600엔대.

주소 神戸市中央区海岸通3-1-17
전화 078-321-1048
영업 10:00~18:00(주문 마감 16:00)
휴무 매주 화, 월 2회 수(홈페이지에서 확인)
카드 불가 홈페이지 www.montplus.com
교통 JR 모토마치元町역(지하는 한신 모토마치역)
동쪽 출구에서 도보 8분
지도 P.39-J

크레무 오랑주
クレーム・オランジュ

다양한 종류의 스위츠

칸논야 본점
観音屋

오랜 역사의 치즈케이크가 인기

1975년에 처음으로 모토마치에 터를 잡아 지
금은 고베 여러 곳에 지점을 두고 있는 인기
디저트 전문점이다. 오븐토스터에서 구워낸
따뜻한 덴마크 치즈케이크(408엔)는 덴마크에
서 직수입한 치즈를 사용하여 하나하나 손수
만든 것으로 칸논야의 간판 메뉴이기도 하다.
덴마크 치즈케이크는 숯불에 원두를 볶아낸
커피, 스미비바이센 코히炭火焙煎コーヒー와
함께 먹는 것을 추천한다(치즈케이크와 드링
크 세트 메뉴 900엔대).
이곳 본점은 건물 지하에 위치해 분위기는 그
저 그런 편. 분위기를 중시하는 이들은 하버랜
드 모자이크 지점을 찾도록 하자.

주소 神戸市中央区元町通3-9-23
전화 078-391-1710
영업 10:30~20:30 휴무 부정기 카드 가능
홈페이지 www.kannonya.co.jp
교통 JR 모토마치元町역(지하는 한신 모토마치역)
동쪽 출구에서 도보 2분
지도 P.39-J

간판 메뉴인 덴마크 치즈케이크와
스미비바이센 코히

shopping

산노미야·모토마치의 쇼핑

민트 고베
Mint Kobe

JR 산노미야역 바로 앞에 있는 복합 건물

3~6층은 영캐주얼 의류와 잡화, 인테리어, 화장품 브랜드가 입점해 있다. 7~8층 식당가에는 교토에 본점을 둔 유명한 돈카츠 전문점 카츠쿠라와 카페 코코노하ココノハ가 인기 있다. 지하 1층에는 슈퍼마켓 코요Kohyo도 있다.

주소 神戸市中央区雲井通7-1-1 ミント神戸
전화 078-265-3700
영업 11:00~21:00(식당가 11:00~23:00)
휴무 부정기 카드 가게에 따라 다름

홈페이지 mint-kobe.jp
교통 JR 산노미야三ノ宮역 동쪽 출구에서 바로
지도 P.39-I

마디
Madu

유럽과 일본 스타일의 세련된 잡화
유럽과 아시아, 일본 각지에서 엄선하여 들여온 상품들을 한자리에 모아두었다. 주로 유럽풍의 식기나 인테리어 집기, 소품 등의 하우스웨어를 메인으로 취급하고 있다.
쇼핑몰인 고베 바루神戸BAL 3층에 위치하고 있다.

주소 神戸市中央区三宮町3-6-1 神戸BAL 3F
전화 078-391-0380 영업 11:00~20:00
휴무 부정기 카드 가능
홈페이지 www.madu.jp
교통 한큐 고베산노미야神戸三宮역(HK16) 서쪽 개찰구西改札口로 나와 서쪽 출구에서 도보 6분. 고베 바루神戸BAL 건물 3층
지도 P.39-K

빔스 하우스
BEAMS HOUSE

셀렉트 숍 빔스의 고급형 매장
고급 쇼핑 지구인 구거류지에 자리하고 있는 빔스의 플래그십 스토어. 일본의 대표적인 셀렉트 숍 브랜드인 빔스의 고급형 매장이다. 세련된 외관이 인상적이며, 1~2층으로 구성된 매장에는 여성의류, 남성의류, 액세서리 및 소품 등이 가득하다.

주소 神戸市中央区明石町31-1
전화 078-334-7125 영업 11:00~20:00 휴무 부정기
카드 가능 홈페이지 www.beams.co.jp/shops/detail
/beams-house-kobe
교통 JR 모토마치元町역(지하는 한신 모토마치역)
동쪽 출구에서 도보 7분, 다이마루 백화점 뒤쪽
지도 P.39-K

파란색 프레임의 건물 외관이 눈에 띈다.

파밀리아 신고베 본점
Familiar

놀 거리가 풍부한 유아복, 아동복 전문 매장
고베에서 처음 시작하여 전국에 수많은 매장을 둔 유아복 및 아동복 전문 브랜드 파밀리아의 새로운 본점 매장으로 매장 안에는 카페, 소규모 도서관, 레스토랑, 키즈룸, 수유룸 등이 있어 아이들과 같이 방문하기 좋다.

주소 神戸市中央区西町33-2
전화 078-321-2468
영업 11:00~19:00 휴무 부정기 카드 가능
홈페이지 www.familiar.co.jp
교통 JR 모토마치元町역(지하는 한신 모토마치역)
동쪽 출구에서 도보 7분, 다이마루 백화점 뒤쪽
지도 P.39-K

구거류지 38번관
旧居留地38番館

옛 건축물에 자리한 고급 브랜드 매장
1929년에 세워진 '내셔널 시티 뱅크 오브 뉴욕'의 건물로 지금은 다이마루 백화점의 별관으로 사용되고 있다. 오랜 역사를 간직한 옛 건물의 중후함과 세련된 내부가 눈길을 끈다. 1층에는 에르메스, 2층에는 꼼 데 가르송, 3층에는 셀렉트 숍 라파르망L'Appartement이 입점해 있다.

주소 神戸市中央区明石町40 旧居留地38番館
전화 078-331-8121
영업 10:00~20:00(매장에 따라 다름) 휴무 부정기
카드 매장에 따라 다름 홈페이지 www.daimaru.
co.jp/kobe 교통 JR 모토마치元町역(지하는 한신 모토마치역) 동쪽 출구에서 도보 7분, 다이마루 백화점 뒤쪽에 위치 지도 P.39-K

꼼 데 가르송 매장 입구

키타노 北野

이국적인 정취가 가득한 고베의 대표 관광지

고베항이 개항하면서 항구 부근에 외국인들이 모여 살기 시작했는데, 고베의 발전과 더불어 외국인들의 수가 급증하자 일본 정부는 키타노 지역에 외국인들의 거주를 허가하여 지금의 외국인 주택 거리가 생겨나게 되었다. 외국인 주택이 지어지기 시작한 것은 1887년부터이며 처음에는 200채가 넘었으나 현재 남아 있는 것은 30채 정도이다. 키타노자카 쪽에는 일반 공개를 하고 있는 20여 채의 이진칸이 언덕의 좁은 오솔길을 사이에 두고 옹기종기 모여 있어 이국적이고 독특한 분위기를 내고 있다. 이진칸 이외에도 맛집과 카페, 기념품 가게, 과자 가게 등이 모여 있으니 천천히 산책을 즐겨보자.

Check

지역 가이드
여행 소요 시간 4시간
관광 ★★☆
맛집 ★★☆
쇼핑 ★☆☆

가는 방법
JR 산노미야三ノ宮역이나 한큐 고베산노미야神戸三宮역에서 동쪽 개찰구東改札口 쪽의 키타노자카北野坂 방면 출구로 나와 15분 정도 걸으면 이진칸들이 모여 있는 키타노자카 언덕에 도착. 시티루프버스 이용 시는 초입의 키타노이진칸 정류장까지 15분 소요(260엔).
다시 산노미야역으로 돌아갈 때에는 신고베역 주변을 경유하는 시티루프버스를 타기보다는 걷는 게 더 빠르고 편할 수도 있다.

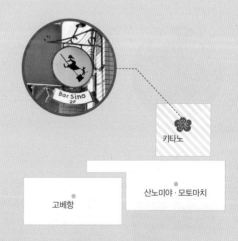

키타노

산노미야 · 모토마치

고베항

키타노의 추천 코스

보고 싶은 이진칸의 수에 따라 소요 시간도 크게 달라진다.
꼭 보고 싶은 곳 몇 군데를 골라 이동하면서 이국적인 키타노 거리의 낭만을 만끽해 보자.
총 소요 시간 4~5시간

❶ 한큐 고베산노미야역 동쪽 개찰구 쪽의 키타노자카 방면 출구
시티루프버스를 타고 간다면 키타노코보노마치 정류장에서 하차한다.

도보 10분

❷ 키타노 코보노 마치
작은 공방과 고베의 유명한 디저트 전문점, 잡화점 등이 모여 있는 작은 쇼핑 센터. 초등학교 건물을 리모델링해 쓰고 있다.

시티루프버스 8분

❸ 키타노 이진칸
고베항 개항 당시 외국인들이 거주하던 주택들이 모여 있는 곳. 거리 전체가 이국적이고 아기자기한 분위기가 물씬 풍긴다.

도보 1분

❹ 키타노마치 광장
이진칸 마을의 중심이 되는 원형 광장. 풍향계의 집 바로 앞에 있어 사진을 찍는 사람들로 북적거린다.

도보로 바로

❺ 풍향계의 집
독일인 무역상의 주택으로, 키타노 이진칸 중에서 가장 인기 있는 곳. 붉은 벽돌의 외벽과 수탉 모양의 풍향계로 유명하다.

도보로 바로

❻ 키타노텐만 진자
고베 시내를 조망할 수 있는 작은 신사. 소원을 이루어주는 잉어 동상과 물에 띄우면 글씨가 나타나는 오미쿠지(점괘)가 있다.

도보 4분

❼ 비늘의 집 · 우로코 미술관
비늘의 집은 넓은 정원과 비늘 모양의 외벽이 독특한 분위기를 내는 주택. 바로 옆에는 마티스나 키슬링 등의 작품이 전시된 우로코 미술관이 있다.

입장권을 할인받을 수 있는
키타노 이진칸 공통권
北野異人館共通券

이진칸은 입장료를 받는 곳이 대부분이다. 전부 들어가 보는 것은 비용 면에서 무리가 있으므로, 최대 1200엔을 할인받을 수 있는 공통권을 이용할 것을 추천한다. 공통권 판매부스는 이진칸 거리 곳곳에 위치하고 있으며 각 판매처에 따라 살 수 있는 공통권의 종류 또한 다르다. 판매 부스의 위치는 키타노마치 광장 바로 옆에 있는 관광객 인포메이션 센터 등에서 문의하는 것이 정확하다.

종류	가격	입장 가능한 이진칸
2관 공통권	650엔	풍향계의 집(카자미도리노 야카타), 연두색 집(모에기노 야카타)
3관 공통권	1300엔	덴마크관, 빈·오스트리아 집, 향기의 집 오란다관
3관 공통권	1400엔	영국관, 요칸나가야(프랑스관), 벤의 집
5관 공통권	2100엔	비늘의 집, 우로코 미술관, 야마테 팔번관, 키타노 외국인 클럽, 구 중국영사관

키타노 이진칸 ★★
北野異人館

외국인들이 거주하던 이국적인 마을

한큐 고베산노미야역에서 북쪽 방향으로 도보 15분 거리에 있는 가파른 언덕에 위치한 키타노 지역 일대에는 1867년 고베항 개항 당시에 지어진 외국인들의 주택(이진칸)이 아직도 다수 남아 있다. 일본 속 유럽 같은 이국적인 분위기를 자아내, 고베의 대표적인 관광 명소로 꼽힌다.

현재 약 30여 채 정도의 이진칸이 남아 있으며, 일부는 일반인들을 대상으로 내부를 개방하고 있다. 이진칸의 아기자기한 정원에서 결혼식을 올리는 모습도 자주 볼 수 있다.

이진칸 중에서 가장 유명한 것은 풍향계의 집인데, 지붕 꼭대기에 달려 있는 수탉 풍향계는 키타노 지역의 심볼이기도 하다.

언덕을 따라 올라가는 길에는 고베의 명물 케이크, 푸딩, 과자 등을 파는 가게가 많아 가족, 친구를 위한 선물을 사기에도 좋다.

주소 神戸市中央区北野町
홈페이지 kobeijinkan.com
교통 한큐 고베산노미야神戸三宮역(HK16) 동쪽 개찰구東改札口 쪽의 키타노자카北野坂 방면 출구에서 도보 10분. 또는 시티루프버스 키타노이진칸北野異人館 하차 지도 P.38-B

피리 부는 소녀의 동상이 앉아 있다.

키타노마치 광장
北野町広場　🔊 키타노마치 히로바

아기자기한 이진칸 마을의 중심 광장

키타노 이진칸 중심부에 있는 원형 광장. 작은 꽃들을 심어 가꾼 화단과 분수대, 그리고 악기를 연주하는 모습의 다양한 동상들이 계단이나 벤치 등에 놓여 있다. 광장 바로 뒤쪽으로 키타노 거리에서 가장 유명한 풍향계의 집이 위치해 있어 이를 배경으로 계단 중간쯤에 서서 사진을 찍는 사람들로 늘 북적거린다.

주소 神戸市中央区北野町3-10
교통 한큐 고베산노미야神戸三宮역(HK16) 동쪽 개찰구東改札口 쪽의 키타노자카北野坂 방면 출구에서 도보 17분. 또는 시티루프버스 키타노이진칸北野異人館 하차
지도 P.38-B

풍향계의 집
風見鶏の館

★★

🔊 카자미도리노 야카타

키타노 이진칸의 상징

중후한 분위기가 물씬 풍기는 이 건물은 독일인 무역상 고트프리트 토마스의 저택으로 1909년에 지어진 신고딕 양식의 건물이다.

키타노 지역의 이진칸 중 유일하게 붉은 벽돌을 사용한 외벽이 눈에 띈다. 지붕 위 첨탑에는 키타노 지역의 심볼로도 유명한 수탉 모양의 풍향계가 달려 있는데 수탉은 경계심이 강한 동물로 악한 기운을 쫓는 액막이의 의미가 있다고 알려져 있다.

실내는 독일 전통 양식을 바탕으로 아르누보의 느낌을 살려 디자인되었다. 이 건물은 일본 TV드라마의 배경으로 등장해 관광 명소로 널리 알려지게 되었다.

주소 神戸市中央区北野町3-13-3
전화 078-242-3223 개방 09:00~18:00(시기에 따라 변동. 홈페이지 참조)
휴관 2월·6월 첫째 주 화요일(공휴일이면 다음 날)
요금 500엔 홈페이지 www.kobe-kazamidori.com
교통 한큐 고베산노미야神戸三宮역(HK16) 동쪽 개찰구東改札口 쪽의 키타노자카北野坂 방면 출구에

서 도보 17분. 또는 시티루프버스 키타노이진칸北野異人館 하차
지도 P.38-A

연두색 집
萌黄の館
🔊 모에기노 야카타

연둣빛 외벽의 외국인 저택
당시 미국 총영사였던 헌터 샤프의 저택으로, 1903년에 건축된 바로크 양식의 목조 건물이다. 싱그러운 연둣빛 외벽이 특징으로 아라베스크풍 문양의 계단과 베란다, 중후한 디자인의 벽난로 등이 눈길을 끈다.

주소 神戸市中央区北野町3-10-11
전화 078-222-3310 개방 09:00~18:00
휴무 2월 셋째 주 수·목요일(공휴일이면 다음 날. 시기에 따라 변동) 요금 350엔
홈페이지 kobeijinkan.com/ijinkan_list/moegi
교통 풍향계의 집에서 도보 1분
지도 P.38-A

키타노텐만 진자 ★
北野天満神社

고베 시내를 조망할 수 있는 학문의 신사
돌로 만든 큰 도리이(신사 입구에 세우는 기둥)를 지나 가파른 계단을 올라가면 신사가 있다. 계단을 올라 바로 왼쪽으로는 물을 뿌리면 소원이 이루어진다는 잉어 동상이 있고, 물에 띄우면 글씨가 나타나는 신기한 오미쿠지(점괘) 등도 재미있다. 바로 옆 풍향계의 집의 수탉 모양 풍향계와 고베의 시내 전경, 멀리 보이는 고베항이 어우러진 멋진 풍경을 무료로 즐길 수 있는 전망 포인트로 인기가 높다.

주소 神戸市中央区北野町3-12-1
전화 078-221-2139
개방 일출~일몰 휴무 무휴 요금 무료
홈페이지 www.kobe-kitano.net
교통 풍향계의 집에서 도보 1분
지도 P.38-A

향기의 집 오란다관
香りの家オランダ館
🔊 카오리노 이에 오란다칸

옛 네덜란드 영사관 건물
1918년에 지어져 네덜란드 영사관으로 사용되었던 건물. 1층에는 전 세계적으로 몇 대 없고, 만들어진 지 150년이나 된 네덜란드제 자동 연주 피아노가 놓여 있으며 네덜란드 민족 의상을 입어볼 수 있는 코너도 마련되어 있다.

주소 神戸市中央区北野町2-15-10
전화 078-261-3330
개방 10:00~17:00(시기에 따라 변동. 홈페이지 참조)
휴무 무휴 요금 700엔
홈페이지 www.orandakan.shop-site.jp

교통 풍향계의 집에서 도보 3분
지도 P.38-B

덴마크를 상징하는 오브제를 곳곳에서 만날 수 있다.

덴마크관
デンマーク館

🔊 덴마크칸

바이킹의 나라 덴마크를 소개

바이킹의 나라 덴마크의 역사와 문화를 소개
하기 위한 작은 박물관. 건물 내부에 세계의
바다를 항해했던 바이킹 배를 2분의 1로 축소
하여 전시해 둔 것이 독특하다. 또한 2층에는
세계적인 동화 작가 안데르센의 서재가 재현
되어 있다. 발목까지 인간의 다리를 하고 있는
인어공주 동상, 로열 코펜하겐의 앤티크 접시
등 볼거리가 풍성하다.

주소 神戸市中央区北野町2-15-12デンマーク館
전화 078-261-3591
개방 평일 10:00~17:00, 주말 10:00~18:00(시기에
따라 변동. 홈페이지 참조)
휴무 무휴 요금 500엔
홈페이지 www.orandakan.shop-site.jp
교통 향기의 집 오란다관 바로 옆 지도 P.38-B

빈 · 오스트리아 집
ウィーン·オーストリアの家

🔊 윈 오스토리아노 이에

오스트리아 미니 박물관

오스트리아를 소개하기 위해 만든 작은 박물
관으로 오스트리아의 문화, 생활상 등을 볼 수
있는 곳이다. 원통형의 건물은 오스트리아의
전통 건축 양식을 따라 지었다고 한다. 2층 창
작의 방에는 모차르트와 관련한 다양한 전시
물이 있다. 붉은 테이블의 야외 테라스도 이국
적인 운치를 한껏 더한다. 빈의 호텔 임페리얼
직송의 초콜릿도 맛볼 수 있다.

주소 神戸市中央区北野町2-15-1
전화 078-261-3466
개방 평일 10:00~17:00, 주말 10:00~18:00(시기에
따라 변동. 홈페이지 참조) 휴무 무휴 요금 500엔
홈페이지 www.orandakan.shop-site.jp
교통 향기의 집 오란다관 바로 옆
지도 P.38-A

비늘의 집 · 우로코 미술관
うろこの家 · うろこ美術館

★★

🔊 우로코노 이에 · 우로코 비주츠칸

물고기 비늘 모양의 외벽이 인상적

외국인을 위한 고급 임대주택으로 지어진 건물. 높은 외벽 안쪽으로 넓디넓은 푸른 정원과 이국적인 건물이 독특한 분위기를 자아낸다. 건물 외벽에 마감재로 사용된 천연석 슬레이트가 물고기의 비늘을 닮았다 하여 '비늘의 집'이라 이름 지어졌다.

비늘의 집은 이진칸 중에서 보존 상태가 매우 훌륭한 편에 속한다. 내부 인테리어도 옛 모습 그대로 유지되어 있으며 앤티크 가구와 장식품, 유럽 왕실에서 애용한 도자기 등도 전시되어 있다. 또한 로열 코펜하겐, 갈레나 티파니 등의 세련된 유리공예 작품도 놓칠 수 없다. 본관 3층에서는 고베시 거리를 조망할 수 있어 전망대로도 인기 있다. 저택에 인접한 우로코 미술관에서는 마티스, 키슬링, 위트릴로 등 저명한 화가들의 근현대 회화 작품들이 전시되어 있다.

주소 神戸市中央区北野町2-20-4
전화 078-242-6530 개방 4~9월 09:30~18:00,
10~3월 09:30~17:00(시기에 따라 변동. 홈페이지 참조) 휴무 무휴 요금 1050엔
홈페이지 kobe-ijinkan.net/uroko
교통 빈 · 오스트리아의 집에서 도보 1분
지도 P.38-A

코를 만지면 행운이 찾아온다고 전해지는 멧돼지 동상. 포르첼리노의 복제품이 정원에 놓여 있다.

야마테 팔번관
山手八番館

🔊 야마테 하치반칸

유명한 조각 · 판화 작품을 전시

3개의 옥탑 지붕이 이어진 튜더 양식이 특징인 이 이진칸은 1920년대에 고베에 거주하던 외국인 샌슨의 저택이다.

로댕, 부르델, 베르나르의 작품들과 르누아르의 희소한 브론즈 작품 등 세계의 조각, 판화 작품들, 그리고 각국의 시대별 불상 등이 전시되어 있다. 관내에 있는 〈새턴의 의자〉는 앉으면 소원이 이루어지는 신기한 의자라고 전해진다.

※현재 주말만 개방

주소 神戸市中央区北野町2-20-7
전화 078-222-0490
개방 평일 10:00~17:00, 주말 10:00~18:00(시기에 따라 변동. 홈페이지 참조)
휴무 무휴 요금 550엔

홈페이지 kobe-ijinkan.net/yamate
교통 비늘의 집 · 우로코 미술관 바로 옆
지도 P.38-B

키타노 외국인 클럽
北野外国人倶楽部

🔊 키타노 가이코쿠진 쿠라부

고풍스러운 분위기의 옛 외국인 전용 살롱
개항 당시의 회원제 클럽을 재현한 건물. 부르봉 왕조의 귀족이 사용하던 거대한 벽난로는 곳곳에 정교한 부조가 새겨진 고급스러운 디자인으로 주목을 받고 있다. 또한 옛 모습을 그대로 재현한 주방에는 당시 사용하던 다양한 요리 도구들도 그대로 남아 있다. 정원에는 프랑스 노르망디 지방의 영주가 실제로 사용하던 마차가 놓여 있다.

※2023년 현재 주말에만 개방

주소 神戸市中央区北野町2-18-2
전화 078-242-6458 개방 평일 10:00~17:00, 주말 10:00~18:00 휴무 무휴 요금 550엔
홈페이지 kobe-ijinkan.net/club
교통 야마테 팔번관 바로 옆 지도 P.38-B

구 중국 영사관(언덕 위의 이진칸)
旧中国領事館(坂の上の異人館)

🔊 큐 추-고쿠 료-지칸(사카노 우에노 이진칸)

중국의 예술 작품을 감상할 수 있다
일본에서 유학한 중국의 정치가 왕자오밍이 난징에 친일 정부를 수립했을 때 중국 영사관으로 사용되었다. 내부에는 중국 명나라부터 청나라 시대의 가구와 미술품, 생활용품 등을 전시하고 있다.

※2023년 현재 주말에만 개방

주소 神戸市中央区北野町2-18-2
전화 078-271-9278
개방 평일 10:00~17:00, 주말 10:00~18:00(시기에 따라 변동. 홈페이지 참조) 휴무 무휴 요금 550엔
홈페이지 kobe-ijinkan.net/sakanoue
교통 키타노 외국인 클럽 바로 옆 지도 P.38-B

이탈리아관(플라톤 장식 미술관)
イタリア館(プラトン装飾美術館)

🔊 이타리아칸(프라톤 소우쇼쿠 비주츠칸)

유럽의 가구와 예술 작품을 볼 수 있다
1910년대에 지어진 전통 건축물. 주로 이탈리아 피렌체를 중심으로 유럽의 18~19세기의 가구와 장식품, 회화, 조각 작품 등을 전시하고 있다. 루소, 밀레, 코로, 보나르 등의 그림과 로댕의 브론즈 작품 등이 볼만하다.
수영장이 있는 남쪽 정원에서는 간단한 점심과 음료를 주문할 수 있다.

주소 神戸市中央区北野町1-6-15
전화 078-271-3346
개방 평일 10:00~17:00, 주말 10:00~18:00(시기에 따라 변동. 홈페이지 참조)

휴무 연말연시 요금 800엔
홈페이지 kobe-ijinkan.net/ijinkan_list/platon
교통 구 중국 대사관(언덕 위의 이진칸)에서 도보 2분 지도 P.38-B

고베 키타노 미술관
神戸北野美術館 🔊 코베 키타노 비주츠칸

옛 영사관 건물에 만들어진 작은 미술관
1898년에 지어진 건물로 1978년까지는 미국
영사관이었으며 지금은 미술관으로 사용되고
있다. 아담한 크기의 실내에는 '몽마르트르 언
덕의 화가들: 고베 키타노 이진칸 거리 파리시
몽마르트르 지구 교류전'을 상설 전시하고 있
다. 미술관 한쪽에는 기념품 숍과 카페가 있다.

주소 神戸市中央区北野町2-9-6
전화 078-251-0581
개방 09:30~17:30(입장 마감 17:00)
휴무 매월 셋째 주 화요일(8·12월은 마지막 주 화요
일) **요금** 500엔
홈페이지 www.kitano-museum.com
교통 풍향계의 집에서 도보 4분
지도 P.38-B

라인의 집
ラインの館 🔊 라인노 야카타

작은 정원이 어우러진 이진칸
라인의 집이 지어진 해는 1915년이지만 개방
형 베란다, 처마 등의 디테일은 메이지 시대의
이진칸 건축 양식을 그대로 담아낸 건물이다.
건물 외벽에 얇은 나무 판을 덧대어 마감을 했
는데 이로 인해 생긴 가로줄(라인)이 아름다워
지금의 이름으로 불리게 됐다고 한다.

주소 神戸市中央区北野町2-10-24
전화 078-222-3403 **개방** 09:00~18:00
휴무 2월·6월 셋째 주 목요일(공휴일이면 다음 날.
시기에 따라 변동)
요금 무료
홈페이지 www.kobe-kazamidori.com/rhine
교통 풍향계의 집에서 도보 4분
지도 P.38-B

벤의 집
ベンの家 🔊 벤노 이에

수렵가의 수집품들이 즐비한 외국인 저택
1903년에 지어진 이진칸으로 수렵가 벤 앨리
슨이 살던 저택이다. 담, 벽, 창호 등은 준공 당
시의 모습 그대로 보존되어 있다.
내부에는 세계 각지를 돌며 포획한 동물들의

박제가 그대로 남아 있어 볼거리를 제공한다.
그중에서도 몸길이 2.5m, 체중 580kg의 거대
한 북극곰과 미국의 국조로 지정된 흰머리 독
수리 등이 볼만하다. 동물을 모티프로 한 스테
인드글라스도 재미있다.

주소 神戸市中央区北野町2-3-21
전화 078-222-0430
개방 평일 10:00~17:00, 주말 10:00~18:00(시기에
따라 변동. 홈페이지 참조) **휴무** 무휴 **요금** 550엔
홈페이지 kobe-ijinkan.net/ben
교통 풍향계의 집에서 도보 4분 **지도** P.38-B

요칸나가야(프랑스관)
洋館長屋(仏蘭西館)

고베항 개항 당시의 외국인 아파트
좌우 대칭으로 나란히 세워진 두 채의 목조 건
물이 색다른 분위기를 자아내는 이곳은 건축
당시 외국인을 위한 아파트로 사용되었던 건
물이다.
지금은 프랑스와 관련된 전시를 주로 하고 있
다. 작은 방에는 나폴레옹 시대의 가구 등이
놓여 있으며 아르누보의 인기 작가인 갈레, 돔
형제의 유리공예 작품도 볼 수 있다.

주소 神戸市中央区北野町2-3-18
전화 078-221-2177
개방 평일 10:00~17:00, 주말 10:00~18:00(시기에
따라 변동. 홈페이지 참조) 휴무 무휴 요금 550엔
홈페이지 kobe-ijinkan.net/france
교통 풍향계의 집에서 도보 4분
지도 P.38-B

영국관
英国館 🔊 에이코쿠칸

셜록 홈스의 집을 재현한 옛 영국인 주택
1907년에 지은 건물로 영국의 생활 양식이 잘
보존된 곳이다. 2층에는 영국의 작가 코난 도
일의 명탐정 셜록 홈스의 집이 재현되어 있다.
모자, 케이프, 채찍 등 다양한 소품이 놓여 있
어 재미를 더한다. 모자와 케이프는 자유롭게
입어볼 수 있으며 홈스의 방을 배경으로 사진
촬영도 가능하다. 밤에는 영국풍 바를 운영한
다.

주소 神戸市中央区北野町2-3-16
전화 078-241-2338
개방 평일 10:00~17:00, 주말 10:00~18:00(시기에
따라 변동. 홈페이지 참조) 휴무 무휴 요금 750엔
홈페이지 kobe-ijinkan.net/england
교통 풍향계의 집에서 도보 4분
지도 P.38-B

트릭아트 신기한 영사관(구 파나마 영사관)
トリックア-ト不思議な領事館(旧パナマ領事館)
🔊 토릿쿠아-토 후시기나 료-지칸(큐 파나마 료-지칸)

트릭아트를 즐길 수 있는 독특한 이진칸
새하얀 벽에 녹색 판자가 어우러져 이국적인
분위기를 자아내는 2층 건물로, 당시에 파나
마 영사관으로 사용되었다. 내부에는 평면이
입체로 보이는 착시를 일으키는 그림들이 그
려져 있어 재미있는 사진을 연출할 수 있다.

주소 神戸市中央区北野町2-10-7
전화 078-271-5537
개방 평일 10:00~17:00, 주말 10:00~18:00(시기에
따라 변동. 홈페이지 참조)
휴무 무휴 요금 800엔

홈페이지 kobe-ijinkan.net/trick
교통 풍향계의 집에서 도보 4분 지도 P.38-B

키타노 코보노 마치(키타노 마이스터 가든)
北野工房の町(北野マイスターガーデン)

고베의 먹을거리와 문화 체험을 동시에
원래 초등학교로 쓰이던 건물을 리모델링하여
만든 작은 쇼핑센터. 고풍스러운 느낌의 건물
안에는 다양한 브랜드의 상점과 디저트 가게
와 카페, 작은 공방들이 모여 있다.
달콤한 디저트로 유명한 고베를 대표하는 각
상점에서는 초콜릿, 화과자, 케이크 등의 다양
한 메뉴를 선보이고 있으며 판매는 물론 강좌,
공예 체험 등도 가능하다.

주소 神戸市中央区中山手通3-17-1
전화 078-200-3607
개방 10:00~18:00

휴무 부정기, 연말연시
요금 무료
홈페이지 www.kitanokoubou.jp
교통 한큐 고베산노미야神戸三宮역 서쪽 개찰구西
改札口 쪽의 서쪽 출구西口에서 도보 17분. 또는 시
티루프버스 키타노코보노마치北野工房の町 하차
지도 P.38-D

토텐카쿠
東天閣

서류상 가장 오래된 이진칸

독일인 프리드리히 비숍의 주택으로 신축 신
고서가 존재하는 이진칸 중 가장 오래된 곳이
라 알려져 있다. 실내 디자인에 꽤 공을 들인
흔적이 보이는데, 현관과 계단, 벽난로와 그
주위의 장식 등 어느 것 하나 신경 쓰지 않은
부분이 없을 정도. 현재는 중국요리 전문점으
로 이용 중이라 내부 관람은 불가.

주소 神戸市中央区山本通3-14-18
전화 078-231-1351

영업 식당 11:30~14:30, 17:00~21:00
휴무 연말연시
홈페이지 www.totenkaku.com
교통 키타노 코보노 마치에서 도보 3분
지도 P.38-D

restaurant

키타노의 맛집

카페 프로인트리브
Cafe Freundlieb

 강추

옛 교회 건물을 개조하여 만든 카페
1층은 정통 독일식 빵을 파는 베이커리로, 2층
은 카페 공간으로 꾸며져 있다. 특히 2층의 카
페는 높은 천장에서 오는 압도적인 분위기에
들어서자마자 감탄이 절로 나온다.
11시 30분부터 오후 2시까지 선보이는 런치
메뉴(1540엔)는 샌드위치와 수프, 샐러드, 드
링크가 세트로 구성되어 있는데, 매일 샌드위

높은 천장의 고풍스러운 인테리어

인기 메뉴인 클럽 샌드위치

치 종류가 달라진다. 이곳의 인기 메뉴는 갓 구
운 빵으로 만든 클럽하우스 샌드위치クラブハ
ウスサンドウィッチ(1540엔)와 오리지널 로스
트 비프 샌드위치オリジナルローストビーフサン
ドイッチ(2310엔)이며 단품 주문도 가능하다.

주소 神戸市中央区生田町4-6-15
전화 078-231-6051 영업 10:00~19:00(주문 마감
18:30) 휴무 매주 수요일 카드 가능
홈페이지 h-freundlieb.com/wp1/cafe
교통 한큐 고베산노미야神戸三宮역(HK16) 동쪽 개
찰구東改札口 쪽의 키타노자카北野坂 방면 출구에
서 도보 18분 지도 P.38-C

와코쿠
和黒

 강추

키타노자카 중턱에 위치한 고베규 전문점
붉은색 차양이 드리워진 클래식한 느낌의 외
관이 눈에 띈다. 숙련된 솜씨로 철판 위에서

구워낸 소고기와 채소, 두부를 테이블에 미리
준비된 소금, 후추, 폰즈, 간장에 찍어 먹으면
된다. 가게 내부는 아담한데 비해 손님이 늘
많아 홈페이지를 통해 예약을 꼭 하고 방문하
는 것이 좋다. 고베산 타지마우시但馬牛 등심
130g과 6가지의 구운 채소, 샐러드, 밥, 채소
절임, 수프, 디저트가 나오는 런치 세트ランチ
セット(6100엔, 서비스료 10% 별도)가 저렴하
면서 맛도 무난한 편이다.

주소 神戸市中央区中山手通1-22-13 ヒルサイドテ
ラス1F 전화 078-222-0678
영업 12:00~22:00(주문 마감 21:00) 휴무 무휴
카드 가능 홈페이지 www.wakkoqu.com
교통 한큐 고베산노미야神戸三宮역(HK16) 동쪽 개
찰구東改札口 쪽의 키타노자카北野坂 방면 출구에
서 도보 12분 지도 P.38-E

고베의 스타벅스 콘셉트 스토어

클래식한 분위기의 매장

스타벅스 키타노 이진칸점
スターバックス 北野異人館店

이진칸에 자리한 스타벅스
유형문화재로 지정된 키타노모노가타리칸北野物語館 건물을 이용하여 만든 스타벅스 콘셉트 스토어. 1907년에 지어진 목조 2층 건물로 미국인 소유의 주택이었다. 1995년 지진 피해를 입은 후 허물 예정이었으나 고베시에 건물을 기증하여 현재의 위치로 이축, 재건되었

다. 당시 분위기를 잘 느낄 수 있도록 가구나 바닥 등을 그대로 살려 꾸민 인테리어에서 클래식한 매력이 돋보인다.

주소 神戸市中央区北野町3-1-31 北野物語館
전화 078-230-6302
영업 08:00~22:00 휴무 부정기 카드 가능
홈페이지 store.starbucks.co.jp/detail-940/
교통 한큐 고베산노미야神戸三宮역(HK16) 동쪽 개찰구東改札口 쪽의 키타노자카北野坂 방면 출구에서 도보 15분
지도 P.38-B

아즈리
Azzurri

나폴리피자 협회의 인정을 받은 곳
아즈리만의 독특한 식감을 자랑하는 피자는 주문과 동시에 화덕에서 구워져 나온다. 밀가루를 특별한 방식으로 배합해 반죽한 도우와 이탈리아 나폴리 근교의 살레르노에서 수입한 양질의 모차렐라 치즈를 사용하는 등 재료에도 상당히 신경을 쓰고 있다.
피자는 1600~3000엔, 파스타는 1200~2000엔 정도이며 추천 메뉴는 마르게리타와 콰트로 프로마주 피자가 반씩 더해져 나오는 피자

파자Pizza Pazza(2430엔). 언제나 대기 줄이 매우 길기 때문에 예약을 추천한다.

주소 神戸市中央区山本通3-7-3ユートピア トーア 1F 전화 078-241-6036
영업 12:00~15:00(주문 마감 14:30), 17:30~22:00(주문 마감 21:00)
휴무 매주 목요일, 월 1회 부정기 수요일 카드 불가
홈페이지 www.instagram.com/pizzeria_azzurri/
교통 한큐 고베산노미야神戸三宮역(HK16) 서쪽 개찰구西改札口 쪽의 서쪽 출구西口에서 도보 17분
지도 P.38-D

마르게리타 피자

주문과 동시에
화덕에서 구워낸다.

고베 최초로 나폴리피자 협회의
인정을 받은 정통 이탈리안 레스토랑 아즈리

니시무라 코히
にしむら珈琲

1948년에 창업한 커피 전문점

이국적인 분위기의 건물 외관과 인테리어가 매우 인상적인 커피 전문점. 대표 메뉴는 니시무라 오리지널 브렌드 코히にしむらオリジナルブレンドコーヒー(650엔)이며 블루마운틴 넘버 원ブルーマウンテンNO.1(900엔)도 인기 있다. 옛날 동네 빵집 스타일의 토스트나 샌드위치, 케이크 등 간단한 식사도 가능하다.

주소 神戸市中央区中山手通1-26-3
전화 078-221-1872
영업 08:30~23:00 휴무 매월 마지막 주 월요일
카드 불가 홈페이지 www.kobe-nishimura.jp

얼린 커피를 잘게 부순 후
아이스크림을 올린 여름 한정 메뉴

니시무라 오리지널 브렌드 코히

교통 한큐 고베산노미야神戸三宮역(HK16) 동쪽 개찰구東改札口 쪽의 키타노자카北野坂 방면 출구에서 도보 18분 지도 P.38-E

라뷔뉴
L'avenue

고베 여성들이 사랑하는 디저트 전문점

웬만한 맛에는 별 감흥도 없다는 고베의 미식가들을 감동시킨 디저트 전문점. 특히 초콜릿의 세계 선수권 대회라 불리는 '월드 쇼콜라티에 마스터즈'에서 우승한 작품 '모드모드'는 내놓자마자 순식간에 팔려 나가는 인기 메뉴 중 하나다.

인기 있는 메뉴들은 오후에는 이미 다 팔려나가기 때문에 되도록 이른 시간에 찾는 것이 좋다. 테이크아웃만 가능하다.

주소 神戸市中央区山本通3-7-3ユートピアトーア 1F 전화 078-252-0766
영업 10:30~17:30
휴무 매주 수요일, 부정기 화요일 카드 가능
홈페이지 www.lavenue-hirai.com
교통 한큐 고베산노미야神戸三宮역(HK16) 서쪽 개찰구西改札口 쪽의 서쪽 출구西口에서 도보 17분
지도 P.38-D

오사라모리 돌체

카파렐
Caffarel

강추

1826년 창립한 이탈리아의 초콜릿 전문점
컬러풀한 포일에 싸인 무당벌레, 버섯 등의 캐
릭터 초콜릿은 카파렐의 대표 인기 상품으로
먹기 아까울 정도로 깜찍하고 귀여워 인기 만
점이다. 초콜릿 외에 조각 케이크도 판매하고
있는데 가장 인기 있는 케이크는 잔두야케이
크ジャンドゥーヤケーキ로, 초콜릿 시트 위에
초콜릿 무스와 라즈베리, 잔두야 브륄레를 올
린 케이크이다. 매장 안 카페 코너를 이용한다
면 케이크에 젤라토, 제철 과일 등으로 접시에
데커레이션한 메뉴인 오사라모리 돌체 드링크
세트お皿盛リドルチェドリンクセット(1760엔)

로 주문하는 것을 추천한다.

주소 神戸市中央区山本通3-7-29
전화 078-262-7850
영업 11:00~18:00 휴무 화요일
카드 가능
홈페이지 www.caffarel.co.jp
교통 한큐 고베산노미야神戸三宮역
(HK16) 서쪽 개찰구西改札口 쪽의
서쪽 출구西口에서 도보 17분
지도 P.38-D

사 마슈
Ça Marche

몸에 좋은 건강한 빵을 고집하는 베이커리
소박하면서도 투박한 빵이 대부분으로 가족의
건강을 중요하게 생각하는 고베의 주부들에게
특히 큰 인기를 모으고 있다.

가게는 그리 크지 않으나 판매하는 빵 종류는
100가지가 넘는다. 이 가게의 가장 큰 특징은
빵을 고를 때 손님이 직접 빵을 집을 수 없다
는 것. 빵 진열대 앞에 서 있는 점원에게 원하
는 빵을 이야기하거나 손으로 가리키면 점원
이 직접 집어주는 스타일이다. 주문 시 간단한
영어로 좋아하는 빵 재료를 말하면 그에 맞는
빵을 추천해 줄 것이다.

가게 바깥쪽에 마련된 카페 공간에서 구입한
빵과 음료를 먹고 갈 수도 있다.

주소 神戸市中央区山本通3-1-3
전화 078-763-1111 영업 10:00~18:00
휴무 매주 월~수요일 카드 불가
홈페이지 ca-marche-kobe.jp 교통 한큐 고베산노
미야神戸三宮역(HK16) 서쪽 개찰구西改札口 쪽의
서쪽 출구西口에서 도보 13분 지도 P.38-D

르팡
Lepan

강추

**오가닉 빵을
맛볼 수 있는 호텔 직영 베이커리**
관광지에서 조금 떨어진 곳에 위치한 르팡은
작지만 깔끔하고 고급스러운 매장 인테리어가
돋보인다. 이곳의 빵과 과자들은 효고현의 우
유와 롯코산의 물, 탄바의 콩 등 고베가 속한
효고현 각지에서 직송한 최상의 재료들로 만
들어진다. 몸에 좋은 오가닉 재료에, 첨가물은
가능한 한 넣지 않고 만들기 때문에 유통기한
이 짧은 편. 달걀이나 유제품 알레르기가 있는
이들을 위해 대체 재료로 만든 빵도 판매하고
있다.

주소 神戸市中央区山本通2-7-4
전화 078-251-3800
영업 08:00~19:00(매진 시 영업 마감)
휴무 부정기 카드 가능
홈페이지 www.l-s.jp/lepan
교통 한큐 고베산노미야神戸三宮역(HK16) 서쪽 개
찰구西改札口 쪽의 서쪽 출구西口에서 도보 15분
지도 P.38-D

고베항 神戸港

아름다운 야경을 즐길 수 있는 데이트 스폿

고베항은 멋진 야경과 쇼핑을 동시에 즐길 수 있는 곳이다. 특히 야경은 고베 여행에서 절대 빼놓을 수 없는 요소로, 저녁 식사를 하면서 야경을 보고 싶다면 모자이크를 추천한다. 조명으로 장식한 유람선이 떠 있는 바다와 고베의 랜드마크인 고베 포트 타워, 모자이크 가든의 대관람차가 만들어내는 야경이 환상적인 이곳은 낭만의 도시 고베에서도 가장 로맨틱한 장소로 꼽힌다.

쇼핑센터 모자이크에는 지브리의 캐릭터나 스누피 등 다양한 캐릭터 상품을 취급하는 가게들이나 잡화점, 디저트 가게들이 입점해 있으며 모자이크 옆에 있는 우미에에는 패션이나 인테리어 잡화 가게들이 모여 있다.

Check

지역 가이드
여행 소요 시간 4시간
관광 ★★★
맛집 ★☆☆
쇼핑 ★★☆
야경 ★★★

가는 방법

메리켄 파크의 경우 JR 모토마치元町역에서 도보 20분. 또는 시티루프 버스 이용, 메리켄파크メリケンパーク 정류장에서 하차. 버스를 내리면 바로 피시댄스, 메리켄 파크로 이어진다.

만약 모자이크 쪽만 볼 계획이라면 JR 고베神戸역(산노미야역에서 4분, 140엔)이나 한신 전철 코소쿠고베高速神戸역(고베산노미야역에서 5분, 130엔) 또는 지하철 카이간선 하버랜드ハーバーランド역(산노미야 · 하나도케이마에역에서 5분, 210엔)에서 내려 도보 10분.

키타노

산노미야 · 모토마치

고베항

고베항의 추천 코스

메리켄 파크를 먼저 둘러본 후 모자이크 쪽으로 이동하는 것이 동선상 효율적이다.
시간이 별로 없다면 모자이크 쪽만 둘러봐도 좋다.
총 소요 시간 4~5시간

❶ 피시 댄스
개항 120주년을 기념해 세운 22m의 거대한 오브제. 세계적인 건축가 프랑크 게리의 설계, 안도 다다오의 감수로 제작되었다.

{ 도보 1분

❷ 메리켄 파크
도심 속의 해안 매립지 공원. 고베항 지진 메모리얼 파크와 고베 해양 박물관 등이 이곳에 있다.

{ 도보 3분

❸ 고베 해양 박물관
파도와 범선의 돛을 콘셉트로 한 독특한 옥상 구조물이 인상 깊은 곳. 고베항의 역사와 조선술을 테마로 한 전시 등을 볼 수 있다.

{ 도보 3분

❹ 고베 포트 타워
고베의 랜드마크 타워로 일본 전통 북의 형태를 모티프로 하여 디자인되었다. 전망대에서는 고베항의 야경은 물론 롯코산까지 조망할 수 있다.

{ 도보 8분

❺ 모자이크
고베항의 인기 복합 상업 시설로 유명 디저트 숍과 레스토랑, 잡화점 등이 모여 있다. 특히 2층 테라스는 고베항의 야경을 즐기는 최적의 장소.

피시 댄스 ★
フィッシュ・ダンス

고베항 개항 기념 오브제

1987년 고베 개항 120주년을 기념하기 위해 메리켄 파크에 세워진 높이 22m의 거대한 오브제로 힘차게 튀어 오르는 잉어의 모습을 본떠 만들어졌다. '고베 피시'라고도 불리는 이 작품은 세계적인 건축가 프랭크 게리의 설계와 안도 다다오의 감수로 제작되어 화제를 낳기도 했다. 시간의 흐름에 의해 자연스럽게 생긴 녹이 더욱 멋스럽게 느껴진다.

이 오브제에는 작은 사건이 있었다. 1999년 고베항 진흥 협회가 오브제의 아연 도금제 철망의 표면에 생긴 녹을 가리기 위해 작품에 핑크색 페인트를 칠한 적이 있는데, 건축가들로부터 '작품에 대한 모욕'이라며 강력하게 비판을 받아 준공 당시의 색으로 복원된 것이다.

오브제 바로 옆의 카페에서는 간단한 식사와 티 타임을 즐길 수 있다.

주소 神戸市中央区波止場町2-8
교통 JR 모토마치元町역(지하는 한신 모토마치역) 동쪽 출구東口에서 도보 18분. 또는 시티루프버스 메리켄파크メリケンパーク 하차
지도 P.37-C

바다를 향해 서 있는 조형물 〈희망의 출항〉

메리켄 파크 ★★
メリケンパーク

도심 속의 해안 매립지 공원

고베항 사업의 일환으로 옛 아메리칸 부두와 방파제 사이를 메워 조성된 해안 매립지로, 고베항을 대표하는 경관 중 하나다. 현재는 한가로이 휴식과 산책을 즐길 수 있는 도심 속 공원으로 사랑받고 있다.

북쪽으로는 유명 건축가 프랭크 게리의 오브제인 〈피시 댄스〉가 설치되어 있으며 고베항 지진 메모리얼 파크, 고베 해양 박물관 등이 이곳에 위치해 있다.

주소 神戸市中央区波止場町2-4
교통 JR 모토마치元町역(지하는 한신 모토마치역) 동쪽 출구東口에서 도보 20분. 또는 시티루프버스 메리켄파크メリケンパーク 하차
지도 P.37-B

고베 해양 박물관
神戸海洋博物館 🔊 코베 카이요 하쿠부츠칸

'바다, 배, 항구'를 테마로 한 해양 박물관 독특한 외관의 옥상 구조물은 파도와 범선의 돛을 콘셉트로 디자인했다. 1층 로비에는 8분의 1 사이즈로 축소 제작된 영국 군함 모형이 있으며, 1~2층의 메인 전시실에서는 고베항의 역사와 조선술 등을 테마로 한 전시를 볼 수 있다. 무료 관람이 가능한 옥외 전시장에는

초전도 전자 추진선 야마토1ヤマト1과 무인 잠수기 TSL하야테TSL疾風의 모형이 전시되어 있다.

주소 神戸市中央区波止場町2-2 神戸海洋博物館
전화 078-327-8983
개관 10:00~18:00(입장 마감 17:30)
휴관 매주 월요일, 연말연시 요금 900엔
홈페이지 www.kobe-maritime-museum.com
교통 JR 모토마치元町역(지하는 한신 모토마치역) 서쪽 출구西口에서 도보 17분. 또는 시티루프버스 메리켄파크メリケンパーク 하차 지도 P.37-B

무인잠수기 TSL하야테의 모형

고베항 지진 메모리얼 파크 ★
神戸港震災メモリアルパーク 🔊 코베 코 신사이 메모리아루 파-쿠

한신 아와지 대지진 피해의 산 증인
1995년 효고현 남부를 강타한 진도 7.3의 한신 아와지 대지진. 당시 메리켄 파크도 면적의 절반 정도가 바다에 가라앉았을 정도로 큰 피해를 입었다. 지진 피해를 받았던 구역 중 일부분을 복구하지 않고 메모리얼 파크로 남겨 두었다. 기울어진 가로등과 파괴된 방파제가 지진 피해 직후의 모습을 그대로 보여주고 있다.

주소 神戸市中央区波止場町2 神戸港震災メモリアルパーク
교통 JR 모토마치元町역(지하는 한신 모토마치역)

동쪽 출구東口에서 도보 18분. 또는 시티루프버스 메리켄 파크メリケンパーク 하차 지도 P.37-C

고베 포트 타워
神戸ポートタワー

★★★
임시 휴업 중

고베의 랜드마크 타워
세계 최초의 파이프 구조물 타워로 일본의 전통 북을 모티프로 한 독특한 디자인이 눈길을 끈다. 밤이 되면 약 7000개의 LED조명으로 화려하게 물들어 아름다운 고베항 야경을 완성한다. 상층부에는 전망대가 있는데 비싼 입장료에 비해 야경 이외의 볼거리는 별로 없다. 건너편 모자이크 쪽에서 타워를 바라보는 것을 추천한다.

주소 神戸市中央区波止場町5-5
전화 078-391-6751
영업 3~11월 09:00~21:00, 12~2월 09:00~19:00
(폐관 30분 전 입장 마감)
휴무 무휴
요금 700엔(고베 포트 타워 & 고베 해양 박물관 공통권 1000엔)
홈페이지 www.kobe-port-tower.com
교통 JR 모토마치元町역(지하는 한신 모토마치역) 동쪽 출구東口에서 도보 20분. 또는 시티루프버스 메리켄파크メリケンパーク 하차
지도 P.37-B

모자이크
Mosaic

★★★

쇼핑과 식사를 즐길 수 있는 복합 시설
바다와 운하에 둘러싸인 3층 건물의 복합 상업 시설. 천장이 막히지 않은 데크 사이로 가게들이 늘어선 구조의 건물이다. 고베의 유명한 케이크, 과자 등을 파는 가게와 레스토랑, 잡화점, 캐릭터 숍 등 다양한 시설들이 입점해 있다.
특히 바다가 보이는 2층의 넓은 테라스 광장은 고베 포트 타워와 메리켄 파크, 유람선 등이 어우러진 아름다운 고베 야경을 즐길 수 있는 데이트 명소로도 유명하다.

주소 神戸市中央区東川崎町1-6-1
전화 078-382-7100
영업 숍 10:00~20:00, 레스토랑 11:00~22:00
휴무 무휴
홈페이지 umie.jp
교통 JR 고베神戸역 중앙 출구中央出口에서 도보 10분. 또는 한큐, 한신 코소쿠고베高速神戸역 동쪽 출구東口 방향 개찰구에서 왼쪽 지하도를 따라 도보 15분. 또는 시티루프버스 하버랜드ハーバーランド(모자이크마에モザイク前) 하차
지도 P.37-E

모자이크 가든(대관람차) ★★
モザイクガーデン

고베항의 작은 놀이공원
모자이크 남쪽 끝에 있는 작은 유원지로 한신 아와지 지진 이후, 부흥의 상징으로 1995년에 만들어졌다. 현재는 폐업하고 관람차만이 남아있다. 개업 당시, 세계 최초로 일루미네이션 설비를 갖추어 화제가 되었던 대관람차는 낭만적인 고베 야경에서 빼놓을 수 없는 존재이다. 대관람차 위에서 내려다보이는 고베 야경 또한 매우 근사하다.

주소 神戸市中央区東川崎町1-6-1
전화 078-360-1722
영업 일~금요일 10:00~22:00, 토요일, 공휴일 전날 10:00~23:00 휴무 무휴
요금 입장 무료, 대관람차 800엔(2세 이하 무료)
홈페이지 umie.jp 교통 모자이크 바로 옆
지도 P.37-E

고베 호빵맨 어린이 뮤지엄 ★
神戸アンパンマンこどもミュージアム

🔊 코베 암팜망 코도모 뮤-지아무

어린이들을 위한 호빵맨 놀이터
모자이크 가든의 바로 옆에 위치한 호빵맨 어린이 뮤지엄. 하버랜드를 찾는 어린이들의 꿈의 놀이터이다. 다양한 놀이기구가 있는 실내 놀이터와 인형 극장, 고베의 바다를 바라보며 차를 마실 수 있는 카페, 그리고 한정 기념 상품을 판매하는 쇼핑몰과 푸드 코트 등이 한 공간에 있어 특히 가족 단위 관광객에게 사랑받고 있다.

주소 神戸市中央区東川崎町1-6-2
전화 078-341-8855 개관 뮤지엄 10:00~18:00(입장 마감 17:00), 쇼핑몰 10:00~18:00 휴관 1/1, 부정기
요금 뮤지엄 2000~2500엔(요일, 시기에 따라 변동)
홈페이지 www.kobe-anpanman.jp
교통 모자이크 가든 바로 옆 지도 P.37-E

Tip

로맨틱한 선상 데이트
유람선 遊覧船

고베항 일대의 아름다운 야경을 배 위에서 즐길 수 있는 고베 유람선은 데이트 코스로도 인기 있다. 코스에 따라 30~160분 정도 소요되며 가격도 제각기 다르므로 선착장에서 확인 후 티켓을 구매하자. 약 45분 코스의 고자부네 아타케마루 御座船 安宅丸와 약 40분 코스의 로열 프린세스 ロイヤルプリンセス는 저렴한 승선료(1500엔)로 부담 없이 선상 데이트를 즐길 수 있다. 여객 터미널은 고베 포트 타워와 모자이크 사이에 있다.

주소 神戸市中央区波止場町7-1

전화 078-391-6601 영업 10:00~19:00
휴무 기상 상황에 따름 요금 1500엔~
홈페이지 www.kobebayc.co.jp
교통 JR 모토마치元町역(지하는 한신 모토마치역) 서쪽 출구西口에서 정면으로 도보 18분. 또는 시티 루프버스 메리켄파크メリケンパーク 하차
지도 P.37-B

고베항 구 신호소

하버워크 ★
ハーバーウォーク

오래된 등대가 있는 해변 산책로
쇼핑센터 모자이크의 바닷가 쪽 테라스에서부터 도개교까지 이어진 약 300m의 해변 산책로. 하버워크 끝에 위치한 고베항 구 신호소神戸港旧信号所는 고베에 현존하는 가장 오래된 등대로, 밤이 되면 조명으로 물들어 더욱 아름답게 변한다. 일정한 간격으로 설치된 가로등 아래의 벤치에 앉아 아름다운 야경을 바라보며 로맨틱한 시간을 보내기에 좋다.

주소 神戸市中央区東川崎町1-6-2
교통 모자이크에서 바로 **지도** P.37-E

도개교
はねっこ橋　　　　　🔊 하넷코바시

수많은 전구로 장식된 다리
하버워크 끝자락의 이벤트 광장에 만들어진 다리로 밤에는 1700개의 전구로 장식해 밤을 밝힌다.
다리 주변으로는 돌계단의 벤치가 있으며 밤에는 스케이트 보드 등을 연습하려 모여드는 고베의 젊은이들도 간혹 볼 수 있다.
밤에는 인적이 드물어지고 주변에 밝은 건물도 적은 편이라 조금 이른 저녁 시간에 찾아가는 것이 좋다.

주소 神戸市中央区東川崎町1-5 はねっこ
교통 하버워크 끝
지도 P.37-E

도개교의 야경

Tip

고베 가스등 거리 일루미네이션
神戸ガス燈通りのイルミネーション

고베 호빵맨 어린이 뮤지엄에서부터 JR 고베역 방향으로 나 있는, 길이 약 900m의 고베 가스등 거리ガス灯通り는 10만 개의 화려한 일루미네이션 조명으로 가로수를 장식한다.
점등 시간은 17:00~23:00이며(변동 가능), 하루에 3번 '하버 윙크'라는 귀여운 이벤트가 있는데 마치 윙크를 하듯, 약 1분 동안 불이 꺼져 있다가

8시, 9시, 10시 정각이 되면 일제히 전구 불이 들어온다.

SPECIAL
Page

100만 불짜리 야경을 자랑하는
고베의 야경 명소

고베는 야경을 보러 찾는다고 해도 과언이 아닐 정도로 로맨틱한 야경으로 유명하다. 특히 고베항 밤바다에 반사되는 화려한 도시의 불빛들은 카메라 셔터를 멈출 수 없게 만든다. 고베의 밤 풍경은 간사이 여행에서 누리는 최고의 호사임에 틀림없다.

모자이크 Mosaic   P.487

2~3층 데크 테라스는 가장 가까이에서 고베항의 야경을 즐길 수 있어, 데이트 나온 커플과 가족들에게 특히 인기 있다. 카페나 바에 앉아 칵테일을 홀짝이며 느긋하게 야경을 보는 것도 좋다.

하버워크 ハーバーウォーク   P.489

모자이크 건물 뒤쪽 테라스에서부터 도개교까지 이어지는 해변 산책로. 오래된 등대(고베항 구 신호소)도 밤이 되면 라이트업을 해 로맨틱한 분위기를 더한다.

도개교와 고베항 구 신호소, 대관람차가 어우러진 야경

모자이크에서 바라본 고베 포트 타워와 메리켄 파크

고베 포트 타워
神戸ポートタワー

P.487
임시 휴업 중

모자이크, 하버워크 등을 바로 위에서 볼 수 있어 좋지만, 전망대에 올라가려면 입장료를 내야 한다. 정작 고베항의 심볼인 고베 포트 타워는 볼 수 없기에 전망대에 올라가는 관광객은 별로 없는 편.

나선형 육교. 데이트 코스로 인기 있다.

비너스 브리지 ビーナスブリッジ

스와야마諏訪山라는 야트막한 산 중턱에 위치한 길이 약 90m의 8자 나선형 육교. 고베시가지와 바다를 가까이에서 조망할 수 있어서 고베 젊은이들의 데이트 장소로 인기 있다. 근처까지는 버스로 갈 수 있으나 빨리 끊기므로 돌아갈 때의 교통수단 등을 미리 체크해두는 것이 좋다.

주소 神戸市中央区 神戸港地方ロ一里山
교통 스와 진자諏訪神社(키타노 코보노 마치에서 도보 15분, 산노미야역에서 도보 30분)의 본전 오른쪽으로 나 있는 산길을 따라 약 200m 위쪽으로 올라간다. 또는 JR 산노미야三ノ宮역이나 JR 모토마치元町역 앞에서 7번 버스를 타고 스와야마코엔시타諏訪山公園下에서 하차 후 스와 진자 옆 산길을 따라 약 200m 이동. 또는 택시 이용(시내에서 승차 시 요금 1500~2000엔 정도)
지도 P.36-B

고베 시청 전망 로비
神戸市役所一号館展望ロビー

P.453

132m의 고층 건물 위에서 야경을 볼 수 있다. 밤 10시까지 무료로 개방하므로, 고베 관광을 마치고 돌아가는 길에 잠깐 들르기 좋다. 단, 고베항에서 조금 떨어진 시내 한복판에 있고 시야가 좁아 전망대로서 아쉬운 부분이 있다.

시청 전망대에서 바라본 고베의 바다

롯코산 六甲山

P.498

롯코산의 해발 900m에 자리한 롯코 가든테라스는 고베 시내와 고베항까지 아우르는 파노라마 야경 명소로, 일본 야경 100선에 선정될 만큼 유명하다. 시간이 없다면, 그보다 전망은 아쉽지만 롯코케이블산조역 건물에 있는 텐란다이에서 야경을 감상할 수도 있다.

restaurant

고베항의 맛집

피셔맨즈 마켓
Fisherman's Market

강추

저렴한 가격의 해산물 뷔페 식당
붉은 벽돌의 벽과 높은 천장, 길게 내려오는
샹들리에가 매우 멋스러운 뷔페식 해산물 식
당. 내부는 약 500명을 수용할 수 있을 정도로
규모가 크고 테이블 간격이 넓은 편이다. 안쪽
의 큰 창을 통해 들어오는 고베항의 풍경을 보
면서 식사를 할 수 있어 더욱 인기이다.
양식, 일식, 중식의 다양한 식사 메뉴와 디저

트가 준비되어 있다. 평일은 런치 2198엔, 디
너 3188엔이고 주말·공휴일은 런치 2748엔,
디너 3298엔이다. 성인 기준 328엔을 추가하
면 드링크 바도 이용할 수 있다. 뷔페치고는
가격대가 저렴해 매우 인기 있다.

주소 神戸市中央区東川崎町1-6-1神戸ハーバーラ
ンド Umie Mosaic 2F
전화 078-360-3695
영업 11:00~15:00, 16:00~22:00 휴무 부정기
카드 가능 교통 한큐·한신 코소쿠고베高速神戸역
(HS35) 동쪽 개찰구東改札口에서 왼쪽 지하도를 따
라 도보 15분. 모자이크 2층 지도 P.37-E

고베 프란츠
神戸フランツ

선풍적인 인기를 몰고 있는
마법의 항아리 푸딩
고베 롯코에 본점을 두고 있는 유명한 디저트
전문점이다. 마호우노 츠보 푸린魔法の壺プリ
ン(마법의 항아리 푸딩, 420엔)이라는 재미있

는 이름의 푸딩은 이름 그대로 작은 항아리 모
양의 그릇에 담겨 있는데 제일 아래쪽의 진한
캐러멜 소스와 중간의 커스터드, 제일 위의 공
기를 머금은 듯한 부드러운 크림이 절묘한 조
화를 이룬다. 푸딩 이외에 초콜릿과 과자 등
다양한 제품들이 있으며 강렬한 붉은색의 세
련된 패키지가 선물용으로도 그만이다.

주소 神戸市中央区東川崎町1-6-1神戸ハーバーラ
ンド Umie Mosaic 2F
전화 078-360-0007
영업 10:00~20:00
휴무 부정기 카드 가능
홈페이지 www.frantz.jp
교통 모자이크 2층
지도 P.37-E

마법의 항아리 푸딩

shopping

고베항의 쇼핑

2개 동에 다양한 상점이 입점해 있다.

모자이크 옆에 자리하고 있는 쇼핑센터

우미에
Umie

고베항 최대급 규모의 쇼핑센터
남관南館과 북관北館 두 개의 동으로 나뉘어
있다. 지하 1층부터 지상 6층으로 이루어져 있
으며, 의류와 잡화를 취급하는 가게를 비롯해
대형 100엔 숍 세리아, 서점, 식당 등이 입점해
있어 천천히 둘러보기만 해도 금세 1~2시간
이 훌쩍 지나간다. 잡화나 인테리어에 관심 있
다면 남관 1층의 아데페슈a.depeche와 남관

3층의 R.O.U, 그리고 첼시 뉴욕Chelsea New
York에 들러보자. 입점 매장은 변동 가능하니
홈페이지를 참고할 것.

주소 神戸市中央区東川崎町1-6-1神戸ハーバーラ
ンドUmie 전화 078-382-7100
영업 숍 10:00~20:00, 레스토랑 10:00~20:00
휴무 부정기 카드 가게마다 다름
홈페이지 umie.jp 교통 JR 고베神戸역 남쪽 출구南
口에서 도보 10분. 또는 한큐·한신 코소쿠고베高速
神戸역(HS35) 동쪽 개찰구東改札口에서 왼쪽 지하
도를 따라 도보 15분
지도 P.37-E

Tip

다양한 캐릭터 숍과
기프트 숍으로 가득한 고베항의 터줏대감
모자이크 モザイク

모자이크는 고베항의 야경 명소일 뿐 아
니라, 하버랜드의 대표적인 상업 시설로
데크를 걸으며 산책하는 기분으로 쇼
핑을 즐길 수 있는 구조로 만들어
졌다. 저렴하면서도 위트 넘치는 잡
화로 가득한 아소코ASOKO나 지브
리의 캐릭터 숍 동구리가든どん
ぐりガーデン, 키디랜드KIDDY
LAND가 특히 인기 있다. 또한

다양한 고베의 기념품을 판매하고 있는 고베 브
란도神戸ブランド도 볼만하다. 입점 매장 정보는
변동될 수 있으니 참고할 것. P.487 참조.

시내에서 한 걸음 나아가기
고베의 다양한 명소

포트 아일랜드 ポートアイランド

박람회를 위해 만들어진 인공 섬

근처 롯코산의 흙을 옮겨와 매립한 인공 섬으로 포트피아81 박람회를 위해 조성되었다. 고베 시립 청소년 과학관과 컨벤션 센터, 포트 아일랜드 스포츠센터, 공원, IKEA 등의 시설이 모여 있다. UCC 커피 박물관과 고베 화조원神戸花鳥園 등이 볼만하다. 섬으로 이동할 때는 모노레일 포트라이너ポートライナー(정식 명칭은 포트 아일랜드선ポートアイランド線)가 가장 편하다. 섬을 한 바퀴 돌며 섬 전체의 경치를 내려다볼 수 있다. 섬이 크지 않은 편이라 걸어서도 충분히 돌아볼 수 있으니 시간적인 여유가 있다면 천천히 산책을 즐기는 기분으로 걸어보는 것도 좋겠다. 운이 좋으면 시민히로바市民広場역에서 매달 한 번씩 개최되는 프리마켓도 볼 수 있다.

주소 神戸市中央区ポートアイランド
홈페이지 www.portisland.net
교통 JR 산노미야三ノ宮역, 모노레일 포트라이너ポートライナー(키타후토北埠頭 경유하는 노선)를 타고 10분(250엔, 간사이스루패스 사용 가능)
지도 P.36-A

바다에 둘러싸인 포트 아일랜드 전경

UCC 커피 박물관 UCCコーヒー博物館
임시 휴업 중　🔊 유씨씨 코-히 하쿠부츠칸

일본 커피 회사가 운영하는 박물관

일본 유일의 커피 박물관으로 규모는 크지 않지만 커피 애호가라면 한번 들러봐도 좋을 만한 곳이다. 커피를 비롯한 음료 메이커인 UCC 우에시마 커피가 운영하고 있다.

이슬람의 모스크를 모티프로 하여 만든 박물관 건물 안에서는 커피의 기원과 재배, 유통, 가공, 문화, 정보의 6개의 큰 테마로 나눠 커피에 관한 다양한 전시를 하고 있으며, 커피숍 커피로드에서는 이곳에서만 파는 터키시 커피ターキッシュ・コーヒー(480엔) 등의 진귀한 커피를 맛볼 수 있다.

주소 神戸市中央区港島中町6-6-2
전화 078-302-8880
개관 10:00~17:00(입장 마감 16:30)
휴무 월요일(공휴일이면 다음 날), 연말연시
요금 300엔
홈페이지 www.ucc.co.jp/museum
교통 포트라이너(키타후토北埠頭 경유하는 노선) 미나미코엔南公園역에서 하차, 서쪽 출구西口를 나와 오른쪽으로 도보 1분(간사이스루패스 사용 가능)
지도 P.36-A

효고 현립 미술관 兵庫県立美術館

효고 켄리츠 비주츠칸

안도 다다오가 설계한 미술관

고베와 인연이 깊은 국내외 작가들의 근현대 작품을 중심으로 한 약 8000점의 작품을 소장하고 있다. 미술관은 카나야마 헤이조金山平三와 코이소 료헤이小磯良平의 기념실, 상설 전시실, 기획 전시실 등으로 이루어져 있다.

일본을 대표하는 세계적인 건축가 안도 다다오가 설계를 맡아 화제가 되었으며 건물 바로 뒤쪽으로 바다를 둔 지리적인 이점을 살린 외관 디자인이 매우 유니크하다는 평가를 받고 있다. 특히 각 층의 바다가 보이는 테라스와 미술관 입구로 향하는 나선 계단 등이 볼만하다. 바닷가 쪽 외부에는 조각품, 오브제 등이 몇 점 설치되어 있으니 놓치지 말자.

주소 神戸市中央区脇浜海岸通1-1-1
전화 078-262-0901
개관 10:00~18:00(입장 마감 17:30)
휴일 월요일(공휴일이면 다음 날), 연말연시, 보수공사 기간
요금 상설전 500엔
홈페이지 www.artm.pref.hyogo.jp
교통 한신 이와야岩屋역(HS30)에서 개찰구를 나와 정면의 큰길에서 왼쪽으로 도보 8분. 또는 한큐 오지코엔王子公園역(HK14)에서 도보 20분
지도 P.36-A

고베 동물왕국 神戸どうぶつ王国

🔊 고베 도-부츠 오-고쿠

도심 속 체험형 동물원

산노미야역에서 포트라이너(모노레일)로 15분 거리에 있는 고베 동물왕국은 도심 속의 체험형 동물원으로 인기를 모으고 있다. 시설의 절반 이상이 실내 동물원이라 비가 와도 문제없이 관람할 수 있다. 온실의 화원에서 자유분방하게 동물을 사육하고 있어 가까운 거리에서 동물을 관찰할 수 있는 것이 장점이다. 동물들에게 먹이를 주는 체험, 박력 넘치는 버드 쇼 등 다양한 체험과 동물의 퍼포먼스를 즐길 수 있다.

주소 神戸市中央区港島南町7-1-9
전화 078-302-8899
영업 10:00~17:00(시기에 따라 변동. 홈페이지 참조)
휴무 목요일(공휴일·연말연시는 영업)
요금 성인 2200엔, 초등학생 1200엔, 유아·4~5세 500엔
홈페이지 www.kobe-oukoku.com
교통 포트라이너 케이컴퓨터마에京コンピュータ前역 하차 후 바로 연결

고베항 **495**

철인 28호를 실물 크기로 재현했다.

철인 28호 鉄人28号
🔊 유씨씨 코-히 하쿠부츠칸

실물 크기로 재현한 철인 28호 모형
고베 출신의 만화가 요코야마 미쓰테루横山
光輝의 만화에 등장하는 캐릭터 철인 28호를
실물 크기로 재현한 모형으로 신나가타초의
와카마츠 공원若松公園 안에 위치하고 있다.
이 모형은 나카타 지역의 상가들이 힘을 모아
설립한 NPO단체가 지진 복구와 지역 활성화
의 상징으로서 제작한 것이다. 높이 18m, 중

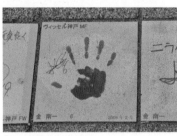
축구 선수 김남일의 손도장

철인 28호의 머리 모양 가로등

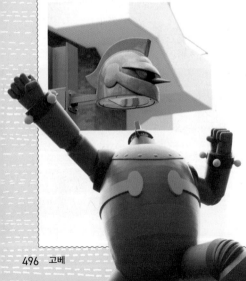

량 50t의 거대하고 육중한 이 캐릭터를 보기
위해 각지에서 온 관광객이 많다. 역에서 공원
까지 이동하는 길 중간에는 철인 28호의 머리
모양을 한 가로등이 있어 볼거리를 제공한다.
역 주변의 상점가에는 요코야마의 대표작으
로 알려진 만화 〈삼국지〉를 테마로 한 전시관
과 테마 숍, 석상 등이 있다. 한편 상점가 바닥
에는 축구 선수 김남일이 J리그에서 활약했을
때 찍은 손도장도 볼 수 있으므로 시간적인
여유가 있다면 천천히 둘러보자.

주소 神戸市長田区日吉町6-3 若松公園
홈페이지 www.kobe-tetsujin.com
교통 JR 신나가타新長田역에서 비브레ビブレ 쪽 출
구를 나와 오른쪽으로 도보 5분, JOY PLAZA 건물
뒤쪽. 또는 지하철 세이신 · 야마테선(S09) · 카이간
선(K10) 신나가타新長田역 1번 출구에서 도보 2분
지도 P.36-A

야구 경기가 있는 날에는 구장 주변이 시끌벅적하다.
특히 한신 타이거즈와 요미우리 자이언트의 경기가 있는
날은 일대가 마비될 정도다.

코시엔 구장 甲子園球場

🔊 코-시엔 큐-조우

일본 고교 야구의 성지

일본 전국 중고등학교 야구 대회의 개최를 주
목적으로 건설된 야구장으로 '야구의 성지'라
고도 불리는 곳. 수용 인원은 약 4만 7000명
으로 일본의 야구장 중 최대 규모를 자랑한
다. 특히 홈팀인 한신 타이거즈阪神タイガーズ
의 경기가 있는 날이면 유니폼은 물론 다양한
굿즈로 온몸을 휘감은 한신 팬들이 대거 집결
하는 재미난 광경을 볼 수 있다.

주소 西宮市甲子園町1–82
전화 0180–997–750(우천 시 경기 일정 문의)
개방 구장은 경기 일정에 따라 다름/역사관 3~10월
10:00~18:00, 11~2월 10:00~17:00(폐관 30분 전
입장 마감) **휴무** 역사관 매주 월요일, 연말연시
요금 야구 경기 관전 1600~5300엔(좌석에 따라 다
름), 역사관 900엔
홈페이지 www.hanshin.co.jp/koshien/
교통 한신 전철 코시엔甲子園역(HS14) 동쪽 출구東
口에서 도보 3분 **지도** P.36–A

미츠이 아웃렛 파크 마린피아 임시 폐관 중
三井アウトレットパークマリンピア

로맨틱한 전망을 자랑하는 아웃렛

유럽 남부의 항구 도시를 콘셉트로 한 아웃렛
으로 약 140개의 매장, 레스토랑, 카페 등이
모여 있다. 일반적인 아웃렛과는 달리 대중교
통으로 갈 수 있어 관광객들도 가볼 만하다.
해 질 무렵, 근처 아카시 해협 대교明石海峡
大橋의 풍경이 매우 아름다워 데이트를 즐기
는 연인들도 많이 보인다. 보통 연말(12월 26
일~31일)에는 연말 세일을 한다.

주소 神戸市垂水区海岸通12–2 三井アウトレット
パーク マリンピア神戸
전화 078–709–4466
영업 쇼핑 10:00~20:00, 식당 11:00~22:00
휴무 부정기 **카드** 매장에 따라 다름
홈페이지 www.31op.com/kobe/
교통 JR 타루미垂水역(A70), 산요 타루미山陽垂水
역(SY11)에서 도보 10분(주말 및 공휴일은 역에서
무료 셔틀버스 운행) **지도** P.36–A

최고의 야경 명소

롯코산
六甲山

롯코케이블시타역

롯코 케이블. 시원한 바람을 맞으며 산속을 올라간다.

롯코산은 고베 시내의 서쪽에서 북쪽에 걸쳐 펼쳐진 산으로, 일본의 삼백명산三百名山 중 하나로 손꼽힌다.

풍부한 자연환경 속에 목장과 골프장, 각종 관광 시설을 갖추고 있으며 특히 산 위에서 고베 시내와 바다까지 내려다볼 수 있는 최고의 야경 명소로 인기가 높다.

평지에 비해 기온이 낮으므로 여름에도 여행하기 좋으며 봄, 가을에는 쌀쌀할 수 있으니 겉에 걸칠 옷을 준비해 가면 좋다.

홈페이지 www.rokkosan.com

{ 가는 방법 }

가는 방법이 약간 복잡하고 비용도 많이 드는 편이다. 하지만 방법을 숙지하면 그리 어렵지 않으며, 자신의 여행 코스에 맞는 패스를 구입하면 비용을 크게 절감할 수 있다.

롯코산에 가려면 우선 전철을 이용해 한큐 롯코六甲역이나 한신 미카게御影역, JR 롯코미치六甲道역에 우선 가야 한다. 이 중 한큐 롯코역이 가장 이용하기 편리하다.

오사카 · 고베 → 롯코산

❶ 한큐 오사카우메다大阪梅田역에서 고베 산노미야행 보통 열차를 이용, 한큐 롯코六甲 역에 하차한다(37분, 330엔). 특급, 급행 열차는 정차하지 않는 역이니 보통 열차를 타야 한다. 고베 산노미야역에서 갈 때는 3개 역 거리로 7분 소요(200엔). 간사이스루패스 이용 가능.

❷ 한큐 롯코역 3번 출구로 나가 에스컬레이

롯코 아리마 로프웨이

터를 타고 내려가면 바로 앞에 버스 정류장이
있다. 여기서 16번 버스(롯코케이블시타행) 승
차, 롯코케이블시타六甲ケーブル下역 앞 하차
(16분, 210엔). 간사이스루패스 이용 가능.
❸ 롯코 케이블카를 타고 10분 이동, 롯코케
이블산조六甲ケーブル山上역 하차.
롯코산에서 아리마 온천으로 바로 이동하는 것
이 아니라면 케이블카는 왕복 티켓을 끊는다.

롯코 케이블 六甲ケーブル
소요 시간 10분 **운행** 07:10~21:10
요금 편도 성인 600엔, 어린이 300엔
왕복 성인 1100엔, 어린이 550엔

아리마 온천 → 롯코산
롯코 아리마 로프웨이 아리마온센有馬温泉
역에서 로프웨이 이용, 롯코산초六甲山頂역
하차(12분 소요). 관광철을 제외하면 일찍 끊
기는 편이다. 롯코산초역에서 롯코 가든테라
스까지 도보로 15분 정도 걸리며, 버스를 타도
된다.

롯코 아리마 로프웨이 六甲有馬ロープウェー
아리마 온천과 롯코산 정상을 연결하는 로프

롯코산의 로프웨이 타는 곳

웨이로, 이동 수단이면서 관광의 하나로 여겨
질 만큼 주변 풍광이 아름답다. 특히 봄, 가을
에는 더욱 인기. 악천후 등으로 운행이 중지되
는 경우가 많으니, 홈페이지에서 운행 여부를
반드시 확인하자.

소요 시간 12분(20분 간격으로 운행)
운행 롯코산초역(롯코산 정상) 첫차 09:30, 막차
17:30(5/20~7/31 18:10, 8월 20:10, 9~11월 토 ·
일 · 공휴일 19:10, 12/1~4/19 17:10)
휴무 부정기
요금 편도 성인 1030엔, 어린이 520엔
왕복 성인 1850엔, 어린이 930엔
전화 078-891-0031
홈페이지 koberope.jp

롯코산조버스 六甲山上バス

롯코산 내를 순환하는 버스. 롯코케이블산조역−(롯코 가든테라스)−로프웨이 롯코산초역 구간을 왕복 운행한다. 롯코케이블산조역의 첫차는 07:10, 막차는 21:10. 운행 시간은 시기에 따라 달라지므로, 현장에서 반드시 확인하자. 요금은 구간에 따라 170~260엔. 간사이 스루패스는 사용할 수 없다.

Tip

롯코산 여행에 유용한 패스

롯코 오르골 뮤지엄과 롯코 고산식물원 공통권 「ROKKO森の音ミュージアム」 と 「六甲高山植物園」の共通券
인접해 있는 두 시설을 모두 방문한다면 공통권을 사는 것이 성인 기준 500엔 정도 저렴하다. 두 시설의 매표소에서 판매.
요금 성인 1900엔, 어린이 950엔

오모테 롯코 주유 승차권
表六甲周遊乗車券
롯코 케이블카 왕복권과 롯코산조버스 자유 승차권의 세트 상품. 롯코케이블시타역에서 판매.
요금 성인 1500엔, 어린이 750엔

롯코 아리마 편도 승차권
六甲・有馬片道乗車券
롯코 케이블카 편도 승차권, 롯코산조버스 자유 이용권, 롯코 아리마 로프웨이 편도 승차권이 포함된 티켓. 롯코케이블시타역, 롯코아리마로프웨이 아리마온센역에서 판매.
요금 성인 1780엔, 어린이 890엔

롯코케이블산조역/텐란다이−(버스 7분)−롯코 오르골 뮤지엄−(도보 3분)−롯코 고산식물원−(버스 3분)−롯코 가든테라스 순으로 전부 돌아본다면 최소 3시간을 잡아야 하며, 반대 방향에 자리한 롯코산 목장까지 둘러보려면 4시간 이상 잡아야 한다.

시간 여유가 없다면 롯코 가든테라스만 둘러보거나, 케이블카 막차 시간에 임박했다면 텐란다이만 보고 내려오는 방법도 있다. 하루를 투자해 아리마 온천을 먼저 둘러보고 롯코산에 올라 야경까지 보고 내려오는 코스도 좋다.

텐란다이 天覧台

롯코산에서 처음 만나는 전망대

롯코케이블산조역에서 밖으로 나오면 왼쪽에 역 건물 옥상으로 올라가는 계단이 있다. 이곳이 바로 무료 전망대인 텐란다이. 롯코 가든테라스보다 고도가 낮지만 이곳의 야경도

롯코케이블산조역 건물 옥상의 무료 전망대

꽤 아름답다. 한쪽에는 카페도 있다.

주소 神戸市灘区六甲山町一ケ谷1-32
교통 롯코케이블산조六甲ケーブル山上역 옥상
지도 P.41-B

롯코 가든테라스 六甲ガーデンテラス

롯코산의 전망대로 인기

유럽 소도시를 테마로 한 전망 명소로, 이곳의 전망은 일본 전국에서도 손에 꼽힐 만큼 유명하다. 아카시 해협부터 오사카, 간사이 국제공항까지 넓게 펼쳐지는 파노라마 전망은 롯코산의 필수 코스다. 롯코 시다레와 미하라시탑, 미하라시 테라스 등 여러 곳에서 시간과 장소에 따라 달라지는 아름다운 풍광을 즐길수 있다. 카페와 식당, 기념품 숍도 자리하고 있다.

주소 神戸市灘区六甲山町五介山1877-9
전화 078-894-2281
영업 식당 · 상점 10:00~21:00(가게에 따라 다름)
휴무 무휴 **요금** 무료(롯코 시다레는 유료)
교통 롯코케이블산조六甲ケーブル山上역 앞에서 롯코산조버스로 10분, 롯코가든테라스시타六甲ガーデンテラス下 정류장에 하차해 바로 **지도** P.41-B

미하라시 타워 見晴らしの塔

마치 유럽의 고성에서 볼 법한 분위기의 작은 탑으로, 높이는 11m. 한 사람이 지날 수 있는 정도의 좁은 계단을 따라 꼭대기로 올라가면 아기자기한 가든테라스의 전경은 물론이고 주변 풍광까지 파노라마로 펼쳐진다.

미하라시 타워에서 내려다본 롯코 가든테라스

미하라시 테라스 見晴らしのテラス

롯코산의 풍경과 함께 세토 내해瀬戸内海와 시가지가 한눈에 들어오는 장소. 특히 봄과 가을에는 롯코산의 풍경이 아름다워 무척 인기 있는 곳이다. 이곳에서의 야경은 일본 야경 100선에 선정될 만큼 유명하다. 계단에 앉아 느긋하게 풍경을 감상하며 쉬어 가기 좋다.

롯코 시다레 六甲枝垂れ

가든테라스 내에서도 가장 높은 언덕 위, 해발 900m에 위치하고 있는 체감형 전망대. '산 위에 서 있는 커다란 나무 한 그루'를 이미지화한 롯코 시다레는 일본 건축가 산부이치 히로

시三分一博志가 설계를 맡았다. 롯코산의 사계절 풍경을 새로운 각도에서 조망할 수 있으며, 특히 전망대 안에서 그물 형태의 구조물 사이로 보이는 풍경 또한 특별하다. 밤이 되면 LED 조명이 켜져 멋진 야경을 자랑한다.

개방 4월~1월 중순 10:00~21:00, 1월 중순~3월 10:00~18:00(시기에 따라 변동 있음)
요금 중학생 이상 1000엔, 4세~초등학생 500엔

롯코 숲의 소리 뮤지엄
ROKKO森の音ミュージアム

숲속에서 오르골 소리를 들으며 힐링
자연으로 둘러싸인 아름다운 산책로와 정원, 숲속 카페를 즐긴 후 뮤지엄 건물로 들어가 보자. 100년 전 제작된 희귀한 오르골과 세계 최대 규모의 자동 연주 오르간 등이 전시되어 있어 눈을 즐겁게 할 뿐 아니라, 매시마다 2층에서 열리는 오르골 공연도 감상할 수 있다.

주소 神戸市灘区六甲山町北六甲4512-145
전화 078-891-1284
개관 10:00~17:00(입장 마감 16:30)
휴관 목요일, 12/31~1/1
요금 중학생 이상 1500엔, 4세~초등학생 750엔
교통 롯코케이블산조六甲ケーブル山上역 앞에서 롯코산조버스로 5분, 뮤지엄 앞ミュージアム前 정류장에 하차해 바로 **지도** P.41-B

롯코 고산식물원 六甲高山植物園

세계의 고산식물이 한자리에
해발 865m의 롯코산 정상 부근에 자리한 식물원. 고산식물을 중심으로 세계의 한랭지 식물, 롯코산 자생식물 등 1500여 종이 서식하고 있다. 봄부터 8월경에는 다양한 꽃을 볼 수 있다. 한겨울에는 폐관되니 주의.

©JNTO

주소 神戸市灘区六甲山町北六甲4512-150
전화 078-891-1247 **개방** 2024년 기준 3/16~11/24 10:00~17:00(입장 마감 16:30)
휴무 3~4월 목요일, 6/20~7/11 목요일
요금 중학생 이상 900엔, 4세~초등학생 450엔
교통 롯코케이블산조六甲ケーブル山上역 앞에서 롯코산조버스로 9분, 고산식물원 앞植物園前 정류장에 하차해 바로 **지도** P.41-B

롯코산 목장 六甲山牧場

푸르른 잔디 위를 뛰노는 동물들
롯코산 정상에 펼쳐진 푸르른 목초지에서 다양한 동물을 만날 수 있는 관광형 목장. 양과 염소, 젖소 등 일부 동물은 목장 내에서 자유롭게 방목하기 때문에 직접 만지거나 함께 사진을 찍을 수 있다. 아이가 있는 가족이나 연인의 나들이 장소로 인기있는 곳. 단, 롯코 가든테라스 등의 주요 관광지와는 반대 방향에 있으니 시간 여유가 없다면 건너뛰는 게 좋다. 버스 배차 간격이 큰 편이니 돌아가는 버스 시간을 확인해 두자.

주소 神戸市灘区六甲山町中一里山1-1
전화 078-891-0280
개방 09:00~17:00(입장 마감 16:30)
휴무 화요일, 12/29~1/3
요금 600엔, 초등 · 중학생 200엔(12~2월 400엔, 초등 · 중학생 200엔)
홈페이지 www.rokkosan.net
교통 롯코케이블산조六甲ケーブル山上역 앞에서 마야로프웨이산조摩耶ロープウェー山上역행 스카이셔틀버스로 15분(300엔). 스카이셔틀버스는 1시간 1~2편 운행
지도 P.41-A

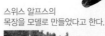

스위스 알프스의
목장을 모델로 만들었다고 한다.

ARIMA ONSEN

아리마 온천

有馬温泉
아리마 온천

일본의 3대 전통 온천 중 하나

아리마 온천은 도고 온천, 시라하마 온천과 함께 일본의 3대 전통 온천으로 손꼽히는 곳이다. 오사카, 고베에서 가까워 도시인들의 휴식을 위한 가벼운 여행지로 예로부터 친근했다. 아리마 온천에서는 철과 염분이 함유된 황토색의 유황 온천수인 킨센金泉과 라듐과 탄산염이 함유된 투명한 온천수인 긴센銀泉 두 가지를 함께 경험할 수 있어 더욱 인기 있다. 주변 경관도 아름다우니 온천욕 후 산책을 즐기기에도 좋다. 온천 마을의 분위기가 물씬 흐르는 좁은 골목길도 그대로 남아 있어 운치가 있다. 료칸에서 1박 하면서 느긋하게 휴식하기 좋으며, 시간 여유가 없다면 당일치기로도 충분히 즐길 수 있다. 아리마온센역에서 관광 안내소가 있는 중심부까지는 걸어서 5분 정도 걸린다. 산책하기에 적당한 거리다.

아리마 온천 가는 법

고베 근교에 위치한 아리마 온천은 고베에서 30분, 오사카에서 1시간 거리에 있다. 전철은 여러 번 환승하지만 소요 시간이 적고 운행 편수도 많아 이용하기 가장 편하다. 직행으로 한 번에 가고 싶다면 고속버스를 이용하되, 운행 편수가 적고 빨리 끊기니 버스 시간표를 미리 확인해 스케줄을 효율적으로 짜도록 하자.

★ 오사카 → 아리마 온천 ★

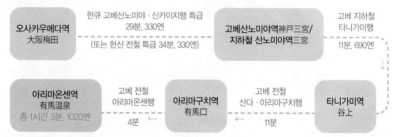

| 오사카우메다역
大阪梅田 | 한큐 고베산노미야 · 신카이치행 특급
29분, 330엔
(또는 한신 전철 특급 34분, 330엔) | 고베산노미야역神戸三宮/
지하철 산노미야역三宮 | 고베 지하철
타니가미행
11분, 690엔 |

| 아리마온센역
有馬温泉
총 1시간 3분, 1020엔 | 고베 전철
아리마온센행
4분 ⋯ | 아리마구치역
有馬口 | 고베 전철
산다 · 아리마구치행
11분 ⋯ | 타니가미역
谷上 |

총 3번 환승해야 하지만, 가장 저렴하고 운행 편수가 많아 편리한 방법이다. 우선 한큐 오사카우메다大阪梅田역(HK01)에서 한큐 고베산노미야神戸三宮행이나 신카이치新開地행 특급 열차를 타고 고베산노미야역으로 간다(한신 전철도 이용 가능하며, 요금이 같고 소요 시간이 거의 비슷하다). 안내판을 따라 지하철 세이신 · 야마테선 산노미야三宮역으로 이동해 1번 플랫폼에서 타니가미谷上행 열차로 갈아탄다. 타니가미역에 내리면 바로 옆의 3번 플랫폼(출퇴근 시간은 1~2번)에서 산다三田행이나 아리마구치有馬口행 고베 전철을 탄다. 아리마구치역에 내리면 사람들을 따라 선로를 통과해 반대편 4번 플랫폼(출퇴근 시간은 1~2번)으로 이동해서 아리마온센有馬温泉행 열차로 갈아탄다. 1개 역을 이동하면 종점인 아리마온센역에 도착한다.

고베 전철은 특쾌속, 급행, 준급, 보통 열차가 있는데, 소요 시간과 요금이 모두 같으니 어느 것을 타도 된다. 일부 시간대에는 타니가미역에서 아리마 온천까지 가는 아리마온센행 열차가 운행되기도 한다. 고베 지하철과 고베 전철은 요금 체계가 연동되므로, 산노미야역–아리마온센역 승차권은 산노미야역에서 한 번에 구입한다(690엔).

※전 구간에서 간사이스루패스 사용 가능.

한큐 전철 특급 열차

고베 전철

오사카(한큐 삼번가) 버스 터미널 大阪(梅田)阪急三番街バスターミナル	고속버스 - - - - - - - - - - - - - 60분, 1400엔	**아리마 온천 버스 터미널** 有馬温泉バス乗り場

한큐 삼번가 버스 터미널에서 아리마 온천으로 직행하는 고속버스가 있다. 전철보다 요금은 좀 더 비싸지만, 환승 없이 한 번에 갈 수 있다. 하루 18~19편 운행되며, 오사카 출발편의 첫차는 07:50, 막차는 13:20. 아리마 온천에서 우메다로 돌아오는 버스의 첫차는 09:30, 막차는 14:40. 터미널에서 티켓을 사도 되지만 주말, 성수기에 타려면 미리 예약할 것을 추천한다.

한큐 고속버스 www.hankyubus.co.jp/highway **예약** japanbusonline.com/ko

★ 고베 → 아리마 온천 ★

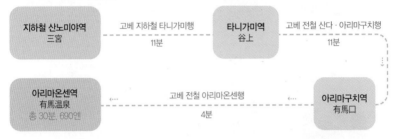

직행편이 없어 2회 환승해야 하지만, 가장 빠르고 운행 편수가 많아 편리하다. 우선 지하철 세이 신·야마테선 산노미야역 1번 플랫폼에서 타니가미행 열차를 타고 타니가미역에서 하차, 바로 옆 3번 플랫폼(출퇴근 시간은 1~2번)에서 산다행 또는 아리마구치행 고베 전철로 환승한다. 아리마구 치역에 내린 후 4번 플랫폼(출퇴근 시간은 1~2번)에서 다시 아리마온센행 열차로 갈아타고 바로 다음 역이자 종점인 아리마온센역에 내린다.

※간사이스루패스 사용 가능

JR 산노미야역 앞 버스 터미널 JR三ノ宮駅前バスタミナル	고속버스 - - - - - - - - - - - - - 30~40분, 710엔	**아리마 온천 버스 터미널** 有馬温泉バス乗り場

JR 산노미야역 앞 버스 터미널에서 아리마 온천까지 직행으로 가는 버스가 있다. 하루 1회 왕복 운행하는데 산노미야역 앞에서 09:00 출발하며, 돌아오는 버스는 아리마 온천 버스 터미널에서 10:05 출발한다. 시간이 맞지 않으면 전철, 지하철을 이용하는 수밖에 없다.

신키 버스 www.shinkibus.co.jp

Tip

아리마 온천의 시내 교통
관광 명소는 대부분 걸어서 이동한다

아리마온센역에서 나와 오른쪽으로 걸어 올라가면 바로 온천 마을이다. 마을의 규모가 작은데다 웬만한 볼거리는 아리마온센역에서 도보 10분 내에 있다. 료칸에 묵을 경우, 일부 료칸은 짐을 가지고 걸어가기에 먼 곳도 있으니 아리마온센역으로 데리러 오는 셔틀버스를 이용한다(각 료칸에 문의). 만일 여의치 않으면 역 앞에 대기 중인 택시를 이용해야 한다.

아리마 온천의 추천 코스

마을의 규모가 그리 크지 않고, 주요 볼거리는 모두 온천가 주변에 옹기종기 모여 있다.
2시간이면 산책 겸 걸어서 충분히 둘러볼 수 있다.
여기에 온천욕과 식사 및 휴식 시간을 추가해 4시간 이상 잡으면 된다.
총 소요 시간 4시간 이상

❶ 고베 전철 아리마온센역
아리마온센역에서 가장 거리가 먼 탄산 센겐도 걸어서 13분이면
도착한다.

도보 1분

❷ 아리마강
아리마 온천의 역사를 기념하는 빨간색 다리 네네노바시와 네네
동상도 볼 수 있다. 봄과 여름에는 이곳에서 축제가 열린다.

도보 2분

❸ 킨노유
황토색의 온천수 킨센을 저렴하게 이용할 수 있는 온천 시설. 건물
앞에서 무료로 족욕을 할 수 있다.

도보로 바로

❹ 유모토자카
옛 온천가의 모습이 남아 있는 상점가. 경사진 골목길 양옆으로 기
념품점과 공예품점들이 늘어서 있다.

도보로 바로

❺ 우와나리 센겐
황토색의 온천수 킨센의 원천이 있는 곳.

도보 4분

❻ 탄산 센겐

탄산 센베이의 원료가 되는 천연 탄산수가 솟아나는 원천. 바로 옆 음천장에서 직접 마셔볼 수도 있다.

도보 2분

❼ 긴노유

무색투명한 긴센을 저렴하게 이용할 수 있는 온천 시설. 등산객들도 즐겨 찾는 곳이다.

도보 1분

❽ 타이코노 유도노칸

아리마 온천을 즐겨 찾았던 도요토미 히데요시의 목욕탕과 정원 유적을 보존·공개하고 있다.

온천수는 킨센과 긴센 2가지

적갈색을 띠는 킨센金泉은 철분을 함유한 나트륨, 염화물 성분이 높은 온천. 해수의 2배 가까운 염분을 함유하여, 신경통, 근육통, 피부병에 효과가 있다고 한다. 무색투명한 긴센銀泉은 라듐천과 탄산천이다. 오십견과 만성피로, 소화불량에 효과가 있다고 한다. 대부분의 온천 료칸에서는 킨센과 긴센을 둘 다 경험할 수 있다. 피부가 약한 사람은 염도가 높은 킨센이 안 맞을 수도 있으니 자극이 적은 긴센을 이용하자.

좀 더 저렴한 당일 온천 상품도 있다

일본 온천을 제대로 즐기려면 료칸에 숙박을 하는 게 최선이지만, 숙박비가 만만치 않다. 그럴 때는 당일 온천 플랜(히가에리 플랜日帰リプラン, DAY TRIP)을 이용하는 방법도 있다. 숙박을 하지 않고 온천욕만 하거나, 식사 한 끼와 온천욕을 즐길 수 있는 상품이 있다. 료칸의 시설과 식사 메뉴에 따라 가격은 천차만별이다. P.517의 료칸 소개 페이지에서 당일 온천 상품 유무를 확인할 수 있다.

SIGHTSEEING

인 네네의 동상이 서 있다. 이 다리에서 아리마강의 전경을 감상할 수 있다. 4월 초순에는 다리 주변에서 벚꽃 축제가 열리며 밤에는 다리와 주변 나무에 조명을 밝혀 분위기가 한층 살아난다.

교통 고베 전철 아리마온센有馬温泉역(KB16)에서 도보 1분 지도 P.40-A

아리마강 ★
有馬川

아리마 온천 마을을 흐르는 강

역 주변의 아리마강은 작은 하천 공원으로 정비되어 있어, 강보다는 인공 하천 같은 느낌이든다. 아리마강 위에는 붉은색의 다리인 네네노바시ねね橋가 놓여져 있고, 다리 위에는 아리마 온천을 사랑한 도요토미 히데요시의 부

아리마 완구 박물관 ★
有馬玩具博物館

유럽의 전통 장난감을 한자리에

'전통 장난감의 즐거움을 전하자'는 콘셉트로 운영하는 장난감 박물관. 1~6층 건물에 유럽의 전통 장난감과 옛 향수를 불러일으키는 철제 완구, 태엽 인형 등 4000점 이상의 완구를 전시하고 있다. 직접 장난감을 만지며 놀 수 있는 코너도 있다.

주소 神戸市北区有馬町797
전화 078-903-6971
개관 10:00~17:00
휴무 부정기
요금 800엔, 어린이 500엔
홈페이지 www.arima-toys.jp
교통 고베 전철 아리마온센有馬温泉역(KB16)에서 도보 7분 지도 P.40-E

빈티지한
장난감 컬렉션

킨노유
金の湯 ★★

킨센을 즐길 수 있는 온천탕

고베시에서 운영하는 온천 시설로, 적갈색의 킨센金泉에서 목욕할 수 있다. 온천탕과 탈의실 정도만 있는 시설이므로, 가볍게 온천을 즐기고 싶은 사람에게 권한다. 건물 앞에는 무료로 즐길 수 있는 족욕탕과 온천수를 마실 수 있는 음천장도 있다. 시간이 별로 없다면 수건을 준비해 무료 족욕이라도 꼭 즐겨보자.

주소 神戸市北区有馬町833
전화 078-904-0680
영업 08:00~22:00(입장 마감 21:30)
휴무 둘째 · 넷째 화요일(공휴일이면 다음 날), 1/1
요금 평일 650엔, 주말 800엔, 킨노유 · 긴노유 공통권 1200엔 홈페이지 arimaspa-kingin.jp
교통 고베 전철 아리마온센有馬温泉역(KB16)에서 도보 7분
지도 P.40-E

킨노유 앞의 무료 족욕탕이 인기

유모토자카
湯本坂 ★★★

운치 있는 골목길 산책

나라 시대부터 유명했던 아리마 온천에는 지금도 옛 온천 마을의 분위기가 많이 남아 있다. 킨노유를 기점으로 경사진 언덕길이 이어지는데, 이를 유모토자카라 부른다. 좁은 골목길 양쪽으로 작은 가게들이 옹기종기 모여 있다. 전통 인형, 붓, 대나무 세공품 등을 만들어 판매하는 가게나 간단한 군것질거리를 파는 곳도 있다. 아리마 온천의 옛스러운 분위기를 가장 잘 느낄 수 있는 거리다.

주소 神戸市北区有馬町
교통 킨노유에서 바로
지도 P.40-E

곳곳에 작은 기념품 숍도 있다.

우와나리 센겐
妬泉源

전설이 내려오는 원천
적갈색의 킨센을 내뿜는 곳이었으나, 현재는 거의 고갈되어 바로 뒤에 발굴한 새로운 원천에서 물을 끌어내고 있다. 옛날 한 여자가 남편과 바람이 난 여자를 죽이고 자신도 깊은 온천에 몸을 던져 목숨을 끊었다. 그때부터 아름답게 화장한 여성이 온천 앞에 서면 물이 질투를 하여 100도에 가까운 고온의 온천수를 내뿜게 되었다는 전설이 내려온다.

주소 神戸市北区有馬町
교통 고베 전철 아리마온센有馬温泉역(KB16)에서 도보 8분 지도 **P.40-E**

현재는 온천수가 고갈되고 시설만 남아 있다.

온센지
温泉寺

아리마 온천의 중심 사찰
나라 시대를 대표하는 고승 교키行基에 의해 724년에 창건된 절. 일왕이 수차례 찾아오는 등 번성하던 아리마 온천은 7세기 말부터 쇠

퇴해 간다. 교키는 병자의 모습으로 그의 앞에 나타난 약사여래의 계시에 따라 쇠퇴한 아리마 온천을 정비하고 사찰을 세워 약사여래상을 모셨는데, 그곳이 바로 온센지다. 사찰 안에는 고승 교키의 동상이 세워져 있다.

주소 神戸市北区有馬町1643
교통 고베 전철 아리마온센有馬温泉역(KB16)에서 도보 7분 지도 **P.40-E**

타이코노 유도노칸
太閤の湯殿館

아리마 온천의 옛 온천탕 유적
593년에 쇼토쿠 태자聖徳太子가 창건한 정토종 사찰, 고쿠라쿠지極楽寺 안에 자리한 박물관. 부엌 아래에서 발견된 도요토미 히데요시의 별장의 욕조와 정원 등을 보존·공개하고 있다.

주소 神戸市北区有馬町1642
전화 078-904-4304
개방 09:00~17:00(입장 마감 16:30)
휴무 둘째 수요일
요금 200엔
교통 온센지 바로 옆
지도 **P.40-E**

긴노유
銀の湯 ★

가볍게 이용할 수 있는 긴센 온천

무색투명한 라듐천과 탄산천의 긴센을 저렴한 요금에 체험할 수 있는 시설. 오십견과 만성피로, 소화불량에 효과가 있다고 한다.

작은 대중탕 정도의 시설이니 가볍게 체험할 사람에게 적당하다. 주말에는 등산객이 많이 찾는 편이다.

주소 神戸市北区有馬町1039-1
전화 078-904-0256
영업 09:00~21:00(입장 마감 20:30)
휴무 첫째·셋째 화요일(공휴일이면 다음 날), 1/1
요금 평일 550엔, 주말 700엔, 킨노유·긴노유 공통권 1200엔
교통 고베 전철 아리마온센有馬温泉역(KB16)에서 도보 10분 지도 P.40-E

탄산 센겐
炭酸泉源 ★

사이다의 원료가 된 천연 탄산수

온천 마을을 내려다보는 고지대에 위치한 작은 광장에 탄산 센겐이 있다. 작은 사당 안의 동그란 우물처럼 생긴 원천에는 천연 탄산 온천수가 솟아난다. 왼쪽에는 직접 마셔볼 수 있는 무료 음천장이 있다. 옛날에는 독물이라 하여 멀리했다고 하나, 1875년에 마실 수 있는

사당 왼쪽에 있는 음천장. 맛이 궁금하다면 도전!

물이라는 것을 알게 되어 온천수에 설탕을 넣어 사이다처럼 즐겼다고 한다. 아리마 온천의 명물 과자인 탄산센베이炭酸煎餅의 원료가 되기도 한다.

주소 神戸市北区有馬町
교통 고베 전철 아리마온센有馬温泉역(KB16)에서 도보 13분 지도 P.40-E

타이코노유
太閤の湯

당일치기에 좋은 온천 테마파크

노천탕 6곳, 대욕장 4곳에서 킨센, 긴센을 비롯해 탄산천, 허브탕 등 다양한 스타일로 즐길 수 있어 마치 온천탕 투어를 하는 듯하다. 곳곳에 기념 사진을 찍을 포토존이 많고, 안에 식당과 매점, 휴게실 등도 있어 온천욕 후 식사를 하거나 휴식을 취하기도 편하다.

주소 神戸市北区有馬町池の尻292-2
전화 078-904-2291
영업 10:00~22:00(입장 마감 21:00)
휴무 부정기 요금 1980~2970엔(요일, 이용 시간에 따라 달라짐)
홈페이지 www.taikounoyu.com
교통 고베 전철 아리마온센有馬温泉역(KB16)에서 도보 9분 지도 P.40-B

온천욕 후의 출출함을 채워주는

아리마 온천의 명물 간식

아리마온센역을 나와 온천가를 걷다 보면 곳 곳에서 만날 수 있는 아리마 온천의 먹을거리 들. 이렇다 할 식당이 적은 아리마 온천에서 출출한 배를 채우기에는 그만이다.

탄산센베이 炭酸煎餅

간식 또는 선물용으로도 좋은 센베이. 20개들 이 648엔.

요이토 만주 よい湯まんじゅう

하얀 김이 모락모락 피어오르는 찐빵. 온천물 을 사용해 만든다고 한다. 1개 100엔.

아리마 사이다 ありまサイダー

달달한 사이다로 목을 축여보자. 1병 270엔.

비프 고로케 ビーフコロッケ

바삭바삭한 소고기 고로케는 1개만 먹어도 든 든하다. 타케나카 니쿠텐竹中肉店(지도 P.40−E)에서 판매. 1개 170엔.

아리마 온천의 료칸

효에 코요카쿠
兵衛 向陽閣

역에서 가까운 인기 료칸

과거 도요토미 히데요시의 병사들을 위한 숙소로 사용되었다고 할 정도로 약 700년의 오랜 역사를 지닌 곳으로, 료칸의 규모도 상당히 크다. 노천 온천이 딸린 대욕장은 총 3곳으로 세련된 분위기와 전통적인 온천탕의 느낌을 둘 다 가지고 있다. 료칸 내 정원 산책도 즐겁다. 숙박료가 부담스럽다면 식사가 포함된 당일 온천(3700엔대~)을 이용하면 좋다. 홈페이지에서 다양한 상품을 예약할 수 있다.

주소 神戸市北区有馬町1904
전화 078-904-0501 요금 1박 2식 2만 5350엔~
홈페이지 www.hyoe.co.jp
교통 고베 전철 아리마온센有馬温泉역(KB16)에서 도보 6분 지도 P.40-B

네기야 료후카쿠
ねぎや 陵楓閣

산속에 위치해 자연을 만끽할 수 있다

약 1만 6500㎡의 넓은 정원을 가진 온천 료칸이다. 노천 온천은 삼림으로 둘러싸여 있고, 가슴이 확 트이는 듯한 개방적인 분위기이다. 개인 노천 온천이 딸려 있는 객실도 있다. 가이세키 요리는 이곳 주인이 매일 아침 들여오는 엄선된 재료로 만든다.

주소 神戸市北区有馬町1537-2
전화 078-904-0675

요금 1박 2식 3만 580엔
홈페이지 www.negiya.jp
교통 고베 전철 아리마온센有馬温泉역(KB16)에서 도보 4분
지도 P.40-A

※모든 료칸의 숙박 요금은 성인 기준으로 2인 1실 평일 이용 시의 1인 요금이며 세금과 봉사료가 포함되어 있다. 시기와 이용 플랜에 따라 요금은 많이 달라진다. 식사가 포함된 당일 온천 플랜도 예약 필수.

킨잔
欽山

일본의 정취가 감도는 차분한 분위기

아리마 온천을 대표하는 고급 료칸 중 하나. 여름에는 반딧불이가 정원을 날아다녀 로맨틱한 분위기를 만끽할 수 있다. 대욕장 2곳과 노천 온천, 사우나가 있다. 투숙객의 조용한 휴식을 위해 평상시에는 초등학생 이하 어린이의 숙박을 받지 않는다. 식사가 포함된 당일 온천도 가능하다(8800엔~).

주소 神戸市北区有馬町1302-4
전화 078-904-0701 요금 1박 2식 5만 2800엔~
홈페이지 www.kinzan.co.jp
교통 고베 전철 아리마온센有馬温泉역(KB16)에서 도보 4분 지도 P.40-A

타케토리테이 마루야마
竹取亭円山

조용히 휴식하고 싶은 이에게 인기

아리마 온천의 료칸 중에서 가장 고지대에 자리해 번잡하지 않고 아늑한 분위기다. 객실은 화실, 양실, 화양실의 3종류가 있으며, 총 31실이다. 노천 온천이 있으며, 전용 노천탕이 딸린 객실도 있다.

주소 神戸市北区有馬町1364-1
전화 078-904-0631 요금 1박 2식 4만 4890엔~
홈페이지 www.taketoritei.com
교통 고베 전철 아리마온센有馬温泉역(KB16)에서 도보 15분 지도 P.40-F

토센 고쇼보
陶泉 御所坊

800년 전통의 료칸

도요토미 히데요시도 들렀다고 전해지는, 800년의 역사를 간직한 료칸. 다니자키 준이치로, 요시가와 에이지 등 일본의 근대 문호들에게 많은 사랑을 받은 것으로 유명하다. 욕탕의 물은 100% 킨센을 사용한다. 반노천 온천이 있으며, 당일 온천도 가능하다(1650엔, 11:00~14:00, 월 휴무).

주소 神戸市北区有馬町858
전화 078-904-0551 요금 1박 2식 3만 100엔~
홈페이지 goshoboh.com
교통 고베 전철 아리마온센有馬温泉역(KB16)에서 도보 8분 지도 P.40-D

코센카쿠
古泉閣

킨센 노천 온천을 가진 료칸

자체 원천에서 1시간에 6t이라는 풍부한 양의 온천수를 생산하며, 1일 2회 대욕장의 온천물을 바꾸어 깨끗한 상태를 유지한다. 부지 내에는 전통 료칸인 본관 외에 거품 욕조를 완비한 통나무집 '더 로지 아리마 리조트'도 있어 인기다. 식사가 포함된 당일 온천 상품도 있다(3300엔~).

주소 神戸市北区有馬町1455-1
전화 078-904-0731
요금 1박 2식 2만 840엔~
홈페이지 www.kosenkaku.com
교통 고베 전철 아리마온센有馬温泉역(KB16)에서 도보 9분 지도 P.40-B

겟코엔 코로칸
月光園 鴻朧館

아리마 온천 최고의 절경을 자랑하는 료칸 자체 원천을 사용하는 노천 온천에서는 오치바야마落葉山와 타키강滝川의 전망을 볼 수 있다. 식사 포함 당일 온천 가능(7700엔~). 강 건너편에 별관인 유게츠산소游月山荘도 있다.

주소 神戸市北区有馬町318
전화 078-903-2255
요금 1박 2식 3만 3000엔~
홈페이지 www.gekkoen.co.jp
교통 고베 전철 아리마온센有馬温泉역(KB16)에서 도보 10분
지도 P.40-D

긴스이소 초라쿠
銀水荘 兆楽

킨센과 긴센의 자가 원천을 가진 료칸 주위보다 약간 높은 지대에 위치해 객실에서 내려다보는 전망이 훌륭하다. 아리마에서 유일하게 킨센과 긴센의 자가 원천을 모두 가진 곳이다. 노천 온천은 물론이고, 긴센을 사용한 야외 풀장도 있다. 식사가 포함된 당일 온천 가능(6270엔~).

주소 神戸市北区有馬町1654-1
전화 078-904-0666 요금 1박 2식 2만 4200엔~
홈페이지 www.choraku.com
교통 고베 전철 아리마온센有馬温泉역(KB16)에서 도보 8분 지도 P.40-A

전화 078-904-0787
요금 1박 2식 3만 8100엔~
홈페이지 www.zuien.jp
교통 고베 전철 아리마온센有馬温泉역(KB16)에서 도보 4분 지도 P.40-B

나카노보 즈이엔
中の坊 瑞苑

800년 이상의 역사를 지닌 대형 온천 료칸 객실에서 보이는 회유식 정원이 아름답다. 이곳의 가이세키 요리는 맛이 훌륭하다고 정평이 나있다. 성인들의 조용한 휴식을 위해 12세 이하는 입장 불가. 노천 온천이 있으며, 식사가 포함된 당일 온천도 가능하다(1만 3000엔~).

주소 神戸市北区有馬町808

HIMEJI

姫路

히메지

姫路
히메지

일본에서 가장 아름다운 성의 도시

호류지와 함께 일본 최초로 유네스코 세계문화유산에 등록된 히메지성으로 유명한
지역이다. 과거 히메지성을 중심으로 형성된 성하마을이 지금의 현대적 도시로 변모
했다. 오사카나 고베처럼 북적거리는 도심의 느낌이 아니라, 좀 더 여유롭고 한가로운
분위기를 풍긴다. 관광 명소가 별로 없지만, 오직 히메지성 하나를 보기 위해 일본 전
국과 전 세계의 수많은 여행자들이 이곳으로 모여든다. 근세 일본 건축의 제일가는 걸
작이라 해도 과언이 아닐 만큼 아름다운 외관과 함께 최고의 성곽 건축 기술을 보여
주고 있기 때문에, 멀리서도 기꺼이 방문할 가치가 있다. 성의 해자 주변으로 일본 정
원 코코엔과 미술관, 박물관 등이 자리하고 있어 고풍스러운 산책로로서 히메지 시민
의 사랑을 받고 있다.

아리마 온천
교토
히메지
고베
간사이 국제공항
오사카
나라
고야산
시라하마

히메지 가는 법

히메지는 고베의 서쪽 방면에 자리한 도시로, 오사카에서 가면 1시간 5분~1시간 35분, 고베에서 가면 40분~1시간이 걸린다. 대부분의 여행자는 오사카에서 가는 경우가 많은데, 왕복 3시간이나 걸리고 요금 부담도 크다. 따라서 히메지에 갈 사람은 한신 산요 시사이드 1일 티켓을 구입하는 게 이득이다. 또는 간사이스루패스 구입을 고려해도 좋다.

★ 오사카 → 히메지 ★

한신 오사카우메다역 大阪梅田	한신 전철 히메지행 직통특급 1시간 35분, 1320엔	산요 히메지역 山陽姫路

산요 히메지역   히메지행 직통특급 열차   오사카로 돌아가는 열차

한신 전철은 히메지로 가는 가장 저렴한 수단이다. 한신 오사카우메다역 1~2번 플랫폼에서 히메지행 직통특급 열차를 탄다. 10~20분 간격으로 운행된다.
※간사이스루패스 사용 가능

JR 오사카역 大阪	JR 히메지행 신쾌속·쾌속 1시간 5분, 1520엔	JR 히메지역 姫路

JR은 한신 전철보다 조금 비싸지만, 가장 빠르다. JR 오사카역에서 환승 없이 한 번에 가는 히메지행 신쾌속·쾌속 열차를 탄다(15분 간격). 특급 열차는 요금이 훨씬 비싸지만 소요 시간은 비슷하니 타지 말 것. 보통 열차는 모든 역에 서므로, 시간이 2배나 걸린다. 참고로, 신칸센은 JR 신오사카新大阪역에서 오카야마행 히카리ひかり나 히로시마행 노조미のぞみ를 탈 수 있다. 약 35분 걸리며, 요금은 자유석 4010엔으로 꽤 비싸다(지정석은 요금 추가).

> ### Tip
>
> **한신 산요 시사이드 1일 티켓 阪神·山陽 シーサイド 1 day チケット**
>
> 한신 우메다역·오사카난바역―산요 히메지역 구간을 하루 동안 무제한 승차할 수 있는 티켓. 한신 전철 전 구간, 고베고소쿠 모토마치元町―니시다이西代 구간, 산요 전철 전 구간에서 이용할 수 있다. 한신 오사카우메다·오사카난바·미카게·고베산노미야·신카이치역의 역장실이나 개찰구 등에서 판매한다.
>
>
>
> **요금** 2400엔(성인권만 판매)

★ 고베 → 히메지 ★

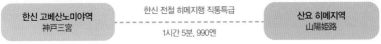

한신 고베산노미야역 神戸三宮 —— 한신 전철 히메지행 직통특급 / 1시간 5분, 990엔 —— **산요 히메지역** 山陽姫路

15분 간격으로 운행되며, 환승 없이 한 번에 갈 수 있다.
※간사이스루패스 사용 가능

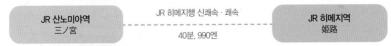

JR 산노미야역 三ノ宮 —— JR 히메지행 신쾌속 · 쾌속 / 40분, 990엔 —— **JR 히메지역** 姫路

15분 간격으로 운행되며, 환승 없이 한 번에 갈 수 있다.

★ 교토 → 히메지 ★

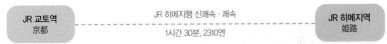

JR 교토역 京都 —— JR 히메지행 신쾌속 · 쾌속 / 1시간 30분, 2310엔 —— **JR 히메지역** 姫路

환승 없이 한 번에 편하게 갈 수 있지만 요금이 비싸다. JR 교토역 5번 플랫폼에서 히메지 방면 신쾌속이나 쾌속 열차를 탄다. 요금이 비싼 특급과 오래 걸리는 보통 열차는 타지 말 것. 참고로, 신칸센은 오카야마행 히카리ひかり와 히로시마행 노조미のぞみ를 타면 되는데, 소요 시간이 45~53분으로 빠르지만 요금이 5570엔으로 매우 비싸다. JR패스가 있다면 이용할 것.

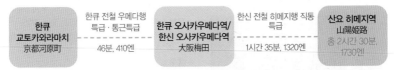

한큐 교토카와라마치 京都河原町 —— 한큐 전철 우메다행 특급 · 통근특급 / 46분, 410엔 —— **한큐 오사카우메다역/한신 오사카우메다역** 大阪梅田 —— 한신 전철 히메지행 직통특급 / 1시간 35분, 1320엔 —— **산요 히메지역** 山陽姫路 / 총 2시간 30분, 1730엔

한큐 전철은 저렴하지만, JR보다 1시간이나 더 걸리고 1회 환승해야 한다. 총 소요 시간이 2시간 30분이니, 불가피한 경우가 아니라면 JR을 이용하거나 일정을 아예 바꾸는 게 현명하다.
※간사이스루패스 사용 가능

★ 나라 → 히메지 ★

JR 나라역 奈良 —— JR 오사카 · 텐노지행 신쾌속 · 쾌속 / 50분 —— **JR 오사카역** 大阪 —— JR 히메지행 신쾌속 · 쾌속 / 1시간 —— **JR 히메지역** 姫路 / 총 2시간, 2310엔

JR 나라역에서 일단 오사카역으로 간 후, 1회 환승해 히메지까지 간다.

킨테츠 나라역 奈良 —— 킨테츠 전철 고베산노미야 방면 쾌속급행 · 급행 / 54분 —— **한신 아마가사키역** 尼崎 —— 한신 전철 히메지행 직통특급 / 1시간 27분 —— **산요 히메지역** 山陽姫路 / 총 2시간 30분, 2090엔

킨테츠 전철을 이용하려면 고베의 한신 아마가사키역에서 1회 환승해야 한다.
※간사이스루패스 사용 가능

히메지의 시내 교통

JR 히메지역과 산요 히메지역은 바로 옆에 위치하고 있으며, 두 역은 버스 터미널을 사이에 두고 육교로 연결되어 있다. 역에서 히메지성까지는 도보 20분 정도로 가까운 거리다. 또한 히메지성을 중심으로 조성된 공원 안에 명소가 옹기종기 모여 있으므로 걸어서 돌아보기에 충분하다.

JR 히메지역 중앙 출입구

산요 히메지역 앞 버스 터미널. 이곳에서 루프버스가 출발한다.

히메지성 루프버스
Himeji Castle Loop Bus

히메지성과 주변 명소를 도는 관광버스. 차분한 갈색의 빈티지한 소형 버스다. 산요 히메지역 앞 버스 터미널에서 출발해 한 방향으로 운행한다. 한 바퀴 도는 데 20분 정도 걸린다. 구간에 관계 없이 요금은 100엔. 1일 승차권(400엔)도 있으나 본전을 뽑기 어려워 추천하지 않는다. 12~2월에는 토·일요일과 공휴일에만 운행한다.

히메지성 루프 버스

루프버스는 15~30분 간격으로 운행되니, 만일 버스 시간이 맞지 않으면 걷는 게 낫다. 루프버스를 이용하려면, 산요 히메지역 앞 버스 터미널 6번 정류장에서 출발하는 루프버스를 타고 첫 목적지로 이동한 후, 나머지는 걸어서 다니는 게 편하다. IC카드 사용 불가.

운행 시기 3~11월 매일, 12~2월 토·일·공휴일
운행 시간 09:00~17:00(15~30분 간격, 평일 막차는 16:30 출발)
휴무 12~2월 평일, 연말연시
요금 성인 100엔, 어린이 50엔
운행 코스 히메지역 앞 버스 터미널姫路駅前 → 히메지성 오테몬 앞姫路城大手門前 → 히메지 우체국 앞姫路郵便局前 → 미술관 앞美術館前 → 박물관 앞博物館前 → 신미즈바시清水橋(문학관 앞文学館前) → 코코엔 앞好古園前 → 오테마에도리大手前通リ → 히메지역 앞姫路駅前(히메지 OS 빌딩 앞姫路OSビル前)

렌털 자전거
レンタサイクル

봄이나 가을이라면 자전거를 대여해 돌아보는 방법도 있다. 히메지성 주변은 공원으로 조성되어 있으며 한적한 가로수길이어서 자전거를 타기 적당하다. JR 히메지역 중앙 출입구 부근의 관광 안내소와 히메지성 오테몬 주차장에서 자전거를 대여할 수 있다.

이용 시간 24시간 **요금** 30분 165엔

히메지의 추천 코스

히메지성 한 곳을 보기 위해 오사카에서 이동 시간만 왕복 3시간을 투자해도
아깝지 않을 만큼 볼거리가 풍부하다.
총 소요 시간 3시간 이상

❶ 산요(또는 JR) 히메지역
산요 히메지역 앞에 있는 버스 터미널에서 루프버스를 탈 수 있다.
시간표를 확인해 출발 시간이 멀었다면 걸어가는 게 낫다.

도보 20분(또는 루프버스 4분)

❷ 히메지성
일본에서 가장 아름다운 성일 뿐 아니라 요새로서의 기능도 완벽
하게 갖추고 있다. 벚꽃 명소로 유명하다.

도보 3분

❸ 코코엔
히메지성 터에 만든 일본 정원. 에도 시대에 인기 있던 9가지 정원
을 한자리에 만들어 놓았다. 차분히 감상하기 좋은 곳이다.

식사나 티 타임을 즐기려면

역에서 히메지성으로 가는 대로변 곳곳에 식
당이 있다. JR 역과 연결된 피오레Piole 쇼핑
몰이나 산요 히메지역 건물에도 식당이 있다.
성 바로 앞에는 기념품점을 겸한 간이 식당도
있긴 하지만, 맛이 실망스러워 추천하지 않는
다. 티 타임을 즐기려면 코코엔 안에 있는 차
노니와茶の庭에서 말차를 마셔도 좋다. 피오
레 본관 4층의 스타벅스에서는 창가 자리에서
가로수길과 멀리 히메지성이 보이는 전망을
즐길 수 있다.

코코엔 차노니와의 다실

히메지성
姫路城
★★★
🔊 히메지조
UNESCO 유네스코 세계문화유산

일본에서 가장 아름다운 성

성을 감싸는 해자

히메지성은 세계적으로도 손꼽힐 만큼 아름다운 목조 건물로 평가받으며, 나라의 호류지와 함께 일본 최초로 유네스코 세계문화유산에 등재되었다. 전쟁의 피해를 한 번도 입지 않아 천수각은 물론이고 대부분의 건축물이 거의 온전히 보존되었으며, 성의 규모도 일왕이 살고 있는 도쿄의 고쿄 다음으로 넓다.

최초로 성이 축성된 것은 1346년이다. 임진왜란을 일으킨 도요토미 히데요시도 히메지성의 성주였으며, 그에 의해 3층의 천수각이 세워져 비로소 성곽의 모습을 갖추게 된다.

이후 후대의 성주였던 이케다 데루마사가 1609년 7층의 천수각을 대천수와 소천수의 연립식으로 세우고 성을 대폭 보수, 확장하여 현재의 모습이 완성되었다.

성의 중심 건물인 천수각은 불에 강한 흰색 회벽으로 만들었으며, 장식을 절제하여 단순하면서도 아름답다. 마치 흰 두루미가 하늘로 날아오르는 듯한 모습이라 하여 '백로성白鷺城'이라는 별명을 가지고 있다. 특히 봄에는 벚꽃이 흐드러지게 피어 꽃놀이 명소로도 유명하다.

주소 姫路市本町68
전화 079-285-1146
개방 09:00~17:00(입장 마감 16:00), 6/1~9/24 09:00~18:00(입장 마감 17:00)
휴무 12/29~12/30
요금 1000엔. 초등 · 중 · 고등학생 300엔 / 히메지성 +코코엔 공통권 1050엔, 초등 · 중 · 고등학생 360엔
홈페이지 www.city.himeji.lg.jp/guide/castle/
교통 JR 히메지姫路역, 산요 히메지山陽姫路역(SY43)에서 도보 20분. 또는 루프버스로 4분, 히메지조 오테몬마에姫路城 大手門前 하차
지도 P.41-C · D

사쿠라몬바시에서 바라본 히메지성

오테몬 大手門

성의 대문. 해자를 건너는 다리, 사쿠라몬바시를 지나면 바로 나온다. 옛 병사 복장을 한 직원들이 관광객을 반긴다.

히시노몬 菱の門

니노마루의 입구이자, 성 안에서 가장 큰 문. 2층에는 적의 침입을 감시하기 위한 종 모양의 화두창花頭窓이 있는데, 검은색 격자와 위쪽 테두리의 섬세한 곡선이 아름답다.

니시노마루 西の丸

센히메와 혼다 다다토키의 혼인을 계기로 니시노마루를 정비하면서 성의 대부분이 완성되었다. 약 240m에 달하는 긴 복도를 따라 20개

의 작고 소박한 방이 있는데, 여기에는 센히메를 모시는 시녀들이 머물렀다고 한다. 센히메는 이곳에서 신사를 향해 매일 아침 기도를 올렸다고 전해진다.

케쇼야구라 化粧櫓

센히메와 시녀가 놀이를 하는 모습을 인형으로 재현하고 있다.

니시노마루의 북쪽에 자리한 2층 구조의 망루. 센히메가 1616년 혼다 다다토키와 재혼을 하면서 가져온 화장비(에도 시대 신부가 가져오는 지참금)로 1618년 케쇼야구라가 지어졌다. 센히메는 매일 아침 기도를 한 후 이곳에서 휴식을 취했다고 한다.

Tip

히메지성에 전해지는
센히메의 파란만장한 인생 이야기

센히메千姫(1597~1666)는 에도 시대의 2대 쇼군인 도쿠가와 히데타다의 장녀이자, 도쿠가와 이에야스의 손녀로, 미인으로 유명했다.

그녀는 7살 때 도요토미 히데요시의 외아들인 히데요리와 정략결혼을 하고 오사카성에 살게 된다. 두 사람에게 자녀는 없었으나 원만한 결혼생활을 했다고 한다. 그러나 1615년 도쿠가와 가문과의 전쟁에 패하고 오사카성이 함락되자, 히데요리가 자살함으로써 도요토미 가문은 멸망하게 된다. 19살의 나이에 사별하고 슬픔에 빠진 센히메는 친정인 에도성(당시의 도쿄)으로 돌아오는데, 이때 만난 혼다 다다토키와 첫눈에 반해 재혼을 하게 된다. 당시 이런 연애결혼은 매우 드문 일이었다고 한다. 혼인 후 히메지성에 살면서 자녀를 낳았고 부부 금슬도 좋았다고 전해진다. 그러나 1621~1626년 어린 아들과 남편이 연이어 사망하자, 불교에 귀의해 남은 생을 살았다. 그녀의 드라마틱한 삶은 많은 드라마와 영화의 소재가 되기도 했다.

센히메의 초상화

대천수 大天守

🔊 다이텐슈

크고 작은 6개의 성문을 지나면, 국보인 대천
수에 도착한다. 92m 높이의 거대한 대천수를
두고 3개의 소천수가 연결되어 있다. 대천수
는 겉에서는 5층으로 보이나 내부는 실제 7층
구조로 되어 있다. 전체가 흰색 회벽으로 되어
있는데, 이는 화재 방지 목적과 미관상의 이유
가 있었다고 여겨진다.

내부에는 히메지성의 역사와 관련된 물품이
전시되고 있으며, 가파른 나무 계단을 올라 꼭
대기층에 오르면 창 너머로 아름다운 성의 전
경을 감상할 수 있다. 거의 완벽하게 보존된
몇 안 되는 천수각 중 하나이므로 내부에 꼭
들어가 보자.

대천수에서 내려다본 니시노마루

오키쿠이도 お菊井戸

직경 3m의 우물. 1500년경 당시 성주 고테라
노리모토의 신하였던 아오야마는 반역을 도모
한다. 그러나 그의 하녀인 키쿠가 이 사실을
알리면서 반역은 실패로 돌아갔다. 이에 분개
한 아오야마는 가보인 접시 10개 중 하나가 없
어졌다며, 키쿠에게 누명을 씌우고 우물에 던
져 죽였다.

이후 밤만 되면 키쿠의 유령이 접시를 세는 소
리가 들려 사람들은 무척 두려워했는데, 후에
키쿠의 연인이 아오야마에게 복수를 하고 키
쿠를 신사에 모셨더니 유령이 사라졌다는 이
야기가 전해 내려온다.

군사적 목적의 요새로서

완벽한 기능성을 갖춘 히메지성

길고 가느다란 틈이 나 있다.

쇼군자카

히메지성은 아름다운 외관뿐 아니라, 군사적 목적의 요새로서도 완벽하게 건축된 성이었다. 대천수로 가는 길에는 크고 작은 성문을 여러 개 만들고 마치 미로처럼 길을 내어 헤매기 쉽게 만들었다. 또한 대천수로 향하는 쇼군자카將軍坂의 경우는, 돌계단 끝의 각도를 둥글게 만들고 각 계단의 높이를 다르게 하는 등 적이 침입했을 때 미끄러지기 쉽도록 했다.
니시노마루나 대천수 등의 건물을 보면 길고 좁은 틈이 있는데, 이는 성벽을 기어 올라오는 적에게 돌이나 창을 던질 수 있도록 만든 것이라고 한다. 또한 흰색 외벽의 토담을 살펴보면 삼각형과 사각형 구멍들이 주욱 나 있는데, 이 또한 적의 침입을 감시하고 방어하기 위해 뚫

어 놓은 것이다. 자세히 보면 바깥으로 향할수록 구멍이 좁아져 외부에서 적이 공격하기 어렵게 되어 있다. 이렇게 완벽한 요새였던 덕분에 히메지성에 적이 침입한 적은 한 번도 없었다고 한다.

성주의 역사를 알 수 있는 기와 문양

히메지성에는 13개 성씨의 48명의 성주가 머물렀다고 한다. 기와의 끝부분을 살펴보면 히메지성의 역대 성주였던 여러 가문의 문장이 조각되어 있다. 이케다 가문의 호랑나비 문양, 도요토미 가문의 오동나무 문양, 혼다 가문의 아욱 문양 등 무척 다양하다. 오랜 세월 동안 틈틈이 성을 보수하는 과정에서 당시 성주의 문양을 넣다 보니, 현재 이렇게 다양한 문양이 뒤섞이게 된 것이다.

문을 열어 적에게 돌이나 창을 던졌다.

기와 끝부분에 가문의 문장이 새겨져 있다.

코코엔의 입구

차실의 정원

코코엔
好古園 ★★

9가지 조경 양식의 일본 정원이 한자리에
히메지성 바로 옆에 자리한 일본 정원으로, 히
메지시 제정 100주년을 기념해 1992년 히메지
성 터 한쪽에 만들어졌다.

약 3만 5000㎡의 넓은 부지에서 에도 시대에
인기 있었던 9가지 조경 양식으로 만든 아름
다운 정원을 감상할 수 있으며, 각 정원을 구
분하는 돌담과 대문, 복도 등도 당시의 건축양
식 그대로 재현했다.

차실에서는 정원을 감상하며 말차와 화과자를
맛볼 수 있으니 잠시 쉬어 가기에 좋다(12:00~
16:00, 요금 500엔).

주소 姫路市本町68
전화 079-289-4120
개방 6/1~9/24 09:00~18:00, 9/25~5/31 09:00
~17:00(폐관 30분 점 입장 마감)
휴무 12/29~30
요금 310엔, 초등 · 중 · 고등학생 150엔 / 히메지성+
코코엔 공통권 1050엔, 초등 · 중 · 고등학생 360엔
홈페이지 himeji-machishin.jp/ryokka/kokoen/
교통 히메지성 오테몬에서 도보 3분 **지도 P.41-C**

히메지 시립 미술관 ★
姬路市立美術館 ◀)) 히메지 시리츠 비주츠칸

아름다운 붉은 벽돌의 미술관
모네, 마티스 등 19~20세기 프랑스 화가의 회
화작품을 중심으로 전시하고 있다. 1905년 건
축된 붉은 벽돌의 근대 서양식 건축물은 뒤로
보이는 흰색의 히메지성 대천수와 대조되어
아름다운 풍경을 만들어낸다. 건물 앞 잔디 광
장에는 13개의 조각상이 자리해 시민들의 휴
식 공간이 되고 있다.

주소 姬路市本町68-25 전화 079-222-2288
개관 10:00~17:00(입장 마감 16:30)
휴관 월요일(공휴일이면 다음 날), 연말연시
요금 210엔 홈페이지 www.city.himeji.lg.jp/art/
교통 JR 히메지姬路역, 산요 히메지山陽姬路역
(SY43)에서 도보 24분. 또는 루프버스로 6분, 비주츠
칸마에美術館前 하차 후 바로 지도 P.41-D

효고 현립 역사 박물관
兵庫県立歴史博物館
◀)) 효고 켄리츠 레키시 하쿠부츠칸

히메지성과 효고현의 역사를 전시
효고현의 역사 및 히메지성과 그 주변으로 형
성된 성하 마을의 역사를 테마로 만든 박물관.
히메지성을 비롯한 일본 전국에 현존하는 천
수각 12개의 모형 등을 전시한다. 1층은 무료
로 볼 수 있으니, 가볍게 둘러봐도 좋다.

주소 姬路市本町68
전화 079-288-9011
개관 10:00~17:00(입장 마감 16:30)

휴관 월요일(공휴일이면 다음 날), 연말연시
요금 1층은 무료, 2층은 200엔
홈페이지 www.hyogo-c.ed.jp/~rekihaku-bo/
교통 히메지 시립 미술관 맞은편 지도 P.41-D

히메지 문학관
姬路文学館
◀)) 히메지 분가쿠칸

히메지 출신 문인의 자료를 전시
철학자이자 저술가인 와쓰지 데쓰로, 소설가
아베 도모지 등 히메지를 중심으로 하리마 출
신 문인들의 작품과 유품 등을 전시하며 연구
하는 곳이기도 하다. 소박한 주택가 골목 안에
낯선 풍경을 자아내는 독특한 건축물은 안도
다다오가 설계했다.

주소 姬路市山野井町84 전화 079-293-8228
개관 10:00~17:00(입장 마감 16:30)
휴관 월요일(공휴일이면 다음 날), 12/25~1/5
요금 310엔 홈페이지 www.himejibungakukan.jp
교통 JR 히메지姬路역, 산요 히메지山陽姬路역
(SY43)에서 도보 30분. 또는 루프버스로 10분, 신미
즈바시淸水橋(분가쿠칸마에文学館前) 하차 후 도보
5분 지도 P.41-C

N A R A

奈良

나라

NARA

奈良
나라

화려한 불교 문화가 융성했던 유서 깊은 도시

나라현의 중심 도시. 710년부터 교토로 천도하기 전까지 70여 년 동안 일본의 수도였던 유서 깊은 땅으로, 일본의 정치·경제·문화의 중심지로 번성했다. 불교 문화가 가장 화려하게 융성했던 도시이기도 하다. 나라의 중심부이자 여행의 중심이 되는 구역은 나라 공원이다. 낮은 평지에 자리한 나라 공원에는 토다이지, 코후쿠지, 카스가타이샤 등 주요 유적이 모여 있으며, 동쪽에는 와카쿠사야마와 카스가야마의 산지가 펼쳐져 있다. 교통의 중심이 되는 킨테츠 나라역과 JR 나라역 일대는 나라의 중심 시가지로, 현대적인 건물이 늘어서 있고 차도 많이 다닌다. 다만 중요 유적지여서 고층 빌딩은 없다. 옛 고도의 운치를 느낄 수는 없지만, 음식점과 쇼핑, 숙박 등 관광 편의시설이 많다. 그러나 시가지에서 조금만 벗어나면 자연 지대와 농경지가 많이 남아 있는 지역이기도 하다.

나라 여행의
기본 정보

여행 시기
Season

나라 공원 전체는 녹지대여서, 사계절 언제 가도 좋다. 다만 공원 내를 계속 걸어야 하므로, 여름에는 더위로 쉽게 지칠 수 있다. 그늘이 없는 곳도 많아 4월만 되어도 벌써 더위를 느끼게 된다. 여름에는 미리 생수를 준비해 수분을 보충하고 그늘진 벤치에서 쉬어 가며 돌아보자. 특히 벚꽃 철과 단풍철에는 공원 전체가 무척 아름답다.

[월별 평균 기온]

월	1월	2월	3월	4월	5월	6월	7월	8월	9월	10월	11월	12월
최고 기온(℃)	9.0	10.0	14.0	20.0	24.7	27.4	31.3	33.0	28.5	22.6	16.8	11.4
최저 기온(℃)	0.1	0.1	2.7	7.7	13.0	17.9	22.2	23.0	19.1	12.8	6.8	2.2

(일본 기상청, 1991~2020년 조사 결과)

여행 기간
Period

나라 공원만 본다면 하루만에 돌아볼 수 있다. 그러나 볼거리가 많은 곳을 여유롭게 둘러보고, 식사와 쇼핑에도 어느 정도 시간을 들이려면 최소 1박을 하는 것도 좋다. 토다이지처럼 한 곳을 제대로 보려면 3시간 이상 걸리는 명소도 있다.

관광
Sightseeing

토다이지, 코후쿠지, 나라마치, 카스가타이샤 등 나라의 주요 관광 명소는 대부분 나라 공원 안에 모여 있다. 일 년 내내 관광객과 수학여행 온 학생들로 끊임없이 붐비는 지역으로, 특히 봄, 가을에는 한층 복잡하다. 또 하나의 중요 역사 유적인 호류지는 백제인의 건축 기술이 담겨 있어 우리나라 사람들에게도 의미 있는 곳인데, JR 나라역에서 열차로 10분 정도 걸린다.

토다이지의 난다이몬. 언제나 관광객으로 붐빈다.

음식
Gourmet

나라는 내륙성 기후 덕분에 질 좋은 농작물이 많다. 나라현에서는 전통적으로 자가 채종해 키워온 채소를 야마토 채소大和野菜로 지정하고 있다. 그 외에 나라현에서 자란 흑우를 브랜드화한 야마토규大和牛도 맛이 좋기로 유명하다.
나라마치에는 야마토 채소와 나라산 닭고기 등 산지 재료로 만드는 전통 요리와 가정식 식당이 많다.

나라마치의 가정식 카페에서 식사를 해도 좋다.

쇼핑
Shopping

백화점이나 대형 쇼핑몰은 없다. 주로 킨테츠 나라역에서 나라 공원과 나라마치로 이어지는 아케이드 상점가에 슈퍼마켓이나 기념품점, 소규모 상점들이 밀집해 있다. 산조도리에는 오랜 전통을 자랑하는 나라의 공예품과 기념품점이 줄지어 있다.
킨테츠 나라역과 JR 나라역 안에는 나라의 전통 과자 등을 파는 기념품점이 모여 있어 선물을 사기에 좋다.

나라의 사슴이 그려진 손수건

숙박
Stay

전통 료칸, 비즈니스 호텔, 관광 호텔, 게스트 하우스 등 다양하게 선택할 수 있다. 교통편이 좋은 킨테츠 나라역이나 JR 나라역 주변, 산조도리에 숙소를 정하면 나라 공원 어디나 걸어서 여행할 수 있고, 주변에 식당과 상점도 이용할 수 있어 편리하다.
봄, 가을의 관광철에는 일본 관광객들이 몰리는 시기이므로 숙소 예약을 서두르는 것이 좋다.

나라 공원 주변에 자리한 비즈니스 호텔

나라에서
꼭 해야 할 6가지

1

나라 공원의 사슴과 기념 촬영하기

신의 사신으로서 신성한 동물로 여겨지는 사슴과 기념 촬영도 해보고, 사슴의 간식인 사슴 센베이도 먹여보자. 단, 야생동물인 만큼 공격을 할 수도 있으니 조심해야 한다.

2

3

코후쿠지 오층탑을 바라보며 사루사와노이케 주변에서 휴식하기

사루사와노이케 뒤로 보이는 고후쿠지 오층탑의 모습은 나라의 대표 이미지로 유명한 풍경이다. 나라 공원 산책의 시작점이 되는 곳으로, 연못 주변에는 벤치에 앉아 사색을 즐기거나 그림을 그리는 시민이 많다.

토다이지 니가츠도에서 나라 전경 감상하기

토다이지는 앉은 키가 16m나 되는 다이부츠(대불)을 비롯하여 볼거리가 무척 많은 사찰이다. 경내를 돌아본 후 마지막 코스로 좋은 곳이 니가츠도. 계단을 올라 니가츠도에 올라서면 토다이지 경내와 나라 시내의 전경이 시원스럽게 펼쳐진다.

4

나라마치를 유유자적 산책하기

상점과 주택이 합쳐진 형태의 전통 가옥 마치야가 현재까지 잘 보존되어 있는 거리. 좁은 골목길을 걸으며 여유롭게 산책해 보자. 거리 곳곳에 고찰과 신사, 갤러리, 잡화점 등이 자리해 구경하면서 걷는 재미가 있다.

5

전통 가옥 마치야를 개조한
카페에서 식사하기

나라마치에 가면 일본의 전통 가옥 마치야를 개조한 카페나 식당, 잡화점, 갤러리 등을 곳곳에서 만날 수 있다. 전통 가옥의 느낌을 그대로 살리면서도 각기 주인의 개성을 담아 꾸민 공간이 소박하면서도 재미 있다. 나라의 제철 식재료를 이용한 가정식을 선보이는 식당도 많으니 점심이나 저녁 한 끼는 꼭 나라마치에서 먹어볼 것을 추천한다.

6

숲속 참배길을 걸으며
카스가타이샤의 등롱 감상하기

카스가타이샤로 이어지는 참배길은 울창한 숲길로, 석등이 줄지어 있고 곳곳에서 신의 사신인 사슴이 등장해 현실과 동떨어진 세계에 들어온 듯한 느낌을 받게 된다. 주홍색의 신사에는 처마에 수많은 등롱이 화려하게 매달려 있어 장관을 연출한다.

나라 가는 법

킨테츠 나라역, JR 나라역으로 가면 되는데 둘 다 나라 공원까지 걸어서 10~15분으로 가깝다. 킨테츠 전철이 요금은 더 저렴하다. 만일 호류지를 거쳐 나라 공원으로 간다면 JR을 타야 한다. 간사이스루패스를 구입한다면 무료로 탈 수 있는 킨테츠 전철을 이용하자.

★ 오사카 → 나라 ★

킨테츠 오사카난바역 大阪難波	킨테츠 전철 나라행 쾌속급행 · 급행 ············ 40분, 680엔	킨테츠 나라역 奈良

킨테츠 나라역

킨테츠 오사카난바역 1~2번 플랫폼에서 나라奈良행 쾌속급행 · 급행 열차를 탄다. 거의 10분 간격으로 자주 출발한다. 특급은 요금 620엔이 추가되는 데다 쾌속급행보다 속도도 느리니 탈 필요가 없다 (간사이스루패스 소지 시에도 특급 요금 부과).

※간사이스루패스 사용 가능

JR 오사카역 大阪	JR 나라행 · 카모행 쾌속 · 보통 ············ 50분~1시간, 820엔	JR 나라역 奈良

호류지(JR 호류지역 하차)를 들러서 나라 공원으로 갈 때는 JR을 이용하는 게 편하다. JR 오사카역 1번 플랫폼에서 나라奈良행이나 카모加茂행 쾌속 · 보통 열차를 탄다. 쾌속 열차와 보통 열차는 소요 시간이 10분 정도 차이나지만, 요금도 같고 도착 시간에 별 차이가 없으니 빨리 오는 것을 타면 된다. 이 열차는 도중에 텐노지역을 지나며, 텐노지역에서 탈 경우 33분 소요, 510엔.

★ 교토 → 나라 ★

킨테츠 교토역 京都	킨테츠 전철 나라행 급행 ············ 50분, 760엔	킨테츠 나라역 奈良

급행 열차는 1시간에 1~2편 운행된다. 보통 열차는 급행과 요금은 같지만, 1시간 20분 소요. 특급 열차는 급행보다 10분 빠르지만, 특급 요금 520엔이 추가되니 주의한다. 직행 열차가 없으면 야마토사이다이지大和西大寺역에서 나라행 열차로 갈아탄다.

※간사이스루패스 사용 가능(특급 요금은 별도 지불).

JR 교토역 京都	JR 나라행 쾌속 ············ 45분, 720엔	JR 나라역 奈良

JR 교토역 8번 플랫폼에서 나라행 쾌속 열차를 탄다. 10번 플랫폼에서 출발하는 보통 열차는 역마다 서기 때문에 1시간 16분이 소요된다. 쾌속과 보통 열차 둘 다 30분 간격으로 운행된다.

나라의 시내 교통

나라 공원 내 명소들은 걸어서 돌아볼 수 있는 거리 안에 있다. 버스를 이용할 수 있지만, 관광철에는 도로 정체가 있으니 피하는 것이 좋다. 만일 역에서 카스가타이샤, 와카쿠사야마 등 좀 먼 곳으로 곧바로 이동할 경우는 버스를 이용하는 것이 좋다. 나라 공원에서 호류지로 갈 때는 JR 나라역에서 열차를 이용한다.

버스 バス

킨테츠 나라역 앞과 JR 나라역 앞에서 시내 곳곳으로 가는 버스를 탈 수 있다. 승차장이 여러 곳이니 내가 탈 버스가 서는 승차장 번호를 먼저 확인해야 한다. 여행자들이 주로 가는 구역은 요금이 모두 220엔이다.

요금은 운전석 옆의 요금통에 직접 넣는데, 거스름돈은 나오지 않으니 미리 정확한 요금을 준비한다. 잔돈이 없으면 요금통의 동전 교환기를 이용해 바꾼 후 요금을 낸다. IC카드는 물론이고, 간사이스루패스도 사용할 수 있다.

나라의 버스는 타는 문이 버스 번호에 따라 앞문이나 뒷문으로 달라지니, 다른 승객들을 따라서 타면 된다. 나라 공원 안에서 주로 이용하는 1 · 2 · 6번 버스는 앞문으로 타며, 탈 때 요금을 낸다. 뒷문으로 타는 버스는 탈 때 정리권을 뽑아두었다가 전광판에서 정리권 번호에 해당하는 요금을 확인해 내릴 때 내면 된다.

요금 220엔~, 구간에 따라 가산
홈페이지 www.narakotsu.co.jp

렌털 자전거 レンタサイクル

나라 공원과 나라마치 등의 관광 지역은 일부를 제외하면 대부분 평탄한 지대다. 자전거로 달릴 수 있는 쾌적한 길도 많으니, 날씨가 좋은 날은 자전거를 빌려서 이곳저곳을 누벼보는 것도 좋다.

야마토 관광 렌털 사이클
ヤマト観光レンタサイクル
전화 0742-77-4727 **영업** 24시간
홈페이지 yamatocycle.com
대여료 1320엔~(예약 시 990엔~)
교통 JR 나라역 동쪽 출구에서 도보 3분

나라 렌털 자전거 奈良レンタサイクル
전화 0742-24-8111
영업 24시간
대여료 1000엔(전동 2000엔)
홈페이지 nara-rent-a-cycle.com
교통 킨테츠 나라역 7번 출구에서 도보 2분

택시 タクシー

명소는 대부분 걸어서 이동할 수 있는 거리에 있으니 택시를 이용할 일은 거의 없다. 킨테츠 나라역과 JR 나라역 앞을 제외하고, 나라 공원 내에서는 택시 승강장이 거의 없으며 지나는 택시를 잡기가 힘들다는 점을 염두에 두자.

도로가 막히지 않을 경우 킨테츠 나라역에서 카스가타이샤까지는 1000엔 정도 나온다.

요금 소형차 기준 1.3km까지 680엔, 248m마다 90엔씩 가산(22:00~다음 날 05:00 2배 할증)

나라의 추천 코스

나라 공원이라는 비교적 좁은 범위 안에 명소가 모여 있는 데다
대부분 평탄한 평지여서 주요 명소만 본다면 하루만에 돌아볼 수 있다.
총 소요 시간 6시간 이상

❶ 산조도리
대표적인 상점가로 식당과 카페, 이자야카, 기념품점, 료칸, 호텔
등이 늘어서 있다.

도보로 바로

❷ 사루사와노이케
코후쿠지로 가는 관문이 되는 호수. 나라의 대표적인 풍경 중 하나
로, 시민들의 휴식 장소로 사랑받는다.

도보로 바로

❸ 코후쿠지
오층탑 앞은 아침부터 저녁까지 혼잡할 때가 많다. 조명이 켜지는
저녁에 봐도 웅장하고 멋지다.

도보로 바로

❹ 나라 공원
나라 관광의 중심 지역. 주요 명소가 공원 안에 있다. 곳곳에서 사
슴을 만날 수 있다.

도보 이동

❺ 요시키엔
아기자기하게 꾸며놓은 일본 정원을 감상하며 산책을 즐겨보자.

{ 도보 5분

❻ 토다이지
나라 공원의 최고 인기 명소. 일 년 내내 관광객으로 항상 혼잡하다. 개장 직후부터 오전 10시경이 비교적 한산하다.

{ 도보 6분

❼ 와카쿠사야마
산 전체에 잔디가 깔린 해발 342m의 산. 사슴도 곳곳에서 볼 수 있다. 나라 시내가 한눈에 들어온다.

{ 도보 15분

❽ 카스가타이샤
숲 속에 자리한 경내는 조용한 편이다. 카스가타이샤의 분위기를 제대로 느끼려면 참배길을 걸어보는 것이 좋다.

{ 도보 25분

❾ 나라마치
세계문화유산으로 지정된 사찰 간고지를 중심으로 형성된 작은 마을. 전통 가옥을 개조한 식당과 카페, 상점, 갤러리 등이 많다.

걸어서 이동하는 것이 기본

나라 공원에서는 산책 삼아 걸어 다니는 게 가장 편하다. 특히 관광철에는 도로 정체가 있어 버스를 타는 게 오히려 오래 걸릴 수도 있다. 하지만 각각의 사찰이나 신사는 경내가 매우 넓어 상상 외로 다리가 피곤해진다. 만일 왼쪽의 추천 코스에서 나라마치를 패스한다면, 카스가타이샤에서 버스를 타고 킨테츠 나라역으로 돌아오는 것도 좋다. 참고로 킨테츠 나라역에서 JR 나라역까지는 걸어서 15분 정도 걸린다.

JR 나라역

이것이 궁금하다!

나라 공원에는 왜 사슴이 많을까?

나라 공원의 잔디밭, 와카쿠사야마 언덕 위, 사찰 내, 심지어 인도에까지…. 어디서나 사슴들이 어슬렁댄다. 나라 공원의 마스코트인 사슴과 함께 기념사진을 찍거나 사슴 센베이를 먹이로 주는 등 어른 아이 할 것 없이 즐거운 추억을 만들 수 있다. 현재 나라 공원에는 사슴 1200마리가 야생으로 서식하고 있으며 천연기념물로 보호되고 있다.

나라 공원에 사슴이 많은 이유

사슴이 이렇게 많은 것은 1300년 전 카스가타이샤를 창건할 당시 신이 이곳에 사슴을 타고 왔다고 하여 사슴을 신의 사신이라 부르며 소중히 여겨왔기 때문이다.
에도 시대에는 실수로라도 사슴을 죽인 사람은 구멍 속에 넣고 돌을 던져 죽이는 형벌로 다루었다고 한다. 지금도 나라 시민들은 사슴에 대한 애정이 매우 깊다.

카스가타이샤 참배길에서 만난 사슴

사슴의 먹이

사슴은 초식동물이어서 주로 풀을 먹고 그 외에 억새나 볏과의 식물도 먹는다. 사슴 센베이는 사슴에게 간식일 뿐, 센베이를 먹지 않는 사슴도 있다. 사슴의 배설물은 비료가 되어 잔디가 항상 푸르게 유지되고 있다고 한다.

주의할 점

사슴을 귀엽게만 봐서는 큰코다친다. 야생동물인 사슴을 대할 때는 충분히 조심해야 한다. 특히 출산기인 5~7월(새끼 사슴과 함께 있는 암사슴을 조심!)과 발정기인 9~11월에는 사슴의 신경이 예민하므로 주의해야 한다.

사슴과 관련된 이벤트

사슴 불러 모으기 鹿寄せ

호른을 불어 사슴을 불러 모으는 행사. 매년 5월 중순~8월의 주말마다 카스가타이샤 내 토비히노飛火野 들판에서 아침 9시부터 15분간 열리는데(무료), 어미를 따라온 귀여운 새끼 사슴도 볼 수 있어 인기다.

사슴 뿔 자르기 鹿の角きり

10월 초순 카스가타이샤의 로쿠엔鹿苑에서 사슴 뿔 자르기 행사(입장료 1000엔)가 열린다. 이 시기에는 수사슴의 뿔이 딱딱해지고 성질이 난폭해지기 때문에 사람을 다치게 하지 않도록 뿔을 잘라주는 것. 사슴에게는 미안한 일이지만, 사람과의 공생을 위해 300년 전부터 행해진 행사라고 한다.

나라 공원 ★★★
奈良公園 🔊 나라 코-엔

나라 관광의 중심

동서 4km, 남북 2km에 이르는 넓은 부지 안에 토다이지, 코후쿠지, 카스가타이샤, 나라 국립 박물관 등 나라를 대표하는 관광 명소가 곳곳에 자리하고 있다. 완만한 경사의 와카쿠사야마와 신비한 카스가야마 원시림의 풍부한 자연환경을 배경으로 하고 있는 사찰과 신사에는 고도에서만 느낄 수 있는 운치가 감돈다. 넓은 잔디밭에서 풀을 뜯는 사슴을 바라보면서 천천히 걷고 싶은 곳이다.

봄에는 공원 전체에 벚꽃이 만개해 벚꽃 명소로도 인기가 높은데, 특히 우키미도 주변이 유명하다. 입장료도 없고, 365일 24시간 개방되므로 언제든 산책을 즐길 수 있다.

교통 킨테츠 나라奈良역(A28) 2번 출구에서 코후쿠지까지 도보 6분. 또는 JR 나라역 동쪽 출구에서 코후쿠지까지 도보 15분
지도 P.43-C

나라 시민의 피크닉 장소로도 인기

산조도리 ★★
三条通

나라의 중심 번화가

나라를 동서 방향으로 길게 가로지르는 폭 8m 정도의 고풍스러운 상점거리. 거리 양쪽으로는 전통 상점과 료칸, 호텔, 식당과 카페, 기념품점들이 늘어서 있다.

교통 킨테츠 나라奈良역(A28) 2번 출구에서 도보 4분. 또는 JR 나라역 동쪽 출구에서 도보 1분
지도 P.43-E · F

사루사와노이케 ★★
猿沢池

나라 팔경으로 꼽히는 아름다운 연못

코후쿠지의 방생회(만물의 생명을 사랑하여 붙잡힌 생물을 자연에 풀어주는 의식)를 위해 749년에 만든 인공 연못이다. 둘레 360m의 연못 뒤로는 코후쿠지의 오층탑이 보이는데, 이는 나라를 대표하는 풍경 중 하나로 꼽힌다.

주소 奈良市登大路町
교통 킨테츠 나라奈良역(A28) 2번 출구에서 도보 6분 지도 P.43-F

경내 한쪽에 늘어서 있는 지장존

전화 0742-22-7755
개방 경내 24시간 휴무 무휴 요금 경내 무료
홈페이지 www.kohfukuji.com
교통 킨테츠 나라奈良역(A28) 2번 출구에서 도보
6분. 또는 JR 나라역 동쪽 출구에서 도보 15분
지도 P.42-B

1300년 역사의 고찰 코후쿠지

코후쿠지
興福寺

★★★

UNESCO 유네스코 세계문화유산

화려한 귀족문화를 보여주는 사찰
토다이지가 중후한 느낌을 준다면, 코후쿠지
의 오층탑과 도콘도는 섬세하고 우아한 인상
을 준다. 이는 코후쿠지가 귀족 불교를 배경으
로 하고 있기 때문이다. 9~12세기 막강한 세
력을 자랑한 후지와라 가문의 저택 안에 669
년 지어졌던 사찰을 710년 나라 천도와 함께
현재의 장소로 옮기고 사찰 이름을 코후쿠지
로 고쳤다고 한다.
코후쿠지는 고대부터 중세에 이르기까지 강력
한 세력을 지닌 사찰이었다. 한때는 7당 가람
의 대사찰이었는데, 1180년 화재로 대부분의
당과 탑을 소실했다. 현재의 건물은 모두 화재
이후 재건된 것이다. 불교 배척 정책을 펼치던
1871년에는 경내의 담을 전부 없애고 나무를
심어, 나라 공원 안에 절이 있는 지금의 모습
으로 유지되고 있다.
사루사와노이케 쪽에서 들어올 경우 오층탑-
난엔도-삼층탑-호쿠엔도-추콘도-도콘도-
국보관의 순서로 둘러보는 것이 편하다.

주소 奈良市登大路町48番地

오층탑 五重塔

🔊 고주-노토

730년 후지와라 후히토의 딸이자 쇼무 일왕의
왕비인 고묘 왕후에 의해 건립된 후, 여러 번
의 화재로 재건을 반복했다. 현재의 오층탑은
1426년 재건된 것. 총 높이가 50.1m로 목조 탑
으로는 일본에서 교토 토지東寺의 오층탑 다
음으로 높다. 밤에 조명이 켜진 모습도 웅장하
고 멋지다.
※2023년 현재 공사 중

난엔도 南円堂

주홍색을 칠한 팔각형의 불당. 코후쿠지 창건 후 네 번째 지어진 건물로 1789년에 재건되었다. 이곳은 유독 참배자가 많은데, 코후쿠지 안에서 유일하게 서민적인 분위기가 느껴지는 곳이다. 내부에는 국보인 목조 불공견색 관음 좌상과 목조 사천왕입상이 있다.

평소에는 외부만 볼 수 있고, 내부 견학은 10월 17일 등의 특별 공개 시에만 가능하다.

삼층탑 三重塔

◀) 산주-노토

헤이안 시대의 아름답고 우아한 건축 양식을 보여주는 귀중한 건축물로 국보로 지정되어 있다. 화재로 소실된 후, 가마쿠라 초기에 재건되었다.

호쿠엔도 北円堂

코후쿠지에서 현존하는 가장 오래된 건물로, 국보로 지정되어 있다. 팔각형의 아담한 건물이며 내부에는 국보인 미륵불좌상, 사천왕상이 있다. 봄과 가을에만 내부를 특별 공개.

추콘도 中金堂

사찰의 중심 건물. 사찰 건립 당시에는 나라의 사찰 중 제일가는 곳으로 손꼽혔으나 6차례나 소실, 재건을 거듭했다. 발굴 조사를 거쳐 2018년 건립 당시의 모습으로 복원되었다.

개방 09:00~17:00(입장 마감 16:45)
휴무 무휴 요금 500엔

도콘도 東金堂

오층탑 바로 옆에 자리한 도콘도는 726년 쇼무 일왕이 약사삼존을 안치하기 위해 건립했는데, 현재의 것은 1415년에 재건한 것이다.

내부에는 중요문화재인 본존 약사여래좌상 외에 헤이안 초기에 만들어진 사천왕입상과 가마쿠라 초기의 유마거사좌상, 십이신장입상 등 국보인 불상들이 안치되어 있다.

개방 09:00~17:00(입장 마감 16:45)
휴무 무휴 요금 300엔

국보관 国宝館

◀) 고쿠호칸

세계의 미술사가로부터 절찬을 받고 있는 불상미술의 핵심을 모아놓은 명소. 특히 팔부중입상과 약사여래 불두가 유명하다. 팔부중입상 중 하나인 아수라상은 소년처럼 풋풋하면서도 슬픔에 잠긴 표정으로 유명하다.

개방 09:00~17:00(입장 마감 16:45)
휴무 무휴 요금 700엔

토다이지의 다이부츠덴. 내부에는 나라의 상징으로 여겨지는 대불이 있다.

토다이지
東大寺
★★★

일본이 세계적으로 자랑하는 문화유산
나라 시대 중엽인 8세기에 창건된 사찰. 불교에 깊게 귀의한 쇼무 일왕의 칙명에 의해 743년 토다이지를 세우고 대불 조성에 힘썼다. 당시 70m가 넘는 거대한 전각에, 대불은 높이가 16m가 넘고 무게는 300톤이나 되는 엄청난 규모였다고 한다. 대불을 조성하기 시작한지 10년이 지나 752년에야 완성이 되었고 성대하게 대불 점안식이 열렸다. 10년간 대불 조성을 위해 시주한 사람만 42만 명이 넘는다고 한다. 일본에 유교와 한자를 전한 백제인 왕인의 후손이었던 승려 교키行基는 일왕의 간청으로 토다이지 대불을 만드는 데 주도적인 역할을 했다고 한다.
다이부츠덴(대불전)과 강당 등의 가람이 완성된 것은 789년이다. 그러나 2번의 전쟁으로 화재를 겪어 현재 남아 있는 건물은 1709년에 재건된 것이 많다.
토다이지는 나라 공원의 어느 방향에서나 들어갈 수 있는데, 대사찰의 웅장한 모습을 제대로 느끼려면 난다이몬-다이부츠덴-홋케도-니가츠도 순으로 둘러볼 것. 7월 중순~9월 말에는 저녁에 조명이 켜져 더욱 웅장한 모습을 뽐낸다.

주소 奈良市雑司町406-1
전화 0742-22-5511
홈페이지 www.todaiji.or.jp
교통 킨테츠 나라奈良역(A28) 2번 출구에서 도보 20분 지도 P.43-C

난다이몬 南大門

토다이지의 정문. 높이가 25.5m에 이르는 거대한 규모에 호화로운 구조로 되어 있다.

중국에서 전해진 대불 건축 양식이 그대로 남아 있는 귀중한 건축물로서 국보로 지정되어 있다. 좌우에 안치된 인왕상은 국보인 금강역사입상金剛力士像. 1203년 제작된 것으로, 가마쿠라 시대의 목조 조각을 대표하는 걸작이다. 난다이몬 앞에는 기념품 가게가 죽 늘어서 있고 이곳은 관광객과 먹이를 바라는 사슴으로 항상 혼잡하다.

다이부츠덴 大仏殿

대불

난다이몬을 들어가면 정면에 주홍색 회랑으로 둘러싸인 다이부츠덴(대불전)이 보인다. 용마루에 황금 처마가 빛나고 있는 건물은 8세기에 세워진 후 화재로 전소되어 에도 시대에 재건한 것으로, 국보로 지정되어 있다. 재건된 현재의 건물은 창건 당시의 3분의 2로 축소된 것으로, 목조 건축으로서는 세계 최대 규모.
다이부츠덴의 본존인 대불大仏은 '나라의 대불'로 불리울 정도로 나라의 상징과 같은 존재다. 높이 14.7m의 거대한 규모를 자랑하며 국보로 지정되어 있다.

개방 4~10월 07:30~17:30, 11~3월 08:00~17:00
요금 중학생 이상 600엔, 초등학생 300엔

홋케도(산가츠도)
法華堂(三月堂)

토다이지에 얼마 남지 않은 창건 당시의 건축물로 740~748년에 세워진 것으로 추측된다. 나라 시대 건축인 북쪽의 본당과 가마쿠라 시대에 부설된 남쪽의 예당이 아름답게 조화를 이루고 있다. 내부에 16개의 불상이 안치되어

있는데, 12개가 국보, 4개가 중요문화재다.

개방 08:30~16:00
요금 중학생 이상 600엔, 초등학생 300엔

니가츠도 二月堂

홋케도의 북쪽에 있는 건물. 이곳에서 바라보는 나라 시내의 전망이 아름다우니 반드시 올라가 볼 것을 추천한다. 해 질 녘 등불이 켜지면 더욱 운치 있는 곳이다. 건물 내부에는 대관음과 소관음을 본존으로 모시고 있는데, 절대 외부에 공개하지 않는 비불秘仏인 것이 독특하다.
니가츠도를 둘러본 후 오른쪽 계단으로 내려가면 흙담이 이어진 운치 있는 길 '니가츠도 오모테산도'가 나온다. 이 길에서 바라보는 니가츠도의 풍경도 아름다우니 놓치지 말고 감상하자. 니가츠도 오모테산도는 다이부츠덴 쪽으로 연결되어 있다.

요시키엔 ★
吉城園

솔이끼 정원이 인상적인 일본 정원
이스이엔 바로 옆에 자리한 일본 정원. 기복이
있는 지형을 살려 연못 정원, 솔이끼 정원, 차
꽃 정원 등으로 다양하게 구성되어 둘러보는
재미가 있다. 그중에서도 숲에 둘러싸인 솔이
끼 정원이 특히 아름답다. 전체가 솔이끼로 뒤
덮여 있고, 띠로 이은 지붕의 다실을 배치한
한적한 분위기가 인상적이다.

주소 奈良市登大路町60-1
전화 0742-23-5821
개방 09:00~17:00(입장 마감 16:30)
휴무 2/24~28 요금 무료
홈페이지 www.pref.nara.jp/39910.htm
교통 킨테츠 나라奈良역(A28) 1번 출구에서 도보
12분 지도 P.43-C

이스이엔
依水園

사계절 아름다운 일본 정원
지천회유식의 일본 정원. 전혀 다른 형태의 전
원과 후원을 연결한 형태다. 후원은 정원 뒤로
토다이지의 난다이몬과 세 개의 산 와카쿠사
야마, 카스가야마, 미카사야마가 바라다보여
한 폭의 그림 같다. 특히 철쭉과 단풍철에 무
척 아름답다.

주소 奈良市水門町74
전화 0742-25-0781

개방 09:30~17:00(입장 마감 16:30)
휴무 화요일(공휴일이면 다음 날), 12월 말~1월 중순,
9월 하순 요금 1200엔, 대학생 500엔
교통 요시키엔 바로 옆 지도 P.43-C

와카쿠사야마
若草山

세 개의 갓을 엎어놓은 듯한 산
나라 공원의 동쪽에 위치한, 해발 342m의 산.
산 전체에 잔디가 깔려 있으며 사슴도 쉽게 만
날 수 있다. 완만해 보이지만 실제로 걸어보면
꽤 가파르다. 정상까지 올라가는 데 30~40분
이 걸리는데, 정상에서 보는 나라 시내의 경치
가 훌륭하다.

주소 奈良市春日野町若草157
개방 3월 셋째 토요일~12월 둘째 일요일 09:00~
17:00(시기는 변동 가능) 입장료 150엔
홈페이지 www.pref.nara.jp/6553.htm
교통 토다이지 니가츠도에서 도보 6분. 카스가타이
샤 본전에서 도보 15분 지도 P.43-D

나라 국립 박물관
奈良国立博物館
🔊 나라 코쿠리츠 하쿠부츠칸

일본의 두 번째 국립 박물관
아스카 시대부터 이어지는 불교 미술의 걸작들을 감상할 수 있는 명품전을 비롯하여, 다수의 국보와 중요문화재를 전시하는 특별전도 열린다. 특히 매년 가을(10~11월경)에 개최되는 쇼소인전正倉院展이 유명한데, 토다이지의 보물 창고인 쇼소인에 보관 중인 헤이안 시대의 국보를 직접 볼 수 있는 유일한 전시다.

주소 奈良市登大路町50
전화 050-5542-8600
개관 09:30~17:00(입장 마감 16:30). 일부 기간은 19:00까지
휴무 월요일(공휴일이면 다음 날), 12/28~1/1
요금 700엔, 대학생 350엔
홈페이지 www.narahaku.go.jp
교통 킨테츠 나라奈良역(A28) 2번 출구에서 도보 11분 지도 P.43-C

우키미도
浮見堂

벚꽃 명소로 인기 있는 팔각정
나라 공원 남쪽에 있는 연못, 사기이케鷺池 위에 떠 있는 팔각형의 정자. 1916년 처음 지어졌으나 1994년 재건된 것으로 오래된 건축물은 아니다. 연못 수면에 비치는 정자의 모습이 아름다운데, 특히 벚꽃과 단풍 명소로 인기 있다. 평소에는 관광객이 적은 편이고 현지 주민들이 산책 삼아 즐겨 찾는 곳이다.

주소 奈良市高畑町

교통 킨테츠 나라奈良역(A28) 1번 출구에서 도보 20분 지도 P.43-G

구 다이조인 정원
旧大乗院庭園
🔊 큐 다이조-인 테이엔

명승지로 지정된 옛 다이조인의 정원
다이조인大乗院은 1087년 세워진, 코후쿠지의 문적 사원門跡寺院(왕이나 왕족이 출가한 사찰)으로서 대가람을 갖추고 번영했던 곳이다. 메이지 시대 초기에 불교 배척으로 사찰은 없어졌지만, 약 4만 3000㎡의 정원은 그대로 남았다. 정원 입구에는 다이조인의 복원 모형과 역사 자료를 전시하는 명승 다이조인 정원 문화관이 있다.

주소 奈良市高畑町1083-1
전화 0742-24-0808
개방 09:00~17:00
휴무 월요일, 공휴일 다음 날(토~일요일 제외), 연말연시 요금 정원 200엔, 문화관 무료
교통 킨테츠 나라奈良역(A28) 2번 출구에서 도보 18분 지도 P.42-F

문화관 1층에는 정원을 바라보며 쉴 수 있는 장소가 있다.

카스가타이샤
春日大社
★★★
UNESCO 유네스코 세계문화유산

울창한 원시림에 자리한 신사
일본 전역에 있는 3000개의 카스가 신사의 총본사. 1300년 전 나라에 도읍이 탄생한 시대에 창건된 신사로, 국가의 번영과 국민의 행복을 기원하며 여러 신을 모시고 있다.
나라의 다른 사찰이나 신사와 달리 카스가타이샤는 울창한 숲속에 자리해 신비감을 자아내며 경내도 조용하다. 입구인 이치노도리이부터 신사로 이어지는 긴 참배길(걸어서 약 16분)은 산책하듯 걷기 좋으며, 사슴도 자주 만날 수 있다.
주홍색의 화려한 외관을 자랑하는 카스가타이샤의 남문으로 들어가면 주위가 회랑으로 빙 둘러싸여 있고, 정면은 신전이 보인다. 여기까지는 무료로 둘러볼 수 있고, 입장료를 내면 중문 앞까지 들어갈 수 있다. 중문 안에는 본전 4동이 가로로 늘어서 있다. 주홍색으로 칠해진 회랑의 처마 끝에는 등롱이 1000개 이상 매달려 있어 독특한 분위기를 자아낸다.
2월과 8월의 만등롱万燈籠 행사 때는 참배길

주홍색의 화려한 신사 카스가타이샤

을 따라 늘어선 2000개의 석등롱과 본전의 1000개의 등롱에 불이 켜져, 경내가 환상적인 분위기에 휩싸인다. 5월에는 등나무가 보라색 꽃을 피워 무척 아름답다.

주소 奈良市春日野町160
전화 0742-22-7788
홈페이지 www.kasugataisha.or.jp
개방 3~10월 06:30~17:30, 11~2월 07:00~17:00, 본전 특별 참배 08:30~16:00, 식물원 09:00~16:30 (입장 마감 16:00)
휴무 무휴
요금 경내 무료, 본전 특별 참배 500엔, 식물원 500엔
교통 킨테츠 나라奈良역(A28) 2번 출구에서 본전까지 도보 30분. 토다이지 난다이몬에서 도보 20분
지도 P.43-H

1 신사 입구인 이치노도리이 2 참배길에 늘어선 석등롱이 기묘한 분위기를 자아낸다.
3 보라색 등나무꽃이 만발한 5월의 카스가타이샤 4 경내에 매달려 있는 1000개의 등롱

나라마치
奈良町 ★★

운치 있는 옛 상점가에서 산책을

세계문화유산인 간고지 주변에 펼쳐진 나라마치는 원래 대부분 간고지에 속해 있었다. 간고지 경내에 장인들이 머물며 정착한 것을 시작으로, 에도 시대에는 상인들이 모여들어 본격적으로 동네가 형성되었다. 격자 구조의 아름다운 전통 상점 건물이 지금도 잘 보존되어 있다. 고도의 정취가 흘러넘치는 차분한 분위기의 골목길은 한 손에 카메라를 들고 천천히 산책하고 싶은 곳이다. 사방 1km 정도의 작은 구역이니 걷기에 적당하다. 전통 가옥을 개조한 식당, 카페, 갤러리, 잡화점 등이 많아 구경하는 재미도 있다.

교통 킨테츠 나라奈良역(A28) 2번 출구에서 도보 15분. 또는 JR 나라역 동쪽 출구에서 도보 20분. 사루사와노이케에서 도보 10분
지도 P.42-F

나라마치 자료관
奈良町資料館 🔊 나라마치 시료-칸

수십 개의 빨간 부적이 인상적

에도 시대 상점의 상품을 그림과 조각으로 표현해 만든 간판과 민속 자료, 불상, 미술 공예품 등을 전시하고 있는 사설 자료관이다. 나라마치 곳곳에서 볼 수 있는 액막이 부적인 '미가와리 사루身代リ申'는 옛날부터 이곳에서만 살 수 있었다. '코신상'으로 불리는 청면금강상이 안치되어 있다.

주소 奈良市西新屋町14-3
전화 0742-22-5509
개방 10:00~16:00
휴무 화~목(공휴일 제외) 요금 무료
홈페이지 naramachi.co.jp
교통 킨테츠 나라奈良(A28) 2번 출구에서 도보 15분
지도 P.42-F

미가와리 사루

🍵 Tip

나라 여행 중에
식사는 어떻게 할까

킨테츠 나라역에서 나라마치까지 이어지는 상점가와 산조도리, 나라마치 곳곳에 식당이 많다. 하지만 사루사와노이케 주변을 벗어나면 나라 공원 안에는 토다이지 난다이몬 주변, 나라 국립 박물관 지하, 토다이지-카스가타이샤 구간의 도로변 정도에서만 식사를 할 수 있다. 식사할 곳을 미리 정해두는 것이 좋으며, 한 끼는 나라마치에서 할 것을 추천한다.

코신도
庚申堂

중국 도교에서 유래한 코신 신앙의 사당
사당 안에 '코신상'이라고 불리는 청면금강상
등이 안치되어 있는데, 밖에서는 보이지 않는
다. 사당 앞과 지붕 위에는 코신상의 메신저인
원숭이 조각상이 있다. 원숭이의 애교 넘치는
표정이 재미있다. 안에는 들어갈 수 없고 외관
만 볼 수 있다.

주소 奈良市西新屋町39
교통 킨테츠 나라奈良역(A28) 2번 출구에서 도보
14분. 나라마치 자료관에서 40m 거리
지도 P.42-F

지붕 위 원숭이는 손의 위치가 각기 다르다.

나라마치 코시노이에 ★
ならまち格子の家

나라마치의 전통 마치야를 재현한 곳
마치야町屋란 10세기 말에 처음 짓기 시작한
상인이나 장인의 주택 형태로서, 상점가의 도
로에 바로 접해 있으며 일하는 곳과 생활 공간
을 겸했다. 이곳은 당시의 생활양식을 체험할
수 있도록 세밀한 곳까지 충실하게 재현해 놓
았다.
통풍이 잘 되며 채광이 좋은 격자창이 있는 다
다미방, 다락방으로 올라가는 하코 계단箱階
段, 중정 등을 견학할 수 있다.

주소 奈良市元興寺町44
전화 0742-23-4820 개방 09:00~17:00
휴무 월요일, 공휴일 다음 날(토·일요일은 개방).
12월 26일~1월 5일 요금 무료
홈페이지 naramachi.co.jp
교통 킨테츠 나라奈良역(A28) 2번 출구에서 도보
18분 지도 P.42-F

Tip

소원을 이뤄준다는 원숭이 인형
미가와리 사루身代リ申

나라마치를 걷다 보면 처마 밑에 천으로 만든 붉
은색 원숭이 인형이 매달린 것을 흔히 볼 수 있
다. 이것은 집안에 재난이 들어오지 않도록 재앙
을 대신 받는 액막이 부적이라는 의미로 '미가와
리身代リ(미身는 몸, 가와리代リ는 대신의 뜻)'라
부른다. 또한 인형의 등 부분에 소원을 써서 매
달면 이뤄진다 하여 '네가이 사루願い申'라고도
부른다.

처마 밑에 매달아 놓은 빨간 인형이 자주 눈에 띈다.

이마니시케쇼인
今西家書院

단정한 분위기의 전통 주택

무로마치 시대의 서원 구조 양식을 잘 보여주는 전통 주택. 원래는 코후쿠지 주지스님의 거처로 사용되었으나, 1924년에 일본주 양조장을 운영하는 이마니시 가문의 소유가 되었다. 정원에 내려서면 가라하후唐破風(중앙 부분이 아치형이고 양끝이 약간 치켜 올라간 곡선 모양의 박공)의 우아한 모습을 바라볼 수 있다. 다다미방에 앉아서 정원을 바라보며 차를 마실 수 있다. 음료 800엔~.

주소 奈良市福智院町24-3
전화 0742-23-2256
개방 봄 · 가을 10:30~16:00(입장 마감 15:30)
휴무 월~수, 여름 · 겨울
요금 400엔
홈페이지 www.harushika.com/study/
교통 킨테츠 나라奈良역(A28) 2번 출구에서 도보 19분 지도 P.42-F

본당 옆에는 수많은 지장존이 늘어서 있다.

간고지
元興寺

세계유산으로 지정된 나라의 중요 사찰

아스카에서 나라로 도읍을 옮기면서 홋코지法興寺의 일부를 이곳으로 옮겨 간고지가 되었다. 홋코지는 1400년 전 백제인의 기술로 지어진 것으로, 그때 만들어진 기와가 현재의 간고지에 그대로 남아 있다. 일본에서 가장 오래된 기와로 알려져 있다.

지금은 본당과 선당, 수장고 정도만 남은 작은 사찰이지만, 과거에는 사루사와노이케 남쪽부터 나라마치 거의 모두를 포함하는 광대한 사찰 영역을 소유했었고, 토다이지, 코후쿠지와 견줄 만큼 융성했다.

경내에 수많은 지장존地藏尊이 가지런히 늘어서 있는 것이 인상적이다. 7월에는 도라지꽃이, 9월 초~10월 중순에는 싸리꽃이 피어 꽃을 구경하러 오는 사람들도 많다.

주소 奈良市芝新屋町
전화 0742-23-1377
개방 09:00~17:00(입장 마감 16:30)
휴무 무휴 요금 500엔
홈페이지 gangoji-tera.or.jp/en/
교통 킨테츠 나라奈良역(A28) 2번 출구에서 도보 13분 지도 P.42-F

restaurant

나라의 맛집

마호로바 다이부츠 푸린
まほろば大仏プリン

나라현 관광 기념품 대상을 3년 연속 수상
품질 높은 생크림과 나라산 재료를 이용해 만
든 수제 푸딩 전문점으로 킨테츠 나라역 지하
에 있다. 예쁜 병에 나라의 상징인 대불, 사슴
등이 그려져 있어 선물용으로 그만이다. 6가
지 맛 중에 가장 인기 있는 것은 커스터드이
다. 마호로바 다이부츠 푸린まほろば大仏プリ
ン 소 400엔, 대 1000엔.

홈페이지 www.daibutsu-purin.com
교통 킨테츠 나라奈良역(A28) 하차,
개찰구를 나와서 5~7번 출구 방
향에 위치
지도 P.42-B

적당한 단맛의
부드러운 커스터드 맛이 일품

주소 奈良市東向中町29
전화 0742-23-7515
영업 09:00~21:00 휴무 부정기 카드 가능

시게노이
重乃井

탱탱한 수타면이 일품인 우동 전문점
언뜻 보면 허름해 보이기도 하지만, 막상 안에
들어가면 정갈하고 따뜻한 분위기가 좋다.
3시간이나 들여 직접 만드는 쫄깃한 수타면을
사용하며, 홋카이도산 다시마와 가다랑어, 미
야자키산 표고버섯으로 국물을 내 맛이 깔끔
하고 시원하다.
추천 메뉴는 카마아게우동釜あげうどん(보통
730엔, 대 840엔). 맑은 국물의 우동과 양념장
이 함께 나오는데, 우선 면을 양념장에 찍어

먹은 후, 남은 국물에 양념장을 섞어서 마신
다. 그 외에 텐푸라 우동天ぷらうどん(보통
850엔, 대 960엔)도 인기 있다.

주소 奈良市杉ヶ町17-1
전화 0742-26-7748 영업 11:00~22:00
휴무 매주 수요일, 첫째·셋째 화요일 카드 불가
교통 JR 나라奈良역 동쪽 출구에서
도보 6분. 킨테츠 나라奈
良역(A28) 2번 출구에
서 도보 16분
지도 P.42-E

우오만
魚万

100년 전통의 어묵 전문점
첨가물은 일체 넣지 않고 신선한 재료로 처음
부터 끝까지 모두 수작업으로 만들며, 가게에
서 바로 튀겨낸 따끈따끈한 어묵을 판매한다.
추천 메뉴는 문어가 들어간 타코보우タコ棒와
오징어가 들어간 이카보우イカ棒(각각 432엔).
막대에 꽂혀 있어 들고 다니며 먹기 좋다. 그

외 매콤한 고추가 들어간 채소어묵 피리카라텐
ピリ辛天, 버터포테이토バターポテト(300엔),
어묵으로 새우를 감싼 에비마키えび巻(248엔)
등 종류가 무척 다양하다.

주소 奈良市餅飯殿町16
전화 0742-22-3709
영업 09:00~18:00
휴무 연초, 부정기 카드 가능
홈페이지 www.uoman.jp
교통 킨테츠 나라奈良역(A28) 2번 출구에서 도보
7분 지도 P.42-F

소메야 상점
染谷商店

입에서 살살 녹는 달걀말이
주차장 안쪽까지 죽 들어가면 가정집 일부를
개조한 아담한 식당이 나온다. 점심에만 영업
하고 3가지의 런치 정식 메뉴를 선보이는데,
그중에서도 무척 인기 높은 것이 바로 달걀말
이 정식だし巻き玉子定食(1180엔). 두툼하고

보들보들한 달걀말이는 육수를 사용해 감칠맛
이 끝내준다. 밥이나 주먹밥, 국, 절임채소 반
찬, 디저트까지 나오니 만족스럽다. 작은 가게
여서 웨이팅은 필수.

주소 奈良市東城戸町7
전화 0742-22-6502
영업 11:00~15:00(주문 마감 14:30) 휴무 부정기
카드 불가 교통 킨테츠 나라奈良역(A28) 4번 출구에
서 도보 7분
지도 P.42-F

카나카나 고향

카나카나
カナカナ

경주

100년 된 전통 가옥에서 즐기는 정갈한 가정식

전통 주택이 늘어선 한적한 거리에 위치한 데다 간판도 없어서 지나치기 쉽다. 가게 바깥에 일본어 메뉴가 적힌 칠판이 걸려 있을 뿐이다. 마치야를 개조한 식당 안에는 테이블도 있지만, 다다미방이 그대로 남아 있어서 신발을 벗고 좌식 테이블에 앉아 마치 일본 가정집에 초대받은 기분으로 식사나 차를 즐길 수 있다. 추천 메뉴는 카나카나 고향カナカナごはん (1683엔). 일본 가정식을 그대로 재현한 메뉴로, 밥과 된장국, 제철 재료로 만든 반찬 5가지에 디저트가 함께 나오고, 식사 후 커피나 허

브티, 홍차 중 선택해 마실 수 있다. 맛이 좋을 뿐 아니라 디저트와 차까지 포함된 것을 생각하면 저렴한 편이다.

그 외 식사 메뉴로 치킨시금치카레チキンのほうれん草カレー(968엔), 새우카레海老のカレー(1045엔), 채소버섯소스도리아野菜のきのこソースドリア(968엔) 등도 있다. 식사 메뉴는 영업 시간 내 언제나 주문 가능하다.

주소 奈良市公納堂町13
전화 0742-22-3214
영업 11:00~19:00
휴무 월요일(공휴일이면 다음 날)
카드 불가
홈페이지 kanakana.info
교통 킨테츠 나라奈良역(A28) 2번 출구에서 도보 17분
지도 P.42-F

1 전통 가옥을 개조한 식당 2 입구에는 간판 없이 메뉴판만 달랑 하나 걸려 있다. 3 운치 있는 격자창 4 새우카레

로쿠메이 커피
ROKUMEI COFFEE

직접 로스팅한 스페셜티 커피

일본 커피 로스팅 챔피언십에서 우승한 바리
스타가 운영하는 스페
셜티 커피 전문점. 귀여
운 사슴이 그려진 포렴
을 들추고 안으로 들어
가면 일본다우면서도
세련된 카페 공간이 나

온다. 한쪽에서는 커피를 내리는 모습을 볼 수
있고, 맞은편에서는 다양한 원두와 커피 용품
을 구경하고 구입할 수도 있다. 직접 로스팅한
싱글 오리진과 블렌드 원두가 10여 종 준비되
어 있어 취향껏 골라 마실 수 있다. 드립커피
560엔~, 카페라테 620엔 등.

주소 奈良市西御門町31
전화 0742-23-4075
영업 09:00~18:00(주문 마감 17:30)
휴무 부정기 카드 불가
홈페이지 www.rococo-coffee.co.jp
교통 킨테츠 나라奈良역(A28) 4번 출구에서 도보
1분 지도 P.42-B

가게 안에는 작가들이 만든 잡화를 전시·판매한다.

마치 지브리 애니메이션 속으로 들어온 기분

요츠바 카페
よつばカフェ

친구 집에 놀러온 듯 편안한 매력의 카페

한적한 주택가의 2층짜리 오래된 목조 주택을
카페로 만든 곳. 신발을 벗고 다다미방에 앉아
서 작은 마당을 바라보며 쉬다 보면 일어나기
가 싫어진다. 추천 메뉴는 오늘의 케이크 세트
本日のケーキセット(820엔~). 케이크 외에 푸
딩도 선택할 수 있다. 샌드위치나 카레 등 식
사 메뉴는 600엔~.

주소 奈良市紀寺町954 전화 0742-26-8834

영업 월·화·금 11:00~17:00, 일 11:00~18:00
휴무 수·목·토 카드 불가
교통 킨테츠 나라奈良역(A28) 2번 출구에서 도보
21분 지도 P.42-F

사슴 쿠키로 장식한 푸딩

나라의 쇼핑

이케다 간코도
池田含香堂

150년 역사의 나라 전통 부채 전문점
메이지 시대 초기에 창업해 4대째 전통 제조
법을 고수하고 있으며, 지금은 나라 부채를 만
드는 유일한 곳이 되었다. 컬러풀한 전통 종이
에 풍류를 표현한 아름다운 디자인이 돋보이
는 전통 공예품으로, 구입하지 않더라도 둘러
볼 가치가 충분하다. 선물이나 인테리어 소품
으로도 훌륭하다. 부채 300엔~.

주소 奈良市角振町16 전화 0742-22-3690

지금도 전통 기법의 수작업으로 만든다.

영업 09:00~19:00 휴무 9~3월의 월요일
카드 가능 홈페이지 narauchiwa.com
교통 킨테츠 나라奈良역(A28) 2번 출구에서 도보
6분 지도 P.42-F

히요리
ひより

일본 전통 종이로 만든 기름종이 전문점
장인이 자체 기술로 만든 고급 기름종이는 피
부에 닿을 때 부드럽고, 유분 흡수력이 뛰어나
다. 알로에, 실크, 복숭아 성분이 함유된 것, 남
성용 등 종류가 다양하다(378엔~). 나라 사슴
이나 토다이지 대불, 나라 공원 풍경 등이 귀

여운 일러스트로 들어간 패키지의 기름종이는
선물용으로 그만이다.

주소 奈良市橋本町28
전화 0742-20-0077 영업 10:00~19:00
휴무 무휴 카드 가능 홈페이지 www.hiyori.jp
교통 킨테츠 나라奈良역(A28) 2번 출구에서 도보
4분 지도 P.42-F

나카가와 마사시치 상점
中川政七商店 奈良本店

- -

300년 전통의 패브릭 잡화점
1716년 창업한 역사 깊은 곳으로, 일본의 전통
패브릭을 사용해 현대적인 디자인으로 제작한
잡화들이 인기를 끌고 있다. 가방, 지갑, 손수
건 등의 소품부터 인테리어 소품으로 좋은 칸
막이용 태피스트리와 문구류에 이르기까지 다
양한 상품을 갖추고 있다. 이곳은 본점이어서
상품 구성이 매우 다양하고 매장 인테리어와
디스플레이도 잘 되어 있다. 산조도리 상점가
에 기념품을 전문으로 하는 분점이 있으며, 오
사카의 루쿠아 이레 7층에도 지점이 있다.

주소 奈良市元林院町22
전화 0742-25-2188
영업 10:00〜19:00
휴무 부정기
카드 가능
홈페이지 www.nakagawa-masashichi.jp/shop/
brand/yu-nakagawa
교통 킨테츠 나라奈良역(A28) 2번 출구에서 도보
8분
지도 P.42-F

아케미토리
朱鳥

나라 사슴과 풍경을 디자인한 전통 손수건

나라를 모티프로 디자인한 전통 손수건(1500엔~) 전문점으로, 135년 역사의 노포다.

전통을 담고 있으면서도 모던한 감각이 가미된 디자인과 자연스럽고 아름다운 색감을 자랑한다. 손수건 외에 인테리어용 태피스트리,

지갑, 가방 등 상품이 매우 다양하다.

주소 奈良市橋本町1
전화 0742-22-1991 영업 10:00~20:00
휴무 무휴 카드 가능
홈페이지 www.akemitori.jp
교통 킨테츠 나라奈良역(A28) 2번 출구에서 도보 5분 지도 **P.42-B**

이마니시 세이베이쇼텐
今西清兵衛商店

130년 역사를 자랑하는 사케 양조장

니혼슈(사케) 하루시카를 전통 방식으로 직접 양조해 판매하는 양조장 겸 상점. 하루시카 春鹿란 '봄 사슴'이라는 의미로, 전국적으로 인기 있는 사케다. 어느 사케를 구입할지 난감하다면 이곳의 인기 체험 코스인 사케 시음(500엔, 10:00~17:00)을 해보자. 5종의 사케를 시음할 수 있고, 이때 주는 예쁜 사케잔은 기념으로 가져갈 수 있다. 깔끔하고 드라이

한 맛의 하루시카 준마이 초가라구치春鹿純米超辛口와 스파클링 사케인 토키메키ときめき가 인기. 가격 660엔~.

주소 奈良市福智院町24-1
전화 0742-23-2255
영업 09:00~17:00
휴무 오본, 연말연시(여름·겨울은 임시 휴업 있음) 카드 가능
홈페이지 www.harushika.com
교통 킨테츠 나라奈良역(A28) 2번 출구에서 도보 18분 지도 **P.42-F**

토키메키

일본에서 가장 오래된 목조 건축물

호류지
法隆寺

나라 시내에서 남서쪽에 위치한 이카루가斑鳩는 작고 조용한 마을이지만, 아스카 시대의 유적과 국보를 만날 수 있는 불교 미술의 보물 창고 같은 곳이다. 이카루가의 여러 불교 사찰 중에서도 가장 많은 관광객이 찾는 곳은 바로 호류지. 히메지성과 함께 일본 최초로 유네스코 세계문화유산에 지정된 곳으로, 일본에서 가장 오래된 목조 건축물이다.

호류지는 7세기 초 쇼토쿠 태자와 스이코 일왕이 창건했으며, 현재 건물은 8세기 초에 재건된 것이다. 약 18만 7000m²의 구역에 50여 동의 건물이 있고, 소장하고 있는 보물은 무려 2300여 점에 이른다. 호류지는 우리나라와도 많은 관련이 있다. 호류지의 건축에는 백제 기술자들이 주도적인 역할을 했으며, 금당에 는 고구려의 승려이자 화가 담징이 그린 〈금당 벽화金堂壁畵〉의 모사품이 있다.

주소 生駒郡斑鳩町法隆寺山内 1-1-1
전화 0745-75-2555
개방 2/22~11/3 08:00~17:00, 11/4~2/21 08:00~16:30 **휴무** 무휴
요금 고등학생 이상 1500엔, 초등학생 750엔
홈페이지 www.horyuji.or.jp

{ 가는 방법 }

JR 호류지法隆寺역이 가장 가까운 역이므로, 어디서든 JR을 이용하는 게 가장 편하다. 호류지역 북쪽 출구로 나와 호류지까지는 도보 25분. 또는 남쪽 출구로 나와 72번 버스(8분 소요, 190엔)를 탄 후 호류지몬마에法隆寺門前에서 하차한다.

● 오사카 ⋯ 호류지

JR 오사카역에서 나라역으로 가는 도중에 호류지역을 경유하므로, 오전 일찍 호류지를 먼저 둘러보고 나라역으로 이동해 나라 공원으로 가는 코스가 좋다. JR 오사카大阪역에서 나라奈良행이나 카모加茂행 쾌속이나 보통 열차 이용, 호류지法隆寺역 하차. 40분 소요, 요금 660엔.

● 나라 ⋯ 호류지

JR 나라奈良역에서 오사카大阪 또는 텐노지天王寺행 열차 이용, JR 호류지역 하차. 10분 소요, 요금 230엔.

{ 추천 코스 }

오층탑과 금당 등 주요 가람이 있는 서원西院, 유메도노가 있는 동원東院으로 나뉘어진다. 난다이몬으로 들어가면, 돌이 깔린 참배길 끝에 다시 문이 나온다. 서원 입구는 이곳에서 이어지는 회랑의 서쪽 끝에 있다. 서원은 우선 오층탑, 금당, 대강당 등을 본 후, 회랑 동쪽 끝으로 나와 다이호조인으로 간다. 동원의 유메도노는 도다이몬을 빠져나와 토담을 따라서 참배길을 걸어 정면에 있다.

지붕은 이리모야入母屋 양식으로 묵직하고 차분한 모습이 참배길의 소나무와 어울려 장엄한 분위기를 풍긴다.

{ 주요 볼거리 }

서원 西院

난다이몬 南大門

호류지의 현관이 되는 팔각문으로 국보이다.

중문 · 회랑 中門·回廊

중후한 문의 좌우에 금강역사상이 서 있다. 약간 휘어져 있는 지붕, 추녀 모퉁이, 고란 등 아스카 건축의 핵심을 모은 귀중한 유적이다. 중문에서 대강당까지 이어지는 회랑은 배흘림(엔타시스) 기둥과 살창의 대비가 아름다운 건물이다.

금당과 오층탑

금당 金堂

본존을 안치한 불당. 내부에는 석가삼존상(국보)과 약사여래좌상(국보), 아미타여래상(중요문화재)이 있다. 또 고구려 화가 담징이 그린 유명한 〈금당 벽화〉는 1948년에 화재로 일부 훼손되었는데, 지금은 그 모사 작품이 벽면을 장식하고 있다.

오층탑 五重塔

높이는 약 31.5m. 일본에 현존하는 가장 오래된 오층탑으로, 국보로 지정되어 있다. 완만히 비탈을 그린 우미한 지붕은 위층으로 올라갈수록 면적 감소율이 비교적 커서 독특한 안정감이 느껴진다.
1층의 사방에 안치된 도혼시멘구(국보)는 불경의 유명한 장면을 표현하고 있다. 특히 북쪽 면의 석가 입멸의 장면을 표현한 군상이 유명한데, 비통함에 일그러진 리얼한 표정 묘사 때문에 '우는 부처'라고 불린다.

다이호조인 大宝蔵院

1998년 서원의 북동쪽에 건설된 보물관. 반드시 보아야 할 것은 백제관음상(국보), 몽위관음(국보), 다마무시즈시(국보) 등이다. 그중에서도 백제관음당百濟觀音堂에 있는 백제관음상은 날씬하고 균형 잡힌 아름다움으로 잘 알려져 있다. 백제로부터 건너갔거나 백제인에 의해 만들어진 불상으로 추정되나, 확인되지는 않았다.

대강당 大講堂

중문의 북쪽에 위치하며 팔작지붕 건축양식의 중후한 구조를 보인다. 사찰 내에서는 오층탑, 금당에 이어 중요한 건물이며 국보로 지정되어 있다. 경전의 강의와 법요를 행하는 시설로 지어진 것으로, 현재의 건물은 990년에 재건되었다.

동원 東院

유메도노 夢殿

739년, 교신소즈라는 고승이 쇼토쿠 태자를 그리워하며 지었던 가람이 조구오인上宮王院이다. 유메도노는 그 중심이 되는 우아하고 아름다운 팔각 원당이다. 쇼토쿠 태자가 거실에서 자고 있을 때 꿈(유메夢)에 보살이 나타나 경전에 관한 의문에 답을 해주었다는 일화가 전해지고 있으며, 그때 태자의 거실을 모방하여 이 건물이 지어졌다고 해서 '유메도노'라는 이름이 붙었다.

WAKAYAMA

和歌山

와카야마

和歌山
와카야마

바다와 온천, 삼림욕까지 즐길 수 있는 힐링 여행지

간사이 지역의 최남단에 자리한 와카야마현. 북쪽으로는 오사카와 맞닿아 있고, 동쪽으로는 나라현, 미에현과 닿아 있다. 서쪽부터 남쪽까지는 바다에 접해 있으며, 와카야마현의 70%는 산지로 구성되어 있다. 그런 이유로 고야산, 구마노 고도 같은 신앙의 중심지가 되기도 했다.

와카야마현에서 가장 유명한 관광 지역을 꼽으라면 고야산과 시라하마를 들 수 있다. 두 지역은 거리도 꽤 떨어져 있지만, 정반대의 성격을 지닌 지역이다. 해발 800m 산속에 자리한 불교 성지 고야산은 딱히 불교 신자가 아니어도 찾아볼 만한 곳이다. 오랜 역사의 사찰을 돌아보며 일본 불교 예술의 정점을 만날 수 있으며, 숲속 참배길을 걸으며 차분하게 리프레시할 수 있는 그야말로 힐링 여행지이다. 이와 반대로 시라하마는 '간사이의 하와이'라 불리는 최고의 해변 휴양지다. 간사이 지역에서 가장 아름다운 해변을 가진 곳으로, 새하얀 모래사장이 펼쳐진 에메랄드빛 바다는 여름 여행의 로망이다. 또한 바다를 바라보며 노천 온천을 즐길 수 있는 온천 지대이기도 해서 일석이조의 만족감을 준다.

와카야마 여행의
기본 정보

📅 여행 시기
Season

시라하마는 해수욕장이 열리는 여름이 극성수기다. 이 시기에는 주변 도로가 정체되며 숙박 시설도 만실이 되므로 일찌감치 예약을 해야 한다. 온천과 관광이 목적이라면, 한가해지는 다른 계절에 방문하는 것이 좋다. 고야산은 봄, 가을이 가장 여행하기 좋으며, 여름에는 평지보다 기온이 낮아 덜 덥다. 겨울에는 눈이 많이 내리며, 일부 가게는 영업을 쉬기도 한다.

여름이 극성수기인 시라하마

[고야산의 월별 평균 기온]

월	1월	2월	3월	4월	5월	6월	7월	8월	9월	10월	11월	12월
최고 기온(℃)	3.2	4.4	8.6	14.9	19.4	22.6	26.3	27.3	23.5	17.4	11.9	6.2
최저 기온(℃)	−4.3	−4.1	−1.2	3.6	8.6	13.6	18.1	18.4	15.1	8.4	2.7	−2.0

(일본 기상청, 1991~2020년 조사 결과)

[시라하마의 월별 평균 기온]

월	1월	2월	3월	4월	5월	6월	7월	8월	9월	10월	11월	12월
최고 기온(℃)	10.3	10.5	13.9	18.9	22.6	25.4	29.2	30.6	27.7	22.9	17.9	13
최저 기온(℃)	3.7	3.7	6.4	11	15.2	19.4	23.2	24.1	21.2	15.4	10.4	5.8

(일본 기상청, 1991~2020년 조사 결과)

🕐 여행 기간
Period

와카야마현의 각 지역은 이동에 시간이 꽤 걸리므로 계획을 세울 때 잘 따져봐야 한다. 시라하마는 당일치기가 가능한데, 어드벤처 월드는 소요 시간이 꽤 걸리므로 일정에 넣을지 말지 선택한다. 료칸에서 여유롭게 1박을 해도 좋다. 고야산은 아침 일찍 출발하면 당일치기가 가능하다.

관광
Sightseeing

시라하마 관광의 핵심은 온천과 해변, 그리고 판다를 볼 수 있는 어드벤처 월드다. 고야산은 산속에 세워진 불교 성지로, 단조가란, 콘고부지, 오쿠노인이 3대 명소라 할 수 있다. 사찰은 오후 5시면 문을 닫고, 오쿠노인 참배길을 왕복하는 데 시간이 꽤 걸리므로, 반드시 오전에 도착해야 한다.

어드벤처 월드

음식
Gourmet

바다에 자리한 시라하마의 먹을거리는 바로 싱싱한 해산물. 참치를 비롯한 다양한 생선 요리를 즐길 수 있다. 또 귤도 유명해서 생귤 주스나 생귤 아이스크림 등을 쉽게 볼 수 있다. 고야산에서는 일본 사찰 음식인 쇼진 요리가 유명하다. 단 가격대가 높은 편이고 우리 입맛에는 낯설 수 있다.

와카야마에서 생산된 귤로 만든 주스

쇼핑
Shopping

시라하마에서 기념품 쇼핑을 하려면 토레토레 이치바가 좋다. 한자리에서 시라하마는 물론 와카야마현의 다양한 토산품을 둘러볼 수 있다. 그 외 센조지키나 피셔맨즈 워프 시라하마에도 기념품점이 있다. 어드벤처 월드에서는 판다 관련 상품들을 다양하게 만날 수 있다.

숙박
Stay

시라하마에서 묵는다면, 바다를 보며 노천 온천을 즐길 수 있는 료칸을 추천한다. 해변 주위로 호텔 리조트도 여러 곳 있으며 대개 노천 온천도 갖추고 있다. 고야산에 묵는다면 템플 스테이를 하는 것이 일반적이다. 예쁜 정원과 온천을 갖추는 등 쾌적하게 숙박할 수 있는 곳들도 꽤 많다.

토레토레 이치바

오션 뷰의 온천 료칸과 리조트가 인기

와카야마에서
꼭 해야 할 5가지

1
**와이키키 비치와 견줄 만한
시라하마의 아름다운 해변 산책하기**

에메랄드빛 바다와 새하얀 모래가 빛나는 시라라하마 해변. 해수욕을 즐길 수 있는 여름은 말할 것도 없고, 사계절 언제든 해변을 산책하려는 사람들의 발길이 끊이지 않는다.

2

**넘실대는 파도,
바다 내음을 느끼며 노천 온천 하기**

간사이 지역에서 바다를 바라보며 노천 온천을 즐길 수 있는 몇 안 되는 곳 중 하나가 바로 시라하마이다. 시설 좋은 료칸에서 1박 하며 즐기는 것이 좋으며, 저렴한 요금의 온천시설에서 가볍게 경험해 봐도 좋다.

와카야마에서 잡아 올린
싱싱한 해산물 요리 맛보기

바다가 주는 혜택을 고루 누리고 있는 와카야마. 이곳에서 매일 잡아 올리는 싱싱한 해산물을 이용한 요리를 맛보러 즐거운 미식 여행을 떠나보자. 어시장을 방문하면 비교적 저렴한 가격에 다양한 요리를 맛볼 수 있다.

3

4

어드벤처 월드에서
귀여운 판다의 재롱을 구경하기

판다 보러 시라하마에 가자! 댓잎을 흡입하는 폭풍 식욕의 판다, 바위 위에 엎드려 햇볕 쬐는 판다, 뒤돌아 앉은 판다의 귀여운 엉덩이까지. 판다 형제의 귀여운 모습에 미소가 떠나질 않는다.

5

신성한 불교 성지 고야산에서 숲속 참배길 걷기

하늘 높이 치솟은 아름드리 삼나무들이 마치 지붕을 얹은 듯 사방을 감싸고 있는 오쿠노인 참배길. 한여름에도 선선함이 느껴지는 숲길을 걸으며 몸과 마음을 리프레시하자.

고야산 高野山

해발 800m 산속에 자리한 1200년 역사의 불교 성지

홍법대사 구카이空海가 1200년 전 세운 산속의 불교 도시. 교토 동북쪽에 위치한 히에이 잔比叡山과 더불어 일본의 2대 불교 성지로 불린다. 고야산은 와카야마현의 산속 분지에 자리하고 있는데, 해발 1000m의 고봉들이 주위를 둘러싼 명당 중의 명당이다. 구카이는 중국 당나라에서 돌아와 일본 불교 진언종眞言宗을 창시하고 이를 널리 확장시키기 위한 성지로 고야산을 선택했다. 해발 800m 산속 연꽃 모양의 지형에는 진언종의 총본산인 콘고부지와 고야산 2대 성지로 꼽히는 단조가란, 오쿠노인 외에도 117개의 사찰이 자리한 불교 도시가 조성되어 있다. 고야산 전체가 유네스코 세계문화유산에 등록되었으며, 일본 국보의 2%가 고야산에 있을 정도로 역사적, 문화적 가치가 뛰어나다. 종교, 종파, 국적을 초월해 전 세계에서 많은 이들이 방문하고 있다.

Check

지역 가이드
여행 소요 시간 6~7시간
관광 ★ ★ ★
맛집 ★ ☆ ☆
쇼핑 ☆ ☆ ☆
유흥 ☆ ☆ ☆

가는 방법
오사카에서 고야산으로 간다면 교통 요금 절약을 위해 간사이스루패스를 반드시 구입하는 게 좋다. 또한 당일치기 여행이라면 고야산에 오전 중에 도착해야 하므로 오사카에서 늦어도 오전 8시에는 출발해야 한다. 고야산에 식당이 몇 곳 있긴 하지만 수가 많지는 않으므로 오사카에서 출발할 때 미리 도시락이나 간식을 챙겨 가도 좋다.

와카야마시
키시역

시라하마

고야산 가는 법

오사카에서 고야산까지 약 2시간이면 갈 수 있으며, 교통편도 편리하다. 간사이스루패스가 있으면 고야산까지의 왕복 열차(특급 요금은 별도)와 케이블카, 고야산 내 버스까지 모두 무료로 이용할 수 있으니 다른 일정을 고려해 구입 여부를 결정하자. 오사카에서 고야산으로 갈 때는 난카이 전철을 이용해야 하므로, 난바역에서 출발하는 것이 가장 편하다.

★ 오사카 → 고야산 ★

해발 800m의 고야산에 가기 위해서는 우선 난카이 난바역으로 가야 한다. 우메다에서 출발할 때에도 지하철 미도스지선으로 난바역에 이동한 후 난카이 난바역에서 출발한다. 난바역에서 출발하는 난카이 전철 고야선高野線을 타고 고쿠라쿠바시역으로 간 후 바로 고야산 케이블카를 갈아타고 고야산역까지 올라간다. 고쿠라쿠바시역에 내리면 바로 케이블카 타는 곳이 나오며, 열차 하차 4~7분 후에 케이블카가 출발한다. 고야산행의 난카이 전철 승차권에는 고야산 케이블카 요금이 포함되어 있다. 고야산역에 내리면 역 앞에서 서 있는 버스를 타고 10분이면 중심지로 갈 수 있다.

| 난카이 난바역
難波 | 난카이 전철 고야산
(고쿠라쿠바시)행 특급
1시간 25분 | 고쿠라쿠바시역
(환승)
極楽橋 | 고야산 케이블카
5분 | 고야산역
高野山
총 1시간 37분.
2220엔 |

가장 빠른 것은 특급으로, 고야산으로 올라가는 케이블카를 탈 수 있는 고쿠라쿠바시역까지 환승 없이 한 번에 갈 수 있어 편리하다. 특급은 쾌속급행·급행보다 18분 정도 빠르지만 특급 요금이 790엔 추가되므로 가장 비싼 방법이다. 간사이스루패스를 이용할 때도 특급 요금은 추가로 내야 한다. 특급은 평일 하루 2~4편, 토~일요일·공휴일은 하루 5~7편 운행된다. 한 번 환승하더라도 저렴하게 이동하려면 오른쪽 페이지 상단의 방법을 이용한다.

※간사이스루패스를 사용할 수 있으나 난카이 전철 특급 요금 790엔 별도 지불

고야산 케이블카

케이블카 내부

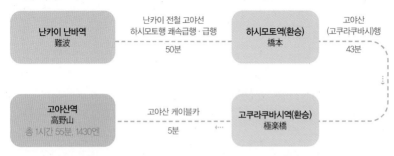

일반적으로 많이 이용하는 방법이며, 요금이 가장 저렴하다. 난카이 난바역에서 하시모토행이나 고야산(고쿠라쿠바시)행 쾌속급행 또는 급행을 이용한다. 대부분이 하시모토행이며 고야산(고쿠라쿠바시)행은 편수가 적으니 빨리 오는 것을 탄다. 특급 열차를 제외한 모든 종류의 열차는 요금이 동일하며, 쾌속급행과 급행 열차는 소요 시간에 별 차이가 없다. 만약 하시모토행 쾌속급행 · 급행을 탈 경우, 도중에 하시모토역에 내려서 다시 고야산(고쿠라쿠바시)행 열차로 갈아타야 한다.
하시모토역에서 고쿠라쿠바시역까지는 넓은 파노라마 창의 관광 열차 텐쿠(P.580)를 타는 것도 좋다. 텐쿠는 좌석 지정 요금 520엔이 추가되며, 간사이스루패스 사용자도 이 요금은 내야 한다.

※간사이스루패스 사용 가능

★ 간사이 국제공항 → 고야산 ★

9월 1일~11월 30일 한정으로 간사이 공항-고야산 직행 리무진 버스가 하루 1편 왕복 운행된다. 돌아오는 버스는 오쿠노인마에 정류장에서 14:35 출발, 공항 16:20 도착.

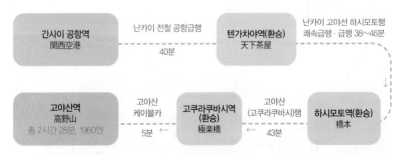

간사이스루패스 이용자라면 복잡하지만 이 방법을 이용한다. 공항에서 난카이 전철 난바행을 타고 텐가차야天下茶屋역에 하차, 난카이 고야선으로 환승한다. 하시모토행 또는 고야산(고쿠라쿠바시)행 쾌속급행 · 급행 중에 빨리 오는 것을 타면 된다. 만약 텐가차야역에서 고야산(고쿠라쿠바시)행 특급 열차를 탈 경우에는 패스 사용자라도 특급 요금을 추가로 내야 한다. 소요 시간에 큰 차이가 없으니 한 번 더 환승하더라도 위의 방법으로 이동하는 것이 낫다. 고쿠라쿠바시역까지 간 후 바로 케이블카로 갈아타고 고야산역으로 올라간다.

※간사이스루패스 사용 가능

산속을 달리는 관광 열차

텐쿠
天空

하시모토역부터 고쿠라쿠바시역까지(19.8km) 산속을 달리는 관광 열차. 파노라마 풍광을 볼 수 있는 넓은 차창과 모든 승객이 풍경을 제대로 감상할 수 있도록 파노라마 차창을 향해 늘어선 좌석이 이색적이다. 전 좌석이 지정 좌석으로, 성수기에는 좌석 확보를 위해 예약을 권장한다. 예약은 일본 전화(해외 전화는 불가) 또는 난카이 난바역 창구에서 한다.

파노라마 창문

전화 0120−151519(09:00~17:00)
운행일 3~11월 수 · 목요일 제외하고 매일 운행(공휴일은 운행), 12~2월 토요일 · 공휴일만 운행, 연말연시(12월 30일~1월 3일)는 운행
운행 간격 1일 2~3회 왕복
요금 난바역 출발 시 기본 운임 1430엔에 좌석 지정 요금 510엔이 추가된다. 간사이스루패스 이용 시는 좌석 지정 요금만 추가로 지불
홈페이지 www.nankai.co.jp/koya/tenku

녹색 텐쿠 열차

고야산의 시내 교통

고야산의 중심 거리

케이블카를 타고 최종 도착한 고야산역은 중심지와는 약간 거리가 떨어져 있다. 역 앞에서 버스를 타고 10분 정도 이동한다. 참고로 이 도로는 자동차 전용도로여서 도보 이동이 금지되어 있다. 고야산역 앞에 버스 정류장이 있으며, 버스는 오쿠노인마에행(1시간 1~3편)과 다이몬행(1시간 1편)이 있다.

고야산의 중심지는 동서 길이가 약 4km이니, 대부분은 걸어서 충분히 돌아볼 수 있다. 일부 긴 구간은 버스를 이용하여 시간과 체력을 효율적으로 이용하자. 정류장에 따라 운행 간격이 긴 경우도 있으니 짧은 거리는 걷는 게 편하다.

난카이 린칸버스 南海りんかんバス

고야산 내를 운행하는 버스. 요금은 140엔부터 시작하며, 거리에 따라 가산된다. 고야산역–오쿠노인구치(오쿠노인 참배길 입구) 410엔, 14분 소요. 고야산역–센주인바시(숙방 협회 중앙 안내소, 콘고부지, 단조가란 부근) 360엔,

고야산역 앞에 정차해 있는 버스

10분 소요.

※간사이스루패스 사용 가능

홈페이지 www.rinkan.co.jp/koyasan/
요금 160엔~, 거리에 따라 가산

1일 승차권 一日フリー乗車券
고야산 내 버스를 하루 종일 무제한 이용할 수 있는 승차권. 고야산역 앞 버스 영업소에서만 구입 가능. 콘고부지, 단조가란의 금당과 근본대탑의 입장료 20% 할인권, 레이호칸 200엔 할인권과 일부 기념품점, 식당의 10% 서비스 쿠폰이 함께 들어 있다.

요금 성인 1100엔, 어린이 550엔

타는 방법
버스 뒷문으로 탄 후 기기에서 정리권을 뽑는다. 내릴 때는 정리권에 적힌 숫자를 운전석 옆 전광판에서 찾아 그 숫자에 표시된 요금을 확인한다. 거스름돈이 나오지 않으니 정확한 요금을 내고 앞문으로 내리면 된다. 잔돈이 없다면 요금통에 있는 동전 교환기를 이용해 동전으로 바꾼 후 요금을 내면 된다. IC카드도 이용 가능.
만약 간사이스루패스 이용자라면 버스를 무료 이용할 수 있다. 뒷문으로 타면서 기기에 패스를 통과시키고, 앞문으로 내리면서 한 번 더 패스를 통과시키면 된다.

렌털 자전거 レンタルサイクル

고야산 내는 분지 형태여서 평탄한 도로가 많으므로 자전거로 둘러볼 수 있다. 중앙 안내소에서 대여할 수 있다. 비나 눈이 올 때는 대여 불가.

전화 0736-56-2616(숙방 협회 중앙 안내소)
이용 시간 08:30~17:00(대여는 16:30까지)
요금 1시간 400엔, 이후 30분마다 100엔 추가

고야산의 추천 코스

면적이 그리 넓지 않아 당일치기로도 충분히 돌아볼 수 있다.
단, 각 명소의 볼거리가 많고 오쿠노인 참배길 산책에도 시간을 할애해야 하므로,
오사카에서 아침 일찍 출발해 오전 중에는 고야산에 도착해야 한다.
총 소요 시간 6~7시간

❶ 고야산역
케이블카를 타고 산을 오르면 고야산역에 도착하게 된다. 역 앞에는 고야산 중심부로 향하는 버스들이 서 있다.

{ 버스 14분(510엔), 오쿠노인마에 정류장 하차

❷ 오쿠노인 참배길
고야산에서 가장 강한 인상을 남기는 곳. 울창한 삼나무 숲에 자리한 2km의 참배길에는 수많은 묘비와 위령비, 지장존 등이 늘어서 장관을 이룬다.

{ 도보 40분

❸ 오쿠노인 토로도
고야산을 창건한 홍법대사가 입적한 곳으로, 고야산에서도 가장 성스러운 곳으로 여겨진다. 홍법대사의 묘를 모시는 불당 토로도에는 천 년 이상 꺼지지 않은 등이 있다.

{ 오쿠노인마에 정류장까지 도보 20분.
{ 다시 버스로 6분(270엔), 센주인바시 하차 후 도보 5분

❹ 콘고부지
홍법대사의 불교 활동의 중심이 된 진언종의 총본산. 일본 최대 규모의 석정 반류테이와 아름다운 그림이 그려진 방들이 볼만하다.

도보 2분

❺ 단조가란

홍법대사가 고야산을 창건할 당시 가장 먼저 불당을 세운 곳. 특히 고야산의 상징인 근본대탑이 유명한데, 이는 일본 최초의 다보탑 이라고 한다.

센주인바시 정류장까지 도보 6분, 다시 버스로 10분(360엔)

❻ 고야산역

대부분의 명소와 식당, 가게는 오후 5시면 문을 닫으니 시간 관리 에 주의하자.

여행이 풍성해지는
한국어 오디오가이드

고야산의 명소 103곳에 대해 일본어 · 한국 어 · 영어 등으로 음성 해설을 받을 수 있다. 눈으로만 보는 것보다 각 명소에 얽힌 역사 이 야기를 들으면서 돌아보면 여행이 훨씬 재미 있고 풍성해진다. 중앙 안내소와 이치노하시 안내소에서 대여(500엔)할 수 있으며, 반납은 중앙 안내소 · 이치노하시 안내소 · 나카노하

나카노하시 안내소

오디오가이드.
조작이 간편하다.

시 안내소 어디서나 가능하다.
왼쪽의 추천 코스대로 이동할 경우 오쿠노인 참배길 입구 쪽에 있는 이치노하시 안내소에 서 오디오가이드를 대여하고, 단조가란까지 관람한 후 센주인바시 버스 정류장 부근의 중 앙 안내소에 반납하면 된다.

참배길에 서 있는 지장존

주소 伊都郡高野町高野山
전화 0736-56-2002 개방 견학 자유
교통 고야산역 앞 2번 정류장에서 오쿠노인마에 행 버스로 18분(510엔), 오쿠노인마에奥の院前 정류장에서 하차
지도 P.44-C

오쿠노인 ★★★
奥之院

홍법대사가 입적한 성지

수령이 수백 년에서 천 년에 이르는 울창한 삼나무 숲속에 자리한 성지. 홍법대사 구카이가 835년 이곳에서 입적入寂하여 고야산 내에서도 중요 성지로 여겨진다. 고야산의 영험한 힘을 받기에 최고의 장소라 할 수 있다.

오쿠노인의 경내는 이치노하시一の橋부터 시작된다. 이치노하시에서 고뵤御廟(홍법대사의 묘소)에 이르는 2km의 참배길은 오쿠노인 관람의 하이라이트로, 길 양옆에는 2만 개가 넘는 묘비와 기념비, 위령비들이 늘어서 엄숙한 분위기를 자아낸다. 거목이 늘어선 숲속을 걷기 때문에 여름에도 선선함을 느낄 수 있다. 고뵤바시를 건너 안쪽은 성지 중의 성지이므로, 매너 있게 행동해야 하며 촬영이 금지된다.

참배길의 묘비와 위령비들

참배길 参道
🔊 산도

이치노하시一の橋부터 나카노하시中の橋를 거쳐 고뵤바시御廟橋까지 3개의 다리를 거치는 2km 길이의 참배길. 삼나무 숲속에 자리해 세속에서 벗어나 신비로운 세계로 들어가는 듯한 기분이 들게 한다. 길 양쪽으로는 2만 개 이상의 묘비들이 늘어서 있는데, 대개 왕실과 귀족, 다이묘(지방 영주)의 것이며, 역사적 인물이나 일본 유수 기업 가문의 묘비, 대지진 희생자를 기리는 위령비 등도 볼 수 있다. 녹색 이끼가 낀 오래된 묘비와 지장존(지장보살상)이 기묘한 분위기를 연출한다.

이치노하시에서 시작되는 참배길

참배길의 묘비

미즈무케 지조에 물을 뿌리며 기도하는 모습

미즈무케 지조 水向地藏

고뵤바시 쪽으로 들어서기 직전 오른쪽에 자리하고 있다. 관음보살상과 지장보살상, 부동존 등 여러 불상이 나란히 세워져 있다. 불상 하나하나에 물을 뿌리며 조상의 공양을 위해 기도하는 곳.

토로도 燈籠堂

고뵤바시를 건너면 정면에 보이는 건물로, 홍법대사의 묘소(고뵤御廟)를 모시는 불당이다. 홍법대사의 조카인 신젠 다이토쿠가 세웠고, 1023년 후지와라 미치나가에 의해 현재의 크기로 증축되었다.
내부에 들어가면 천장에 2만 개 이상의 등이 매달려 불을 밝히고 있다. 정면에는 왕족과 수상 등이 끊임없이 봉헌해 천 년 이상 불을 밝히고 있는 '꺼지지 않는 등'이 있다.

개방 05:30~17:00

> #### 𝒯𝒾𝓅
>
> 10만 개의 촛불을 밝히는 환상적인 축제
> ### 로소쿠 마츠리 ろそく祭リ
>
> 2만 개 이상의 묘비와 위령비 등이 말해주듯 오쿠노인의 묘지 구역에는 많은 영혼들이 잠들어 있다. 그들의 넋을 기리기 위해 매년 토로도에서 만등공양회가 열리며, 2km의 참배길에 약 10만 개의 촛불을 밝힌다. 참배객들이 직접 초에 불을 붙일 수 있다.
>
> **시기** 매년 8월 13일 저녁
> **장소** 오쿠노인 참배길
>
>
> ©Wakayama Prefecture/©JNTO

고야산의 성지 중의 성지이므로 조용히 둘러보자.

삼나무 숲을 걸으며 찾아보자

오쿠노인 참배길의 이모저모

무엔즈카. 연고지 없는 이들을 기리는 지장존이 모여 있다.

오쿠노인 참배길을 걷다 보면 '오쿠노인의 불가사의'라 불리는 여러 지장존과 불당 등 재미있는 이야기를 가진 스폿들이 많다. 산책하면서 하나하나 찾아가다 보면 어느새 토로도에 도착하게 된다. 오디오가이드를 대여해 이에 얽힌 이야기를 들으면 더욱 즐거울 것이다.

기업 가문의 묘비 · 위령비

수많은 묘비 중에는 기린 맥주, 닛산 자동차 등 일본 유명 기업 가문의 묘비나 위령비 등도 찾아볼 수 있다. 일반 위령비와는 분위기가 다른 독특한 모양의 것도 많다.

무엔즈카 無緑塚

가족, 친척 등의 연고지가 없는 사망자를 위한 공동 무덤. 피라미드형으로 쌓아 올린 엄청난 규모에 놀라게 된다.

어마어마한 높이로 쌓아 올린 공동 무덤

카즈토리 지조 数取地蔵

오쿠노인에 참배한 회수를 세어, 그 사람이 지옥에 떨어졌을 때 염라대왕에게 이를 알리고 벌을 가볍게 주도록 돕는다는 지장존.

아세카키 지조 汗かき地蔵

나카노하시를 건너면 나오는 사당 안에 모셔져 있는 지장존. 오전 9시부터 11시까지 땀을 흘린다고 전해지고 있다. 이는 세상의 고통을 지장존이 대신해 준다는 의미라고.

작은 사당 안에 지장존이 모셔져 있다.

스가타미노 이도 姿見の井戸

아세카키 지조 바로 오른쪽에 있는 작은 우물. 우물의 수면을 들여다봤을 때 자신의 모습이 비치지 않으면 3년 안에 죽는다는 무서운 전설이 전해지고 있다.

케쇼 지조 化粧地蔵

볼과 입술에 화장을 하고 있는 지장존. 이는 지장존의 얼굴에 화장을 해주면 소원이 이뤄진다는 얘기가 있기 때문.

휴게소로 쓰이는 쇼토쿠덴

쇼토쿠덴 頌德殿

1915년 고야산 창건 1100주년을 기념해 지었다. 참배객이 자유롭게 쉬어 가는 휴게소로 이용되고 있으며, 셀프 서비스로 차를 마실 수 있다. 지친 다리를 잠시 쉬어 가기 좋다.

개방 08:30~17:00

나카요시 지조 仲良し地蔵

사이좋게 한 몸을 하고 있는 쌍둥이 지장존.

미로쿠이시 弥勒石

고묘바시를 건너 참배길 왼쪽에 자리한 매우 작은 사당 안에는 검은 돌이 들어 있다. 작은 구멍으로 한 손을 넣어 돌을 들어 올리면 소원이 이뤄진다고. 선한 사람은 돌이 가볍게, 악한 사람은 무겁게 느껴진다고 한다.

콘고부지
金剛峯寺
★★★
UNESCO 유네스코 세계문화유산

고야산 진언종의 성지

일본 전국에 말사末寺를 가진 고야산 진언종 真言宗의 총본산. 홍법대사의 불교 활동의 중심이 된 진언종의 성지다. 원래 콘고부지는 고야산 전체를 일컫는 말이었다. 즉 고야산 전체가 사찰인 셈이다. 콘고부지의 전신은 1593년 도요토미 히데요시가 건립한 사찰 세이간지青巖寺로, 1863년 재건되었으며 현재의 주전主殿이 되었다. 주전 외에도 다양한 건물이 있는데, 경내 총면적이 16만 ㎡에 이를 만큼 융성했던 사찰이다.

주소 伊都郡高野町高野山132
전화 0736-56-2011
개방 08:30~17:00
휴무 무휴 요금 1000엔
교통 고야산역 앞 3번 정류장에서 다이몬행 버스로 11분(360엔), 콘고부지마에金剛寺前에 하차해 바로. 또는 역 앞 2번 정류장에서 오쿠노인마에행 버스로 10분(360엔), 센주인바시千手院橋 하차 후 도보 5분
지도 P.44-E

정문 正門
◀)) 세이몬

1593년 재건된 것으로, 콘고부지에서 가장 오래된 건물이다. 왕족이나 고야산의 중직에 있는 인물만 정문으로 출입이 가능했고, 그 외의 일반인은 정문 오른쪽 작은 쪽문으로 드나들었다.

주전 主殿
◀)) 슈덴

도요토미 히데요시가 죽은 어머니를 기리기 위해 세운 세이간지青巖寺였던 건물을 증축했다. 좌우로 크기가 다른 현관이 2개 있는데, 큰 현관으로는 일왕과 왕족, 고야산 중직의 인물만 출입했다. 주전의 지붕은 노송의 껍질을 몇 겹씩 포개어 만든 것으로, 그 위에는 화재에 대비하기 위해 빗물을 담아두는 물통을 올려놓은 것이 독특하다. 내부에 들어가면 수많은 방을 견학할 수 있다.

오히로마 大広間

주전의 수많은 방 중에서, 가장 중요한 의식이나 법회를 치르던 방이다. 현재도 2월과 4월의 중요 법회를 이곳에서 연다. 문에는 두루미의 그림이 화려하게 그려져 있다. 안쪽에는 홍법대사의 좌상과 역대 일왕의 위패 등을 모시고 있다.

힘 있게 뻗어나가는 버드나무 그림이 인상적이다.

야나기노마 柳の間

버드나무 방. 에도 시대 후기의 화가인 야마모토 단사이가 그린 버드나무(야나기柳) 그림 때문에 붙여진 이름이다. 1595년 도요토미 히데요시의 양자이자 후계자였던 히데쓰구가 모반 혐의를 받고 고야산에 추방된 후 이 방에서 자살했다.

신별전 新別殿
🔊 신베츠덴

주전에서 별전으로 들어가기 전 왼쪽에 있는 휴게소. 1984년 홍법대사 입적 1150년을 기념하는 대법회 때 참배객을 접대하기 위해 새로 지은 곳이다. 차를 마시면서 스님의 이야기를 듣는 공간이다. 차와 화과자를 무료로 주니 잠시 들러 쉬어 가자.

별전 別殿
🔊 베츠덴

홍법대사의 입적 1100년을 맞아 1934년 건립된, 모모야마 양식의 건축물. 신별전을 세우기 전까지 참배객을 위한 휴게소로 쓰였다. 4개

의 방에는 고야산의 사계절 풍경과 홍법대사가 고야산에 불교 도시를 창건한 이야기를 묘사한 그림이 있다.

고야산의 사계절을 묘사한 그림

불교 도시 창건 이야기를 묘사한 그림

반류테이 蟠龍庭

면적 2340㎡에 이르는, 일본 최대 규모의 석정石庭. 흰 모래와 돌로 구름 바다 속을 떠다니는 암수 한 쌍의 용이 귀빈실 오쿠덴奧殿을 지키는 모습을 표현했다. 돌은 홍법대사의 고향인 시코쿠에서, 구름바다를 나타내는 흰 모래는 교토에서 가져온 것이다.

흰 모래와 검은 돌의 대조되는 모습이 아름답다.

1 승려의 수행을 위해 지은 사찰, 단조가란 2 금당. 외관은 수수해 보이지만, 내부는 상당히 화려하다.
3 산노인 입구를 지키는 동상 4 산책하기 좋은 경내

단조가란
壇上伽藍
★★★

홍법대사가 고야산에 최초로 연 성지
고야산 전체를 콘고부지라는 사찰이라 볼 때
그 경내의 핵심이 되는 곳이다. 홍법대사가 고
야산을 창건하고 가장 먼저 이곳의 정비에 착
수했다고 한다. 그는 당나라에서 일본에 돌아
와 고야산 진언종을 창시하고, 이를 널리 확장
하기 위해 승려들의 수행을 위한 사찰로 이곳
을 지었다. 고야산 창건 당시 세워진 금당과,
고야산의 상징인 근본대탑 등 넓은 경내에는
국보와 중요문화재로 지정된 불당과 불탑 등
볼거리가 다양하다.

주소 伊都郡高野町高野山152
전화 0736-56-2011 교통 고야산역 앞 3번 정류장에
서 다이몬행 버스로 13분, 콘도마에金堂前에서 하차
해 바로, 또는 역 앞 2번 정류장에서 오쿠노인마에행
버스로 10분(360엔), 센주인바시千手院橋 하차 후
도보 7분 지도 P.44-D

금당 金堂
🔊 콘도

고야산 창건 당시 홍법대사가 건립한 고야산
의 총본당으로서, 중요한 행사는 대부분 이곳

에서 열린다. 현재의 건물은 일곱 번째 재건된
것으로, 1932년 완성되었다. 본존으로 모시는
약사여래상(비공개)은 서양 조각의 사실주의
에 영향을 받아 목조木彫를 근대화시킨 작품
이다.

개방 08:30~17:00(입장 마감 16:30) 요금 500엔

미에도 御影堂

홍법대사가 거주하던 곳. 고야산에서 가장 중
요한 성역 중 하나로 여겨져, 내부 입장은 특
정인에게만 허락되었으나 현재는 1년에 한 번
일반인에게 공개되고 있다. 현재의 건물은
1848년 재건된 것이다. 내부 입장 불가.

서탑 西塔

🔊 사이토

근본대탑과 함께 중요한 가치를 지니는 다보탑. 홍법대사의 건립 계획에 있던 것을 후대의 신젠 다이토쿠가 886년 완성했다. 지금의 것은 1834년 재건된 것이다. 높이가 27m로, 다보탑 양식으로는 일본 최초의 것이다. 내부 입장 불가.

헤이안 시대 귀족의 저택이 떠오르는 아름다운 건물

후도도 不動堂

1197년 건립된, 고야산에서 가장 오래된 건물로 국보로 지정되어 있다. 가마쿠라 시대의 와요 건축 양식을 보여 주는 건축물이다. 내부에는 부동명왕상과 팔대동자상이 안치되어 있었다(현재 레이호칸에 소장 중).

근본대탑 根本大塔

🔊 콘폰다이토ー

816~887년 홍법대사와 신젠 다이토쿠 2대에 걸쳐 완성된 진언밀교의 상징. 서탑과 함께 다보탑으로는 일본 최초로 만들어진 것이다. 높이가 48.5m로 매우 웅장하다. 내부에는 황금색으로 빛나는 불상과 화려한 색채의 불화가 있는데, 만다라의 세계를 입체적으로 표현한 것이라고 한다. 내부 입장 가능.

개방 08:30~17:00(입장 마감 16:30) 요금 500엔

고야산의 상징인 근본대탑

다이토노 카네 大塔の鐘

홍법대사 때 주조를 계획하고 2대인 신젠 다이토쿠 때 완성되었다. 현재의 것은 1547년 재건한 것. 직경 2.2m, 무게 6t으로, 당시에는 일본 전국에서 네 번째로 큰 종이었다.

산중에 시간을 알려주던 종

다이몬 ★
大門

고야산의 입구

산 전체가 사찰인 고야산의 정문에 해당되는 거대한 대문. 서쪽 끝에 자리하고 있다. 높이 25m의 2층 구조 건물로, 현재의 것은 1705년 재건되었다. 좌우에 금강역사상이 안치되어 있다. 다이몬 옆에 있는 붉은색 도리이를 통과해 산길을 따라 5분 정도 올라가면 아름다운 주변 산의 풍경을 볼 수 있다.

교통 고야산역 3번 정류장에서 다이몬행 버스로 17분(360엔), 다이몬마에大門前 정류장에서 하차해 바로 **지도 P.44-D**

고야산의 정문인 다이몬

고야산 레이호칸(영보관) ★
高野山霊宝館

고야산 불교예술의 전당

콘고부지를 비롯한 고야산의 귀중한 불상과 불화, 서적, 공예품 등 중요문화재들을 보존하고 전시하는 박물관. 21개의 국보와 143개의 중요문화재 등 2만 8천 점을 소장하고 있다. 기획전과 특별전이 다양하게 열린다.

주소 伊都郡高野町高野山306
전화 0736-56-2029
개방 5~10월 08:30~17:30, 11~4월 08:30~17:00
(폐관 30분 전 입장 마감) 휴무 연말연시
요금 1300엔, 간사이스루패스 200엔 할인
홈페이지 www.reihokan.or.jp
교통 고야산역 앞 3번 정류장에서 다이몬행 버스로, 12분(360엔), 레이호칸마에霊宝館前 하차 후 바로 **지도 P.44-D**

고야산 레이호칸 입구

Tip

고야산에서 즐기는 템플스테이
숙방 宿坊

해발 800m 산속에 자리한 불교 도시 고야산에서 즐기는 숙방(슈쿠보宿坊)은 외국인 여행자들에게는 더욱 특별한 경험이 된다. 사찰에서의 숙박과 승려들의 수행 체험, 사찰 내의 아름다운 일본 정원 감상과 쇼진 요리(저녁과 아침 식사)까지 다양한 체험이 1박 동안 가능하다.
정해진 드레스코드는 없지만, 가부좌를 틀고 명상하는 시간도 있으니 미니스커트 등은 피하는 게 좋다.
고야산 내 52개의 사찰에서 숙방을 운영하고 있으며(고야산 숙방 협회 홈페이지 참조), 가격은 1박 1만 4000엔 이상. 사전 예약은 필수다.

〈고야산 숙방 협회〉
전화 0736-56-2616
홈페이지 www.shukubo.net

저렴하게 묵고 싶다면
일반 숙소와 게스트 하우스

고야산의 숙소라면 숙방이 대표적이지만, 일반 숙소도 몇 곳 있다. 식사는 포함되지 않고 숙박만 가능하며, 일부 숙소는 추가 요금으로 조식을 제공하기도 한다.

〈고야산 게스트 하우스 코쿠 Koyasan Guest House Kokuu〉
주소 伊都郡高野町高野山49-43
요금 4100엔~ 전화 0736-26-7216
홈페이지 koyasanguesthouse.com 지도 P.44-F

〈타마가와 료칸 玉川旅館〉
주소 伊都郡高野町高野山53 요금 5500엔~
전화 0736-56-5251 홈페이지 www.ichinohashi.co.jp/tamagawa/ 지도 P.44-F

〈고야산 게스트 하우스 토미 Koyasan Guest House Tommy〉
주소 伊都郡高野町高野山596 요금 9000엔
전화 0736-56-2550
홈페이지 www.koyasanguesthousetommy.com
지도 P.44-E

건강한 사찰 요리를 맛보자
쇼진 요리 精進料理

일본의 사찰 요리를 '쇼진 요리'라고 한다. 육류와 생선, 향신료 등을 일절 쓰지 않고 제철 채소와 산채, 해조류를 이용해 건강하게 요리한다. 가격이 높은 편이긴 하지만, 고야산에서는 일반 식당에서도 맛볼 수 있으니 경험해 보는 것도 좋다. 일부 숙방에서는 사전 예약을 통해 점심 식사를 제공하기도 한다. 저렴한 곳은 2000엔에서 비싼 곳은 7000엔대까지 가격대는 다양하다.

평지보다 기온이 낮은
고야산의 사계절

고야산은 해발 1000m급 고봉들에 둘러싸인 산속 분지로, 평지에 비해 기온이 최소 5도는 낮다. 여름에는 선선해 걷기 좋지만, 겨울에는 추위가 매섭고 눈도 많이 내린다. 봄, 가을에도 아침저녁으론 기온이 급강하해 꽤 쌀쌀한 편이다. 여행 시기에 맞춰 복장에 신경 쓰자.
벚꽃을 볼 수 있는 시기는 4월 중순~하순으로 평지보다 늦다. 10월 하순~11월 초순에는 단풍을 볼 수 있다.

시라하마 白浜

아름다운 바다로 유명한, 간사이 최고의 휴양지

'일본의 와이키키 비치'라 불릴 만큼 아름다운 해변과 바다로 유명한 지역, 시라하마. 에메랄드빛 바다와 새하얀 모래사장이 펼쳐진 시라라하마 해변은 간사이 지역에서 가장 아름다운 해변이라 단언할 수 있다. 여름에는 해수욕과 해양스포츠를 즐기려는 이들로 해변이 가득차며, 주변 숙박업소가 만실이 되고 다른 시기에 비해 가격도 많이 올라간다. 또한 이곳은 시라하마 온천으로도 유명하다. 천 년 이상의 역사를 자랑하는 전통 온천 지역으로, 바다를 바라보며 노천 온천을 즐길 수 있는 곳이 많아 더욱 매력적이다. 아기 판다를 만날 수 있는 어드벤처 월드와 함께 자연의 위대함을 느낄 수 있는 웅장한 자연 명소가 많은 지역이기도 해서 드라이브하기에 좋다.

Check

지역 가이드
여행 소요 시간 6~7시간
관광 ★★★
맛집 ★★☆
쇼핑 ★☆☆
유흥 ★☆☆

가는 방법
해변 휴양지인 만큼 여름은 극성수기이다. 이때는 열차 예매도 미리 해두어야 하고 시라하마 내에서 이동할 때에도 도로 정체를 염두에 두어야 한다.
시라하마에서는 시내버스를 이용할 수 있으며, 자동차를 렌트하면 더욱 편하고 드라이브 기분도 낼 수 있다. 대부분의 관광 명소는 무료 주차장을 갖추고 있다.

와카야마시
키시역　고야산

시라하마 가는 법

시라하마로 갈 때, 가장 빠른 방법은 JR 특급열차 쿠로시오くろしお를 타는 것이다. JR 특급 쿠로시오는 교토–신오사카–오사카–텐노지–와카야마–시라하마–신구를 연결하는 특급열차로, 오사카에서 약 2시간 10~20분이면 시라하마역에 도착한다.

오사카에서 시라하마역까지 왕복 1만 220엔이라는 어마어마한 요금이 든다. 이 구간을 포함한 간사이 지역의 JR 열차를 5일 동안 무제한으로 탈 수 있는 간사이와이드패스(P.108)가 1만 2000엔이므로, 다른 날 일정을 따져보고 구입 여부를 결정하자.

JR 특급 쿠로시오 열차를 타고 시라하마로 가는 도중 아름다운 해변 노선을 지나기도 하니 놓치지 말자. 열차 중 1·4·25·26호는 기차 외관과 내부까지 판다로 장식된 판다 열차로 운행되고 있다.

참고로, 고야산에서 시라하마까지는 자동차로 2시간 30분, 대중교통으로는 3시간 30분이나 걸린다.

JR 특급 쿠로시오 열차

쿠로시오의 열차 좌석

★ 오사카 → 시라하마 ★

JR 특급 쿠로시오는 오사카역에서 출발하는 첫차가 07:40, 막차가 20:18에 있다. 대개 1시간에 1편, 하루 16편 운행된다. 오사카로 돌아오는 기차는 시라하마역에서 첫차가 06:40, 막차가 18:19에 있다. 기차 시간은 사정에 따라 변동될 수 있으니, 현지에서 반드시 확인한다.

참고로, JR 특급 쿠로시오는 대부분 신오사카역에서 출발하며, 교토에서 출발하는 것은 하루 2편밖에 없다. 따라서 교토에서 출발할 경우 직행편이 없는 대부분의 시간대에는 교토역에서 신오사카역이나 오사카역으로 먼저 간 후 JR 특급 쿠로시오를 갈아탄다.

오사카역 大阪	JR 특급 쿠로시오くろしお 2시간 20분, 6010엔	시라하마역 白浜
텐노지역 天王寺	JR 특급 쿠로시오くろしお 2시간 10분, 6010엔	시라하마역 白浜

시라하마의 시내 교통

시라하마를 관광할 때 가장 편리한 교통수단은 렌터카나 택시다. 하지만 시라라하마 해변, 엔게츠도 등 대부분의 관광 명소는 버스 정류장에서 걸어갈 수 있는 위치에 있으니, 시내버스로 둘러보는 것도 문제 없다. 버스로 둘러보려면 여행의 시작점이 되는 시라하마역에서 1일 프리 승차권을 구입하는 게 편리하다.

메이코 버스 明光バス

시라하마의 시내 버스. 요금은 150엔부터 시작하며 거리에 따라 요금이 올라간다.

시라하마역에서 탈 경우, 안내판을 확인해 목적지별로 버스를 탄다. 어드벤처 월드를 제외한 관광 명소는 마을 순환버스町内循環가 지난다.

마을 순환버스는 순환 방향에 따라 운행 방향이 달라지니 타기 전에 운전사나 다른 승객에게 "○○○ 이키마스까(○○○에 가나요?)"라고 물어 확인한 후 타도록 하자.

내릴 정류장은 안내 방송을 잘 듣도록 하고, 잘 모르겠으면 운전사에게 도움을 청하자. 시라하마역에 있는 메이코 버스 안내소에서 노선도를 챙겨두면 좋다.

구간별 요금 시라하마역-토레토레 이치바 160엔, 시라하마역-시라하마 해변 340엔

프리 승차권 フリー乗車券

시라하마역과 시라하마의 각지(어드벤처 월드 포함)를 연결하는 노선버스를 무제한으로 승차할 수 있는 티켓. 시라하마역의 메이코 버스 안내소에서 구입할 수 있다. 유효기간은 해당일의 막차 시간까지.

요금 1일권 1100엔, 2일권 1600엔, 3일권 1900엔(어린이는 50%)

택시

시라하마역에 내리면 택시 승강장이 있으니 여기서 택시를 탈 수 있다. 숙소에서 택시를 타려면 카운터에 택시를 불러달라고 요청하면 된다. 관광지에서는 다른 손님을 태우고 온 택시를 잡아 탈 수 있기도 하지만 보통은 길에서 택시를 잡는 일이 거의 어렵다. 택시를 이용하려면 전화를 해서 불러야 한다.

메이코 택시 明光タクシー
전화 0739-42-2727

시라하마 제일교통 白浜第一交通
전화 0739-42-2916

렌터카

시라하마역 주변에 여러 렌터카 업체가 영업 중이다. 일부 업체는 한글 홈페이지를 운영하고 있으며, 국내에서 운영하는 일본 렌터카 예약 대행사를 이용할 수도 있다.

토요타 렌터카 TOYOTA Rent a Car
전화 0739-43-3000
홈페이지 rent.toyota.co.jp/ko/ (한글)

타임즈 카 렌털 Times Car RENTAL
전화 0739-43-3277
홈페이지 www.timescar-rental.kr (한글)

Tip

**료칸 이용객을 위한
무료 셔틀버스**

시라하마역에 내려 밖으로 나가면 버스 정류장이다. 이곳에 버스 승차를 도와주는 안내원이 있는데 어느 료칸에 묵는지 알려주면 무료 셔틀버스로 안내해 준다. 단 하루 4편만 운행되므로 시간이 맞지 않으면 노선버스나 택시 등을 이용해야 한다.

시라하마의 추천 코스

아래는 어드벤처 월드를 제외한 관광 위주의 코스다.
만일 판다를 보러 갈 사람은 시라하마역에서 곧바로 어드벤처 월드로 가서 오픈 시간에 입장해
즐긴 후 산단베키로 이동해 코스대로 둘러본다. 이 경우, 일정에 따라 일부는 건너뛸 수밖에 없다.
총 소요 시간 6~7시간

❶ 시라하마역
역을 나오면 바로 버스와 택시 타는 곳이 있다. 버스는 목적지에
따라 타는 곳이 다르므로 안내판을 확인하자.

버스 31분(480엔)

❷ 산단베키
60m 높이의 주상절리 절벽이 2km나 뻗어 있는 곳. 바다를 바라보
며 족욕을 즐기는 곳도 있다.

도보 15분

❸ 센조지키
드넓게 펼쳐진 사암 지대. 푸르른 하늘과 맞닿은 바다. 자연의 웅장
함을 온몸으로 만끽할 수 있는 곳.

도보 17분 또는 버스 3분(150엔)

❹ 사키노유
여행의 피로를 풀어줄 노천 온천 시설. 온천탕 안으로 파도가 들이
칠 만큼 코앞에 바다가 맞닿아 있다.

도보 15분 또는 버스 3분(150엔)

❺ 시라라하마 해변
간사이 지역 최고의 바다. 최고의 해변을 만나보자. 맨발로 새하얀
모래를 밟으며 산책하는 것도 즐겁다.

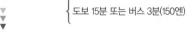

▼
▼
▼

{ 도보 21분 또는 버스 7분(150엔)

❻ 엔게츠도
시라하마를 대표하는 풍경. 섬으로 갈 수는 없고, 도로변에서 감상해야 하므로 차를 조심하자.

▼
▼
▼

{ 도보 16분+버스 12분(260엔)

❼ 토레토레 이치바
와카야마의 싱싱한 해산물이 모이는 대형 수산시장. 맛있는 먹을거리와 기념품이 가득하다.

▼
▼
▼

{ 버스 5분(150엔)

❽ 시라하마역
오사카로 돌아가는 열차는 대개 1시간에 1편이므로, 돌아가는 열차 시간을 미리 확인해 두자.

일몰의 멋진 풍경을 감상할 수 있는 곳

가장 유명한 일몰 명소는 엔게츠도와 센조지키. 위의 코스대로라면 센조지키는 낮에 방문하게 되지만, 시라하마에 숙박하는 사람은 해질 무렵 다시 한번 찾는 것을 추천한다. 단 바닷바람이 세니 걸칠 옷을 준비하는 것이 좋다.

피셔맨즈 워프에서의 식사

식사는 어디서 할까

시라하마 해변 주변에 식당들이 모여 있으며, 피셔맨즈 워프에서도 식사를 할 수 있다. 센조지키 앞 기념품점의 2층 식당은 멋진 바다 풍경을 감상하며 식사할 수 있어서 추천한다. 저녁 식사는 싱싱한 해산물 요리를 맛볼수 있는 토레토레 이치바에서 하자.

시라하마 **599**

산단베키 ★★
三段壁

**주상절리 절벽과
바다가 만들어내는 장엄함**

높이 60m의 주상절리 절벽이 바다를 맞대고 2km 가까이 펼쳐져 있다. 절벽에 거침없이 부딪치는 파도, 하늘과 맞닿은 드넓은 바다, 장대한 절벽은 웅장함 그 자체. 한때 '자살의 절벽'이라는 악명을 갖기도 했던 곳이다. 절벽 앞 건물에서 엘리베이터를 타고 지하로 내려가면 200m 길이의 동굴이 나오는데, 옛날 수군의 배를 숨겨두었던 곳이라고 한다. 동굴은 유료 입장 1300엔(08:00~16:50, 우천 시 휴무).

주소 西牟婁郡白浜町
홈페이지 sandanbeki.com
교통 JR 시라하마白浜역에서 버스로 31분, 산단베키 三段壁 하차
지도 P.46-I

동굴 입구로 힘센 파도가 들이친다.

바다를 바라보며 족욕을 할 수 있다.

절벽 끝까지 산책할 수 있다.

기념품점 2층 식당의 오션 뷰

센조지키
千畳敷 ★★★

자연이 만든 예술작품을 보는 듯
6500만 년에서 180만 년 전 사암으로 형성된 암반으로 그 넓이가 4만 ㎡에 달한다. 오랜 세월 파도의 침식을 받아 형성된 독특한 지형은 광대한 바다와 하늘이 어우러져 절경을 이룬다. 악천후를 제외하면 암반 위를 걸을 수 있으며, 아래로 내려가 바다와 맞닿은 곳까지 갈수 있다. 몇 년 전에는 카메라 광고의 배경으로 등장했을 만큼 멋진 풍경을 자랑하며, '일본의 석양 100선'에 꼽힐 만큼 전망 포인트로도 유명하다.
센조지키에는 기념품점이 있는데, 이곳에서 시라하마와 와카야마현의 다양한 토산품을 만

생귤 아이스크림

날 수 있다. 생귤 주스, 생귤 아이스크림이 간식으로 인기. 또한 2층 식당은 창밖으로 보이는 태평양의 장대한 풍경이 무척 멋지다. 센조지키의 바닷바람을 잠시 피하기 좋다.

주소 西牟婁郡白浜町2927-72
교통 JR 시라하마白浜역에서 버스로 21분, 센조구치千畳口 하차 후 도보 3분 지도 P.46-E

사키노유
崎の湯
★★

넘실대는 파도를 바라보며 즐기는
노천 온천

바다와 접해 있는 노천 온천. 온천탕에 파도가
들이칠 정도로 바로 눈앞에 드넓은 태평양이
펼쳐진다. 염도가 높은 온천수여서 미인탕으
로 유명하다. 시설은 부족하지만 저렴한 요금
에 멋진 풍광과 온천욕을 즐길 수 있어 인기
있다. 수건(200엔)은 유료이므로 미리 챙겨 가
자. 이곳은 온천물이 넘치면 바다로 흘러 들어
가기 때문에 환경보호를 위해 샴푸, 린스, 비
누 사용이 금지되어 있다.

주소 西牟婁郡白浜町1668
영업 4~6 · 9월 08:00~18:00, 7 · 8월 07:00~
19:00, 10~3월 08:00~17:00
휴무 유지보수 기간 요금 500엔
교통 JR 시라하마白浜역에서 버스로 15분, 유자키湯
崎 하차 후 도보 3분
지도 P.46-E

피셔맨즈 워프 시라하마
Fisherman's Wharf Shirahama

수산시장에서 맛보는 신선한 해산물 요리

지역 어부들이 운영
하는 수산시장과 식
당, 기념품점 등이
모여 있는 아담한
복합시설. 인근에서
갓 잡은 싱싱한 해
산물로 생선회를 비
롯한 다양한 요리를 맛볼 수 있다. 3~10월에
열리는 옥상 비어가든은 바다를 보며 맥주와
바비큐를 즐길 수 있어 인기.

스쿠버다이빙, 낚시 등을 예약할 수 있는 사무실도 있다.

주소 西牟婁郡白浜町1667-22
영업 09:00~18:30, 식당 11:00~15:00, 17:00~22:00
휴무 부정기
홈페이지 fw-sh.com/ko/
교통 JR 시라하마白浜역에서 버스로 27분, 유자키湯
崎 하차. 지도 P.46-E

시라라하마 해변
白良浜 ★★★

일본의 와이키키 비치

반짝이는 새하얀 모래와 야자수, 에메랄드빛 바다가 펼쳐진 아름다운 해변. 온천 마을의 중심부에 자리한 620m 길이의 해변은 시라하마 관광의 하이라이트다. 주변에는 야자수가 서 있어 이국적인 분위기를 자아내며, 여름 휴가철에는 각양각색의 파라솔로 해변이 가득 찬다. 해변 주변에는 편의점을 비롯한 상점, 식당들이 모여 있으며, 수영복 차림으로 들어갈 수 있는 노천 온천과 족욕탕도 여러 곳 있다. 해수욕장은 보통 5월 초에 개장하며, 극성수기인 7월 말~8월 초에는 불꽃놀이 축제가 열린다.

원래부터 이곳의 모래는 새하얀 것으로 유명했는데, 주변 개발로 모래가 부족해지자 최근에는 호주의 모래를 들여와 백사장을 유지하고 있다고 한다.

주소 西牟婁郡白浜町864
교통 JR 시라하마白浜역에서 버스로 24분, 시라라하마 白良浜 하차 지도 P.46-E

엔게츠도 ★
円月島

시라하마의 대표적인 풍경

동서 35m, 남북 130m, 높이 25m의 무인도로,
시라하마를 대표하는 랜드마크. 섬의 가운데
부분은 파도에 의해 침식된 해식동굴인데 마
치 보름달(엔게츠円月) 같다고 하여 엔게츠도
라 불린다. 일몰 때는 지는 해가 섬 위로 떨어
지며 멋진 풍경을 만들어내 '일본의 석양 100
선'에 뽑히기도 했다. 전망 포인트는 34호선
도로변. 일몰 시간은 여름 18:30, 겨울 16:30경
이다.

춘분과 추분 전후로는
동굴에 해가 들어가는 장관을 볼 수 있다.

주소 西牟婁郡白浜町
교통 JR 시라하마白浜역에서 버스로 15분, 린카이臨
海(엔게츠도円月島) 하차
지도 P.46-A

토레토레 이치바 ★★
とれとれ市場

맛있는 해산물 요리와 기념품이 한자리에

인근에서 갓 잡아 올린 싱싱한 해산물과 가공
품을 판매하는 대형 수산시장. 시장에서 구입
한 해산물을 직접 바베큐로 구워 먹을 수 있
고, 시장 내에 자리한 식당에서 편하게 해산물
요리를 맛볼 수도 있다. 식당은 푸드코트 스타
일이어서 여러 식당에서 맘에 드는 메뉴를 주
문해 함께 먹을 수 있다. 그 외에도 시라하마
와 와카야마현의 각종 토산품과 기념품이 한

자리에 모여 있어 여행의 마지막에 들러 쇼핑
을 즐기기에도 좋다.

주소 西牟婁郡白浜町堅田2521
전화 0739-42-1010
영업 08:30~18:30(식사 주문 마감 17:30)
휴무 부정기 홈페이지 www.toretore.info
교통 JR 시라하마白浜역에서 버스로 5분, 토레토레
이치바마에とれとれ市場前 하차
지도 P.47-G

인기 메뉴인
카이센동

어드벤처 월드 ★★
Adventure World

시라하마의 마스코트! 판다를 만나보자
80만 ㎡의 넓은 부지에 동물원, 수족관, 유원
지가 모여 있는 테마파크. 이곳의 하이라이트
는 뭐니 뭐니 해도 바로 판다인데, '시라하마
에 판다 보러 간다'고 할 정도로 이곳 판다의
인기는 대단하다. 특히 여기 살고 있는 4마리
의 자이언트 판다는 시라하마의 톱스타. 판다
의 재롱에 시간 가는 줄 모른다.

또한 다이내믹하고 감성적인 연출
이 돋보이는 돌고래쇼, 미
니열차를 타고 초식동물
과 육식동물을 가까이
서 볼 수 있는 사파리
월드도 놓치지 말자.
휴무일이 꽤 잦은 편

이므로 방문 전에 홈페이지를 꼭 확인할 것.

주소 西牟婁郡白浜町堅田2399
전화 0570-06-4481
영업 10:00~17:00, 일부 기간은 변동 있음
휴무 부정기
요금 1일 입장권 18세 이상 5300엔, 12~17세 4300
엔, 4~11세 3300엔, 65세 이상 4800엔
홈페이지 www.aws-s.com
교통 JR 시라하마白浜역에서 어드벤처 월드행 버스
로 10분, 종점 하차
지도 P.47-K

hotel

시라하마의 숙소

시라하마 키 테라스 호텔 시모어
Shirahama Key Terrace Hotel Seamore

세련된 인테리어의 온천 호텔
사키노유 근처, 풍경 좋은 언덕 위에 자리한
세련된 온천 호텔. 이곳은 눈앞에 바다를 바라
보며 파도 소리를 들으며 온천욕을 즐길 수 있
는 노천 온천이 유명하다. 세련된 야외 풀장과
깊이가 3단으로 된 노천 온천, 인피니티 족욕
탕도 인기가 높다. 오션 뷰의 세련된 객실과
부대시설, 건강 재료로 만든 맛있는 뷔페 요리
로 만족스러운 곳이다.

주소 和歌山県西牟婁郡白浜町1821

전화 0739-43-1000 요금 2인 1일 2만 엔~
홈페이지 www.keyterrace.co.jp
교통 JR 시라하마白浜역에서 버스로 20분, 신유자키
新湯崎 하차 후 도보 1분 지도 **P.46-E**

인피니티 족욕탕

시라라소 그랜드 호텔
白良荘グランドホテル

해변가에 자리한 온천 리조트
시라라하마 해변의 끝에 자리한 온천 호텔. 세
련된 서양식 객실과 일본식 객실을 모두 갖추
고 있다. 객실에서 바라다보이는 해변의 풍경
이 압권. 2층의 노천 온천에서 시라라하마 해
변의 풍경을 보면서 온천욕을 즐길 수 있다.

주소 西牟婁郡白浜町868
전화 0739-43-0100
요금 2인 1일 2만 1000엔~

홈페이지 www.shiraraso.co.jp
교통 JR 시라하마白浜역에서 버스로 15분, 시라하마
버스센터白浜バスセンター 하차
지도 **P.46-E**

작은 무인역에 일어난 기적

키시역의 고양이 역장

와카야마현의 교통의 중심이 되는 와카야마역에서 지방 전철인 와카야마 전철 키시가와선을 타고 30분이면 도착하는 무인역, 키시貴志역. 이 작은 역이 유명 관광지가 된 것은 바로 고양이 역장 타마 덕분이다. 2007년 부임한 고양이 역장 타마는 키시역은 물론 와카야마를 일본 및 해외에까지 널리 알리는 역할을 해, 재정난으로 사라질 뻔한 키시역을 명소로 만들었고, 나중에는 울트라 역장까지 승진했다.

타마는 원래 키시역의 매점에서 기르던 고양이였는데, 사람을 잘 따르는 덕에 승객들에게 점점 인기가 높아졌고, 이를 본 와카야마 전철의 임원이 그를 키시역의 역장으로 임명했다고 한다. 명예직이긴 하지만, 연봉으로 사료를 지급했다고. 하지만 안타깝게도 타마 역장은 2015년 16살의 나이에 급성 심부전증으로 무지개 다리를 건넜다. 타마의 사망 소식에 많은 이들이 슬퍼했다. 이후 타마를 잇는 고양이 역장은 2대 니타마(울트라 역장)와 3대 욘타마(슈퍼 역장). 두 역장은 10:00~16:00에만 근무하며, 니타마는 수·목요일 휴무, 욘타마는 월·금요일 휴무다. 키시역은 현재 타마 뮤지엄으로도 운영되고 있으며, 내부에는 고양이 역장을 만나러 오는 이들을 위해 카페도 운영하고 있다. 키시역으로 가는 열차 중에는 고양이 역장의 캐릭터로 꾸며진 타마 열차가 있어, 고양이 역장을 만나러 가는 길을 더욱 설레게 만든다.

교통 와카야마역에서 와카야마 전철 키시가와선으로 환승한다. 이때 바닥의 고양이 발자국을 따라가면 9번 플랫폼으로 갈 수 있다. 와카야마 전철은 열차 맨 앞 차량의 뒷문으로 타서, 앞문으로 내려야 한다(두 번째 차량의 문은 열리지 않는다). 내릴 때 표를 내거나 1일 승차권을 운전사에게 보여주면 된다. 약 30분 소요, 편도 410엔(1일 승차권 800엔). JR 간사이와이드패스 사용 가능.

타마 열차. '타마덴'이라 불리기도 한다.

지붕에 고양이 귀가 달린 키시역

간사이의
숙소

오사카의 숙소

오사카 메리어트 미야코 호텔
Marriot Osaka Miyako

간사이 최초의 메리어트 호텔로, 아베노 하루카스 상층부에 자리하고 있다. 고급스러운 분위기의 객실 한쪽 벽면을 꽉 채운 통유리 창으로 바라다보이는 오사카 야경이 무척 로맨틱하다. 아베노 하루카스 전망대에 가지 않아도 객실의 야경만으로 충분히 만족스러울 정도

다. 전망 좋은 라운지, 레스토랑과 바도 운영하고 있으며 조식에 대한 평가도 좋은 편이다.

주소 大阪市阿倍野区阿倍野筋1-1-43
전화 06-6628-6111
요금 더블 · 트윈 3만 5000엔~
홈페이지 www.miyakohotels.ne.jp/osaka-m-miyako/
교통 지하철 미도스지선(M23) · 타니마치선(T27) 텐노지天王寺역 9번 출구에서 바로 **지도 P.13-F**

도미 인 프리미엄 난바
Dormy Inn Premium Nanba

일본의 유명한 비즈니스 호텔 체인. 깔끔하고 무난한 객실 컨디션과 저렴한 가격으로 비즈니스 여행자는 물론 일반 관광객에게도 적합한 호텔이다. 최근 지어진 난바점은 도톤보리, 신사이바시와 가까워 관광과 쇼핑에 편리하며, 온천을 갖추고 있어 편안하게 휴식할 수

있다. 가격 대비 조식도 충실하다.

주소 大阪市中央区島之内2-14-23
전화 06-6214-5489
요금 더블 · 트윈 1만 3400엔~
홈페이지 www.hotespa.net/hotels/premium_nanba/
교통 지하철 미도스지선(M20) · 요츠바시선(Y15) · 센니치마에선(S16) 난바なんば역 14번 출구에서 도보 10분
지도 P.3-D

오사카 후지야 호텔
Osaka Fujiya Hotel

2014년 리뉴얼하여 깔끔하고 세련된 시설을 갖추고 있다. 호텔 규모는 작은 편이지만, 가격 대비 편안하게 묵을 수 있어 인기 있다. 도톤보리, 신사이바시와 가까워 관광과 쇼핑에도 적합하다.

주소 大阪市中央区東心斎橋2-2-2
전화 06-6211-5522
요금 싱글 9100엔~, 트윈 1만 3500엔~
홈페이지 www.osakafujiya.jp
교통 지하철 미도스지선(M20) · 요츠바시선(Y15) · 센니치마에선(S16) 난바なんば역 14번 출구에서 도보 10분 지도 P.3-D

호텔 트러스티 오사카 아베노
Hotel Trusty Osaka Abeno

JR 텐노지역, 아베노 하루카스와 마주보고 있는 호텔. 육교로 연결되어 이동도 편리하다. 최근 지어진 호텔이라 시설이 깔끔하고 객실도 세련된 분위기이다. 관광객이나 비즈니스 여행자 모두에게 적합한 호텔이다.

주소 大阪市阿倍野区阿倍野筋1-5-10-300
전화 06-6530-0011
요금 싱글 1만 200엔~, 트윈 2만 1600엔~
홈페이지 www.trusty.jp/trusty/abeno/
교통 지하철 미도스지선(M23) · 타니마치선(T27) 텐노지天王寺역 12번 출구에서 바로
지도 P.13-F

호텔 브라이튼 시티 오사카 키타하마
Hotel Brighton City Osaka Kitahama

키타하마역 앞에 자리해 교통이 편리하며, 오피스 빌딩가에 자리해 조용하게 쉴 수 있다. 세련된 분위기의 객실은 깔끔하고 편안한 분위기다.

주소 大阪市中央区伏見町1-1
전화 06-6223-7771
요금 더블 · 트윈 1만 7000엔~
홈페이지 www.brightonhotels.co.jp/kitahama/
교통 지하철 사카이스지선 키타하마北浜역(K14) 5번 출구에서 도보 1분 지도 P.9-I

일 쿠오레 난바
IL Cuore Namba

공항과의 교통이 편한 난카이 난바역 부근에 위치한 호텔. 전반적으로 깔끔하고 세련된 분위기이며, 젊은 층에게 인기 있는 쇼핑몰인 난바 마루이와 가까워 쇼핑하기 편리하다.

주소 大阪市浪速区難波中1-15-15
전화 06-6647-1900
요금 싱글 9000엔~, 트윈 1만 7000엔~
홈페이지 www.ilcuore-namba.com
교통 난카이 전철 난바なんば역(NK01) 서쪽 출구에서 도보 2분
지도 P.4-C

리가 로열 호텔
Rihga Royal Hotel

나카노시마에 위치한 대형 시티 호텔. JR 오사카역에서 10분 간격으로 무료 셔틀버스를 운행하므로 이동에 편리하다. 타워 윙과 웨스트 윙에 다양한 객실을 갖추고 있으며, 싱글 침대 4개를 갖춘 패밀리 룸도 있다.

주소 大阪市北区中之島5-3-68
전화 06-6448-1121
요금 더블 1만 1000엔~, 트윈 2만 2000엔~
홈페이지 www.rihga.co.jp/osaka/ (한글)
교통 케이한 전철 나카노시마선 나카노시마中之島 역(KH54)에서 바로
지도 P.9-G

아트 호텔 오사카 베이 타워
Art Hotel Osaka Bay Tower

51층짜리 초고층 호텔. 객실은 30층부터 자리해, 시내와 바다의 전망을 모두 즐길 수 있는 것이 특징이다. 객실과 식당에서 바라다보이는 오사카 전망이 무척 아름답다.

주소 大阪市港区弁天1-2-1(ORC200内)
전화 06-6577-1111
요금 싱글 1만 600엔~, 트윈 2만 8500엔~
홈페이지 www.osaka-baytower.com
교통 지하철 추오선 벤텐초弁天町역(C13) 2-A 출구에서 연결
지도 P.2-A

더 팩스 호스텔
The Pax Hostel

신세카이 골목 안에 자리한 도미토리 전용 게스트하우스. 역에서 가깝고 주변이 조용한 편이다. 남성, 여성 전용 도미토리와 1~4명 이용 가능한 개인실이 있다. 1층은 라운지이면서 레코드 가게 겸 카페로도 운영하고 있다.

주소 大阪市浪速区恵美須東1-20-5
전화 06-6537-7090
요금 3000엔~
홈페이지 www.thepax.jp
교통 지하철 사카이스지선 에비스초恵比寿町역(K18) 3번 출구에서 도보 3분
지도 P.13-C

호텔 코드 신사이바시
Hotel Code Shinsaibashi

신사이바시 한복판에 자리해 늦게까지 주변에서 쇼핑과 맛집 탐방을 즐길 수 있다는 것이 최대 장점이다. 객실은 크지 않지만 디자이너가 감수해 깔끔한 스타일이고 워낙 유리한 입지 조건을 갖췄기 때문에 짧은 일정으로 묵는 사람에게는 탁월한 선택이 될 수 있다. 싱글, 더블, 트윈 룸 외에 3명까지 묵을 수 있는 디럭스 더블, 프리미어 룸도 준비되어 있다.

주소 大阪市中央区東心斎橋1-16-30
전화 06-6243-7000
요금 싱글 6000엔~, 트윈 9000엔~

홈페이지 www.hotelcode.jp
교통 지하철 미도스지선(M19) · 나가호리츠루미료쿠치선(N15) 신사이바시心斎橋역 6번 출구에서 도보 3분 지도 P.6-D

더 브리지 호텔 신사이바시
The Bridge Hotel Shinsaibashi

아이, 가족과 함께 숙박하기에 가장 좋은 호텔. 침대 1대당 성인 1명 예약 시 12세 이하 1명이 무료 숙박일 뿐 아니라, 침대 3대인 트리플 룸, 침대 4대인 쿼드 룸까지 있어서 인원이 많은 경우에도 함께 묵을 수 있다. 호텔 프론트에서 공항 픽업 서비스(1인 2000엔), EMS 해외 배송 접수 서비스도 제공하고 있다.

주소 大阪市中央区西心斎橋1-10-24
전화 06-4963-6501
요금 더블 1만 3400엔~, 트윈 1만 8900엔~
홈페이지 bridge-h.co.jp
교통 지하철 미도스지선(M19) · 나가호리츠루미료쿠치선(N15) 신사이바시心斎橋역 7번 출구에서 도보 3분 지도 P.6-C

교토의 숙소

호시노야 교토
星のや京都

아라시야마에 위치한 고급 료칸. 료칸까지는 토게츠쿄 근처 승선장에서 호시노야의 전용 배를 타고 15분간 이동한다. 료칸으로 가는 동안의 뱃놀이 또한 호시노야 교토가 준비한 운치 있는 서비스 중 하나다. 모든 객실은 독채여서 프라이빗한 시간을 즐길 수 있는 데다, 객실에서 보이는 수려한 자연경관의 조화가 훌륭하다. 객실 내부는 전통 료칸의 다다미방 스타일에 모던한 디자인을 가미한 세련된 분위기를 자랑한다. 정갈한 고급 가이세키 요리도 유명하며, 교토 문화 체험 프로그램도 준비되어 있다.

주소 京都市西京区嵐山元録山町11-2
전화 050-3786-0066
요금 4만 5000엔~(1인 요금, 조식 · 석식 포함)
홈페이지 kr.hoshinoresort.com/kr/html/hoshinoya/kyoto/concept.php

교통 한큐 전철 아라시야마嵐山역에서 도보 5분 거리에 있는 승선장에서 배로 20분
지도 P.31-G

호텔 무메
Hotel Mume

교토의 유명 관광지 기온에 위치한 작은 디자인 호텔. 꽃과 나비, 바람, 달을 콘셉트로 디자인된 4개의 객실은 동양적인 느낌이 물씬 풍긴다. 객실 수가 적기 때문에 금방 예약이 마감된다. 전관 금연.

주소 京都市東山区新門前通梅本町261
전화 075-525-8787
요금 더블 2만 5000엔~
홈페이지 www.hotelmume.jp
교통 시 버스 치온인마에知恩院前 하차 후 도보 1분. 또는 한큐 교토카와라마치京都河原町역(HK86) 1-A 출구에서 도보 15분 지도 P.21-C

호텔 칸라
Hotel Kanra

일본의 료칸을 현대적으로 재해석한 디자인으로, 감각적인 센스가 돋보이는 작은 부티크 호텔. 객실에는 노송나무 욕조가 있으며 가구와 침구류, 작은 소품 하나까지 신경쓴 것을 알 수 있다. 전동 자전거 대여 가능.

주소 京都市下京区烏丸通六条下る北町190
전화 075-344-3815
요금 더블 3만 엔~
홈페이지 www.uds-hotels.com/kanra/kyoto/
교통 JR 교토京都역 중앙 출구에서 도보 12분. 또는 지하철 카라스마선 고조五条역(K10) 8번 출구에서 도보 1분 지도 P.25-B

더 스크린
The Screen

교토고쇼 근처에 위치한 디자인 호텔. 객실은 총 13개로, 13쌍의 일본과 해외 크리에이터가 각자의 개성을 살려 디자인했다. 넓고 포근한 침대와 쾌적하고 세련된 실내 공간이 여행 중의 피로를 풀기에 좋다.

주소 京都市中京区下御霊前町640-1
전화 075-252-1113
요금 세미스위트룸 1만 7000엔~
홈페이지 www.screen-hotel.jp
교통 케이한 전철 진구마루타마치神宮丸太町역(KH41) 3번 출구에서 도보 7분
지도 P.29-H

더 호텔 히가시야마 바이 교토 도큐 호텔
THE HOTEL HIGASHIYAMA by Kyoto Tokyu Hotel

폐교한 초등학교 건물을 개조한 건물로 최근에 오픈하여 시설이 깨끗하다. 중심가에서 조금 떨어져 있어 조용하면서 주변에 헤이안 진구, 지온인과 같은 명소가 많아 관광하기에도 좋다. 예약제 프라이빗 스파가 있는 것도 장점 중 하나.

주소 京都市東山区三条通白川橋東入三丁目夷町175-2 전화 075-533-6109 요금 트윈 8425엔~
홈페이지 www.tokyuhotels.co.jp/higashiyama-h/
교통 지하철 토자이선 히가시야마東山역(T10) 1번 출구에서 도보 4분 지도 P.24-E

에이스호텔 교토
Ace Hotel Kyoto

미국 시애틀의 힙한 디자인 호텔로 유명한 에이스호텔의 첫 일본 지점. 1926년 지어진 구 교토 중앙전화국을 개조해 만든 복합 상업 시설, 신푸칸 내에 위치하고 있다. 로비는 젊고 감각적인 지역 사회 크리에이터들의 커뮤니티 공간으로 꾸며져 있으며, 모든 객실은 턴테이블과 엄선된 어메니티로 채워져 있다. 특별한 경험이 가능한 빈티지 모던 감성 호텔을 찾는 이들에게 강력 추천.

주소 京都市中京区車屋町245-2
전화 075-229-9000 요금 더블 2만 7700엔~
홈페이지 jp.acehotel.com/kyoto/
교통 지하철 카라스마선(K08)·토자이선(T13) 카라스마오이케烏丸御池역 남쪽 개찰구에서 연결
지도 P.22-A

피스 호스텔 교토
Piece Hostel Kyoto

숙박비 비싼 교토에서 매우 저렴한 가격에 묵을 수 있는 게스트 하우스. 개인실을 비롯하여 가족룸, 4인실, 6인실, 18인실까지 다양한 룸 타입을 갖추고 있다. 객실은 좁은 편이나 전체적으로 깔끔하다.

주소 京都市南区東九条東山王町21-1
전화 075-693-7077
요금 도미토리 3000엔~
홈페이지 www.piecehostel.com
교통 JR 교토京都역 하치조 출구에서 도보 5분
지도 P.25-E

호텔 몬트레이 교토
Hotel Monterey Kyoto

유럽풍 디자인의 세련된 인테리어를 자랑하며 시몬스의 포켓 스프링 매트리스 침대와 가습 기능의 공기 청정기, 13층의 천연온천 등 여정에 지친 여행객을 위한 꼼꼼하고 세심한 서비스가 돋보이는 호텔이다. 전 객실 금연.

주소 京都市中京区烏丸通三条下ル饅頭屋町604
전화 075-251-7111 요금 더블 7285엔~
홈페이지 www.hotelmonterey.co.jp/kyoto/
교통 지하철 카라스마선(K08)·토자이선(T13) 카라스마오이케烏丸御池역 6번 출구에서 도보 2분
지도 P.22-C

호텔 리솔 교토 카와라마치 산조
Hotel Resol Kyoto Kawaramachi Sanjo

교토 중심가인 카와라마치 산조에 위치하여 쇼핑이나 관광에 매우 편리하다. 1층 로비에서는 차를 마실 수 있는 공간으로 꾸며놓아 관광 도중에 쉬어가기도 좋다. 위치나 시설에 비해 가격대가 저렴하여 인기 있다.

주소 京都市中京区河原町通三条下る大黒町59-1
전화 075-255-9269 요금 더블 8000엔~
홈페이지 www.resol-kyoto-k.com/access/
교통 한큐 교토카와라마치京都河原町(HK86) 3번 출구에서 도보 5분
지도 P.19-G

더 블로섬 교토
THE BLOSSOM KYOTO

고조역 근처에 위치하고 있는 호텔로 시내 중심가에서 살짝 벗어나 있어 조용하다. 교토의 전통 가옥인 마치야를 모티브로 디자인된 공간이 교토다운 매력을 뽐낸다. 대욕장이 있어 여행의 피로를 풀기에도 좋다.

주소 京都市下京区五条通東洞院東入万寿寺町140-2
전화 075-754-8735
요금 트윈 1만 2000엔~
홈페이지 www.jrk-hotels.co.jp/Kyoto/
교통 지하철 카라스마선 고조五条역(K10) 1번 출구에서 도보 2분
지도 P.25-B

고베의 숙소

고베 메리켄파크 오리엔탈 호텔
Kobe Meriken Park Oriental Hotel

고베항의 랜드마크로, 전 객실에 딸린 발코니에서 야경을 만끽할 수 있는 리조트 호텔. 오랜 역사를 가진 호텔이라 시설은 조금 낡은 편이나 최근에 일부 객실을 새롭게 리모델링 하였다.

주소 兵庫県神戸市中央区波止場町5-6
전화 078-325-8111 요금 더블 9400엔~
홈페이지 www.kobe-orientalhotel.co.jp/
교통 지하철 카이간선 미나토모토마치みなと元町역 (K03) 2번 출구에서 도보 8분 지도 P.37-E

다이와 로이넷 호텔 고베 산노미야 프리미어
Daiwa Roynet Hotel Kobe Sannomiya Premier

고베 산노미야역 근처에 위치한 비즈니스 호텔. 주변에 식당, 쇼핑몰, 상점가가 있어 관광과 쇼핑에 매우 편리하고 비교적 최근에 오픈하여 시설이 깨끗한 편이다.

주소 神戸市中央区三宮町1-2-2
전화 078-894-3420 요금 더블 9600엔~
홈페이지 www.daiwaroynet.jp/kobe-chuodori
교통 한큐 고베 산노미야神戸三宮역 서쪽 개찰구에서 도보 5분
지도 P.39-K

PREPARE

TRAVEL

일본
여행 준비

오사카 여행 기초 정보

시차와 비행 시간
일본과 우리나라는 시차가 없다. 한국과 오사카의 비행 시간은 인천 기준 1시간 50분, 부산 기준 1시간 15분이다.

통화와 환율
일본은 엔화(円, ¥)를 사용하며, 지폐는 1만 엔, 5000엔, 2000엔, 1000엔의 네 종류가 있고, 동전은 500엔, 100엔, 50엔, 10엔, 5엔, 1엔의 여섯 종류가 있다. 2023년 12월 현재 환율은 100엔에 약 910원. 환율 변동이 심하므로 여행 전 반드시 체크해야 한다.

1만 엔

5000엔

2000엔

1000엔

500엔

100엔

50엔

10엔

5엔

1엔

비자
90일 이하 여행을 목적으로 일본에 방문하는 경우 무비자로 입국할 수 있다. 여권 유효기간에 대한 지침은 없으나 6개월 이상 남은 여권을 소지하는 편이 좋다.

전화
한국 국가번호 82
일본 국가번호 81

일본 내 중요 연락처
주한 일본 대사관
주소 서울시 종로구 율곡로 6
전화 02-2170-5200 팩스 02-734-4528
홈페이지 www.kr.emb-japan.go.jp

주오사카 대한민국 총영사관
주소 大阪市中央区西心齋橋2-3-4
전화 06-4256-2345(평일 16:00 이후는 090-3050-0746)
홈페이지 overseas.mofa.go.kr/jp-osaka-ja/index.do 교통 지하철 미도스지선 난바역 25번 출구에서 도보 3분
지도 P.7-D

경찰 011 **화재·앰뷸런스** 119

영사 콜센터
영사 콜센터 무료 전화 모바일 앱을 설치하면 와이파이 등 인터넷 환경에서는 별도의 음성 통화료 없이 무료로 영사 콜센터의 서비스를 이용할 수 있으며, '실시간 안전 정보 푸시 알림', '카카오톡 상담 연결하기' 등 각종 서비스를 제공받을 수 있다.
전화 +82-2-3210-0404번(해외에서 걸 때, 유료, 24시간 운영)

일본의 추석인 오본(お盆)은 8월 15일로 이를 전후해 휴가를 붙여 여행 가는 사람이 무척 많다. 설날이 포함되는 12월 29일~1월 3일과 오본인 8월 15일은 식당과 상점이 휴무인 경우가 많다.

항공권
구매 시기에 따라 가격 변동이 심하다. 각 항공사 홈페이지와 네이버, 스카이스캐너, 인터파크투어 등의 항공권 가격 비교 사이트를 열심히 검색해 예산에 맞는 항공권을 구입하자.

숙소 예약
오사카는 숙박 시설의 수가 무척 많은 편이어서 선택지가 다양하다. 여행자들이 선호하는 난바, 우메다 주변이 가격이 높은 편이며, 그 중간 지점인 요도야바시, 키타하마, 혼마치, 타니마치 등이 좀 더 저렴한 편. 하지만 시설에 따라 가격은 천차만별이다.
교토는 전반적으로 오사카보다 숙박료가 높은 편이다. 교통이 편리한 시조카와라마치, 산조, 교토역 주변의 숙소가 인기가 높다.

일본의 물가(예)

종류	가격
녹차 음료 500mL	120~150엔
롯데리아 치즈버거	290엔
스타벅스 카푸치노(쇼트)	449엔
마츠야 규동(보통)	400엔
JR 승차권	170엔~
택시(소형차) 기본 요금	600엔

Tip

여권 발급 방법

전국 시·도·구청 여권 발급과에서 신청한다. 신청할 때와 수령할 때 모두 본인이 직접 가야 하며, 미성년자는 부모가 대신할 수 있다. 발급까지 2주 정도 걸리니 미리 준비해 두자. 단, 여권을 발급 받은 적이 있는 사람이 새 여권을 재발급 받을 때는 '정부24'에서 온라인으로 신청할 수 있다.

준비물 여권용 사진 1장, 신분증, 신청서, 발급 비용(10년 복수여권 5만 3000원)
외교통상부 여권 안내 www.passport.go.kr
정부24 www.gov.kr

날씨와 기후
날씨는 우리나라와 크게 다르진 않지만, 겨울은 훨씬 온난한 편이다. 보통 8월의 최고 기온이 33℃ 정도이며, 1월의 최저 기온은 1~2℃ 정도다. 겨울에 오사카는 거의 눈이 오지 않지만, 교토는 눈이 자주 오고 좀 더 추운 편이다.

명절과 골든위크
일본 최대 휴가 기간이자 여행 성수기는 골든위크와 오본으로, 이때 여행하려면 3~4개월 전부터 미리 예약을 하는 게 안전하다.
골든위크는 매년 조금씩 달라지는데, 휴일인 5월 3~5일에 휴가를 붙여 1주 정도의 긴 휴일이 생기는 것이다. 2024년 골든위크는 4월 29일~5월 5일이다.

숙박세

오사카와 교토의 숙박 시설에는 숙박 요금과는 별도로 체크인 시 숙박세가 부과된다. 또, 일본 전역의 료칸이나 온천 호텔에 투숙할 경우, 입욕세(1인 1박 기준 150엔)가 부과된다.

오사카 숙박세

1인 1박 기준 요금	세율
7000엔 미만	비과세
7000엔 이상 1만 5000엔 미만	100엔
1만 5000엔 이상 2만 엔 이하	200엔
2만 엔 이상	300엔

교토 숙박세

1인 1박 기준 요금	세율
2만 엔 미만	200엔
2만 엔 이상 5만 엔 미만	500엔
5만 엔 이상	1000엔

식당 예약

인기 식당에서 저녁 식사를 하려면 미리 예약해 두는 것이 좋다. 구글 맵에서 식당을 검색했을 때 바로 예약 메뉴가 나오는 경우도 있고 예약 가능한 외부 링크로 연결해 주기도 한다. 요새는 한글이나 영어로 나오는 경우도 많다. 예약 메뉴가 아예 없는 가게는 전화 또는 방문 예약을 해야 한다.

소비세

일본의 소비세는 10%이다(술과 외식을 제외한 음료와 식품은 8%). 상품의 가격표나 식당의 메뉴판에는 소비세 포함 가격(税込)을 적기도 하고, 불포

함된 가격(税抜き, 税抜, 税別, 本体)을 적기도 하니 헷갈리지 말자. 면세 정보는 P.624 참조.

전압

일본은 우리나라와 달리 110V를 사용한다. 콘센트 모양이 달라지므로 일명 '돼지코'라 불리는 변환 플러그를 사용해야 한다. 최근 전자제품은 100~220V의 프리볼트 제품이 많아서 변환 플러그만 연결하면 바로 사용할 수 있다. 220V 전용 제품을 바로 사용하면 전력이 부족해 제대로 작동하지 않고 기기가 망가질 수도 있으니 사용 전 제대로 확인해야 한다.

변환 플러그는 일본 현지에서도 구입할 수 있지만 국내에서 사는 것보다 몇 배는 더 비싸므로 미리 준비해 가자.

현금

일본은 아직도 현금만 받는 가게들이 적지 않다. 대도시를 벗어나면 특히 더 그렇다. 소도시 위주로 여행할 계획을 세운다면 현금을 넉넉히 챙겨 가는 것이 좋다.

신용카드

여행 전 반드시 해외에서도 사용 가능한 카드인지 확인하자. VISA나 MASTER 카드가 무난하다. 결제할 때는 반드시 원화가 아닌 엔화로 결제해야 이중 환전으로 인한 수수료 부담을 줄일 수 있다. 영수증에 KRW가 적혀 있으면 이중 환전이 된 것이다.

외화용 선불 체크카드

별도의 선불카드 가상 계좌에 외화를 충전하여 사용하는 카드. 연결된 계좌 잔액으로 180만 원까지 원하는 때에 얼마든지 엔화로 충전할 수 있고, 모든 신용카드 사용처에서 쓸 수 있는데다 ATM에서 현금 인출도 가능하다. 환전 수수료, 연회비, 해외 결제 수수료 등이 없는 트래블월렛이나 트래블로그 등이

최근 인기 있다. 트래블로그는 하나은행 계좌만 이용할 수 있고 트래블월렛은 모든 은행 계좌가 가능하다.

트래블로그 smart.hanacard.co.kr/travlog/travlog.html
트래블월렛 www.travel-wallet.com

교통카드(IC카드)

간사이 지역에서 주로 사용하는 ICOCA나 수도권에서 주로 사용하는 SUICA, PASMO 등의 충전식 교통카드는 우리나라의 티머니처럼 교통요금 이외에도 편의점이나 길거리 자판기, 음식점, 상점 등에서 결제 수단으로도 사용할 수 있다. 구입, 충전, 모바일 카드 등 자세한 정보는 P.109.

모바일 간편 결제

일본도 팬데믹을 거치면서 비접촉식 간편 결제가 많이 보급되었다. 2022년 QR코드를 읽어 결제하는 기능은 종료되었고, 스마트폰 화면의 바코드를 점원에게 보여주면 스캔하여 결제하는 방식만 가능하다. 네이버페이는 유니온페이 로고가 있는 곳에서, 카카오페이는 페이페이, 알리페이 플러스, 카카오페이 로고가 있는 곳에서 쓸 수 있다. 네이버페이는 환전 수수료와 해외 결제 수수료가 무료라는 점, 카카오페이는 수수료 없이 세븐은행 ATM에서 현금을 인출할 수 있다는 점이 장점이다.

일본의 결제 수단

결제 시 현금만 사용할 수 있기로 유명한 일본이었지만, 코로나19 팬데믹 이후 다양한 결제 수단이 일반화되어 여행이 더욱 편리해졌다.

소비세와 면세

일본의 소비세는 10%(술, 외식 제외 식품, 음료는 8%). 외국인 여행자에게는 면세 혜택이 있는데 몇 가지 조건들이 있으니 헷갈리지 않도록 미리 알아두자. 면세를 받으려면 여권 원본 지참은 필수다.

면세 받을 수 있는 곳

기본적으로 TAX FREE, GLOBAL TAX FREE 마크가 있으면 면세를 받을 수 있다. 백화점과 일부 쇼핑몰의 경우 별도의 면세 수속 카운터가 있어서 일괄 처리해 주며, 각 매장에서 계산 시 면세 처리를 해주는 쇼핑몰도 있다. 전자 제품점, 대형 잡화점, 대형 드러그 스토어 등 면세가 되는 곳은 생각보다 많다. 여행자들이 즐겨 찾는 돈키호테, 로프트, 핸즈나 드러그 스토어 같은 경우 면세 가능한 계산대가 따로 마련되어 있다.

면세 조건

면세를 받으려면 여권 원본이 반드시 필요하다. 또한 구입 금액이 세금 포함 5500엔을 넘어야 하며, 당일 구입한 영수증만 면세가 가능하다. 신용카드로 구입했을 경우 반드시 본인 명의의 카드여야 한다. 백화점 등 일부 면세 수속 카운터에서는 소정의 수수료를 떼기도 한다.

	일반 물품	소모품
면세 대상 물품	가전제품, 의류, 가방, 신발, 시계, 보석류, 공예품 등	식품, 음료, 화장품, 의약품, 술 등
면세 가능 금액	동일 매장 당일 구매 금액 5000엔 이상(소비세 제외)	동일 매장 당일 구매 금액 5000엔 이상, 50만 엔 이하(소비세 제외)
동일 매장 일반 물품, 소모품 합산 시	당일 구매 금액 5000엔 이상, 50만 엔 이하 (소비세 제외) *구매 물품 모두 전용 봉투에 밀봉하며 일본 내 개봉 금지	
여러 매장 일반 물품, 소모품 합산 시	당일 구매 금액 5000엔 이상(소비세 제외) *구매 물품 모두 전용 봉투에 밀봉하며 일본 내 개봉 금지	
주의 사항	일본 내 사용 가능	일본 내 사용 불가. 면세 전용 봉투에 밀봉하며 일본 내 개봉 금지.

귀국할 때 주의할 점

일본에서 면세 쇼핑을 하고 특수 포장한 물품은 일본에서 사용하지 않기로 하고 면세를 받은 것이니 포장을 뜯지 않는 것이 원칙이다. 액체류가 포함되어 있다면 기내에 가지고 탈 수 없으니 반드시 위탁수하물로 부쳐야 한다. 단, 출국 수속 후 간사이 공항 면세점에서 구입한 액체류는 기내에 들고 탈 수 있다.

데이터 로밍

통신사의 로밍 서비스. 한국 전화번호를 그대로 쓰기 때문에 전화, 문자를 그대로 사용할 수 있다(로밍 요금제 적용). 가장 편하지만 요금이 하루 만 원 이상으로 가장 비싸다. 이용하는 통신사 앱 또는 고객센터, 공항의 통신사 카운터에서 신청할 수 있다.

이심 eSIM

하루 요금이 3~4천 원으로 저렴한 편인데다 QR코드를 인식해 스마트폰에 설치하는 식이라 편리하다. 한국 유심을 유지하면서 일본 통신사의 데이터 전용 유심을 추가로 설치하는 방식이라, 한국 전화번호를 그대로 쓸 수 있다. 설정 메뉴에서 남은 데이터도 확인할 수 있어 편리하다. 다만 처음에는 설치와 설정 방법이 어려울 수 있고, 이심 지원 단말기인지 먼저 확인해야 한다.

구글 맵과 번역 앱 사용, 외화용 체크카드나 IC카드 충전 등 일본 여행 중 반드시 데이터를 사용해야 할 일이 꽤 많다. 다양한 데이터 상품이 나와 있으니 가격, 사용 방법 등 조건들을 비교해 보고 선택하자.

유심 USIM

일본 통신사의 유심 칩을 구입해서 직접 핸드폰에 장착하고 설정을 바꾼 후 사용하는 방법이다. 유심 자체를 교체하기 때문에 칩 교체 후 한국 전화번호를 사용할 수 없어서 전화, 문자를 모두 받을 수 없다. 핸드폰 조작에 서툴다면 칩 교체나 설정 변경 등이 좀 어려울 수 있으며, 기존에 사용하던 유심 칩을 분실하지 않도록 주의해야 한다. 요금은 하루 3~4천 원 정도.

포켓 와이파이

와이파이 단말기를 대여해 사용하는 방식으로 하루 3~4천 원 정도로 저렴하다. 2~3명이 함께 쓸 수 있고 노트북이나 태블릿을 연결해 쓸 수도 있다. 다만 단말기에서 멀어지면 데이터 연결이 안 되므로 단말기를 언제나 휴대해야 하고, 단말기 전원이 꺼지지 않도록 보조 배터리도 가지고 다녀야 한다.

여행 일본어

여행의 즐거움 중 하나는 현지인들과의 교류일 것이다. 그렇게 하기 위해서는 간단한 말이지만 아래의 문장을 익혀두면 도움이 될 것이다. 여기에 서술한 일본어는 현지 발음을 최대한 따랐다.

기본 인사

おはようございます 오하요 고자이마스
안녕하세요(아침)

こんにちは 콘니치와
안녕하세요(점심)

こんばんは 콤방와
안녕하세요(저녁)

はい 하이
네

いいえ 이이에
아니요

ありがとうございます 아리가토 고자이마스
감사합니다

すみません 스미마센
실례합니다

ごめんなさい 고멘나사이
미안합니다

자기 소개

私は韓国人です 와타시와 칸코쿠진데스
나는 한국인입니다

私の名前は○○です 와타시노 나마에와 ○○데스
나의 이름은 ○○입니다

日本語が話せません 니혼고가 하나세마센
일본어를 못합니다

기본 단어

여권	パスポート	파스포-토
여행	旅行	료코-
경찰	警察	케이사츠
영사관	領事館	료-지칸
현금	現金	겡킨
신용카드	クレジットカード	크레짓또 카-도
환전소	両替所	료-가에쇼
화장실	トイレ	토이레
물	お水	오미즈
커피	コーヒー	코-히-
맥주	ビール	비-루
노선도	路線図	로센즈
지도	マップ	맙뿌

호텔에서

カギを部屋に忘れました
카기오 헤야니 와스레마시타
열쇠를 방에 두고 나왔습니다

カギを無くしました 카기오 나쿠시마시타
열쇠를 분실했습니다

トイレが故障しています
토이레가 코쇼- 시테이마스
화장실이 고장 났습니다

お湯が出ません 오유가 데마센
온수가 안 나옵니다

荷物を預かって頂けますか
니모츠오 아즈캇떼 이타다케마스까?
(체크아웃 후) 짐을 맡길 수 있을까요?

거리 관광

トイレはどこですか　토이레와 도코데스카
화장실은 어디입니까?

(ここで)写真を撮ってもいいですか
(고코데) 샤신오 톳테모 이이데스카
(여기에서) 사진을 찍어도 됩니까?

切符売り場はどこですか　킵뿌 우리바와 도코데스카
표 파는 곳은 어디입니까?

대중교통·택시

このバスは○○に行きますか
고노 바스와 ○○니 이키마스카
이 버스가 ○○에 갑니까?

○○に着いたら教えてもらえませんか
○○니 츠이타라 오시에테 모라에마셍카
○○에 도착하면 알려주시겠습니까?

○○までお願いします　○○마데 오네가이시마스
○○까지 가주세요

ここで止めてください　코코데 토메테 쿠다사이
여기서 세워주세요

쇼핑하기

試着してもいいですか　시챠쿠시테모 이이데스카
입어봐도 될까요?

クレジットカードは使えますか
크레짓토 카-도와 츠카에마스카
신용카드 되나요?

別々に包んで下さい　베츠베츠니 츠츤데 쿠다사이
따로따로 포장해 주세요

交換してください　코-칸 시테 쿠다사이
교환해 주세요

返品できますか　헴삥 데키마스카
환불 되나요?

레스토랑에서

予約した○○ですが　요야쿠 시타 ○○데스가
예약한 ○○입니다만

韓国語のメニューはありますか　칸코쿠고노 메뉴-와 아리마스카
한국어 메뉴판 있습니까?

おすすめは何ですか　오스스메와 난데스카
뭐가 맛있어요?

レシートを下さい　레시-토오 쿠다사이
영수증 주세요

喫煙できますか　키츠엔 데키마스카
담배 피울 수 있나요?

문제가 생겼을 때

迷子になりました　마이고니 나리마시타
길을 잃었습니다

助けて!　타스케테
살려주세요!

どろぼう!　도로보-
도둑이야!

やめてください　야메테 쿠다사이
하지 마세요

パスポートを無くしました
파스포-토오 나쿠시마시타
여권을 잃어버렸습니다

警察を呼んで下さい　케이사츠오 욘데 쿠다사이
경찰을 불러주세요

韓国語が話せる人を呼んで下さい
칸코쿠고가 하나세루 히토오 욘데 쿠다사이
한국어를 할 수 있는 사람을 불러주세요

病院に連れていって下さい
보-인니 츠레테 잇테 쿠다사이
병원에 데려가 주세요

저스트고 오사카

개정8판 1쇄 인쇄일 2024년 1월 3일
개정8판 1쇄 발행일 2024년 1월 15일

지은이 원경혜 · 박미희

발행인 윤호권
사업총괄 정유한

편집 내도우리 **디자인** 표지 김효정 본문 양재연 **마케팅** 정재영 · 김진규
발행처 ㈜시공사 **주소** 서울시 성동구 상원1길 22, 7-8층(우편번호 04779)
대표전화 02-3486-6877 **팩스(주문)** 02-585-1755
홈페이지 www.sigongsa.com / www.sigongjunior.com

글 ⓒ 원경혜 · 박미희, 2024

ISBN 979-11-7125-237-4 14980
ISBN 978-89-527-4331-2 (세트)

*시공사는 시공간을 넘는 무한한 콘텐츠 세상을 만듭니다.
*시공사는 더 나은 내일을 함께 만들 여러분의 소중한 의견을 기다립니다.
*잘못 만들어진 책은 구입하신 곳에서 바꾸어 드립니다.

WEPUB 원스톱 출판 투고 플랫폼 '위펍' __wepub.kr
위펍은 다양한 콘텐츠 발굴과 확장의 기회를 높여주는
시공사의 출판IP 투고·매칭 플랫폼입니다.